HTS 海泰斯

咨询电话：15811338118
专注于一体化安全连接工程

致力于解决各种法兰泄漏、螺栓紧固与拆卸问题
Committed to solving all problems of flange leak, bolt fastening and disassembly

法兰管理一体化解决方案 —— 防泄避险，专业治理泄漏问题

自主研发的超3米法兰端面修复加工机

在螺栓紧固领域内拥有近**20**年的行业经验

在石油、石化、海油、船舶等领域完成**近千个**租赁、工程等项目

● **我们将为您提供：**

◆ **定力矩紧固服务**：专业化定制解决方案，运用专业液压工具做到螺栓一次紧固到位，无需热/冷紧，保证法兰气密、开车、运行过程中零泄漏；全程驻现场跟踪，24小时技术支持，快速、及时解决现场任何问题；

◆ **法兰端面修复业务**：在线修复法兰尺寸范围从*DN15*至*DN5000*；

◆ **管道切割坡口业务**：在线管道尺寸范围从$\phi50$至$\phi2000$；

◆ **在线钻孔业务**：在线钻孔可至$\phi300$；

◆ **其他业务**：高压水清洗、泄漏检测业务、国际专业螺栓紧固设备的销售与租赁。

石油石化服务项目

扫码关注获取更多信息

北京海泰斯工程设备股份有限公司
www.htschina.com

地址：北京市丰台区富丰路2号星火科技大厦1601室
电话：010-63748808/15811338118
邮箱：hts@htschina.com

广告

大连科环泵业有限公司
DaLianKeHuan Pump Co.,Ltd.

无泄漏磁力泵
替代屏蔽泵
替代机械密封泵

输送大功率、特别容易汽化、大流量、低流量、高扬程、含固体颗粒、黏稠、高沸、渣浆、重组分用磁力泵。

产品系列 Product series

OH1、OH2、OH3、BB4、BB5、VS4、VS6等API 685磁力泵

性能 Performance

◆ 功率：560kW
◆ 流量：2000m³/h
◆ 扬程：1000m
◆ 温度：-196～450℃
◆ 口径：DN25～DN400
◆ 压力等级：2.5～16MPa
◆ 转速：980、1450、2950r/min

公司简介 Company profile

　　科环泵业成立于2002年，是生产无泄漏磁力泵的专业公司。产品广泛用于输送特别容易汽化、超纯或固体颗粒、黏稠物、高沸物、渣浆、重组分等行业。全国设有多个营销网点和服务网络；产品的卓越性能和稳定运行，获得了客户的信赖。磁力泵的电机功率可以做到560kW，产品按照API 685标准制造。

　　我们对要求介质苛刻、复杂泵的应用有着丰富的经验，在全国有数以万计的产品正在被广泛应用并有出色的业绩，如恒力石化、万华化学集团、安徽丰原聚乳酸（PLA）、宁夏宝丰能源、鲁西化工、茂名石化、卫星石化丙烯酸、巨化集团、江西星火、云南能投有机硅、协鑫集团多晶硅、新特能源多晶硅等，客户信赖我们产品的安全、可靠性，并能完全满足他们的需要，在很多领域可替代屏蔽泵、机械密封泵。

业绩领域 Application

　　石油化工、乙烯（加氢循环泵）、丁二烯、PLA（聚乳酸）、BDO、精细化工、MDI、TDI、聚碳酸酯、苯乙烯、己内酰胺、丙烯酸、MMA、甲烷氯化物、丙烷脱氢、有机硅、多晶硅、乙二醇、双酚A、氯化钛白粉、氟化工、醋酸、醋酐等行业。

联系电话：0411-86186212　　手机号码：13998502062　　王清业
公司地址：辽宁省大连市旅顺口区旅顺北路长城段61号

打造行业精品，追求卓越品质

　　山东正诺化工设备有限公司地处淄博市张店经济开发区，是一个集化工设备制造和机械加工于一体的现代化企业。

　　公司拥有一、二、三类（A2）压力容器制造、设计资质及压力容器、压力管道元件（锻件、法兰等）安全注册资质。公司下设山东正诺化工设备有限公司、山东正诺化工设备有限公司淄博紧固件分公司和山东正诺化工设备有限公司新型炼化设备分公司三个单独注册的专业生产型企业。公司通过了ISO 9001质量管理体系认证、ISO 14001环境管理体系认证、OHSAS 18001职业健康安全管理体系认证，持有美国机械工程师学会（ASME）和美国锅炉压力容器检验师协会（NB）授权的ASME证书，是国家高新技术企业。

　　公司占地面积为30000㎡，建筑面积为24860㎡，其中封闭的生产车间20000㎡，无损曝光室72㎡，评片室20㎡，焊接试验室32㎡，焊材库36㎡，板材库1500㎡，管材库和半成品库800㎡，工具库16㎡。拥有数控钻床、数控车床等机械加工设备50余台套，拥有先进的自动焊机、大型卷板机等铆焊设备300余台套，并配置了携带式变频充气X射线探伤机、数字式超声波探伤仪、磁粉探伤仪等相应的检测设备。公司制造的热交换设备、高强度紧固件和加氢反应器内构件等产品广泛应用于石油化工等领域。

公司下设：
※山东正诺化工设备有限公司
※山东正诺化工设备有限公司淄博紧固件分公司
※山东正诺化工设备有限公司新型炼化设备分公司
三个单独注册的专业生产型企业。

公司地址：淄博先进制造业创新示范区创业大道南
销 售 部：0533-3086656
采 购 部：0533-3086666
人力资源：0533-3086660

石油化工设备维护检修技术

Petro-Chemical Equipment Maintenance Technology

（2022 版）

中国化工学会石化设备检维修专业委员会　组织编写
本书编委会　编

中国石化出版社

内 容 提 要

本书收集的石油化工企业有关设备管理、维护与检修方面的文章和论文,均为作者多年来亲身经历实践积累的宝贵经验,对提高设备维护检修技术、解决企业类似技术难题具有学习、交流、参考和借鉴作用。全书内容丰富,包括:设备管理、长周期运行状态监测与故障诊断、检维修技术、腐蚀与防护、机泵设备、润滑与密封、节能与环保、新设备新技术应用、仪表自控设备等10个栏目,密切结合石化企业实际,具有很好的可操作性和推广性。

本书可供石化、炼油、化工及油田企业广大设备管理、维护及操作人员使用,对有关领导在进行工作决策方面,也有重要的指导意义;也可作为维修及操作工人上岗培训的参考资料。

图书在版编目(CIP)数据

石油化工设备维护检修技术:2022版/《石油化工设备维护检修技术》编委会编.—北京:中国石化出版社,2022.3
ISBN 978-7-5114-6580-1

Ⅰ.①石… Ⅱ.①石… Ⅲ.①石油化工设备-检修-文集 Ⅳ.①TE960.7-53

中国版本图书馆 CIP 数据核字(2022)第 030261 号

中国石化出版社出版发行

地址:北京市东城区安定门外大街 58 号
邮编:100011 电话:(010)57512500
发行部电话:(010)57512575
http://www.sinopec-press.com
E-mail:press@sinopec.com
北京科信印刷有限公司印刷
全国各地新华书店经销
*
889×1194 毫米 16 开本 23.5 印张 30 彩页 647 千字
2022 年 3 月第 1 版 2022 年 3 月第 1 次印刷
定价:198.00 元

《石油化工设备维护检修技术》
编 辑 委 员 会

麦郁穗	严 红	杜开宇	杜永智	杜博华	李大仰
李卫军	李春树	李俊斌	李 晖	李 锋	杨 帆
杨 宇	杨宥人	杨鹏飞	吴文伟	吴伟阳	吴宇新
吴尚兵	邱东声	何广池	何可禹	何承厚	沈顺弟
宋运通	张旭亮	张军梁	张如俊	张国信	张恩贵
张 涌	张继锋	张维波	陆 军	陈 刚	陈 伟
陈 岗	陈明忠	陈金林	陈彦峰	陈雷震	陈攀峰
邵建雄	武兴彬	苗 一	苗海滨	范志超	林震宇
易拥军	易 强	罗 昕	罗 辉	金 强	屈定荣
孟庆元	赵玉柱	赵 勇	胡红页	胡 佳	侯跃岭
施华彪	袁庆斌	袁根乐	栗雪勇	贾红波	贾朝阳
夏翔鸣	顾雪东	钱青松	徐文广	徐际斌	高俊峰
高 峰	郭绍强	黄卫东	黄绍硕	黄 琦	黄 强
黄毅斌	崔正军	康宝惠	章 文	盖金祥	梁中超
彭学群	彭乾冰	董雪林	蒋文军	蒋利军	蒋蕴德
韩玉昌	景玉忠	舒浩华	曾小军	谢小强	赖华强
蔡卫疆	蔡培源	蔡清才	臧庆安	翟春荣	潘传洪
魏 冬	魏治中	魏 鑫			

固三基　谋创新　强化设备管理
为打造世界一流奠定物质基础*
——代《石油化工设备维护检修技术》序

石油化工是技术密集、资金密集、人才密集的行业，其中设备(包括机、电、仪等)占总资产70%以上！设备是石油化工行业的物质基础。随着国民经济和社会的发展，石油化工行业的设备管理也面临着新要求、新环境、新挑战，我们必须继承创新相结合，适应新常态，提出新思路，采取新举措，重点在以下方面开展工作。

1. 切实提高企业"三基"工作的水平。

一是抓好基层队伍的建设。基层队伍是设备管理的根本，基层队伍不仅是设备管理人员，还包括车间操作人员，要牢固树立"操作人员对设备耐用度负责"的理念。二是基础工作要适应新形势的变化，要利用现代化的信息技术提升设备管理效率和水平。基础工作的加强是永恒的主题。三是员工基本功的训练要加强，"四懂三会""沟见底、轴见光、设备见本色"等优良传统要恢复和传承。

2. 强化全员参与设备管理。

为了延长设备使用寿命，不断降低使用成本，最大限度地发挥好每一台设备的效能，只有在实际工作中做到全员参与到设备管理中去，才能真正地使设备管理上升到一个新的水平。一是要加强领导，落实设备管理责任。要建立单位一把手积极支持、分管设备领导主管、全员广泛参与的设备管理体系，做到目标定量化、措施具体化。二是要强化专业训练和基层培训。设备管理人员不仅自己通过培训学习提升技能，还要帮助他人特别是操作人员掌握设备管理和设备技术知识，提高全体员工正确使用和保养设备的管理意识，使每台设备的操作规程明确，设备性能完善，人员操作熟练，设备运转正常。三是完善全员设备管理规章制度，建立具有良好激励作用的奖惩考核体系，激励广大员工用心做好设备管理工作。

3. 重视应用新技术、新工艺加强设备管理。

一是加强设备腐蚀、振动、温度等物理参数状态变化的监测分析。随着大型装置的建设和原料物性的复杂化以及长周期高负荷生产，近年来设备表现出来的问题都会以振动、温度、压力和材料的腐蚀等物理特征来表现出来。各企业要结合自己的特点，充分利用动设备状态监测技术、特种设备检测和监测技术等各种技术手段确保生产装置的安全可靠运行。二是加强新材料、新装备的推广应用。石化装备研究部门要加强

＊选自戴厚良同志在2015年中国石化集团公司炼油化工企业设备管理工作会议上的讲话，有删节。

开发适应石化要求的新材料和新装备；物资供应部门要探索新材料和新装备的供应渠道，优选新材料和新装备；设备管理部门对于已经经过验证是有效解决问题的新材料和新装备要积极采用。三是加强新技术和新工艺的推广应用。近年来，各企业在改造发展方面的投入很大，应用新技术、新工艺的积极性很高。乙烯装置裂解炉综合改造技术，使得裂解炉效率提高到95%以上。一大批污水深处理回用技术使得炼油和化工取水单耗大幅降低，部分企业甚至走到了世界的前列。大型高效换热器的推广应用使石化装置的能耗大幅下降。我们要加强系统内相关技术的总结、提升和推广。

4. 不断深化信息化技术在设备管理中的应用。

一是信息化系统建设应统一。目前在总部层面已经上线和正在建设的、与设备管理相关的系统有：设备管理系统（简称EM系统）、设备实时综合监控系统、设备可靠性管理系统、智能故障诊断与预测系统、检维修费用管理系统、智能管道系统等，还有企业自己开发建设的腐蚀监测、泵群监测等系统。在设备管理业务领域的信息系统建设，存在业务多头管理，重复建设，相互之间业务集成不够，部分系统存在着功能重叠，应用不规范，基础数据质量有待进一步提高等问题。二是设备管理信息系统开发要坚持"信息化服务于设备管理业务"的原则，以设备运行可靠性管理为核心，建设动、静设备的状态监测、检维修管理平台、修理费管理分析等模块，并实现各模块的系统集成和数据共享，使设备管理上一个新台阶。在当前形势下，设备管理智能化发展很快，值得关注，在体制机制上我们也要积极创新，例如对乙烯大型机组进行集中监控，在线预测，提供分析数据，进行预知维修，科学判断检修时间。

5. 规范费用管理，推进电气仪表隐患整治。

一是规范使用修理费。当前炼化板块的效益压力大，各项费用控制得紧。各企业要认真对有限的检维修费用的支出进行解剖，严格控制非生产性支出；技改技措等固定资产投资项目也要严控费用性支出。同时，要提高检维修计划的准确性和科学性，减少不必要的检查或检维修项目，做到应修必修，不过修，不失修，确保检修质量，同时要严格检维修预结算工作，对工程量严格把关，对预算外项目严格审批，把有限的检维修费用到刀刃上。二是推进电气仪表的隐患整改。电气仪表一旦发生故障，波及面广，影响范围大，造成的损失也比较大。针对近期出现的电气故障，我们将有针对性地采取电气专项治理。

6. 强化对承包商的规范化管理。

一是重视承包商在检修过程的安全管理。从近几年检修过程中的安全事故来看，很大一部分是由于承包商违反安全规定、违章操作引起的，这一方面与承包商安全意识薄弱、人员流动性大、对石化现场作业管理规定不熟悉、安全教育流于形式和责任心不强有很大的关系。另外，也与我们企业自身的管理密不可分，"有什么样的甲方，就有什么样的乙方"，同样的承包商在不同企业有着截然不同的表现。因此，在加强对承包商教育、考核的同时，还要从企业自身的管理找原因，切实保证检修安全。二是建立承包商管理机制。要严格执行对承包商的相关规定，进一步规范外委检维修承包商市场的管理，完善承包商准入机制，对承包商承揽的工程严禁转包和非法分包。抓好承包商的日常管理和考核评价，建立资源库动态管理机制。加强对承包商安全、质量、服务、进度、文明施工等各环节管理情况的检查、监督和考核，每年淘汰一部分承包商。三是严格规范执行承包商选用机制。各企业要按照有关规定，结合承包商近年来的业绩及考核情况，为运行维护、大检修等业务选用安全意识浓、有资质的、技术力量雄厚、有诚信的、技术水平高的、责任心强的专业队伍。

当前我们面临的形势非常严峻，低油价、市场进一步开放的影响逐步增强。但是不管风云如何变幻，炼油和化工企业作为高温高压流程制造工业，加强设备管理，强化现场管理，是我们企业永恒的主题。炼油化工企业全体干部员工要认真学习贯彻集团公司工作会议精神，稳住心神，扑下身子，以"三严三实"的态度，立足长远抓当前，强本固基练内功，打好设备管理的基础，为集团公司调结构，转方式，打造世界一流能源化工企业奠定基础，作出应有的贡献。

编 者 的 话
（2022 版）

  《石油化工设备维护检修技术》2022 版又和读者见面了。本书由 2004 年开始，每年一版。2022 版是本书出版发行以来的第十七版，也是本书出版发行的第 18 年。

  《石油化工设备维护检修技术》由中国化工学会石化设备检维修专业委员会组织编写，由中国石油化工集团有限公司、中国石油天然气集团有限公司、中国海洋石油集团有限公司、中国中化集团有限公司和国家能源投资集团有限责任公司有关领导及其所属石油化工企业设备管理部门有关同志组成编委会，全国石化企业和相关科研、制造、维修单位，以及有关高等院校供稿参编，由中国石化出版社编辑出版发行。

  本书宗旨为不断加强石油化工企业设备管理，提高设备维护检修水平和设备的可靠度，以确保炼油化工装置安全、稳定、长周期运行，为企业获得最大的经济效益，向石油化工企业技术人员提供一个设备技术交流的平台，因而出版发行十多年来，一直受到石油化工设备管理、维护检修人员以及广大读者的热烈欢迎和关心热爱。

  每年年初本书征稿通知发出后，广大石油化工设备管理、维护检修人员以及为石化企业服务的有关科研、制造、维修单位积极撰写论文为本书投稿。来稿多为作者多年来亲身经历实践积累起来的宝贵经验总结，既有一定的理论水平，又密切结合石化企业的实际，内容丰富具体，具有很好的可操作性和推广性。

  为了结合本书的出版发行，使读者能面对面地交流经验，由 2010 年开始，中国石化出版社每年召开一届"石油化工设备维护检修技术交流会"，至今已召开 12 届。会上交流了设备维护检修技术的具体经验和新技术，对参会人员帮助很大。在此基础上，成立了中国化工学会石化设备检维修专业委员会，围绕石化设备检维修管理，突出技术交流，为全国石化、煤化工行业相互学习、技术培训等提供了一个良好的平台。

  本书 2022 版仍以"检维修技术""腐蚀与防护""设备管理"栏目稿件最多，这也是当前石化企业装置长周期运行大家关心的重点。本书收到稿件较多，但由于篇幅有限，部分来稿未能编入，希望作者谅解。本书每年年初征稿，当年 9 月底截稿，欢迎读者踊跃投稿，E-mail：gongzm@ sinopec. com。

  编者受石化设备检维修专业委员会及编委会的委托，尽力完成交付的任务，但由于水平有限，书中难免有不当之处，敬请读者给予指正。

目　录

五、腐蚀与防护

六、机泵设备

七、润滑与密封

八、节能与环保

九、新设备、新技术应用

十、仪表、自控设备

体系先行　数智协同　营造生态

——对检维修行业生存发展的思考

金　强

（中国石化上海石化公司，上海　200540）

摘　要　"后疫情"时期经济复苏、"十四五"开局、"碳中和"来袭、"内循环"转动。同时，新一代信息技术不断落地应用，"工业经济"向"数字经济"转型变革，在此大背景下对于中国石油化工企业设备管理也必将迎来一轮新的发展机遇。本文通过对检维修行业生存发展的思考，提出对策建议，供相关企业参考、借鉴。

关键词　石油化工；对策建议；数智运维；检维修生态圈

2021年是多种因素叠加的一年，"后疫情"经济复苏、"十四五"开局、"碳中和"来袭、"内循环"转动。同时，新一代信息技术不断落地应用，"工业经济"向"数字经济"转型变革，在此大背景下对于中国石油化工企业设备管理也必将迎来一轮新的发展机遇。

1　石油化工企业检维修现状分析

目前中石化等石油化工大型企业，企业有完备的检维修组织体系，日常检维修依托检维修改制企业，双方通力合作做好设备检维修管理工作。这里仅就当前设备检维修过程中存在的问题进行讨论。

1.1　石油化工企业的痛点

一是目前尚处于基于传统经验的计划检修向预防性周期检修过渡的阶段，检修安全风险、设备可靠性和经济性存在较大不足。

二是大量的设备运行和状态数据没有深度挖掘、有效利用，没有充分为设备管理提供真正有效的价值。

三是传统的运维、检修模式及要求仍然基本依靠人力来完成，人力资源成本在检修成本中占比居高不下。

1.2　检维修企业的痛点

对于检维修企业来说，在经营发展过程中普遍存在以下问题：

一是检维修人才培训和迭代。人才的"选、育、用、留"是摆在所有检维修企业面前的一道课题。当下做好企业技术力量的新老交替，在更高的管理要求下缔造一支高水准的检维修队伍，是对每一个检维修企业的严峻考验。人才短缺导致检维修的专业技术管理水平没有与时俱进，大多数检维修技术管理模式还是沿用传统，没有利用好日新月异的先进智能化技术与信息化管理手段，以实现管理模式的创新来提高自身管理水平。

二是检维修企业的效益和发展的瓶颈。这几年人口红利正在消失，快速增长的人工成本极大地增加了检维修企业的负担，基于企业效益使得检维修企业很难跨出创新和发展的步伐。

2　对石油化工企业检维修发展的对策建议

针对目前的现状和痛点，石油化工企业需要安全、经济、可靠的设备管理，同时能让检维修企业可持续健康发展，对石油化工企业设备检维修管理具体的对策建议如下：

2.1　体系先行，全面推行设备完整性管理体系来统一设备管理理念

中石化近几年提出了设备完整性管理体系的设备管理新要求，按照体系化思维系统构建设备管理体系，以风险管理为核心，通过加强设备分级管理、缺陷管理、变更管理，并有效开展检验、检测和预防性维修（ITPM），提高设备可靠性，进而实现设备完整性体系管理（见图1~图3）。

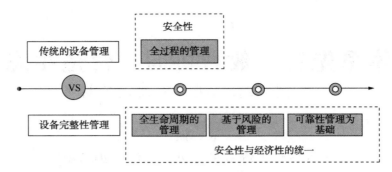

图 1　设备完整性管理体系与现行企业设备管理体系的区别

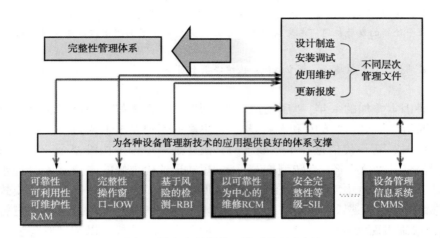

图 2　设备完整性管理体系的基本框架

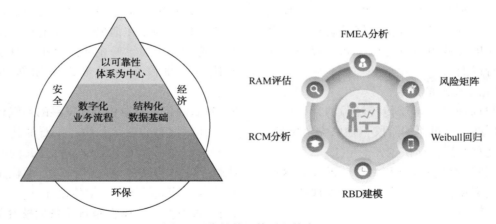

图 3　可靠性管理体系和技术工具

基于 RCM 模型，以前瞻性维修为主，以可靠性为中心，延长设备寿命，增加设备可靠性，减少故障和停机时间，降低维修费用，提高生产效率(见图 4)。

以可靠性为中心的维修(RCM)是一种通用的用以确定资产预防性维修需求、优化维修制度的系统工程方法，设备完整性管理体系为这项设备管理新技术的应用提供了良好的体系支撑。在石油化工企业连续生产装置中，转动机械占据了重要位置。在对这些设备的维护管理过程中，经历了故障维修、定期维修、预防性维修、预知(预测)维修等不同的发展阶段，在降低设备故障、减少维护成本等方面取得了很大的进展。但传统的检验维修规程是基于以往的经验及保守的安全考虑，对经济性、安全性以及可能存在的失效风险等各方面的有机结合考虑不够，检维修的频率和效益与所维护的设备风险高低不相称，有限的检维修资源使用不尽合理，存在检维修过度和检修不足的问题，维护行为存在一定的盲目性和经验性。即使是

预知(预测)维修仍然存在诸如维修过度(或不足)、成本高、维修策略主要依靠主观和经验等缺点。而连续性大生产对设备的长周期稳定运行提出了更高的要求，实践证明RCM可以有效地提高设备运行的可靠性并降低维修成本(见图5)。

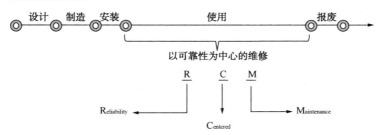

图 4 RCM(以可靠性为中心的维修)

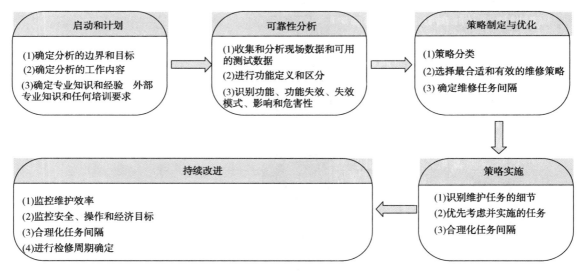

图 5 RCM 实施流程

2.2 加快数字化、智能化技术的运用

石油化工企业的设备数智运维，应包括一个平台、一个专家系统和一个标准化体系。平台是工具手段，起到互联互通、智能决策、智能管理和远程支持的作用；专家系统是核心，通过智能模型融入平台，专家基于平台来工作；标准化体系是基础，通过标准工艺、标准流程、标准资源，实现服务、管理摆脱"地域、时间、经验"的限制。图6所示为预知检修与精准维修

框图。

"一个平台"是指设备远程数智运维平台，它包含了从数据采集、处理、分析到数据利用的全过程，集合了智能传感技术、网络通信技术、云计算、大数据等一系列最新技术成果，形成的一个完整的设备运维运行平台，是远程运维的核心载体，是实现设备远程数智运维的根本保障(见图7)。

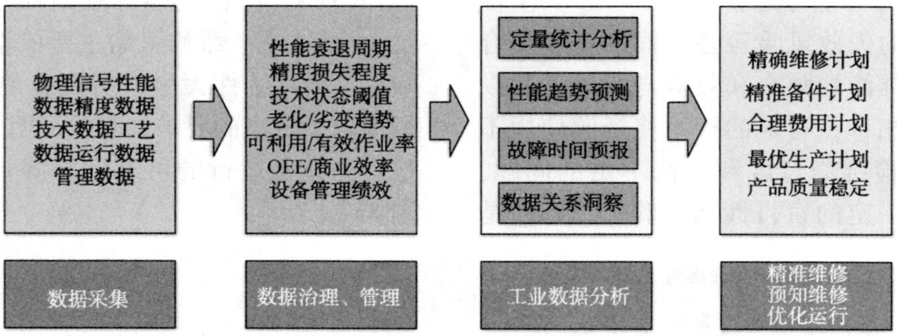
物理信号性能
数据精度数据
技术数据工艺
数据运行数据
管理数据
性能衰退周期
精度损失程度
技术状态阈值
老化/劣变趋势
可利用/有效作业率
OEE/商业效率
设备管理绩效
定量统计分析
性能趋势预测
故障时间预报
数据关系洞察
精确维修计划
精准备件计划
合理费用计划
最优生产计划
产品质量稳定
数据采集
数据治理、管理
工业数据分析
精准维修
预知维修
优化运行

图 6　预知检修与精准维修

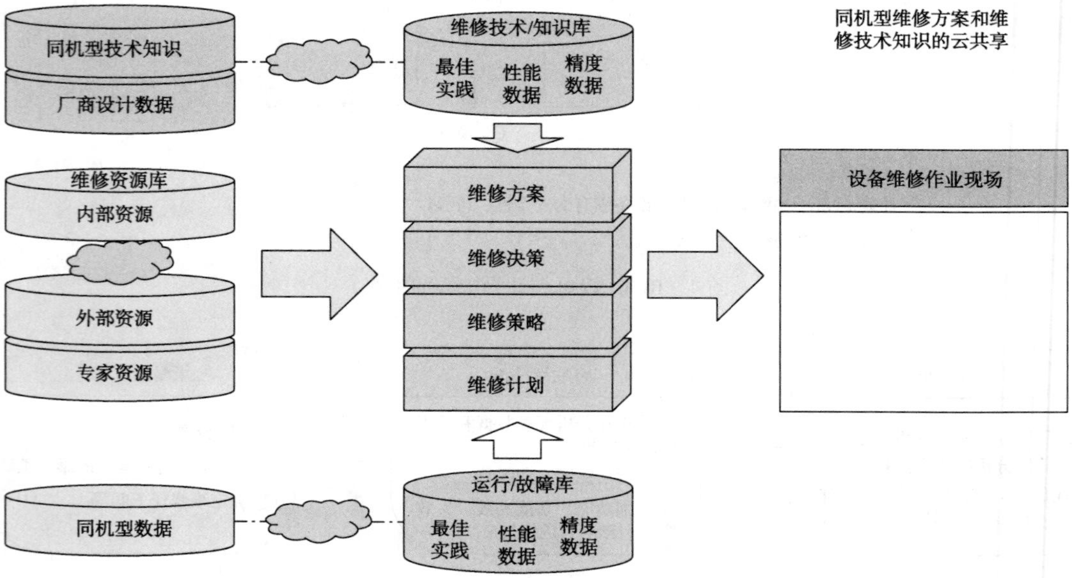
同机型维修方案和维
修技术知识的云共享
同机型技术知识
厂商设计数据
维修技术/知识库
最佳
实践
性能
数据
精度
数据
维修资源库
内部资源
外部资源
专家资源
维修方案
维修决策
维修策略
维修计划
设备维修作业现场
同机型数据
运行/故障库
最佳
实践
性能
数据
精度
数据

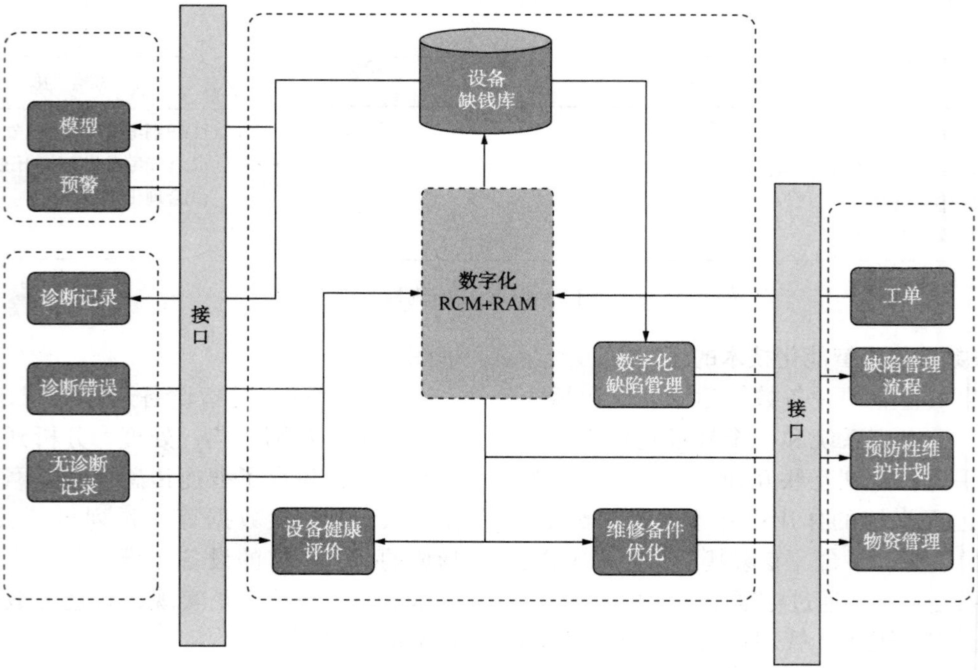
模型
预警
诊断记录
诊断错误
无诊断
记录
接
口
设备
缺钱库
数字化
RCM+RAM
数字化
缺陷管理
设备健康
评价
维修备件
优化
接
口
工单
缺陷管理
流程
预防性维
护计划
物资管理

图 7　设备远程数智运维平台

"一个专家系统"是专家知识、规则的汇聚，包括规则库、数据模型、预测模型、决策模型等在内的智能功能集成，也包含了各领域专家在系统参与的脑力劳动。专家系统是远程智能运维的灵魂，没有专家系统的运维只能是数据的堆积，而不能发挥远程运维系统的真正优势。

建立专家系统后一旦某一装置出现设备运行异常，既可采用现场专家会议研讨形式诊断解决问题，又可以采用远程诊断来指导现场分析判断采取措施。通过远程运维系统不仅可以用好石油企业内各类工艺、设备专家，还能借助国内设备设计、制造、智能检测和故障诊断专家的力量，实现设备疑难杂症的公关。如某企业去年催化主风机叶片断裂故障，国内多位专家远程诊断出主风机转子存在瞬间动平衡问题，及时决定抢修，防止了设备进一步的损坏；

如近几年来石油企业多发的高压空冷腐蚀问题、不锈钢管线焊缝裂纹问题、乙烯三机压缩机振动大、轴位移上升、轴承温度高等问题，均在系统内外专家的指导诊断分析下采取相应措施，绝大部分问题均得到及时处置。

近几年应用开发的各类设备诊断新技术及智能化技术极大地提高了装置设备长周期运行的可靠性（见图8）。例如关键机组动设备状态监测系统、机泵群无线状态监测技术、静设备腐蚀监测系统、法兰定力距紧固技术、脉冲涡流在线测厚技术、烟机转子叶片无损检测技术、机组干气密封远程监测系统、智能仪表预防性维护管理系统等等先进技术的不断应用，极大地强化了对装置设备运行的动态掌握，实现了设备运行状态的实时监控，为设备运行周期预测奠定了基础。

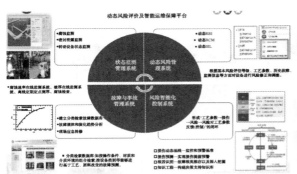

图8　各类设备诊断新技术及智能化技术

"一个标准体系"是指设备状态数据获取、处理、分析、诊断、利用、维护、维修等各方面的标准化体系，规范了整个远程数智运维实施过程。标准化是实现远程智能运维的基石，没有标准化就不可能实现远程运维的信息化、数字化、智能化。

在"三个一"设备数智运维体系顶层设计框架下，设备运维数字化转型可利用物联网、大数据、人工智能新技术手段，构建基于远程运维平台的智能采集、智能分析、智能诊断、智能排程、方案优化、推送方案、远程支持、智能检验等设备智能运维模式，形成以"数据"为牵引、以"平台"为核心的设备运维新型管理模式。这种模式不仅可有效解决传统设备运维面临的瓶颈和短板问题，还可通过数智运维平台，聚集设备运维生态资源，开展状态管理、检修服务、工业检测、制造协同，提供专业化产线、专业化设备的全流程运维解决方案服务及设备大数据分析增值服务，并通过生态化协同和平台化运营，实现产业链相关企业的互联互通和共建共享。

未来发展方向是能实现基于大数据远程诊断及智能风险防控和智慧化决策（见图9）。

2.3　建设共生共荣的检维修生态圈

在数字技术加持下的设备检维修管理，可以将用户、企业及上下游伙伴组成一个实时连接的、共生共荣的生态圈，做到相互赋能，创造价值增量，并实现业务协同、数据协同和生态协同，促进商业模式创新和运营管理效率的改善。将现场用户、管理者、检修供应商、备件供应商、物流服务商等检修活动参与者紧密串接，面向生态圈协作设计，体现信息共享协同价值，构建"互联网+检维修"生态是今后发 展的主要方向（见图10）。

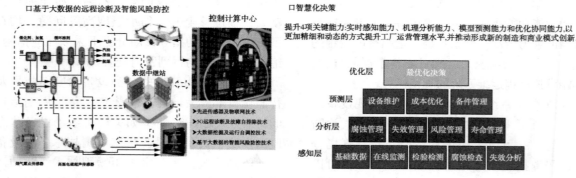

图9　大数据远程诊断和智慧化决策

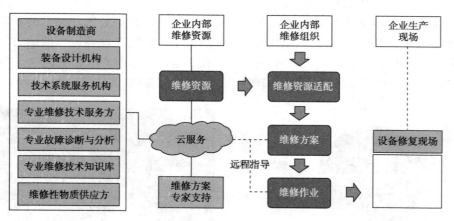

图10　维修资源云共享

　　一是通过强强联合的协作方式，把拥有不同专业优势的优质维修企业组成协作联盟，扬长避短、优势互补，使之具备机、电、仪诸多专业维修的可靠实力，满足多数企业对设备维修外包的综合需求。从全国各区域选拔并组建涵盖各专业的维修高技能人才团队，主要负责为各区域维修协作活动开展提供强有力的技术保障。既能解决石油化工装置的新建及常规性检修，又能及时解决石油化工企业中重点、难点设备的检修，下一步要抓紧培育专业化设备检修企业，例如能熟练掌握催化烟机、乙烯三机、高温高压法兰紧固等优质的专业检修企业。总之，使检修企业市场形成专业化与通用化有机结合的群体。

　　二是检维修行业及企业发展呈现出"平台化、生态化"的格局，要积极推进行业的发展规划和落地举措。其中个别的行业维修企业协会，已经按照企业化运作，建立生产、安全、经营、人力资源等组织机构；同时，推进检维修技术

的专业化和检维修企业的集团化，以推动协会企业高质量发展的战略目标。

　　三是建立维修领域从人才、技术、备件、装备到信息和售后服务的信息共享与协作机制。要整合下游的基础劳务资源，形成专业、规范的劳务公司，以改变劳务用工成本居高不下的行业现状。以互联网信息技术结合工业维修特性，以企业实际需求和痛点难点为基本着眼点，以市场为导向，形成以区域为核心的全国维修协作网络。

　　四是以互联网、物联网、大数据、人工智能技术为核心，以数据智能平台为支撑，通过共创、共建、共享的工业互联网平台，聚合行业检修全产业链的价值主体和从业者，构建开放、可持续发展的工业互联网智慧共享生态。

　　五是生产运行领域的检维修管理技术要与时俱进发展。设想的大修计划与月度检修计划都应该在装置开车进入新一轮周期运行即刻产生，并按月度滚动调整完善，运行周期越长计

划越准。与此同时，以装置为单位集全系统或全国之精华，形成标准模板稿，以此提高整个石化行业检修管理水平。同时，检修施工与生产运行管理深度结合，努力推行 PROJECT 软件编排检修施工计划。

3　结束语

在日新月异的数字化浪潮中，只有那些真正从零到一、从无到有、持续为客户创造价值，坚持创新，做大格局观的坚定实践者，才经得起考验，才有可能可持续发展。所有设备管理领域的专家、同仁，要守正用奇，在 RCM 推广应用、数字化智能检修、营造新生态方面持续借力、合力、发力，为未来投入，为未来孵化，让石油化工企业的设备检维修管理更加专业、更加出彩！

设备完整性管理在新建项目中的良好实践

赵　岩

（中海石油炼化有限责任公司，北京　100029）

摘　要　当前，我国石油化工行业正在全面推行设备完整性管理体系建设，这也是开展国际对标的基本准则。在项目建设阶段围绕体系各要素规范管理行为，是保证项目建设无缺陷开车，提高设备本质安全的重要条件。本文结合项目建设各阶段重点任务，把设备管理完整性、技术完整性、经济完整性融入项目管理全过程，实现了对设备全生命周期的有效控制，为持续健全设备完整性管理体系打下了坚实的物质基础。

关键词　新建项目；设备完整性；长周期运行

石油化工企业积极推行设备完整性管理体系是全面实施 PSM 管理的必然要求，是提高本质安全的重要手段，致力于实现生产装置或系统设备全生命周期的管理完整性、技术完整性、经济完整性。中海油自 2012 年开始以惠州石化作为设备完整性管理试点单位，引入先进的设备管理理念和策略，围绕核心要素，确定 KPI 绩效指标，结合信息化拓展技术，把数据采集、故障诊断、风险管理、设备预防性维修管理常态化，逐步实现从传统管理向信息化、数字化、智能化转变。2017 年在中海油系统内建立设备完整性管理体系，2019 年实现了全系统体系运行。

设备完整性是通过技术改进措施和规范设备管理相结合来保证石油化工厂设备运行状态的完好性，其主要特点为：一是设备完整性具有整体性、系统性、规范化，即一套生产装置或单元的所有设备完整完好；二是设备完整性贯穿于设备选型、制造、安装、使用、维护，直至报废全生命周期；三是设备完整性管理采用技术改进和加强管理相结合的方式来保证整个装置中设备良好运行，其核心是在保证安全的前提下，以整合的观点处理设备的作业，并保证每一项作业的规范正确；四是设备完整性是动态的，结合新标准、新法规、新需求，运用 PDCA 循环持续改进提升设备完整性管理制度体系（见图 1 和图 2）。

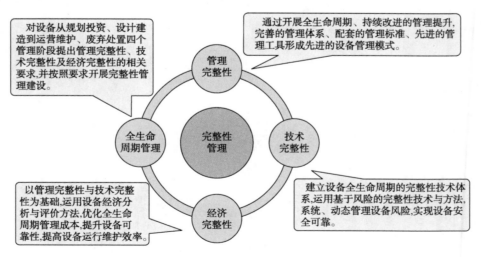

图 1　完整性管理核心内容

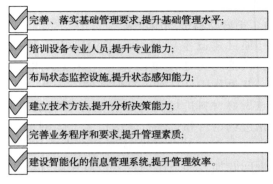

完善、落实基础管理要求,提升基础管理水平;

培训设备专业人员,提升专业能力;

布局状态监控设施,提升状态感知能力;

建立技术方法,提升分析决策能力;

完善业务程序和要求,提升管理素质;

建设智能化的信息管理系统,提升管理效率。

图2　设备完整性管理持续提升要求

中国海油将设备完整性管理体系融入新建项目设计、制造、施工全过程,围绕人、机、料、法、环五大因素,保证设备全生命周期的完整性,为生产运行的本质安全、数字化交付、智能化工厂建设、设备标准化管理奠定了科学可靠基础。

1　设备技术骨干全程参与项目建设

1.1　生产运行技术人员扮演重要角色

项目建设的最终目标是实现未来安全长周期运行、环保达标排放、经营效益达到预期、投资与进度控制合理。为此,我们在制定项目实施策略时,要求生产技术人员(工艺、设备、电气、自控、安全、信息化)全过程参与项目技术质量管理,发挥技术专业组的特长,在不同时期扮演不同角色。项目前期参与可研审查、工艺包选择、建设方案论证;基础设计和详细设计阶段主导设计进度协调、设计审查、采办技术支持;现场施工阶段进入PMT重点负责设备催交、监造、验收,现场设备安装技术把关和质量检查,组织设备试运。

1.2　提前制定设备标准化和数字化交付策略

专业技术组认真组织设备技术人员严格按照设备完整性管理体系要求对设计单位、制造单位、建设单位制定统一规定,制定详细规范的设计询价请购文件、技术标准规定、数字化交付条件、交货验收文件、建设交工文件等模板和管理程序,作为验收付款的重要约束内容。与此同时,项目建设期直接将SAP系统上线运行,设备技术人员指导物料码提报并跟踪其准确性和时效性,参与设备交付现场开箱验收并获取完整资料,保证建设与生产运营的无缝衔接。

1.3　全方位培养复合型设备专业技术人才

设备技术人员从项目建设到生产运行,每个人专门负责2~3套以上生产装置或系统设备,让他们全方位参与项目前期准备、设计协调、设备采购、施工建设、生产运行,设备技术管理实行专业"承包"制,一竿子插到底,达到一专多能、主专业更精、相关专业熟练掌握的效果,在实战中培养复合型设备专业技术人才,为螺旋式提升设备完整性水平创造有利条件。例如,通过大型项目建设为常减压、加氢、重整、催化裂化、芳烃(PX)、延迟焦化、乙烯裂解、聚烯烃、液体化工等核心装置,动设备、静设备、仪表、电气、信息化、防腐保温、加热炉、热工、储运等主要设备技术骨干提供施展能力的平台。

2　选择优秀可靠的设备制造商

2.1　严格控制招标入围"门槛"

由于项目建设属于法定公开招标,供应商入围手段多,不确定因素多,如何采购到高性价比产品,既要巧妙制定好采办策略,同时又要体现担当作为精神,这是对项目管理团队,特别是设备技术管理团队的严峻考验。为此,我们制定了如下基本原则:一是通过公开资格预审确定有限入围数量;二是设定两项以上的使用业绩;三是通过参与大型炼化一体化项目及同类装置作为限制条件;四是设定选材范围和质量监造与验收要求。以上入围"门槛"确定之后,还要通过合理的技术与价格比例确定中标条件,使设备采购充分体现质优价廉的公平竞争,为设备完整性管理打下物资基础。

2.2　多渠道开展设备监造验收

对于大多数设备制造采取催交催运与监造验收相结合的方式,既有利于控制项目质量和进度,又有利于丰富设备技术人员的知识面和实践经验。设备监造采用驻厂监造与流动节点监造相结合,监造人员既有属地外聘专家,也有设备技术人员。例如,往复压缩机的曲轴及曲轴箱、离心机转子及机壳、电机转子和定子制造过程的锻铸造、机加工、热处理节点监造;换热器的管束材料、过程试压、浮头与头盖预紧力检查;反应器的锻件、坡口加工、焊接过程工序、探伤与热处理等过程监造(见表1)。

设备验收均由业主设备技术人员参加，见证试压、性能测试、外观检查、制造完整性等最终验收结果。这些控制措施有力地保证了设备制造交付的完整性。

表1　某项目重要设备、关键材料监造一览表

类型	监造方式及数量/(台、套)		
	驻厂监造	节点监造	出厂前检验
动设备	—	20	137
静设备	340	5	579
包设备	6	20	25
电气设备	—	83	439
电缆	—	690km	—
特殊阀门	—	63	—
进口设备	—	9	—

2.3　设备安装与验收坚持高标准和规范化

项目建设以设备安装质量为主线和基准，设备基础、工艺管线、电气仪表、保温防腐是保证设备完整性不可分割的整体。我们制定如下安装质量控制与验收原则：一是设备安装的精度必须控制在标准以内，防止系统超出误差范围；二是关键质量控制点（A级点）实行联合验收，相关设备技术人员必须现场见证；三是安装后的设备务必做好硬隔离成品保护，特别是法兰密封面、敞开的管口、易锈蚀部位、易渗水接头等；四是做好设备附件和防护材料的到货与安装质量验收，重点是阀门试压、保温防腐材料的到货与施工质量、仪表附件质量、电缆安装的规格化、管线安装的标准化。

2.4　积极参与设备调试并组织操作技能培训

设备调试是保证项目高标准中交的重要环节，也是对操作员工开展实操技能培训的最佳时机。设备技术管理人员要全程参与设备调试过程的方案审查、过程检查、调试指导，保证新设备达到试运条件、正确操作、消除缺陷、完好备用。其中，大机组务必做到管线吹扫效果达到标准要求，润滑油管线全部酸洗钝化和油运合格，自保联锁全部投并试验可靠；建设单位要派人参与仪表单校和联校；利用制造厂家在现场服务机会组织好对建设方员工、施工承包商、维保承包商的培训，把关键技术要点和问题当场解决。

3　正确使用和保管施工材料

3.1　把好材料进场质量关

项目建设主要材料除了钢结构、混凝土外，其他均为建设单位（甲方）采购或甲控乙采，其供货质量是有可靠保证的，为此，我们重点做好材料进场检验和现场保管质量控制。一是进场钢管和管件打光谱检验，碳钢每批检验一件，合金钢和不锈钢每个规格检验一件，发现问题加大抽检比例；二是对保温材料随机取样，对导热系数、容重、憎水率等主要指标抽检；三是对入场设备的复合层、接管法兰、封头、容器壁厚等关键部位抽检；四是对换热器、阀门、容器自带螺栓材质和硬度抽检。通过入库和现场抽检发现了一些供货质量问题，及时采取了更换或对供货商进行质量处理措施。

3.2　业主对阀门集中试压

对于到货阀门试压，我们曾经尝试让施工承包商现场建立试压站，但实施效果不佳，漏洞太多，自2017年起，要求对所有在建项目都由业主直接委托第三方试压，建立试压台账、卡片，记录试压过程，收到了预期效果，基本解决了阀门到货质量问题（见图3）。

图3　阀门集中试压站

3.3　规范现场材料保护

从防潮、防锈、防雨、防台风角度，我们制定了材料现场堆放规范管理的统一规定：一是要求各施工承包商在现场建设临时密闭仓库，法兰密封面、螺栓表面涂润滑脂保护；二是现场露天堆放的材料上苫下垫；三是变送器、定位器、压力表等管口或接线口做好密封，防止进水，预制完的管道在完成内部清洁检查后两端用管帽封堵；四是每一段管线或设备的现场保温完成后立即完成铝皮等保护层安装,努力减少雨水造成腐蚀。

4 推广有利于设备完整性的先进施工方法

4.1 加热炉模块化制作安装

模块化制造安装已经在新建项目上得到推广,但是根据设计单位提供的信息,第一个全面推行加热炉整体模块化或分段模块化的项目还是中海油惠州二期炼化一体化项目,25台加热炉采用了模块化制造安装,特别是120万吨/年乙烯裂解炉(单台炉设计能力15万吨/年)和1000万吨/年常减压加热炉,为国内大型石化项目推广加热炉模块化安装积累了宝贵经验(见图4)。模块化为设备完整性管理的专业集成提供了科学的施工质量和进度保证。

图4 大型加热炉分段模块化制作安装

4.2 大型塔器整体交货吊装

设备大型化已经成为在建石化项目安装难题,尽管国内吊装能力已经大幅增强,但是受建设地点公路运输和码头接卸条件限制,有些大直径的高塔器还无法满足整体到货要求,塔器在现场空中组对筒节质量难以控制,错边量和组对应力大,是未来生产运行的设备隐患。为此,我们在策划项目施工方案时要坚决避开现场组对,再大的塔器设备也要整体交货。与此同时,高度超过40m的塔器在吊装前完成设备保温、附塔管线及保温、梯子平台安装、照明灯具和仪表接线管安装,设备吊装安装完成后达到"穿衣戴帽、塔起灯亮"要求(见图5)。

图5 大型塔器"穿衣戴帽"整体吊装

4.3 深入开展设备国产化合作示范研究

大型设备、核心设备、关键仪表国产化研究已经成为我国高质量创新发展的课题之一。我们充分利用大型项目建设的有利时机,为设备国产化提供转化平台,在与设备制造商、设计单位、行业专家深入交流论证的基础上,联合开展设备、材料、仪表国产化攻关。惠州二期项目120万吨/年乙烯三机组是在武汉石化80万吨/年乙烯三机组国产化成功应用的基础上实现了当时国内最大规模的乙烯三机组国产化,而且运行状态很好,见图6。

惠州二期10000kW隔爆式高压电机首次研发成功投用;惠州二期180万吨/年重整和宁波大榭三期150万吨/年重整都是当时最大规模的缠绕管换热器实现了国产化应用;宁波大榭在建的40万吨/年聚丙烯挤压造粒机应用了大连橡塑的国产设备。此外,国产低温钢(08Ni3DR)在乙烯低温塔器上实现了首次应用,丁辛醇装置反应器、煤制氢装置破渣机和渣水分离器等关键设备实现了首次国产化成功应用。设备国产化为科技创新、便捷管理、成本控制增添了闪光亮点。

4.4 实现对特殊部位法兰定力矩安全紧固

结合各装置和单元特点,我们对于高温高压、有毒有害、温差变化大等特殊部位法兰应

图6　120万吨/年乙烯裂解气压缩机组国产化

用定力矩扳手均匀紧固，设计单位与项目建设单位结合工作经验和理论计算，确定紧固力矩参数，法兰紧固过程邀请监理工程师全程旁站记录，交付完整的施工过程文件。投料试车后，有毒有害部位法兰实现了零热紧、数字化、定力矩、零泄漏；高温高压部位应用拉伸器或定力矩扳手均匀热紧；温差变化大的法兰安装碟簧垫片配套均匀定力矩热紧，保证了法兰连接接头的完整性和安全性。

5　应对环境对项目建设的风险

5.1　应对气候条件影响

华南沿海地区属于潮湿多雨气候，盐雾腐蚀极其严重，重点做好防腐程序控制，表面处理必须达到标准要求，需要选择性能很好的油漆涂料，对于酸性水罐、污水处理厂水池、循环水池内防腐要选择特种涂料；夏季做好防台风的设备和管线保温保护层加固；夏季炎热气候对动设备应用信息化手段实时监控运行状态。华北地区气候干燥、冬季气温低、地下水硬度高，重点做好水冷器管束防结垢防腐，冬季防冻凝，雨季防雷防静电。华东地区介于华南和华北之间，重点是防台风、防冻凝、防雷电。

5.2　应对加工原油性质影响

中海油原油品种比较多，性质差异大，对于加工高酸重质低硫原油的企业应关注环烷酸的腐蚀，防腐难点集中在常减压、延迟焦化、加氢裂化、重整。对于加工高硫低酸原油的企业关注高硫部位防腐和防止硫化氢中毒、硫化亚铁自燃，防腐难点集中在常减压、催化裂化、渣油加氢、催化汽油脱硫；安全管理难点集中在原油、渣油、蜡油等高硫组分罐区，以及常减压、酸性水等装置。设备和管线防腐和保温、机泵状态监测、加热炉热效率、节能减排仍然对设备完整性管理提出了更高要求。

5.3　应对VOCs达标新要求

为了积极推进挥发性有机物治理，打赢蓝天保卫战，自《挥发性有机物无组织排放控制标准》（GB 37822—2019）出台后，各企业都充分考虑结合生产工艺、设备使用、处理方法等因素，严格控制工艺废气排放、设备密封点泄漏、储罐和装卸过程挥发损失等。其中，设备泄漏检测与修复（LDAR），储罐呼吸阀、浮盘、一二次密封结构改进，装车站台增设油气回收设施是控制VOCs排放的源头治理措施。在项目建设期间及时采纳吸收新技术、新设备、新材料、新工艺有助于对VOCs实行标本兼治，为生产运行期减少废气排放提供硬件支撑。

6　结束语

设备完整性管理是保障石油化工企业安全可靠运行的基本途径，把体系融入项目建设阶段就是对设备全生命周期管理的诠释，只有实现对设备开展事前、事中、事后全过程管控，才能助力设备本质安全，使设备完整性管理具有合规性、先进性、系统性、可操作性，跟踪时代步伐，持续改进提升，为构建新发展格局，打造智能型石化企业赋予新动能。

国家能源集团智慧化工设备综合管理规划

胡庆斌　　朱正伟

（国家能源集团鄂尔多斯煤制油公司，内蒙古鄂尔多斯　017209）

摘　要　智慧化工规划建设立足于应用新一代信息通信技术，进行化工产业经营管理创新与生产技术革新，发挥国家队、主力军作用，树标杆，领方向，引领煤化工产业进行数字化转型，实现产业升级，彰显企业的行业价值、经济价值和社会价值，是对国家能源集团战略中"创新型、引领型、价值型"的深刻解读与诠释。集团利用新的信息技术，以全面感知、全面数字、全面互联、全面智能为主攻方向，通过打造数字化、网络化、智能化的"物"，和人人互通、知识共享的"人"，促进"人"与"物"的交互与融合，初步实现了企业的智能生产、智慧管理。本文介绍国家能源集团智慧化工设备综合管理总体规划，解决完善了大型煤制油或煤化工企业设备综合管理过程及精细化管理欠缺的问题，可供相关人员参考。

关键词　煤化工；设备精细化管理；智能；智慧

1　项目背景

国家能源集团作为全球最大的煤炭生产公司、火力发电公司、风力发电公司和煤制油煤化工公司，其中煤化工板块生产运营煤制油化工项目28个，已建成运营的煤制油产能526万吨/年，煤制烯烃产能393万吨/年。在煤化工主要技术领域拥有自主技术，煤化工产业规模和技术水平处于世界领先地位，煤制油品在国防、航天等领域具有巨大应用价值。

国家能源集团（下文简称：集团）进一步响应国家的要求，完成了智慧化工建设规划，智慧化工规划贯彻党的十九大报告"建设网络强国、数字中国、智慧社会，推动互联网、大数据、人工智能和实体经济深度融合，发展数字经济、共享经济，培育新增长点、形成新动能"要求，面向集团"一个目标、三型五化、七个一流"总体战略，聚焦集团现代煤制油化工产业优势和煤化协同优势，致力建设更加安全、稳定、清洁、智能的世界一流煤化工企业，助力集团建成真正具有全球竞争力的世界一流能源集团。

2　项目目标

2.1　与智慧化工总体规划的关系

按照集团统一建设决策层和经营层应用系统，在经营层建设化工生产运营管控平台，并建设18个生产执行层关键应用，18个控制层应用，大力发展智能装备（见图1）。

依据集团智慧化工顶层设计的智慧企业总体框架，在"安全、稳定、清洁、智能"的智慧化工愿景指引下，依托统一的IT资源与能力保障，聚焦三大理念，围绕"设备可靠"关键业务，规划建立设备管理系统（见图2）。

2.2　智慧化工设备管理建设目标

集合化工生产全产业链，将新一代信息技术与生产过程管理以及资源、工艺、设备、环境和人的活动进行深度融合，提升全面感知、预测预警、协同优化、科学决策的能力，以更加精细和灵活的方式提高企业运营管理水平（见图3）。

充分利用物联网（IOT）技术、大数据、人工智能（AI）技术以及其他辅助设备，进行设备运行信息的收集、传输、储存、加工、分析、预测、更新和维护，形成预测性维修策略，以提高设备工作效率和维护维修效率为目的，支持高层决策、中层控制、基层运作的集成化人机管理，实现以下设备管理提升目标：

（1）设备智能化：应用智能设备，通过设备定位与控制器终端，实现智能设备互联，并与工厂虚拟现实系统实现同步联动，实现设备3D可视化。

（2）运行智能化：对设备运行状态进行远程监控，基于设备状态进行故障预警及报警，结合大数据分析和优化模型，实现设备运行仿真。

（3）检修智能化：结合大数据分析和优化模型，实现基于状态、预测性检修策略制定、设备3D模型拆解及智能化检修作业。

（4）管理智能化：实现设备智能巡检、点检，与ERP-PM接口，执行检修计划、工单、备品备件领用、报废等。

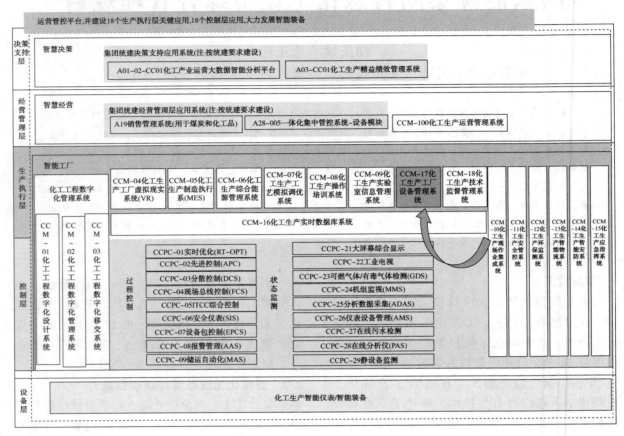

图1

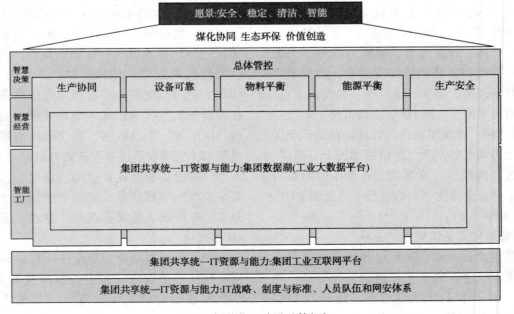

图2　智慧化工建设总体框架

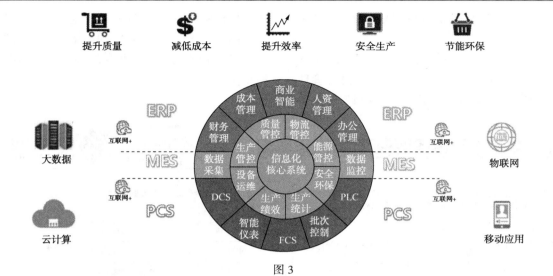

图3

3　项目内容

3.1　设备管理及相关业务范围

依据集团智能化工规划的层级划分，设备管理的功能范围涵盖 3 个层级（见图 4），分别为：

（1）智慧决策层：A01-02-CC01 化工产业运营大数据智能分析平台。

（2）智慧经营层及执行层：ERP-PM、CCM-17 化工生产工厂设备管理系统。

（3）智能控制层：CCPC01 实时优化系统、CCPC02 先进控制系统、CCPC03 计算控制系统、CCPC04 现场总线控制系统、CCPC05 压缩机控制系统、CCPC06 安全仪表系统、CCPC07

设备包控制系统、CCPC08 高级报警管理、CCPC09 储运自动化系统。

（4）状态监测层：CCPC21 大屏综合显示、CCPC22 工业电视、CCPC23 气体检测系统、CCPC24 机组监视、CCPC25 分析收集采集系统、CCPC26 仪表设备管理系统、CCPC27 在线环保检测、CCPC28 在线分析仪表管理系统、CCPC29 静设备监测、CCPC30 供配电系统、CCPC31 火灾报警系统。

（5）智能装备层：智能仪表、智能阀门、智能点巡检、智能穿戴、智能机器人、人员定位、AI 摄像头、智能终端、智能门禁、电子围栏。

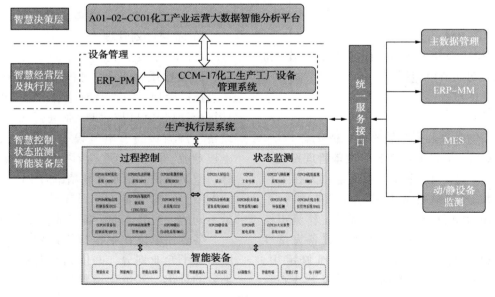

图4

3.2　化工生产工厂设备管理系统（ERP-PM+CCM17）

智慧经营层及执行层的设备管理系统业务由 ERP-PM 与 CCM-17 化工生产工厂设备管理系统两个系统分工协作，其中 CCM-17 化工生产工厂设备管理系统两个系统定位为在工厂侧与集团统建 ERP-PM 功能的承接与执行系统。

设备管理系统的功能的应用架构如图 5 所示。

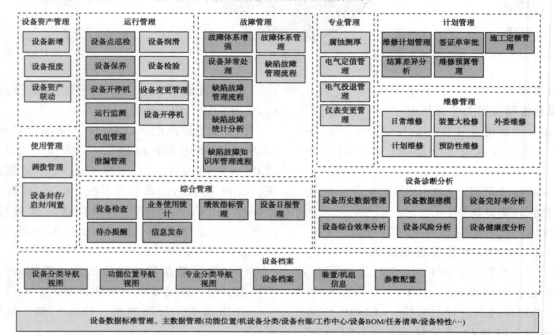

图 5

3.2.1　ERP-PM

集团 ERP 采用的 SAP-ERP 产品，其 PM 模块的主要功能清单包括有：

（1）设备台账；

（2）维修工单；

（3）实物管理和财务管理的一体化。

3.2.2　CCM-17 化工生产工厂设备管理系统

化工生产工厂设备管理系统定位为在工厂侧与集团统建 ERP-PM 功能的承接与执行系统。因 ERP-PM 缺乏可灵活定制的工作流审核机制，因此在设备管理系统中规划设备完整性管理、检修计划、工程量验收单、维修定额、结算管理等核心模块。下面重点对以上核心管理内容进行说明。

1）维修计划管理

检修计划按照类型的不同划分为大检修计划、月度检维修计划、临时计划、科研计划、技改技措计划、隐患治理计划、管理提升计划，且每个计划又可以按照专业进行细分，如传动设备、静置设备、电气设备、自动仪表设备、土建专业、隔热防腐、消防设施维修、车辆维修、空调维护、带压开孔堵漏等 21 个专业，不同类型、不同专业的计划其对口的审批流程都是不同的，充分体现了各专业的专业划分。

各责任单位在申报检修计划时，每一个工序增加了专业划分，并依据专业对工程量进行细致的量化，其量化设置是与工程预算软件的字段设置保持一致，并集成了常用中石化检维修施工定额、煤化工补充定额、框架合同等信息在系统内，这样所报的检修计划就会比较精确，充分体现了设备精细化管理要求，同时也便于工程核算人员对项目预算费用进行精确的核算。

维修计划审核通过并发布后，通过统一接口服务平台，写入 ERP-PM 工单内，ERP-PM 工单与 ERP-MM 物料联动，形成库存预留或物料采购申请，检修人员可凭 PM 工单领料。

2）工程量验收单（签证单）

此功能在 ERP-PM 中是没有的。计划工单经过验收后，系统会自动生成签证单。施工单位需要将实际发生的工程量，按照专业及工序的不同分别修订完善与计划相对应的签证单，项目结算将以签证单中的实际工程量为准。

签证单、工单、检修计划相互结合，形成了一条完整的闭环管理流程，从检修计划源头开始到签证单，针对施工工程量，系统结合施工定额的专业管理要求，将工序的具体工程量按照21个专业进行细分，如带压开孔堵漏专业，细化到泄漏部位、堵漏方式、外径、操作压力、操作温度、数量、单位、具体工作内容等，脚手架专业细化到脚手架类型、搭设部位、参数、单位、数量、具体工作内容等，且将煤制油化工检维修常用的施工定额，直接内置在系统内，设备员、计划员、工程造价主管等均可一键调阅，这样检维修的全流程均与施工定额挂钩，检维修的计划、实施、预结算形成PDCA 循环，就会越来越精确，从而有效管控检维修成本，提升设备精细化管理水平。

系统在工序工程量的设计上，应采取可配置化的设计。可以灵活依据定额管理要求的变化设置各个专业的工程量字段，是否必填、可选项、计量单位、显示顺序等内容。仅需简单地配置，即可调整各专业的工程量字段，以适应施工定额及设备精细化的管理要求。

签证单的审批依据不同的项目专业，分别设置了相应的审批流程，由相关专业管理人员进行逐级审核确认，如对某工序工程量进行调整修订，系统将对所有的修改内容进行留痕。审批后的签证单统一归口由专人进行打印，作为结算依据。

已经办结并经审核及审计确认的最终结算金额，将以签证单为单位反馈至系统内，并逐级反馈至相应计划下的实际结算费用栏中。对于同一设备在编制检修计划时，系统会自动调阅此设备的历史检修计划，并支持一键导入功能，此时将会同时看到相应计划的实际结算费用及计划预算费用，两项费用形成有效对比，以此修正并提高计划预算费用的准确性。

3）施工定额管理

施工定额是规定建筑安装工人或小组在正常施工条件下，完成单位合格产品所消耗的劳动力、材料和机械台班的数量标准。它是施工企业组织生产，编制施工阶段施工组织设计和施工作业计划签发工程任务单和限额领料单、考核工效、评奖、计算劳动报酬、加强企业成本管理和经济核算、编制施工预算的依据。

设备管理系统应根据已嵌套施工定额在编制检修计划勾选，从而更准确地核算计划预算费用。

4）结算差异分析

签证单的结算金额反馈至系统后，即可反向推算检修计划的最终结算金额。本功能通过对比计划金额与结算金额的差异，从而为指导科学性与准确地制订检修计划提供科学依据。

5）维修预算管理

由于设备资产使用期较长，为了使设备经常处于最佳状态，恢复其使用价值，就需要经常进行修理或修复，而发生的费用支出，即为修理费。因为随着公司规模的扩大、装备的提升，设备的维修费用的比例也在逐步增加，通过加强设备维修费用的预算管理，以提高设备的利用效益，可以使公司可持续发展得到根本保障。

预算管理有四个环节：编制、执行控制、分析、考评。这四个环节相辅相成，缺一不可，使预算管理形成闭环式管理，从而达到预算管理的目标。

第一阶段是预算编制阶段，预算编制是预算管理的基础。

第二阶段是执行控制阶段，是预算管理的关键，是预算管理的核心阶段。本阶段应与检修计划的流程审核相结合，达到控制的目的。

第三、四阶段是预算分析、考评阶段。对于设备维修费用的预算执行情况分析，不能只从预算费用节约多少这个一指标简单分析，而是要从设备的综合效率来综合评价，分析通过维修费用的实施，进而提高设备的综合效能。

3.3　智能控制

智能控制包括：CCPC01 实时优化系统、CCPC02 先进控制系统、CCPC03 集散控制系统、CCPC04 现场总线控制系统、CCPC05 压缩机控制系统、CCPC06 安全仪表系统、CCPC07 设备包控制系统、CCPC08 高级报警管理、CCPC09 储运自动化系统。

3.4　状态监测系统

3.4.1　CCPC-24-机组监视（MMS）

1）系统介绍

机组监视系统（MMS）是基于各类探头传感器对动设备运行状态进行监测与故障诊断的系统，为设备预测性维护提供数据支持，包括大机组监视和机泵群监视。

2）智能化技术要求

MMS 系统应满足国家及行业的相关标准规范，其基本功能和技术要求不在此赘述。

智能化技术要求如下：

（1）系统应具备数据感知、数据采集、状态监测、故障诊断、专家决策支持，实现以故障预警驱动和状态监测为基础的预测维修模式，提升设备管理水平。

（2）机泵群监控应优先使用无线网络传输设备实现机泵智能化、数字化管控监测。机泵维护从计划维护、故障维护逐步过渡到预测性维护，实现机泵全生命周期管理。

（3）系统应提供多维度、多角度、多种形式的数据统计分析，支持报表导出。

（4）系统应提供开放式数据接口，可与设备管理系统、安全管控系统等集成。

（5）系统应与已建成的各类动设备状态监测系统之间具备良好的接口能力，兼容各类探头传感器，宜将相关系统整合成一个平台，进行统一管理。

（6）应将 MMS 管理系统形成数字资产，方便提供给不同用户（管理人员、操作人员、应急人员）、不同应用平台（如三维数字工厂、设备管理系统、安全管控系统等）、不同展示平台（手机、电脑、大屏等）。

3.4.2　CCPC-29-静设备监测

1）系统介绍

静设备监测系统包含设备在线腐蚀监测、泄漏风险源在线泄漏监测、换热器性能监测三部分内容。

设备在线腐蚀监测是对设备、管线（及附件）的腐蚀量、腐蚀速率、坑蚀、焊缝腐蚀、冲蚀等情况进行在线监测。

泄漏风险源在线泄漏监测是对有泄漏风险的设备进行监测，对泄漏趋势进行预判，为决策进行支持。

换热器性能监测是针对换热器结垢、管束泄漏等情况进行监测，为生产提供决策；针对水冷换热器循环水中油的实时动态监测。

2）智能化技术要求

（1）设备、管线（及附件）在线腐蚀监测

① 腐蚀过程监测宜采用电化学探针、电感探针等技术。

② 腐蚀结果监测宜采用超声测厚、pH、FSM 电场矩阵等技术。

③ 应自动获取现场数据，实现数据显示、超标报警、绘制腐蚀深度曲线、给出区间腐蚀速率、曲线数据对比分析、建立损伤知识库，完善维修策略库，定期生成监测数据报告和风险分析报告。

④ 应采用一体化解决方案，实现在线腐蚀的风险感知、实时监测、预警。

（2）泄漏风险源在线泄漏监测

① 宜充分使用泛在感知、红外技术等，对不可达密封点进行泄漏监测、泄漏预测及预警。

② 宜对重要设备进行定点监控，对危险区域进行阵列监测，对厂区边界进行光学监测。

③ 应实现检测数据融合，报警诊断分析，建立维修和应急处置策略库。

（3）换热器性能监测

① 可采用紫外荧光、红外荧光法等方法对水冷换热器水中油含量进行在线监测和早期报警。

② 可应用人工智能（AI）识别和分析换热网络的历史运行数据，建立该网络的"动态结垢模

型"，评估换热网络的历史效能，预测未来运行效能。

4　现状及建议

4.1　面临问题

4.1.1　转型升级压力

转型升级压力如图6所示。

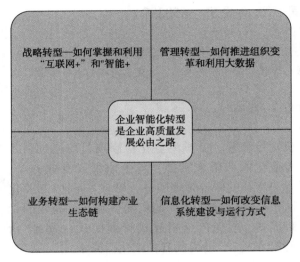

图6

4.1.2　控制层和装备层的配套工作难度大

1）现有系统或仪表的升级改造

为满足智慧化工生产执行层业务系统的数据和业务管理要求，需要对不满足建设指南通讯要求的仪表和系统进行升级。

2）现有生产装置控制系统的升级优化

生产装置控制的升级优化，提供生产运行和操作的智能化水平，提高生产效率，优选建设路线为：PID控制回路→APC→RTO。

3）智能装备的采购和使用

在满足生产企业使用环境的前提下，合理安排智能装备的采购，有针对性地开展应用调试及集成，有效避免标准的不统一，提高并发挥智能装备的真实效能。

4.2　当前现状及建议

4.2.1　存在信息孤岛

很多化工企业已建设了各类专业管理系统，烟囱效应显著，如何对重要运行效能、设备健康、安全生产、环境保护等业务数据进行跨单位、跨部门、跨专业、跨系统、跨时间的采集与综合分析，挖掘数据资产价值，提升化工产业运营管理的分析决策能力，是能否充分发挥数据价值的重点，也是难点，应避免信息孤岛。

4.2.2　一步到位实现智能化

智能化升级改造，并非一个简单系统或是机器的更换就能完成，而是一项极其复杂的系统工程。需持续投资、持续优化改进，从工厂急待升级改造的环节入手，逐步进行，切不可追求一步到位。

4.2.3　智能装备即为智能化

机器人作为智能设备，并非简单安装调试即可使用。如果忽略机器人的开发与应用，将会导致许多机器人用不上。拿机器人与体育运动员来作个类比，一群好运动员（机器人）加上一个好的教练（系统集成商）才是让整个球队（企业）获胜的关键。

4.2.4　智能化定位及认识不足

科学认识智能化未来方向，精准把握智能化发展定位。十九大报告指出"建设网络强国、数字中国、智慧社会，推动互联网、大数据、人工智能和实体经济深度融合，发展数字经济、共享经济，培育新增长点、形成新动能"，是国家能源集团"一个目标、三型五化、七个一流"总体战略需求。

坚持专业化导向引领　提升精细化检修水平

李俊斌

（中国石油云南石化有限公司，云南安宁　650399）

摘　要　炼化企业停工大检修任务艰巨繁重、风险压力叠加、技术要求高、管理难度大，本文通过分析和说明专业化管理在停工大检修过程中的组织形式、管理方法和取得效果，为建立高效的大检修管理模式，提升精细化检修水平，推广理顺思路。

关键词　专业化；精细化；集约化；规范化；标准化；信息化

1　前言

2020年大检修是云南石化自2017年投产以来首次全系统停工大检修。目前炼化企业停工大检修整体由"三年一修"向"四年一修"迈进，并力争实现"五年一修"目标，这就导致停工大检修必然存在"范围广、规模大、任务重、工期紧、风险高、管理难"的现实，无法对检修现场各类人员进行有效的专业培训，无法对检修队伍和作业进行有效规范。对于如何提升精细化检修水平，建立高效的管理模式，云南石化通过坚持专业化导向引领，取得了良好的管理效果。

2　专业化管理运行模式

云南石化2020年大检修前期，根据调研其他地区公司大检修专业化检修的情况，并结合自身实际，拟定了62项专业化检修项目。一部分是将专业性较强或技术含量较高的检修或检验工作向纵深推进，如设备专业的催化主风机升级改造、离心压缩机组检修、干气密封检修、特种设备检验、腐蚀专项检查、催化两器衬里修复等，电气专业的UPS控制板卡性能检测及易损件更换、重要鼓引风机低压变频器性能测试等，仪表专业的CCC系统检修、CCTV系统检修、DCS控制系统检修、SIS系统检修、TRI-CON系统检修等。另一部分是将主体检修单位的传统常规业务范围进一步细分专业领域横扩到边，如设备专业的螺栓抛丸清洗、定力矩紧固、大型吊车租赁、管束集中试压等，电气专业的变压器渗漏油处理、测温传感器电池更换等，仪表专业的就地液位仪表检修、电动执行

机构检修等。62项专业化检修项目均通过引入专业化的队伍来实施，与企业组成专业齐全、优势互补的联合管理团队，形成"企业+专业化队伍+主体检修队伍"的精简、扁平、高效的管理模式，取代传统粗放式管理模式，做到"精修""细检"，助力提升精细化检修水平。

3　专业化管理特点

坚持专业化导向引领，其核心就是充分利用一切优势资源，更集中合理地运用现代管理与技术，充分发挥优势互补的积极效应，以提高工作效率，实现检修目标的一种形式。云南石化大检修，专业化管理主要体现出"集约化、规范化、标准化、信息化"的特点。在整个检修过程中，专业化管理有效依托精简、扁平、高效的管理模式，更加关注检修过程重要节点，管控检修过程关键细节，围绕一个目标，形成一个合力。专业化管理按照相应的计划展开流程管理，对工作的推进进行充分了解，并让不同资源得到有效配合，让设备的故障以及问题迎刃而解。对比传统的功能性判断，专业化检修标准量化，检测手段丰富，暴露设备隐形问题，做到提前预防，通过科学的检验标准降低主观因素，减少人为失误产生的影响。同时，结合"二维码"管理、推行检修规程电子化、深度融合管理平台等方式方法，实现追根溯源，进一步提高管理效能。

4　专业化管理方法

4.1　建立机构健全制度，为集约化提供管理支撑

一是建立组织机构。2019年3月建立了大

检修公司和部门两级"机构"。公司级大检修指挥部负责大检修重大事项的决策,指挥部成立13个专业组,负责大检修各项工作的总体统筹协调。按照装置和专业划分成立8个部门级大检修项目部,负责各装置、各专业大检修工作的具体推进和实施。2020年4月成立大检修工作专班,集中优势力量,加大工作力度,提高工作效率,有序协调推进各项工作计划的梳理、各项工作流程的编制推演、各项工作任务的对接、各项工作的具体组织实施、各项工作的动态检查和督导及各项工作的具体落实跟踪。

二是健全管理制度。完成大检修管理手册的汇编审批工作,确定大检修原则、方针、目标及要求,明确13个专业组的要求。完成大检修质量管理手册的汇编审批工作,确定大检修质量控制原则、目标及要求。完成大检修安全环保管理手册的汇编审批工作,确定大检修安全环保思想、理念、目标及要求。完成竞赛评比方案及标准化图册的汇编审批工作,形成检修作业管理要求。通过健全管理制度,确保专业化项目有章可循、有据可查、有理可依。

三是实施分级管理。明确责任主体,并制定全员责任清单,做到层层把关、责任到人。根据62项专业化项目的特点及要求实施分级管理,分为A类关键项目、B类重要项目及C类一般项目。其中对涉及全厂性的,或协调管控难度大的检修项目划分19项A类项目,如腐蚀专项检查、定力矩紧固、换热器集中试压、大型吊车租赁、仪表阀门检修等。对涉及上级部门指定厂家的,或专利技术及原厂维修的检修项目划分37项B类项目,如催化两器衬里修复、重整反应器再生器检修、焦化特阀大修、催化烟机入口蝶阀及执行机构检修等。对涉及采购备件带服务的,或纯技术支持指导的检修项目划分6项C类项目,如酸性气反应炉燃烧器检修服务配合、火炬点火系统维护维修及火炬头检查、2#原油储罐一次密封变形矫正等。

4.2 明确标准强化要求,为规范化提供技术支撑

一是对关键设备制定专项检修控制方案。制定离心机组、汽轮机、主风机、催化两器等30项质量控制方案,明确专业化项目检修执行的依据、控制程序、控制内容及控制标准等。

二是对全厂性协调工作制定专项管理方案。制定大型吊车、定力矩紧固、工艺阀门维修及试压、换热器管束高压水清洗及集中试压等14项专项管理方案,明确各专业化项目工作计划、工作职责、工作界面、工作流程、工作交接及工作要求等。

三是积极组织对接交底培训工作。对大检修管理规章制度、方案、办法、手册及图册等培训交底60余次。组织各检修队伍进驻现场与各生产部组织深度对接工作,并多次召开对接会,对各专业化项目存在的问题进行答疑解惑,管控专业化队伍与主体检修队伍之间的意见分歧,避免检修项目实施过程中出现推诿扯皮。

四是督促编制施工组织管控方案。督促专业化队伍落实组织机构、人力资源进场计划、工机具及材料配置计划等,专业化项目实现高质量检修准备、高质量检修统筹、高质量检修实施、高质量检修结果。

4.3 改善环境依托资源,为标准化提供硬件支撑

一是规划高压水清洗场地。为全厂换热器管束高压水清洗、涡流检测、集中试压设置"枢纽站"。借助国际先进的管程五枪和壳程自动清洗机设备资源,全厂437台管束高压水清洗作业实现了安全、高效、节约、环保。借助壳式工装及试压胎具,全厂369台管束集中试压作业,在实现提高试压、查漏、堵漏效率的同时,为装置现场减少交叉作业,减轻现场安全环保压力,提升标准化管理水平也发挥了重大作用。

二是大机组依托原厂家资源。本次大检修对14台离心机、10台汽轮机、1台轴流机等大机组检修,均委托原厂家检修,这些专业化队伍检修经验足,专业化工具齐全,关键质量节点明确,设备性能最大程度得到了恢复和升级。尤其是主风机组轴流机加级改造,13级动叶片变为14级动叶片,有效地解决了前期存在的喘振线安全裕度低的问题。重整循氢机、增压机、直柴循氢机、改质循氢机、催化气压机、焦化气压机及汽轮机等8个转子返厂清洗、抛光、动平衡等一系列复杂工序高标准实施,安全运回装置。

三是推行检修标准化管理。在常减压预留地建立检修标准化示范样板，组织各检修单位进行培训学习，并印制下发《检维修标准化图册》，督促各专业化队伍遵照执行，各项目部加强督导，确保检修标准统一。

4.4　搭建平台应用新技术，为信息化提供软件支撑

一是搭建检维修协同管理平台。本次大检修通过管理平台，实现检修规程、定力矩紧固、管束高压水清洗、管束集中试压、工艺阀门、仪表阀门、安全阀及电机维修等确认工作。对100多台动设备、1300多台静设备、2900多台（套）电气、10000多台（套）仪表等设备及6700多个定力矩紧固点等设备设施配备了"二维码"，借助检维修协同管理平台，及时跟踪掌握作业项目进展，留存上传影像资料，实现可追溯管理，以信息化助推大检修管理水平提升。

二是应用涡流检测技术。本次大检修共计完成229台换热器管束及147台空冷管束涡流检测抽检工作，合计11326根换热管，大检修全厂共计确定需更换26台管束，其中根据涡流检测建议更换了22台管束，通过涡流检测技术能够全方位检测出腐蚀状况，为装置长周期运行提供了坚实的技术保障。

三是应用相控阵技术。大检修小接管共检测7431条，共发现问题21处。其中通过相控阵技术发现常顶二级注水线小接管存在两处条形型缺陷，轻烃D-0301含油污水小接管发现存在未熔合、未焊透缺陷，催化E0210壳程入口排污小接管发现存在根部体积型缺陷，相控阵技术的应用，丰富了检测手段，提高了检测效率。

5　专业化管理取得的效果

云南石化通过坚持专业化导向引领，大检修基本做到"精修""细检"，切实提升了精细化检修水平，大检修实现了安全、环保、质量及进度受控。

一是管理模式得到有效评估。通过大检修的实践检验证明，管理模式具有可操作性、可持续性，在工作准备、计划执行、协调调度、控制纠偏等方面均发挥了应有作用，从把握全程到注重阶段，实现了动态化管理。管理制度、方案及手册等，集中体现了大检修管理思想、管理方法及管理目标，成为大检修实施管理的有效工具，对专业化项目管理规范性起到明显的推动作用，也为今后大检修进一步提升管理提供了经验借鉴。

二是消除隐患确保本质安全。催化双动滑阀，对衬里进行修复，开工后壁温由之前450℃降至160℃。利用停电检修机会，对14台变压器渗漏油隐患进行消除。5项公司级隐患及21项生产部级隐患均进行消除。对大检修容检、管检及腐蚀检查发现的391项隐患也进行了彻底消除，依托专业化项目管理，扫清了阻碍下一轮安全平稳长周期运行的"绊脚石"，确保了装置运行实现本质安全。

三是突破攻关促进科技创新。蜡油装置新氢压缩机（0800-K-0102A/B）开工后一直存在平台振动大的情况，连带附近的循环氢压缩机（0800-K-0101）平台也有明显振动，通过增加阻尼器，平台振值由原先的30.3mm/s降低至0.8mm/s，减振效果显著，避免了次生危害的风险。4项公司级设备专业技术攻关项目及22项部门级设备专业技术攻关项目，均在大检修期间实现了集中突破，创造预期效益约1145万元/年，专业化项目管理助力技术攻关，增强了企业的竞争力。

6　结束语

炼化企业停工大检修，安全、环保、质量及进度管控难度大，坚持专业化导向引领，建立精简、扁平、高效的管理模式，是提升精细化检修水平的必由之路，是实现装置长周期稳定运行的重要依托。尽管如此，但如何在确保充分利用专业化优势资源的基础上，调动主体检修单位的积极性，寻求专业化队伍与主体检修单位的平衡；甚至反之，如何对传统常规检修业务进一步深入细分专业领域，实行专业化管理。这些方面，坚持专业化导向引领仍需要不断通过实践探索完善。

深入开展设备预警监控及预防性维护
确保设备本质安全运行

刘　毅　杨　坤

（中国石油大连西太平洋石化有限公司，大连　116600）

摘　要　随着现代仪表自动化水平和信息化水平的不断提高，如何做到数据共享，充分发挥各种检测数据的作用，积极开展设备的预防性维护和预知性检修等主动维护管理，确保设备本质安全，最大限度降低因设备原因造成装置波动或停工，保证安全稳定生产，对设备的预警监控就显得尤为重要。

关键词　数据；预警监控；规则；预防性维护；闭环

1　前言

随着现代仪表自动化水平和信息化水平的不断提高，设备的预防性维护工作在生产中的作用在不断加强，大家越来越关注在工艺和设备达到报警值前进行预警监控，尽可能做到在设备出现异常之前做好预防性维护工作，确保设备本质安全运行。

预警监控的目的，就是将各种控制系统的测量数据、各种设备的状态检测数据、设备内部自诊断数据，通过信息系统进行数据共享，通过对数据的分析，将过程偏差、设备异常或异常工况在达到报警工况之前，通过预设的规则判断，在满足判断条件后，提前进行预防性维护，确保工艺和设备稳定运行。

做好预警监控的基础是数据，只有将所有工艺和设备的运行数据都共享上来，才能够通过对数据进行全方位分析，完成很多DCS无法实现的报警功能，做好预警监控。图1为将我公司DCS数据通信到MES，在MES平台进行预警监控的网络架构图。

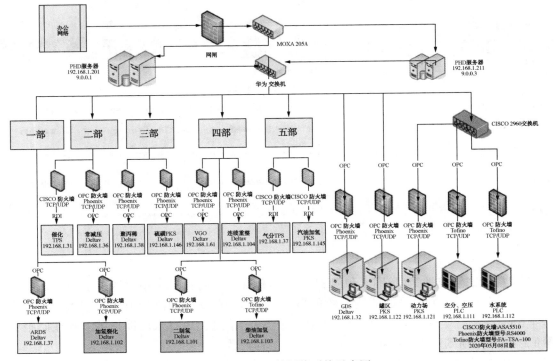

图1　WEPEC工控网络系统示意图

做好预警监控的核心是规则,必须针对不同的设备制定不同的判断规则,才能达到预警监控的目的,真正为预防性维护提供有效依据(见图2)。

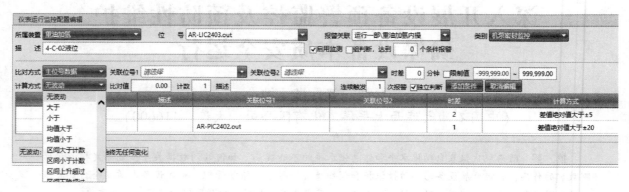

图2

下面分机电仪三个专业就预警监控的一些规则加以介绍。

2 动设备专业

2.1 大机组轴系预警监控规则(见图3)

我们在关注大机组振动位移等监测数据达到报警值的时候,更关心的是这些监测信息的变化,因此我们可以通过设定预警规则进行预警。

(1)普通预警:取高报警值与正常值之间某个值作为预报警值,超过则产生一条报警信息。

(2)差值预警:每一整点时刻取一次值,该值都与一个小时前的值作比较,偏差超过某个值,如10%,则产生一条报警信息。

(3)趋势上升预警:N 小时内,例如96小时,每几分钟取一个值,如果值一直在并不断增大,则产生一条报警信息。

(4)数值突变预警:每分钟取一个值,该值与1分钟前、3分钟前、5分钟前的取值分别进行比较如上升超过指定百分比,如10%,则产生一条报警信息。

图3

2.2 机泵机械状态监控规则(见图4和图5)

(1)普通预警:来源于泵群监测系统的振动值≥4.5mm/s,温度值≥70℃作为报警值,当测量值超过设定值则产生一条报警信息。

(2)趋势上升预警:在某一个时间段内,

例如8小时,每1小时取一次值,每一次的测量值较前一次的测量值都在增大,则产生一条报警信息,如有未反馈报警,则在此报警上增加计数。

(3)暴增监测。在一个时间段内(例如1个小时)数值增大超过设定值,例如 1 小时内上升超过 20%,则产生一条报警信息。

(4)设置振动 A、B、C、D 四个状态:<1.8mm/s 为 A,1.8~4.5mm/s 为 B,4.5~7.1mm/s 为 C,>7.1mm/s 为 D。

(5)运行时间预警:根据设备的运行预期进行时间预警,当达到运行时间后提示相关人员。

【注】设定报警基值:振动基值取 2mm/s;温度基值取 40℃;只有数据取值超过基值后才可触发报警。

装置	最新触发	首次触发	计数	事件
常减压	2021/5/29 12:40:06	2021/5/29 12:40:06	1	(1000242):P-01B原油泵(二期)\泵自由端水平(373)\速度373监测值:4.85>=4.8,触发报警。
常减压	2021/5/29 11:10:06	2021/5/29 11:10:06	1	(1000242):P-01B原油泵(二期)\泵自由端水平(373)\速度373监测值:4.94>=4.8,触发报警。
常减压	2021/5/29 10:40:07	2021/5/29 10:40:07	1	(1000242):P-01B原油泵(二期)\泵自由端水平(373)\速度373监测值:5.29>=4.8,触发报警。
常减压	2021/5/29 9:40:06	2021/5/29 9:40:06	1	(1000242):P-01B原油泵(二期)\泵自由端水平(373)\速度373监测值:4.81>=4.8,触发报警。
气体分馏	2021/5/28 16:40:10	2021/5/28 16:40:10	1	(1001063):P6108脱异丁烷塔回流泵(三期)\泵联轴端水平1\速度1监测值:4.55>=4.5,触发报警。
常减压	2021/5/28 14:40:13	2021/5/28 14:40:13	1	(1001289):P-50(四期)\电机联轴端水平741\速度741监测值:5.27>=4.5,触发报警。
常减压	2021/5/28 13:10:12	2021/5/28 13:10:12	1	(1001289):P-50(四期)\电机联轴端水平741\速度741监测值:6.33>=4.5,触发报警。
加氢裂化	2021/5/28 11:10:05	2021/5/28 11:10:05	1	(1001390):P1210B防爆电动机(一期)\电机联轴端垂直(512472)\速度12472监测值:38>=3,触发报警。

图 4

装置	位号	描述	启停位号	关闭报警	启停数据	切换时间	运行时间[天]
聚丙烯	P202	R202轴流泵	PP-YAL251.PV	☑	1/0 1(100.00)@2021/5/30 10:55:01	启动@2020/11/15 12:52:41	196
脱丙烯	P203	D201夹套水循环泵	PP-YAL212.PV	☑	1/0 1(100.00)@2021/5/30 10:55:01	启动@2020/3/21 8:28:42	435
聚丙烯	P204	R200夹套水循环泵	PP-YAL222.PV	☑	1/0 1(100.00)@2021/5/30 10:55:01	启动@2020/3/21 8:28:42	435
聚丙烯	P206A	反应器夹套水循环泵	PP-YAL271.PV	☐	1/0 1(100.00)@2021/5/30 10:55:01	启动@2020/12/4 10:24:41	177
聚丙烯	P309B	T301高速泵	PP-YAL322B.PV	☐	1/0 1(100.00)@2021/5/30 10:55:01	启动@2020/11/16 7:46:40	195
聚丙烯	P501A	T501水循环泵	PP-YLH502A.PV	☐	1/0 1(100.00)@2021/5/30 10:55:01	启动@2020/11/30 13:19:41	181
聚丙烯	P701A	T701丙烯回流泵	PP-YLH711A.PV	☐	1/0 1(100.00)@2021/5/30 10:55:01	启动@2020/12/18 10:00:40	163
连续重整	A-16101A	预加氢产物空冷风机	CR-A16101A.PV	☐	1/0	启动@2019/12/11 8:24:25	536
连续重整	A-16203B1	脱戊烷塔顶空冷风机	CR-A16203B.PV	☐	1/0 1(100.00)@2021/5/30 10:55:01	启动@2020/1/7 22:18:25	509
连续重整	K-16201-OP1	K-16201润滑油泵	CR-K16201OP1.PV	☐	1/0 1(100.00)@2021/5/30 10:55:01	启动@2020/9/28 10:55:37	244
连续重整	K-16201-WP1	K-16201凝结水泵	CR-K16201WP1.PV	☐	1/0 1(100.00)@2021/5/30 10:55:01	启动@2019/10/3 9:53:25	605

图 5

2.3 机泵密封监控规则(见图 6)

(1)压力低于设定值 P0(例如密封腔压力+0.1MPa)时触发报警低报。

(2)压力高于设定值 P1(密封腔压力+0.2MPa)时解除报警低报。

(3)压力高于设定值 P2(密封腔压力+0.3MPa)时触发报警高报。

部门	装置	最新触发	首次触发	时长	位号	事件
运行二部	常减压	2021/5/18 2:37:01	2021/5/18 2:35:18	5分	AD-PI08A.PV	常减压,P-08A驱动密封压力疑似异常疑似异常,AD-PI08A.PV(0.581<0.68)
运行二部	催化裂化	2021/5/17 17:36:59	2021/5/17 17:35:21	5分	FC-PI1302A1.PV	催化裂化,P1302A驱动密封压力疑似异常疑似异常,FC-PI1302A1.PV(1.376<1.45)
运行二部	催化裂化	2021/5/17 16:07:01	2021/5/17 15:35:21	35分	FC-PI1302A1.PV	催化裂化,P1302A驱动密封压力疑似异常疑似异常,FC-PI1302A1.PV(1.382<1.45)
运行二部	催化裂化	2021/5/17 14:50:20	2021/5/17 14:50:20	0分	FC-PI1302A1.PV	催化裂化,P1302A驱动密封压力疑似异常疑似异常,FC-PI1302A1.PV(1.375<1.45)
运行二部	催化裂化	2021/5/17 13:52:00	2021/5/17 13:25:19	30分	FC-PI1302A1.PV	催化裂化,P1302A驱动密封压力疑似异常疑似异常,FC-PI1302A1.PV(1.378<1.45)
运行一部	重油加氢	2021/5/15 10:15:04	2021/5/15 10:15:04	0分	AR-PIP02A1.PV	重油加氢,P-02A驱动密封压力低,请联系外操现场加油至0.78MPa。疑似异常,AR-PIP02A1.PV(0.69<0.69)

图 6

2.4 机泵低流量监控规则

（1）流量连续低于设定值超过一定时间时触发报警，例如 30 分钟；可以设定最小流量加上额定流量的 5%为流量低报警值。

（2）高温泵（介质高于 200℃）和高压泵：设定额定流量的 50%为流量低报警值。

（3）普通多级泵（介质低于 200℃）：设定额定流量的 40%为流量低报警值。

3 仪表专业

3.1 现场仪表预警监控规则

（1）测量值在一定时间间隔内相对不变。

例如，设定在 10 分钟内测量值变化小于 0.5%，则报警提示操作工，该表可能有问题（如冻凝），要及时判断处理。时间间隔和变化幅度可以针对不同位号，有不同的设定。

（2）测量值在一定时间间隔之内单方向变化幅度较大。

当仪表引压管单侧出现不畅，测量值会往大或往小偏离，假定在 3 分钟内，测量值单方向偏离超过之前测量值的 10%，则报警提示操作工，该表可能有问题，要及时判断处理。时间间隔和变化幅度可以针对不同位号，有不同的设定。

（3）同一测点的几块仪表测量出现偏差。

当同一个测点有 2 块或 3 块仪表时，则判断几块仪表之间的偏差，超过设定的偏差值则报警提示操作工，该表可能有问题，要及时判断处理。

（4）重要参数的关联数据。

正常情况下，我们重点关注重要参数的变化，但是有些重要参数本身滞后较大（例如液位、温度等），或者该参数的变化主要是由于其他相关联数据引起，我们可以对该重要参数的关联数据作出预警判断，例如入口流量或者瓦斯流量等（见图 7）。

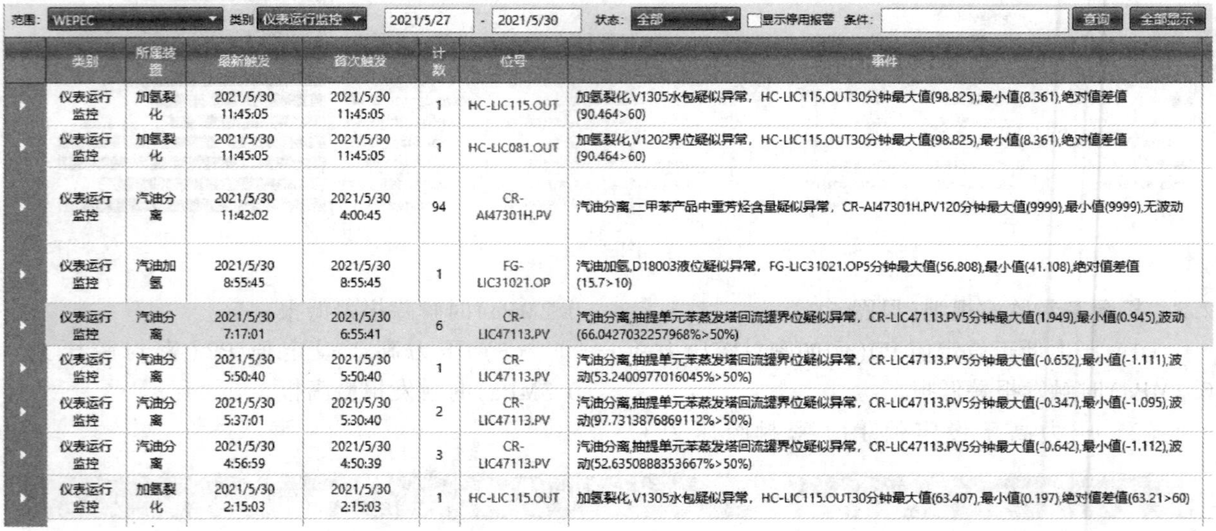

类别	所属装置	最新触发	首次触发	计数	位号	事件
仪表运行监控	加氢裂化	2021/5/30 11:45:05	2021/5/30 11:45:05	1	HC-LIC115.OUT	加氢裂化,V1305水包疑似异常，HC-LIC115.OUT30分钟最大值(98.825),最小值(8.361),绝对值差值(90.464>60)
仪表运行监控	加氢裂化	2021/5/30 11:45:05	2021/5/30 11:45:05	1	HC-LIC081.OUT	加氢裂化,V1202界位疑似异常，HC-LIC115.OUT30分钟最大值(98.825),最小值(8.361),绝对值差值(90.464>60)
仪表运行监控	汽油分离	2021/5/30 11:42:02	2021/5/30 4:00:45	94	CR-AI47301H.PV	汽油分离,二甲苯产品中重芳烃含量疑似异常，CR-AI47301H.PV120分钟最大值(9999),最小值(9999),无波动
仪表运行监控	汽油加氢	2021/5/30 8:55:45	2021/5/30 8:55:45	1	FG-LIC31021.OP	汽油加氢,D18003液位疑似异常，FG-LIC31021.OP5分钟最大值(56.808),最小值(41.108),绝对值差值(15.7>10)
仪表运行监控	汽油分离	2021/5/30 7:17:01	2021/5/30 6:55:41	6	CR-LIC47113.PV	汽油分离,抽提单元苯蒸发塔回流罐界位疑似异常，CR-LIC47113.PV5分钟最大值(1.949),最小值(0.945),波动(66.0427032257968%>50%)
仪表运行监控	汽油分离	2021/5/30 5:50:40	2021/5/30 5:50:40	1	CR-LIC47113.PV	汽油分离,抽提单元苯蒸发塔回流罐界位疑似异常，CR-LIC47113.PV5分钟最大值(-0.652),最小值(-1.111),波动(53.2400977016045%>50%)
仪表运行监控	汽油分离	2021/5/30 5:37:01	2021/5/30 5:30:40	2	CR-LIC47113.PV	汽油分离,抽提单元苯蒸发塔回流罐界位疑似异常，CR-LIC47113.PV5分钟最大值(-0.347),最小值(-1.095),波动(97.7313876869112%>50%)
仪表运行监控	汽油分离	2021/5/30 4:56:59	2021/5/30 4:50:39	3	CR-LIC47113.PV	汽油分离,抽提单元苯蒸发塔回流罐界位疑似异常，CR-LIC47113.PV5分钟最大值(-0.642),最小值(-1.112),波动(52.6350888353667%>50%)
仪表运行监控	加氢裂化	2021/5/30 2:15:03	2021/5/30 2:15:03	1	HC-LIC115.OUT	加氢裂化,V1305水包疑似异常，HC-LIC115.OUT30分钟最大值(63.407),最小值(0.197),绝对值差值(63.21>60)

图 7

（5）仪表自诊断信息预警。

可以通过 AMS 系统将现场智能仪表的内部诊断数据读出来，把自诊断报警信息进行预警，同时可以将变送器自身温度信息进行防冻凝预警（见图 8）。

3.2 调节阀监控规则

（1）当调节阀的开度大于某个值或者小于某个值，则给出一条报警信息。例如将预警值设在 OP>85%或者>1%OP<10%，主要是让操作工实时了解阀门运行工况，让仪表工程师及时去了解是操作问题，还是工艺参数偏离问题，或者是阀门自身问题，作为调节阀预防性维护的监测手段。

（2）OP 值在一定时间间隔之内变化幅度较大。

在正常操作状态下，调节阀的输出应该在一

定范围内，小幅度变化，如果 OP 值在一定时间内出现较大幅度变化，说明工艺参数或者调节阀本身可能有问题，要及时判断处理，变化幅度可以针对不同位号，有不同的设定(见图 9)。

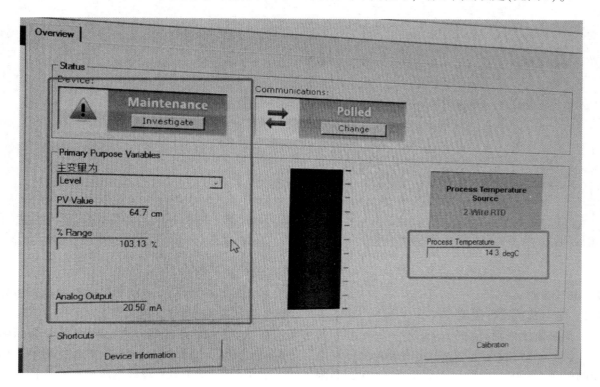

图 8

部门	装置	位号	最新触发	起始时间	触发计数	事件
运行一部	加氢裂化	HC-FIC001B.OUT	2021/5/25 23:11:08	2021/5/25 23:08:08	2	2021/5/25 23:11:08 HC-FIC001B.OUT 2021/5/25 23:06:47 值为: 4, 超过限定范围 (5~105)
运行一部	加氢裂化	HC-FIC001B.OUT	2021/5/25 23:05:08	2021/5/25 22:56:08	4	2021/5/25 23:05:08 HC-FIC001B.OUT 2021/5/25 23:00:48 值为: 4, 超过限定范围 (5~105)
运行五部	气体分馏	GA-LICA6104.OP	2021/5/25 15:20:04	2021/5/25 15:20:04	1	2021/5/25 15:20:04 GA-LICA6104.OP 2021/5/25 15:15:05 值为: 98, 超过限定范围 (10~95)
运行二部	催化裂化	FC-LICA3311A.OP	2021/5/25 9:47:05	2021/5/25 9:47:05	1	2021/5/25 9:47:05 FC-LICA3311A.OP 2021/5/25 9:42:05 值为: 107, 超过限定范围 (-6~106)
运行二部	催化裂化	FC-LICA3311A.OP	2021/5/25 9:44:05	2021/5/25 9:44:05	1	2021/5/25 9:44:05 FC-LICA3311A.OP 2021/5/25 9:42:05 值为: 107, 超过限定范围 (-6~106)

图 9

(3) 调节阀自身运行参数预警。

通过 VALVE-LINK 等阀门诊断软件，将现场具备自诊断功能的智能阀门定位器的诊断信息读出来，根据内部参数设定进行预警，例如对调节阀行程累计、动作循环累计、行程偏差、风压、阀杆摩擦力、运行时间等信息进行预警(见图 10)。

3.3　可燃及有毒气体报警器预警监控规则

可燃及有毒气体报警器，正常的时候在GDS 系统设置一二级报警，只有报警的时候，操作工才会进行干预，但是可燃及有毒气体报警器在运行的时候经常会出现零漂，而影响测量的准确性，因此我们可以对零漂值进行预警。

当测量值的绝对值超过某一值，例如可燃气体报警器测量值的绝对值超过 5%，但是没有达到报警值，则发出报警信息，提示操作工通知维修人员进行处理。

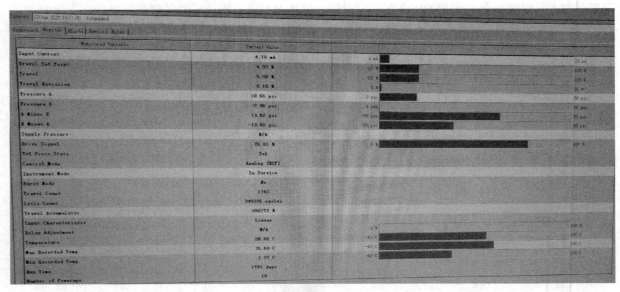

图 10

4　电气专业

4.1　电力系统运行监控

预警监控规则(见图 11)：

(1) 66kV 系统母线电压允许偏差为标称电压的-3%~+5%，即低限不得低于 64kV，高限不得高于 69kV，当 66kV 母线电压持续 2 分钟超过此范围报警。

(2) 6kV 系统母线电压允许偏差为标称电压的-5%~+7%，即低限不得低于 5.7kV，高限不得高于 6.42kV，当 6kV 母线电压持续 2 分钟超过此范围报警。

(3) 0.4kV 系统母线电压允许偏差为标称电压的±7%，即低限不得低于 372V，高限不得高于 428V，当 0.4kV 母线电压持续 2 分钟超过此范围报警。

(4) 线路最高允许运行电流根据该回路所有设备额定电流最小值设定，当运行电流持续 2 分钟超过最高允许电流 90%时报警。

部门	装置	最新触发	首次触发	时长	位号	事件
动力部	供电系统	2021/5/21 0:15:17	2021/5/21 0:15:17	0分	电气数据||2B.66kV.GG.YC.Ubc4	供电系统,西太变6kV交流IV段Ubc超限预警疑似异常,电气数据||2B.66kV.GG.YC.Ubc4(6.427>6.42)
动力部	供电系统	2021/5/18 4:30:20	2021/5/18 4:30:20	0分	电气数据||2B.66kV.GG.YC.Uca4	供电系统,西太变6kV交流IV段Uca超限预警疑似异常,电气数据||2B.66kV.GG.YC.Uca4(6.427>6.42)
动力部	供电系统	2021/5/10 7:35:20	2021/5/10 7:35:20	0分	电气数据||2B.66kV.GG.YC.Ubc4	供电系统,西太变6kV交流IV段Ubc超限预警疑似异常,电气数据||2B.66kV.GG.YC.Ubc4(6.536>6.42)
动力部	供电系统	2021/5/10 0:27:01	2021/5/9 23:15:16	5分	电气数据||2B.66kV.GG.YC.Ubc4	供电系统,西太变6kV交流IV段Ubc超限预警疑似异常,电气数据||2B.66kV.GG.YC.Ubc4(6.441>6.42)
动力部	供电系统	2021/5/9 2:00:22	2021/5/9 2:00:22	0分	电气数据||2B.66kV.GG.YC.Ubc4	供电系统,西太变6kV交流IV段Ubc超限预警疑似异常,电气数据||2B.66kV.GG.YC.Ubc4(6.493>6.42)
动力部	供电系统	2021/5/7 7:20:20	2021/5/7 7:20:20	0分	电气数据||2B.6kV.#2M.YC.Uc	供电系统,西太变6kV交流II段Uc超限预警疑似异常,电气数据||2B.6kV.#2M.YC.Uc(3.702>3.7)
动力部	供电系统	2021/5/7 7:20:19	2021/5/7 7:20:19	0分	电气数据||2B.66kV.DXZX.YC.Uc	供电系统,洞西左线66kV进线交流电压Uc超限预警疑似异常,电气数据||2B.66kV.DXZX.YC.Uc(67.6>40)

图 11

4.2　电气设备温度监控

预警监控规则(见图 12)：

(1) 普通预警：当监测触点温度超过 70℃时系统内报警。

(2) 突变预警：每 30 分钟对同一触点温度进行采集，温度增加值超过 5℃时系统内报警。

(3) 差值预警：同一设备部位三相触点温度进行采集，最大差值超过最大温度值 20%时系统内报警。

4.3　电机电流监控

预警监控规则

（1）普通预警：以电动机过负荷保护动作值为基准，当电流值达到基准值95%时预警。

（2）差值预警：对电动机三相电流运行值进行采集，最大差值超过最大运行电流值10%时系统内报警

5　结束语

预警的关键是闭环，预警信息一旦产生，必须及时响应，做好设备的预防性维护，将设备的故障率降到最低，延长设备的运行寿命，确保设备本质安全运行，并做好信息的反馈，做到预警的闭环管理。对重要和反复出现的预警信息不但操作工要反馈，管理人员也要进行反馈（见图12）。

预警系统可以根据企业需求进行扩展，比如设备腐蚀监测预警、炉子运行效率预警、换热器效率预警、泵效率预警、空冷效率预警等。

位号	事件	督办	报警确认	班组反馈	绩效	操作
HC-LIC115.OUT	加氢裂化,V1305水包疑似异常,HC-LIC115.OUT30分钟最大值(93.064),最小值(0),绝对值差值(93.064>60)	☑	夏凤龙2021/5/30 11:46:20[+1]	夏凤龙2021/5/30 12:11:46[+26] E1305冷后温度波动,导致V1305压力低酸性水外送流量小,LIC115开大,调整冷后温度后恢复正常	0	反馈
HC-LIC081.OUT	加氢裂化,V1202界位疑似异常,HC-LIC115.OUT30分钟最大值(93.064),最小值(0),绝对值差值(93.064>60)	☑	夏凤龙2021/5/30 11:46:31[+1]	夏凤龙2021/5/30 12:11:52[+26] E1305冷后温度波动,导致V1305压力低酸性水外送流量小,LIC115开大,调整冷后温度后恢复正常	0	反馈
CR-AI47301H.PV	汽油分离,二甲苯产品中重芳烃含量疑似异常,CR-AI47301H.PV120分钟最大值(9999),最小值(9999),无波动	☐	陈立勇2021/5/30 4:02:11[+1]	陈立勇2021/5/30 4:02:51[+2] 物料组分变化,正在调整中 陈立勇2021/5/30 7:47:47 贫位正在调整抽出与二甲苯的比例,正在逐步恢复	0	反馈
FG-LIC31021.OP	汽油加氢,D18003液位疑似异常,FG-LIC31021.OP5分钟最大值(56.808),最小值(41.108),绝对值差值(15.7>10)	☑	刘玉群2021/5/30 8:57:04[+1]	刘玉群2021/5/30 9:02:45[+6] FIC31024流量偏低,联系仪表处理,控制阀操作影响波动,处理好后正常。	0	反馈
CR-LIC47113.PV	汽油分离,抽提单元苯蒸发塔回流罐界位疑似异常,CR-LIC47113.PV5分钟最大值(1.949),最小值(0.945),波动(66.0427032257968%>50%)	☑	陈立勇2021/5/30 6:57:10[+1]	陈立勇2021/5/30 7:00:06[+4] 界位恢复调整,拉伸增长缓慢	0	反馈
CR-LIC47113.PV	汽油分离,抽提单元苯蒸发塔回流罐界位疑似异常,CR-LIC47113.PV5分钟最大值(-0.652),最小值(-1.111),波动(53.240097701604%>50%)	☑	陈立勇2021/5/30 5:52:05[+1]	陈立勇2021/5/30 5:53:18[+2] 界位异常,手动调整,现已正常。	0	反馈

图 12

重维精修 守正创新 稳步提升
转动设备运行可靠性

黄卫东

（中国石油乌鲁木齐石化公司，新疆乌鲁木齐 830019）

摘 要 乌鲁木齐石化公司装置设备新度系数较低，部分转动设备使用年限长久、结构型式陈旧、运转性能欠佳，转动设备运行可靠性成为装置安稳运行的主要风险之一。面对转动设备基础差、底子薄、风险大等状况，公司始终遵循"重维精修，因势利导，两化融合，守正创新"的管理思路，立足实际，多措并举，开创了转运设备管理新局面。

关键词 重组精修；守正创新；稳步提升；转运设备；运行可靠性

乌鲁木齐石化公司（以下简称公司）地处祖国西部边陲，是中国石油下属的集炼油、芳烃、化肥于一体的综合性石油化工企业，原油一次加工能力为850万吨/年，对二甲苯生产能力为100万吨/年，化肥生产能力为尿素130万吨/年。

公司始建于1975年，装置设备新度系数较低。部分主要转动设备使用年限长久，蜡催装置富气压缩机已使用46年；部分转动设备结构型式陈旧，老式Y和AY型离心泵占比12.6%；部分转动设备零部件已经步入生命周期后期，重催装置备用主风机增速箱齿轮出现大面积磨损点蚀；部分转动设备运转性能先天欠佳，二常装置初馏塔底泵以往经多次大修后振动值仍在B区边缘。转动设备运行可靠性成为装置安稳运行的主要风险之一。

面对转动设备基础差、底子薄、风险大等状况，公司始终遵循"重维精修，因势利导，两化融合，守正创新"的管理思路，立足实际，多措并举，开创了转动设备管理新局面，近三年未发生重要转动设备机械故障，未发生转动设备抱轴事故，未发生转动设备危险介质泄漏事件，未发生因转动设备故障而造成的装置非计划停工，走出了一条具有乌石化公司特色的专业管理之路。

1 精耕细作，全面强化运行管理

深入贯彻落实"管设备必须管设备运行"的要求。设备专业依据每台离心泵的性能曲线，严格限定其操作范围，确保其在合适的工况运行。根据每台关键机组不同阶段运行特点，强化特定类别参数的监控，重催装置烟气轮机入口粉尘含量长期稳定控制在低于90mg/Nm^3，连续累计运行17700小时后依据导则实施定期检修。

全力打造关键机组包机特护的"升级版"，着力构建巡检监测型"五位一体"包机特护和可靠性维护型技术层级包机特护的双循环模式。成立了由工艺、机械、电气、仪表专业组成的技术层级包机特护小组，应用FMEA、SIL等工具，制定了包保机组"一机一策"的维护保养策略，实施精准化、定量化运行维护。

全方位开展机泵运行风险管控。根据《机泵风险管理建设评价指南》，全面组织开展了3152台机泵的风险等级评价，根据评价出的不同风险等级，在巡回检查、测振测温、状态监测、变动操作等方面采取定量化、差异性的风险管控措施。

深化拓展应用远红外热成像监测技术监控电动机和密封冲洗系统的运行状态，根据热成像中的温度分布梯度和变化趋势，及时调整操作条件和制定运维策略。公司2020年电动机检修作业量比2019年下降了55.7%，修理费用比2019年下降了80.2%。

2 精益求精，深入开展状态监测

建立健全了由专业管理部门、专业监测机构、属地单位、维保单位组成的状态监测组织构架，合理配置了 40 台套有线状态监测系统、248 台套无线状态监测系统、37 台套离线状态监测系统、153 台套智能监测巡检仪等系统设施，通过网格化的组织构架和多元化的系统设施，有效构建了全员、全过程、全方位、全覆盖的状态监测管理体系。

全面推进转动设备状态监测的"四精"管理，通过精细管控监测过程，精心分析监测特征，精准诊断监测状态，精益验证监测结果，积极推行以可靠性为中心的预知性状态维修，检修前依据状态监测制定检修策略和项目，检修后验证状态监测的准确性和实效性。坚持每年汇编《机泵故障诊断案例集》，充分发挥状态监测资源的价值和效用。公司转动设备预知性状态维修比例由 2018 年的 25% 逐步提升至 2020 年的 57%。

组建了公司状态监测专业化管理团队和维保单位状态监测工作室，有效行使"专家医生"和"临床医生"的职能，深入持久地开展"专家医生"到基层单位的"上山下乡"式服务，每半年轮流开展所有基层单位状态监测的全覆盖审核指导，全面提升基层单位的专业技术水平。

3　精雕细刻，大力推行标准精修

大力推行检修规程标准化、检修工具标准化、检修场地标准化、检修资料标准化的"四个标准化精修"，努力创建检修"精品工程"。公司制定了《转动设备精修管理导则》，将"精品工程"的创建达标率列入维保单位绩效指标。积极推行"精品工程"现场挂牌示范制，实施物质与精神双向激励，积极营造勇破纪录，敢于超越的"精修文化"和"工匠精神"。公司检修"精品工程"的创建达标率由 2018 年的 25% 逐步提升至 2020 年的 56%。

全力推行转动设备"工厂化"标准检修。2019 年建成了设施齐全、功能完备、职责明晰、流转有序的标准化检修工房，设立了拆卸、清洗、检测、组装、涂漆、回装六个模块，每个模块均设有现代化的工具、规范化的步骤、娴熟化的人员，模块间建立了体系化的流转程序。经过标准化检修工房检修过机泵 A 区运行状态的达标率高达 90%，外形面貌亦完全达到新出厂机泵标准。

扎实依靠完整细致的检维修作业卡作为"精修"的主要抓手，检修前量体裁衣制定"精品工程"的创建目标，在关乎"精修"效果的平衡校验、轴承间隙、找正对中等重要环节分别设定"精品指标"和"合格指标"，规范规定动作，规避自选动作，以重要环节的精雕细刻保证"精修"落地。

4　精进不休，有效实施综合施策

稳步提升机泵本质安全性能。扎实打出了高危介质泵密封改造、振动超标治理、运行工况偏离治理、改造更新等一系列"组合拳"，近几年圆满完成了 296 台高危介质泵密封改造、375 台机泵振动超标治理、21 台机泵运行工况偏离治理、46 台机泵改造更新，公司近三年 A 区运行状态机泵占比年平均增长率为 18.6%。

始终坚持将机泵故障检修间隔 MTBR、密封和轴承消耗费用对标管理作为驱动机泵管理水平提升的"双轮"，突破短板装置，锚定短板机泵。28 台密封故障较多的机泵专题攻关成效显著，荣获了集团公司一线管理创新大赛三等奖。催化等 13 套炼油装置增设了软化水站，有效改善了机泵密封的运行工况。公司近三年机泵故障检修间隔 MTBR 年平均增长率为 21.2%，密封和轴承消耗费用年平均下降率为 19.5%。

稳步提升关键机组运行可靠性。近几年先后实施了催化装置富气压缩机干气密封改造、关键机组蓄能器和电联锁等抗晃电措施完善、关键机组部分监测项目联锁方式的双因素改造等技措改造。公司近几年未发生关键机组机械故障，2019 年全年未发生关键机组非计划停机。

5　精意覃思，务实推进两化融合

深入坚持将"两化融合"作为实现转动设备管理水平"弯道超车"和"攀岩跨越"的"助推器"。根据现有转动设备状态监测系统的资源配置，因地制宜通过系统整合构建了转动设备智能预警诊断平台。该平台集中动态展示了转动设备的运行状态，应用平台中的分析诊断数据库，智能诊断故障原因并出具维修建议，通过人工诊断修正和维修结果验证，不断丰富和完善平台中的分析诊断数据库，逐步实现了智能诊断的精准化。应用手机 APP 和中油及时通，全面实现了转动设备异常报警信息全天候、分层级的自动推送。深化应用该平台设置了异常报警、智能诊断、人工诊断、维修计划的流程化工序，有效规范了预知性状态维修的管控模式，有力促进了专业技术人员分析诊断技能的提升。

高度注重各类系统平台信息的联通集成，构建了关键机组管理者驾驶舱，集成了在线状态监测系统、MES 系统、LIMS 系统、EIM 系统采集的数据和记录，打破了系统"壁垒"，消除了信息"孤岛"，实现了状态"穿越"，不仅能够实时了解关键机组的运行状态，而且能够及时验证相关单位的管理动态。

公司转动设备管理尽管近几年取得了显著成效，但我们清醒地认识到距离同行业先进企业仍然有一定的差距。百舸争流急，万马战犹酣，我们将认真学习借鉴先进企业的管理经验，放眼行业补短板，对标先进找差距，志存高远，乘势而上，努力实现专业管理的行稳致远，达优创先，为中国石油高质量发展贡献全部力量。

精益六西格玛在聚合釜机械密封设备
可靠性模型的应用

刘艳斌

（中国石化沧州分公司设备技术支持中心，河北沧州　061000）

摘　要　在聚丙烯装置中，聚合釜是其中的关键设备，而机械密封又是聚合釜的核心部件，它直接关系到聚合釜的正常运转及安全生产。为保证聚合釜机械密封在运行周期内正常运转，沧州炼化六西格玛团队以"降低聚合釜机械密封故障率"为目标建立了聚合釜机密封可靠性模型，包括可靠性测量指标、故障树、FMECA分析、数据收集要求以及维修策略和维修计划。

关键词　聚合釜机械密封；精益六西格玛；RCM可靠性模型

1　前言

　　沧州炼化聚丙烯装置现有 12m³ 聚合釜设备 16 台，聚合釜搅拌轴密封采用上海民联的 ML2261N-150 型机械密封，该种机封具有运转平稳、密封性能好、耗油量小等特点。该机封动静环摩擦副分别采用镍基 WC/1Cr13 和 ZQSn6-6-3，共两对。内层腔体为封油系统，机封运转时依靠隔离流体的压力加之聚合釜的釜内压力使得两对摩擦副的密封端面紧密贴合在一起，从而对釜内介质起到密封效果（见图1）。机械密封辅助系统包括循环水冷却、注油等系统。

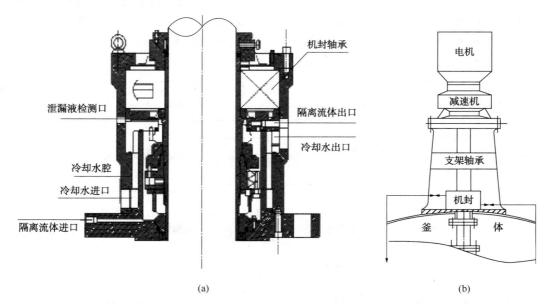

（a）　　　　　　　　　　　　　　（b）

图1　聚合釜机械密封原理图

　　六西格玛是一套系统的、集成的业务改进方法体系，旨在持续改进企业业务流程，实现客户满意的管理方法。业务流程改进遵循五步循环改进法，即 DMAIC 模式：界定、测量、分析、改进、控制。同时六西格玛和精益生产相结合，通过持续快速改进，消除浪费和缺陷，低成本地快速满足顾客需求，获得竞争优势。

　　作者简介：刘艳斌，男，河北沧州人，2007 年毕业于河北科技大学热能与动力工程专业，现为中国石化沧州分公司设备技术支持中心可靠性工程师。

2　精益六西格玛分析过程

2.1　D(界定)阶段

界定是六西格玛 DMAIC 五步法的第一个步骤,是为项目正式启动打好基础。这个阶段主要是识别顾客需求,明确解决的问题,确认内部流程图,从而确定项目目标。

2.1.1　确定项目目标 Y 值

建立聚丙烯机械密封可靠性模型的目的是降低其故障率,而 MTBF(平均无故障时间)= 1/故障次数,所以项目研究目标转化为提高机械密封的平均无故障时间。机械密封平均无故障时间 MTBF=相邻两次故障之间的平均时间,通过设备 EM 系统和设备档案调取了近十年的检修记录,统计出了聚合釜机械密封的 MTBF 现状水平为 22920h,并通过寿命预测确定目标值为 26155h。

2.1.2　成立六西格玛团队

成立设备工程部经理、运行部设备经理、可靠性工程师、运维工程师、机修技术员、技师、教练、财务人员在内的六西格玛项目团队团队(见图2),其中可靠性工程师通过了中国质量协会组织的六西格玛绿带考试,并取得相应证书。

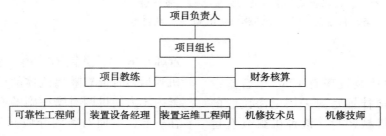

图 2　六西格玛组织机构

2.1.3　项目范围

团队使用 SIPOC 分析法确定了项目范围。SIPOC 也称高端流程图(见图3),名称来自供应者、输入、过程、输出和顾客的第一英文字母缩写。过程包括了发现机械密封泄漏、更换机械密封、恢复运行等,涉及生产厂家、检修单位、使用单位。

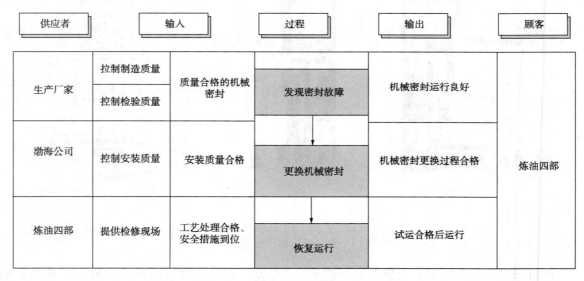

图 3　SIPOC 图

2.2　M(测量)阶段

测量作为 DMAIC 过程的第二阶段,既是界定阶段的后续活动,也是连接分析阶段的桥梁。测量阶段有两个目的:一是收集过程输入和输出的测量数据,确认并量化问题;二是对过程数据进行分析,确认输出的波动规律,为查找原因提供线索，同时了解与目标的差距，识别实现目标的途径和改进方向。

2.2.1　故障现象和柏拉图

首先确定故障现象，并根据故障现象制定数据收集计划。经过团队讨论故障现象分为4种：

（1）泄漏观察口漏丙烯或漏油超过6滴/min，视为泄漏；

（2）顶部压盖漏丙烯，视为泄漏；

（3）机封温度高于65℃，视为超温；

（4）杂音，人工判断。

根据收集数据绘制柏拉图，柏拉图是为寻找影响产品质量的主要问题，用从高到低的顺序排列成矩形，表示各原因出现频率高低的一种图表。柏拉图能够充分反映出"少数关键、多数次要"的规律，也就是说柏拉图是一种寻找主要因素、抓住主要矛盾的手法。图4为聚合釜R501B的柏拉图和16套聚合釜总的柏拉图。通过柏拉图可以看出机械密封泄漏观察口和顶部压盖泄漏为主要原因。

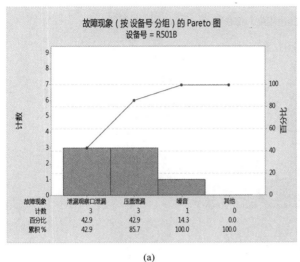

(a)

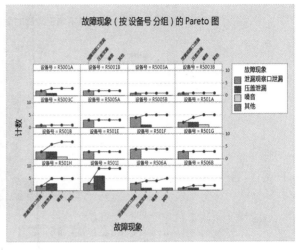

(b)

图4　柏拉图

2.2.2　过程能力分析

过程能力分析应确认数据是否属于正态性分布，如果不属于正态性，还需要采用JOHNSON转换的方法将数据转化成正态性分布。16套聚合釜机械密封无故障时间均值的进行正态性检验，$P=0.8>0.05$，数据符合正态性（见图5）。

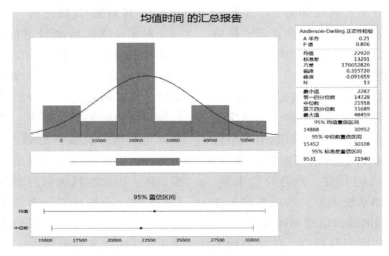

图5　正态性检验

进行过程能力分析重点是对寿命的可靠性评估。根据可靠性理论，寿命在浴盆曲线稳定期一般是正态分布。同时有两个数据很重要，一个是20%的概率值，在12173h以下机封一般不发生故障，维护保养频次随着使用时间增长而增加，这样可以减少过度维护；另一个是80%的概率值，在33667h以上机封一般会发生故障，可以安排预防性检修。这些数据为维护保养、检修计划和预算提供了依据，做到"应修必修不失修，修必修好不过修"。

根据这个结论换算，每台机密封故障次数在 $1/12173 \times 24 \times 365 = 0.71$ 次/年与 $1/33667 \times 24 \times 365 = 0.26$ 次/年之间，提升空间非常大。现状水平是22920h，发生故障的概率是50%，项目的目标值是26166h，概率是60%。

最后计算六西格玛数值，通过对机械密封平均无故障时间的过程能力分析。$C_{pk} = 0.36 < 1$，过程能力不足。基准 Z 值 $= 0.81$，西格玛水平 $= Z + 1.5 = 2.31\sigma$（见图6）。

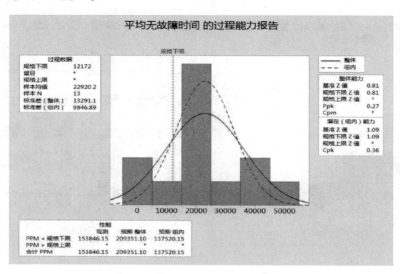

图6　计算六西格玛水平

2.3　A(分析)阶段

分析作为DMAIC过程的第三阶段，针对第二阶段过程能力不足问题，对影响目标值的要因进行定性和定量分析，所用到的技术工具包括鱼刺图、故障树、FMEA失效模式等，最终确定关键要因，为控制阶段指明方向。

2.3.1　故障树-定性分析

对聚合釜机械密封进行故障树定性分析(见图7)。机械密封泄漏作为顶层事件，并确定了6处影响泄漏的中间事件，15处影响中间事件的底层事件。中间事件包括顶部密封圈泄漏、摩擦副失效、传动机构失效、弹力补偿失效、辅助密封失效和辅助系统失效；底层事件包括导致顶部密封圈泄漏的轴向窜量和橡胶圈质量、摩擦副失效的动静环磨损和断裂、传动机构失效的轴套松动和磨损、弹力补偿失效的弹簧无

压缩量和断裂、辅助密封失效的密封圈的磨损断裂和老化、辅助系统失效的油路和冷却水路堵塞以及增压罐活塞和手摇油泵故障。

2.3.2　鱼刺图-定性分析

对聚合釜机械密封进行故障树定性分析。六西格玛团队成员针对故障树中间事件，按照"人、机、料、法、环"五个环节，开展鱼刺图定性分析。根据故障树分机结果分别绘制了机械密封摩擦副失效鱼刺图、机械密封传动机构失效鱼刺图、机械密封弹力补偿失效鱼刺图、机械密封辅助密封失效鱼刺图、顶部密封失效鱼刺图。例如在机械密封摩擦副失效鱼刺图中(见图8)，分析出二十多条影响摩擦副失效的要因，再从二十多条要因中选择概率较大的四条进入FMEA定量分析。

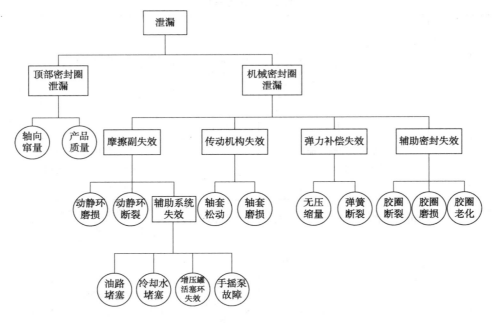

图 7　故障树分析

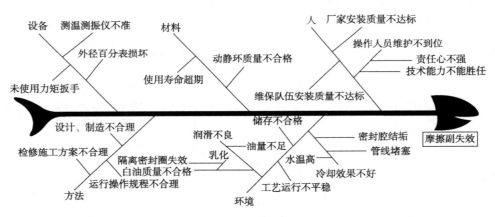

图 8　鱼刺图分析

2.3.3　FMEA 失效模式-定性分析

对聚合釜机械密封进行 FMEA 失效模式的定量分析。FMEA 分析分为两步：第一步针对鱼刺图中导致机械密封失效的 18 项机理，项目团队成员进行 FMEA 分析，对严重度、频度、探测度打分，并计算 RPN 值；第二步通过风险系数 RPN 值排序，筛选出分值最高三项，确定为关键要因，将在 I 阶段进行改进（见表 1）。

RPN 分值最高的三项失效机理是机械密封轴套磨损引起窜量、维保队伍安装技能不够造成检修质量不合格和顶部密封圈材质等级不够，从而造成泄漏。

2.4　I（改进）阶段

改进阶段的目标是形成针对影响目标值关键要因的最佳解决方案，并且验证方案的有效性。经常用的精益管理工具有看板、目视管理、5S 管理、快速换型、"5W1H"等。具体到影响机械密封故障率，根据 FMECA 得到的改进措施和可靠性数据分析后得到的维修间隔时间与维修改进重点设备，并根据改进措施类型和维修策略，形成了机械密封科学有效的 RCM 维修策略与计划（见表 2）。

表1　FMEA 表单

流程步骤功能	潜在的失效模式	潜在的失效后果	严重度	潜在的失效起因/机理	现行过程				RPN	建议的措施	措施执行结果			
					现行控制预防措施	频度	探测控制	探测度			S	O	D	RPN
摩擦副	动静环损坏	泄漏	10	操作人员责任心不强	检查考核	3	检查考核	3	90		10	3	3	90
			10	维保队伍安装技能不够，引起质量不达标	无	3	无	8	240	加强检修方案审核关键点控制、固定检修人员，人员培训	10	3	5	150
			10	动静环质量不合格	无	1	合格证	9	90	现场监造+技术要求控制	10	2	2	40
			10	油量不足	补油	6	巡检	1	60		10	6	2	120
			10	支架中推力轴承和支撑轴承轴间隔套磨损造成窜量	无	5	有问题检测	8	400	更换轴承箱总成；检修之前，对轴承盒预留间隙15道	10	3	5	150
传动机构	轴套损坏		10	安装人员责任心不强	检查考核	3	检查考核	3	90		10	3	3	90
			10	产品质量不合格	无	2	合格证	8	160	现场监造+技术要求控制	10	2	2	40
			10	轴套材质不符合要求	无	8	无	8	640	提高轴套硬度但小于轴承硬度，延长轴套寿命	10	3	2	60
弹力补偿	弹簧失效		10	制造人员责任心不强		8	合格证	3	240	现场监造+技术要求控制	10	3	3	90
			10	产品质量不合格	无	2	合格证	8	160	现场监造+技术要求控制	10	2	2	40
			10	压缩量大，频次高	无	1	无	8	80		10	3	2	60
辅助密封	密封圈失效		10	使用寿命超期老化	无	2	无	8	160	定期预防更换	10	5	3	150
			10	材质等级不够	无	1	无	8	80		10	3	6	180
			10	厂家安装技能不够，引起压偏	无	1	合格证	8	80	现场监造+技术要求控制	10	2	2	40
顶部密封	密封圈失效		10	使用寿命超期老化	无	2	无	8	160	定期预防更换	10	5	3	150
			10	材质等级不够	无	2	现场检查	6	120		10	3	6	180
			10	安装人员责任心不强	检查考核	3	合格证	3	90		10	3	3	90
			10	制造单位安装质量不合格	无	3	合格证	8	240	现场监造+技术要求控制	10	2	2	40

表 2　RCM 预防维修措施

措施类型	控制因子	措施与计划安排				
		序号	业务名称	功能	责任单位	时间要求
预防性维修措施	轴套磨损造成窜量	1	磨损后检修	轴承盒预留间隙 15 道，便于监测；检修服和规程	渤海公司	检修时
		2	改变轴套硬度	提高轴套硬度，但小于轴承硬度	设备工程部和炼油四部	攻关方向
		3	统一轴承形式	改变轴承形式，增加承受能力	设备工程部和炼油四部	攻关方向
	顶部密封圈材质	4	密封圈材质	使用上海民联厂家产品	物资采购中心	2021.4.15
	预测检修时间	5	寿命计算	计算机械密封寿命，确定更换周期	炼油四部	每月
	人员培训能力认定	6	培训	维护人员培训	渤海公司	持续进行
		7	能力认定	维护人员进行资格/能力认定	渤海公司	2021 年大修后
	维护保养	8	定期补油	白油罐保持合适液位	炼油四部	每天
		9	冷却水良好	冷却水满足运行要求	炼油四部	每天
预测性监控措施	巡检检修	1	ITPM	监测数据上传平台	炼油四部	每天
		2	测量间隙	测量轴承盒间隙 15 道	渤海公司	每天
事后维修措施	检修质量	1	检修质量点控制	渤海公司提高检修质量	渤海公司	检修中

2.5　C(控制)阶段

控制阶段是 DMAIC 实施流程中的最后一个阶段，目的是避免回到旧的习惯和程序，对人们的工作方式形成长期影响并保持。为了确保项目改进，需要将改进阶段的成果以标准形式纳入程序文件或作业标准，包括 RCM 可靠性模型、输出计划、程序文件等。

机械密封 RCM 可靠性模型包括了前期的可靠性测量标准 MTBF、定性分析故障树和鱼刺图、定量分析 FMEA 失效模式、寿命估算、维护措施(预防性、预测性、事后)等(见图 9)。

通过建立机械密封 RCM 可靠性模型，形成了机械密封可靠性落地控制计划。

1）控制目标 Y 值

MTBF 平均无故障时间：26155 小时；年故障次数小于：0.33 次/年。

2）控制要因 X 值

ITPM(监测数据)：2 次/天；测量间隙：1 次/天；寿命计算：1 次/月；检修培训：1 次/轴；资质认证：1 次/2 年。

3）监测数据

在机械密封 RCM 可靠性模型的可靠性落地控制计划中共有三个部分是对可靠性数据的监

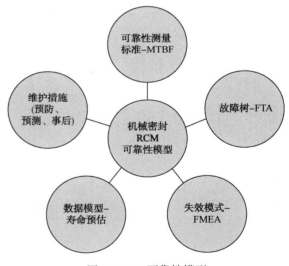

图 9　RCM 可靠性模型

控：炼油四部班组人员每天巡检监测振动、温度等数据，上传 ITPM 系统；渤海机修人员在巡检过程中检查 15 道间隙；每次更换机械密封及密封圈的检修记录。

3　效益评估

六西格玛团队从 2020 年 9 月开始立项，到 2020 年 4 月初进行项目评审。7 个月内发生 2#釜和 12#釜两次更换机械密封检修。相比较

2020年立项前8个月6次检修，月度平均检修台次由0.75下降到0.29。检修一台聚合釜机械密封成本为23600元，检修费用为6000元，维修成本为29600元。影响生产55h，影响聚丙烯产量25.2t，每吨利润1015元，产品利润25578元，共55178元。

项目收益＝效益/台×月数×[月检修台次（前）－
月检修台次（后）]
＝55178元×7个月×(0.75－0.29)
＝17.77万元

预计年收益＝效益/台×月数×[月检修台次（前）－
月检修台次（后）]
＝55178元×12个月×(0.75－0.29)
＝30.46万元

项目截止到2021年4月份产生效益17.77万元，预计年产生效益32.46万元。

4 结束语

目前中石化各企业正在推行设备完整性体系管理。设备管理体系包括了定时性事务、风险管理、分级管理、缺陷管理、变更管理、过程质量管理等各要素。但是在提升装置运行的可靠度的过程中，各企业普遍存在缺乏系统的技术分析工具。

精益六西格运用了DMAIC流程，建立设备可靠性模型。首先通过确定MTBF目标值，收集数据，进行了流程能力分析；其次运用定性分析工具（故障树、鱼刺图）、定量分析工具（FMEA失效模式）确定了关键要因，并制定了控制要因的预防性、预测性、事后检修三种措施；最后形成了输出控制计划。同时进行了寿命预测，优化维修策略，防止过度检修和检修不足；有了寿命，也就有了检修次数，有利于做出预算，便于合理使用修理费用。

石油炼化装置换热器现场维修优化管理措施研究

赵　星

（中科（广东）炼化有限公司设备工程处，广东湛江　524000）

摘　要　为了研究石油炼化装置换热器现场维修优化举措，通过对换热器的相关理论入手，在理论结合实际的框架下展开分析，并基于多年相关工作经验进行造成换热器损坏的原因分析，为同行提供优化换热器现场维修效率的管理措施建议。

关键词　石油；炼化装置；换热器；现场维修

1　引言

热交换器是一种传热设备，它们极为常见且数量众多。由于热交换器的耐压和耐温性变化很大，因此发生故障的可能性也很高。石化生产的连续性要求现场对换热设备进行维修。在实际生产过程中，热交换器的现场维护还存在维护效率低、施工质量差等问题，需要进一步优化以提高实际效率。

2　换热器概述

2.1　换热器工作原理

不同的热交换器具有不同的传热原理。根据传热原理不同，可分为表面热交换器、再生式热交换器、间接流体连接式热交换器和直接接触式热交换器。它们都遵循热平衡定律，即热量会自发地从高温物体转移到低温物体。热交换器中有两根传递热量的管子，其中之一具有高温并充当热源，热量通过管道传递到另一个加热到低温的源。另外，在加热源和被加热源之间设置有控制阀，该控制阀可以调节传热所需的程度和时间以控制被加热源的温度。

2.2　换热器的类型

换热器主要有两种类型：第一类是管式换热器。根据不同的管连接方法，它进一步分为管式热交换器和壳式热交换器。管式热交换器由不同尺寸的圆管组成，U型管用于涂覆圆管和各种部件。其缺点是占据的面积较大，连接管道的接头很多，加热效率低且容易泄漏；优点是组合方法简单，维修保养方便，适用于高温高压液体物体。管壳式换热器的主要组件是管壳、折流板、管板和管盒。与管式换热器相比，管壳式换热器结构简单，耐高温耐压，安全性能高，受到大型工业企业的青睐。

第二类是板面式换热器。有多种方式，如板式热交换器、板壳式热交换器、螺旋板式热交换器和伞形板式热交换器。板表面用于热交换。板的质地不均匀，当流体通过板时会引起干扰，这可以提高传热效率。与管式换热器相比，板式换热器具有较小的占地面积，并且使用的材料更少。其中，螺旋换热器的螺旋形状使流体自动流动并易于清洗，因此得到了广泛的应用。

3　造成换热器损坏的原因分析

在热交换器中，冷流体和热流体在固体壁表面的两侧流动。来自热流体的热量通过对流传递到壁表面，然后在壁表面导热后传递到冷流体。为了进一步提高热传递效果，逆流热传递通常用于冷热流体。在正常情况下，冷流体出口的温度超过或接近热流体出口的温度，但是，在现场操作期间，由于热交换器故障的原因，冷流体和热流体的温度通常是异常的。换热器故障主要表现为泄漏，例如静态密封表面的内部和外部泄漏、腐蚀泄漏、管束缺陷、管板腐蚀泄漏等。现场维修通常集中在泄漏的地方，这在化学和炼油行业最常见。

本文主要以浮头式换热器为例进行优化分析。所谓浮头式换热器，是指两端的管板，一

作者简介：赵星（1988—），男，甘肃武威人，毕业于郑州轻工业大学过程装备与控制工程专业，工程师，现从事静设备管理工作，已发表论文3篇。

端未与壳体连接，这一端称为浮头。加热管时，管束和浮头可在轴向自由伸缩，完全消除了温差。浮头换热器的浮头端部结构主要包括缸体、外罩侧法兰、钩环、浮头罩、头管板的组合浮动和钢环。随着社会经济的飞速发展，许多类型和类型的换热器正在快速发展，并且换热器的新结构和新材料不断涌现。一个好的热交换器在设计或选择时必须满足以下要求：①合理了解所需的工艺条件；②结构必须安全可靠；③易于制造、安装、操作和维护；④经济合理。浮头式换热器以其良好的可靠性和广泛的适应性，在长期使用中积累了丰富的经验，进一步促进了其自身的发展。直到现在，它仍然在各种类型的热交换器中占据重要地位。

1) 介质腐蚀

根据相关统计，热交换器 90% 的损坏是由于腐蚀造成的。例如换热器中包含管侧的环丁砜、碳氢化合物、水和其他材料，当温度达到 220℃ 时，环丁砜溶剂在加热时易于分解形成二氧化硫，然后与水反应生成酸性 H_2SO_2 和 H_2SO_3 腐蚀设备，随着时间的流逝，很容易引起设备故障。

2) 操作不当

在安装和使用叉车、反向链或金属电缆的过程中，设备的涂层被划伤；清洗外壳侧面的油渍时，使用蒸汽或 50MPa 的高压喷枪会损坏设备的涂层；进水时间限制会导致设备过热并损坏涂层，从而降低设备的防腐能力。

3) 材料选择问题

不同的材料价格不同，使用效果也大不相同。例如，管道由不同的材料制成，如不锈钢、铜和镍合金、镍、钛和锆基合金，不同材料的管道具有不同的防腐能力，因此设备损坏率与所选材料密切相关。

4 优化换热器现场维修效率的管理措施

在热器现场维修效率的管理措施方面，首先要做到维修方案的标准化编制，并依据相关维修工序有条不紊地进行。在工作期间，由于程序选择和细节处理的不同，效率存在一定差异。根据经验，总结了以下维护程序：①故障判断；②泄漏法兰的预应力；③泄压绝缘；④拆下小的浮头盖；⑤管道管理初步泄漏测试；⑥预置小浮头；⑦拆除小浮头；⑧拆下管盒；⑨检漏和管束堵塞；⑩从传热管中取出管束清洗；⑪重新安装管束；⑫重新安装灯管箱；⑬填充小浮头；⑭管道侧静水压试验；⑮重新安装小浮头盖；⑯箱侧静水压试验；⑰现场清洁和交付。

基于笔者多年工作经验总结提高换热器现场维修效率的建议如下：

（1）定期检查和清洁热交换器。首先，应定期检查热交换器并及时修理；其次，必须定期使用物理和化学方法清洁热交换器。这是因为：一方面，如果热交换器长时间工作，水垢会残留在管壁表面，这会增加水流阻力并影响热交换效果，另一方面，在热交换器的操作过程中，设备中会形成某些腐蚀性物质，及时清洁可以减少腐蚀性物质对设备造成的损坏。

（2）提高专业人员的素质，以提高安装和维护的质量。首先，减少安装过程中的碰撞，避免刮伤涂层；其次，根据介质的不同特性和温度，在对换热器芯进行静水压测试合格后，可以进行组装，并进行多道次表面处理和涂覆；再次，进行热固化处理，以提高设备的防腐性能；最后，应选择专业的维护人员进行维护，以尽可能缩短维护时间。

（3）选择正确的材料。由于热交换器在高温、高压和高腐蚀环境下工作，因此设备的质量和安装所用的材料直接影响其操作和维护的结果。尝试使用耐高温、耐高压和耐腐蚀的材料。首先，它可以增加设备的使用寿命；其次，热交换器的大部分损坏是由腐蚀引起的，选择具有良好防腐性能的材料可以减少设备损坏的可能性和维护量，从而使维护人员可以有更多的时间来调查更多的维护问题。

5 结语

换热器维修造成的停机损失巨大，因此所有公司都专注于如何提高现场维修效率。首先，大多数换热器故障是由腐蚀引起的，因此一方面，我们必须从源头出发，提高材料和安装过程中热交换器的防腐能力；另一方面，我们必须从根本上提高热交换器的防腐能力。其次，必须提高维修人员的专业技能，专业的维修人员可以快速确定设备故障的原因，并采取纠正

措施以在最短的时间内完成维修任务。最后，
要注意维护并延长设备寿命。

参 考 文 献

1 孙汉栋．石油炼化装置换热器现场维修优化管理
[J]．中国化工贸易，2013(3)：85.

2 武永立．石化装置换热器现场维修优化管理[J]．大
众商务，2010(1)：293-293.

3 张洪亮，霍志国，曾国海．有机硅装置换热器泄漏
原因分析及解决措施[J]．设备管理与维修，2019
(1)：50-51.

炼化装置"五年一修"的探索与实践

魏 鑫

（中国石化镇海炼化公司，浙江宁波 315207）

摘 要 炼化装置要实现"四年一修"向"五年一修"国际先进水平挺进，关键要依靠技术进步和创新，建立安全性、可靠性与经济性相结合的设备管理策略，进一步夯实装置高质量长周期运行基础。本文总结了镇海炼化为实现装置"五年一修"目标进行的探索和实践，以进一步提高装置运行经济性和竞争力。

关键词 设备管理策略；五年一修；大修管理；日常管理

1 前言

炼化企业具有设备密集、化学品密集和人员密集等特点，安全运行至关重要。定期检修是国内外公认的保障炼化装置安全运行的必要手段，但是检修期间装置不仅没有产品产出，而且还要投入大量人力、物力、财力，显然尽量延长装置的检修周期，才能进一步提高石化企业的经济效益。正是由于这样的原因，人们开始不断探索更为有效的设备管理、检验与维修等技术，在保证安全环保前提下，尽量延长装置检修周期已成为当前石化企业的一种发展趋势。

近年来，世界一流炼化企业通过应用基于风险的检验（RBI）、以可靠性为中心的维护（RCM）、安全完整性等级（SIL）等基于风险的设备检维修管理技术，有效延长了生产装置检修周期。

为进一步提升企业国际竞争力，镇海炼化在认真总结"四年一修"管理经验的基础上，归纳制约炼化装置"五年一修"的影响因素，探索创新设备管理，积极应用检验、维修等新技术，逐步形成安全性、可靠性与经济性相结合的设备管理策略，为打造世界级、高科技、一体化石化基地奠定基础。

2 炼化装置"五年一修"探索与实践

炼化装置要实现"五年一修"，关键是要依靠技术进步和创新，建立安全性、可靠性与经济性相结合的设备管理策略，实现标准化、模块化检修，做到应修必修、修必修好；创新日常运行管理，提升设备效能，实现设备风险受控；深化大数据的知识化和模型化应用，实现以数据驱动的科学决策和风险管控，保证设备可靠性。

2.1 精准大修保"五年一修"

镇海炼化坚持"七分准备、三分修"的理念，策划准备阶段重点围绕"检修项目、承包商、物资供应、安全措施、检修方案、后勤服务、党建共建"七个到位，实施阶段重点围绕"安全、质量、进度"三大管控，确保实现"停得下、修得好、开得起、稳得住、长周期、出效益"的总体目标。

2.1.1 总体布局，精心策划谋大修

（1）建立"序列化检修，常态化管理"大修管理模式（见表1）。运用 PIMS 等软件，从物料平衡、经济效益、设备保障、公用工程保障等角度，制订分序列大修方案。计划部门先运用 PIMS 软件从物料平衡上提出分组检修初步设想，生产、设备等部门从不同方面针对各装置与系统存在的催化剂运行寿命、公用系统分批次停运、特种设备合法合规性等问题进行清理、平衡和优化，形成了较为合理的炼油装置分三个序列，并统筹乙烯、化工等装置同步停工的序列化大修改造模式，在上一轮大修改造结束后就启动本轮大修改造准备工作，成立检修改造组织机构并启动工作例会机制，常态化开展大修管理，已成为镇海炼化大修管理的标准化模式。

表1　序列化检修安排

年份	检修序列	检修时间天数(天)	参检装置(套)	参检人数(百人)	备注
2018年	炼油Ⅱ系列+乙烯系列	160	49	130	分三批次安排
2020年	炼油Ⅰ、Ⅲ序列+芳烃等化工装置	100	39	70	分两批次安排
2022～2023年	炼油Ⅱ系列+乙烯系列				
2025年	炼油Ⅰ、Ⅲ序列+芳烃等化工装置				

（2）建立"总分结合"大修组织体系（见图1）。公司成立停工检修改造领导小组+停开工总指挥部+检修改造总指挥部+各分指挥部、专业组、攻关组，并在机动部设立总指挥部办公室，实现大修管理由阶段性管理向常态化管理、分段管理向全程统筹的转变。分指挥部由运行部、专业部门及施工单位相关人员组成，由运行部设备经理担任指挥长，机动部、工程部等专业负责人任副指挥长，整合所有公司资源，保障该区域检修管理的完整性和高效运作。坚持"服务承包商就是服务我们自己"的理念，将承包商融入公司管理，开展甲乙方党建共建、比学赶帮超等竞赛活动，携手共进，实现共赢。

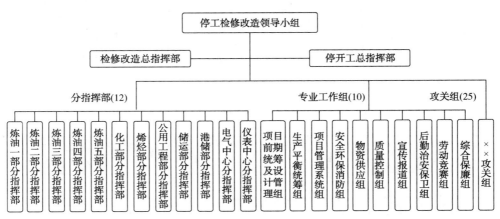

图1　"总分结合"的大修组织体系

（3）精准把控检修深度。按照"五年一修"目标，坚持"应修必修、修必修好、风险受控"原则，各专业运用RBI、RCM、SIL等技术，优化制订基于风险的设备检修策略，对所有大修装置的压力容器、工业管道实施RBI评估，对静密封点安排LDAR检测，根据风险确定检修、检验计划。同时，组织生产、工艺、设备、安全、维保等单位对检修计划进行逐套全面细致审查，对于"五年一修"的瓶颈及重难点问题，邀请行业内专家进行会审，不断滚动完善检修计划，确保不过修、不失修。

（4）科学制订施工方案。总结历次停工检修改造施工方案的安全性、可操作性，完善《设备检修作业指导书》，将中国石化《加强直接作业环节安全管理十条措施》相关要求融入施工方案，发布《检修施工技术方案管理规范》，同时增加第三方监理单位对大修方案的审查，保证施工技术方案切实可行。

（5）健全大修管理作业标准。按照大修总体目标，推进停工检修管理标准化，编写装置停工检修改造管理手册，分综合篇、HSE篇、生产篇、检修篇、工程篇和十册质量控制口袋书，形成检修指南，将大修管理的"精髓"融入方案中、落实到行动上。

2.1.2　抓实关键，全程受控保质量

（1）施工人员全面受控。首先在大修合同签订时约定承包商人力资源数量及质量，建立安全、技能"双准入"机制，分工种开展"笔试+面试+实操"等不同形式的准入考试。同时针对年轻化、经验缺的特点，抓实培训质量关，建立力矩紧固、机泵安装等实操培训基地；录制多媒体课件，通过手机端对管理、施工、监护人员等进行停工检修前培训。通过"理论+实操""线上+线下"同步培训，既保证安全、技能学习合格，又提高了培训效率。

（2）施工机具全面受控。制订工机具管理策略，明确检查标准、报验范围和流程，将工机具按专业划分为69类进行管理。特别对关键工机具，实施二维码准入，确保抽芯机、打压泵等检修工机具全面受控使用。

（3）施工质量全面受控。按照"质量事故为零、装置气密一次成功、投料开车一次成功"质量总体目标，将动设备"五个一目标"、静设备"三个百分百"、电气设备"八融八控"、仪表设备"七零一百"质量目标转化为具体方案、表单等生动实践（见图2）。同时开发大修管理移动APP，实现检修项目工序确认、关键质量节点验收等全员、全过程、全方位数字化、痕迹化闭环管理（见图3）。

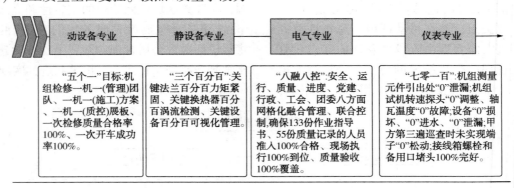

图2　专业质量管控目标

图3　检修质量全过程管控

2.2　精准运维保"五年一修"

2.2.1　促平稳抓优化，提升工艺平稳性

（1）强化"大平稳"理念。从突出考核工艺指标合格率向装置参数平稳率转变，同时将生产异常和波动当作事故抓纳入平稳率考核，实现参数平稳率与运行平稳性考核"同频共振"。持续开展"我为岗位操作法、规程作诊断""我为上下游平稳运行做贡献"活动，促进形成"公司管理平稳、基层抓平稳、岗位保平稳"的炼化一体化大平稳格局。

（2）持续抓优化。一是装置布局优化。综合分析加工计划与装置长周期运行关系，针对原油劣质化、重质化对生产的影响，积极优化工艺路线，不断进行适应性改造，增强加工劣质原油的能力和手段。二是原料优化。设备专业全程参与原油采购及生产计划讨论，公司利用 ORION、RSIM 等软件优化原油采购和调和管理，应用原油在线调合技术，控制进装置原料性质与设计相近。三是装置运行优化。推广运用 APC 先进控制技术、开展控制回路性能评估和 PID 参数整定等工作，有效提高装置抗干扰能力和关键工艺参数的平稳率；编制细化工艺技术规程、岗位操作法，完善机泵、加热炉开停、换热器投用和切出等单元操作票；编制《操作人员工作行为规范》《标准化操作手册》，推进操作标准化，提高生产效率及风险控制水平。

2.2.2　建立一体化维保机制，提升设备运行效能

（1）建立"网格化+专业化+规格化"管理机制。按照管设备要管运行的要求，在强化安全生产三大纪律基础上增加设备纪律监查，在生产现场构建多级网格，做到现场管理纵向到底、横向到边；以专业为支撑，围绕保平稳、重难点问题进行攻关，开展智能化提升等工作，多措并举保生产；开展"以规格化促安全活动"，明确巡检规格化、设备规格化、施工规格化等标准，通过设立"五个不一样"（夜班和白班发现不一样、高处和低处发现不一样、巡检点和非巡检点发现不一样、危害程度高和低不一样、恶劣天气和正常天气不一样）低头捡黄金安全生产即时奖励机制等，形成"全员、全天候、全过程、全方位"巡检排查机制，引领落实网格责

任，深化技术攻关、设备承包制、TPM 等活动，提升现场设备管理。

（2）建立生产装置维保巡检机制。组织各运行部和维保单位共同编制涵盖动静电仪各分册的《生产装置承包商维保巡检手册》，细化维保人员日常巡检工作，明确巡检路线和站点、巡检标准和内容，实现维保人员巡检全覆盖、常态化。同时，建立维保单位区域竞赛机制，将生产装置运行管理目标作为维保班组的重要工作绩效，根据所管辖区域 KPI 绩效、工作量、日常违约等考核内容，每月对区域班组进行排名、考核，并与维保班组、区域经理年度考核挂钩，引领维保单位自主管理，提升维保质量。

2.2.3　建立基于风险的设备缺陷管理，实现设备风险受控

通过 EM 系统优化提升，实现缺陷、计划、风险管控、作业许可联动闭环机制（见图 4）。所有设备缺陷均需根据风险评定缺陷等级，根据缺陷等级选择不同的审批权限、管控方向和处理途径等，实现缺陷有效管控和资源分配；装置（设施）正常运行期间，所有设备缺陷处理必须先经风险评估，在作业风险管控系统批准后，才能在 EM 系统办理《检修施工安全许可票》，确保现场所有作业受控。2020 年，镇海炼化非工作日设备抢修率同期相比下降约 33%。

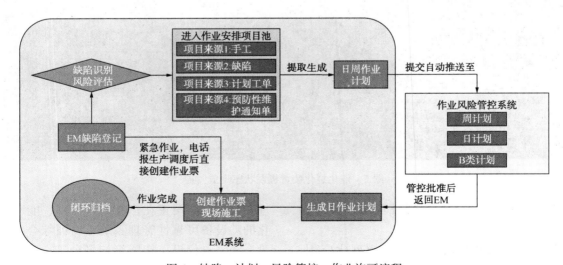

图 4　缺陷、计划、风险管控、作业许可流程

2.2.4 健全设备状态监控体系，实现设备状态实时监控

1）提升设备检测精准度

针对现场高风险部位，积极筛选应用新的检测技术。例如，厂际管线选用镜面旋转超声波、漏磁等内检测技术，换热器选用旋转超声、涡流、漏磁等检测技术，保温层下腐蚀采用导波、脉冲涡流等技术，常压储罐采用声发射、高频导波检测等技术；对于附塔管道保温层下腐蚀、管道裂纹等问题，开展无线无源测厚技术、脉冲涡流裂纹扫查技术等研究，精准查找减薄、裂纹等缺陷，为科学评估设备风险、设备剩余寿命，制订预防性检修策略提供可靠数据支撑。

例如：I 套加氢裂化装置应用脉冲涡流检测案例，结合装置腐蚀流、历年运行记录、历年腐蚀泄漏记录、历届腐蚀调查概况，进行综合腐蚀风险评估，确定高风险部位安排检测。

（1）检测范围：V314 封头筒体、V315 两侧封头筒体及连接管线、反应流出物换热器出入口管线、反应流出物空冷出入口管线、富液线、酸性气线、干气线。

（2）检测结果：共计对 702 个部位（管件）进行了涡流检测，发现与设计壁厚相比，减薄程度大于 40% 的管件 13 个，减薄程度介于 30%~40% 的管件 22 个，减薄程度介于 20%~30% 的管件 71 个（见表 2）。

表 2 I 套加氢裂化涡流检测腐蚀程度分布图

腐蚀程度划分	个数统计	百分数占比
建议立即维修或补强（减薄大于 40%）	13	2.41%
非常严重（减薄 30%~40%）	22	3.31%
严重（减薄 20%~30%）	71	10.24%
中轻度（减薄 0~20%）	596	84.04%

2）推进设备测控自动化

借助 4G 无线网络，持续建设设备综合状态监控系统。例如，大机组在线状态监测系统、泵群在线状态监测系统、在线腐蚀监测系统、电气仪表设备集中监控系统等，将设备监测、运行状态、运行环境、视频监控、故障预警等数据信息进行集成监控，对异常数据自动发送邮件/短信分级推送，实现设备状态实时监控、设备数据集中管理，为有效调整操作、开展故障诊断和预防性检修提供数据及技术支撑（见图 5）。

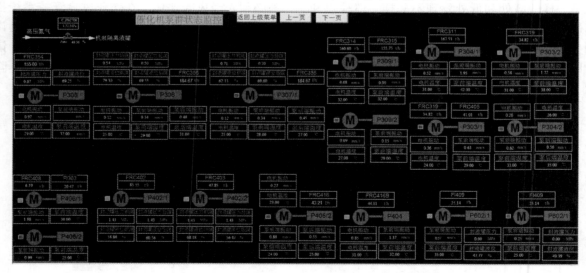

图 5 催化裂化装置机泵状态集成监控

2.2.5 推进智能化诊断，提升预防性检修精准度

通过深化大数据的知识化和模型化应用，逐步实现以数据驱动的科学决策和风险管控，推进预防性、预知性检修管理，提升设备可靠性。目前，公司正在建设的可预知、能动态优化的动设备可靠性管理系统、腐蚀综合管理决策系统、电仪设备智能管控平台等，逐步实现了设备健康状态综合评估、自动报警提醒，同时动态优化预防性维护维修策略，提高了预知

性维修水平。

例如,智能仪表健康管理平台,整合了各类仪表信息资源,在工厂内形成仪表信息大数据互通,全面开展设备状态趋势智能预测,建立设备状态分析模型,实现仪表大数据展示和预防、预警、处置为一体的智能化综合管理决策功能(见图 6 和图 7)。目前,管控平台中 DCS/SIS/CCS 等工控系统已实现全覆盖,乙烯区域环保仪表、质量仪表、气报仪、计量仪表等已上线运行。

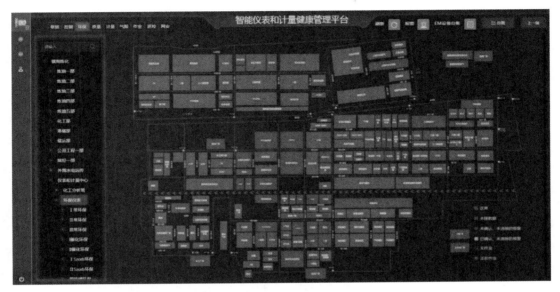

图 6　智能仪表健康管理平台 PC 端

图 7　智能仪表健康管理平台移动端

3　结束语

镇海炼化通过持续开展装置长周期运行攻关,推进工艺平稳性、设备完整性管理,设备故障率、装置波动等大幅度减少,装置运行平稳率得到持续提升,为挺进"五年一修"长周期运行打下了坚实基础。但从资源可获取性、吨原油经济效益等方面考虑,加工重质、劣质原油是趋势,随之带来的设备腐蚀风险对实现"五年一修"长周期运行是个严峻考验。同时,随着装置运行周期的延长,加氢、重整等装置催化剂活性下降、机组干气密封追随性变差、轴承漆膜结焦等问题,还需我们加快技术进步和管理提升,保障高质量实现装置"五年一修"长周期运行。

天然气净化装置半贫泵机械密封长周期运行技术探讨

潘向东[1]　黄　斌[1]　任景伟[2]　王亚军[1]　吴峰池[2]

（1. 中国石油西南油气田分公司，四川成都　610051；

2. 四川宝石花鑫盛油气运营服务有限公司，四川成都　610057）

摘　要　半贫泵是天然气净化装置尾气处理单元的关键机泵，也是尾气大循环系统最为重要的多级离心泵。半贫泵机械密封失效频繁、清洗置换隔离繁琐、备件费用高、检修周期和备件采购周期长，是转动设备专业日常维护的重点和难点。本文采用QC成果质量管理理论和分析方法，从机泵的工艺工况、机械密封设计制造、设备运行、密封管理、冲洗方案及密封维护等多方面寻找制约半贫泵机械密封长周期运行的关键点，并根据相关问题的成因探讨解决技术措施。

关键词　天然气；半贫泵；机械密封；长周期

随着今年产业链升级和国家碳中和与碳达峰工作的兴起，为扎实做好碳达峰、碳中和各项工作，国家制定了2030年前碳排放达峰行动方案，优化产业结构和能源结构。天然气作为主要的清洁能源之一，在产业链升级和国家碳中和与碳达峰工作中具有不可替代的作用。根据我国可持续发展战略和环境保护国策的要求，高含硫天然气清洁开采和净化成为我国能源开发的主导方向之一。硫化氢是一种有毒气体，危害人体健康，能使多种催化剂中毒失活，并且是造成酸雨的主要原因之一；天然气中酸性气体的存在还会对管线、设备和仪表造成腐蚀。商用和民用天然气对硫化氢含量有严格的限制要求。因此，作为天然气净化工艺的"龙头"，脱硫脱碳工艺研究和改进得到了广泛关注。脱酸方法总体上可归结为溶剂吸收法、膜分离法和变压吸附法3类，其中溶剂吸收法常用的有醇胺法、热钾碱法及砜胺法等。半贫液砜胺溶液泵是天然气砜胺法脱硫净化装置的核心转动设备。

1　半贫液砜胺溶液泵

1.1　半贫液砜胺溶液泵概况

半贫液砜胺溶液泵，简称半贫液泵或者半贫泵，为SCOT尾气处理单元半贫溶液循环泵，主要工作流程是将SCOT吸收塔产生的半贫溶液输送至脱硫单元吸收塔。某作业区净化厂三列装置每列设计使用2台（一用一备），共计6台，主要技术参数见表1。每列装置A泵为电机驱动、B泵为蒸汽透平驱动，一般情况下电机泵为常备泵。

表1　设备主要参数

位号	操作温度/℃	出口压力/MPa	额定排量/（m³/h）
P-070902-A	48.5	8.615	212
扬程/m	驱动形式	电机额定功率/kW	供应商
800	电机	651.03	国际知名品牌
位号	操作温度/℃	出口压力/MPa	额定排量/（m³/h）
P-070902-B	48.5	8.615	212
扬程/m	驱动形式	蒸汽压力/MPa	供应商
800	蒸汽透平	4.0	国际知名品牌

该泵为水平剖分双支撑自平衡十级离心泵，因此每台泵有2套双端面机械密封，6台泵共计12套双断面机械密封。根据生产需要，2020年大修期间双达标项目对泵的十级叶轮进行了切割，机械密封也进行了相应改造。装置开车

作者简介：潘向东（1981—），男，四川简阳人，西南石油大学过程装备与控制工程专业毕业，工程师，长期从事石油和天然气化工设备管理与检维修工作，已发表论文30余篇，获国家授权专利15项。

后半贫泵及其机械密封运行正常，但是在 2020 年 11 月 23 日 P-070902-2B 驱动端机械密封泄漏导致泵联锁停机，2020 年 12 月 09 日 P-070902-1A 驱动端机械密封泄漏导致装置联锁停车。

1.2　现状调查

根据国家相关政策和法律法规，公司生产工艺调整，2020 年双达标（尾气排放达标、产品气达标）改造项目对 P-070902 现场工艺做了调整，并对机械密封提出以下要求：由于新的生产工艺发生了很大的变化，工艺压力显著增加，密封的承压要求增大，所以重新对该新机组做了选型，当时密封和系统都做了升级优化继续采用双封加压方案，原先的 P53B+11 系统尽量利旧。

该项目的总包提出，泵启动时，入口压力会增加到 2.0MPa（G），而投资方又提出密封静态承压能力要达到 13MPa（G），投资方不能确定是否能够接受该要求。因此，需要密封厂家给出两种选型（或一种选型，能同时满足总包和投资方的要求），基于选型文件要求，当时给出了两种密封选型，即 48VBB 和 RREP，由于密封腔尺寸原因，RREP 密封装不进去，最终选择了 48VBB，第三方最终接受 48VBB 能承受最大的液压静压能力为 102bar。

由于泵厂家只对半贫液泵十级叶轮进行了切割，其余配件未进行改造，机械密封改造前后如下：改造前，该密封为 JC3648 型密封，面对背结构，承压能力低，属于中低压密封，能承受最大液压静压能力为 50bar，远远达不到客户变更后要求。改造后，该密封为 JC48VBB 型密封，背对背结构，承压能力高，属于高压密封，能承受最大液压静压能力为 102bar，动态压力为 53bar。

根据现场反馈，现场位号为 P-070902-2B 泵在 2020 年 11 月 24 日突然发生泄漏现象，随即维保人员进行现场检查，发现机械密封轴套和泵轴不同步以及机械密封轴套和泵轴间有泄漏现象，并且发现轴套有轴向移动迹象，随即停机并切换备用泵。该泵运行时间为 20 天左右。随后通知机械密封供应商和泵厂家，泵厂家在与机械密封供应商协调后，机械密封供应

商派出服务人员在 2020 年 11 月 28 日到达装置现场协助处理机械密封泄漏情况。根据机械密封供应商给出的报告，机械密封泄漏的原因是由于机械密封驱动环顶丝松动，导致动环轴套发生轴向移动，同时动环轴套与泵轴不同步，进一步导致泵轴发生磨损以及泄漏现象。机械密封供应商服务人员已经在现场拆卸并解体检查该机械密封，确认机械密封内部无明显损伤并更换了备件，确认机械密封可继续使用。

泵厂家技术人员于 2020 年 12 月 3 日到达生产现场察看情况，位号 P-070902-1A 泵于 2020 年 12 月 2 日下午 4 时也发生了类似于 P-070902-2B 泵的情况，机械密封动环轴套发生了轴向移动，同时有泄漏现象且机械密封缓冲液压力急剧下降。该泵运行时间大概为 10 天。泵厂家同时协调机械密封供应商前来现场协助解决。

2　原因分析

根据现场发生的故障现象以及机械密封供应商提供的现场报告，造成目前机械密封泄漏的主要原因如下：改造后的机械密封轴套锁紧方式发生变化，新的机械密封采用顶丝直接将机械密封轴套固定在泵轴上，依靠顶丝与泵轴的摩擦力传递运行扭矩；而旧机械密封采用在泵轴上打沉孔并将顶丝安装到沉孔的方式锁定机械密封轴套。新机械密封采用的轴套紧固方式明显不如采用沉孔的方式牢固、保险，在长期运行中存在较大的松动风险，最终会造成轴套移位、泵轴磨损，并最终导致泄漏。

通过上述原因分析，近日发生的机械密封泄漏的主要责任在于新的机械密封轴套锁紧方式设计不合理，导致在运行中存在松动的风险。

双达标改造前，机械密封传动顶丝安装在轴孔内（见图 1）。

双达标改造后，机械密封传动顶丝刚好安装在轴台阶上，机械密封传动顶丝一半在轴上，一半未着力（悬空），无顶丝孔（见图 2 和图 3）。

3　目标及对策

通过对半贫液泵泵轴进行改造，将机械密封运行寿命由 3 个月提高到 1 年以上，延长了机械密封更换频率（由每季度更换一次延长到一年更换一次），达到了降低修理费和节约生产成

图 1　泵轴实物（双达标改造前顶丝孔）

图 2　泵轴实物（双达标改造后顶丝位置）

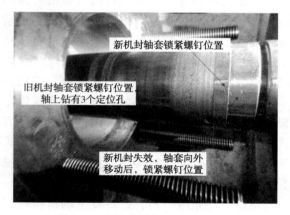

图 3　双达标改造前后后顶丝位置

本的目的。

　　针对目前的情况，当务之急是所有正常使用的机械密封采取措施，以避免再次发生类似的情形。常用集装机械密封驱动环顶丝在泵轴的固定有三种方式：

　　（1）机械密封驱动环顶丝在轴上直接固定。这种方式简单高效，是低压机械密封驱动环顶丝最常用的固定方式。之前的顶丝就是采用驱动环顶丝直接在轴上固定，但是顶丝着力点恰好一半在轴肩上，一半在轴肩下。其对策是将顶丝接触泵轴圆周的轴肩直接去掉，让顶丝和

泵轴完全接触（见图 4）。缺点：在泵不解体的情况下，施工难度大，不易操作。如果将泵解体，十级泵解体工作量较大，修理费成本较高。并且该机械密封的工作压力较高，超过 10MPa，采用这种直接接触的固定方式可靠性较低。

图 4　泵轴轴肩实物

　　（2）采用抱箍的方式将机械密封驱动环固定在泵轴上。这种方式是高压机械密封驱动环常用的固定方式之一。但是这种方式需要对机械密封轴套进行改造，不但材料备件费用上升，而且机械密封轴套改造的周期较长，不适合现场迫在眉睫的生产需要。

　　（3）参照双达标改造之前机械密封采取在泵轴上钻打沉孔的方式将机械密封轴套锁紧。具体措施如下：

　　① 对于非驱动端机械密封：拆除机械密封护罩和机械密封隔离液出口短节，将机械密封锁片锁紧，此时用样冲或者小钻头依次标记 8 颗顶丝的中心位置，然后将机械密封拆除，之后再回装轴承体和轴承。

　　② 对于驱动端机械密封：断开联轴器中联及泵端联轴器，拆除机械密封护罩和机械密封隔离液出口短节；将机械密封锁片锁紧，此时用样冲或者小钻头依次标记 8 颗顶丝的中心位置，然后将机械密封拆除；之后回装轴承体和轴承。完成上述工作后，依次在泵轴上驱动端和非驱动端对 8 个已经标记的顶丝中心钻孔（ϕ10 钻头），钻孔深度约 2~3mm，完成钻孔之后清理铁削并回装机械密封和轴承体等部件（见图 5）。

　　因此机械密封传动顶丝固定方式恢复到双达标改造之前的固定方式，该方案得到了机械密封厂家认可，完全可行。

　　第三种固定方式不需要增加材料备件费用，且固定方式的改造快捷高效，相对于前面两种经济性和可靠性较高。因此采用第三种方式。

图5　新旧顶丝孔对照

4　效益分析

该高含硫天然气田半贫液泵为国际知名流体供应商生产的双支撑离心泵，每列装置有2台泵，3列装置，共计安装有12套国际知名供应商的机械密封。该密封供应商是业界公认的世界一流机械密封公司。泵厂选用机械密封质保1年，API 682要求连续运转不低于25000h。作业权移交之前半贫液泵机械密封有效运行寿命在3个月左右；双达标改造前半贫液泵机械密封有效运行寿命在1年以上；双达标改造后机械密封有效寿命按3个月计算。根据以上数据，将本次QC活动中机械密封寿命目标定为1年，则原来每年每台泵需更换机械密封8套（驱动端和非驱动端各4套），每列装置2台泵，3列装置共计48套。

每套机械密封单价为12.8万元/套，则对于更换机械密封，原修理费成本为：12.8×[（4+4）×2×3]＝614.4万元/年；轴打孔改造后，修理费成本为：12.8×[（2+2）×3]＝153.6万元/年；每年节约成本为：614.4－153.6＝460.8万元。施工改造由泵厂人员进行作业，投资方仅进行相关配合工作，且本次QC活动不增加任何材料备件费用和施工费用。因此在仅考虑更换机械密封则节约修理费成本每年就达到460.8万元。如2020年12月机械密封失效造成单列装置停车，仅耽误的天然气产量保守估计会达到300万元，另外还可能导致严重的安全和环保事故，造成的经济损失更无法估量。

5　结论

本次机械密封长周期运行维护措施探索和实践了高含硫天然气田半贫液泵机械密封泄漏率降低的设备技术改造，提升了运行维护保障水平，提高了设备的可靠性，努力做到设备本质安全，降低了装置运行成本。在中国西部的天然气田中有许多净化装置，双支撑多级离心泵普遍存在，每个装置都可根据自身生产特点，设备改造或选型需要从设计、采购、施工、运行诸多方面对类似的机械密封失效情况进行综合考虑，避免像本次机械密封改造后，泵虽然只是叶轮改造，泵轴没有任何改造，但是泵厂家选择的新型机械密封结构和泵结构恰好出现不匹配的情况，从而达到节约修理费的目的。下一步，我们将把本次的活动经验进行总结，对机械密封管理加以规范，并举一反三地运用到其他位号机泵的机械密封QC和技术工作当中，为高含硫天然气田净化装置的安全、稳定、长周期、满负荷、优质做出贡献。我们将继续努力，包括之后在成本可控的基础上再继续探索高含硫天然气田机械密封有效运行寿命的提升，将机械密封质量管理工作有效地推动下去。

参 考 文 献

1　丁仲礼.中国碳中和框架路线图研究[J].中国工业和信息化.2021（8）：54-61.

2　王永中.碳达峰、碳中和目标与中国的新能源革命[J].人民论坛·学术前沿.2021-08-0910：22：26：9.

3　裴爱霞，张立胜，于艳秋，等.高含硫天然气脱硫脱碳工艺技术在普光气田的应用研究[J].石油与天然气化工，2012，41（1）：17-23.

4　肖俊，高鑫，熊运涛，等.天然气脱硫脱碳工艺综述[J].天然气与石油，2013，31（5）：34-36，40.

5　胡伟.天然气脱酸工艺[J].辽宁化工，2017，46（9）：915-916，919.

6　李必忠，温冬云，伍桂光，等.东方终端二期脱碳装置运行问题浅析及解决办法[J].石油与天然气化工，2008，37（5）：401-405.

7　潘向东，韩荣学，王林松，等.天然气净化装置半贫液泵长周期运行技术探讨[J].化工机械，2020（4）：538-540，557.

8　潘向东，郭巍，崔均，等.机械密封辅助冲洗系统探讨与优化应用探索[J].石油和化工设备，2019，22（10））：106-108.

电机状态检测系统在石化行业的应用分析

朱浩锋

（中国石化镇海炼化分公司，浙江宁波　315207）

摘　要　随着社会经济的不断发展，大型石化企业的生产规模不断扩大，现场驱动设备的数量成倍增加，现代工业产品对生产设备的依赖度越来越高，而现代设备的特点更趋于大型化、连续化、高速化、自动化，设备如发生故障，停工造成的经济损失巨大，维修费用也大幅度上升，故设备的维护需要从响应式维修转到预防性维修，而预防性维修工作又容易出现检修成本高、维修管理失控的问题，故需进一步朝着预知性维修的方式转变，从而使现场电动机设备的状态监测手段显得日趋重要，成为预知性检修的一主要判断依据。

关键词　经济不断发展；设备数量增加；大型化；连续化；高速化；预知性检修；状态监测

大型石油化工行业中生产工艺流程较为复杂，装置平稳运行的要求极高，较多设备需要连续运行，而装置现场的重要机泵均为电力驱动，故电机作为主要的电驱设备其平稳及可靠性要求极为重要。

近年来，设备发生故障而停工造成的经济损失巨大的事例较为普遍，且设备发生故障后，响应式维修的费用也大幅度上升，故设备的维护需要从响应式维修转到预防性维修，而预防性维修工作又容易出现检修成本高、维修管理失控的问题，故需进一步朝着预知性维修的方式转变，提高识别预知性判断的能力则刻不容缓。

1　电动机健康运行的定义及影响设备健康运行的因素

（1）电动机运行振动值达标。GB/T 10068—2020 对轴中心高为 56mm 及以上电机的机械振动、振动的测量、评定及限值作出了明确规定及要求，JB/T 8689—2014 对通风机的振动检测及其限值作出明确规定及要求，设备运行时的振动值是否达标，是设备健康运行的重要标准之一。GB/T 10068—2020 规范中，一般适用于石化行业的详细标准为：电动机在 B 状态下，对振动有特殊要求的电动机，刚性安装的情况下振动强度为 1.8mm/s 以内。

（2）电动机运行温度符合要求。GB/T 755—2019 对电动机的某一部分的温升测量方法、温升的计法作出了明确规定，电动机运行温度是否在正常范围内，是否符合电机温升的算法则是判断设备健康运行的另一重要指标。

（3）电动机运行无异常噪声。电机日常运行时的噪声主要表现为滚动轴承的异常噪声，运行中电机轴承产生异常噪声的情况主要为：滚动轴承内圈有损伤、滚动轴承外圈有损伤、滚动轴承滚子有损伤、滚动轴承润滑油脂有积灰，造成运行时过度摩擦从而产生噪声。

2　影响电机健康运行标准
2.1.1　电动机振动的分类及标准

电动机机械振动是指物体经过它的平衡位所作的往复运动或系统的物理量在其平均值（或平衡值）附近的来回变动。振动的类型可分为自由振动、强迫振动、自激振动。

自由振动是物体受到初始激励所引发的一种振动，这种振动靠初始激励一次性获得能量，历程有限，一般不会对设备造成损坏。

强迫振动是物体在持续周期变化的外力作用下产生的振动，如不平衡、不对中所以引起的振动。

自激振动是非线性机械系统内，由非振荡能量转变为振荡激励能量所产生的振动，即设

────────────
作者简介：朱浩锋，男，2010 年毕业于南昌大学电力系统及其自动化专业，工程师，现为电气中心电机专业组师专业技术员。

备在没有外力作用下，由系统自身原因所产生的激励而引起的振动。这种振动对设备的危害性较大，如一旦发生该类振动，会使设备运行失去稳定性。

振动标准：GB/T 10068—2020 规定的振动强度限值见表1。

表1　不同轴中心高 H 用位移和速度表示的振动强度限值（有效值）

振动等级	安装方式	56mm≤H≤132mm		H>132mm	
		位移/μm	速度/（mm/s）	位移/μm	速度/（mm/s）
A	自由悬置	45	2.8	45	2.8
	刚性安装	—		37	2.3 / 2.8*
B	自由悬置	18	1.1	29	1.8
	刚性安装	—	—	24	1.5 / 1.8*

在日常电动机的运行中，强迫振动和自激励振动对设备的运行稳定性的威胁较大。我们的运维分析也主要是在设备振动值超标后，对上述两种振动值进行解析，从而判断设备的运行异常及故障情况。

2.1.2　电机运行时温度的考核指标

因电机的运行环境基本为户外，因此电机的安装方式有户外露天、装置泵房、安装隔音罩内等诸多安装方式。电机的运行温度受室外季节温度、环境温度影响较大。以宁波地区的夏季为例，企业一般将每年的 6 月 15 日~10 月 15 日列入现场电机的高温季节，现场巡检时重点关注电机轴伸端、非轴承端的温度以及电机本体定子绕组的线圈的温度。电机轴承侧温度的控制直接决定了电机运行时润滑油（脂）的效果。若定子绕组的温度过高，接近相应绝缘等级电机绝缘漆的耐受值，则较容易引起电机定子绕组线圈的绝缘击穿，引起电机在运行时的严重故障。结合相关的电机制造的线圈绝缘要求标准，以及相应的主流轴承品牌及相应的润滑油（脂）的耐受标准，石化企业内部对电机的温度控制要求如下：

（1）高温电动机的定义为：电机滑动轴承（轴瓦）温度≥65℃、电机滚动轴承温度≥80℃、电机绕组温度≥110℃。

（2）F 机绝缘电机绕组温度≥120℃ DCS 设报警，电机绕组温度≥130℃设跳闸。

2.1.3　电机运行时噪声的考核指标

电机在运行中对于噪声的定义较难进行一定的量化，但日常巡检中通过电机运行时轴承声音的比对，能较为直观地发现电机运行时的状态变化。一般运行中的电机所出现的运行声音异常、变化主要为转动设备、转动部件上的噪声。一般电机运行时以轴承运行声音异常为声音异常的主要判断标准。以滚动轴承的电机为例，一般轴承运行中较容易出现轴承滚子有损伤、剥落、轴承内圈、外圈有损伤、润滑效果不良等较多情况。

3　电机状态监测的手段及应用

3.1　通过无线泵群系统的应用，进行远程的设备状态监控，故障诊断

无线泵群系统 24 小时电机状态监控的应用，主要从设备本身就是一个系统，其部件更是这个系统中的一部分，设备又是环境这个大系统中的小系统的诊断分析理念立足，对设备的状态判断需要系统性的思考、数据的采集及总体性的判断。某些故障及异常的时间具有一定的规律性及细微的前瞻趋势性。

1）案例一：以无线泵群系统实时监控，发现某石化厂电机轴承保持架有松动及翘边

从泵群检测系统清晰可见，故障轴承的加速度在一个时间区域内呈现明显的上升趋势（见图1）。

时域波形上 2X 保持架特征频率冲击明显（见图2）。

包络谱中保持架故障特征明显（见图3）。

最终指向轴承保持架故障（见图4）。

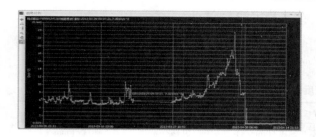

图1

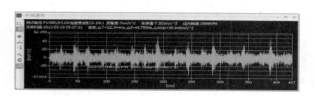

图2

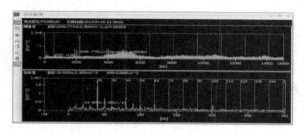

图3

图4

2）案例二：某石化某装置运行时发现电机轴承润滑效果不良

特征：近期电机负荷端加速度缓慢上升，高点可达30m/s²，加速度基带能量上升，但未见明显冲击特征，加速度频谱中3000~9000Hz频段底部噪声能量较高。包络解调以轴承内外圈滚道特征频率及谐波成分为主（见图5）。

结论：电机负荷端轴承早期损伤，内外圈滚道点蚀磨损，润滑状态稍差。

建议：日常巡检关注电机负荷端轴承异响及温升，改善电机负荷端润滑状态以延缓劣化。

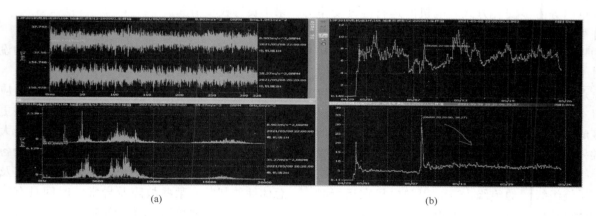

(a)　　　　　　　　　　　　(b)

图5

3.2 通过电机温度实时监测，实时监控电机轴承及定子绕组的温度监控

电机温度监测系统需用于对电机的温度等数据进行实时测量和数据采集，并通过实施数据监控的信息平台实现就地和远程的调阅和访问，建立电机状态实施数据监控信息平台。该应用系统具备：分析历史数据，追溯历史过程的功能；检测子系统后台以图形、曲线和报表等方式实时监测、显示各电机运行情况，且具备状态及越限报警功能；友好的通讯兼容性功能，能与监控后台进行通畅的数据传输及交换功能。

实现方式一：以某石化企业某装置电机温控屏为例，现场电机轴承及定子绕组侧预埋PT100温度探头，通过阻值的变化换算成温度现场电机的实时温度检测数据。运行中温控仪设备如出现异常温度报警，则通过温控仪本身的公用测控信号上传至值班员机上的监控系统，值班人员至温控仪上翻阅数据，进行检查。

实现方式二：通过现场测温元件与后台监控系统的数据交换，在电气监控系统上实现温度量化检测，如温电机定子绕组温度超120℃进行温度高报警，超130℃进行温度高高报警。

实现方式三：通过现场测温元件将温度信号上传至工艺内操的DCS系统，通过DCS的报警进行干预。

3.3　通过智能巡检方式，强化监督维保单位巡检质量以及数据收集

大型石化行业涉及数量庞大的机泵现场运行，且需要一定的维保人员进行巡检及维护。电动机的日常巡检中对于电机运行时声音的判断需要维保人员日积月累地进行比对、分析。通过人力资源的关注巡检也是电机技术管理中十分重要的一个环节。在日常执行过程中，维保人员的巡检路线具有很强的主观性，巡检数据的错记、漏记现象较为普遍，对设备预知性的维护要求差距较大，故需实施智能巡检系统，对巡检人员定路线、巡检数据记录定时间、巡检点位定数量。

智能巡检网络架构如图6所示。

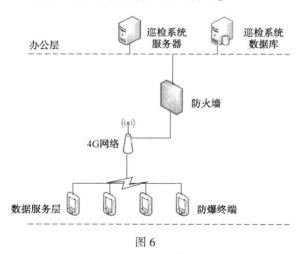

图6

智能巡检系统应用目标：①对日常巡检业务进行全覆盖，依托企业专网实现电机的各测点振动及温度数据无线上传；②可在PC端查看、浏览巡检相关记录及振动趋势，便于后台进行一定的数据分析；③定点推送给指定专业技术人员响应，提高响应速度及质量；④授予管理人员权限，对巡检人员巡检轨迹进行实时定位，用公正、客观、量化的标准手段提高巡检质量、实施精细化管理。

3.4　手持式频谱分析仪的应用

通过对频谱数据的分析、包络数据的分析从而判断电机的故障情况。日常运行维护中，对于现场电机运行状态的判断，除了通过信息化手段进行不间断监控及大数据分析外，也需要现场的可靠性工程师对提报上的电机异常情况进行人为干预与分析。然而，对于设备的分析不能完全停留于纯粹的经验判断，更需要对现场实际数据进行采集和分析。手持式频谱分析仪的数据采集完全依靠工程师至现场进行操作及判断，其针对性、客观性更强。

例如某石化企业现场巡检人员反映电机运行时振动大，检查发现电机与泵联轴器弹性块破损，从而初步判断由此引起电机振动增大，运行人员需进一步确认现场判断的结果，且对电机本身的运行情况进行详细了解，故通过手持式频谱分析仪，采集数据如下：

（1）前垂直频谱数据（见图7）。

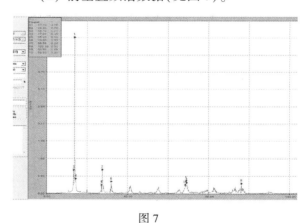

图7

（2）前轴承包络谱（见图8）。

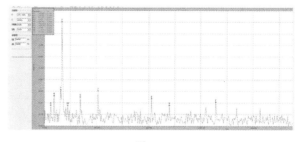

图8

通过现场频谱数据的读取及分析，结论如下：

振动整体平稳，轴承伸端垂直和水平方向振动因叠片异常引起，主要以 1 倍频为主，垂直最大 4.7mm/s，17.19Hz（电机为 4 极变频运行约在 68%，1 倍频为 17Hz 左右），轴承包络谱中轴承整体运行平稳，轴伸端只有 1 倍转频特征频谱，幅值较小。因工艺暂无条件更换情况下，具备关注运行的条件。

4 结论

随着社会经济的不断发展，大型石化企业的生产规模不断扩大，现场驱动设备的数量成倍增加，在分析出影响电机运行的主要危害因素后，利用多种类的状态监测手段，可实时、全面、可靠地预知、预判识别故障的前期征兆。无线泵群系统的应用可实时采集电机运行数据，使每一台机泵建立小型数据库，可提供可靠的趋势判断条件，电机运行温度的在线、实时采集能及时通过量化的温度变化数据来准确地发现电机运行时工况的变化、改善设备的运行环境。离线频谱仪的应用，可给现场故障判断提供了更直观、准确的运行数据，佐证在线系统的分析与判断，提高预知性判断的准确性。智能巡检系统的应用，规范了现场巡检人员的巡检作业，通过可靠的管理手段避免了漏检、错检，提高了巡检的执行力。

参 考 文 献

1 GB/T 10068—2020 对轴中心高为 56mm 及以上电机的机械振动、振动的测量、评定及限值.

2 GB/T 755—2019 旋转电机的定额和性能中对电动机的某一部分的温升测量方法、温升的计法.

频谱与诊断分析法在机泵故障诊断领域的应用

孙　卓[1]　高子惠[2]

（1. 中国石油锦州石化分公司，辽宁锦州　121000；

中国昆仑工程有限公司，北京　100037）

摘　要　为了使机泵达到长周期运行，提升设备智能化运维管理水平，根据多年的现场设备故障经验，将诊断分析法和频谱分析法有机结合起来，提出"频谱分析法做预判，诊断分析法来佐证"，明确故障目标性，减少故障可能性，可以更有效、更精准查找到故障的根本原因，进而"对症下药"，解决设备故障。此方法已在实际工作中应用，具有可行性，希望对提升设备智能化运维管理有所帮助，助力炼化业务提质增效。

关键词　频谱分析法；诊断分析法；智能化；精准化；预判；佐证

1　前言

2015 年，国务院印发《中国制造2025》，提出要紧密围绕重点制造领域的关键环节，推进新一代信息技术与制造装备融合的集成创新和工程应用。在推进完成"十四五"规划的大背景下，关键工序智能化、关键岗位机器人替代、生产过程智能优化控制、供应链优化、建设重点领域智能工厂/数字化车间是诸多企业进一步发展的趋势。

在智能制造的背景下，传统设备管理将面临挑战，为此需要在既有设备管理理论、方法和实践经验的基础上，寻找一种新的管理方法和管理机制，以适应智能制造的技术环境，将管理知识、技术方法和自主控制能力进行深度融合，将相关的主要因素构建成一个开放的控制与反馈系统，达到"效能最大、成本最少、风险最低、设备资产全寿命周期"四方面的目标。

智能制造环境下企业的维修战略也应随之发生调整和转变，我们需要将视野打开，坚持前瞻性、可行性、可用性，从图1所示方面着手进一步提升设备维修管理水平。

明确了国家的战略方针，了解了行业发展前景，如何将智能化设备管理"落地"呢？

2　故障诊断方法

转动设备在工业生产中起到心脏的作用，担负着介质运输的重任。在设备运行过程中，

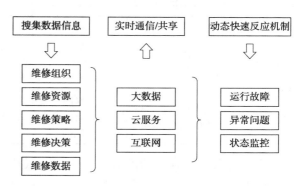

图 1　设备维修趋势

常会遇到振动、泄漏、无量，也会遇到设备因温度、振动报警停车的状况，如何查找故障的根本原因并进行有针对性的处理，是保障设备可靠运行的重中之重。要保证设备的可靠性、可用性、经济性、维修性和安全性，必然要提高故障诊断的精度。

故障诊断主要包括：频谱分析法和诊断分析法等。

2.1　频谱分析法

主要是运用状态监测，通过对所测信号进行处理、分析，提取特征定量诊断（识别）机械设备及内部零件的运行状态（正常、异常、故障），属于一种趋势分析，采取监测、诊断和预判的过程。这种动态监测手段（频谱分析）处在不断发展和完善之中。

2.2　诊断分析法

诊断分析法主要是不断总结现场的经验，再联系理论，对理论进行修正，再应用到现场中，其着眼点在于"数据"和"故障现象"（见图2）。该方法属于系统的运用故障判断方法，通过发现问题、分析问题，最终解决现场实际工作中的问题，以故障为导向，以现象和数据为依托，将理论和实际相结合，应用到检修现场，这种方法已经非常成熟。

图2　诊断分析法完善过程

频谱分析法和诊断分析法各有利弊，对比如表1所示。

表1　频谱分析法和诊断分析法利弊分析

	优点	缺点
频谱分析法	有故障趋势，计划性检修	轴心轨迹、频率等现场和理论有偏差；完善发展中
诊断分析法	成熟的方法；以现象和数据为依托	一些故障设备未拆解，不能以量化的方式做精准预判

为了提高故障判断的准确率，实现降低成本、减少人力、提高效率的良好效果，需要将诊断分析法和频谱分析法有机结合起来。

本文提出"频谱分析法作预判，诊断分析法来佐证"，明确故障目标性，减少故障可能性，可以更有效查找到故障的根本原因，"对症下药"，解决设备故障。在实际工作中已有成功的案例。

3　案例1

3.1　设备基本信息

机泵型号：150AY150×2C；机泵流量：140m³/h；机泵扬程：181m；机泵轴功率：115kW；机泵效率：60%；机泵厂家：某泵业有限公司，出厂日期2000年7月；P-01运行期间工艺参数：泵出口压力为1.2～1.5MPa，变频给定值为38.9Hz。

3.2　故障背景

120t/h汽提装置原料水泵P-01，连续正常运转12696h（2019年7月至2021年1月12

日），1月13日1#泵更换新变频器停机，开2#泵振动达到7～8mm/s。

机泵流量：冷进料加热进料总值在75～85t/h之间调整。

机泵测温测振记录：振动值均在指标范围内，水平振动在2.0～3.0mm/s（见图3）。

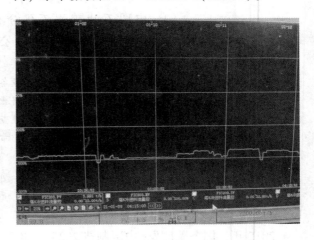

图3　案例1机泵测温测振记录

2020年12月备用机泵点试时发现P-02驱动端及非驱动端水平振动值偏高6.0～7.0mm/s，联系钳工车间进行检查处理。

2021年1月12日配合仪电车间更换P-01变频器，停P-01切换至P-02，生产流量调整完毕后P-02驱动端与非驱动端振动值仍然超标7.0～8.0mm/s，LQ值为0.4～0.73。生产流量为80t/h。频谱检测图如图4和图5所示。

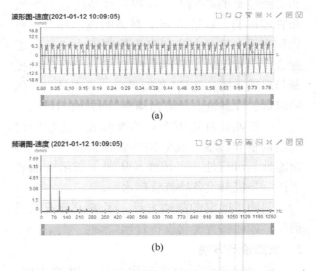

(a)

(b)

图4　驱动端垂直振动频谱检测图

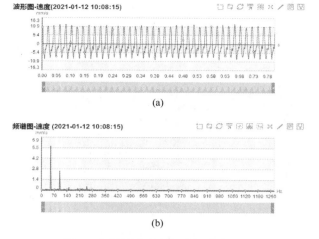

(a)

(b)

图5　非驱动端垂直振动频谱检测图

前期工作已查找过同心度，在标准范围内，解体发现，轴承完好。

P-02驱动端垂直侧波形图及频谱图波动较大。

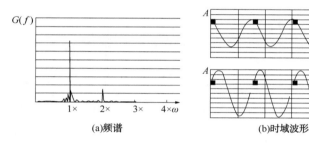

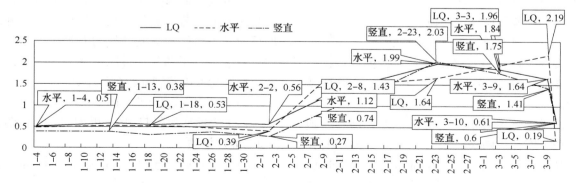

(a)频谱　　　　　　　　(b)时域波形　　　　　　　　(c)轴心轨迹

图6　异常振动特征

3.3　诊断意见

从频谱来看，一倍频明显，水平振动低，竖直方向振动高，用频谱分析法分析这些特征，排除了动静件摩擦、支撑松动、轴承故障，判断可能存在同心度、不平衡以及轴弯曲问题。

校核同心度后，再次开车，泵驱动端振动由8.0mm/s降到5.0mm/s，泵非驱动端振动由6.0mm/s降到5.0mm/s，但电机由3.0mm/s降到5.0mm/s，由诊断分析法并非同心度原因。

轴弯曲包括临时和永久两种情况，开启即振动，不存在"高开低走"，因此不属于临时弯曲；转子出厂合格，长期运行并不振动，排除轴永久性弯曲。

那么其特征频谱符合转子不平衡特征（见图6）。

3.4　处理措施

查找动平衡后，振动速度值有明显下降至2.4mm/s，成功达到评优设备标准。

4　案例2

4.1　设备基本信息

机泵型号：100AY120×2C；设备名称：脱丁烷塔顶回流泵；机泵流量：75m³/h；机泵扬程：161m；机泵轴功率：102.5kW；介质温度：40℃；介质：轻石脑油；机泵厂家：某泵业有限公司。

此泵作用是提供脱丁烷塔顶回流和轻石脑油出装置，于2010年12月投用。

4.2　故障背景

巡检发现泵LQ值为2.51。日常测温测振曲线如图7所示。

图7　日常测温测振曲线

现场对 P2010A 进行检修，解体检查发现径向轴承内圈存在损伤。频谱检测图如图 8 和图 9 所示。

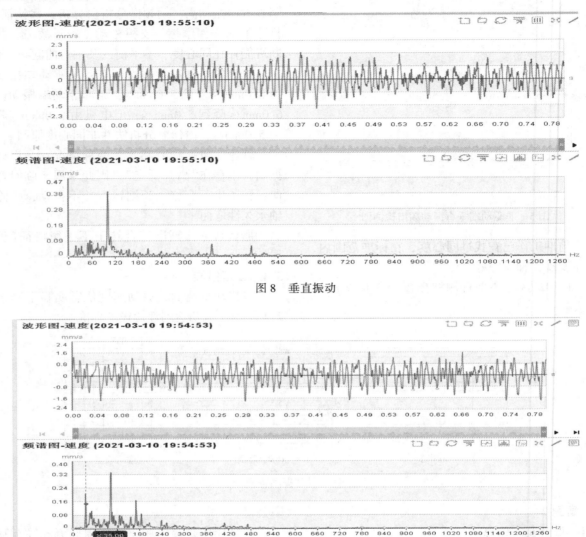

图 8　垂直振动

图 9　水平振动

4.3　诊断意见

图谱明显显示频率为 $1/N$ 和 N 倍频，根据频谱分析法可判断为两种可能：

（1）动静件摩擦、磨损；

（2）支撑部位脱落或损坏。

现场泵运行时有轻微异音，经拆卸后，发现轴承内套有损伤，进一步判断损伤类型及原因。

轴承常见失效形式有疲劳剥落、磨损、塑形变形、腐蚀、断裂、胶合、保持架损坏七大类，从轴承状态看，案例中轴承套内圈滚道面有剥落，判断轴承损伤属于疲劳剥落，即负载轴承旋转时，内外圈的滚道面或滚动体的滚动面由于滚动疲劳呈现鱼鳞状剥落现象。

大量数据证明，这种现象的产生通常是由安装时冲击载荷造成的压痕发展而成，一种原因可能是泵出厂轴承安装压力有冲击压痕，但该设备已运行了四年，排除上述原因。通过诊断分析法将原因范围缩小到以下两种：

（1）异物侵入（短时间）；

（2）表面变形引起的（可以理解为长周期）。

4.4　处理措施

更换轴承后，试车速度值变化为 2.2mm/s。

5　结语

无论诊断分析法还是频谱分析法，其目的是为了更精准地解决设备故障。将二者结合，立足现场，频谱分析法（动态检测）作为预判；现场设备解体时，采用诊断分析法用来求证故障根本原因，或验证或修订加以总结，再反馈到现场指导应用，形成良性循环。也许在不久的将来，只使用频谱分析法即可远程做到设备故障的精准判断，推进设备智能化的管理。

参 考 文 献

1　杨国安．旋转机械故障诊断实用技术［M］．北京：中国石化出版社，2019．
2　杨国安．滚动轴承故障诊断实用技术［M］．北京：中国石化出版社，2012．

离心式压缩机组振动故障综合分析

郑春华

（中国石化上海石油化工股份有限公司涤纶事业部，上海　200540）

摘　要　振动是质点在平衡位置附近所做的往复运动，是任何旋转机械无法避免的现象，振动故障在大型离心式压缩机运行过程中较为常见。本文通过实例对离心式压缩机振动故障进行分析，根据各种类型振动机理、特征进行故障诊断，找出发生振动故障主因，提出针对性解决方案。

关键词　离心式压缩机；膨胀机；振动；故障诊断

1　概述

TC-203 工艺空气压缩机组是上海石化涤纶部 2#氧化联合装置系统优化节能降耗改造工程项目，采用整体组装式压缩机 SVK112-4S 完成工艺空气压缩功能向氧化反应器输送工艺空气，氧化反应器消耗空气后产生工艺尾气，通过整体组装式向心膨胀机 CE702 完成氧化尾气能量回收功能回收能量，氧化反应热产生的副产蒸汽通过蒸汽轮机回收能量，从而实现节能目的。压缩机 TC-203 采用蒸汽轮机 TB-202 和尾气膨胀机 TB-203 联合驱动。

TC203 机组自 2012 年 10 月 21 日正式开车运行以来，设备运行状态稳定。2020 年度整修对压缩机和膨胀机进行解体检修，因压缩机运行时机械系统数据正常，只是因为压缩机形环间隙过大影响机组效率，故对压缩机形环间隙进行了调整，都调整至标准间隙，开车后机组流量明显增大，运行稳定，在线监测系统各转子振动数据均在正常范围内。2021 年 2 月 20 日计划整修停机时，还未进行任何操作，压缩机因膨胀机一级转子突然快速上升至联锁值联锁停机，期间只有不到 30s（见图1），根本没有反应时间。从图1看出，首先是膨胀机一级叶轮侧测点 VIA1277-3、VIA1277-4 同时上升至联锁值，然后转子另一端测点 VIA1277-1、VIA1277-2 上升至联锁值。根据 DCS 记录时段，再检查 S8000 状态监测振动记录，之前也未见异常趋势和图谱。从各个方面进行分析，找出异常振动产生原因，针对性解决问题。

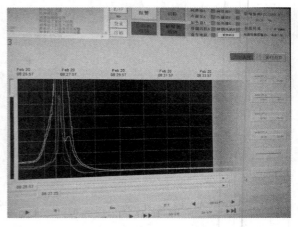

图1

2　转子不平衡引起的振动

TC203 压机缩组的转子由于受到材质和加工装配技术等各方面的影响，转子上的质量分布对轴心线呈不均匀分布，或认为转子的质量中心与旋转中心之间总是有偏心距存在。因此，转子在高速旋转时将产生周期性的离心力、离心力矩或两者兼有，这种交变的离心力或离心力矩就会在轴承上产生动载荷，也就会引起压缩机的振动。转子不平衡是引起压缩机振动的最主要、最常见的原因。TC203 机组各转子出厂前各转子都做过高速动平衡试验，自 2012 年 10 月 21 日正式开车运行以来，设备运行状态稳定，各转子振动平稳，不存在转子不平衡引起的振动因素。

3　转子不对中引起的振动

TC203 压缩机组由汽轮机、膨胀机、压缩机组成，机组各转子之间由联轴器连接而构成轴系，传递运动和扭矩。由于机器的安装误差、机组承载后的变形以及机组基础的沉降不均等原因，往往造成机器工作时各转子的轴线之间产生轴线平行位移、轴线角度位移或综合位移等对中变化误差。转子系统不对中将产生一系列有害于机组的动态效应，导致压缩机发生异常振动。转子系统不对中故障发生得比较多，因此需要了解转子系统不对中故障的机理和表现出来的现象，才能够准确诊断这种故障。

转子不对中的轴系，不仅改变了转子轴颈与轴承的相互位置和轴承的工作状态，同时也降低了轴系的固有频率。轴系由于转子不对中，使转子受力及支承所受的附加力是转子发生异常振动和轴承早期损坏的重要原因。

转子不对中的转子系统的主要振动特征为：

（1）振动频率是转子工作频率的2倍；

（2）由不对中故障产生的对转子的激励力幅，随转速的升高而加大；

（3）激励力幅与不对中量成正比，随不对中量的增加，激励力幅呈线性增大；

（4）联轴器同一侧相互垂直的两个方向上，2倍频的相位差是基频的2倍；联轴器两侧同一方向的相位在平行位移不对中时为0°，在角位移不对中时为180°，综合位移不对中时为0°~180°。

（5）由于改变了轴承的油膜压力，负荷较小的轴承可能引起油膜失稳，因此，出现最大振动的往往是紧靠联轴器两端的轴承；

（6）不对中引起的振幅与转子的负荷有关，随负荷的增大而增大，位置低的轴承振幅比位置高的轴承大；

（7）平行不对中主要引起径向振动，角不对中主要引起轴向振动。

机组在线状态监测系统S800分析图谱中未发现故障特征，且在机组停机检修复测中心时，发现汽轮机与压缩机同心度有0.2mm的偏移，压缩机和膨胀机轴心基本没有偏移，转子不对中引起的振动也不是主因。

4　油膜涡动和油膜振荡引起的振动

离心压缩机一般均采用滑动轴承在支承转子系统，机组运行的稳定性和轴承的类型有很大关系。随着高稳定性滑动轴承的普遍应用，

轴承的故障大大减少，但尽管这样，油膜涡动和油膜振荡仍然是离心压缩机振动的主要原因，而且产生的破坏性是巨大的。由于滑动轴承工作状态的复杂性，掌握油膜涡动和油膜振荡的机理，及时准确地作出判断，对压缩机振动故障的诊断是非常重要的。

4.1　油膜涡动和油膜振荡的振动机理

动压滑动轴承的工作原理是基于油楔的承载机理，即依靠油的黏性，在轴径旋转时将润滑油连续地带入由轴径和轴承表面之间所形成的收敛型油楔之中，油流在截面逐渐减小的油楔中受到挤压作用，产生油膜压力，油膜压力对轴径反作用，将轴径和轴承隔开，达到支承和润滑的作用。油膜涡动就是转子在轴承内做高速旋转的同时，还环绕某一个平衡中心做回转运动，涡动可以是与转速同向，也可以是反向的，涡动角速度可以是同步，也可以是异步。

涡动的速度由油膜流动速度所决定。假定油膜速度按线性分布，即轴径表面油膜速度与轴径表面速度相同，轴瓦表面的油膜速度为零，则油膜的平均周向速度为轴径表面的圆周速度的一半，即转子转动时油膜将以轴径表面轴向速度的一半平均速度环行，因此常称为半速涡动。实际上，考虑到油膜速度并不按线性规律分布，而且由于润滑油在轴承端面有泄漏，油膜速度不仅有周向分量，还有轴向分量，因而沿周向环行的油膜平均速度小于轴径表面周向速度的一半，由资料和实践可知，一般涡动频率约在回转频率的0.43~0.48倍之间。油膜涡动的主要特征是：频谱中的次谐波在半频处有峰值，其轴心轨迹是基频与半频叠加构成的较为稳定的双椭圆，相位稳定，正进动。涡动是一种自激振动，但半速涡动的频率小于转子的一阶固有频率时，由于油膜具有非线性特征，转子轴心轨迹为一稳定的闭圆形，转子仍能平稳地工作。

油膜涡动产生后，随着工作转速的升高，其涡动频率也不断增加，频谱图中半频谐波的振幅也不断增大，使转子振动加剧。如果转子的转速升高到第一阶临界转速的2倍附近，由于涡动转速和第一阶临界转速相重合，转子系

统将发生激烈的共振，轴心轨迹突然变成扩散的不规则曲线，频谱图中半频谐波的振幅增加到接近或超过基频振幅，并有组合频率的特征。若继续提高转速，转子的涡动频率保持不变，始终等于转子的固有频率，这种现象称为油膜振荡。油膜涡动的主要特征是：频谱中的次谐波在半频处有峰值，其轴心轨迹是基频与半频叠加构成的较为稳定的双椭圆，相位稳定，正进动。油膜振荡的主要特征是：频谱中转子第一阶临界频率成分为主峰，存在非线性振动成分（基频和涡动频率的组合频率成分），轴心轨迹扩散、不规则，波形幅度不稳，相位突变（大幅振荡、碰撞结果）。

4.2　油膜振荡的诊断方法和措施

（1）油膜振荡是自激产生的，其振动具有非线性振动特征，特征频率有基频与涡动频率的组合频率；振动的发生和消失具有突发性。

（2）发生油膜振荡之前一般会有油膜涡动现象。

（3）油膜振荡发生后，继续升高转速，振幅不下降。

为了避免轴承油膜引起的转子失稳，TC203机组采用抗振性优良的可倾瓦轴承，由五个活动瓦块组成，每块瓦都有一个使瓦自由摆动的支点，瓦块按载荷方向自动调整，瓦块和轴颈之间形成一个收敛空间，旋转的轴颈将具有一点黏度的油液形成油楔，使轴颈能在全流体润滑状态下高速旋转。由于瓦块可以随载荷的瞬时变化而摆动，因而能自动地调节它与轴颈的间隙，从而改变油膜的动力学特定。当转子受到外界激励因素干扰，轴颈暂时偏离原来位置时，各瓦块可按轴颈偏移后的载荷方向自动调整到与外载荷相平衡，这样就不存在加剧涡动的切向油膜力。另外，轴承由几个独立的瓦块组成，油膜不连续，大幅度涡动的可能性也就比较小。因而在理想条件下可倾瓦轴承的稳定性很好，不会发生油膜涡动和油膜振荡。机组在线状态监测系统S800分析图谱中也未发现故障特征，油膜涡动和油膜振荡动引起的振动也不是主因。

5　气体间隙振荡

高速旋转的离心压缩机的叶轮及密封装置，

由于密封压力差及较高的转速，在转子与定子之间的小间隙处容易产生激振力，导致转子运行失稳，发生异常振动，通常称这种现象为气体间隙振荡。产生气体间隙振荡的主要原因就是由于加工或装配误差造成了密封间隙的偏心，在高转速、高压力的工作条件下，带有偏心的密封间隙产生了气体介质的交叉耦合力，这种气体介质的交叉耦合力作用在转子系统上就产生了气体间隙振荡。

治理措施：

（1）提高转子的临界转速，对压缩机来说转子的工作转速与临界转速之比一般以 $\omega/\omega_k \leqslant 2.5 \sim 2.6$ 为宜。

（2）压缩机转子的中间气封尽量采用整锻而不采用套装式，以减少气体间隙振荡和内摩擦失稳的可能性。随着密封技术的发展，可以应用性能更好的蜂窝密封或浮环密封。

（3）适当增大密封径向间隙。

（4）改变密封结构，降低密封压差。

（5）改变润滑油黏度。

（6）采用可倾瓦轴承，减小油膜交叉项和间隙激振力的耦合。

（7）限制推力轴承间隙，以控制密封的轴向间隙。

TC203机组采用可倾瓦轴承，推力间隙处于标准范围的最小值处，压缩机和膨胀机转子无中间气封，气封间隙偏大，引起气体间隙振荡的原因不大。

6　转子与定子部分摩擦的故障引起的振动

离心压缩机往往把密封间隙、轴承间隙做得较小，以减少气体和润滑油的泄漏。但是，小间隙除了会引起流体动力激振之外，还会发生转子与定子部件的摩擦。例如，轴的挠曲、转子不平衡、转子与定子热膨胀不一致、气体动力作用、密封激振力作用以及转子对中不良等原因引起的振动，轻者发生密封件的摩擦损伤，重者发生转子与定子之见的摩擦碰撞，引起严重的机器损伤事故。另外，轴承中发生的干摩擦或半干摩擦有时是不明显的，因此必须了解转子与定子摩擦激振的故障特征，便于及时作出诊断。对于压缩机出厂前的机械运转试验来说，转子与定子部件的摩擦主要是转子在涡动过程中轴径或转子外缘与定子部件接触而引起的径向摩擦。

转子与定子部件径向摩擦的振动机理：

转子与定子部件发生径向接触瞬间，转子刚度增大；被定子件反弹后脱离接触，转子刚度减小，并且发生横向自由振动（大多数情况下按第一阶临界频率振动）。因此，转子刚度在接触与非接触两者之间变化，变化的频率就是转子的涡动频率。转子横向自由振动与强迫的旋转运动、涡动运动叠加在一起，就会产生一些特有的、复杂的振动响应频率。

查之前机组在线状态监测系统 S800 分析图谱中未发现故障特征，但从膨胀机一级解体后，检查形环及叶轮摩擦情况看，一级叶轮和形环确实有摩擦现象，基本可以判断此次振动故障是由转子与定子部件径向摩擦引起的。

7　转子过盈配合件过盈不足的故障引起的振动

压缩机转子上的叶轮等旋转体，通常是由热压配合的方法安装在转轴上的，其配合面要求为过盈配合。当过盈量不足时，转子在高速旋转中由于动挠度以及交变激振力的作用，转轴材料内部以及转轴与旋转体配合面之间就会发生摩擦而影响转子的稳定性。TC203 机组自 2012 年 10 月 21 日正式开车运行以来，设备运行状态稳定，不会突然出现此种情况。

8　旋转脱离引起的振动

当离心式压缩机工况发生变化时，如果流过压缩机的量减小到一定程度，进入叶轮或扩压器的气流方向发生变化，气流向着叶片工作面产生冲击，在叶片非工作面上产生很多气流旋涡，旋涡逐渐增多，使流道流通面积减少。假如 2 流道中旋涡较多，多余的气体就会进 1 和 3 叶道，进入 1 叶道的气体正好冲击叶片非工作面，使旋涡减少，而进入了叶道的气体冲击工作面使旋涡增多，堵塞流道的有效流通面积，迫使气流折向其他流道，如此发展下去，旋涡组成的气团转速反向传播，并产生振动。

9　喘振引起的振动

喘振是突变型失速的进一步发展。当气量进一步减小时，压缩机整个流量被气体旋涡区所占据，这时压缩机出口压力会突然下降。但是有较大容量的管网压力并不会马上下降，会出现管网气体向压缩机倒流的现象，当管网压力下降到低于压缩机出口压力时，气体倒流停止，压缩机又恢复到原来压力后，又会出现整个流道内的旋涡区。这样周而复始，出现了压力和流量周期性的脉动，并发出低频吼叫，机组产生剧烈振动。振动振幅和频率与管网容积大小密切相关。管网容量越大，喘振频率越低，振幅越大。多数大容量机组的振动频率小于 1Hz。

喘振产生的原因：

（1）压缩机转速下降而出口压力未下降；

（2）管网压力升高；

（3）压缩机流量下降；

（4）压缩进气温度高；

（5）气体相对分子质量减小；

（6）压缩机进气压力下降或入口管网阻力增大。

这些情况都能使性能曲线下移而使工作点落到喘振动线上而使机组发生喘振。

机组喘振有明显的表现症状，当天停机前未有明显征兆，喘振引起的振动也不是主因。

10　转子弯曲引起的振动

有人习惯将转子弯曲与不平衡同等看待，实际上两者是有区别的。所谓质量不平衡是指各横截面的质心连线与其几何中心连线存在偏差，而转子弯曲是指各横截面的几何中心连线与旋转轴线不重合，二者都会使转子产生偏心质量，从而使转子产生不平衡振动。

10.1　转子弯曲的种类

机组停用一段时间后重新开机时，有时会遇到振动过大甚至无法启动的情况。这多半是机组停用后产生了转子弯曲的故障。转子弯曲有永久性弯曲和临时性弯曲两种情况。

永久性弯曲是指转子轴呈弓形弯曲后无法恢复。造成永久弯曲的原因有设计制造缺陷（转轴结构不合理、材质性能不均匀）、长期停放方法不当、热态停机时未及时盘车或遭凉水急冷等。

临时性弯曲是指可恢复的弯曲。造成临时性弯曲的原因有预负荷过大、开机运行时暖机不充分、升速过快局部碰磨产生温升等致使转子热变形不均匀等。

10.2　转子弯曲振动的机理

转子永久性弯曲和临时性弯曲是两种不同

的故障，但其故障机理相同，都与转子质量偏心类似，因而都会产生与质量偏心类似的旋转矢量激振力。与质心偏离不同之处在于轴弯曲会使轴两端产生锥形运动，因而在轴向还会产生较大的工频振动。

另外，转轴弯曲时，由于弯曲产生的弹力和转子不平衡所产生的离心力相位不同，两者之间相互作用会有所抵消，转轴的振幅在某个转速下会有所减小，即在某个转速上，转轴的振幅会产生一个"凹谷"，这点与不平衡转子动力特性有所不同。当弯曲的作用小于不衡量时，振幅的减少发生在临界转速以下；当弯曲作用大于不平衡量时，振幅的减少就发生在临界转速以上。

查之前机组在线状态监测系统 S800 分析图谱中未发现此故障特征，打开齿轮箱后对一级转子做轴跳动检测未发现轴跳动异常增大。

11　转子与定子部分摩擦的故障引起的振动是主因

TB203 膨胀机打开轴承箱上盖，吊出上盖，复查各支承轴承的径向间隙和推力轴承的轴向间隙均在正常范围内，轴跳动也在正常范围内。再拆下 TB203 膨胀机入口调节器，发现膨胀机一级形环与叶轮间有摩擦痕迹，形环非金属涂层有部分剥落现象，且非金属涂层冲蚀现象比较严重（见图 2）。

根据转子及轴承检测数据以及形环表面涂层摩擦剥落现象，可以确定由于形环非金属涂层有部分剥落现象，剥落部分进入叶轮与形环间隙摩擦，造成叶轮转子振动加剧达到联锁值，使得机组联锁停机。可以得出膨胀机一级振动高联锁停机原因就是转子与定子部分摩擦的故障引起的振动，此为主因。故须对膨胀机一级形环非金属涂层进行修复，解决由涂层剥落摩擦引起的振动以及提升膨胀机效率。

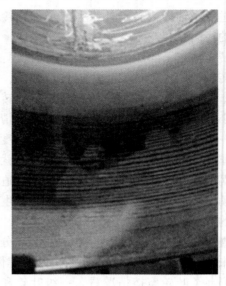

图 2

非金属涂层可以使得叶轮与形环间间隙最小，亦可保障叶轮运转安全，从而获得最大效率。故委托压缩机组生产厂家对膨胀机一级形环非金属涂层去除后重新喷涂，并加工恢复成原尺寸。膨胀机一级形环非金属涂层修复后，形环与叶轮间隙减小，漏气减少，尾气膨胀产生的能量做功增大，效率提升；涂层修复加强也避免了因形环非金属涂层脱落引起振动大停车。

12　结语

引起压缩机组振动原因多种多样，也有多重原因综合作用引起振动加剧，但主因只有一种，从机组在线振动监测频谱可以分析出来，也可通过检修观察机组部件损伤情况判断出来，但在机组运行过程中当振动出现异常情况时，要及时通过状态监测分析判断出来振动异常原因，从而对症下药，及时正确地处理异常，保障机组运行安全稳定。

甲醇装置二氧化碳机组高压缸振动
持续上涨案例分析

王　帅　王　慧　谢宇峰

（沈阳鼓风机集团测控技术有限公司，辽宁沈阳　110869）

摘　要　针对某甲醇装置二氧化碳压缩机运行中存在振动异常的实际情况，利用大型旋转机械远程监测技术，从产生异常的故障机理分析入手，诊断出渐变式不平衡是引起振动异常的主导因素，认为主轴腐蚀、叶轮摩擦和结垢是造成转子不平衡的诱因；并得出机组发生渐变式不平衡故障时，振动波形呈现为规则正弦波形、轴心轨迹呈现椭圆状，且工频为振动高主要体现形式。在为用户避免非计划停机检修保障生产、快速定位问题方面给出指导性建议。

关键词　在线监测；故障诊断与状态评估；检修指导；大型旋转机械

当今，我国工业逐渐进入高速发展期，石油化工、煤化工领域正在飞速发展。

大型旋转机械如汽轮机、发电机、压缩机等在工业领域的应用得到了长足的发展，而随着机组的运行与应用，各种类型的机械故障相继频繁出现，一直对设备的安、稳、长、满、优运行起到阻碍作用。

传统的应对故障检维修模式依然是事后维修，这显然已无法满足现阶段工业设备健康发展需求。

1　甲醇在化工领域的应用

甲醇（CH_3OH）既是重要的化工原料，也是一种燃料。工业甲醇的用途十分广泛，除可作为许多有机物的良好溶剂外，还主要用于合成纤维、甲醛、塑料、医药、农药、染料、合成蛋白质等工业生产，是一种基本的有机化工原料；甲醇和汽油（柴油）或其他物质混合可制成各种不同用途的工业用或民用新型燃料。

以前，工业上更多地采用 CO 加压催化加氢生产甲醇：

$$CO+2H_2 \Longrightarrow CH_3OH$$
$$(\Delta H = -90kJ/mol)$$

而 CO_2 加氢合成甲醇反应热更低：

$$CO_2+3H_2 \Longrightarrow CH_3OH+H_2O$$
$$(\Delta H = -49.143kJ/mol)$$

也就是说 CO_2 合成甲醇能在较低温度下开始反应，CO_2 相对更活泼，被更多地应用。

2　远程监测系统故障诊断运用

"十三五"以来，各化工企业设备管理不断引进数字化技术，上线远程监测系统，实时地对机组状态进行监测与健康评估；机组检维修模式也逐步由传统的故障事后维修向预知性计划维修、避免异常停机方向转变。

随着远程诊断技术在工业发展中的不断运用，大型旋转机械设备故障类型及数据得到不断积累，相信智能化诊断也会逐步登上历史的舞台。

2.1　背景介绍

某化工厂全厂（南区、北区）均随机组配备了大型旋转机械远程监测系统，但由于现场施工期原因一直不具备网络条件，无法将数据上传至云端。该厂甲醇装置在生产过程中，二氧化碳机组高压缸过去的一年中持续出现振动升高现象，观察 DCS 系统振动趋势，机组两端振动呈现稳步缓慢上涨态势，二氧化碳机组作为合成甲醇装置的重要设备，一旦机组由于振动故障非计划停机，会对下游生产造成严重影响和巨大经济损失。现场迅速组织恢复网络，将数据上传至云端，远程监测平台在数据接通后第一时间对机组数据进行了调取和分析，并获

作者简介：王帅，男，工程师，主要从事大型旋转机械设备故障诊断研究工作，现任沈阳鼓风机集团测控技术有限公司诊断服务工程师。

取到机组性能参数如下：机组采用凝汽式汽轮机驱动，直拖低压缸与高压缸，高压缸型号为 2BCL404，介质为 CO_2（腐蚀），入口压力为 20.77bar（A），出口压力为 74.12bar（A），振动高报门限为 63.5μm，联锁门限为 88.9μm，额定转速为 10865r/min。机组各测点分布情况如图 1 所示。

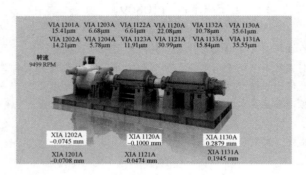

图 1　二氧化碳压缩机轴承振动测点图

2.2　机组运行状态描述及分析

机组运行伊始，压缩机高压缸振动趋势均比较稳定，且幅值相对较低，压缩机联端振动低于 20μm，非联端振动低于 15μm，从总体趋势上来看机组振动幅值相对平稳且幅值不高（见图 2）。但自 2019 年 4 月运行至 2020 年 11 月初期间，压缩机联端振动通道 VIA1132A&VIA1133A 幅值由最初启机时 20μm 上涨至 30μm 左右，非联端两振动通道 VIA1130A&VIA1131A 幅值由 25μm 左右上涨至 65μm 左右，达到了高压缸振动高报门限，触发机组报警（见图 3）。鉴于该情况，动设备部寻求远程监测系统对机组高压缸故障原因进行分析，并给出合理化建议。

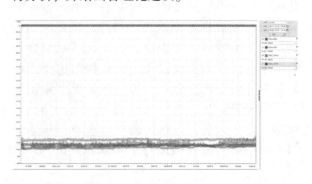

图 2　二氧化碳压缩机运行伊始振动趋势图

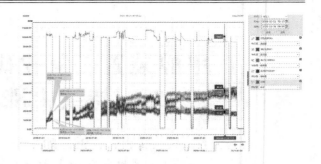

图 3　压缩机振动随转速趋势图-通频值

经与现场相关设备负责人沟通了解到，该套机组自 2019 年 2 月运行至 2020 年 11 月期间未对机组高压缸进行过解体检修，只是针对轴承区进行过替换，并且新轴承间隙、瓦背紧力等数据均符合设计图纸要求。

随后调取并对比 2019 年 4 月与 2020 年 10 月间的波形频谱（见图 4、图 5），对比发现高压缸非联端侧（振值上涨较高侧）波形呈现为规则正弦波形，造成振动上涨的主频为转子工频值；而转子涡动状态（见图 6、图 7）呈现出涡动范围逐步扩大，并且基本表现为较尖锐状向椭圆状过渡趋势。

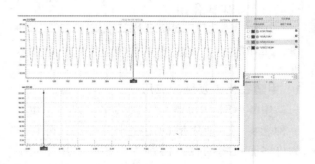

图 4　高压缸非联端波形频谱（2019 年 4 月）

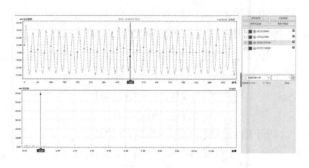

图 5　高压缸非联端波形频谱（2020 年 10 月）

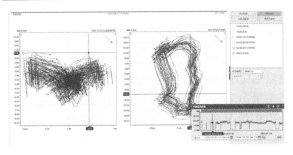

图 6　高压缸轴心轨迹（2019 年 4 月）

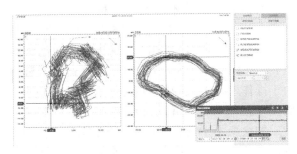

图 7　高压缸轴心轨迹（2020 年 10 月）

二氧化碳压缩机在以往运行期间（2019 年 4 月~2019 年 10 月）曾由于工艺误操作造成机组非计划带负荷停机情况，并且现场设备人员在机组旁曾听到过尖锐的声音（类似金属间相互摩擦发出的声音）。正常情况下机组计划停机时首先要将压缩机内部工艺介质压力泄掉，在泄压过程中逐步降低机组运行转速，以达到转速与压力相匹配状态，确保压缩机轴向力状态在可控范围内，而当误操作造成的异常停机，工艺介质压力没有来得及调整，就会使压缩机转子轴向发生较大幅窜动，并在旋转过程中造成主轴旋转部件与隔板或密封碰磨，严重时引发重大事故（如氧压机爆炸等）。

由于整个振动升高过程表征均为机组工频值的增长，继续调取并查看高压缸转子工频相位在整个过程中的同步变化情况，如图 8、图 9、表 1 所示。

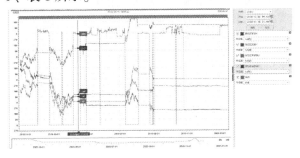

图 8　高压缸工频相位（2019 年 4 月）

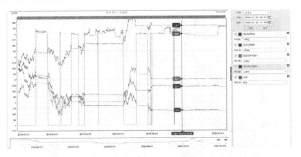

图 9　高压缸工频相位（2019 年 10 月）

表 1　高压缸工频相位对比表

振动通道　　　　　时间点	2019/4/15（9905r/min）1X 相位	2019/10/27（9906r/min）1X 相位
高压缸联端 VIA1132A	50°	347°
高压缸联端 VIA1133A	275°	258°
高压缸非联端 VIA1130A	79°	55°
高压缸非联端 VIA1131A	244°	132°

可以看到机组高压缸工频相位在不同时间和转速下存在较大改变，说明转子本身平衡状态发生了变化。结合图谱特征，分析转子存在渐变式动不平衡故障，结合 CO_2 易腐蚀特性以及现场存在非计划停机情况，分析导致转子不平衡的因素为转子摩擦及腐蚀，建议现场择机检查转子并做动平衡处理。

2.3　现场处理反馈

结合分析建议，为了避免装置核心设备非计划停机影响生产，现场决定于 2020 年 11 月 15 日对高压缸进行拆检检查转子状态。拆解后对转子进行检查发现：转子多处存在摩擦（以 3 级叶轮内侧最为显著，见图 10），并且主轴平衡盘密封位置存在腐蚀情况（见图 11）。

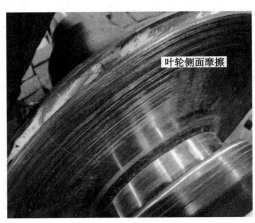

图 10　高压缸三级叶轮侧摩擦

图 11　高压缸主轴平衡盘密封位置腐蚀

随后现场紧急对该转子进行修复，并在修复完成后重新做动平衡处理，并于 2020 年 11 月 28 日重新启机，高压缸振动重新回归平稳状态，如图 12 所示。

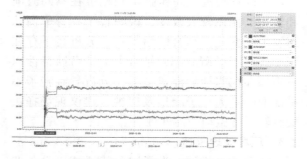

图 12　修复后高压缸振动趋势图

3　结束语

一般来说，在二氧化碳压缩机系统正常运行时的温度和压力下，CO_2 干气本身不具备腐蚀性；但经脱碳工序（如前端洗涤塔等）产生的 CO_2 气体是以饱和不纯的湿气进入到二氧化碳压缩机入口的，而溶于水后的 CO_2 对部分金属材料具有极强的腐蚀性，其腐蚀机理总的反应方程式如下：

$$Fe+2CO_2+2H_2O \longrightarrow Fe+2H_2CO_3 \longrightarrow$$
$$Fe^{2+}+H_2+2HCO_3^-$$

另外经洗涤塔后送出的气体中可能夹杂着粉尘及催化剂，最后被传送到压缩机入口，在温度和压力的变化下形成结晶附着在压缩机叶轮流道处，形成结垢，这也会造成压缩机组转子质量分布不均，造成不平衡故障的发生。此外很多情况也会造成转子部件不平衡情况的产生，例如：①新转子在制造初期由于材料本身质量分布不均、车削加工、热处理过程造成的偏差所造成的初始不平衡；②机组长时间运行由于工艺条件造成的转子结焦（如裂解气机组）、结垢（烟气轮机组）、腐蚀（二氧化碳机组）等产生的渐变不平衡；③机组在运行过程中由于操作不当造成异物进入（如入口过滤器滤网破损、施工工具遗留）、转子叶片脱落或裂纹等造成的突变不平衡；④由于工艺操作不当（如汽轮机暖机时长不足、工艺负荷调节过于剧烈、疏水系统故障）等造成的临时性不平衡，当然如果该情况处理不当也会使得转子由临时弯曲转变为永久弯曲；⑤由于某些原因机组制造完成后长时间放置未盘车造成的后期永久性弯曲。

此次大型旋转机械在设备故障诊断中的运用，快速定位了问题方向，避免了非计划停机对生产造成的影响，保证了装置的稳定生产，使企业的经济效益达到了最大化。

大型旋转机械远程监测系统已在石油、化工、电力、冶金等行业得到大量应用，为企业实现"安、稳、长、满、优"的可靠运行提供了保障和技术手段。实施应用大型旋转机械远程在线监测系统，可有效帮助企业提升设备管理水平，提高经济效益。

参 考 文 献

1　Donald E. Bently, Charles T. Hatch. 旋转机械诊断技术. 姚红良译. 北京：机械工业出版社，2014.

2　杨国安. 旋转机械故障诊断实用技术. 北京：中国石化出版社，2012：26-30.

塔河油田原油储罐底板腐蚀在线检测技术研究

袁金雷[1]　魏宏洋[2]　王　恒[3]　汤　晟[1]

（1. 中国石化西北油田分公司石油工程技术研究院地面工程与设备管理部，新疆
乌鲁木齐　841100；2. 中国石化西北油田分公司采油二厂开发研究所，新疆
巴音郭楞　841000；3. 中国石化西北油田分公司石油工程技术研究院防腐研究所，
新疆乌鲁木齐　841100）

摘　要　目前塔河油田原油储罐底板腐蚀问题突出，部分原油储罐底部长期处于积水及高腐蚀性环境状态，随着储罐服役时间延长，原油储罐底板腐蚀风险增大。通过对比储罐腐蚀检测技术特点，进行检测适应性评价，优选出了声发射在线检测技术进行储罐底板在线检测、漏磁检测技术进行开罐检测。储罐底板在线检测技术能够实现腐蚀提前预判，节约不必要的开罐检修费用。

关键词　塔河；原油储罐；声发射；漏磁验证；底板

1　概况

石油储备设施大型化能够有效降低石油储备成本，但设备的大型化也带来了更大的风险。由于储存介质的特殊性，储罐一旦发生泄漏，会引起火灾、爆炸等严重事故，造成环境污染、人员伤亡等恶劣后果。据统计，世界石油化工行业的重大事故中，有16%是由储罐泄漏引起。例如，美国宾夕法尼亚州10万 m^3 原油储罐泄漏，造成约95000桶原油流入莫农加希拉河内，严重污染数百万人的饮用水源，导致20余万人中毒。美国石油协会关于常压储罐和低压储罐的检查标准 API RP575—2005《Inspection of Atmospheric and Low-Pressure Storage Tanks》指出，腐蚀是钢制储罐及其辅助设备失效、破坏的主要原因。

我国十分重视储罐的检测与管理，SHS 01012—2004《常压立式圆筒形钢制焊接储罐维护检修规程》规定，储罐的检修周期一般为3~6年，SY/T 5921—2011《立式圆筒形钢制焊接油罐操作维护修理规程》规定储罐的检修周期为5~7年，检修前一年实施检验；延长修理周期的，每年检测一次。

目前，分公司已有各类储罐100余具，现有检测主要以"停输-开罐-清洗-检测-修复"方式开展。首先是进行罐停产检修，针对储罐的运行年限及检修计划安排或故障时进行检修，而实际上塔河油田大部分停产检修储罐都超过了国家石油行业规定的检测周期；其次是开罐检修，通过对储罐停产，检修人员通过人孔进入罐内检修；第三，检修后对原来的防腐涂层进行打磨后重新喷涂、牺牲阳极更换等重新内防腐措施。根据前期对一号联、二号联及三号联开罐检测的储罐现场跟踪，部分服役时间较长的储罐内部底板、罐壁牺牲阳极损耗殆尽，部分内部构件腐蚀减薄严重，底板及内壁局部腐蚀严重，观察到有腐蚀深坑。

2　储罐在线检测必要性分析

2.1　储罐高负荷生产

塔河油田作为中国石化主力油气田，近些年一直处于快速上产的阶段，油气生产系统往往因负荷较高而无法按照正常检维修周期开展清罐检测，而塔河油田地层产出流体的腐蚀介质含量高、腐蚀性强，随着防腐涂层剥落和内置牺牲阳极的消耗失效，储罐内壁处于强腐蚀环境介质中，其腐蚀隐患及安全运行风险急剧增加。

作者简介：袁金雷（1981—），男，新疆乌苏人，2004年毕业于新疆大学机械设计及其自动化专业，高级主管、工程师，现从事设备管理。

2.2　储罐检维修制度缺乏

分公司尚未建立起完善的储罐检测维修制度，储罐检维修周期的确定缺少必要的监测资料和检测数据支持指导，这造成一些潜在腐蚀风险高、安全运行隐患大的储罐未能及时检维修，发生了腐蚀穿孔导致的原油泄漏事故；另外一些储罐实施开罐检修时并未发现明显的腐蚀缺陷，这也造成了非必要开罐检修和停产的损失等。

2013 年塔河一号联和塔库重油外输首站均发生了原油储罐底板腐蚀穿孔的问题，不仅造成了原油泄漏，而且给油气正常生产、安全运行及环保带来了极大的影响和危害。

综上所述，储罐作为油气集输处理的关键装置，其运行工况的良好程度，不仅直接影响和决定着油气能否正常生产，而且对安全环保也至关重要，国内外典型事故及塔河油田实际发生的储罐底板腐蚀穿孔案例为我们敲响了警钟。尤其是随着油田开发过程原油含水的不断上升，储罐所处的腐蚀介质环境进一步增强，储罐的腐蚀风险与隐患也进一步增加。为确保储罐安全运行及检维修工作能够更加科学主动地开展，分公司需进一步加强储罐腐蚀监测与定期检维修，优选经济有效的工艺技术，及时开展检测应用，及时发现腐蚀问题与安全隐患，为储罐安全运行提供保障，为储罐及时检维修提供可靠的技术支撑。因此，有必要根据介质工况、腐蚀环境，优选技术实用、工艺先进、测量精度较高并能反映储罐腐蚀程度的内腐蚀检测方法，进行不停输工况下储罐内腐蚀在线检测评价，为油田高效、安全开发及安全生产提供保障。

3　储罐底板在线检测技术试验

储罐检测的主要目的是查找腐蚀位置，确定腐蚀程度。储罐的腐蚀包括罐底板、壁板、顶板的内部腐蚀和外部腐蚀，其中以底板的外部腐蚀最为严重，由于腐蚀通常发生在底板的背面，极具隐蔽性，同时受到检测技术的限制，这种腐蚀很难发现，因而其危害性也最大。结合目前储罐生产运行情况及目前储罐检测技术特点，进行储罐检测技术对比，优选出有针对性的、经济适用的在线储罐底板检测技术，并

编制现场检测试验方案，开展现场试验查明储罐底板腐蚀隐患，并根据后期检测评价验证试验，弄清塔河油田储罐腐蚀情况及特征，完善储罐在线检测技术，为后期储罐在线检测推广应用提供技术支撑、奠定基础及积累经验，保证储罐安全生产平稳运行。

3.1　储罐检测技术比选

根据储罐检测时的生产运行状态不同，储罐检测分为停产状态下的开罐检测和正常生产状态下进行储罐在线检测。

3.1.1　开罐检测技术

在储罐处于停产状态下，主要应用超声波测厚、漏磁、射线检测等非在线检测手段对罐壁、底板及焊缝等部件进行检测，目测储罐内壁的腐蚀状况等。

目测法：针对储罐底板、固定顶、浮顶等罐体内外（主要为内腐蚀）腐蚀状况、腐蚀形貌及腐蚀特征的宏观检查。

超声波测厚技术：根据目测法确定的腐蚀严重部位应用超声波测厚仪器对储罐底板及内壁等进行超声波测厚。

漏磁检测技术：针对储罐底板进行检测，根据国内外腐蚀案例及腐蚀统计结果，管壁腐蚀一般较轻主要为均匀腐蚀，储罐局部腐蚀一般集中在底板，通过漏磁检测仪对储罐底板扫查，利用腐蚀缺陷处磁导率下降、磁场发生畸变原理，漏磁检测仪会记录底板的裂纹、焊缝缺陷、蚀坑等，形成储罐底板腐蚀分布图，之后根据底板平均减薄量与设计厚度比值进行底板评定。

3.1.2　在线检测技术

声发射底板腐蚀在线检测技术：储罐底板腐蚀、裂纹、断裂、应力再分配、撞击及摩擦等释放应变能产生一种弹性应力波——声发射波（频率 $100 \sim 2000kHz$），声发射波信号不仅在它所产生的材料内部传播，也能传到材料表面并沿表面传播直至其能量完全衰减为止。所有材料，包括固体、液体及气体都能传播声发射波，但不同材料具有不同的信号衰减率。

塔河油田原油是一种很好的传导介质，由储罐底板腐蚀引起的声发射波信号可通过油介质传播到数十米远的地方，通过在储罐外壁安

装高灵敏度的声发射传感器来接收储罐底板腐蚀的声发射信号。

由于一个声发射源信号可被几个不同的声发射传感器接收到，可以根据接收时差对声发射源进行定位计算，并将这种弹性波信号转换成电信号进而由声发射系统来数字化和处理及识别后进行腐蚀风险评级。

根据储罐声发射检测信号，经过相关软件处理后对腐蚀状况进行评级，可根据美国石油协会 API 或国内相关判别标准进行判定，如发改委 JB/T 10764—2007《无损检测常压金属储罐声发射检测及评价方法工业技术》标准，如表 1 所示，腐蚀状况评级可划分为 A—E 等 5 级，若腐蚀状况较严重，则建议对储罐进行检维修，并进一步通过开罐检测验证，修正监测评级结果。

表 1　声发射储罐底板检测结果判定

等级	腐蚀状况	维修及处理方法
A	非常微少	没有维修必要
B	少量	没有立即维修必要
C	中等	考虑维修
D	动态	维修计划中优先考虑
E	高动态	维修计划中最优先考虑

超声导波检测技术：通过储罐底板安装的超声导波探头发射超声导波，接收装置接收返回的超声导波，储罐底板腐蚀缺陷部位超声导波波形出现异常，通过软件分析定位腐蚀缺陷的位置，从而实现在线检测评价储罐底板腐蚀。超声导波分高频及低频，低频检测距离较长，但分辨局部腐蚀相对高频较差，此外，对于大型储罐如 5000m³ 及 10000m³ 的储罐，由于直径较大，会影响检测精度。超声导波是沿直线进行扫查，对储罐底板整个面来说，探头布点越多，扫查面越大，越容易了解腐蚀状况。因此该在线检测技术只是对储罐底板的局部检测。

3.1.3　储罐检测技术综合比选

第一，储罐开罐检测技术适用性分析：

（1）被动检测：虽然依据相关行业标准，对运行年限 3～5 年的储罐开展检修工作，但对罐内实际腐蚀情况不清楚，为被动型检测，不具预见性。

（2）经济性差：停产检修对生产有影响，由于分公司处于增储上产阶段，停产检修会对油田正常生产带来不利影响，对于实际腐蚀状况较轻没必要检测的储罐，开罐检测会造成人力、经济上的浪费。

（3）检测周期长：停产，清罐、喷砂处理后等进行检测，检测时间长，一般一次检测需要 15～30 天。

（4）漏磁、超声波测厚适合定量化描述腐蚀缺陷，取得的检测数据结果准确。

第二，储罐在线检测技术适用性分析：

（1）主动检测：不需要储罐开罐，能够通过外壁安装探头就可实现储罐底板的腐蚀状况检测，具有可预见性，查明腐蚀隐患，进而制定防腐措施。

（2）经济性好：统计结果表明，在已经实施开罐检验的储罐中，大约有超过 50% 的储罐是本不需要开罐检修，如果之前经过声发射检测是可以评定为Ⅰ级或Ⅱ级的，这些储罐基本可以再连续运行一个检验周期；而真正需要实施开罐检修的占总数的 20%～30%，这些罐经声发射检测可评定为Ⅳ级或Ⅴ级，而介于可修可不修之间的也占总数的 20%～30%。JB/T 10764—2007 规定：声发射检测评为Ⅰ、Ⅱ级的可以暂时不用考虑维修，评为Ⅲ级的可以根据用户的罐容情况决定是否考虑维修，而评定为Ⅳ、Ⅴ级才建议尽快开罐维修，因此，根据上述数据，估计可直接节省常规检验和检修综合成本的一半以上。

（3）检测时间短：一台储罐的声发射在线检测一般在 1 天内即可完成，对正常生产的影响很小，可节省大量的检修时间。

（4）对于 5000m³ 及以上的储罐，声发射在线储罐底板腐蚀检测技术相对于超声导波的检测精度要高，扫查范围更大，检测效率更高。

表 2 是根据检测技术的特点及储罐生产运行情况，对技术进行的综合比选。

表 2　储罐腐蚀检测技术比选

方法	方式	检测能力	覆盖率	表征	精度	效率	选用	对象
漏磁	开罐	罐底板(不包括焊缝)	高	定量	高	高	√	验证
声发射	在线	罐底板整体	100%	定性	中	高	√	试验
涡流	开罐	罐底板(不包括焊缝)	高	定性	中	高	×	—
真空试漏	开罐	底板焊缝	所有焊缝	定性	高	低	×	—
超声测厚	开罐	局部罐底板	低	定量	高	低	√	验证
磁粉/渗透	开罐	局部罐底板	低	定性	中	低	×	—
超声导波	在线	局部罐底板	低	定性	高	低	×	—

综上所述，与传统的开罐储罐检测方法相比，储罐在线检测是一种经济高效的检测方法，克服了传统技术需要停工置换、清理罐底、逐点扫描检查等费时、费工及检测费用高的缺点。

通过对比各种在线储罐检测技术的优缺点，本次检测试验选用经济、有效的声发射储罐底板腐蚀在线检测技术+漏磁、超声波及目测法开罐检测技术组合对储罐进行检测，其中，声发射在线检测在储罐不停产时对底板腐蚀状况在线检测，具有主动性、整体性、连续监测的特点，预先判定储罐腐蚀状况，经济适用，能有效减少因腐蚀状况小而没必要开罐检修费用。非在线的漏磁检测技术可对声发射在线检测后的罐底板腐蚀状态等作出全面定量检测评价，作为在线检修声发射技术的验证、校准，具体为腐蚀坑分布位置的对比和校准。

此外，为了进行试验的对比分析，本次开展的试验中在线声发射储罐底板检测进行了两次，分别为开罐检测前及储罐检修后的正常生产。

本次开展检测的是二号联 7#原油储罐。二号联合站 7#外输罐储罐类型为拱顶罐，2009 年投用，期间未进行过检修，储存介质为净化原油，储罐容积为 5000m³，采油二厂近期要对该储罐进行检修，结合该情况，进行声发射储罐底板检测及开罐漏磁检测，确定底板腐蚀状态，同时进行声发射检测技术效果验证，为后期的储罐检测做准备。

3.2　检测试验前准备工作

3.2.1　试验储罐的选择

储罐选择原则：

(1) 运行时间长，且计划近期进行开罐检测的储罐，便于对比分析评价。

(2) 检测试验前可停输 8~24h，不影响油田正常生产的储罐。

试验检测储罐数量：1 个。

3.2.2　储罐基本资料调查

收集选定试验储罐的设计及运行参数，包括储罐施工设计资料、内部装置及分布图、附件图、施工记录、材料合格证明、制造设备的技术数据、验收报告、设备运行和管理计划、应急处理计划、事故报告、技术评价报告、操作规范和相应的标准等。对无法确定和缺失的数据必要时进行现场采样或检测。

3.2.3　储罐外壁声发射探头接触点的准备

根据储罐容量，沿储罐环向均匀布置探头，以 3000m³ 及 5000m³ 储罐为例，可布置一排探头，等间距开窗 8 个，探头布置在离罐底约 1.2m，油水界面以下。

探头窗口要求：外保温层需开直径 15~20cm 的窗口，要求将窗口中央罐体外防腐层打磨出直径为 5~8cm 可见金属光泽的探头安装点。同时要求做方便拆装的窗口配套封堵盖板，便于测试结束后恢复外保温层的防护。窗口分布如图 1 所示。

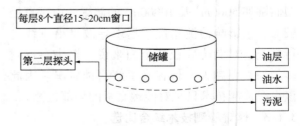

图 1　储罐底板腐蚀声发射在线
检外壁探头坑布置

3.2.4　检测设备仪器准备

清查声发射储罐底板在线检测设备仪器及

配件，准备现场记录表、进站作业手续、安全防护、耦合剂、电源等。要求提前准备220V防爆插线板一个，便于进行检测系统用电（可以靠近值班房安装）。

3.3　现场检测试验方案

3.3.1　声发射储罐底板腐蚀在线检测

在开罐前进行一次储罐的底板声发射检测，在储罐检修完成后再进行一次检测，对比开罐前后的储罐底板腐蚀状况。储罐底板声发射检测工作可一天内完成，现场检测包括以下主要步骤：

（1）充油至80%以上液面并关闭进液阀门，使储罐稳定8~20h（该过程可在夜间完成）。

（2）安装传感器探头，连接电缆线至主机，调试并预运转1~2h。

（3）正式开通声发射储罐底板检测系统，对储罐进行测试1~2h。

3.3.2　漏磁、超声波及目测法开罐检测

声发射在线储罐检测完成之后，按照正常检维修施工步骤进行开罐检维修工作。要求清罐后对储罐底板宏观腐蚀形貌采用目测法进行观察描述，对腐蚀严重的部位进行超声波测厚，若条件许可，通过漏磁法对底板进行检测，确定底板的腐蚀缺陷分布、数量、类型及程度，以便与声发射检测结果进行对比验证及校准。

3.4　试验数据分析

（1）对储罐底板声发射在线检测数据进行软件处理解释，分析评价腐蚀程度。可采用JB/T 10764—2007《无损检测常压金属储罐声发射检测及评价方法》进行检测结果评级，形成评价报告。对腐蚀严重的（4级和5级）提出及时

开罐检维修建议，对腐蚀程度较低（3级）或腐蚀轻微（1级和2级）情况建议继续使用。

（2）根据开罐时超声波测厚、漏磁检测数据来确定储罐腐蚀程度，验证声发射储罐检测效果，初步建立声发射储罐底板在线检测与开罐检测真实腐蚀状况间的对应关系。

（3）进一步完善声发射储罐底板腐蚀在线技术试验的有效性及推广应用可行性评价报告。

4　结论

（1）目前塔河油田含水原油储罐腐蚀问题主要集中在底板。由于介质腐蚀性较强，加之服役年限较长，部分储罐内部牺牲阳极消耗及涂层失效导致含水原油储罐腐蚀风险较高。

（2）塔河油田储罐检测目前主要以开罐检测为主，无法及时、准确地对储罐腐蚀进行定量及预判，声发射在线检测技术能够预先判定储罐底板腐蚀状态，对于指导后期储罐检修周期具有指导意义，同时节约不必要的开罐检修成本，市场前景广阔。

参 考 文 献

1　刘永恒．大型原油储罐罐底板腐蚀声发射在线检测系统研究与应用[D]．浙江海洋大学，2018．

2　API RP575—2005　Inspection of Atmospheric and Low-Pressure Storage Tanks.

3　SHS 01012—2004　常压立式圆筒形钢制焊接储罐维护检修规程．

4　SY/T 5921—2011　立式圆筒形钢制焊接油罐操作维护修理规程．

5　JB/T 10764—2007　无损检测　常压金属储罐声发射检测及评价方法．

乙烯压缩机轴封漏油的原因分析及对策

张 拯

（中国石化镇海炼化分公司，浙江宁波 315207）

摘 要 某聚丙烯装置乙烯压缩机运行过程中出现轴封漏油问题，通过初步原因分析、前期调整和排查、试运行情况和密封结构的分析来查找原因，制定对应措施，并通过对机组的检修来确认导致轴封漏油的原因，避免了故障的进一步扩大，保证了机组的正常运行。

关键词 聚丙烯装置；乙烯压缩机；轴封；漏油

1 概述

某聚丙烯装置采用国产化的 Spheripol 第二代环管聚丙烯工艺技术，设计年产 30 万吨聚丙烯本色粒料，可生产聚丙烯均聚物、无规共聚物、抗冲共聚物共计 60 个牌号的产品。其中，乙烯压缩机组采用两列一级压缩开式迷宫压缩机，机组主要设计参数见表1。

表1 乙烯压缩机主要技术参数

项 目	参 数	项 目	参 数
制造厂	沈阳远大	润滑油供油压力（绝压）/MPa	0.45
型号	2D100MG-0.9/29-52	润滑油泵自启压力（绝压）/MPa	0.2
压缩级数	1	行程/mm	100
正常进气压力（绝压）/MPa	2.9~3.1	轴功率/kW	45
正常排气压力（绝压）/MPa	5.2	转速/(r/min)	585
最大排气压力（绝压）/MPa	5.6	活塞速度/(m/s)	1.95
最大排气温度/℃	125	气缸润滑方式	无油润滑

2021 年 6 月，该乙烯压缩机开机后润滑油从轴封处泄漏，油位仅能维持在下红线附近，润滑油压力低于报警值，接近润滑油泵自启压力。通过对机组运行状态的前期排查、机组结构的分析，发现该机组填料密封已有较长时间未进行更换，且机组轴封形式不能承压，决定停机检修，检修发现压缩机填料、填料泄漏气回收管线单向阀堵塞严重，与厂家对接后，决定更换轴封形式为机械密封。目前机组运行稳定。

2 机组运行存在的问题及对策

2.1 检修前机组运行状态

2021 年 7 月 5 日机组开机运行后，乙烯压缩机出现轴封漏油，油位仅能维持在油视镜下红线的现象，润滑油压力随着油位一同下降，且一度低于润滑油压力低预报警值 0.25MPa，压缩机组有联锁停机的危险，联锁值为 0.15MPa，联锁逻辑设置为三取二。

2.2 机组漏油原因分析

2.2.1 初步原因分析

因该压缩机轴封形式不能承受压力，并结合该机组已有较长时间未进行检修的情况，初步认为有以下两种可能造成润滑油从轴封处发生泄漏：①开机前加油过多；②曲轴箱压力过高。在润滑油停止泄漏后，补油至正常油位后，润滑油从轴封处再次发生泄漏直至油视镜下红线位置，故排除开机前加油过多的可能性。可能进入到曲轴箱的气体有氮气和填料处下漏的介质气，机组在 5 月份出现过漏油，对吹扫氮气管线开度进行了调整，调整无效后关闭了吹

作者简介：张拯，男，助理工程师，现任中国石化镇海炼化分公司 2#聚丙烯设备技术主办，从事设备管理工作。

扫氮气管线，填料收集气管线及中体排放管线保持开启，故初步判断有以下三方面的原因可能会导致曲轴箱压力升高：①填料泄漏增大导致曲轴箱压力升高；②填料排放和中体排放管线堵塞导致排放不畅造成曲轴箱压力升高；③吹扫氮气压力高导致曲轴箱压力升高。而后又发现出口安全阀出现内漏、油路安全阀起跳，安全阀内漏会导致排火炬管线内压力升高，造成中体排放管线排放不畅甚至介质气倒窜进入到曲轴箱内（中体排放管线无单向阀），可能也是导致曲轴箱压力高的原因。因机组开机启动润滑油泵时润滑油压力会超过安全阀起跳压力，后期可能会造成机组润滑油压低。

2.2.2 密封结构分析

乙烯压缩机的轴封形式比较简单，由挡油环、O形圈和压盖组成（见图1），当润滑油随着曲轴流动至轴封时，经过刮油环上两流道和回油孔重新回到曲轴箱，其密封原理可理解为迷宫密封。查检修记录，该机组出现过轴封漏油的情况，且吹扫氮气一直处于未投用状态，在以往检修时进行过试验，即将吹扫氮气投用，投用后轴封立刻出现漏油情况。试验结果表明该轴封不能承压，未避免曲轴箱压力变化使得轴封漏油，且未能及时察觉，造成不可控的结果，故经过和厂家沟通、评估，决定更换压缩机轴封为机械密封。

图1 乙烯压缩机轴封

3 检修验证

3.1 机组检修情况

2021年7月28日乙烯压缩机按计划进行检修，拆检后发现压缩机填料结垢严重（见图2），填料结垢严重会造成填料冷却水管线堵塞等，

导致填料散热能力差，填料过热后会与活塞杆发生摩擦造成间隙过大，间隙过大后则会导致填料泄漏增大，泄漏气进入曲轴箱后经过一段时间累积会造成曲轴箱压力上升，本次检修对填料进行了更换。检查轴封正常，O形圈并未有明显变形或破损，回油孔并未出现堵塞情况，因轴封改型仍在设计阶段，本次仅在原回油孔旁两侧各增加一回油孔用以增加回油量（见图3），以达到减少漏油量的目的。检查填料排放管线在压缩机内部分畅通，无堵塞情况；压缩机外部分接皮管进行吹扫，发现单向阀及转子流量计处短接存在堵塞情况，将单向阀交出维修，维修后单向阀畅通且恢复止回功能，将转子流量计内件拆除清理后恢复畅通。因中体排放管线上缺少单向阀，仅有一道阀门，无法交出，本次未对中体排放管线进行排查。对存在内漏现象的安全阀重新进行了校验，消除了安全阀内漏现象。经过与厂家沟通，将油路安全阀的启跳压力进行了调整，将启跳压力由0.6MPa调整至0.7MPa。根据检修情况可确认填料泄漏增大、填料排放管线堵塞，两者都是导致曲轴箱压力高的原因，经检修已解决。对于可能造成影响的两个因素也采取了相应措施进行消除。

图2 填料结垢情况

图3 轴封增加回油孔

3.2 试运行情况

2021 年 8 月 3 日对机组进行试运行，并尝试投用吹扫氮气，压力表显示 0.4MPa，符合厂家设计要求，开机后运行正常，但试运行 2h 后，轴封再次出现泄漏情况，关闭吹扫氮气后再次开机进行试运行，在规定试运行时间 4h 内油压正常，油位正常无漏油现象。经过试运行验证，吹扫氮气是造成轴封泄漏的原因之一，但吹扫氮气压力符合设计要求，归根结底是轴封的形式造成机组无法在设计条件下正常运行。

4 改进措施

为减少轴封部位润滑油的泄漏，结合检修前后原因分析，确定了如下改造内容：

（1）更换曲轴及机身后盖；

（2）调整主电机、导轨、飞轮以及安全罩位置；

（3）安装机械密封；

（4）中体排放管线去火炬管线增加单向阀；

（5）油路安全阀更换为整定压力为 0.8MPa 的安全阀。

5 结束语

通过对机组运行中存在的问题，从前期对机组运行状态的确认和排查，进行初步原因分析，并通过检修进行确认，与厂家沟通后制定了有效的应对措施，解决了机组目前运行存在的问题，提高了装置的运行可靠性。

参 考 文 献

1 岳宝刚. 原料气压缩机轴封泄漏安全分析与策略应对调研[J]. 化工管理，2019(28)：140.

2 范阳亮. 国产脱氢尾气压缩机轴封泄漏原因及对策[J]. 山东化工，2013，42(3)：71-74.

3 张颖. 往复活塞式富气压缩机轴封泄漏原因分析及改进[J]. 石油和化工设备，2010，13(1)：30-31.

PDS 下料阀密封形式研究及改型

孙　楠　胡志强

（中国石化镇海炼化分公司，浙江宁波　315200）

摘　要　镇海炼化气相法1#聚乙烯，反应物料经2对PDS下料线间歇排料至脱气塔。PDS下料线设PDS阀程序控制启停，由于PDS阀需适应工艺产品下料，因此存在动作频率高、阀门填料密封易损坏泄漏等特点，需要定期进行阀门密封填料的维护，确保PDS下料阀正常工作。如若阀门填料密封材料或密封形式经过一定的改进，可适应气相法聚乙烯下料这种频繁启停的动作特点，可大大减少PDS阀检修作业量，确保装置稳定生产。

关键词　PDS程控阀；填料泄漏；密封形式；密封改型

1　PDS 下料阀密封形式及故障处理办法

气相法1#聚乙烯产品排料系统2对PDS下料线共设主要PDS阀门38个，均是由工艺指令设置具有固定启停频次的程控阀（见图1），在1#聚乙烯装置运行的十多年中有十几万次的启停动作。频繁的动作导致PDS阀门密封系统经受着巨大的考验，现场常常因为PDS阀填料泄漏导致异味严重，需定期维护。

图 1　PDS 程控阀

现场实际生产中，PDS阀下料过程中由于不同的阀门密封形式不一样，启停频次也有差异，导致不同的下料阀泄漏情况也不尽相同。其中以2对PDS下料线D阀的泄漏情况最为经典，日常检修也最为频繁。此类PDS下料阀的泄漏点也是我们日常生产实际中巡检巡屏的重要关注点，泄漏一经发现，必须马上采取措施。

在学习1#聚乙烯PDS下料阀阀门密封图纸

的过程中，可以看到阀门密封结构的组成，其密封填料不同于普通阀门，主体上采用双层密封的形式，两层密封正常工作保证阀门工作介质无泄漏。其阀杆密封最底部有一道密封环，上有一道垫片，辅以定位环定位，以此形成D阀的第一道密封。第二道密封是由5道四氟填料环堆积而成，辅以填料压环和填料压盖压紧，填料压盖与阀杆之间再设立一道密封环，整个D阀的密封系统由此形成（见图2）。

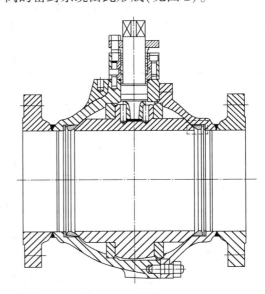

图 2　PDS 下料线 D 阀密封形式

作者简介：孙楠，男，助理工程师，现任中国石化镇海炼化分公司1#聚乙烯设备技术主办，从事设备管理工作。

通常情况下，PDS 下料 D 阀经过长时间高频次的启停，其整个阀门的密封系统难免会出现泄漏的情况，甚至伴随阀杆磨损现象，对阀门密封性能造成损坏。阀门使用过程中，填料组件(见图 3)是整个阀门维护频率最高的部分，如果在使用过程中出现填料泄漏，可首先考虑紧固阀门填料压盖。若填料压盖并无压紧余量时，则必须更换阀门填料。

(a)　　　　　　　　　　　(b)

图 3　PDS 阀密封填料及填料函

检修中如果发现填料较新，并紧贴阀杆，拧紧填料压盖螺母也不能阻止泄漏，则应检查阀杆是否有磨损或有缺口，检查填料函壁是否有缺口或划痕，如果发现存在上述缺陷，则必须更换。检修同时检查检查阀杆是否有松动、变形现象，当阀杆有松动或变形时，阀在运行过程中就会导致填料泄漏。阀杆外漏部分、填料环及阀门的外表面应保持清洁干净，未油漆部分应注意防锈及润滑，以延长阀门使用寿命。

2　PDS 下料阀密封性能分析及改进措施

通过对 PDS 下料阀密封失效的原因进行分析，结合阀门结构图纸、装配情况、密封结构、密封材料等，可以总结出 PDS 下料阀的密封性能主要取决于阀门盘根填料的选材以及密封形式是否可以得到改进。

表 1　PDS 阀历年检修记录

设备位号		KV4101-1DA1 线	KV4101-1EA1 线	KV4106-1DA2 线	KV4106-1EA2 线	KV4105-1DB1 线	KV4105-1EB1 线	KV4101-1DB2 线	KV4101-1EB2 线	备注
检修历史		2016.04.29	2016.02.19						2015.09.22	
		2017.08.09	2017.06.15	2017.06.15				2017.06.15	2017.06.15	
		2019.04.16		2020.01.10	2018.03.06	2018.09.16			2017.10.23	
		2021.02.04				2021.04.10				
		2021.05.20			2021.05.20					
		2021.08.04				2021.08.04				

根据检修统计(见表 1)可以看出除了 A1 和 B1 线 D 阀外，其他阀门的检修频次是比较正常的。其中 A1 线 D 阀更换频次最高，检修时检查发现阀杆与填料及其他密封件接触处轴面磨损比较明显(见图 4)，B1 线阀杆也有磨损的现象。

要保证密封性能，首先要保证盘根填料的材质以及使用情况满足工况要求。从 2019 年实施了国产化改造后，总体 PDS 下料线 D 阀更换填料的频率较之以前偏高，目前分析国产的密封材质及加工精度与进口件相比有差距。综合以上具体检修情况，一是对明显发现损坏的这几个阀门的阀杆进行更换或修复处理，二是加强与国产化件制造商的技术交流找出密封件存

图4　D阀阀杆磨损情况

在的深层次问题，使其达到满足使用要求的条件。

首先考虑对PDS下料阀的密封形式进行一定的改型。盘根填料这种密封本属于泄漏率比较高的密封形式，再加上其与阀杆轴面之间高频率的干摩擦，时间一长容易造成阀杆轴面的过度磨损，这种磨损使得与密封件接触的阀杆轴面的圆度和圆柱度精度降低，密封更为不可靠。现可选用带唇口的线密封，类似于柱塞泵填料环类的密封形式，这对于改善密封效果和降低摩擦损伤应该非常有益。

其次对阀杆与密封件接触的轴面进行渗碳氮化或其他方式的硬化处理，提高其硬度和耐磨性能。另外可准备在填料压盖紧固螺栓处每条螺栓增加一个弹性垫圈，这样便于检测填料压紧的情况。还可考虑在填料环中间加一道中间隔环，引入一股氮气，从而起到屏护和隔离的作用，能更大程度地降低PDS系统烃类气体的泄漏，此做法需要实施相应的配管施工，在现场设备本体上进行钻孔攻丝，存在一定的施工难度。

3　对PDS阀密封泄漏问题的防范措施

在镇海炼化1#聚乙烯装置中，PDS下料阀是日常工作中的关注重点，由于工艺变化等原因，需要经常对PDS阀的启停频率进行调整以满足实际生产工况需要。树立"泄漏就是事故的理念"，对于PDS下料阀的填料密封泄漏问题，

要求工作人员对现场阀门运行情况进行格外关注，定置措施对反应器框架PDS阀门定性定期进行肥皂水试漏，巡检人员关注现场泄漏异味情况。

对PDS阀门填料进行检修时，必须对阀门设备资料和使用说明书进行仔细阅读，制定合理、周密的检修方案。在对阀门填料进行更换时，必须更换整套阀门密封系统，确认阀杆干净、无异物、无严重变形磨损情况。另外还需要确认密封垫片的密封性能，材质、尺寸等不存在偏差问题，在安装填料时，确保填料函干净、整洁，填料取材时要保证填料条断口整齐、规整，5道填料接缝口相邻两层间接口错开90°。

另一方面，阀门填料的泄漏是PDS阀常见的故障之一，装置平稳运行时，要对阀门进行预防性维护，定期对阀门填料压盖进行紧固，并观察填料泄漏情况。如生产上确无必要，可固定PDS阀的动作频次，确保阀门工作环境压力、温度等控制在可控范围内，延长阀门使用寿命。

4　结语

PDS程控阀是1#聚乙烯装置中重要的控制阀，在长年累月的动作过程中，PDS阀门的填料难免发生泄漏，如若不能及时处理，会产生反应气的泄漏，严重时还可能发生人员伤亡事故。

PDS阀填料密封泄漏的频繁发生，一方面增加了生产装置的检修费用，另一方面会对装置正常生产产生影响。我们应分析PDS下料阀的密封失效原因，探讨PDS下料阀密封形式的改造办法，提高PDS下料阀的密封性能。企业也必须增加对频繁动作程控阀密封的重视程度，寻找有效的处理办法，从而提升企业经济效益，降低运行成本，避免事故发生。

参　考　文　献

1　张国义，崔晓锦，赵军龙，等．变压吸附程控阀故障原因分析及解决办法[J]．化工设计通讯，2020，46(9)：4-5.

2　刘海杰，田瑞青．阀门填料密封设计研究[J]．中国重型装备，2019(4)：16-19.

催化滑阀常见故障原因及解决方案浅析

陈 乐

（中国石化镇海炼化分公司仪表和计量中心，浙江宁波　315207）

摘　要　结合某企业两套催化裂化装置滑阀运行过程出现的故障进行分析，并提出针对性的解决方案，以满足工艺过程对滑阀可靠性、精确性、稳定性的要求，确保装置长周期平稳运行。

关键词　自锁；伺服阀；反馈板；阀位传感器

1 引言

滑阀作为催化剂循环流程中的关键控制设备，在反应再生流程中，对催化裂化温度控制、物料调节及压力控制起着关键作用，在紧急情况下，再生和待生滑阀还起到自保切断两器的安全作用。

但由于电液滑阀较为复杂，元器件多，设备老化，在运行过程中难免会出现故障。为使电液滑阀的故障率降到最低，减少非计划停工，本文对某企业两套催化装置滑阀常见故障进行分析总结，并提出滑阀管理方法和预防事故发生的有效措施。

2 滑阀应用概况

一、二催化共有滑阀15台，其中一催化8台，执行机构均为九江BDY9型，二催化7台，5台执行机构为兰炼LBHF型，2台为九江BDY9型，详细见表1。

15台滑阀均为装置建造时期的原始设备，一催化8台为1997年投用，二催化7台为1999年投用，除一催化2台LV500、TV502控制系统改为PLC外，其余13台仍保持原始控制方案，应用周期较长，设备老化，元器件性能下降，运行过程中存在一系列问题，见表1。

表1　一、二催化滑阀故障统计

序号	日期	问题描述	故障原因	解决方案
1	2011年11月9日	老催化一再双动滑阀PDV503B自锁	与非门D5故障	更换D5
2	2012年6月14日	老催化一再双动滑阀PDV503A自锁	与非门D5故障	更换D5
3	2013年8月15日	二催化待生WV1101阀位波动自锁	反馈板故障	更换反馈板
4	2014年1月18日	二催化待生WV1101阀位波动自锁	阀位传感器故障	更换传感器
5	2014年7月2日	二催化再生TV1101阀位不准自锁	伺服阀阀芯卡涩	更换伺服阀
6	2014年7月11日	二催化再生TV1101反馈失灵自锁	阀位传感器故障	更换传感器
7	2014年8月10日	二催化双动PV1101A阀位偏差较大自锁	电源卡故障，供给阀位传感器电源不能保持10V	更换电源卡
8	2014年8月10日	二催化再生TV1101位置反馈异常自锁	伺服放大器温度过高	通风冷却
9	2015年8月6日	二催化待生WV1101阀位波动、跑反自锁	反馈板故障	更换反馈板
10	2015年8月10日	二催化待生WV1101阀位波动	阀位变送器进水	排水，更换阀位变送器

从表1可以看出，滑阀运行过程中出现的问题主要有阀位波动、阀位偏差、反馈失灵、阀位跑反、滑阀自锁等，其中前几个故障现象均会导致滑阀自锁，因此，最终的故障现象表现为滑阀自锁。

作者简介：陈乐（1987—），男，山东新泰人，2010年毕业于中国石油大学（华东）自动化专业，工程师，从事仪表运维管理，已发表论文5篇。

为了更好地理解滑阀故障，先介绍一下滑阀执行机构的控制原理。

3 滑阀电液控制原理

如图1所示，滑阀执行机构由电气控制系统、电液伺服油缸、油泵以及位移传感器组成。

电气控制系统输入端接收 4~20mA 输入信号，经规格化处理成 0~10V 的电压信号，同时接收位移传感器现场测得的实际阀位，经规格化处理成 0~10V 电压信号，二者在伺服放大器中比较得其差值经电压放大，功率放大后驱动电液射流管阀控制油缸的运行方向，从而带动滑阀作直线位移，直到输入信号与位移传感器的反馈信号差值为零，这时伺服阀的控制电流也接近于零，伺服阀的阀芯处于中位，无液压油输出，使油缸中的活塞停留在与输入信号相对应的位置上，从而达到自动控制的目的。

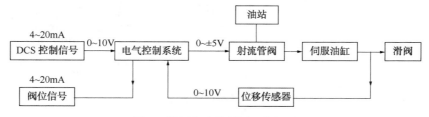

图1 滑阀电液控制原理方框图

从系统设置上来讲，滑阀自锁的直接原因有三个：

（1）输入消失：当输入信号断开时或小于 3.7mA 时自锁；

（2）反馈消失：当反馈信号断开时或小于阀位零点时自锁；

（3）跟踪失调：当输入与反馈信号偏差超过跟踪带宽（±5%）和时间时自锁（5S）。

从日常运行故障概率来看，自锁原因主要为跟踪失调和反馈消失，下面展开详细分析。

4 滑阀自锁原因分析

4.1 无故障现象自锁

在表1中一催化滑阀 PDV503A/B（九江 BDY9 型）共发生2次无故障现象自锁，现场检查导致自锁的三个条件输入消失、反馈消失、跟踪失调都正常，断电重启后自锁消失，不久后又出现自锁，基于此可以判断自锁并非由三个自锁条件触发而是由于电路板故障导致的。

为进一步分析电路板故障所在，有必要介绍一些模拟电路基本知识。

4.1.1 模拟电路基础

开门电压：使门电路输出端处于低电位上限所允许的最低输入电位，即门电路输出由0翻转为1的最低输入电压。

关门电压：使门电路输出端处于高电位下限所允许的最高输入电位，即门电路输出由1翻转为0的最高输入电压。

三极管开关特性：以滑阀电路板中用到的 NPN 型为例，如图2所示，C 为发射极，B 为基极，E 为集电极。

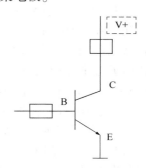

图2 NPN 型三极管示意图

I_C 受 I_B 控制，当 $I_B = 0$ 时，$I_C = 0$，此时 CE 之间为开路，负载无法得电。

当 $I_B > 0$ 时，I_C 随着 I_B 增大而增大，当达到饱和时 CE 之间完全导通，负载得电。

4.1.2 自锁电路（综放板）分析

首先，以输入信号消失触发自锁为例分析一下电路逻辑（见图3）。

当输入信号开路或小于 3.7mA 时，输入到比较器 N1（A）的电压小于参考电压，比较器翻转输出由正常 1 变为 0，经非门 D1（A）反向输出 1 驱动 L1 红灯点亮报警。同时 N1（A）另一路 0 信号输出到与非门 D5，使其输出由正常 0 变为 1，三极管 B 极得电，I_C 增大进入饱和区域，CE 导通，自锁继电器 K1 得电，常开触点闭合，自锁电磁阀 YV1 得电，油缸自锁。

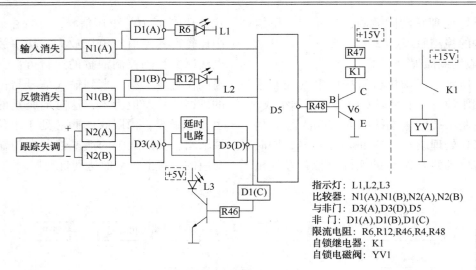

图 3   滑阀自锁电路图

4.1.3   无现象自锁原因分析

通过上述分析可见，要使油缸自锁，必须使 K1 带电，即 D5 的三个输入端至少有一个为 0，但经现场检查，三路信号故障指示灯均未点亮报警，理论上 D5 的三个输入端应均为 1。

出现这种现象有两种可能的原因：

（1）比较器或前级与非门故障，正常时输出电压下降达到了与非门 D5 的开门电压，却未达到非门 D1（A）、DI（B）的开门电压，因此 D5 输出由 0 翻转为 1，滑阀自锁，非门却仍保持输出为 0，对应的故障信号指示灯不亮。

（2）与非门 D5 自身开门电压升高，高于前一级比较器或与非门的 1 电平，致使该 1 电平对于 D5 来说变为 0，导致 D5 翻转由 0 变 1，油

缸自锁。

由于电路板均已服役十多年，元器件出现老化故障的可能性很大，很难判断具体是哪个元件故障，因此只能采取试验法更换相应元件，根据更换 D5（型号 CD4068BE，HD14011BP）自锁消失、滑阀恢复正常的情况，判断为 D5 故障。鉴于此，应该多备几个 D5 与非门和综合放大板，以备 10 台九江阀门同类故障突发急用。

4.2   伺服阀故障

二催化 TV1101 执行机构为兰炼 LBHF 型，采用 DB15 型射流管伺服阀，先介绍一下伺服阀工作原理。

4.2.1   射流管伺服阀工作原理

射流管伺服阀基本结构如图 4 和图 5 所示。

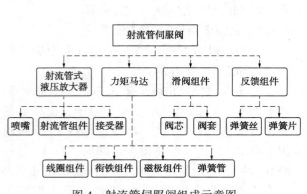

图 4   射流管伺服阀组成示意图

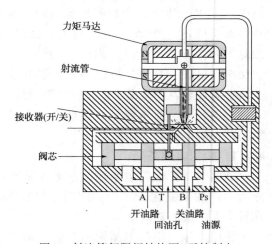

图 5   射流管伺服阀结构图（无控制电流，阀芯在零位，将开关油路封死）

力矩马达采用永磁结构,以开阀过程为例,当滑阀阀位与给定信号存在偏差时,马达线圈输入控制电流(-60~+60mA),控制磁通与永磁磁通相互作用,于是衔铁上产生一个力矩,促使射流管偏转一个正比于力矩的小角度。经过喷嘴的高速射流的偏转,使得接收器一腔压力升高,另一腔压力降低,连接这两腔的阀芯两端形成压差,阀芯运动使开油路开大,关油路缩小,伺服阀输出到滑阀开油缸的动力油流量增大,关油缸泄压,推动滑阀打开,阀芯的动作又会带动反馈元件深入阀芯的小球动作,导致反馈元件弯曲,产生阻碍阀芯动作的反向力矩,直到反馈元件件产生的力矩与马达力矩相平衡,阀芯保持不动,使喷嘴又回到两接收器的中间位置为止。这样阀芯的位移与控制电流的大小成正比,阀的输出流量就正比于控制电流了。当滑阀移动至给定阀位位置,偏差消失,控制电流为零时,阀芯在反馈元件的回弹推动下回归零位,封死开关油路,滑阀保持不动(见图5)。

4.2.2 伺服阀阀芯卡涩导致自锁原因

理论上,射流管式伺服阀由于在喷嘴的下游进行力控制,当喷嘴被杂物完全堵死时,因两个接收器均无高速射流输入,滑阀阀芯的两端面也没有差压,反馈弹簧的弯曲变形力会使阀芯回到零位上,伺服阀可避免过大的流量输出,具有"失效对中"能力,并不会发生所谓的"满舵"即跑单边现象。

但是,当油源内有杂质、过滤效果不良而造成阀芯卡涩时,若在阀位调节过程中阀芯不在零位,则会卡在某个开度,造成开或关向单向油缸冲压,导致阀门跑单边,直至自锁。

4.3 阀位传感器故障

二催化 TV1101、WV1101(均为兰炼滑阀)分别出现一次因阀位传感器故障导致阀门自锁故障。

4.3.1 阀位传感器原理

兰炼阀位传感器采用的是阜新传感器厂生产的 LVDTFX71L/+-500MM,基于差动变压器原理。

差动变压器的基本组成部分包括一个线框

和一个铁芯(磁性材料),在线框上设置一个原绕组和两个对称的副绕组,铁芯放在线框中央的圆柱形孔中。在原绕组中施加交流电压(反馈板输出的+10V 直流电压经传感器内部的振荡器整流为交流电压)时,两个副绕组中就会产生感应电动势 e_1 和 e_2。两个副绕组按反向串联,则它的总输出电压为 e_1-e_2。当铁心处在中央位置时,由于对称关系,$e_1=e_2$,输出电压为零。如果铁心向右移动,则穿过副绕组 2 的磁通将比穿过副绕组 1 的磁通多,于是感应电动势 $e_2>e_1$,差动变压器输出电压 u_2 不等于零,而且输出电压的大小与铁心位移之间基本呈线性关系。通过测量输出电压大小及极性即可判断阀位开度。

4.3.2 阀位传感器故障导致自锁原因分析

在 2015 年 8 月 6 日故障处理过程中发现,工艺反吹蒸汽进入阀位传感器,导致圆筒内的铁芯磁性发生变化,铁芯移动过程中不能在两个副绕组线圈上产生规律性感应电动势,造成传感器失灵。

传感器失灵,阀位信号将无法准确测量,导致阀位与给定信号出现偏差,滑阀大幅动作跑单边,直至自锁,而由于传感器失灵,反馈信号持续波动,出现间歇性正常间歇性异常,在 5% 的自锁设定值范围内跳跃,导致滑阀自锁-解锁-自锁-解锁不停跳跃,这是 DCS 中在同一时间段多次记录到自锁报警的原因。

4.4 其他原因

除上述分析的原因外,导致滑阀自锁的原因还有两个:

(1)伺服放大器环境超温,导致电子元件工作不稳定甚至损坏,执行机构无法正常控制,引起滑阀失控自锁。

(2)反馈板故障,导致阀位回讯信号无法输入电气控制系统与阀位给定值进行比较,相当于反馈消失引起阀门自锁。

因上述两种情况导致滑阀故障的原因明确,详细故障过程不作赘述。

5 结论

由于使用年限久,一、二催化 15 台滑阀故障率逐渐升高,通过总结多年的故障处理方案,深入分析导致故障的各种原因，形成滑阀故障处理应急预案与指导手册，从根本上解决疑难杂症，对快速处理关键设备故障，确保装置"安稳长满优"有着重要意义。

随着科技的进步，目前全新一代基于 PLC 控制的滑阀已在催化装置大量投用，是后续滑阀改型升级的趋势。

参 考 文 献

1　王次涛. BDY-9 型电液滑阀控制机构的开发与应用. 石油炼制与化工，1993，24(10).
2　任志光. 比例、伺服电液控制技术在催化装置滑阀中的应用比较. 河南化工，2015，32(1)：46-49.

催化裂化装置烟机入口快关调节蝶阀电液执行机构国产化替代

王亦强

（中国石化镇海炼化分公司仪表和计量中心，浙江宁波　315207）

摘　要　主要论述了国产某品牌烟机入口快关调节蝶阀电液执行机构的工作原理，各模块和整体系统结构，使用中的可靠性和安全完整性解决。提出国产蝶阀电液执行机构能够完全替代进口品牌。

关键词　烟机入口快关调节蝶阀；电液执行机构；安全性；可靠性；SIL3 等级

重油催化烟气能量回收机组烟机入口快关调节蝶阀（以下简称烟机蝶阀）及其电液执行机构是烟机机组和催化装置的关键设备，该电液执行机构的技术性能、功能配置和可靠性保障，直接关系到烟机机组和催化装置的安全稳定运行。

本文分析了国产某品牌代替进口品牌电液执行机构的国产化改造及应对方案。

1　技术性能

1.1　工艺要求

根据工艺要求，烟机蝶阀应具有良好的调节特性、快关特性和工作稳定性

正常生产状态下，电液执行机构以高精度和高动态特性控制阀门开度，调节烟气的进气量；在事故临界状态下，电液执行机构在收到 ESD 指令时，快速关闭阀门。

国产电液执行机构，根据弹簧和对应油缸的选型，对蝶阀做 ESD 关闭试验，得出行程-时间关系曲线，0.55s 内阀门关闭至约 10% 开度，得以保证机组安全。

1.2　工作性能

电液执行机构长期连续工作，工作性能直接影响到装置和机组的平稳生产，所以其在环境耐受性、控制性能等方面需达到较高水平。

1.2.1　国产品牌蝶阀主要工作参数

（1）工作环境温度：-20~50℃；

（2）系统额定压力：16MPa±10%；

（3）最大输出扭矩：30000N·m；

（4）全行程运行时间：≤5s（可调）；

（5）自保运行时间：≤0.5s；

（6）位置控制精度：≤1/1000；

（7）位置分辨率：≤1/1000；

（8）控制灵敏度：≤1/1000。

1.2.2　单作用液动执行器结构

作为传递扭矩的核心部件，单作用液动执行器主要由三大部分组成：弹簧箱体、拨叉箱体及油缸。其外形结构如图 1 所示。

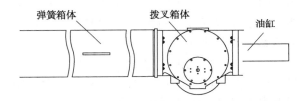

弹簧箱体　　　　　拨叉箱体　　　　　油缸

图 1　单作用液动执行器结构图

（1）弹簧箱体：作为单作用液动执行器的重要动力单元，主要结构为机械弹簧，弹簧材质为英国进口。此箱体可以模块的形式单独拆卸。

（2）油缸：液压动力输出单元。

（3）拨叉箱体：其内含经典的滑块、导向杆、拨叉结构。拨叉材质采用 42CrMo 全锻件，极大地提高了拨叉的强度及抗冲击能力。

1.2.3　综合控制系统结构

综合控制系统以橇装的控制柜形式安装于使用现场。其结构主要以控制柜的方式体现。

作者简介：王亦强（1973—），男，浙江杭州人，2001 年毕业于杭州电子工业学院应用电子技术专业，工程师，从事仪表运维管理工作。

其内部又按照功能不同，进行组件划分。其主要组件功能分别简述说明如下（见图2）：

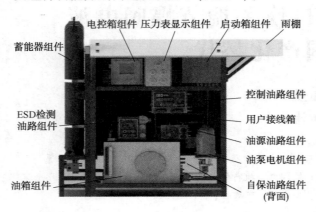

图2　综合控制系统结构图

（1）油箱组件：储存液压油的载体，同时又包含回油过滤器、空气过滤器、吸油球阀、冷却器等元件。

（2）油泵电机组件：液压系统动力输出，含油泵及电机，配置双泵双机组。

（3）油源油路组件：综合双泵液压油路，为各功能模块，输出主系统高压油；系统压力由此组件上溢流阀调定，同时兼有卸荷功能；含有高精度双联高压过滤器、卸荷阀、系统压力传感器等元件。

（4）ESD检测油路组件：ESD投自保大流量液控单向阀的先导压力油控制模块，含有防爆型先导阀以及先导阀在线检测功能。

（5）控制油路组件：液压系统主要核心控制模块。含伺服比例调节通道及其锁定功能、电磁阀通道、手操阀通道、手动关阀通道及手动泵手操通道；含有伺服比例阀、电磁换向阀、各种液压锁及截止阀。

（6）自保油路组件：含双模切换功能，ESD投自保核心模块；含ESD投自保大流量液控单向阀、双模切换球阀。

（7）蓄能器组件：采用OLEAR囊式蓄能器，集成调节蓄能器及投自保专用蓄能器功能模块；在单作用工作模式下，系统压力低时，蓄能器存储液压油容积能满足油缸两个全行程油。

（8）电控箱组件：综合控制系统核心控制部分，其内含PLC及通讯模块。

（9）启动箱组件：各种继电器及接触器接线箱。

（10）接线箱组件：涉及用户信号综合接线箱。

2　ESD功能应具有极高的安全性能

蝶阀的安全功能极少投入使用，在运行的大部分时间内，其安全功能长期处于"待命"状态。如何在长期"待命"过程中确认ESD功能的SIL3安全完整性等级，是此类电液执行机构在设计和制造时必须解决的问题。

根据功能安全理论及标准，电液执行机构ESD功能的可靠性由"要求时的平均失效概率PFDA"来衡量。PFDA与以下因素有关：

（1）与元件、回路及系统自身的失效率成正比；

（2）与对安全回路检测的周期成反比，且与检测的覆盖率成负相关关系。

所以，该电液执行机构应在设计和制造中，选用基于安全性优化的ESD控制回路、高品质元件和具有较大检测覆盖率的线检测装置，确保ESD功能达到SIL3安全完整性等级（见表1）。

表1　安全完整性等级：要求时的失效概率

要求操作模式		
完全完整性等级（SIL）	要求时的目标平均失效概率	目标风险降低
4	$\geqslant 10^{-5} \sim <10^{-4}$	$>10^{4} \sim \leqslant 10^{5}$
3	$\geqslant 10^{-4} \sim <10^{-3}$	$>10^{3} \sim \leqslant 10^{4}$
2	$\geqslant 10^{-3} \sim <10^{-2}$	$>10^{2} \sim \leqslant 10^{3}$
1	$\geqslant 10^{-2} \sim <10^{-1}$	$>10^{1} \sim \leqslant 10^{2}$

ESD电磁阀采用2个SIL3安全等级的低功耗高性能电磁阀；液压系统ESD采用1002逻辑，相对于1001及2003逻辑，具有最高安全性，保证ESD最大概率投用。

针对3种联锁逻辑，分别对其每年隐故障概率、每年显故障概率、安全性、可靠性进行理论分析：

（1）电磁阀满足SIL3等级要求，以每小时失效概率为$10^{-8} \sim 10^{-7}$，取10^{-7}。每年失效概率$r = 10^{-7} \times 24 \times 365 = 0.0008544$，为便于计算取0.001。

（2）1001每年隐故障概率（ESD需要动作，但因电磁阀卡在得电位置等原因而不动作）

$r=0.001$。

（3）1001 每年显故障概率（ESD 不需要动作，因电磁阀卡在失电位置或非正常断电等原因而动作）$r=0.001$。

（4）1002 每年隐故障概率（ESD 需要动作，因 2 只电磁阀卡在得电位置等原因而不动作）=$r×r=0.001×0.001=0.000001$。

（5）1002 每年显故障概率（ESD 不需要动作，因任意一个电磁阀卡在失电位置或非正常断电等原因而动作）=$r+r=0.001+0.001=0.002$。

（6）2003 每年隐故障概率（ESD 需要动作，因任意 2 只电磁阀以上卡在得电位置等原因而不动作）=$r×r×(1-r)×3+r×r×r=0.001×0.001×0.999×3+0.001×0.001×0.001=0.000003$。

（7）2003 每年显故障概率（ESD 不需要动作，因任意 2 只电磁阀以上卡在失电位置或非正常断电等原因而动作）=$r×r×(1-r)×3+r×r×r=0.001×0.001×0.999×3+0.001×0.001×0.001=0.000003$。

列表对比如表 2 所示。

表 2

名称 逻辑	隐故障 概率	显故障 概率	安全性	可靠性	经济性
1001	0.001	0.001	差	差	最好
1002	0.000001	0.002	最高	差	较好
2003	0.000003	0.000003	高	高	差

在烟机入口蝶阀中，烟机入口蝶阀电液执行机构控制着阀门开闭及 ESD，其 ESD 能否快速关闭关系到后面烟机的安全性。1002 对比 2003 联锁逻辑，其主要优势如下：

（1）烟机对烟机入口蝶阀 ESD 的安全性要求比较高，当需要联锁投自保而没动作，会导致烟机飞车事故，产生较大经济损失及安全事故，1002 满足其对 ESD 高安全性要求。

（2）一般显故障比较好解决，1002 的显故障大部分可以在问题发生后即可解决，可以降低正常生产运行时显故障概率。一般隐故障难以发现，不知什么时候发生，所以无从解决。

（3）2003 联锁逻辑在降低显故障概率情况下大大提高隐故障率，对烟机的安全极其不利。

（4）烟机入口蝶阀 1002 联锁逻辑经过长时间运行检验。

（5）各大工艺包中烟机入口蝶阀联锁逻辑选用 1002，比如 UOP 标准的烟机入口蝶阀联锁逻辑也为 1002。

（6）2003 由于增加电磁阀及其他元器件，成本比 1002 高。

基于以上对比，在以往行业内，2003 用于仪表表决较多，为联锁提供可靠判据，防止一只仪表测量错误或反馈错误而导致误发联锁信号，在此方面 2003 充分体现了其高防错特性，大大降低了误联锁概率。但在烟机入口蝶阀电液执行机构上，需要更高的安全性及执行力，所以现阶段烟机入口蝶阀电液执行机构联锁逻辑以 1002 为主，这也充分体现表决民主、执行有力原则。

1002 联锁符合最低硬件故障裕度，SIL3 要求故障裕度为 1。硬件故障裕度的定义是在出现故障或误差的情况下，功能单元继续执行要求功能的能力。是一个部件或子系统在有一个或几个硬件危险故障的情况下，仍能继续承担所要求的仪表安全功能的能力。例如，硬件故障裕度为 1 意味着有两台装置，且其结构会使得两个部件或子系统的任何一个的危险失效都不能阻止安全动作发生。

3 电液执行机构应具有较高的可靠性

由于该阀在催化和机组中的重要性，为了保障装置和机组的平稳运行，该电液执行机构应通过采用故障率低的高品质元件、优化控制模式、改善元件的工作环境条件、配置适当的硬件故障裕度等措施，提高可维护性，尽量缩短故障时的维护时间。

为了提高此电液执行机构的可靠性，控制柜具有以下特色配置：

（1）双动力电源-双电机-双泵-双过滤器的冗余配置。

配有双泵，可以设置的运行组合包括 A\B\A→B\B→A，在 A→B\B→A 的设置中，如果主泵运行出现异常，如升压异常、主泵动力电源故障等，PLC 控制器识别后，会自动将备泵投用、将主泵切出，同时发出报警信号。

（2）采用高性能电液比例伺服阀、电磁换向阀和双位移传感器构成双调节回路。

高性能电液比例阀在 PLC 控制器驱动下，电液执行机构性能指标可以达到或超过电液伺服阀组成的液压伺服系统。电液比例阀最大的特点是降低了油液清洁度要求（电液比例阀要求液压油清洁度达到 9 级即可，而伺服阀则需达到 7 级以内），一旦被污染也可由用户进行清洗维修。

（3）设置有备用调节回路，在主控制回路故障时，备用调节回路可对阀位进行控制。主备调节回路在各项重要故障均设置双重自锁功能。

① 主调节回路：当系统发生输入信号消失、反馈消失、跟踪失调、系统压力低等重要故障时，自锁电磁阀控制的液控单向阀关闭伺服比例阀油路，同时伺服比例阀归安全位，实现阀位双重自锁，提高系统自锁可靠性；

② 备用调节回路：当系统发生输入信号消失、反馈消失、跟踪失调、系统压力低等重要故障时，备用回路自锁电磁阀失电关闭电磁阀油路，同时电磁阀归中位，实现阀位双重自锁，提高系统自锁可靠性。

（4）具有执行机构输出扭矩检测显示功能，监测阀门扭矩特性。

（5）使用高品质元件，提高产品的可靠性，电液执行机构所用重要元件如过滤器溢流阀、力传感器、电液比例伺服阀、电磁换向阀等均出自国际知名品牌。

4　结论

电液执行机构的重要核心技术：

（1）具有两种工作模式，单作用模式与油缸双作用模式。

（2）采用机械弹簧为驱动元件，依靠弹簧压缩后具有的弹性势能，完成蝶阀关阀及 ESD 操作。依靠机械弹簧结构简单，具有本质安全的特性，保证蝶阀紧急完成 ESD 动作。

（3）仪表设备采用西门子 PLC、ATOS 伺服比例换向阀及高精度角位移传感器等元器件，设备达到 SIL3 安全完整性等级，组成的闭环综合控制系统能精确地实时控制蝶阀开关角度。

该国产化电液执行机构能完全替代进口产品，适应催化装置高温、粉尘的恶劣环境，满足了装置的长周期使用，保证了装置的安稳运行。

参 考 文 献

1　GB/T 50770—2013 石油化工安全仪表系统设计规范.

航煤加氢汽提塔塔盘故障原因分析

张秀科　陈晓泉

（中国石化镇海炼化分公司，浙江宁波　315200）

摘　要　板式浮阀塔在化工行业领域的应用可以说是最常见的。而塔盘的翻落、浮阀脱落、卡件掉落等塔内件的故障屡见不鲜。本文从板式浮阀塔塔盘翻落故障入手，详细阐述了塔盘翻落的原因，并制定了相对应的整改措施，对日后同类型的问题处理具有一定的借鉴意义。

关键词　航煤汽提塔；塔盘翻落；原因分析；改进措施

航煤加氢装置是以常减压常一线直馏煤油为原料，使用国内某研究院开发的航煤液相加氢精制技术，经过催化加氢反应进行脱硫、脱氮、烯烃饱和及部分芳烃饱和生产航空煤油，生产的精制煤油满足 3 号喷气燃料技术要求。该装置的主要设备航煤汽提塔 T1101 就是将催化反应后生产的航煤进行汽提脱除硫化氢，而塔底的精制航煤经进一步精脱硫后送至罐区。航煤汽提塔 T1101 是 2017 年新增设备，设计为高效塔盘塔，塔的上段塔径为 DN1800，设有 5 层塔盘，为精馏段，板间距为 600mm，单溢流结构，塔的下段塔径为 DN3400，设有 31 层塔盘，为提馏段，板间距 600mm，双溢流结构，其主要设计参数见表 1，塔盘分布形式见图 1。

表 1　塔主要设计参数

工艺编号	T1101
名称	航煤汽提塔
介质	航煤、硫化氢、氢气
设计温度/℃	260
设计压力/MPa	0.53
塔径/mm	1800/3400/4200
设备形式	板式浮阀塔
塔板数量	36
重量/t	85.624
塔高/mm	42225
壁厚/mm	(14+3)/(14+3)/(24)
材质	Q245R+S11306/Q245R

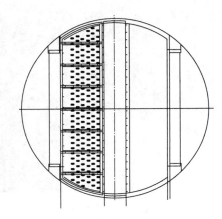

图 1　塔盘分布形式

1　故障现象

1.1　塔盘变形、坍塌

2020 年 6 月份大检修，航煤汽提塔 T1101 内部检查发现，提馏段（6～36 层）塔盘翻落较多，有半侧塔盘几乎全部翻落（见图 2），且塔盘卡件脱落，个别塔盘上翻变形严重（见图 3）。另外半侧塔盘 34 层、35 层塔盘翻落。顶部精馏段（1～5 层）塔盘比较完好。而所有塔盘板上的浮阀较完好，掉落的也不多。

1.2　溢流堰变形

塔盘溢流堰有不同程度的上拱形变（见图 4），上拱变形量从 5cm 到 10cm 不等。另一侧塔盘溢流堰上拱变形量从 2cm 到 3cm 不等。溢流堰端部的腰子孔也已发生形变（见图 5）。

作者简介：张秀科（1985—），男，湖南人，2008年毕业于西安石油大学，工程师，现从事航煤加氢装置设备技术管理工作。

图2　翻落的塔盘

图3　变形的塔盘

图4　溢流堰压条上拱形变

图5　溢流堰与支撑圈连接腰子孔形变

2　异常因素排查及原因分析

2.1　塔盘设计原因分析

2.1.1　塔盘开孔率

流体力学计算表明，采用高效塔盘，在不同的操作工况下操作弹性可达50%~110%或在更大范围内正常操作。塔盘的具体数据见表2。

表2　塔盘数据

塔板层号	溢流形式	塔径/mm	板间距/mm	塔截面积/m²	开孔率/%	出口堰高/mm	底隙/mm
1~5	单	1800	600	8.26	8.75	50	40
6~25	双	3400	600	29.75	1.35	40	95/80
25~36	双	3400	600	29.75	3.00	40	105/90

由表2可知，25~36层塔盘开孔率为3%，按此计算气相通道面积为0.272m²，6~25层塔盘开孔率仅为1.35%，按此计算气相通道面积仅为0.123m²，相比于其他塔，该塔提馏段的开孔率偏低，这是由该塔的进料组成和塔的功用决定的，该塔为液相航煤加氢的汽提塔，主要负责加氢后物料的分离，氢气、石脑油、硫化氢等轻组分从塔顶拔出，航煤组分从塔底流出，同时保证塔底航煤腐蚀合格，流体力学核算表面25~36层最大气相负荷为30t/h，6~25层最大气相负荷为12.9t/h，进料中轻组分少，又要保证底部航煤腐蚀合格，要求设计的操作弹性最低又要保证在50%负荷下正常操作，导致该塔提馏段的设计开孔率低。如此低的开孔率决定了塔对气相负荷的适应区间很小，实际运行中该塔塔压变化范围为0.088~0.245MPa，

本身塔压较低，实际运行中塔压骤变将导致塔内液体瞬间汽化量剧增，存在短时气相超负荷的可能，从而对塔盘产生过大气相冲击。

2.1.2　出口堰固定方式

6~36层塔盘出口堰，长3004mm、高40mm、厚4mm，固定方式为两端用螺栓固定在支撑圈上，中间通过卡件与降液管卡住，出口堰固定方式机械强度低。虽然出口堰是夹在塔盘和降液管折边之间，但当降液管受力变形，出口堰也会直接受力，当出口堰受冲击时，中部受力后上拱形成塑性形变，从而带动上部塔盘一起变形。

2.1.3　重沸炉返回口

重沸炉返回口中心线距36层塔盘底部为610mm，距离较短，且返回口为普通45°斜切面，返回气液相缺乏有效分布，加之距离最底部塔盘偏近，存在分布不均的气相在局部过度冲击塔盘的可能性。

2.2　操作原因分析

2.2.1　汽提塔日常操作情况

加氢汽提塔T1101严格按照汽提塔及其塔内件技术附件要求操作，原料为常一线航煤，馏分组成稳定。汽提塔工况见表3。

表3　汽提塔T1101操作参数

序号	参数名称	位号	单位	最高值	最低值	平均值	技术附件要求
1	汽提塔底温度	TI1334	℃	242.3	215.5	231.8	≤260
2	塔顶温度	TIC1333	℃	162.2	112.3	139.2	
3	塔顶压力	PI1328	MPa	0.245	0.088	0.15	≤0.53
4	处理量	FIC1103	t/h	273	200.3	256.8	301.8

从表3中数据可以看出，本周期运行期间塔底温度、塔顶压力及塔的负荷均在设计范围内，未超标运行。

2019年3月，塔顶空冷A1102更换了两台（共四台），并且由四管程改为两管程，解决压降大的问题，从趋势上看（见图6），塔顶压力也有明显的下降。

图6　汽提塔关键操作参数趋势

2020年2月开始，石脑油干点异常，直至停工前，汽提塔操作持续有波动（见图7）。同时，汽提塔回流泵P1103AB电流异常上升。由此可以判断，从此节点开始，T1101塔盘已开始出现松动、脱落迹象。

2.2.2　汽提塔停工吹扫情况

停工吹扫时，塔的状态为常温常压，吹扫

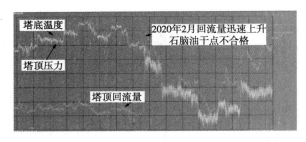

图7　汽提塔关键操作参数趋势

所用1.0MPa蒸汽温度约为200℃，吹扫过程蒸汽用量近7t/h，折算后塔内气速为0.16m/s。从图8可以看出，在整个吹扫期间，吹扫蒸汽进汽量忽大忽小，而塔底温度也随之波动，这种变化带来的向上气流冲击，也有可能引起塔盘翻落。

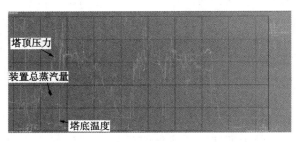

图8　蒸汽用量表与汽提塔关键参数趋势

综上所述,可以分析得出,汽提塔 T1101 提馏段 6~36 层塔盘开孔率偏低,出口堰角钢安装固定方式不合理,外加气流持续冲击,最终造成了 6~36 层塔盘塔盘翻落。另外,重沸炉返塔口布置也不合理,此种布置容易造成单侧偏流,这也是造成该侧提馏段塔盘几乎全部翻落,而另一侧塔盘只有底部两层翻落的原因。

3　整改措施

(1)按新的开孔率更换 6~36 层塔盘。考虑处理量的增大,新塔盘按负荷为原设计负荷的 1.1 倍、操作弹性为 60%~105% 进行设计,塔盘的开孔率对应调整,具体如表 4 所示。

表 4　塔盘新旧开孔率对比表

塔板层号	溢流形式	塔径/mm	板间距/mm	原开孔率/%	新开孔率/%
1~5	单	1800	600	8.45	8.45(不变)
6~11	双	3400	600	1.35	1.86
12~22	双	3400	600	1.35	2.35
23~30	双	3400	600	3.00	3.91
31~36	双	3400	600	3.00	4.71

(2)更换已变形的 6~36 层出口堰,新的出口堰固定形式由可拆卸式调整为直接焊接在降液管上,采用双面间断焊接形式,彻底杜绝塔盘受到气流冲击后溢流堰向上变形的后患。

(3)重沸炉返回口分布管改进,以达到均匀分配;之前已说明,重沸炉返塔线距离塔盘过近,且距离较短,造成气相进料分配不均(见图 9)。本次检修重新设计分配管,使之延长至对面塔壁,并在底部均匀开若干孔,开孔面积等同于管子截面积(见图 10)。

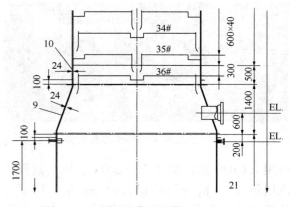

图 9　沸炉返塔口

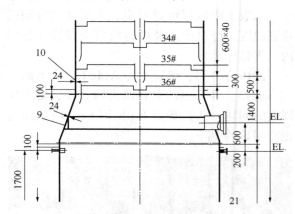

图 10　改造后的重沸炉返塔口

(4)日常操作和停工过程中,塔压要控制平稳,提降压要逐步缓慢调整,避免塔压骤降的工况,吹扫时蒸汽的吹扫量应当逐步缓慢提高,放空时也要缓慢逐步控制压力。汽提塔整体压降始终应≮30kPa,并把该要求完善进开工方案和操作法。2020 年改造检修,增加了汽提塔压降指示,这样可以有量化的监控点,避免气相超负荷。

4　结论

综上所述,造成航煤汽提塔塔盘翻落的原因已基本确定,通过理论的计算,结合现场实际的表现结果,可以得出塔盘翻落既有原始设计不合理的因素,也有后期操作的因素。在文中也列出了相对应的整改措施。目前该塔运行平稳,分馏效果相比于之前有显著提升,塔底航煤产品也全部合格。可以说,这在今后的塔盘设计图纸审查以及工艺操作上,都为现场设备管理维护工程师提供了宝贵的经验。

金属软管失稳形式寿命管理

董卫华

（中国石化镇海炼化分公司，浙江宁波　315207）

摘　要　本文对金属软管的失稳模型进行了有限元分析，得出失稳有限元计算结果与金属软管失稳形貌一致。在此基础上建立基于沉降量的寿命预测模型公式，得出金属软管的失稳形式寿命计算方法，并计算给出三种常用规格金属软管的极限载荷曲线，用于金属软管的剩余使用寿命计算管理。

关键词　金属软管；有限元分析；失稳形式；寿命管理；极限位移载荷

金属软管是管路中重要的连接构件，具有耐高压、高低温及腐蚀等优点，被广泛应用于石油、化工等工业部门，其主要作用为降噪、吸收管道热变形及补偿两端管道基础的沉降差。金属软管结构形式复杂，失稳失效形式比较常见，长期以来金属软管的使用寿命管理一直是石化企业管路系统管理中的棘手环节。本文从金属软管的失稳形式分析入手，建立金属软管失稳工况的有限元模型，根据金属软管的失稳载荷和当量应变设定形变阈值，用于金属软管的安全评估和剩余寿命预测，对金属软管的使用管理具有较好的借鉴意义。

1　金属软管失稳分析

图1是安装在某油罐根部进出油罐阀门前的金属软管，主要用途是补充管路系统和油罐的沉降差。金属软管网套失效形貌为两段鼓包，并且波纹管和网套分离，宏观检查未发现网套钢丝有断裂现象。表1是金属软管的主要参数。

图1　某油罐根部变形金属软管

表1　金属软管的主要参数

名称	数值	名称	数值
工作压力/MPa	常压	通径/mm	300
工作温度/℃	常温	长度/m	1.0
波纹管材质	0Cr18Ni9	法兰材质	20锻
介质	成品油	已服役年限	6年

1.1　有限元建模

按照GB/T 30579—2014《承压设备损伤模式识别》分类，初步判定该部分金属软管的失效模式为过载引起的失稳失效。管段、波纹管及网套均为奥氏体不锈钢材质，本构关系为理想弹塑性模型，屈服强度为205MPa，弹性模量为195GPa，泊松比为0.3。

采用ANSYS软件对该金属软管进行了详细的失稳计算。有限元计算模型及划分后的网格如图2所示。金属软管法兰刚度远大于网套、波纹管及直管段刚度，因此有限元模型一端端面施加全约束，另一端端面根据计算要求设置不同的边界条件。

1.2　失稳计算

有限元计算采用屈曲分析方法，分别获得了金属软管在横向位移作用下的一阶失稳模态，见图3。横向位移作用下的失稳模态为网套两端鼓凸，一侧与波纹管分离，失稳临界载荷为217mm。

作者简介：董卫华（1978—），男，工程师，现从事压力管道管理和检验检测工作。

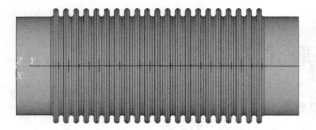

(a)波纹管模型

(b)网格图

图2　金属软管有限元计算模型图

图3　横向位移作用下一阶失稳模态

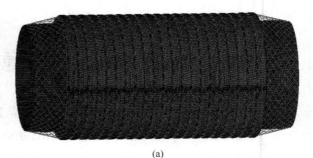

(a)

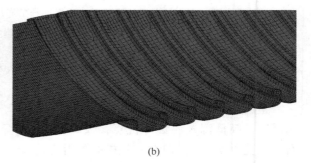

(b)

图4　内压作用下一阶失稳模态

图5　失效金属软管内部波纹管局部形貌

图4(a)为金属软管内压作用下的一阶失稳模态，对应的失稳载荷为 0.35MPa；图4(b)为失稳时波纹管局部变形形貌，表现为波峰外凸变平、波谷弧度减小、两侧壁靠拢，与波纹管内压作用下失稳模态相同。

金属软管在横向位移作用下发生失稳时，网套局部鼓包，与波纹管分离，对波纹管的支撑作用下降，此时在较低的内压作用下波纹管均可能发生如图4所示的内压失稳。图5为金属软管在横向位移作用下的失稳形貌，拆卸后发现内部波纹管已发生平面失稳，其失稳模态与内压作用下的一致。

1.3　原因分析

金属软管的失稳计算结果与其失稳形貌一致，其失效原因为管路系统与罐底基础沉降差形成的附加横向位移导致金属网套失稳，局部

与波纹管分离，该失效通常伴随内部波纹管的平面失稳。金属软管的网套是承载主体，波纹管仅起密封作用，当网套发生失稳时，金属软管的实际承载能力大幅下降，此时虽然金属软管未发生泄漏或网套钢丝断裂，但实际承载能力已大幅下降，将会严重影响金属软管的使用寿命。

2　失稳形式的寿命预测

失稳形式的金属软管由于承载能力的下降，随时可能存在泄漏风险，预测失稳形式下金属软管的使用寿命对生产管理和环境保护都具有十分重要的意义。金属软管承受的主要载荷是横向位移和内压，但在工作过程中压力较小，多数属于常压状态，而横向位移载荷随着两端

地基的沉降差增大而上升，因此对该部分金属软管的寿命研究内容主要是建立基于沉降量的寿命预测模型。利用失稳载荷和应变载荷的最小值求出极限位移载荷，用于预测金属软管的使用寿命。

2.1　寿命计算方法

1）失稳控制载荷

采用上述方法对需进行寿命预测的金属软管进行横向位移作用下的失稳计算，得到失稳载荷 u_1，其中安全系数取3。

2）当量应变控制载荷

金属软管的结构特点决定了外层网套为主要承载体，网套钢丝变形量和端部横向位移之间的关系如下式：

$$(l+\Delta l)^2 = l^2 + \delta^2$$

式中　l——钢丝长度，mm；

　　　Δl——钢丝伸长量，mm；

　　　δ——法兰端部横向位移，mm。

将应变公式 $\varepsilon = \Delta l/l$ 代入上式可得：$\varepsilon = \sqrt{1+(\delta/l)^2}-1$

EN 13445：3 附录 B.8.2 中规定工程应用中本构关系为理想弹塑性的奥氏体不锈钢最大当量应变 ε_{eqv} 应满足下式：

$$\varepsilon_{eqv} \leqslant 5\%$$

金属软管的网套为钢丝编织结构，其横向位移应满足如下关系式：

$$\sqrt{1+(\delta/l)^2}-1 \leqslant 5\%$$

金属软管的横向位移应满足如下条件：$\delta \leqslant 0.3471l$

当量应变控制的横向位移最大允许值应满足：$u_2 = 0.3471l$

3）极限位移载荷

金属软管极限位移载荷 U 按下列公式取值：

$$U = \frac{\min\{u_1, u_2\}}{n_s}$$

式中　n_s——安全系数，与金属软管制造质量相关，建议取3。

4）寿命计算

金属软管的允许寿命计算公式如下：

$$N = U/A$$

式中　A——年平均沉降差，mm/a，由现场实测数据获得。

5）剩余寿命

金属软管的剩余允许寿命计算公式如下：

$$n_2 < N - n_1$$

2.2　极限载荷

由于金属软管分布在许多不同装备上，基础不同，沉降量不同，年平均沉降差不同，金属软管的波纹管直径不同，失稳载荷不同，极限载荷不同，管长不同，极限载荷亦不同。本文对 $DN150$、$DN250$、$DN300$ 三种规格金属软管进行计算，获得其极限载荷。

图6~图8给出了三种常用不同规格金属软管的失稳载荷控制和当量应变控制的最大横向位移。极限载荷曲线表明失稳载荷随管长增加呈近似线性增加，当达到最大值后再线性下降，不同通径金属软管的失稳载荷最大值对应的管长不同。

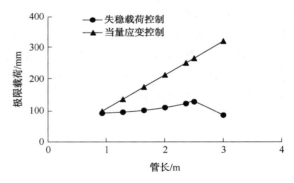

图6　$DN150$ 极限载荷曲线

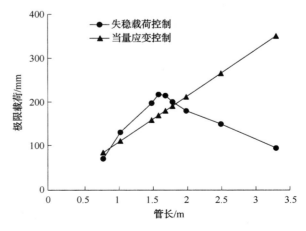

图7　$DN250$ 极限载荷曲线

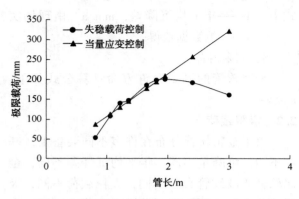

图8 DN300极限载荷曲线

3 小结

金属软管的有限元非线性分析结果表明波纹管材料首先进入塑性，网套应力主要为弯曲应力，轴应力极小。不同位移方式对金属软管的影响不同，在对金属软管进行设计制造时，应结合其使用条件，加强局部结构，提高其使用寿命。

极限载荷为失稳载荷控制和当量应变控制的最大横向位移中的较小值，当金属软管的沉降量位于两条曲线的下方区域，该金属软管可继续使用；反之则该金属软管已处于高风险状态，建议立即更换。同时对在役金属软管根据实测沉降量可计算出使用年限。

为加强使用管理，建议对典型工况金属软管的失效机理和失效模式进行分析研究，建立金属软管失效分析数据库。建立常用金属软管的使用寿命预测计算模型，对失稳失效金属软管进行预防性定期更换，最终达到保障设备安全运行的目的。

参 考 文 献

1 张彦清. 储罐抗震用金属软管. [J]. 石油化工设计，1995，12(3)，48-50.

2 廉践维，王克强. 抗震用金属软管应用中出现的问题及产生原因[J]. 管件与设备，1998(6)：27-29.

3 郭守香. 油罐金属软管的变形问题及选型和使用[J]. 石油库与加油站，2011，20(4)：7-8.

4 屈彩虹，王心丰，岳林. 金属软管的网套及端部过渡波的有限元分析[J]. 压力容器，2007，24(3)：20-22.

5 盛冬平，朱如鹏，王心丰，等. 基于ANSYS的金属软管的静态有限元分析[J]. 压力容器，2007，4(1)：32-35，47.

6 韩淑洁，郭兆海，吴虹，等金属软管的非线性有限元分析[J]. 机械，2004，31(7)：38-41.

某催化装置锅炉防爆门泄漏分析及对策

刘小锋

（中国石化镇海炼化分公司机动部，浙江宁波　315207）

摘　要　某催化装置锅炉在 2019 年 11 月发现防爆门顶盖出现腐蚀泄漏，检查发现，防爆门中心导向管中间出现穿孔。本文从防爆门结构、锅炉烟气组分及防爆门材质等方面分析，判断原因为 304 不锈钢在工艺条件下容易出现露点腐蚀。提出可以从结构改进和材质升级两方面进行改进，结合装置实际，最终选择将防爆门材质升级为 316L。经过改进后，目前锅炉防爆门运行稳定。

关键词　锅炉防爆门；露点腐蚀；烟气；不锈钢

1　概述

CO 锅炉（以下简称"锅炉"）是炼厂回收催化装置再生器烧焦产生的高温烟气能量的重要节能装置，其运行工况直接关系到装置的能耗。为确保装置的安全平稳运行，防止锅炉因超压产生严重的爆炸事故，锅炉上通常都安装若干个防爆门，当锅炉压力超标时，防爆门自动开启泄压，保障锅炉安全。

锅炉防爆门种类繁多，形式各异，原理各有不同，主要包括旋启式、爆破式和水封式几种。旋启式防爆门是一种利用自重密封的防爆门，炉膛压力超高时产生力矩，大于门盖和重锤自重在门轴上的力矩时，防爆门打开泄压，压力不足时又自动复位。爆破式防爆门由爆破膜和夹紧装置组成，当锅炉压力超高时，过高的压力使爆破膜破坏，起到泄压作用。水封式防爆门通过外筒体内的水和套筒上的配重块对内筒体及套筒进行密封。当炉内的压力超过设定的压力时，套筒和配重块在炉内压力作用下上升到液面高度以上，烟气瞬间释放，从而降低炉内烟气压力。

某催化装置 2012 年投用的锅炉炉膛顶部安装有两台水封式防爆门，主要由内筒体、外筒体及门盖构成，开启压力为 11.5kPa。2019 年 11 月时发现防爆门附近有异常声音，检查门盖中心导向管发现温度偏高，导向管中有烟气漏出，在 2020 年 3 月装置大修时对防爆门予以更换。

2　防爆门故障分析

该防爆门安装在催化装置的锅炉上，锅炉于 2012 年建设完成并投用，锅炉型号为 BQ149/600-63-4.0/440。水封式防爆门一旦腐蚀穿孔，炉膛内的高温烟气将会漏出，严重危害人与设备的安全，锅炉烟气中含有一定数量的 CO 及延期粉尘，若不慎吸入，将会对人员的健康造成影响，并且锅炉南侧是装置油气换热区及泵区，高温烟气粉尘落到该区域有引燃的危险。若腐蚀进一步扩大，则会使得炉膛压力无法控制，这样就不得不停炉处理，影响装置长周期稳定运行。因此，对防爆门穿孔的原因进行仔细分析，制定专门的处理方案。

2.1　防爆门结构分析

该防爆门为水封式防爆门，主要由内筒体、外筒体及中间盖板及其他配重导向部件构成，外筒体和内筒体内注入水对烟气进行密封，防止烟气漏出。通过中间盖板及上面的配重块对内筒体进行压牢，当锅炉压力过高时，压力会顶起中间盖板，烟气漏出，压力泄放后自动复位。防爆门结构如图 1 所示。

内筒体上衬有隔热浇注料 100mm（$\rho = 600$），并且有锚固钉加固，因此，内筒体一般情况下不会发生腐蚀。外筒体为 5mm 厚 304 不锈钢钢板卷制，整体为敞开状态，接触大气，内部物

作者简介：刘小锋，男，助理工程师，2015 年毕业于东北石油大学过程装备与控制工程系，现在镇海炼化机动部从事设备技术管理工作。

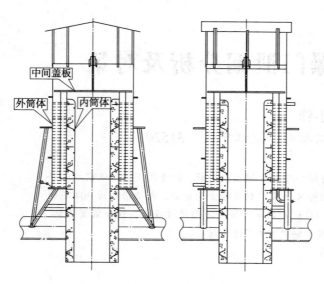

图 1 防爆门结构图

料为水，在这种情况下，304 不锈钢有可靠的耐腐蚀性能。中间盖板为 10mm 厚 304 不锈钢钢板，上部焊接有碳钢导向管，起定位导向作用（本次泄漏即为导向管与盖板连接内部穿孔），中间盖板筒体盖在内筒体上，插入水箱中，不接触腐蚀性烟气，与腐蚀性介质接触的只有中间盖板的顶板，且中间存在异种钢焊接，焊接接头比较薄弱，实际腐蚀穿孔处也是这个区域。

从结构上来看，防爆门中间盖板的顶板直接接触含腐蚀性成分的高温烟气，被腐蚀的可能性较大，与现场实际情况一致，制定防腐可以考虑从这里入手。

2.2 物料腐蚀性分析

锅炉处理的物料为催化装置一再及二再高温烟气，并通入瓦斯助燃，瓦斯加入量较少，影响轻微。混合物料成分如表 1 所示。

表 1 锅炉物料表

项 目	设计工况	最大工况
烟气量（湿基）/（Nm³/h）	190000	200228
温度/℃	330～600	
烟气组成/%		
N_2	74.27	
CO_2	13.34	
H_2O	9.89	
O_2	2.5	
颗粒（湿基）/（mg/Nm³）	300	
SO_2（湿基）/（mg/Nm³）	860	1800
NO_x（湿基）/（mg/Nm³）	400	700

从物料组分来看，烟气中存在的腐蚀性组分是 SO_2 和 NO_x，还有一定数量的水。防爆门接触的物料为高温烟气，通常情况下不会造成严重的腐蚀。但是水封式防爆门为了保持水箱水位的稳定需要连续补水及溢流，且补水温度较低，为 30～40℃，这样就造成防爆门盖板处温度远远低于炉膛内烟气温度，盖板温度由于水的冷却，实际温度低于 100℃。而烟气含硫量较高，露点温度约为 125℃。由此可见，防爆门盖板有强烈的露点腐蚀倾向，极易发生腐蚀穿孔。

2.3 防爆门材质分析

防爆门采用的材质是 304 不锈钢。304 不锈钢具有良好的耐蚀性、耐热性、低温强度和机械特性，冲压、弯曲等热加工性好，无热处理硬化现象（无磁性，使用温度 -196～800℃）。

但是 304 抗晶间腐蚀能力较差，晶间腐蚀是指腐蚀沿着金属或合金的晶粒边界或它的邻近区域发展，这种腐蚀使晶粒间的结合力大大削弱，严重时可使机械强度完全丧失。304 化学成分及力学性能见表 2、表 3。

表 2 304 不锈钢化学成分 %

Si	C	Mn	P	S	Cr	Ni
≤0.75	≤0.08	≤2.0	≤0.04	≤0.03	18.0～20.0	8.0～1114.0

表 3 304 不锈钢力学性能

热处理固溶处理/℃	抗拉强度 σ_b/MPa	条件屈服强度 $\sigma_{0.2}$/MPa	伸长率 δ_5/%	硬度（HB）
1050～1100	≥515	≥205	≥40	201

根据装置实际情况来看，烟气中 SO_2 含量较高，其中还包含一些 SO_3，在低温的防爆门盖板处容易形成硫酸与亚硫酸。304 不锈钢电化学阻抗谱钝化膜电阻为 228.7Ω·cm²，其耐

腐蚀性主要是表面形成钝化膜。查阅相关资料显示，304 不锈钢在 5% 的稀硫酸溶液中的动电位极化曲线有 3 个自腐蚀电位，稳定性差，钝化区间较窄，容易出现腐蚀。根据腐蚀速率图（见图 2）来看，硫酸浓度越高，腐蚀速率越快。

因此，从材质上来看，防爆门盖板在实际工艺条件下的材质选择并不恰当，304 不锈钢容易出现腐蚀，可以考虑进行材质升级。

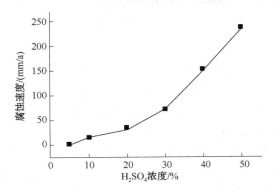

图 2　304 不锈钢腐蚀速率

3　对策分析

从原因分析可以看出，在锅炉的物料条件下，锅炉防爆门结构和材质都使得中间盖板存在腐蚀穿孔的风险。因此，在制定对策措施的时候需在这些方面采取针对性措施。

3.1　结构改进

针对正压式锅炉炉膛，水封式防爆门是最可靠的防爆门形式，其他结构的防爆门无法替代。因此，要对结构进行改进，只能在现有防爆门结构的基础上优化，消除其存在的缺点，减少对锅炉安全生产的威胁。

现有结构的主要缺点在于中间盖板的顶盖在水的冷却下壁温较低，使得内部烟气在盖板处形成露点腐蚀。对结构进行改进，使得顶盖温度升高至烟气露点以上便可解决该问题。

查阅相关资料发现，将中间盖板由单层顶盖升级为双层顶盖便可以解决顶盖温度偏低的问题。如图 3 所示，下顶盖与高温烟气直接接触，上顶盖与冷却水接触，这样两层盖板中间充满了导热性能较差的空气。因烟气与空气放热系数接近，下顶盖温度约为两者的平均值，烟气温度为 850℃，空气温度为 100℃，平均温度为 475℃，远远高于烟气露点温度。因此防爆门中间盖板可完全避免含硫烟气低温环境下发生露点腐蚀。

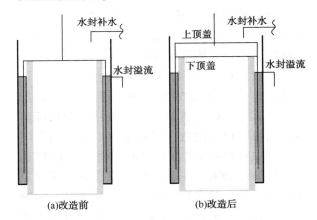

图 3　防爆门改造图

3.2　材质升级

针对 304 不锈钢容易受到硫酸露点腐蚀的问题，对其升级为 316L 可以解决这个问题。316L 不锈钢含碳量低于 0.03%，具有良好的耐蚀性及力学性能，高温下表面生成一层氧化铬保护层。316L 不锈钢化学成分及机械性能见表 4 和表 5。

表 4　316L 不锈钢化学成分　　　　　　　　　　　%

Si	C	Mn	P	S	Cr	Ni	Mo
≤1.0	≤0.03	≤2.0	≤0.045	≤0.03	16.0~18.0	10.0~14.0	2.00~3.00

表 5　316L 不锈钢力学性能

热处理固溶处理/℃	抗拉强度 σ_b/MPa	条件屈服强度 $\sigma_{0.2}$/MPa	伸长率 δ_5/MPa	断面收缩率 ψ/%	硬度（HB）
1010~1120	≥480	≥177	≥40	≥60	187

316L 是含钼不锈钢，抗 H_2S 腐蚀和 NO_3^- 离子的应力腐蚀性能较好。对 Cl^- 离子的电化学腐蚀和应力腐蚀的敏感性很强，在高温环境下也容易失效。316L 不锈钢在硫酸浓度小于 15% 或

大于85%的常温状态下，耐蚀性很好，在80℃以上有一定的温度波动，其耐蚀性大大下降。锅炉炉膛烟气主要成分是 N_2、CO_2、H_2O、粉尘、NO_x 和 SO_2，且由于水封的冷却，防爆门盖板处温度为 50~60℃，低于80℃，这些组分对316L 的腐蚀性较弱，因此，材质升级切实可行。

4 对策实施

根据以上分析，考虑到锅炉是特种设备，其附属安全构件的结构不能轻易改变，因此，本次改造决定采用材质升级的方式，将防爆门中间盖板及外筒体由 304 不锈钢全部更换为耐蚀性更好的 316L 不锈钢，更换时要保证开启压力为 11.5kPa 需要对盖板重量进行核算，通过增加配重的方式使得其重量达标。

经过计算，在 11.5kPa 的压力下，防爆门中间筒体的重量为 590kg，做好盖板并加好配重，使其达到相应重量后即可投用。为保障防爆门长周期稳定运行，尽可能使本体与烟气隔离，对中间盖板及外筒体内侧涂刷 Por-15 防腐漆。Por-15 防腐涂料是一种高性能新型聚亚氨酯防腐涂料，耐水性、耐油性、耐酸性、耐碱性、耐盐雾性能优良。Por-15 涂料成膜后无毛细微孔，因而彻底杜绝了水、氧气、化学品对金属的腐蚀，在防爆门上使用可有效减缓筒体的腐蚀（见图4）。

防爆门更换后，目前使用了 3 个月，锅炉运行正常，无泄漏发生。实践证明本次防爆门泄漏整改切实有效，可供装置未来改造参考，兄弟单位也可借鉴。

图4 防爆门防腐

5 结论

经过以上分析，某装置锅炉防爆门腐蚀穿孔是由于锅炉烟气硫含量较高且防爆门处盖板温度过低，导致锅炉防爆门发生露点腐蚀。目前装置原料劣质化趋势不断加剧，烟道内烟气的腐蚀性也越来越强，在现有的物料环境下304 不锈钢已经不再适用，将其升级为 316L 材质并涂抹防腐涂层可以有效解决露点腐蚀的问题。

参 考 文 献

1 刘欣，闫秉浩，刘友荣.304 不锈钢在稀硫酸溶液中的腐蚀行为探讨[J].四川冶金，2017，39（5）：57-59，63.
2 丁明舫，杨立山.水封式防爆门筒体频繁漏水的原因及对策[J].石油化工安全环保技术，1991（1）：17-19.

煤间接液化油品加工单元循环氢压缩机检修与问题处理

刘文忠

（国家能源集团鄂尔多斯煤制油分公司，内蒙古伊金霍洛旗 017209）

摘 要 本文对煤间接液化装置油品加工单元离心式循环氢压缩机运行过程中存在的问题进行了分析，对循环氢压缩机检修全过程及检修中的注意事项进行了记录总结，对压缩机存在问题的处理过程进行监控记录，对压缩机大修效果及问题处理结果进行了总结评价，并对油品加工循环氢压缩机日常运行中注意的事项提出了建议。

关键词 油品加工；循环氢压缩机；干气密封；振动检测；探头；滑动轴承

1 油品加工单元装置概况及循环氢压缩机数据简介

1.1 装置概况

油品加工单元由 SEI 设计，设计加工能力为 15.53 万吨/年，加工费托合成单元生产的轻质馏分油、重质馏分油和重质蜡，装置于 2008 年初动工兴建，2009 年 12 月 30 日开车成功，由于原料问题于 2010 年 5 月停工技改；油品加工单元经过 2018 年改造，主要加工蜡油/煤焦油，蜡油/煤焦油经过反应系统的加氢精制反应器及裂化反应器反应后进入分馏系统分馏出合格的柴油、石脑油，副产尾油外甩，油品加工单元加工规模为 20 万吨/年，产品主要有柴油 14.2 万吨/年、石脑油 5.7 万吨/年、尾油 0.42 万吨/年，合计产品 20.32 万吨/年。

1.2 油品加工单元循环氢压缩机简介

油品加工单元循环氢压缩机是装置的主要设备，离心压缩机由沈阳鼓风机集团有限公司制造，配套增安型高压三相鼠笼异步电机由南阳防爆集团有限公司制造，电机高压变频器由美国罗宾康公司制造。表 1 是循环氢压缩机主要数据表。

表 1 1005-K102 循环氢压缩机主要数据表

序号	名称	规格型号	生产厂家	生产日期	主要技术参数
1	循环氢压缩机	BCL407	沈阳鼓风机集团有限公司制造	2009-05	介质：循环气；设计压力：入口 8.0MPa、出口 9.8MPa；设计温度：入口 51℃、出口 77.3℃；设计流量：70000Nm³/h；轴功率：873kW
2	电动机	YAKS500-2	南阳防爆集团有限公司	2009-02	电压：6000V；额定功率：1250kW

2 油品加工单元循环氢压缩机大修前存在的问题及压缩机检修前的准备工作

2.1 压缩机大修前存在的问题

（1）压缩机高压侧缸盖及高压侧平衡管有泄漏点；

（2）压缩机一级泄漏气放火炬流量接近报警值 28Nm³/h，最高泄漏量达到 28Nm³/h，泄漏压力为 0.12MPa（正常运行泄漏量为 10Nm³/h 左右，泄漏压力为 0.03MPa 左右）；

（3）压缩机低压侧轴振动探头 aVIA13290 单点振动间断性升高，峰值到达 43μm；

（4）压缩机二级泄漏气放火炬线排污时有润滑油排出；

（5）压缩机高压侧轴承箱上压盖润滑油渗漏。

作者简介：刘文忠（1968—），男，汉族，河北南皮人，高级工程师，现从事设备管理工作。

2.2　压缩机检修前的各项准备工作

2.2.1　压缩机大修方案的编写

首先承担压缩机大修的保运维护单位依据SHS 03003—2004《垂直剖分离心式压缩机维护检修规程》、SH/T 3539—2019《石油化工离心式压缩机组施工及验收规范》、HG/T 2121—2018《可倾瓦径向滑动轴承技术条件》及设备制造厂家的随机资料说明书图纸等，编写完善可实施的压缩机检修方案，此压缩机检修方案包含编制依据、工艺概况、人力资源计划、工器具计划、施工流程、施工步骤、进度计划、质保体系、质量保证措施及施工安全措施等内容。

2.2.2　压缩机大修备件的准备

压缩机大修备件清单见表2。

表2　压缩机备品备件清单

备件名称	单位	数量
干气密封(川密)	套	2
端盖密封圈	套	5
仪表振动测量备件	套	1
TSA-46 齿轮油	m³	2.4

2.2.3　压缩机检修机具的准备

压缩机检修机具清单见表3。

表3　压缩机检修工器具、材料清单

名　称	规　格	数　量
专用液压泵		3 台
专用工具		若干
游标卡尺	150mm、200mm	各 1 把
外径千分尺	0~25mm	2 把
壁厚千分尺	0~25mm	2 把
百分表		4 块
百分表架		4 付
钢尺	300mm	3 把
卷尺	3m	2 把
铅丝	φ0.30	500mm
内六角扳手	1~10#	一套
梅花扳手	12~14#、19~22#、24~27#、34~36#	各 2 把
力矩扳手	0~1000N	1 套
铜棒	φ30×350	2 根

续表

名　称	规　格	数　量
铜皮		若干
洗油		10L
密封胶	704	10 支
钢丝绳	φ21	10m
钢丝绳	φ15	15m
枕木	标准	10 根
手拉葫芦	1t、2t	各 2 个
螺旋千斤顶	5t	2 个
焊机		1 台
角向砂轮机	φ100	1 台

3　压缩机的大修

3.1　压缩机大修施工作业流程(见图1)

3.2　压缩机检修施工

3.2.1　压缩机拆解

（1）首先配合仪表专业拆除压缩机的仪表检测配件。

（2）拆除压缩机上的润滑、密封油系统和密封气系统管线，做好标记并用塑料布包扎各管口。

（3）拆卸联轴器护罩，拆卸联轴器做好标记，检查测量联轴器螺栓无咬扣、变形、断裂等损伤，螺栓与孔的配合间隙不大于0.04mm，联轴器碟片无变形及损伤，联轴器拆、装时对中测量数据符合要求。

（4）拆卸压缩机半联轴器。拆卸联轴器紧固螺帽，用深度卡尺测量轴端到联轴器端面的距离，记录在检修文件包内，安装拆卸半联轴器装用液压拆装工具（B 型），安装拆卸工具时件号1和2之间需留有2~3mm 的间隙，以便工件拆下来时可以从原安装位置退下来。拆卸时只用高压油泵缓缓加压，依照厂家提供拆卸联轴器时的高压油泵压力标准进行拆卸，使半联轴器内孔渐渐胀大，当内孔宇轴没有过盈时，半联轴器就可拆下。

（5）拆卸驱动侧的支撑轴瓦：

① 确认拆卸前的原始位置，并做好标记，用专用拔销器拆卸定位销；

② 拆卸轴承箱上盖螺栓；

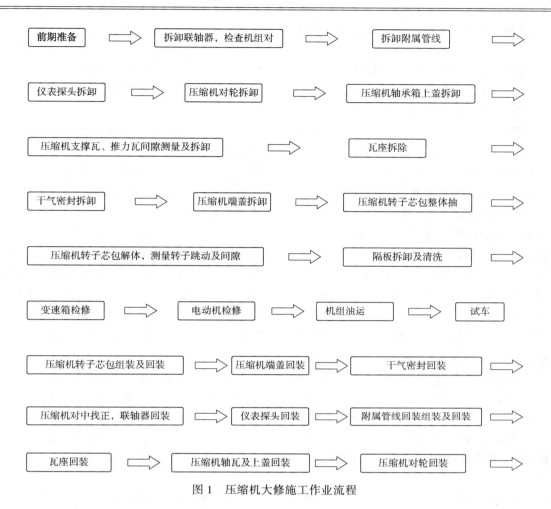

图 1　压缩机大修施工作业流程

③ 用顶丝将轴承箱上盖顶起 3~5mm 确保上瓦没有被一起提起后，用导链将其吊起，吊装过程中要注意保护轴承箱和端盖圆周迷宫密封；

④ 拆卸驱动侧的支撑轴瓦(五块可倾瓦)。

(6) 拆卸非驱动侧轴瓦：① 拆卸轴承箱上盖；② 拆卸推力瓦。

(7) 拆卸止推盘。拆卸止推盘前用深度尺进行测量轴端到推力盘轴向距离并记录，卸支撑瓦之前安装百分表测量止推盘端面跳动数据并记录；安装拆卸半联轴器装用液压拆装工具（A 型），安装拆卸工具时件号 1 和 2 之间需留有 2~3mm 的间隙，以便工件拆下来时可以从原安装位置退下来。拆卸时只用高压油泵缓缓加压，依照厂家提供拆卸平衡盘时的高压油泵压力标准进行拆卸，使半联轴器内孔渐渐胀大，当内孔与轴没有过盈时，半联轴器就可以拆下。

(8) 拆卸干气密封组件。

(9) 转子轴向审量测量。将压缩机驱动端、非驱动端下滑动轴承安装在壳体上，用深度尺进行测量转子的总串量并记录；将压缩机推力盘以及主推力瓦进行回装，用深度尺进行测量转子的分串量并记录；拆卸压缩机端盖螺栓，将离心机端盖拆卸，拆卸时做好标记，切勿磕碰端盖垫。

(10) 离心压缩机抽转子：

① 拆卸压缩机端盖螺栓，将离心机端盖拆卸，拆卸端盖后检查发现高压端大盖 O 形圈与加强环的位置装反，高压侧端盖密封环垫靠垫有缺口，密封 O 形圈向外变形；

② 安装专用工具将压缩机转子芯包整体抽出，拆检离心压缩机芯包，芯包抽出后发现壳体内有微量结晶物，检查转子并测量跳动及间隙，压缩机隔板组件拆卸除垢及检查。

3.2.2　清扫、检查、修复、更换压缩机磨损零部件

（1）清洗并检查压缩机两端轴承箱，检查轴承箱水平剖分面光滑平整，无冲蚀、裂纹及变形等缺陷，清扫轴承箱进、排油孔，检查确认油孔清洗干净、畅通，法兰面无渗漏，视镜清洁透明。

（2）清洗两端径向轴承，检查径向轴承上、下两水平面接触情况，检查两端径向轴承的轴承瓦面有无异常磨损、有无裂纹、夹渣、气孔、重皮等明显缺陷；检查轴承瓦背与轴承座瓦窝的接触面积，要求接触均匀接触面积大于75%，检查轴径与径向轴承的接触情况。

（3）检查推力轴承各瓦块表面巴氏合金上的工作痕迹应相同，瓦块表面应无损伤，合金层不应有裂纹，检查瓦块内弧及销钉孔应无磨亮痕迹；检查定位销应无磨损、弯曲或松动，外观检查瓦块巴氏合金伤痕情况，无裂纹、腐蚀、剥落、脱层、气孔、夹渣、电腐蚀、麻点及烧灼等缺陷；用千分尺检查各衬块的厚度差不大于0.02mm，推力块的接触点应分布均匀，其与止推盘的接触面积应占衬块面积的80%以上。

（4）清扫各油封、各级迷宫密封，检查各油封应无磨损或损坏，各级迷宫密封清洗除垢，检查各气封体应无裂纹、卷边、磨损等情况，进气孔和回气孔畅通；迷宫密封齿应无裂纹、卷边、磨损等情况，检查上、下各级迷宫密封的水平剖分转子与迷宫密封间隙并记录。

（5）清洗所有干气密封进出气管路及机壳上的进、出油孔，更换干气密封。

（6）各轴径、推力盘、叶轮做着色检查，转子未见明显缺陷，经中心及公司机动部设备主管确认无需外送做动平衡检测。

（7）检查测量转子和轴颈各部跳动及圆柱度。

3.2.3　压缩机回装

（1）转子回装，检查转子轴承轴颈、密封轴颈和轴端联轴器工作表面等部位无磨损、沟痕、拉毛、压痕等类损伤，叶轮轮盘、轮盖的内外表面、轴衬套表面、平衡表面等无磨损、腐蚀、冲刷沟槽等缺陷，确认各部位安装符合技术要求，转子可以回装，用天行车将转子吊装到转子拆装专用轨道，将转子缓慢穿入离心机壳体内；转子径向跳动及轴向跳动均符合设计值，转子各部间隙检测（直径间隙）均符合设计值。

（2）离心机端盖更换密封圈回装，在螺栓和螺母的配合螺纹面上涂以凡士林润滑脂，在端盖法兰上先对称地紧固四个螺母，然后以同样的方法依次紧固其余的螺母，螺栓紧固时需使用力矩扳手。

（3）转子轴向窜量测量。将压缩机驱动端、非驱动端下滑动轴承安装在壳体上，用深度尺进行测量转子的总串量，并对拆卸时数据进行校核；将压缩机推力盘以及主推力瓦进行回装，用深度尺进行测量转子的分串量，并对拆卸时数据进行校核，确保转子与壳体轴向对中。

（4）干气密封回装：

① 干气密封组件由四川日机密封件股份有限公司生产，一、二级密封组件轴向尺寸较原密封件的尺寸稍长（定位尺寸一致），将原组件的密封调整垫取出，高压侧干气密封加1.0mm调整垫片，低压侧干气密封加1.5mm调整垫片进行回装。

② 检查准备安装的干气密封组件配合尺寸，各密封面应洁净，O形圈不得有损伤；将压缩机转子调整到工作位置，以确定压缩机转子与压缩机壳体的相对位置；安装干气密封，干气密封组件及其备用件的规格、型号、配合尺寸、加工精度应符合技术要求，各密封面应洁净，O形圈不得有损伤。螺栓紧固时应注意束紧垂直剖分机壳应对称进行，按4个螺栓为一组，先紧一侧而后紧中心线的另一侧。

③ 干气密封回装后投用发现低压端一级泄漏气流量比高压端一级泄漏气流量小，重新将干气密封组件拆出，将低压侧密封气调整垫减去0.5mm后剩1mm回装，回装过程中将密封O形圈磕断一根，将原密封组件的胶圈放置在靠近轴承侧后回装。后经气密发现低压端二级密封气进气管线法兰螺栓未把紧，紧固后，重新投用。检查对比高、低压侧一级泄漏气流量，低压端流量依然略小于高压侧，但较之前流量变大。

（5）安装前、后轴承、轴承箱及推力盘：

① 径向轴承的检查和最终安装，回装时注意瓦块的旋转方向、油孔位置勿装反，回装非驱动端端径向轴承的下轴承箱体，回装驱动端径向轴承的下轴承箱体，回装驱动端径向轴承；

② 回装非驱动端径向轴承，测量并调整非驱动端径向轴承的顶间隙，非驱动端径向轴承的顶间隙标准值为 0.104~0.133mm；

③ 检查径向轴承衬背与座孔的接触面积，接触面积标准要求接触均匀，接触面积大于 75%；

④ 检查并调整径向轴承瓦背的过盈量，进气端径向轴承标准值为 0.00~0.02mm；

⑤ 排气端径向轴承标准值为 0.03~0.05mm；

⑥ 止推盘和止推轴承的检查和最终安装：检查清除推力盘的毛刺，清洗推力盘和打压工装，上面不允许有尘土、铁屑等杂物；先安装工具的件号 1，再将工件 2 的螺纹接头拧入轴端相应的部件，将高压油泵的供油咀拧入轴端的螺孔，分别连接好高压油泵，低压油泵与工具之间的连接油管；选用 A 型专用工具时件号 3 的定位，应该使距离 S 大于 A 型的件号 3 的厚度；在工件的端面，安装一千分表，以便操作时检测工作的轴向移动的位置；先用高压油泵加压后用低压油泵加压，两者交替操作，同时要注意观测千分表的读数变化，检测工件移动的距离，确认推力盘安装到位后方可卸压，安装止推盘后用深度尺进行测量轴端到推力盘轴向距离并与拆卸时数据进行核对，瓦块与止推盘接触面积应达 80% 以上，止推轴承安装间隙标准值为 0.25~0.35mm；

⑦ 支撑与推力支撑安装后盘动转子仔细检查应无卡阻及异常现象；

⑧ 配合仪表安装振动探头和位移探头后回装轴承箱盖。

（6）联轴器回装：

① 检查清除联轴器毛刺，清洗联轴器和打压工装，不允许有尘土、铁屑等杂物附着；

② 先安装工具的件号 1，再将工件 2 的螺纹接头拧入轴端相应的部件；

③ 将高压油泵的供油嘴拧入轴端的螺孔，分别连接好高压油泵、低压油泵与工具之间的连接油管；

④ 选用 A 型专用工具时件号 3 的定位，应该使距离 S 大于 A 型的件号 3 的厚度；

⑤ 在工件的端面，安装一千分表，以便操作时检测工作的轴向移动的位置；

⑥ 先用高压油泵加压后用低压油泵加压，两者交替操作，在这一过程要注意观测千分表的读数变化，检测联轴器移动的距离，确认推力盘安装到位后方可卸压；

⑦ 安装止联轴器后用深度尺测量轴端到推力盘轴向距离，并与拆卸时数据进行核对。

3.3　机组对中，联轴器及护罩回装

（1）联轴器对中找正，找正时联轴节测四点，上下两点连线必须垂直水平两点连线，"百分表"有较高的精度，指针稳定，无卡涩，盘车方向与工作方向一致，如果转过测量点，必须重新进行，切忌回转，找正数据符合压缩机厂家使用说明书规范要求；

（2）联轴器螺栓回装及紧固，联轴器螺栓回装是按照拆卸时方向安装，螺栓拧紧时使用力矩扳手按照厂家给定的力矩紧固。

3.4　机组仪表专业的检修

3.4.1　检修内容及步骤

（1）检修内容：

① 机组检修增速箱部分：振动探头 4 只，位号 VT13280~13823；温度探头 4 只，位号 TI13280~13283；转速探头 1 只，位号 SI13280；

② 压缩机部分：振动探头 4 只，位号 VT13290~13293；温度探头 8 只，位号 TI13290~13297；位移探头 2 只，位号 XI13290、XI13291。

（2）检修步骤如下：

① 拆检位移探头、振动探头、速度探头、温度探头并外观检查；

② 所有探头进行动、静态校验并记录数据。

（3）更换有问题探头并进行效验。

（4）所有仪表探头做防漏油处理。

（5）仪表联锁校验并紧固包括电机温度在内的所有仪表 JB 箱。

（6）仪表质量验收，具体细节参照本方案

后附的质量管控表。

（7）检查压缩机进出口阀门、防喘阀动作情况、填料泄漏情况。

（8）核对 K102 机组电机功率、电流值。

3.4.2　机组仪表检修过程

压缩机组振动检测采用本特利 3500 振动检测系统，振动传感器采用本特利 3300 XL 8mm 电涡流传感器系统，由 3300 XL 8mm 探头、3300 XL 延伸电缆、3300 XL 延伸器构组成；系统输出正比于探头端部与被测导体表面之间的距离的电压信号，它既能进行静态（位移）测量又能进行动态（振动）测量。机组检修前正常运转过程中出现低压端轴振动单点波动的情况（轴振动设二取二 89μm 高高联锁停机），最高波动到 43μm。仪表专业对高压端的振动测量仪表进行了更换。压缩机组在回装过程中在测量止推轴承间隙时，发现低压端的轴振动仍然存在，仪表专业分析判断其原因为振动探头安装与推力轴承距离太近，对探头的测量造成影响，探头安装技术要求为探头的中心线距离两侧端面的距离不小于 8.9mm，同时发现机组低压侧轴瓦测量温度仪表缺少安装压垫，测量探头重新安装后，在测量止推轴承间隙时振动单点波动的现象消失。

4　循环氢压缩机大修后试车

4.1　压缩机试运转前准备工作

（1）检查压缩机气管路、润滑油管路系统组装后是否通畅。

（2）检查压缩机油池油位。

（3）调整好压缩机的气、水、油的安全保护系统。

4.2　压缩机润滑油系统的试运行

（1）经确认机身油池、主油泵及稀油站中的辅助油泵、冷却器、过滤器和管路进行彻底清洗后，将合格的润滑油注入机身油池。

（2）当环境温度较低时，润滑油自动加温。

（3）启动油泵前，并将油泵的进出口阀门、压力表控制阀等打开。

（4）油泵启动后，采取逐渐关闭出口阀门的方法使油泵压力稳定上升达到规定的压力值。

（5）当油泵出口压力正常后，要进行至少

4h 以上的连续试运行，试运行过程中应检查油系统的清洁程度、各部连接接头的严密性、油过滤器的工作情况、油温油压是否正常，联系质检进行润滑油采样分析，化验数据分析合格后方可进行压缩机试运转，同时对油压报警联锁装置进行校验调试，保证其动作准确可靠。

4.3　压缩机相关仪表校验及联锁系统调试

仪表专业按照仪表校验规程与设备、工艺专业配合，对循环氢压缩机所有仪表及联锁进行校验，校验合格后填写仪表检验及联锁测试合格验收单，做好仪表专业机组检修资料的收集存档。

4.4　压缩机检修后的试运行

压缩机调校完联锁后，工艺系统氮气充压至 2.5MPa，所有试车条件具备后，机组开始氮气试车。试车过程中机组各个指标均正常，干气密封泄漏量高、低压端均为 12Nm³/h，泄漏压力为 0.03MPa，低压端的轴振动为 10μm 左右，试车过程中压缩机运行稳定可靠。

5　循环氢压缩机检修总结

5.1　循环氢压缩机问题的处理

通过本次检修消除了压缩机高压侧缸盖及高压侧平衡管的泄漏点；更换了压缩机干气密封，解决了压缩机一级泄漏气放火炬流量接近报警值问题；更换了压缩机低压侧轴振动探头 aVIA13290，消除了轴振动探头检测数据不准确现象；处理了压缩机高压侧轴承箱上压盖润滑油渗漏及二级泄漏气放火炬线排污发现润滑油问题等。

5.2　压缩机检修过程中发现的问题处理

压缩机检修过程中发现高压端大盖 O 形圈与加强环的位置装反，高压侧端盖密封环垫靠垫有缺口，密封 O 形圈向外变形，高压端轴承箱盖有 3 个沙眼等问题；仪表专业发现机组低压侧轴瓦测量温度仪表缺少安装压垫等。

5.3　压缩机检修过程存在的不足

压缩机检修过程中出现个别工具准备不足或不好用的情况，如抽转子芯包的时候，由于工装尺寸不匹配而影响了检修进度等；压缩机的备件要仔细核对，既要核对规格尺寸，也要核对供货厂家。

6　压缩机日常运行维护建议

压缩机日常运行中应做好运行数据监测记录，做好压缩机运行工况参数的调整工作，保证压缩机稳定运行；做好压缩机润滑油监测工作，对润滑油定期采样分析，做好压缩机特护工作，建立机、电、仪、管、操"五位一体"的特护巡检制度，制定巡检标准与要求，定期召开大机组特护会议等。

通过本次压缩机的大修，解决了压缩机运行中存在的问题和隐患，同时也处理了压缩机检修过程中发现的一些具体问题，积累了离心式压缩机检修经验和检修过程资料，设备人员、操作员工及检修人员加深了对离心式压缩机结构的了解，为设备安稳运行打下基础。

大型挤压造粒机组切粒异常的原因分析及改善措施

关成志

（中国石化洛阳分公司聚合部，河南洛阳 471012）

摘 要 本文对双螺杆大型挤压造粒机组切粒效果异常的重要原因进行了详细分析，提出了切刀和模板要匹配使用、对进刀风压和切刀转速的关系曲线进行优化等实际、可靠的解决方法。

关键词 挤压造粒机组；模板；切刀；重要原因；原因分析；解决方法

挤压造粒机组是聚丙烯装置后路系统中核心关键设备。机组设备主要由驱动系统、计量加料系统、混炼挤压系统、挤出造粒系统、粒子处理系统、其他辅助系统、电气控制系统七个主要部分组成（见图1）。其作用是将聚丙烯粉料与不同配方的添加剂混合，经过加热、熔融、混炼、挤压、切粒、粒子分离等过程，从而生产出聚丙烯粒料。

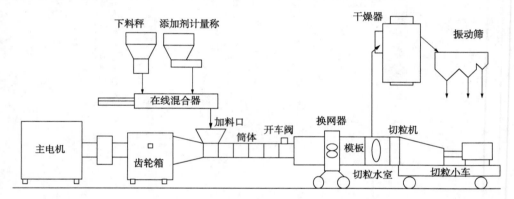

图1 挤压造粒机组结构简图

具体工艺流程如下（见图2）：主电机驱动齿轮减速箱，减速箱带动同向或相向啮合的双螺杆，聚丙烯粉料和添加剂经大螺旋输送器混合均匀，送到造粒机下料斗中，在筒体段加热融化、混炼均化，通过齿轮泵加压及换网装置过滤后，熔融的聚丙烯树脂由模板出料孔挤压成股出来，经过高速旋转的切刀进行水下切粒，聚丙烯颗粒被粒料冷却水冷却，并被其输送到粒子处理系统中进行脱水干燥、振动筛分离，最后由风送系统送到成品料仓中。

目前在国际上大型混炼挤压造粒机组主要有四家供应商：德国CWP公司、日本KOBE公司、日本JSW公司、大连橡胶塑料机械股份有限公司。在实际生产过程，多数生产企业都会出现成品聚丙烯颗粒中"带尾巴料""片料""细

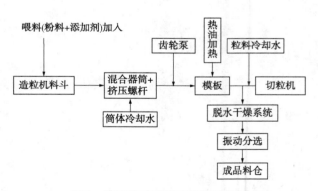

图2 挤压造粒机组工艺流程简图

作者简介：关成志（1980—），男，吉林长春人，2004年毕业于辽宁石油化工大学过程装备与控制工程专业，工程师，现从事聚丙烯装置的设备管理工作，已发表论文10篇。

料"等切粒效果异常现象。颗粒是否规则是聚丙烯产品的一项重要质量指标，通常要求粒子规整、均匀饱满、无棱角碎块现象、无松散和绒毛状物质、无任何污染粒子存在。如果聚丙烯颗粒异常程度较大时，有可能出现垫刀、缠刀现象，造成设备联锁停机。通过长期生产操作、查阅资料和去相关企业学习调研，对在实际生产中导致切粒效果异常的主要原因进行了研究、分析，并提出了改进措施。

1 切刀与模板的接触情况不理想

1.1 "磨刀"操作没有达到使用要求

在挤压造粒机组开车前，需要对切粒机的整盘全新的切刀进行"磨刀"操作，"磨刀"的效果好坏直接决定了最终的产品粒料质量。如果切刀的前进压力及"磨刀"时间设定不合理，出现切刀"偏磨"等现象，就会造成切粒效果异常，成品粒子中混有"带尾巴料""片料"等不合格产品。

在进行"磨刀"操作时，在按要求达到规定"磨刀"时间后，打开切粒机与模板的连接，现场观测切刀的"磨刀"情况。直到每把切刀的整个刃口都磨得比较光亮、锋利，接触面均匀，则视为合格，如果"磨刀"情况不好，则适当调整进刀压力及延长"磨刀"操作时间。合格后才可以进行开车操作。

1.2 切粒机的进刀压力不合适

当挤压造粒机组运行一段时间后，如果粒料中出现"带尾巴料""片料"等现象，则需要在设备停车后将模板上的物料清理干净，观测模板的磨损情况(见图3)进行相应操作。

如出现图3(b)现象，则可能是切刀的前进压力过低，切刀的尖端与模板造粒带贴合，需要调高切刀的前进压力；如出现图3(c)现象，则可能是切刀的前进压力过高，切刀的尾端与模板的造粒带贴合，需要调低切刀的前进压力。

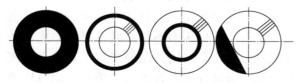

(a)正常磨损 (b)只磨削外侧 (c)只磨削内侧 (d)只磨削一侧

图3 模板的磨损情况

例如针对进刀压力不合适(刀轴由仪表风驱动情况)，某单位采取了重新优化原设备厂家提供的进刀风压和切刀转速的关系曲线的方法加以解决。

切刀对模板的压力会对刀的使用寿命和粒料形状产生关键性的影响。切刀主要受力为仪表风驱动气缸推力 f_1 和切刀高速旋转产生对模板的推力 f_2，一旦设定了仪表风压力 f_1 和切粒机转速 n，就共同决定了切刀对模板接触压力 $p(x)$ 的大小，无论切刀的磨损情况如何，刀具一直保持对模板的这一压力。若 $p(x)$ 过大，将造成刀具和模板之间的异常磨损。相反，若 $p(x)$ 不足，就会造成刀靠不上去，产生片料和尾巴料，甚至垫刀、缠刀停车。因此，需要在进刀风压和切刀转速上下一番功夫，以争取找到最优化的配合。经过技术攻关，某单位对厂家提供的曲线进行了优化，重新校定了压力 $p(x)$ 与切刀转速 n 的关系曲线。共进行了三次标定，其结果见表1。

表1 切刀对模板接触力 $p(x)$ 与切刀转速 n 的关系

转速 n/(r/min)	切刀对模板接触压力 $p(x)$/MPa		
	第1次标定	第2次标定	第3次标定
400	0.405	0.405	0.406
500	0.355	0.355	0.354
600	0.312	0.312	0.311
700	0.271	0.271	0.269
800	0.242	0.241	0.241
900	0.221	0.222	0.222
1000	0.201	0.202	0.201
1100	0.183	0.182	0.183
1200	0.164	0.165	0.164

根据以上数据，可画出校定后结果与原始值的对比曲线如图4所示。

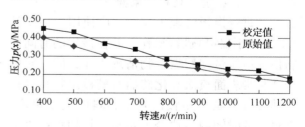

图4 切粒机转速与切刀对模板压力关系曲线

从图4中可知，原厂家提供的切粒机转速与切刀对模板压力关系曲线中仪表风压力偏高，导致使用中切刀和模板之间的异常磨损。在以后的操作中按照校正后的曲线，根据切刀转速设定接触压力，寻找到不同转速下的最佳接触压力，从而减少了模板与切刀的异常磨损。

2 开车运行时切粒刀轴（刀轴由液压油驱动情况）进刀不到位

2.1 切粒机刀轴前进压力不足

在造粒机组开车时，当切粒机水室与模板锁紧后，如果刀轴前进压力过小，刀轴前进不到位，则在切刀与模板之间会产生很大间隙。当熔融态的聚合物从模板孔流出后，就会产生"缠刀"现象，被粒料冷却水冷却后的聚合物会将切刀盘缠绕住。如果发现、处理不及时，会出现"灌肠"现象，聚合物会将切粒机出口与干燥器之间的粒料冷却水管线堵塞，造成非常严重的事故。若管线堵塞严重，处理难度大、时间长，则可能导致聚丙烯主装置被迫停工，造成重大经济损失。

在造粒机组开车前要首先检查刀轴前进压力的设定值是否正确，检查刀轴移动系统相关管路及油缸是否有泄漏现象，最好在开车操作前单独动作刀轴前进、后退功能，观察刀轴运行是否到位。定期对刀轴移动系统进行维护，对系统液压油进行更换，并充分循环将系统中的空气排干净。

2.2 模板造粒带表面残余聚合物"垫刀"

切粒机水室与模板锁紧前，需要清理"疏通模板"操作后残留在模板造粒带表面的聚合物。如果对模板造粒带表面残留聚合物清理不彻底，则残留的聚合物会垫在模板与切刀之间，使模板与切刀之间产生间隙出现"垫刀"现象，导致进刀不到位，造成切粒效果异常。

在进行模板清理工作时，应使用专用工具（如金属小扁铲）进行操作，并在最短的时间内将模板造粒带残留聚合物清理干净，同时对模板造粒带表面喷涂雾化硅油对模板出料孔进行迅速冷却，延缓模板内残余物料的流动速度。在最短的时间内尽快合上水箱，将切粒机水室与模板锁紧。清理结束后第一时间通入粒料冷却水及启动切粒机运行。

3 模板使用情况异常

3.1 加热不均匀

模板的使用性能对能否产出合格粒子至关重要。如果模板加热不均匀，会造成模板的不同区域出料孔聚合物流速不均匀，有快有慢，造成切粒效果异常，会出现"大小粒"现象，严重的可产生"垫刀"现象。

模板在出厂前要进行热成像试验，试验数据合格后方可出厂，并提供相关试验报告。确保模板使用的热油系统正常工作，热油温度达到模板使用要求。在模板加热稳定后，使用红外线温度计测量模板各区域温度，确保模板温度均匀方可开车。调节好粒料冷却水温度，防止粒料冷却水温度过低造成模板温度不均匀。

3.2 模板表面不平或模板出料孔周边不锋利

模板在长期使用后，可能会因为出料压力过高、模板材质等原因造成模板表面不平。模板的出料孔在切刀的长期切削下出现缺口、钝化等现象。如果出现上述情况，则可能造成切粒效果异常，可能会出现"碎屑"料，并且可能对切刀造成严重损坏。

在设备停车期间或因切粒效果异常停车后，使用模板刀口尺工具对模板造粒带表面进行监测，确保模板的平面度达到使用要求。对模板出料孔进行细致观测，确保模板出料孔的周边锋利。定期对模板出料孔周边进行研磨，确保出料孔周边锋利。如果出现模板造粒带表面不平现象，就需要立即对模板进行研磨（通常送厂家），研磨后的模板参数需达到使用要求。

3.3 模板出料孔堵塞

一般模板在使用3~4个月后，部分出料孔会有堵塞的可能，在停车检查时，发现有部分出料孔树脂挤出速度较其他出料孔慢，判断该部分出料孔出料不畅，有堵塞迹象。这样也会造成出料孔挤出压力不均，或者挤出的成型条不规则。因此必须用自制的专用工具逐一清理出料孔。每次开车时都需清理模板，用专用的铲子铲掉、刮净粘在模面上的树脂，以利于切刀与模面的贴合。清料时需谨慎小心，以免损伤模面。

4 切刀与模板的匹配不合理及刀轴与模板的对中垂直度超差

4.1 切刀与模板在生产中匹配使用

切刀与模板是一对摩擦副，当切刀与模板的硬度与材质匹配不合理时，会造成切粒效果异常。当切刀的硬度过高时，会造成"磨刀"困难，切刀与模板磨损过快，严重缩短切刀与模板的使用寿命；当切刀的硬度过低时，会造成切刀磨损过快，增大造粒机组停车的次数，成品粒子中会产生大量粉末。

模板造粒带的硬度通常在 62HRC，切刀刀刃硬度在 57~59HRC，在此数据下模板和切刀可以正常工作。模板造粒带材质（通常为 TiC 合金，厚度约为 3mm）与切刀刀刃需要选用合适的合金材料，确保使用寿命。

4.2 切刀、模板安装时制定严格标准，严格找正，确保刀轴与模板对中度和垂直度

这里所说的找正包括模板的安装以及模板与刀盘的对中找正。模板的安装，一定要严格执行检修规程。模板与挤压造粒机机体是用内六角螺栓紧固相连的，螺栓分内外两圈布置，上紧的顺序是先内圈后外圈，顺序不可颠倒，以防内部应力存在，造成模板变形。紧固螺栓按扭矩均匀上紧后，在模头及模板内通入蒸汽或热油加热到操作温度，进行最后热紧。在预紧和热紧之后，都要检查模板表面的不平度，严格控制在质量标准之内。安装好模板之后，开始对模板与刀轴、刀盘进行对中找正，调整到每一把切刀都与模板表面贴合，最大间隙以小于或等于 0.02mm 为宜。如出现图 3（d）现象，则可能是模板与刀轴的垂直度出现偏差，切刀只与模板造粒带局部贴合，需要重新调整刀轴与模板的垂直度。

4.3 开机操作中制定严格标准，保证刀轴和模板的垂直度

切粒机安装在可以移动的台车上，台车沿两条平行的滑轨滑动。挤压机停车时，放空切粒水室中的水后，可移动台车以便检查切刀和模板。因此在换切刀和开停挤压机过程中，要特别注意刀轴和模板的垂直度，如果垂直度不符合要求，则会导致切刀在运行中与模板不均匀接触，造成整体异常磨损。

考虑以上影响因素，开机时要严格执行以下操作规定：

（1）每次启动挤压机闭合切粒机水室前，必须检查切粒机滑轨，清理滑轨上所有杂物。

（2）换刀盘前必须清理滑轨，反复调节好刀刃和刀盘的平面度，要求高度差小 0.02mm。

5 切刀的磨损

在实际生产中，切刀与模板不停地摩擦，并有多种因素都会导致切刀的损坏，因此切刀是大型造粒机组中最常更换的易损件之一。进刀压力过高、刀轴与模板的对中性不好、黏附在模板表面的金属残留物会造成刀刃崩裂或者产生断刀。长时间不更换切刀、不解锁切粒机刀轴锁紧装置会造成切刀磨损过度及发生"垫刀"现象。上述原因都会造成切粒效果异常，产生"带尾料"或"絮状料"。

当造粒机组停机时，要仔细检查整盘切刀的表面，确保切刀表面的完整、光滑、刃口锋利。定期更换切刀，更换时需要将整盘切刀全部更换。通常切刀的更换周期为 3~6 个月，切刀刀刃的合金最大磨损量控制在 2mm 以内（通常设有报警装置）。严格按照切粒机的操作规程操作，不能随意更改各项参数设定。定期清理模板表面，复查刀轴与模板的对中性。

6 粒料冷却水温度设定不合理

造粒机组开车程序中，决定能否开车成功的一个最重要因素就是"水""刀""料"的三同时，就是粒料冷却水进入切粒室、切粒机刀盘转动、模板出料这三个工序要同时进行，才能保证开车成功。其中粒料冷却水温度的设定是其中一个重要因素。粒料冷却水进入切粒室后，对模板进行迅速冷却，尤其是模板的下半区最先接触到粒料冷却水。如果粒料冷却水的温度设定不合理，则模板下半区的出料孔可能会出现大面积堵塞现象，堵塞后的出料孔在后续生产中很难被聚合物冲开，造成出料孔出料速度不均匀现象，造成切粒效果异常，形成"大小粒"。不合理的粒料冷却水温度也会降低切刀的使用寿命。

针对不同熔融指数的聚合物要设定不同的粒料冷却水温度参数，通常的粒料冷却水设定范围为 60~65℃。一般来说，水温设定过高，

会使粒料软化达不到冷却效果，造成粒料相互粘连，有堵塞管线的风险；水温设定过低，会影响模板和切刀的使用寿命。可以通过调节粒料冷却水水箱的加热管路控制阀和补水管路控制阀来调节水温。生产低熔融指数聚合物时，应适当提高粒料冷却水的温度。生产高熔融指数聚合物时，应适当降低粒料冷却水的温度，加快聚合物的冷却成型。

7　聚合物牌号切换时参数设置不合理

生产企业通常需要根据市场的需求情况，生产不同牌号的产品，并且经常需要对产品牌号进行切换。因为不同牌号的产品都对应不同的设备参数设置，如果在牌号切换时没有调整好设备参数，就会造成切粒效果异常。比如由低融指牌号切换至高融指牌号时，就容易产生"细粒"现象。

针对牌号切换时产生切粒效果异常现象，在生产中要严格按照每种牌号的设定参数进行操作，密切关注设备的运转情况及成品粒子情况。如产生"细粒"现象，可以通过提高混合机筒、开车阀等温度，增强聚合物的流动性，适当将开车阀的开度降低，提高聚合物的混炼度。

8　结束语

双螺杆大型混炼挤压造粒机组结构复杂，控制点及故障点多，并且结合多项工艺。在实际生产中导致机组切粒效果异常的原因众多，因此需要在生产中密切关注设备的各项参数及使用情况，及时优化操作参数，严格按照设备的操作规程进行操作，正确安装模板与切刀，保证二者合理匹配，定期对设备进行维护保养并更换备件。当出现切粒效果异常时需要有针对性地进行排查、解决，确保造粒机组的连续长周期平稳运行，保证产品的质量。

参 考 文 献

1　刘廷华，魏丽乔，吴世见．聚合物成型机械［M］．北京：中国轻工业出版社，2005.

2　邹明华聚丙烯造粒机造粒不规则原因分析及解决方案［J］．内蒙古石油化工，2011(13)：43-44.

3　高增梁．挤压造粒的模型试验研究［J］．化肥工业，1995(3)：24-25.

高压螺纹锁紧环换热器内漏分析及处理

陈晓飞　　李武荣

（中国石化洛阳分公司，河南洛阳　471012）

摘　要　本文主要对蜡油加氢装置在运行过程中的现象进行分析与总结，并根据分析结果判定为装置高压螺纹锁紧环换热器发生内漏，进而根据螺纹锁紧环换热器工作原理，对换热器内漏原因进行分析，针对内漏情况进行检修，消除内漏故障，有效保障了装置长周期平稳运行。

关键词　螺纹锁紧环换热器；内漏；检修

1　概述

220万吨/年蜡油加氢装置是洛阳分公司油品质量升级改造的重要工程，螺纹锁紧环换热器因其具有耐高温、耐高压、结构紧凑、密封可靠及不易外泄等优点，在该装置中得到应用，蜡油加氢装置共有4台螺纹锁紧环换热器，主要用于临氢、高压、高温部位。近期，蜡油加氢装置出现循环氢流量升高、反应进料加热炉进出口压差降低、反应器床层压降降低、反应系统压降减小等异常现象，经排查、分析、判断，初步判断是由于热高分气与混合氢换热器内漏，造成压力较高、温度较低的混合氢窜入温度较高、压力较低的热高分气中，致使部分循环氢不经过反应系统，内漏至管程返回到空冷入口，导致以上异常现象的发生。

2　装置异常现象分析

2.1　循环氢流量、循环氢纯度与密度、循环氢压缩机转速变化情况

由图1、图2可以看出，从2018年10月13日开始，在循环氢纯度和密度基本不变的情况下，装置循环氢流量逐步增加，且随着循环氢压缩机转速的降低，循环氢流量不仅没有降低，反而逐步上升。

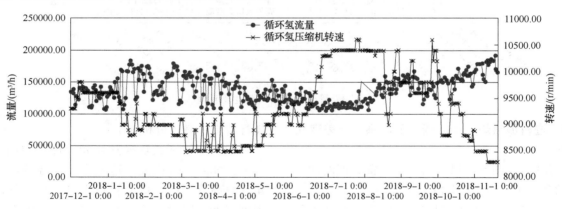

图1　循环氢流量与循环氢转速

2.2　热高分气与混合氢换热器管、壳程出入口温度变化

热高分气与混合氢螺纹锁紧环换热器管程为热高分气，壳程为混合氢（新氢与循环氢）。正常工况下，管程入口温度为230℃左右，入口压力为10.6~10.7MPa，出口温度为130~150℃；壳程入口温度为60~70℃，入口压力为12.0~12.3MPa，出口温度为150~160℃。目

作者简介：陈晓飞（1989—），女，2015年西安交通大学硕士研究生毕业，工程师，现在中国石化洛阳分公司从事设备管理工作。

前，在管、壳程入口温度基本不变的情况下，管程出口温度为 80~100℃，较正常工况下降了约 50℃；壳程出口温度为 110~130℃，较正常

工况下降了约 30℃。由图 3 可以看出，管程出入口温差增加至 150℃左右，而壳程出入口温差降至 55℃左右。

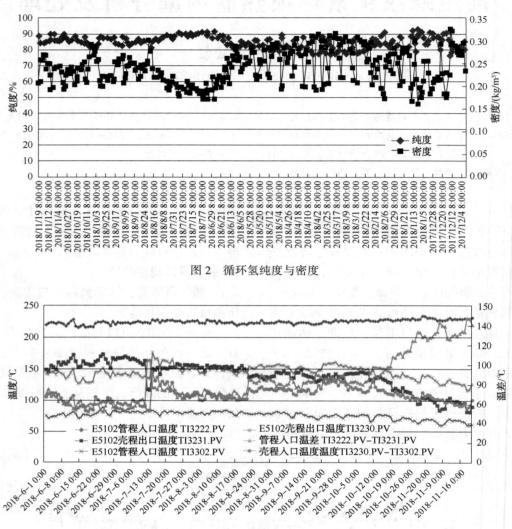

图 2　循环氢纯度与密度

图 3　管壳程出入口温度及温差

2.3　进料加热炉、反应器、反应系统压差变化情况

从图 4~图 6 可以看出，在装置处理波动不大的条件下，自 10 月 13 日开始：

（1）反应器各床层压降逐步下降，总床层压降从 0.5MPa 左右下降到目前 0.23MPa；

（2）反应进料加热炉进出口压降从 0.55MPa 左右下降至目前 0.15MPa 左右；

（3）反应系统压降（循环氢压缩机出入口压差）从 1.7MPa 左右降至目前 0.9MPa 左右。

2.4　内漏情况分析

根据以上分析判断出换热器出现内漏的可

能性较大，具体分析如下：

（1）螺纹锁紧环换热器壳程侧压力高，温度低，如果出现内漏，造成高压低温的混合氢窜入热高分气中，造成管程出口热高分气出口温度降低，同时造成换热效果变差，混合氢出口温度降低。

（2）在循环氢纯度、加工量没有大幅度变化的情况下，循环氢量大幅增加而反应炉、反应器、反应系统压降反而减小，可以推测出由于换热器内漏，大量循环氢窜入热高分气中进入空冷，导致进入反应系统中循环氢量减少，从而造成加热炉、反应器、反应系统压降减小。

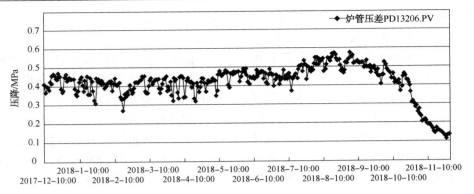

图 4　反应器 R5101 及各床层压降

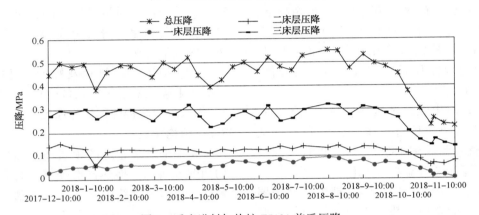

图 5　反应进料加热炉 F5101 前后压降

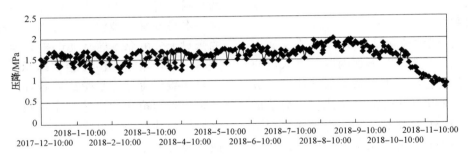

图 6　反应系统压降

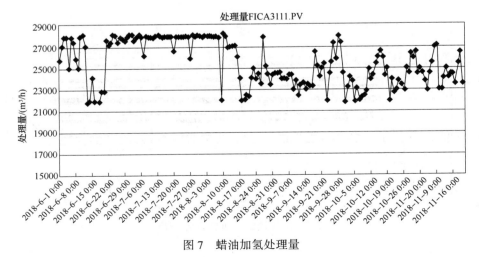

图 7　蜡油加氢处理量

（3）脱硫前循环氢硫含量下降比较明显，在 9 月底前，脱硫前循环氢硫含量基本在 180000ppm（1ppm = 10^{-6}）左右，之后基本在 10000ppm 左右。

若螺纹锁紧环换热器出现内漏，泄漏物将从高压侧窜入低压侧，而本装置中螺纹锁紧环换热器壳程压力高于管程，因此泄漏物会向管程泄漏。管壳程压降越大泄漏越大，大量冷料和混合氢窜入管层反应生成物里，造成热高分罐入口温度快速降低，液位快速上涨。而至加热炉的物料减少，在燃料气流量不变的情况下，炉出口温度快速上升。由于混合氢直接泄漏至热高分罐后，经冷高分到循环氢压缩机入口，同时泄漏会造成循环氢压缩机出口压力降低，入口流量开始上升。

由此可判断出螺纹锁紧环换热器内漏，对螺纹锁紧环内圈螺栓进行紧固，紧固力矩从 1200N·m 逐步紧固到 1800N·m，循环氢流量及换热器管壳程进出温差无变化。

综合以上分析，判定为螺纹锁紧环换热器出现内漏，可能是由于垫片失效或换热管束腐蚀导致的内漏。

2.5　建议及措施

目前，产品蜡油硫含量在 0.4%左右，属于正常范围。但由于换热器出现内漏，进入反应系统中循环氢量逐步减少，系统氢油比、氢分压逐步降低，难以保证最低氢油比，将会造成脱硫、脱氮、脱残碳效率降低，造成催化剂结焦，同时还会引起反应器径向温差增大，严重时，会造成催化剂因结焦而快速失活，难以保

证产品蜡油硫含量，进而影响下游装置的正常运行。

因此，建议尽快做好停工检修换热器的准备，以防止装置运行工况进一步恶化，影响全厂的加工负荷及效益。

在具备条件检修前，将采取相应措施，尽可能保证装置的平稳运行，具体如下：

（1）维持装置原料性质、处理量稳定，减少调整，保证各参数尤其是系统压力不发生大的波动。

（2）当产品质量持续下降，可以适当降低装置处理量，尽量降低反应器床层温度，防止催化剂失活过快。

（3）抓紧采购垫片及螺栓，已提报计划。同时采购换热器芯子，以备检修时更换。

3　螺纹锁紧环换热器工作原理

3.1　结构特点

蜡油加氢装置螺纹锁紧环换热器的内部结构如图 8 所示。换热器由壳体、管束、螺纹锁紧环、压盖、管箱内套筒等几大部分组成，螺纹锁紧环换热器的内密封垫片用于管程与壳程的密封，外密封垫片用于管程与外界的密封。设备本身没有其他泄漏点，因而在操作过程中的密封十分可靠。通常能够提高换热效率30%左右，其管箱结构由管箱本体承受，管程的主密封功能是通过拧紧螺纹锁紧环上的主密封螺栓来压紧管箱垫片以达到密封目的。螺纹锁紧环换热器具有密封可靠、结构紧凑以及维护简捷方便的特点。

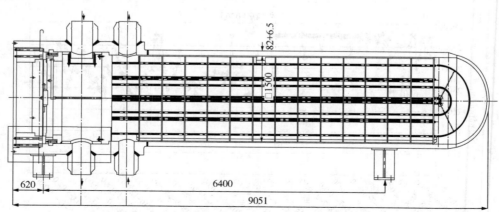

图 8　螺纹锁紧环换热器结构图

3.2　工作原理

螺纹紧锁环换热器采用双密封结构，相较于普通换热器增加了管板内密封，密封压力通过分合环、分程箱和管板逐件传递，由管程内压引起的轴向力通过管箱盖和螺纹环而由管箱本体承受。内压螺栓压紧后，通过外顶销、外圈压环、密封盘、压紧外密封垫片从而实现管程与外界的密封。由分合环以及穿过分合环的内部螺栓通过内套筒传递压紧内密封垫片，使垫片获得足够的压紧力，实现管程与壳程间的密封。内外圈压紧螺栓均有压紧垫片并传递反作用力的作用，从而使垫片的反作用力最终由螺纹承压环承担。螺纹承压环与管箱内部有相配合的螺纹，设备安装后，承压环外螺纹和管箱内螺纹咬合，通过螺纹承压环和压盖承担管壳程的内压和垫片反力。

3.3　技术参数

本装置共有 4 台高压换热器采用的是螺纹锁紧环式，分别是反应流出物/混合进料换热器和热高分气/混合氢换热器，两者结构相似，均为 H-H、双壳程螺纹锁紧环换热器(见表 1)。

表 1　螺纹锁紧环换热器工作参数

项　目	壳　程	管　程
介质	混合进料	反应流出物
设计压力/MPa	13.76	11.97
工作压力/MPa	13.1	11.4
设计温度/℃	400	450
工作温度/℃	166/231	305/250

4　螺纹锁紧环换热器检修

4.1　检修准备工作

（1）注油润滑：在停工期间，热高分出口温度达到约 110℃时，将煤油+150 号润滑油混合后，注入螺纹锁紧环注油点，对螺纹进行浸泡润滑。

（2）预拆螺栓：在氮气置换阶段对换热器内外圈螺栓、隔离部位螺栓进行预拆，对拆卸难度较大的螺栓做好标记，其中内圈螺栓存在两条 M36 的拆卸难度较大，拆除后对螺栓孔内螺纹进行检查。

（3）临时盲板安装：临时盲板共 5 处，对换热器进行硬隔离，加盲板部位螺栓预拆，减少了加装盲板的时间。

（4）检修工具提前到位：提前搭检修架子，提前将接线箱、力矩扳手、液压扳手、制临时盲板、工装等工机具准备到位。

4.2　换热器拆除、回装新芯子

（1）内外圈压紧螺栓拆除：拆除工作较顺利，由于两条内圈螺栓咬合较紧，拆除困难。

（2）螺纹锁紧环及内部件拆除：润滑油浸泡时间较长，螺纹锁紧环拆除顺利，随后拆除密封盘、压环、分程箱盖板等内部件。

（3）密封盘着色检查：对密封盘双面进行着色检查，密封盘表面存在点蚀，无裂纹，密封面完好。

（4）分程箱内部检查：如分程箱管程入口存在大量污泥，出口较为干净。

（5）管束气密：管板表面用保鲜膜密封，由壳程入口冲入氮气，管程出口下方有气流冲出；保鲜膜再次张贴，气密中管程出口右下方均有气流冲出。由此可判断管束出口下方及右下方部位管子存在穿孔。

（6）抽芯：芯子抽出后，对芯子及壳体内部检查。①管束表面存在大量污泥、黑色颗粒物；②个别管口处存在铵盐结晶；③壳体内部大量油泥，存在类似润滑油的污油。

（7）芯子清洗后，发现换热管破裂。

（8）新芯子回装：壳体内部污泥清理完毕后，回装新芯子。安装完后进行气密试验，氮气对壳体冲压至 1.0MPa，保压 30min 合格。

（9）回装内构件及螺纹锁紧环，对内外圈压紧螺栓孔进行过丝处理，回装内外圈压紧螺栓。

根据检修结果可知，换热器管束中残存的白色介质为氯化铵盐，在设备中结晶沉积，吸收反应生成的微量水后，造成设备垢下腐蚀损坏。

5　结论

（1）换热器内漏现象判定方式：根据螺纹锁紧环换热器原理，发生内漏可以通过紧固内圈螺栓进行判定。由于产品符合厂里规定的指标，可先采取紧螺纹操作，根据设计要求分别进行 1600N·m、1650N·m、1700N·m，最高可紧固至 1800N·m；

（2）严格控制原料油、氢气和除盐水中的氯离子含量；

（3）针对本螺纹锁紧环换热器，应在检修或维修时对管束进行定点测厚，计算腐蚀速率，估算剩余寿命。

参 考 文 献

1 张斌，等 . 蜡油加氢装置螺纹锁紧环换热器内漏原因及处理措施[J]，科技信息 . 2017(16)：53-54.
2 高国玉，等 . 加氢装置中氯的危害及其防治对策[J]，炼油技术与工程 . 2013，43(9)：52-56.

采用 U 型法 HDPE 内衬技术解决
供水管道泄漏问题

陈 清

（中国石化镇海炼化分公司，浙江宁波 315207）

摘 要 埋地供水管道长期服役，防腐层老化破损、管道腐蚀、焊缝开裂造成管道泄漏，严重影响管道正常运行。如何对管道进行全面维修是企业面临难题，按传统方法将管道开挖进行更换贴补，效率低难度大，企业积极寻求技术突破，跳出传统技术局限性，探讨更有效的方法，采用 U 型法 HDPE 内衬技术对埋地供水管道进行修复，减少了开挖工作量，提高了工作效率。本文总结了在埋地供水管道维修中取得的成果和经验做法，对于其他企业埋地管道维修具有重要借鉴意义。

关键词 U 型法 HDPE 内衬技术；管道；泄漏；维修

1 引言

石化企业供水管道肩负着装置用水、消防用水等重要任务，是企业生产不可或缺的管道。某石化企业供水管道为埋地管道，建于 20 世纪七八十年代，由于管道防腐层破损老化、焊缝焊接质量差、土地沉降等原因，管道腐蚀、焊缝开裂现象日趋频繁。而且管道从厂区外水库引水，长度几十公里不等，沿线穿过社会公共区域，包括商务区、居民区、厂区、公路等，管道泄漏可能引发较严重的次生地面塌陷等灾害。按照传统检维修方式，将泄漏管道挖开，对泄漏部位进行换管贴补方式修复，这种方法需要开挖几十甚至上百平米工作坑，只能对局部管道进行修复，是一个头痛医头、脚痛医脚的低级办法，不能从根本上解决管道老旧腐蚀泄漏问题。如何彻底解决管道老旧腐蚀引起的泄漏问题，如何减少开挖坑工作量提高检维修效率，如何让老管道旧貌换新颜重新发挥它们的作用，是我们急需解决的问题，我们将跳出贴补换管传统技术的局限性，探讨更有效的方法，减少开挖工作量，提高工作效率。为此，我们对埋地管道修复技术进行对比研究试验，探讨适合管道的修复技术，最终确定采用 U 型法 HDPE 内衬技术，通过两根埋地供水管道的成功实施，高效、低成本地实现老管道旧貌换新颜的目标，彻底解决了供水管道腐蚀泄漏问题，为企业提供了可靠经验、成功案例，对其他企业具有可行的参考价值。

2 技术比较

根据现有技术，选取五种修复技术进行对比，分别为开挖直埋新建管道、对缺陷进行贴板加固、U 型法 HDPE 内衬技术、缩径内穿插、CIPP 翻转内衬。以下对五种技术进行比较。

2.1 技术工艺简介

2.1.1 开挖直埋新建管道

该方法是利用机械配合人工进行开挖式管道铺设及连接的施工方法，是管道施工众多方法里最简便也是最实用的一种。其施工方法包括沟槽开挖、降水排水、打维护桩、管道安装、水压试验、沟槽回填。

技术特点：施工工艺难度小、易于掌握，无技术风险，属于成熟工艺。国家有明确的技术规范，管道敷设好以后，只需要在割接时停水。可根据设计使用年限选择钢管、球墨管、HDPE 等管材，投入运行后安全可靠，检修维护方便。但是开槽施工对地面道路、植被破坏较大，特别是在市区、农田、主干道区域，政策处理难度非常大。

作者简介：陈清（1969—），女，浙江金华人，1991年毕业于上海石油化工专科学校化工设备与机械制造专业，工程师，现主要从事石化企业管道的可靠性管理工作。

2.1.2　人工贴补

人工贴补是将管道缺陷部位挖开，在缺陷部位进行贴补。对于大口径管道可在管道顶部开挖人孔，施工人员进入管道内部进行检查，对穿孔、裂缝部分进行贴补焊接。

技术特点：施工工作面小，施工灵活方便，但贴补为局部修补，难以保证整根管道的其他部分不再出现问题，无法解决预防性维修的长远目标。

2.1.3　U 型法 HDPE 内衬

U 型法 HDPE 内衬修复技术利用外径比钢管内径略小的高密度聚乙烯 HDPE 管，通过变形设备将 HDPE 管压成 U 型并暂时捆绑以使其直径减小，通过牵引机将 HDPE 管穿入钢管，用气压将其打开并恢复到原来的直径，使 HDPE 管胀贴到钢管的内壁上，形成 HDPE 管防腐性能与钢管机械性能合二为一的一种"管中管"复合结构（见图1）。

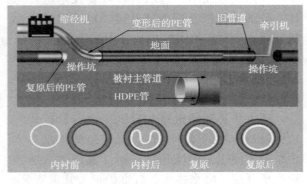

图1　U 型法 HDPE 内衬技术原理图

技术特点：①HDPE 管具有良好的化学稳定性和耐腐蚀性，不易结垢。由于 HDPE 分子无极性，故化学稳定性好，一般使用环境中的煤气、天然气、水（污水）、原油（成品油）、酸、碱等介质不会对 HDPE 管造成损害，也不会滋生细菌、微生物、藻类等，常温下除少数强氧化剂外大多数化学介质对其不起腐蚀作用。②HDPE 管具有优异的耐磨性能。同等条件下，HDPE 管与钢管的耐磨实验结果表明：同壁厚 HDPE 管的耐磨能力为钢管的4倍。③HDPE 管摩阻系数小，可降低能耗，管道不会因内衬 HDPE 管直径变小而影响输送能力。相反，输量还会有所增加，HDPE 管内表面粗糙度只有0.01mm，磨阻系数极小。④衬有 HDPE 管的管

道可以增强管道的复合强度，提高原管道的承压、耐压能力，使用寿命长。⑤施工速度快，仅需要间隔一定距离设置工作坑，减少大量的土地征用。修复成本低，约为新建管道的55%左右。⑥可穿过不大于15°的弯头，一次穿插距离长，对于理想管段一次可穿插 1km 以上。⑦HDPE 管与原钢管共同承压，HDPE 管材厚度要求降低、管材成本低。

2.1.4　缩径内穿插

缩径内穿插是选择比原管径小一级的 PE 管道，间隔一定的距离设置工作坑，将一节节的 PE 管道在工作坑内焊接后，送入原管道内，缩径后的管道是单独承压，原管道作为套管使用。

技术特点：与 U 型法 HDPE 内衬技术基本相同，由于管道缩径，施工更为简便容易，但是管道的输水能力减小，由于管道单独承压、对管材要求高、管材成本较高。

2.1.5　CIPP 翻转内衬

CIPP 翻转内衬是采用高强度聚酯纤维软管，经过树脂浸渍后，用水压将软管反贴到待修复管道内，然后加热固化成型，在旧管道内形成新的玻璃钢管中管，从而达到修复旧管道的目的。

技术特点：CIPP 翻转内衬工艺适应性强，易实施，长距离内衬施工无接口，但一次性施工长度比 HDPE 管短很多。内衬管基材韧性好，与复合树脂浸渍相溶性好，内衬层光滑、平整。内衬管防护膜的防腐、抗渗、耐油性能好，抗拉延伸率大。在规定时间范围内热固化，需要固化时间较长，断口处需膨胀圈压紧、可能产生贴合不紧的问题。

2.2　施工效率比较

内衬施工工作量比开挖直埋新建管道大大缩减。内衬施工采用不开挖的穿插方式，将钢管断管后，首尾端开挖好穿插坑和牵引坑，可以一次性完成约几百米长度的内衬施工。以 DN700mm 管道为例，12个工人平均1天约穿插 100m 长度管道，而开挖直埋新建管道需将钢管全部挖出更换，工作量非常大，100m 管道从开挖到完成更换约需工作15天。非开挖内衬技术作为一种新型的地下管道建设方法，铺管

速度快、环境破坏小，优势明显，传统的开挖方式越来越不适应现代化建设的需求。

2.3 维修费用比较

经我们测算，按同管径单米管道维修费用从低到高顺序依次为人工贴补、U 型法 HDPE 内衬、CIPP 翻转内衬、缩径内穿插、开挖直埋新建管道，U 型法 HDPE 内衬维修费用约为开挖直埋新建管道的 55%，将近节约一半费用。另外，U 型法 HDPE 内衬、CIPP 翻转内衬、缩径内穿插等非开挖内衬施工可大大减少开挖面积，只需在每段管道两端的穿插坑和牵引坑做好与地方部门的土地政策处理，降低了政策处理费用，大大提高了工作效率，也大幅降低了维修成本。

2.4 使用寿命比较

使用寿命从高到时低的顺序依次为缩径内穿插、U 型法 HDPE 内衬、CIPP 翻转内衬、开挖直埋新建管道、人工贴补。由于内衬管采用非金属材料，具有良好的化学稳定性和耐腐蚀性，不易结垢，具有优异的耐磨性能，同等条件下，HDPE 管与钢管的耐磨实验结果表明：同壁厚 HDPE 管的耐磨能力为钢管的 4 倍。衬有内衬管的管道可以增强管道的复合强度，提高原管道的承压、耐压能力，使用寿命长，理论上可使用 50 年。钢管一般使用 20 多年就可能出现防腐层破损、腐蚀穿孔、焊缝开裂等问题。

结合原管道状况，原管道虽有腐蚀泄漏问题，但只是局部失效，而非全面失效，如采用成本较低的内衬方法对管道进行维修，管道将可以继续使用几十年。从施工效率、维修成本、使用寿命、输水能力综合考虑，我们确定采用 U 型法 HDPE 内衬技术对我企业的埋地供水管道进行维修。

3 U 型法 HDPE 内衬技术在某石化企业供水管道上的应用

3.1 管道现状

某石化企业供水管道于 1977 年建成并投用，从某水库至某石化企业，穿越厂房、农田、道路、河流，全长 5km，供水能力为 1000m³/h，设计压力为 1.0MPa，工作压力为 0.5MPa，管道规格为 $\phi720 \times 10$mm，材质为 20# 钢，为螺旋焊

缝钢管，管道内防腐为水泥砂浆层，初始厚度为 10mm，现存在较严重的剥落。外防腐层为加强级环氧煤沥青，因使用时间长存在不同程度剥落。该供水管道是企业消防用水的主要输送渠道，管道已使用 43 年，局部腐蚀减薄严重（见图 2），有些已腐蚀穿孔，检修频繁，严重影响了企业消防水用水安全。

图 2   钢管腐蚀状况

3.2 U-HDPE 内衬管材质量要求

U-HDPE 内衬管材质量直接关系到施工质量，U-HDPE 管材需要有较好的柔韧性，可以压制成 U 形，又能回复成 O 形，而且要有较好的母材及焊缝拉伸强度，经前期多次试验评估，结合原钢管的现状，制定了 U-HDPE 内衬管材质量要求如下。

3.2.1 U-HDPE 内衬管材主要技术参数要求

要求断裂伸长率≥500%、母材及焊缝拉伸强度≥18MPa、氧化诱导时间（210℃）≥20min、纵向回缩率（110℃）≤3%。其他指标需符合《给水用聚乙（PE）管道系统 第 2 部分：管材》（GB/T 13663.2—2018）、《燃气用聚乙烯管道焊接技术规则》（TSG D20022006）等标准要求。U-HDPE 内衬管材内外表面应清洁光滑，不允许有气泡、明显的划伤、凹陷、杂质、颜色不均等缺陷。

3.2.2 U-HDPE 内衬管材规格型号

规格型号为 $\phi685 \times 16$mm、高密度聚乙烯 PE80 级给水管材，单根管材长度有 12.5m、

17.5m 规格。管材尺寸正负偏差要求为：外径 $\phi(685\pm3)$ mm，即外径允许范围为 682～688mm；壁厚（16+3）mm，即壁厚允许范围为 16～19mm。

3.2.3　U-HDPE 内衬管材验收

U-HDPE 内衬管材出厂前，生产厂家需提供的资料有 U-HDPE 内衬管材的产品检测报告、焊接工艺参数和焊接工艺评定报告。管材取样送第三方检测机构检测，检测项目至少包括断裂伸长率、拉伸强度、氧化诱导时间、纵向回缩率等内容。运输中不得受到划伤、抛摔、剧烈的撞击、油污和化学品污染。

3.3　施工工序

施工工序有开挖操作坑、分段切割、HDPE 内衬管热熔焊接、分段穿插、HDPE 内衬管连头、试压等十多个步骤（见图3）。

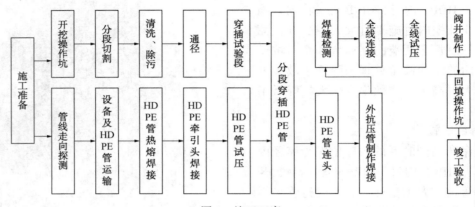

图3　施工工序

3.4　关键施工工序

3.4.1　分段切割

通过现场踏勘、政策处理，开挖好穿插坑、牵引坑，在操作坑处用液压断管机将原钢管断管，断管后在管端焊接钢质法兰，方便 HDPE 内衬管穿插后煨边和连管。

3.4.2　清管、爬行机器人检查

运用皮碗球及特制的钢刷清管工具，对钢管内壁进行清理，清管器在钢丝绳的拉动下在管内往复运动，将钢管内的结垢及异物剥离、清出管外。对钢管进行清洗、清障后，达到内壁基本无垢、无杂物、无尖锐毛刺，清垢结果用爬行机器人内窥系统检查。

3.4.3　HDPE 内衬管热熔焊接

采用半自动的热熔焊接方法，主要设备为 SHD1200 热熔焊机。焊接温度控制在 210℃±10℃，HDPE 内衬管焊接总长度要保证比待修复管道长度长 5m。HDPE 内衬管热熔对接处的强度要达到 HDPE 管本身的强度，可通过拉伸机的拉伸试验检查。HDPE 内衬管对口错位率不能超过 HDPE 内衬管壁厚的 10%，焊接接头应具有沿管材整个外圆平滑对称的翻边，翻边最低处的深度不应低于管材表面。环境温度高于30℃时，应使焊机在帐篷下工作以避免日光光线的直射暴晒；雨天环境下施工时，应使焊机在帐篷下工作并做到 HDPE 管内外均无水滴；环境温度低于 5℃时，搭设保温帐篷保证焊接环境温度≥5℃；当环境温度低于 0℃时应停止焊接施工。撤销加热板、对接要迅速，对接后不得立即用冷水或风吹强制进行冷却，应使其自然冷却。

3.4.4　HDPE 内衬管穿插、变形、缠绕

HDPE 内衬管头部做鸭嘴牵引头与牵引绳连接，在牵引力的拖动与压制机液压的推动下，将圆形 HDPE 管通过主压轮压成 U 形，HDPE 内衬管的变形减小量控制在 20%～30%，U 形的开口不得过大，如果过大可用链式紧绳器将开口锁紧。通过牵引机将压制成 U 形并缠绕好缠绕带的 U-HDPE 内衬管连续牵引至钢管内，牵引速度控制在 8～11m/min，牵引机的牵引力不能大于 HDPE 内衬管的屈服极限 18MPa 的 50% 乘内衬管的截面积。应在 HDPE 衬管的底部安放滚轮支架，防止衬管受到地面利物的划伤，最大的局部划痕不能超过 3mm。

3.4.5　胀管

在 HDPE 内衬管两端安装胀管器后，应即

刻进行冲气打压，使 U-HDPE 管恢复圆形。打压的压力应逐级提升，压力缓慢增加至 0.2MPa，保压时间为 12h。HDPE 内衬管在打开的过程中，使 HDPE 内衬管和钢管间的空气排出，保证 HDPE 内衬管和管道的内壁贴合在一起。HDPE 管材质有延伸性，穿入钢管受气压胀开后，HDPE 内衬管将恢复到原来直径，贴合于钢管内壁。对试压合格的 HDPE 内衬管用爬行机器人内窥系统检查，检查胀开率是否达到 100%。

3.4.6　制作 PE 法兰、试压、断管处短节安装

在施工现场操作坑内，将 HDPE 内衬管的管端加热至软化，用专用 PE 法兰制作模具，在法兰端面制作出 PE 法兰。PE 法兰和背钢法兰贴合好，外沿直径要超过对拉的法兰水线 1~2mm。对该段管道进行水压试验，水压试验应分级缓慢升压，达到试验压力后停压 10min 后无异常现象；然后降至设计压力停压 30min，确认管道系统不降压、无泄漏、无变形为合格。试压合格后，将 HDPE 内衬管与钢制短节法兰连接，连接处的地基要平整，避免受到弯曲力。

4　结论

U 型法 HDPE 内衬技术，形成 HDPE 管防腐性能与钢管机械性能合二为一的一种"管中管"复合结构，该技术可以大大减少工作坑开挖面积、降低扰民影响、减少政策处理工作量，大幅提高工作效率、降低维修费用，同时又达到维修的目的。我企业成功地在两根埋地供水管道中实施了 U 型法 HDPE 内衬，单次施工长度最长达到 861m，累计完成 10000 多米管道施工，解决了管道泄漏问题，取得了较好效果，彻底扭转了企业供水安全的严峻局面，为今后埋地管道维修提供了有力的技术支持。

参 考 文 献

1　TSG D2002—2006　燃气用聚乙烯管道焊接技术规则.
2　SY/T 4110—2019　钢质管道聚乙烯内衬技术规范.
3　GB 50268—2008　给水排水管道工程施工及验收规范.
4　GB/T 13663.2—2018　给水用聚乙（PE）管道系统　第2部分：管材.
5　GB 50236—2011　现场设备、工业管道焊接工程施工规范.

三级旋风分离器分离单元整体模块式更换

张明杰　蔡　旻　张峥光

（中石化宁波工程有限公司，浙江宁波　315207）

摘　要　本文通过介绍三级旋风分离器分离单元的结构及特点，阐述一种采用新型分离单元支撑导向结构技术，进行催化装置三级旋风分离器分离单元整体模块式更换的方法。

关键词　三级旋风分离器；分离单元；整体模块式；支撑导向结构；有限元分析

1　概述

某公司催化裂化装置检修改造时，装置中的三级旋风分离器（以下简称三旋）由于处理量变动、效率下降、内件（单管、隔板、膨胀节）损坏等原因，需要对三旋进行改造和更换。为了节省投资，减少制造和安装施工的工作量以及缩短施工周期，业主确定了三旋壳体利旧、仅更换内件分离单元的改造方案。就目前的卧式三旋而言，受下部直裙座底座环和框架的限制，三旋内部的分离单元无法从三旋下部取出，要更换这些内件，只能打开三旋的顶封头，从上部取出和装入。卧式三旋顶封头上有烟气入口和烟气出口三个大烟道，而且位置比较高，要打开三旋顶封头和更换内件，需要对三个大烟道进行临时切割移动和支撑加固。由于分离单元与上部中心管及筒体两个位置连接，属于吊挂型式，意味着无法在分离单元的上部设置固定点。由于分离单元的体积和重量都很大，且顶封头切割拆除后，吊筒分离单元悬空，因此拆卸和安装时均需大型吊车吊装，更换工期长、工作量大、成本高。因此，综合考虑各种因素，决定采用整体模块式更换三旋分离单元的方案。

2　模块划分

2.1　三旋主要参数（见表1）

2.2　三旋分离单元整体更换模块位置选择

为有效压缩改造工期，克服各项施工难点，根据设备结构，分离单元整体更换共分为4个模块：第一个模块为三旋封头位置的3个出入口管道的固定及膨胀节；第二个模块为分离单元底部；第三个模块为分离单元与三旋筒体、中心吊桶位置；第四个模块为三旋上部壳体。三旋分离单元整体更换模块详如图1所示。

表1　三旋主要参数表

设备位号	设备名称	主要参数	更换分离单元	上部壳体
CL1004	三级旋风分离器	内直径 $\phi6200mm$，长度22746mm，总重194.102t	内直径 $\phi4200mm$，长度13742mm，总重49t	内直径 $\phi6200/4200mm$，长度8750mm，总重约60t

从图1中可看出，分离单元由上部中心管及筒体两个位置连接，属于吊挂型，当三旋上部壳体上烟道临时切割移开并和分离单元切割后，重49t的三旋分离单元处于悬空状态，无可靠支撑点，存在失稳风险。需要对分离单元进行临时加固，而三旋下部空间狭小，只有一个人孔，因此需采用耗材少、结构轻、占用空间小、安装拆除方便的施工工艺。

新型分离单元支撑导向结构的选择：

（1）分离单元与壳体割除前，在其壳体下段设置了新型的分离单元支撑导向结构，该导向结

作者简介：张明杰（1972—），男，浙江宁波人，2011年毕业于华东理工大学工程管理专业，现为中石化宁波工程有限公司项目现场静设备工程师。

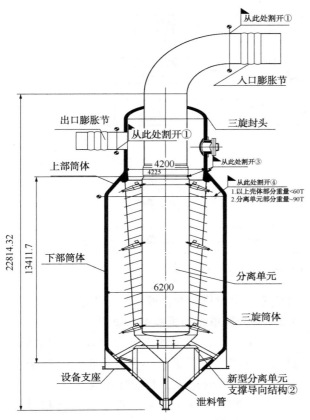

图 1　三旋分离单元整体更换模块图

构不仅起着承重作用，还有定位和导向作用。

（2）该支撑导向结构由多个构件组成，耗材少、结构轻、占用空间小，经采用有限元分析软件 Solidworks Simulation 进行分析，其受力情况好，可以满足拆除更换分离单元内件时临时支撑导向需要，并且结构灵活，适用于三旋分离单元的更换施工。由于其在分离单元支撑结构上的创新性，所以称为新型分离单元支撑导向结构。新型分离单元支撑导向结构示意图见图 2。

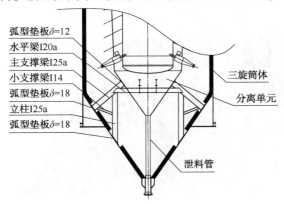

图 2　新型分离单元支撑导向结构示意图

新型分离单元支撑导向结构为整个分离单元更换的最为重要的组成构件，共由弧型垫板、水平梁、主支撑梁、小支撑梁、立柱等组成。

弧型垫板：需根据安装位置实际筒体的弧度进行制作，材质需用同设备筒体材质。安装时首先在安装位置敲除衬里，尺寸为支撑梁横截面每边加上 50mm。焊接在设备筒体时底部留 20mm 不焊，与分离单元连接部位只与主支撑梁进行焊接。

水平梁：由 20a#工字钢制作，保证分离单元支撑导向结构整体的几何尺寸，起到保持整体强度及结构的稳定性的作用。

主支撑梁：实际为新型分离单元支撑导向结构的主要承重结构，由 25a#工字钢连接而成，起到主要承重及分离单元的定位、导向作用。

小支撑梁：由 14#工字钢制作，其两端连接主支撑梁和立柱，起到支撑加固作用。

立柱：由 25a#工字钢制作，保证主支撑梁强度，起到承重支撑的作用。

2.3　功能模块划分

功能模块划分时充分考虑了整体经济性和可操作性，在整体更换施工原理上有效解决了因分离单元体积大、吨位重而造成上部壳体切割拆除后分离单元悬空拆装难、分离单管的同轴度（为三旋筒体内径的 1/1000）找正要求高等难题，极大地满足了施工需求，保证了安装质量及工期。

3　施工工艺流程及操作要点

3.1　施工工艺流程（见图 3）

3.2　操作要点

3.2.1　施工准备

（1）施工人员应熟悉施工图、规范等有关技术文件，熟悉施工场地情况，编制施工方案并向施工作业人员进行技术交底。

（2）向压力容器使用登记机关书面告知改造情况，改造施工过程中须经过具有相应资格的特种设备检验检测机构监督检验。

（3）配备满足设备施工要求的施工机具设备及检验合格的计量器具，按计划配备合格的施工人员，确保整体施工的工期和质量。

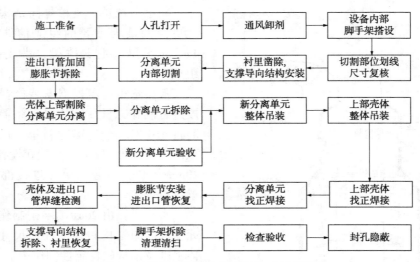

施工准备 → 人孔打开 → 通风卸剂 → 设备内部脚手架搭设

切割部位划线尺寸复核 ← 衬里凿除，支撑导向结构安装 ← 分离单元内部切割 ← 进出口管加固膨胀节拆除

壳体上部割除分离单元分离 → 分离单元拆除 → 新分离单元整体吊装 → 上部壳体整体吊装

新分离单元验收

上部壳体找正焊接 ← 上部壳体整体吊装

壳体及进出口管焊缝检测 ← 膨胀节安装进出口管恢复 ← 分离单元找正焊接 ← 上部壳体找正焊接

支撑导向结构拆除、衬里恢复 → 脚手架拆除清理清扫 → 检查验收 → 封孔隐蔽

图3　三旋分离单元整体更换施工工艺流程

（4）加强与建设单位联系，协调统一各施工部位的先后顺序，更好地满足建设单位的施工要求及施工安排，确保工程质量和工期要求。

3.2.2　施工过程中的注意事项

（1）现场作业必须凭票施工，敲击、用电、明火等作业必须办理火票，用电作业还应办理电票。

（2）受限空间作业前应办理受限空间作业票，且应在受限空间分析合格后，在有专职监护人员在场监护的前提下，作业人员方可进入受限空间进行施工作业。

（3）按要求妥善封闭拆卸后暴露出来的油气管线接口，严防异物掉入。

（4）应做好衬里的防雨防潮措施。起重作业时应遵守起重操作规程，起吊时严禁发生晃动、摩擦及撞击。

（5）零部件应经检查确认符合要求后，方可按组装程序和标记进行回装。

（6）设备或部件在封闭前应仔细检查和清理，其内部不得有任何异物，经确认无误并由各有关技术负责人认可后方可扣盖。

（7）拆除或安装过程中，需敲除衬里时。对于直径大于1.5m的设备（或连接管道）先进入设备内部用铁钎、风镐敲除相应部位的衬里后，再切割金属；对于内径小于1.5m或垂直高度较高的设备（或连接管道）先用气刨的方法刨出条状金属间隙，然后用铁钎、风镐敲除相应部位的衬里；对于利旧但需要临时拆除的构件应先敲除衬里，并做好方位标识后再切割。

3.2.3　分离单元的更换施工要点

（1）三旋检修工作在装置停车、吹扫结束且由运行部交付后进行，在运行部交付的第一时间，做好及时通风，并配合卸剂。

（2）卸剂工作完成后，在三旋内部搭设施工用的脚手架。

（3）拆除三个进出口大烟道的膨胀节：进出口膨胀节拆除前，在施工位置搭设脚手架，应将两端管线加固固定，测量膨胀节两端间距，做好相应记录，使用拉杆（或定位销）将膨胀节定距，然后拆除。

（4）分离单元与壳体割除前，应在其壳体下段设置新型分离单元支撑导向结构，方可割除。

（5）安装找正吊耳，用于分离单元的同心度及垂直度的找正。在三旋封头内部4个方位焊接安装4个15t级的吊耳，焊接完成后，焊缝做100%磁粉检测，Ⅰ级合格，见图4。

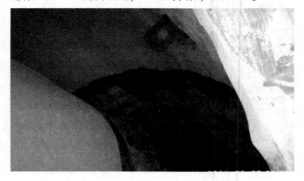

图4　三级旋风分离器上部找正吊耳

（6）分离单元与三旋壳体割除。上部壳体吊除前应在壳体标注两段安装方位，便于回装，壳体及分离单元分三次进行切割施工，切割位置应敲除内部衬里。首先切割设备内部分离单元和膨胀节位置的焊缝，接着切割锥筒与壳体连接位置的焊缝，最后切割上下壳体过渡段位置的焊缝，切割位置见图5。

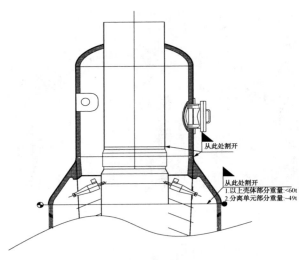

图5　三旋切割位置

（7）起吊和牵引：

① 设备上部壳体吊装：用一台500t履带吊车移位到起吊位置（SWSL工况，主臂长度为60m，副臂长度为36m，作业半径为30m，吊装最大重量为99t，三旋上部壳体重量为60t）。设置主吊机索具：500t履带吊车起吊半径30m，用两根φ72×10m的钢丝绳（单股）和两只55t级卸扣将吊钩和三旋上部壳体主吊耳连接，并设置麻绳，现场进行联合检查，确认安全无异常情况后，完成吊装前各项程序并签吊装命令书。先进行试吊，500t履带吊车缓慢提升三旋上部壳体，使三旋上部壳体底部升高约0.2m，观察吊车和索具的受力情况，检查吊车地基情况，确认安全后，开始正式吊装。500t履带吊提升三旋上部壳体，使三旋上部壳体底部高出设备1.0m，逆时针旋转主臂使三旋头盖位于指定位置正上方，500t履带吊车回钩将三旋头盖吊装摆放到指定位置的临时胎具上（底部垫起约0.5m），便于环缝坡口打磨，下部壳体坡口在吊装间隙期穿插打磨拆除钢丝绳，完成三旋头

盖的拆除吊装。上部壳体的安装吊装与其拆除吊装过程相反，在此不再详述。

② 旧分离单元吊装拆除（见图6）。使用500t履带吊车吊装拆除旧分离单元，采用一台500t履带吊车将三旋分离单元吊离设备本体，并放置于临时摆放位置，再用一台160t汽车吊与500t履带吊车配合，将三旋分离单元从立式状态调整至卧式状态，将三旋分离单元放在指定位置或装车运走。新三旋分离单元的安装吊装与其拆除吊装过程相反，不再详述。

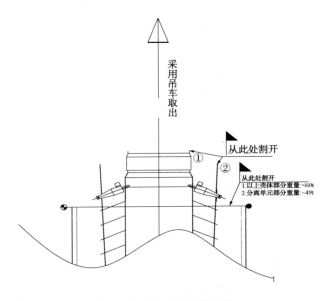

图6　旧分离单元吊装拆除

（8）新分离单元安装（见图7）。新分离单元吊装就位在新型分离单元支撑导向结构上并固定，然后安装上部壳体找正后组对焊接环缝①。焊接完成的壳体焊缝应按设计文件及NB/T 47013—2015的要求进行100%射线检测。

（9）新分离单元找正。上部壳体焊接完成后，使用内部4只板式吊耳，调整4只15t手拉葫芦进行分离单元的找正。经检查合格后焊接锥筒与壳体连接位置焊缝②，最后焊接分离单元和膨胀节位置焊缝③。

（10）拆除新型分离单元支撑导向结构。新分离单元找正焊接完成并在焊缝检测合格后拆除新型分离单元支撑导向结构，然后进行衬里的修复。

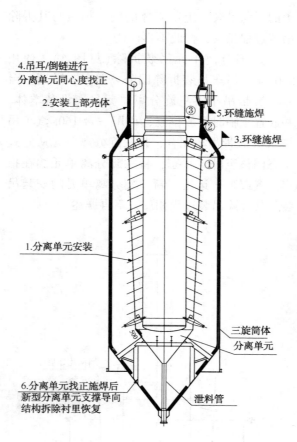

图 7　新分离单元安装

4　新型分离单元支撑导向结构有限元分析（Solidworks Simulation）

1）三维建模

对三旋下部锥段及新型分离单元支撑导向结构进行 1∶1 的三维建模（见图 8）。

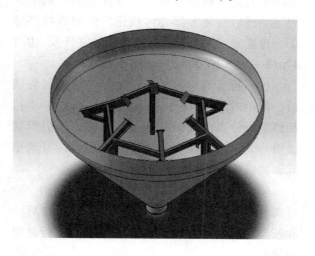

图 8　新型分离单元支撑导向结构模型图

2）分析受力情况

假设筒体地脚螺栓支撑位置为固定夹具，新型分离单元支撑导向结构受分离内件自重所产生的压力可分为两个分力（见图 9 和图 10）：

$F_1 = 49000 \times 9.8 \times \cos 38° = 378397.6$N，$F_2 = 49000 \times 9.8 \times \sin 38° = 295639.9$N，并将其定义至模型外部载荷中。

图 9　新型分离单元支撑导向结构 F_1 受力图

图 10　新型分离单元支撑导向结构 F_2 受力图

3）定义模型材质

将设备壳体锥段材质定义为 16MnR，屈服强度为 345MPa。将新型分离单元支撑导向结构材质定义为 Q345B，屈服强度为 345MPa。

4）对模型进行有限元网格化

将模型分解为 761816 个单元网格。

5）模拟求解运算后得出结果：

经过分析，最大应力为 301.07MPa，小于支架及锥段筒体的屈服应力（见图 11）。

最大合位移为 19.9mm，位置在支架与分离单元接触位置，且为弹性变形（见图 12）。

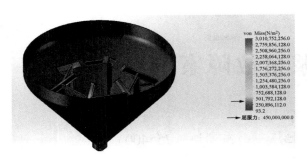

图 11　最大应力运算图

图 12　最大合位移运算图

5　结束语

催化装置三旋分离单元整体模块式更换，在技术上通过方案制定、研讨、新型技术开发等方式，自主研发的一套针对三旋分离单元更换的高质量、高效率的施工工艺，并通过应用创新技术新型分离单元支撑导向结构，最终达到大幅度降低高空作业、高标准保证安装质量及在不增加施工成本的前提下提高施工效率、缩短施工工期的目标，取得了很好的社会效益与经济效益。

参 考 文 献

1　GB/T 150.1~4—2011　压力容器 .

2　SH/T 3601—2009　催化裂化装置反应再生系统设备施工技术规程 .

3　张明杰 . 一种卧式三级旋风分离器的分离单元更换方法 . 中国 ZL 2017 1 0579914.1，2017.

FELUWA 高压煤浆泵故障案例分析

郑 军

（中国石化齐鲁分公司第二化肥厂，山东淄博　255400）

摘　要　阐述了煤气化装置重要设备德国 FELUWA 高压煤浆泵的工艺描述及主要结构，对高压煤浆泵近年来出现的故障案例进行了详细剖析，特别对出现故障后的运行情况、处理过程、原因分析、处理措施及时间控制等进行了详细分析，为同类设备的类似故障分析提供了参考资料，同时在备件国产化方面进行了尝试，也提出了需要进一步解决的问题。

关键词　高压煤浆泵；故障概况；原因分析；处理措施

中国石化齐鲁分公司煤气化装置采用美国 GE 公司水煤浆加压气化技术，高压煤浆泵采用德国 FELUWA 泵业有限公司生产的双软管隔膜泵，型号为 TGK300/250-K180-DS100HD，三台气化炉与泵一对一，无备机，自装置开车以来故障频发，现就三台高压煤浆泵近年来出现的故障案例加以分析总结，以供参考。

1　泵系统说明

1.1　工艺描述

来自料浆槽浓度为 58%~64% 的煤浆，由高压煤浆泵加压（8.19MPa、48.1t/h、57℃）后经煤浆切断阀进入德士古烧嘴的内环隙，水煤浆和氧气充分混合雾化后进入气化炉的燃烧室，在 6.5MPa（G）、约 1400℃ 条件下进行气化反应，生成以 CO 和 H_2 为有效成分的粗合成气。

1.2　主要结构

该泵主要结构为双作用、自吸式、无压盖、无泄漏、低噪声软管隔膜活塞泵，主要由泵体、底座、行程减速器、驱动装置、入口和出口压缩空气容器、管道和阀门等部分组成。

1.3　主要技术性能

处理的液体：水煤浆；固体含量：60%~64%；泵送能力：19~48.1m³/h；输送温度：59℃；最大颗粒：≤3mm；水煤浆黏度：700~1200mPa·s；主电机转速：1500r/min；排出压力：9.6MPa；轴功率：57~167kW；所需功率：250kW；泵速：21~48 次/分钟；活塞行程：250mm；泵头：三个。

2　故障案例分析及处理

2.1　缸体裂纹故障案例

2.1.1　故障概况

2018 年 9 月 29 日发现 A 台高压煤浆泵 1# 缸缸体上侧传动油渗漏，定时补油并观察运行，此后数日漏量逐渐增大，鉴于 2011 年 B 台高压煤浆泵出现过类似情况，即缸体贯穿性裂纹，由此判断此缸体裂纹的可能性大，设备技术人员做好更换缸体技术方案准备，工艺技术人员制定并执行特护方案和应急处理方案。10 月 16 日补油箱液位下降速度 18mm/h，每班（8h）泄漏约 5kg，需补油 2 次，10 月 18 日 19:20，班组总控发现 A 台气化炉煤浆流量突然下降 1~2m³/h 并波动，氧煤比高报，现场观察补油箱液位急剧下降并伴有撞击异音，紧急联系设备人员确认，判断 1# 缸会逐渐失效，直至单缸不打量。因没有备件，经厂部研究，当晚拆卸 C 泵 1# 缸备用，A 系列降量运行，第二天停车抢修。停车时 A 泵 1# 缸出入口单向阀堵塞，已不打量。经拆检发现缸体上部裂纹，与判断一致，拨叉支撑转轴部位断裂，更换缸体、补油排气阀等，检修后开车正常。

2.1.2　原因分析

缸体上部裂纹扩大，传动油中进气，是造成单缸不打量的主要原因。缸体上部与补油箱

作者简介： 郑军（1971—），男，2011 年毕业于中国石油大学（华东）材料物理专业，现为中国石化齐鲁分公司第二化肥厂机械动力科工程师。

相连部位出现裂纹，此处只有拨叉转轴支撑处受力，间接受到活塞每一个行程的撞击力，在同一节奏的重复、轻微震动下，出现裂纹，裂纹贯穿两道O形密封圈，造成外漏，随着裂纹扩大，传动油中进气，柱塞推减小，出入口单向阀逐渐堵塞，拨叉推顶排气阀时间加长，拨叉转轴受力断裂，停止排气，直至单缸不打量。拨叉与排气顶杆间隙过小，原始安装时德国技术人员安装错误，导致拨叉支撑转轴处受力大，导致缸体裂纹。有两个缸体同一部位出现裂纹如图1和图2所示，说明设计存在问题，表明裂纹部位应力集中或不足于承受交变的冲击载荷。

图1 B泵1#缸的裂纹部位

图2 A泵1#缸的裂纹部位

2.1.3 处理措施

更换1#缸缸体、补油排气阀、软管隔膜等，重新调整拨叉间隙。对备用泵拆检，探伤缸体上部，提前发现裂纹隐患。目前缸体已国产化，并对易开裂部位加固改造，成功应用到A台高压煤浆泵2#缸。

2.2 外软管隔膜破裂故障案例
2.2.1 故障概况

2017年9月27日8：00，车间操作工巡检发现A套气化炉高压煤浆泵地面有大量油污，并且缸体隔膜报警检测处不断有润滑油流出，立即通知车间，并将发现故障进行了详细描述。车间技术人员及厂部有关人员立即赶到现场对故障进行确认，最终判定为外隔膜破裂。为确保煤浆泵的安全及装置的满负荷连续运行，厂部决定对气化炉B套进行升温，具备开车条件后，对气化炉进行倒炉，并对A台高压煤浆泵进行检修。工艺班组接到指令后，按照标准程序对B套气化炉进行升温流程的确认，并点火升温。9月30日具备条件后，A炉倒B炉，于晚9：00 A台高压煤浆泵交出检修，拆卸检查，确认西缸外软管隔膜破裂，更换内外软管，次日凌晨5：00备车。

2.2.2 原因分析

从开裂断面看，可能存在加工质量问题。破裂后，润滑油没有乳化，可能存在内外软管之间防冻液不足或贴合不好问题。还可能存在报警器单向阀漏气，导致夹层气泡，从而造成软管破裂。

2.2.3 处理措施

做好备件质量检测，试车时重点观测隔膜间排液量，每次检修检查报警装置。

2.3 隔膜腔裂纹泄漏故障案例
2.3.1 故障概况

2013年3月23日17：10总控发现B台气化炉流量波动3个立方左右，当班班长判断B台高压煤浆泵可能存在故障，电话联系车间值班人员现场检查确认，1#缸隔膜腔中部出现两点砂眼状滴漏，两点距离约10mm，判断为存在裂缝，经观察漏量为每分钟12滴，约70mL。车间报告厂调度，调度联系厂领导到现场观察确认，厂领导与车间领导研究分析决定：①B台气化炉降量运行，A台气化炉增量运行，达到装置平衡运行，B台气化炉降量后波动消失，观察运行；②用量杯接油，每小时记录滴数及泄漏量，观察变化情况，泄漏严重时可紧急停车。经12h的连续观察，3月24日早7：00发现泄漏由12滴/分钟增加到20滴/分钟，即泄漏量由 70mL/h 增加到 100mL/h，从现场观察还有加大趋势。由于隔膜腔裂纹状况恶化，液压油漏量增大，严重影响机泵正常运转，威胁生产平稳运行，厂部会议研究决议：即时更换 B 台高压煤浆泵 1#缸隔膜腔。经车间统筹安排，9：50 分 B 台气化炉停车，10：55 分 B 台高压煤浆泵交付检修。15：45 分，经过 5 个小时抢修，隔膜腔更换完毕。16：20 分，B 台高压煤浆泵试泵合格。17：58 分 B 台气化炉投料开车，18：40 分 B 炉原料气并网。

2.3.2　原因分析

从旧隔膜腔裂纹看，内部裂纹长 230mm，观察清晰，外部肉眼无法观察，着色探伤也不明显。判断为存在制造缺陷。本台隔膜腔 2011 年 6 月 12 日更换，原因是原隔膜腔结构设计存在问题，导致软管隔膜频繁破裂，德国菲洛瓦公司免费提供更换所有三台高压煤浆泵九个隔膜腔，更换后 B 台 3#缸隔膜腔上部内侧出现裂纹，泄漏到腔体埋头螺栓的螺栓孔中，顺着螺栓外漏液压油，经四氟带及密封胶处理螺栓后，目前未发现泄漏，外方于 2012 年来人确认后赔付一件隔膜腔，本次更换件即为此赔付。

2.3.3　处理措施

应做备件准备，有备无患；其余隔膜腔待机内外检查探伤；隔膜腔更换隔膜时应做内部着色检查。

2.4　泵自停故障案例

2.4.1　故障概况

2012 年 11 月 30 日 6：35 和 23：05，C 台高压煤浆泵两次自停。6：35，C 台高压煤浆泵突然自停，C 台气化炉单系列停车。停车后车间设备人员检查发现油泵故障报警，现场确认油泵处于运转状态，因 11 月 29 日油泵即出现故障报警，并且清洗了油过滤网，发现部分黄、白金属颗粒及油泥，所以本次未检查油泵。机组说明书及外国专家都明确说明"冲程和减速齿轮箱是自润滑的。曲柄轴上的齿轮轮缘通过离心力收集油槽的油并将其输送到相应轴承中。为了改善在较低速度下的 FELUWA 软管隔膜活塞泵的齿轮箱中的润滑情况，即在低于每分钟 20 冲程的情况时，或频繁启动时，齿轮箱装备有润滑油泵。若油泵发生故障，频率转换器控

制柜上的灯 7H2/14H2（11H7）故障灯亮，而双软管隔膜泵并不停止运转。"由此判断油泵故障报警与泵停车无关。在电工、仪表未查出问题的情况下，11 月 30 日 8：28 开车成功但油泵故障报警信号无法消除。同日 23：05 C 台高压煤浆泵又突然自停，C 台气化炉单系列停车。为了判断油泵故障是否影响主泵运行，开泵后断开油泵流量传感器，主泵不停，手动停油泵后主泵停。由此判断说明书及外国专家存在错误，之前我们在油泵管路上增加旁路是正确的，否则无法清洗油过滤网。试验表明油泵在运转情况下流量故障不影响主泵运转。仪表判断电工继电器 7K2 误报警，导致 6K2 得电动作，而电工检查未发现继电器动作，为保险起见电工更换了两个继电器，7K2 报警信号自动消除，12 月 1 日 1：28 开车成功。

2.4.2　原因分析

电工更换了两个继电器，7K2 报警信号自动消除，开车成功。由此判断电气控制盘存在问题。

2.4.3　处理措施

电工进一步检查电气元件。油泵增加压力显示并连接到总控室。

2.5　氧煤比高联锁停车故障案例

2.5.1　故障概况

2019 年 4 月 19 日 18：39 A 台气化炉氧煤比高联锁，A 台高压煤浆泵联锁停车，停车后检查出入口单向阀温差无异常，冲洗时发现中间缸出口阀有堵塞现象，经冲洗试车合格，21：39 开车，21：47 再一次氧煤比高联锁停车，再一次冲洗试车后 23：25 投料成功，运行。4 月 19 日至 22 日，C 台高压煤浆泵电流低报一次，煤浆流量波动四次，A 台煤浆流量多次波动。

2.5.2　原因分析

煤浆流动性差是此次停车的主要原因。煤浆流动性差，个别单向阀淤积堵塞，氧煤比高联锁 A 台高压煤浆泵停车。此后 C 台高压煤浆泵也出现流量波动，严重时两泵同时波动，因两泵共用一个煤浆槽，判断为煤浆质量问题，工艺调查认为煤质与添加剂不匹配。

2.5.3　处理措施

降低煤浆槽液位，运行 B 台高压煤浆泵槽

内打循环，倒磨煤机，更换添加剂。

2.6　出口缓冲罐蓄能器漏气故障案例

2.6.1　故障概况

2018年3月23日2：35班组发现C台气化炉流量波动15m³煤浆，现场高压煤浆泵出口缓冲罐异音，有连续撞击声。2：49设备技术员接到班组通知后，现场检查发现C台高压煤浆泵出口缓冲罐外侧蓄压器充气接头漏气，O形密封圈一部分脱出，经请示主管部门，决定不停车抢修，放完蓄能器胶囊中的氮气，更换整个充气嘴接头。仪表对气化炉流量联锁加强制后，不停车更换充气嘴接头并充氮气，4：45抢修完毕，装置运行趋于稳定，避免了事故停车。

2.6.2　原因分析

此接头在系列检修时，发现漏气，因无备件，进行改造处理，增加了此漏点隐患，分析认为主要是密封圈尺寸选择错误，应选$\phi10\times1.8mm$，实际使用的是$\phi10\times3mm$。

2.6.3　处理措施

做好备件储备；目前充气接头已国产化并应用。

2.7　补油排气控制杆转轴断裂故障案例

2.7.1　故障概况

2019年1月18日13：34总控发现C台高压煤浆泵转速波动，流量下降2～3m³/h，经相关人员现场确认，判断2#缸补油系统拨叉出现故障，在综合权衡安全和效益的情况下，经厂部研究并报公司批示，C台气化炉停车，抢修高压煤浆泵。为了减少效益损失，暂定不抽烧嘴。14：53开始增大B炉负荷，并逐步减少C炉负荷，以保证炼厂的氢气负荷稳定变化，15：30 C炉切除，17：00交出检修。经拆检发现中间缸补油排气控制装置的拨叉转轴断裂，控制装置失效，同初期判断相符，经过4.5h抢修，更换泄漏补偿阀、拨，20：16 C台气化炉投料开车。

2.7.2　原因分析

2#缸排气补油控制装置失效是此次事故的主要原因。故障发生的具体部位是控制装置的传动部件之一拨叉焊接部位断裂。高压煤浆泵能够给气化炉提供稳定的煤浆，其中关键部件

就是液压油的排气补油系统。它是保证流量稳定的核心部件。液压油的损失量由软管隔膜活塞泵自动补偿。如果在泵吸入行程中缺少了液压油，第二软管-隔膜会接触有着特殊外形的控制盘，依次通过杠杆再打开补偿阀门，通过这样的机械控制来完成由排气补油阀将回流到油箱的液压油重新回到液压室。当第二软管-隔膜稍有超压，它就会推动带有压缩盘形弹簧的控制盘。控制盘使排气补油阀的阀球升起，打开该阀，液压油能够重新回到液压室。这个过程不断重复，直到现有的压力低于控制盘的设定值。液压油的排气补油系统中拨叉的作用主要是起到传递力的作用，销轴在运行过程中不断地承受着剪切力，其中销轴与拨叉的焊接部位是薄弱部位，在2012年4月4日上午，A台煤浆泵出现流量减少的情况，拆卸后发现补油系统的拨叉出现焊缝开裂现象。液压油清洁度差造成补油系统故障。检修更换软管后，液压油是清洁的，但是运行一段时间后，液压油的颜色变深，油中出现杂质，其一是溶解在液压油中的一些胶状物析出；其二是活塞背部的排气管与液压油箱相连，在运行过程中，吸入磨煤厂房内的灰尘；其三是检修中使用的清洗手段达不到洁净要求。从而造成补油阀的平衡孔堵塞，控制盘的销轴与拨叉受力大，进而拨叉轴焊缝开裂。

2.7.3　处理措施

更换2#缸补油排气阀及拨叉，试车正常；对备用泵拆检泄漏补偿阀，检查阀座上四个均压孔；检修时做好清洁工作；完善检修过程控制，完善检测方案（如管理不到位、机组定期检查不全面、检修深度不够），针对事故问题重点检查。

2.8　软管隔膜破故障案例

2.8.1　故障概况

2020年7月5号2：20高压煤浆泵2#缸软管隔膜破裂报警，操作人员现场检查液压油液位没有变化，控制室流量没有波动，现场检查出口压力表平稳，没有出现波动现象，根据以前运行经验，此时操作人员进行特护运行至白班接班，并把相关情况汇报车间值班领导，设备人员到现场后对隔膜破裂报警装置的排放丝

堵松两扣后发现从排放丝堵流出润滑油，并且压力较大，确认液压油侧隔膜出现破裂，随后厂相关部门的领导和主管技术人员均到现场，打开液压油的油箱顶部盖板，发现液压油中有黑色漂浮物，为了进一步确认煤浆侧的隔膜是否破裂，对液压油进行置换，在置换油的油桶底部发现有微量类似煤浆颗粒物状物质，经多方判断，确认为中间缸内外软管隔膜都出现破裂，决定停车检修，10：45 F1201C 停车，12：40 P1201C 断电检修，更换中间缸隔膜，拆卸隔膜腔清理油系统各部件，19：45 试车合格。

2.8.2 原因分析

2#缸双隔膜破裂是此次停车检修的主要原因。发现报警时即发现补油箱变黑，证明在很短的时间内双软管隔膜全部破裂。内管破裂部位在凸起压条侧面，此凸起是为了更好地排除隔膜间的防冻液而设计的，此位置也是在控制系统蘑菇头顶压处，在 110mm 长度内有三个裂口，其中最大的 30mm 已穿透，其余两个小一点，未穿透，基本排除钢丝扎破可能。从裂口看，疲劳开裂的可能性偏大，因局部橡胶厚度发生变化，而此处也是隔膜与蘑菇头的接触点、受力点、变形最大点，当内管隔膜出现小裂孔后，外管与内管间进入煤浆，导致外管爆裂，油系统进煤浆变黑，因内管裂口较小，补油箱润滑油没有注入煤浆通道。

2.8.3 处理措施

针对这次事件，应加强原煤采购质量的控制，减少原煤中的金属物。对输煤系统的除铁器进行磁力检查，磁性减弱的除铁器进行磁铁更换；对磨煤机前的输煤机安装的简易除铁器加强管理，定期清理铁屑；择机对煤浆槽底部沉积的铁屑进行清理，每次检修对入口管线进行彻底清理；对煤浆泵软管更换时间缩短到8000h 以内，以排除软管存在疲劳运行的隐患；软管安装时凸起条避开蘑菇头部位。

2.9 出口缓冲罐双层软管隔膜破裂故障案例

2.9.1 故障概况

2018 年 9 月 18 日，A 台高压煤浆泵计划检修时发现出口缓冲罐双层隔膜破裂。回顾运行情况：3 月 25 日开车，4 月 19 日 18：39 因流量突降联锁停车，6 月 11 换烧嘴，7 月 20 日

9：20 电气更换开关停车。

2.9.2 原因分析

设计不合理。自装置原始开车以来，出口缓冲罐隔膜频繁破裂，据悉兄弟单位也有类似情况，原分析是停车泄压过快造成，但改造泄压流程后，破裂现象还是时有发生。菲鲁瓦公司最新设计改为立式，煤浆不穿过隔膜，鉴于此，怀疑设计存在缺陷。发现破裂有两种情况，一种是运行中蓄能器异音，需冲氮气消音，停车检修时发现隔膜破裂，都是双层破裂；另一种情况是停车计划检修，例行检查时发现缓冲罐隔膜破裂，运行时无异常现象。运行中导致的破裂，还是开停车过程中造成的损坏？厂家判断是停车过急原因。

2.9.3 处理措施

目前只能采用计划检修时重点检查的方法来发现缓冲罐的隔膜破裂问题，因每次发现缓冲罐软管隔膜破裂时，缓冲罐上部的蓄能器胶囊都没有破裂，短时间内的运行影响不大，不会造成煤浆流量大幅波动，但长时间运行煤浆会固化，此时胶囊会失去作用，气化炉会因煤浆流量造成联锁停车，应尽快改造出口缓冲罐形式。

2.10 变频器故障案例

2.10.1 故障概况

2020 年 2 月 19 日 7：14，本地电厂电网故障，110kV 电压降低，C 台高压煤浆泵变频器低电压报警，停止输出，等待电源恢复。电动机自由运行，电流小于 100A（额定366A）、转速小于 400 转，联锁触发停机条件，变频器停止运行。

2.10.2 原因分析

电流小于 100A（额定 366A）、转速小于400r/min，SIS3 取 2 联锁停炉。电网电压降低，变频器直流电压下降到 85%（436V），变频器停止输出，等待电压恢复期间"电流""转速"下降，期间未发故障停机信号。若电压及时恢复，"电流未小于 150A"或"转速未小于400 转"，任一条件不满足，SIS3 取 2 联锁信号不满足，不发停机信号。在晃电发生 0.42～0.62s 之间，"电流小于 100A"与"转速未小于400 转"条件同时满足，SIS3 取 2 联锁信号同

时满足，发停机信号。

2.10.3　处理措施

由以上分析可知，电网波动时，"电流小于100A"阈值同时满足"转速小于400r/min"阈值在0.42～0.62s之间，进一步降低"电流小于100A"阈值，或将该联锁条件改为"变频器运行信号"；进一步降低"转速小于400转"阈值；根据工艺条件，在"三取二"联锁条件中分别加一短延时。

3　结论

三台高压煤浆泵，2008年10月开车运行，最初几年外软管隔膜频繁破裂，经厂家更换隔膜腔后，隔膜破裂故障很少发生，但其他故障时有发生，因无备机，当发生停车故障时会导致气化炉单系列停车，如何避免故障停车永远是我们设备管理人员研究的方向。

石化氨压缩机组汽轮机轴承温度异常的原因分析与处理措施

陈珂敏

（中国石化齐鲁分公司第二化肥厂，山东淄博　255400）

摘　要　本文从轴承的间隙变化、润滑油配方重置以及润滑油产生的漆膜胶质等方面，分析了氨压缩机组汽轮机在运行中轴瓦温度升高的原因。同时提出了处理措施，并在实际工作中得到了有效解决，保障了氨压缩机组安全稳定运行。

关键词　汽轮机；轴承；温度；润滑油；胶质物；处理措施

在工业生产中，无论是驱动压缩机还是驱动发电机的汽轮机，都有一个润滑油供油系统，其中一个作用就是润滑轴承和减少轴承的摩擦损失，并带走因轴瓦与轴径的摩擦而产生的热量和由转子传导过来的热量，保证其正常运行。润滑油系统是保证汽轮机系统正常运行的关键。转子在运行时，轴颈和轴瓦之间有一层油膜，若油膜不稳定或油膜破坏，首先表现出来的是轴承温度升高，机组振动异常，情况严重时导致轴瓦烧坏，引起机组停运。

1　故障现象

我厂的氨压缩机组驱动汽轮机，在 2017 年 5 月进行机组大检修，并于 2017 年 6 月检修后机组开车运行，在机组开车后的 20 天里运行正常，没有出现轴承温度和振动异常现象发生，但从 2017 年 7 月开始汽轮机低压侧轴承温度 TI24323B 从最低的 64℃ 逐渐升高，在 10 天的时间内温度达到 95℃。进入 9 月份后温度的波动幅度变大，2017 年 9 月 10 日开始温度一直在 100℃ 左右运行，并出现两次超过量程（120℃）的情况。同一轴承的另外一个温度点 TI24323A 也曾到过 93℃。图 1 为 DCS 中 2017 年 6 月 18 日开车后至 2017 年 9 月 15 日机组的温度。

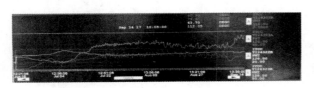

图 1　轴承温度波动趋势

在此期间，我们进行了汽轮机轴承油压的调节、润滑油温度的调节，以及汽轮机转速的调节等措施，但是对温度的变化不太敏感，于是在不影响工艺系统运行的情况下，停机重启。重启后 TI24323B 的温度为 77.3℃，24h 内温度比较稳定，在运行 72h 后 TI24323B 温度又出现波动现象，最高达到 95℃，然后下降到 85℃。从这时候开始轴承温度又出现了波动现象，此次出现的波动同以前有所区别，主要表现在 TI24323B 和 TI24323A 同时按照相同的趋势波动，如图 2 所示。

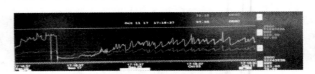

图 2　重启后轴承温度波动趋势

2　故障原因分析

引起轴承温度升高的因素很多，如轴瓦间隙过小、进油压力过小以及润滑油的黏度、清洁度、温度等。在运行中，如果转子发生位移，油温发生变化，使汽轮机的油膜不稳定，均能导致轴承温度异常。

2.1　引起轴瓦温度升高的因素

（1）轴瓦工作不正常。检修时轴瓦间隙、

作者简介：陈珂敏（1970—），男，高级工程师，就职于中国石化齐鲁分公司第二化肥厂，中国石化气化中心首批技术专家，从事化工机械、煤气化装置的设备管理和技术改造、润滑油管理工作。

紧力不合适，安装时不到位，造成轴瓦调整不灵活，致使运行中轴瓦油膜不稳定而发热。

（2）滑销系统异常或运行操作不当，造成机组膨胀不畅，轴系中心不佳，使各轴瓦的负荷分配较冷态时有明显变化，从而造成轴瓦温度升高。

（3）轴瓦进油分配不均，喷油嘴堵塞或者喷油角度不合适，造成个别瓦块散热不好。

（4）冷油器冷却效果不佳，造成润滑油温升高。

（5）润滑油油质不合格、乳化、含水、含杂质等造成轴瓦工作不正常。

2.2　导致轴瓦温度升高的原因分析

（1）轴瓦间隙过小。

该机组轴瓦在 2017 年检修过程中，轴瓦没有更换，并且在停车前，该轴承的轴瓦温度正常，没有出现异常现象，通过查阅原始资料，该轴承的间隙比规定值小 0.01mm，在轴承间隙要求的下限，该轴承有两个测温探头，分别测量不同的瓦块，而 TI24323A 的温度在正常要求之内，只有 TI24323B 温度异常，从理论上和现场的实际情况分析，间隙小是温度异常的原因之一。

（2）滑销系统异常或运行操作不当，造成机组膨胀不畅，轴系中心不佳，使各轴瓦的负荷分配较冷态时有明显变化，从而造成轴瓦温度升高。

根据振动监测的趋势，机组转子两侧的振动值一侧升高的同时，另一侧的振动值下降，并且在重合后向相反的方向移动，即联轴器侧的振动值降低，说明汽轮机的转子中心出现位移现象。

从图 3 可以看出机组的径向位移发生变化，使汽轮机的转子中心偏向 TI24323B 瓦块，因此，使该瓦块的油膜间隙变小、散热不畅引起温度升高。

为了进一步论证位移的可能性，对两端的轴心轨迹进行检查和对比，图 4 是检修停车前的轴心轨迹，轨迹比较稳定，呈现比较规则的多边形。图 5 是检修后开车的轴心轨迹，此时低压侧的轴心轨迹呈现比较规则的多边形，而在进入 7 月份后轴承温度逐渐上升，此时轴心轨迹开始出现偏离轨道的情况，低压侧轨迹不规则，高压侧多边形开始消失，变得不规则，两侧同时出现轴心轨迹变化，说明轴开始出现移动，如图 6 所示。

从轴心轨迹和轴心位置来看，汽轮机的转子在运转过程中确实出现了轴心的变化，而这些变化确实会引起温度的变化。

（3）轴瓦进油分配不均，个别轴瓦进油不畅所致。

此种情况下，首先检查轴瓦进油管道润滑油压力，观察回油量是否正常。对于刚大修完的机组，多数情况下是由于检修人员的工作疏忽，在轴瓦回装时，没有仔细检查，清理轴承箱，造成开机时轴承回油不畅，引起温度升高。我们通过调节轴瓦的进油压力，并观察回油流量的变化，确认轴瓦的进油和回油不存在问题。

（4）冷油器冷却效果不佳，造成润滑油温升高。

本次大修对油冷器进行清洗，并且调节油冷器的冷却水流量，润滑油的温度发生变化，说明油冷器的冷却效果不存在问题。

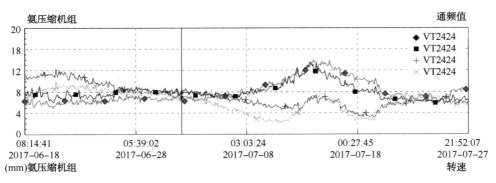

图 3　汽轮机轴承振动趋势

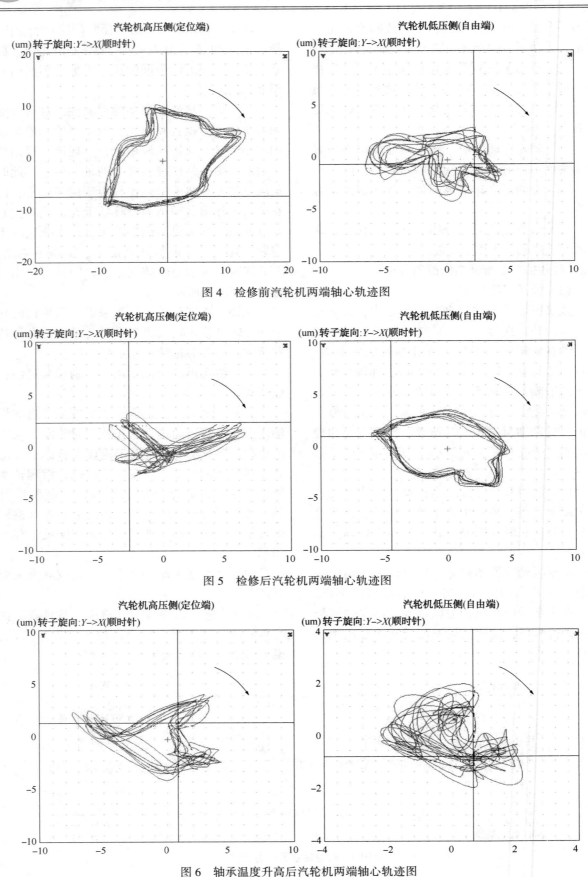

图 4　检修前汽轮机两端轴心轨迹图

图 5　检修后汽轮机两端轴心轨迹图

图 6　轴承温度升高后汽轮机两端轴心轨迹图

（5）润滑油油质不合格、乳化、含水、含杂质等造成轴瓦工作不正常。

由于我们在以前的检修中发现轴承瓦块的表面存在漆膜现象，轴瓦表面出现漆膜会导致轴承的间隙进一步减小，我们将润滑油取样委托广研检测进行分析，检测结果显示润滑油污染度等级偏高，油中有少量油泥以及颗粒污染，润滑油液相锈蚀试验不合格。

2.3　润滑油的污染产生的原因分析

（1）润滑油本身稳定性较差，引起流体老化。

流体老化对润滑油系统的影响因素主要是油泥和胶质物，有时在设备维护相当好的状况下也会发生，即在使用时间不长、污染不严重的油系统内也会出现油泥和胶质物。胶质物是一种亚微米级的软质污染物，以不稳定的高分子聚合物质形态存在油中，随着温度的变化使它在液体和固体之间来回转变，通过物理的机械的方法很难过滤掉。在温度低的区域，以软的、黏稠状形态存在，并沉积在管壁表面，同时倾向于积聚沉淀或从原油液中分离出来，譬如润滑油在轴承表面处降解退化，并积聚沉淀在轴承表面，经过一段时间，积聚沉淀的胶质物在热的作用下形成坚硬的类似油漆状的物质。沉积在轴瓦表面上胶质物干扰了流体的流动和机械运转，导致磨损和腐蚀增加，同时削弱了热量传输，引起轴承温度的升高。

（2）油中添加剂的降解或不兼容，导致防锈抗氧化油中胶质物的形成。

胶质物产生的主要原因是润滑油的蜕化，一种是氧化蜕化，一种是热蜕化，如使用Ⅱ号或Ⅲ号基础油，经过滤芯上产生的静电火花放电、回油箱时油中的泡沫或空气不能全部从油中释放出来以及溶解不好的添加剂等，能加速这两方面蜕化的过程和程度，由于Ⅱ号或Ⅲ号基础油的分子结构更致密，一旦产生胶质物则很难溶解其中，生成的胶质物则会不断沉积在轴承、轴瓦等部件的表面。

（3）"微自燃"引起胶质污染物的形成。

水、气泡等进入润滑系统和颗粒物结合在高温的作用下产生爆炸，形成微观柴油机现象，也是形成胶质污染物的一大原因。每次这些来不及释放和消失的悬浮于油中的气泡又被带回到润滑系统内，当气泡遇到轴承面被挤压时，高度压缩继而导致气泡区域的"微自燃"，从而促成油的热降解产生胶质物和油泥。

（4）润滑油穿过高精度过滤器产生的摩擦放电。

高精度的过滤器使用的滤材是合成纤维等化学合成材料，它们本身带有极性很高的"负"的静电荷，而系统中大量的污染颗粒物带有极性为"正"的静电荷，静电来源于油中的涡流运动，特别是以很高的压力通过滤芯孔径时，就会产生大量的静电荷，放电过程中电火花烧损滤材从而产生大量胶质污染物。

（5）润滑油配方重置的影响

在润滑油生产过程中，为了达到氧化稳定性、抗乳化性、抗锈蚀和腐蚀性、消泡性和清洁度指标为此在油中添加添加剂，但是很少从流体稳定性和较少胶质物沉积方面来考虑，在开发新一品牌的润滑油时，往往出现基础油或添加剂成分的变动，其变动导致的后果常常是未知的，重置润滑剂配方可能导致其他不利的结果，如产生胶质物等。

（6）润滑油管路中沉积的胶质物影响。

该机组润滑油管路从开车以来已有10年，对润滑油管路没有进行过清洗，由于本次开车所用的润滑油虽然牌号相同，但是润滑油的基础油和添加剂配方进行了重置，因此加入新油后，对润滑油管线中部分沉淀的油泥溶解，从而导致润滑油污染。

在2013年检修时，轴承箱底部发现一些黑色的胶状物，当时误认为是探头密封胶的融化物，所以没有进一步深究。

3　处理措施

由于生产需要，不能停车处理轴承间隙问题，结合前期的运行经验，我们主要从如下几方面进行处理：

（1）提高轴承箱的排烟管高度，以提高轴承箱的油烟排放量，降低轴承的环境温度。

（2）调节轴承进油压力，在保证轴承油膜稳定的情况下，增大轴承润滑油的流量，提高轴承的散热效果。

（3）进行润滑油的部分置换，提高润滑油

的清洁度，补充润滑油添加剂的含量。

（4）安装漆膜滤油机，针对亚微米颗粒物，包括溶解和非溶解的胶质物进行在线过滤，去除大范围的颗粒污染物，提高润滑油的清洁度，投用后 60 天，污染度从 10 级降为 8 级，漆膜倾向指数从 10.8 降为 6.8。

投用滤油机 90 天后，30 天内轴承温度趋势稳定，没有出现波动，只是随着润滑油的温度波动而波动，如图 7 所示。

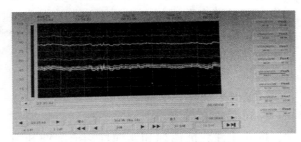

图 7　稳定后轴承温度趋势图

4　结语

（1）轴承间隙小是引起轴承温度高的前提条件，运行中轴位移发生变化是导致轴承单片瓦块温度波动的次要因素。

（2）润滑油配方重置和油管路没有清洗，导致润滑油的污染度偏高，以至于在轴瓦表面出现胶质物集聚，使轴承间隙进一步减小，引起轴承温度偏高及波动。

（3）投用除漆膜滤油机，过滤润滑油中溶解和非溶解的胶质物，提高润滑油的清洁度和降低漆膜倾向指数，投用 6 个月后，进行润滑油分析，清洁度达到 7 级，漆膜倾向指数为 2.2，解决了由于漆膜在轴瓦表面集聚减小轴承间隙的问题，保证了机组的正常运行。

参 考 文 献

1　宋期，崔周平，张人吉. 摩擦振动基本参数的测试与分析[J]. 工程与试验，1991（2）：12-15.
2　孙迪. 往复滑动摩擦副磨合过程摩擦振动非线性特征研究[J]. 大连：大连海事大学，2015.
3　李柱国. 机械润滑与诊断[M]. 北京：化学工业出版社，2005：48-49.
4　谢泉，顾军慧. 润滑油品研究与应用指南[M]. 北京：中国石化出版社，2007：220-222.
5　贺石中，冯伟. 设备润滑诊断与管理[M]. 北京：中国石化出版社，2017：25-29.
6　杨俊杰. 油液检测技术[M]. 北京：石油工业出版社，2009：23-25.
7　黄志坚. 润滑技术及应用[M]. 北京：化学工业出版社，2015：109-112.
8　汪德涛，林亨耀. 设备润滑手册[M]. 北京：机械工业出版社，2009：391-396.
9　周文新. 工业润滑油应用中的漆膜问题[J]. 设备管理与维修，2007（8）：40-41，44.
10　益梅蓉. 燃气轮机运行中产生漆膜的原因及解决方案[J]. 石油商技，2009，27（1）：42-45.
11　Akihiko Y, Shintaro W, Miyazaki, Y. Study onsludge formulation during the oxidation process ofturbine oil[J]. Tribology Transactions，2004，47：111-122.

制氢中变反应器罐壁穿孔泄漏故障分析处理

张振强

（中国石化青岛炼油化工有限责任公司，山东青岛　266500）

摘　要　本文主要通过分析某炼化企业制氢装置中变反应器罐壁腐蚀穿孔，氢气外泄造成设备无法正常使用，导致装置紧急停工处理的一起故障，对损坏的压力容器进行腐蚀失效机理分析、制定处理解决方案、进行修复维修，最终达到了生产投用条件。通过本次故障的剖析，对类似设备的构造、安装、维修、检查等一系列全过程管控管理提出了新的要求。

关键词　制氢装置；反应器罐壁；穿孔腐蚀

1　故障发生过程情况

某炼化企业二制氢装置生产规模为40000m³/a，装置2012年10月投产，其中经历过2次全装置停工大修，发生故障的设备为中变气第一分液罐D104，分液罐的材质为S32168+Q245R，壁厚为14mm，内衬复合板，复合板厚度为3mm，罐体直径为0.8m、高7.05m、容积为2.14m³，设计压力为3.0/-0.1MPa（G），设计温度为220℃，操作压力为2.2MPa，操作温度为170℃，介质主要为氢气、二氧化碳、甲烷和一氧化碳，其中氢气体积占比80%左右，二氧化碳体积占比17%左右。表1为两次介质化验成分分析数据组成情况。

表1　介质成分分析占比

装置名称	样品名称	一氧化碳（体积分数）/% ≤3.0	甲烷（体积分数）/%	二氧化碳（体积分数）/%	氢气（体积分数）/%
二制氢装置	中变气（40000Nm³/h制氢）	1.3	2.4	17.5	78.8
二制氢装置	中变气（40000Nm³/h制氢）	1.1	2.1	17.3	79.5

2021年6月某日中午时分，装置内操室操作人员发现现场中变反应器D104三层平台部位可燃气报警仪报警，遂安排外操人员立即赴现场实地排查，操作人员到现场后发现罐D104底

部有水沿保温棉溢出，怀疑器壁存在漏点，将保温铝皮及岩棉拆除后发现在罐壁中部部位有一直径尺寸约φ4mm的漏点，氢气混合着水蒸气外泄，制氢装置紧急停工处理漏点。图1为漏点在设备上的具体位置示意图。当日打开人孔检查发现，罐内中部挡板部件全部脱落，内部观察漏点位置呈雨滴状，内部复合层局部磨损，磨损处的中心部位母材腐蚀穿孔，其余器壁未见明显腐蚀及磨损迹象。图2为漏点位置内部腐蚀损坏照片。

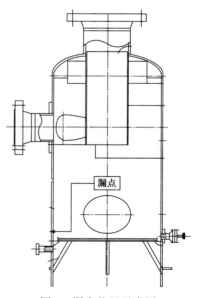

图1　漏点位置示意图

作者简介： 张振强（1976—），男，1999年毕业于河北科技大学化工机械专业，高级工程师，现从事石油化工设备专业管理工作，已发表论文十几篇。

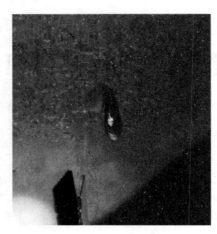

图 2　内部漏点形貌

该压力容器在 2019 年 6 月大检修期间更换了升气筒、分配挡板、连接螺栓等部件。容器内外检均正常，没有缺陷记录，大修后设备运行状况良好。查询自 2019 年 8 月开工至出现故障进行处理以来，中变分液罐 D104 温度、液位、压力趋势均平稳，如图 3 所示，除 2020 年 6 月制氢加热炉计划性检修以及同年 10 月份的两次仪表联锁故障造成装置波动外，日常正常生产期间未出现过较大调整等装置波动。

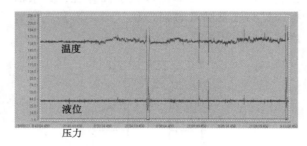

图 3　D104 温度、液位、压力趋势图

2　设备损坏状态及形成原因机理

2.1　腐蚀机理分析

制氢装置中低变系统中的主要设备及管线的腐蚀环境主要为低温 CO_2-H_2O 腐蚀，对此种类型腐蚀环境下容易发生腐蚀的材料为碳钢和低合金钢，通常容易发生在湍流区和高速流冲击区域，主要腐蚀损伤形态为局部减薄、点蚀或沟槽，在部分含有碱性环境下，尤其是碳钢还有可能发生碳酸盐应力腐蚀开裂。

发生泄漏的设备通过 PT 检测在漏点四周没有发现裂纹，测厚没有发现减薄的情况，因此判定此处漏点腐蚀机理为酸性条件下的 CO_2 冷凝液腐蚀。腐蚀过程中生成的碳酸铁以疏松的

腐蚀产物附着在设备表面上，当流速很高的介质冲刷设备表面时，腐蚀产物很容易脱落，暴露出新的金属表面并重新受到腐蚀，直至设备母材碳钢部分腐蚀穿孔泄漏。

2.2　直接原因

分液罐 D104 中间部分挡板固定螺栓部分松动脱落，在介质气流冲蚀作用下挡板与罐壁固定点松动，松动的挡板局部与罐壁反复刮擦碰磨，长时间磨损将 3mm 的耐腐蚀复合板层磨穿失效，基层碳钢材质罐壁在介质腐蚀作用下减薄穿孔泄漏。

打开人孔后发现三块挡板均掉落罐底且部分破碎成较小的碎片，撕裂破碎的位置都集中在固定螺栓孔附近，将损坏的挡板取出后进行还原，如图 4 所示。中间挡板的作用是防止气体进入挡板下部液相，同时筛孔结构对液相均匀分布。判断挡板部分螺栓先松动后，气相通过挡板张口处进入挡板下部，形成短路，造成挡板上下气液混流，对整个挡板形成冲击。在罐内气流作用下与器壁发生持续的碰撞摩擦（接触位置如图 4 黑圈所示），长时间的摩擦和介质腐蚀造成器壁减薄泄漏。

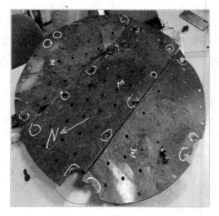

图 4　破损挡板还原照片

2.3　间接原因

（1）检修质量较低、复查未及时发现。大修期间更换中间挡板组合件后未做好检修质量检查，连接紧固螺栓的完好状态未确认。后期检查发现挡板固定螺栓孔存在扩孔情况，易导致螺栓松动，进而引起挡板脱落。

（2）产品配件质量存在问题，材质与图纸不一致。挡板材质应为 06Cr18Ni10Ti（美标 321），对三块挡板进行金属材料化学成分进行

检验，两侧挡板材质为 06Cr18Ni10Ti，中间挡板材质为 06Cr17Ni12Mo2（美标316），到货材质与图纸实际规定要求不符。

（3）生产运行波动，巡检未及时发现碰磨杂音。制氢装置大修开工后由于仪表联锁故障发生过两次生产波动，气流冲击有可能对挡板造成影响。挡板螺栓脱落后，挡板在罐内与罐壁碰磨会发出异常声音，巡检检查过程中未及时发现或引起重视。

3　漏点维修处理方法

针对罐壁穿孔漏点进行修复处理，选择有资质的施工单位进行施工。

（1）首先清理打磨设备内外壁，对设备漏点部位基材进行 100%UT 检测，对设备内壁复合层进行 100%PT 检测，确认缺陷仅位于漏点位置。

（2）对缺陷部位按 350℃×6h 进行焊接前消氢处理，消氢后打磨清理，确保焊接表面平滑无杂质。

（3）对罐壁基层进行焊接，打磨位置 PT 检测合格后，从设备内侧施焊修补基层，焊接使用手工钨极氩弧焊，焊接完成后打磨设备外表面补焊位置与周边基材齐平，打磨设备内表面补焊位置略低于周边基材高度，对焊缝位置进行 PT、UT 检测合格。

（4）内部复合层焊接修复。焊接使用手工钨板氩弧焊，过渡层堆焊厚度 2mm，表层堆焊厚度 3mm，打磨复层补焊部位与周边圆滑过渡，完工后对焊接位置进行 UT、PT 检查合格。

（5）焊后进行消氢处理，温度控制在 300℃×2h。

（6）设备降为常温后，使用除盐水进行水压试验，试验压力 3.0MPa，保压 30min 以上，确认压力合格。水压试验后对设备原焊缝及补焊位置再次进行 UT、PT 检测合格。

（7）外壁防腐处理，增加保温岩棉及铝皮，现场恢复原貌。

4　结论

此处制氢装置压力容器设备腐蚀失效故障发生比较特殊，是由内构件先失效损坏然后造成罐体内部出现缺陷，介质腐蚀和冲蚀相互作用引起的静设备泄漏故障。通过案例指导我们在基层一线设备管理方面需要加强设备大修后的质量检查、日常巡检过程中的细心判断和发生故障后的处理解决，从管理层面层层把关，将设备完整性管理的理念深入贯彻执行，深化全面应用。

参 考 文 献

1　胡洋，李文革，谷其发. 炼油厂设备腐蚀与防护图解（第二版）. 北京：中国石化出版社. 2015.

2　贾国栋，王辉，杜晨阳. 石化设备典型失效案例分析. 北京：中国石化出版社，2015.

100MW 汽轮机主汽门内漏分析及措施

侯建平

（中国石化上海石油化工股份有限公司热电部，上海 200540）

摘 要 汽轮机严重超速事故大部分是由于汽门不能及时严密关闭而引起的。防止汽门卡涩，并且保证其快速且严密关闭，是防止汽轮机超速事故的关键。某 100MW 汽轮机在冲转前，右侧主汽门后温度偏高，判断主汽门微漏。解体主汽门发现预启阀卡涩，造成阀门没有关闭到位，导致阀门内漏。通过对预启阀彻底解体，解决了自动主汽门内漏问题。

关键词 汽轮机；自动主汽门；内漏预启阀；卡涩

1 设备概述

1.1 设备结构

上海石化热电部汽机联合装置的 6 号汽轮发电机组系上海汽轮机厂生产，型号为 CC100-8.83/3.8/1.47 型双缸、双排汽、双抽汽、冷凝式汽轮机，额定负荷为 100MW，额定转速为 3000r/min。机组配有两个主汽门、四个高压调节汽阀，每一个主汽门后面有两个高压调节汽阀，共同组成一套组合汽阀，分布在高压缸的左右两侧。主汽门采用卧式结构，两个调节汽阀采用立式结构。汽阀的示意图见图 1。

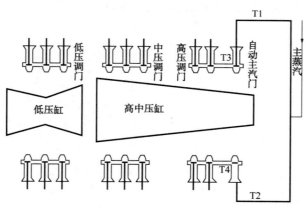

图 1 6 号汽轮机汽阀示意图

1.2 机组上次启动情况

6 号机组在 2021 年 1 月 30 日启动过程中，在主蒸汽管道暖管时，在自动主汽门尚未开启的情况下，右侧主汽门后温度同比左侧上升较多。各点温升情况见图 2。其中 T_1 和 T_2 分别为左右侧自动主汽门温度，在暖管时温度基本一致，温度曲线几乎重合。T_3 为左侧自动主汽门后温度，T_4 为右侧自动主汽门后温度。由图 2 可以看出，在自动主汽门未开启情况下，T_4 明显高于 T_3，且 T_4 跟随 T_2 曲线变化明显，根据以上情况判断，右侧自动主汽门有轻微泄漏。

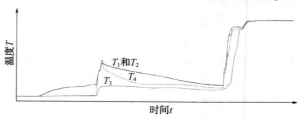

图 2 主蒸汽暖管时自动主汽门前后温度曲线

2 主汽门内漏原因分析

2.1 主汽门结构

主汽门的主要组成部分有阀杆、阀壳、阀座、预启阀、主阀等，预启阀位于主阀的阀芯内，预启阀的阀芯直接连接在主汽门阀杆上。主汽门阀杆共有三个行程，分别为富裕行程、预启阀行程和主阀行程。富裕行程可以防止阀门关闭后操纵机构中的压缩弹簧作用在主阀杆上的关闭力过大，造成阀杆弯曲。当阀门处于关闭状态时，在弹簧力作用下，预启阀顶住主阀，主阀密封面与阀座密封，切断进入汽轮机的蒸汽。

2.2 主汽门工作原理及内漏原因分析

主汽门开启时首先开启预启阀，直至预启

作者简介：侯建平（1972—），男，2005 年毕业于上海理工大学计算机信息管理专业，高级工程师，从事机械设备管理工作。

阀开足后，主阀才在阀杆的带动下逐渐打开。预启阀的通径远小于主阀的通径，在启动初期，便于汽轮机的冲转和升速。汽轮机冲转时，高压调门处于全开状态，用预启阀控制机组的转速，当机组的转速到达 2950r/min 时，切换到由高压调门控制，则主汽门的主阀全开。由于已经有小流量的蒸汽通过预启阀，经阀体套筒上的平衡进汽孔到达了主阀后部，降低了阀芯前后压差，有利于主阀的顺利开启。

机组启动时，自动主汽门油动机开关正常，在阀门装复的情况下，阀杆开关正常，没有卡涩现象。基于以上分析，可知是由于自动主汽门内部卡涩或者密封面吹损，造成了阀门微漏。

3　解体检查和处理措施

2021 年 4 月，6 号机停机后，拆除右侧自动主汽门后切阀线检查，密封面几乎接触不到，如图 3 所示。进一步检查，主汽门的富裕行程和预启阀行程均为 0，预启阀完全卡涩。经过煤油浸泡、加热等方式，将预启阀完全解体，发现内部小弹簧座配合部位氧化皮结垢严重（见图 4），导致预启阀工作失效。

图 3　密封面无接触

图 4　预启阀结垢严重

配合部位和压缩弹簧表面氧化皮太厚，对弹簧和弹簧座等全部进行更换，重新装复后，

测量各行程均在标准内，具体数据见表 1。

表 1　修理前后主汽门各行程对照表　mm

位置	设计值	修前值	修后值
富裕行程	3.0±0.5	0	3.2
预启阀行程	14.2～17.2	0	15.3
主阀行程	98.6～104.6	100.6	100.8

将主汽门回装后，再次切阀线，阀座和阀芯密封线连续接触均匀且无断线，如图 5 和图 6 所示。

图 5　阀座密封面完好

图 6　阀芯密封面完好

4　结论及建议

本次高压主汽门内漏是预启阀内压缩弹簧、小弹簧座由于长期工作在高温高压的蒸汽环境中，导致结构表面和腔室内氧化皮结垢严重，导致预启阀卡死，造成主汽门关闭后内漏。针对该问题提出以下建议：

（1）做好汽轮机蒸汽品质的监督，通过控制介质的品质，减少氧化皮的沉积。

（2）每次大修时，对自动主汽门进行彻底解体检修，不仅仅要解决主阀杆卡涩问题，预启阀等小部件也要全部解体，清理各配合处积累的氧化皮，测量小弹簧的自由长度，对配合尺寸不在标准范围内的部件进行调整或更换。

（3）做好小异常的分析工作，对小异常要开展根原因分析，直至找到异常的本质问题。

常减压装置 P-3015B 平衡管弯头泄漏失效原因分析与对策研究

龚秀红

（中国石化上海石油化工股份有限公司炼油部，上海　200540）

摘　要　某常减压蒸馏装置流体输送泵平衡管线弯头焊缝发生泄漏，通过弯头泄漏部位宏观形貌分析、弯头材料化学成分分析、金相检验、能谱分析对弯头泄漏原因进行了分析，结果表明：由于平衡阀内漏，造成局部平衡管内流体流速较高或处于湍流状态，弯头表面的硫化铁腐蚀产物膜受到流体的冲刷而被破坏，回路管线内壁发生了严重的均匀腐蚀减薄；同时介质中所含的氯离子阻碍保护性的硫化铁膜在弯头内壁表面的形成，弯头部位又叠加了高温环烷酸的冲刷腐蚀，最终在回路管线最薄弱的弯头焊缝热影响区附近发生了腐蚀穿孔。通过弯头泄漏原因分析，提出了相应的建议措施。

关键词　常减压蒸馏装置；平衡管；弯头；泄漏失效

1　前言

上海某石化公司 1# 炼油 3# 常减压装置（800万吨/年常减压）于 2005 年 2 月投用，2019 年 7月 10 日，巡检发现减一线泵 P-3015B 平衡管线弯头焊缝泄漏，安装固定夹具消漏。同年 9月 10~11 日，P-3015B 平衡管线进口靠平衡阀法兰焊缝处腐蚀穿孔，10 日上午安装简易抱箍一段时间后泄漏量加大，17：30 时现场已控制不住，协调后安排减一线局部停车处理，连夜退油吹扫。11 日上午加盲板，14：00 动火更换 P-3015AB 泵平衡管线，至 17：00 完成动火作业，交付工艺生产准备。

减压塔设有三个侧线，减一线油由减一线泵（P-3015AB）自塔 T-3004 第一层集油箱抽出，少部分减一线油经流控阀直接返回 T-3004第二段填料上部，大部分减一线油先与原油换热，再进减顶循干空冷器冷却至 60℃后分成二路，一路出装置作加氢裂化料，另一路再经减顶循水冷器冷却至 50℃后作减顶回流流回塔 T-3004 第一段填料上部。此次泄漏的部位为减压塔侧线减一线的 P-3015B 泵进出口管线的平衡管线弯头，减一线出减压塔时温度为 150℃（泵附近为 100℃），操作压力为 0.4MPa，介质为减一线油，管线材质为 20# 碳钢。为了掌握本次平衡管弯头泄漏失效原因，进行现场取样做进一步分析，明确泄漏机理，防止今后类似事故再次发生。

2　平衡管材料化学成分分析

为确认平衡管线现场使用材料是否和设计要求一致。对取样管线材料的化学成分进行分析（见表 1）。测定结果表明现场所用平衡管线材料与设计要求一致，具体材料牌号为 20# 碳钢。

表 1　取样平衡管线材料的化学成分分析 %

元素	C	Si	Mn	S	P	Cr	Ni	Cu
测量值	0.18	0.22	0.56	0.003	0.010	0.04	0.008	0.02
标准允许值	0.17~0.37	0.17~0.24	0.35~0.65	≤0.035	≤0.035	—	—	—

3　平衡管线弯头泄漏部位取样材料宏观形貌分析

本次现场取样的 P-3015B 泵进出口管线的平衡管线弯头实物试样如图 1 所示。从图 2 和图 3 泄漏点部位内外壁形貌照片可以看到，泄漏点均位于弯头焊缝热影响区附近。从图 3 和图 4 中可以看到，焊缝部位存在明显的冲刷腐蚀产生的纹路和尖锐的凹槽，总体上取样管段内壁是全面的均匀腐蚀，而焊缝部位冲刷腐蚀明显，泄漏点均位于焊缝热影响区附近。图 5取样管段法兰侧和弯头侧的横截面宏观形貌，

作者简介：龚秀红（1970—），女，高级工程师，主要从事石油化工机械设备管理工作。

可以看到整个管段截面基本是均匀腐蚀减薄。由宏观形貌分析可知，取样管段内壁存在明显的均匀腐蚀，减薄严重，焊缝部位还存在明显的冲刷腐蚀，泄漏点均位于弯头焊缝热影响区附近。

图 1　平衡管泄漏弯头

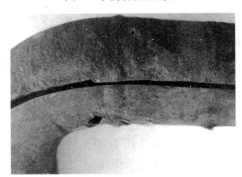

图 2　外壁泄漏点部位形貌

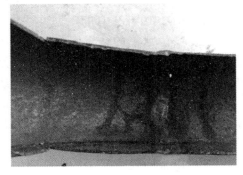

图 3　内壁泄漏点部位形貌

图 4　焊缝部位冲刷形貌

图 5　管段横截面形貌

4　材料金相组织分析

在弯头焊缝部位进行取样，作为金相试样，分析其纵截面组织情况。试样经磨抛后用硝酸酒精浸蚀，金相组织如图 6~图 10 所示。母材组织为铁素体和珠光体，焊缝组织为柱状晶分布的铁素体和珠光体，热影响区焊缝侧组织为呈魏氏组织分布的铁素体和珠光体，热影响区母材侧组织为均匀等轴的结晶铁素体与珠光体。材料金相组织正常，为典型的低碳钢金相组织，未见异常情况和明显的缺陷存在。

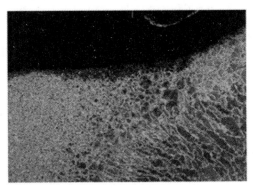

图 6　内壁热影响区 50 倍

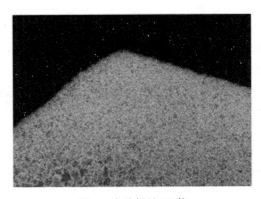

图 7　内壁焊缝 50 倍

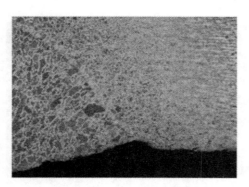

图 8　外壁热影响区 50 倍

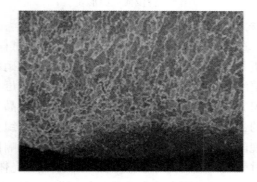

图 9　外壁焊缝 50 倍

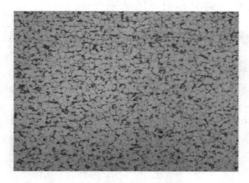

图 10　母材 200 倍

5　平衡管取样管段内壁腐蚀产物能谱分析

为了解参与腐蚀的介质因素，对取样管段内壁腐蚀产物进行能谱分析，分析结果表明，内壁被大量腐蚀产物覆盖，而参与腐蚀的有害元素主要是氧、硫和氯。

6　P-3015B 平衡管线弯头部位泄漏失效原因分析

通常认为高温环烷酸腐蚀在 200℃以上明显出现，新的资料认为 180℃以上就可能发生。一般认为随着原油温度的升高，高温环烷酸腐蚀出现两个峰值，分别为 270~280℃ 和 370~425℃。根据 1# 炼油 3# 常减压提供的 2019 年 1~

9 月减一线相关分析数据，减一线中硫含量为 1.26%~1.89%，氯含量为 1.2~9.2ppm，酸度为 0.1~0.2mgKOH/g，并含有少量水。而本次发生泄漏的平衡管线的操作温度在泄漏部位只有 100℃左右，按理来讲不应该出现如此严重的高温环烷酸腐蚀。API 581—2000 提供了一套各种材料在不同硫含量、酸值和温度条件下对应高温环烷酸腐蚀率的数据，给精确评估各酸值馏分腐蚀性提供了一些依据。根据 API 581—2000 中的表 2.B.3.2M，我们可以查到当硫含量达 2.5%、酸值小于 0.3mg/g、温度小于 232℃ 时，碳钢的高温环烷酸腐蚀率只有 0.05mm/a，而根据本次发生泄漏的平衡管线的相关数据计算，其腐蚀率达到 0.65mm/a，远高于 API 581—2000 提供的数值。因此推断在温度、酸值、硫含量确定的条件下，一定是泄漏平衡管线内介质的流速或流动状态超出了我们的预计。

从图 11 可以看到，其实 P-3015AB 进出口部位类似的回路共有 4 组，其中 DN25 的 2 组为预热管线，DN50 的 2 组为平衡管线。泄漏点 1 为 DN50 的平衡管线，而泄漏点 2 为 DN25 的预热管线。本次取样分析的是图 11 中的泄漏点 1 的平衡管线的弯头。从上海统谊石化设备检测有限公司提供的 2019 年 7 月的现场测厚数据中我们也发现：发生泄漏的 2 组回路所有测厚部位均发生了严重的腐蚀减薄，而另 2 组回路没有明显的腐蚀减薄。按理说这 4 组回路管线的运行工况都是相同的，不应该产生如此大的反差，而且由于这 4 组回路管线上的阀门通常是关闭的，因此这些回路管线内介质应该是不流动的。由此可以推断发生泄漏的 2 组回路上的阀门必然存在内漏或关不死，这样就会导致该管线回路内介质局部流速过高或处于湍流状态，加速该部位的高温环烷酸腐蚀。通常碳钢在含硫化氢流体中的腐蚀速率是随着时间的增长而逐渐下降的，平衡后的腐蚀速率很低。这是相对于流体在某特定的流速下而言的。如果由于平衡阀内漏，造成局部平衡管内流体流速较高或处于湍流状态，由于钢铁表面上的硫化铁腐蚀产物膜受到流体的冲刷而被破坏，钢铁将一直以初始的高速腐蚀，从而使平衡管很快受到

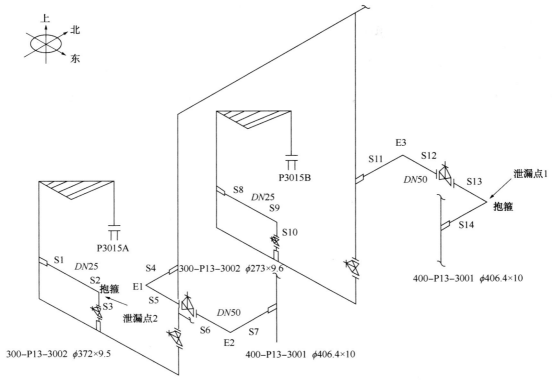

图 11 现场泄漏点分布图

腐蚀破坏。此外，介质中所含的氯离子会阻碍保护性的硫化铁膜在钢铁表面的形成。氯离子可以通过钢铁表面硫化铁膜的细孔和缺陷渗入其膜内，使膜发生显微开裂，于是形成孔蚀核，加速了孔蚀破坏。最后，当平衡管内流体流速较高或处于湍流状态时，高温环烷酸的腐蚀速率也会急剧增加，本次取样弯头焊缝部位的尖锐腐蚀凹槽就是由环烷酸冲刷腐蚀造成的。因此我们看到的结果就是平衡阀内漏的平衡管线内壁发生了严重的均匀腐蚀减薄，而弯头部位又叠加了高温环烷酸的冲刷腐蚀，最终在平衡管最薄弱的弯头焊缝热影响区附近发生了腐蚀穿孔。

7 结论及建议

根据前面分析，现将主要结论归纳如下：

（1）根据取样管段材料化学成分分析，可以确认 P-3015B 平衡管线材料牌号为 20#碳钢，与设计选用材料相符。

（2）根据材料金相组织分析，母材组织为铁素体和珠光体，焊缝组织为柱状晶分布的铁素体和珠光体，金相组织未见异常。

（3）本次平衡管线弯头部位发生泄漏的腐蚀机理：由于平衡阀内漏，造成局部平衡管内流体流速较高或处于湍流状态，钢铁表面的硫化铁腐蚀产物膜受到流体的冲刷而被破坏，钢铁将一直以初始的高速腐蚀，从而使平衡管很快受到腐蚀破坏；此外，介质中所含的氯离子会阻碍保护性的硫化铁膜在钢铁表面的形成，加速了管线的孔蚀破坏；最后，当平衡管内流体流速较高或处于湍流状态时，高温环烷酸的腐蚀速率也会急剧增加，本次取样弯头焊缝部位的尖锐凹槽就是由环烷酸冲刷腐蚀造成的。因此 P-3015AB 进出口部位阀门内漏的 2 组回路管线内壁发生了严重的均匀腐蚀减薄，弯头部位又叠加了高温环烷酸的冲刷腐蚀，最终在回路管线最薄弱的弯头焊缝热影响区附近发生了腐蚀穿孔。

（4）建议加强管线阀门的维修和保养工作，避免阀门内漏或关不死的情况发生。条件允许的情况下尽快对相关阀门进行检查，主要查看是否存在由于内部介质腐蚀而造成的阀门内漏或关不死的情况。

参 考 文 献

1 马永恒. 不锈钢弯头开裂原因分析[J]. 理化检验-

物理分册, 2013, 49(5)：339.

2　张瑞锋, 刘霞. 304 不锈钢弯头开裂失效分析[J].
　　理化检验-物理分册, 2019, 55(5)：351.

3　骆青业, 王欣. 海洋大气环境下不锈钢弯头腐蚀失
　　效分析[J]. 全面腐蚀控制, 2018, 32(7)：72.

4　张成, 王亚彪, 王秋萍, 等. 原油常压蒸馏塔顶部
　　系统工艺防腐流程技术探讨[J]. 石油炼制与化工,
　　2018, 49(1)：21-25.

5　偶国富, 许健, 叶浩杰, 等. 常压塔顶换热器出口
　　管道冲蚀特性的数值模拟[J]. 浙江理工大学学报,
　　2017, 37(4)：518-526.

6　偶国富, 王凯. 常压塔顶换热器系统流动腐蚀失效
　　分析及预测研究[J]. 石油化工腐蚀与防护, 2015,
　　32(6)：1-5.

催化装置三旋至烟机烟道焊缝开裂故障分析及措施

陈俊芳

（中国石化石家庄炼化分公司，河北石家庄　050099）

摘　要　催化裂化装置三旋至烟机入口烟道温度高、结构复杂、工作条件恶劣，出现焊缝开裂故障次数较多，发生故障后对装置生产造成了巨大的威胁。本文从近年发生的一些高温烟道焊缝开裂故障案例入手，对故障产生原因进行了分析总结，并提出了相应的应对措施，对烟道焊缝开裂故障的预防和处理及催化装置的安全平稳长周期运行具有一定借鉴意义。

关键词　催化裂化；烟道；焊缝；开裂；故障

催化裂化装置中，反再高温烟道与再生器、三旋、烟气轮机等高温设备相连接，因其直径大、管系长、结构复杂，常与波纹管膨胀节、弹簧支吊架等配合使用。对于三旋至烟机入口烟道，由于烟道内部无隔热衬里、材质特殊、温度高、结构复杂、工作环境恶劣，在生产运行中常常出现烟道焊缝开裂泄漏问题，给装置安全、平稳、长周期运行造成了巨大威胁。

1　近年发生的一些烟道焊缝开裂泄漏问题

2015 年，某催化装置三旋出口烟道器壁接管（材质 304H）与虾米腰对接焊缝出现长约 1m、宽约 6mm 的裂纹。采用带压捻缝方式进行堵漏，对焊缝进行补焊。之后对泄漏焊缝处进行贴钢板、增加拉筋补强处理。

2018 年，某催化装置三旋至烟机烟道竖直段（材质 316H）与膨胀节对接焊缝出现长约 1m 的裂纹泄漏，采用包盒子方式进行堵漏。

2019 年，某催化装置三旋至烟机烟道竖直段与第二个膨胀节对接焊缝出现裂纹，以膨胀节铰链板为中心向两侧延展，一侧裂纹长约 1060mm，另一侧裂纹长约 940mm，采用包盒子并增加拉筋的方式进行堵漏（见图 1）。

2019 年，某催化装置三旋至烟机烟道竖直段（材质 304H）与第一个膨胀节对接焊缝出现裂纹泄漏，裂纹长度约 600mm，采取捻缝、包盒子方式进行处理，并在该焊缝周向增加 L 型补强筋板（见图 2）。

图 1

图 2

2019 年，某催化装置三旋至烟机烟道竖直段与膨胀节对接焊缝发生裂纹泄漏，采取包盒子方式进行堵漏（见图 3）。

2019 年，某催化装置三旋至烟机烟道（材质 316H）第一道对接焊缝裂纹泄漏，采取捻缝贴板补焊方式进行堵漏（见图 4）。

图3

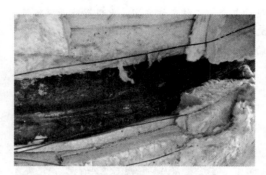

图4

2　三旋至烟机入口烟道焊缝开裂原因分析

近年来，多套催化装置三旋至烟机入口烟道均发生了焊缝开裂泄漏的问题，有的还发生了不止一次。分析其原因，大致有以下几个方面。

2.1　烟道在高温下的材料劣化

三旋至烟机入口烟道工作温度为 650～700℃，为了防止衬里块脱落对烟机过流部件造成损害，该段烟道设计为无衬里形式，材质多选用304H或316H。

对于高温下的300系列不锈钢，一方面，晶界滑移和位错会导致材料变形和硬化；另一方面，金属原子的扩散又使得材料硬化消除。在时间、应力和温度等因素共同作用下，"硬化-硬化消除"过程交替，导致金属内部出现多种析出相，材料宏观性能不断劣化。此外，温度升高还会使材料的断裂方式由穿晶断裂过渡到沿晶断裂。当管道内部应力高于材料的高温强度极限时，就会导致管道发生开裂。尤其是当三旋至烟机入口烟道出现多次或严重超温时，就可能在短时间内出现开裂问题。

2.2　因应力集中造成的焊缝开裂

相当一部分烟道开裂部位位于烟道与膨胀节对接焊缝处，且裂纹多以膨胀节铰链板附近

部位为中心。首先，从结构上来讲，三旋至烟机入口管系竖直段上多采用单式铰链型膨胀节，该形式的膨胀节可以吸收和铰链转动方向一致的较大弯曲变形，但对沿管道轴向变形和与铰链转动方向垂直的弯曲变形的吸收有较大限制，容易导致轴向和垂直于铰链转动方向产生较高水平的拉应力。这就容易在膨胀节两侧铰链板附近焊缝的位置产生应力集中。其次，有的膨胀节端管与烟道母材厚度偏差较大，虽打磨坡口，焊接后仍然存在应力集中的问题。再次，有的烟道因管系设置、膨胀节变形、支吊架受力等原因，在冷热态变化过程中，烟道整体受力多变、不均匀，因热变形产生的应力无法得到有效释放，从而造成局部应力集中。

总的来讲，烟道焊缝承受的拉应力包括烟道在安装、组配时的焊接残余应力、工作状态下承受的外加载荷的工作应力、结构自身拘束条件所造成的结构应力以及设备工作状态下因内外温度差所引起的热应力等，其中焊接残余应力为最大。在高温和应力集中作用下，烟道焊缝（尤其是烟道与膨胀节两侧铰链板附近对接焊缝）就容易产生裂纹泄漏。

2.3　焊缝金属劣化及焊缝缺陷造成的开裂

奥氏体不锈钢内因含有少量S、P等有害元素，焊接时有害元素会在晶体边界上偏析并生成低熔点的次生相，导致焊缝冷却时产生热裂纹。因这些有害元素在铁素体中的溶解速度快于奥氏体，焊条中常加入适量铁素体，以降低奥氏体焊接时的热裂纹倾向。这种焊缝中的铁素体称之为δ铁素体。铁素体含量过少时，易产生热裂纹；而含量偏高时，焊接熔融区就可能存在连续的铁素体网络，长时间在高温环境下δ铁素体转变为σ相，使焊缝部位的延展性和韧性降低，材料产生脆化，在较低的应力下造成晶界开裂，产生裂纹并扩展。热疲劳和氧化夹杂可能会促进裂纹的扩展。

一部分发生裂纹的焊缝为烟道管系安装时进行预变位的对接焊缝，安装时可能存在强制对口、错口或夹渣、气孔等焊接缺陷。一旦存在这些缺陷，在焊接残余应力、焊后消应力热处理不充分、高低温剧烈变化等因素的共同作用下，这些位置就容易产生微观裂纹。而原始

微观裂纹正是造成管道焊缝开裂的起始因素。

2.4　管系布置问题造成的焊缝开裂

三旋至烟机入口烟道工作温度高，管系长，设置有膨胀节、支吊架等部件，从烟道冷热态变化过程中膨胀节波纹管变形、支吊架受力情况分析，烟道整体受力呈三维立体多变形态。但有的装置三旋至烟机入口烟道管系按二维平面L形布置，或者在烟道对口时管系未进行预变位、预变位不足，造成热变形产生的应力无法得到有效释放，进而发生膨胀节过度拉伸或压缩、烟道对接焊缝受力开裂等故障。

2.5　低温露点腐蚀

这种情况多发生于三旋至烟机入口水平烟道的低点，在装置停工期间，水平烟道膨胀节及低点焊缝处聚集烟气低温凝水，烟气中的 SO_4^{2-}、SO_2、NO_x 等极性气体极易溶于水，形成酸性溶液，构成了产生应力腐蚀裂纹的腐蚀介质和电化学反应条件，从而造成膨胀节及低点焊缝腐蚀开裂。

2.6　膨胀节保温问题

因烟道工作温度高，烟道膨胀节波纹管及铰链板处不应加外保温，以避免波纹管及铰链板温度过高，产生过度变形和应力。有的催化装置烟道裂纹故障正是由于在膨胀节铰链板部位增加了外保温，造成铰链板过度变形受力。加之膨胀节设计制造时，为了提高整体刚度，采用了膨胀节端管加厚、主/副铰链板加厚、加强环板增加筋板等方法。铰链板过度变形受力后，在膨胀节与烟道对接焊缝强度薄弱部位产生过多应力，从而造成焊缝开裂。

有的由于整个三旋至烟机烟道管系保温更换材质后，保温效果发生变化，到正常运行时，烟道外壁温度随之发生变化，造成烟道热变形增大，从而在烟道焊缝处产生较大热应力。

还有的是在烟道焊缝缺陷处理过程中，局部拆除保温后，烟道在同一平面内温度不均匀，可能产生局部应力变化，加剧裂纹的扩展。

更有个别的是因为保温材料氯离子含量过高，造成烟道焊缝氯离子应力腐蚀开裂。

2.7　交变应力荷载问题

此问题常出现于三旋至烟机入口烟道温度变化幅度较大、较频繁，烟气流动状态不佳、支撑不足造成烟道振动等情况下，可引发烟道焊缝处材料疲劳失效开裂。此外，在雨雪天气等极端条件下，加之烟道保温效果不佳或存在缺陷，造成烟道焊缝外表温度急剧变化，也会带来较大拉应力和交变应力荷载。

2.8　框架结构等妨碍烟道正常位移

三旋至烟机入口烟道一般处于三旋框架中，如果框架结构的横梁等距离烟道或膨胀节端管、铰链板过近，在工作温度下，发生较大位移的烟道和膨胀节就可能与框架结构横梁发生抵触，从而影响烟道和膨胀节的正常位移，在烟道焊缝处产生过大应力，造成焊缝开裂。

3　应对措施

综合以上发生烟道焊缝裂纹的原因，其应对措施应从以下几个方面着手。

3.1　烟道选材

三旋至烟机入口烟道推荐选用抗高温氧化能力、高温强度、耐蚀性更好的316H材质。316H在304H的基础上，增加了镍的含量，加入了钼元素。镍是奥氏体的主要形成元素，使钢具有良好的塑形和韧性，并且具有优良的冷热加工性能和焊接性能，提高了抗高温氧化能力。钼是铁素体形成元素，既能使钢耐还原性酸、耐孔蚀、耐缝隙腐蚀的性能增强，还能提高奥氏体不锈钢的高温强度。从性能比较来看，316H作为烟气管道的材料有着更大的优势(见表1)。

表1　304H与316H化学成分　　　　　　　　　%

	碳C	铬Cr	镍Ni	锰Mn	硅Si	钼Mo	钛Ti	硫S	磷P
304H	0.08	18~20	8~10.5	≤2	≤1	—	—	≤0.03	≤0.045
316H	0.04~0.1	16~18	10~14	≤2	≤0.75	2~3	—	≤0.03	≤0.045

3.2　消除焊缝缺陷和焊接残余应力

严格按照设计要求对烟道焊缝进行焊接，尤其是烟道与膨胀节对接焊缝，此处多为不同

壁厚管材对接，需要双面打坡口全焊透，坡口角度适当，注意焊接电流、层间温度等参数，焊后进行高于820℃热处理，消除焊缝缺陷和

焊接残余应力。

烟道管系做好预变位工序。预变位的目的是为了减少波纹管的应力，延长膨胀节的使用寿命，还可以减小操作时烟道作用在烟机或固定支座上的力和力矩，有利于烟机平稳运行。预变位取烟道膨胀量的一半，波纹管上的应力则为不预变位时的一半，由变形所引起的推力和力矩也为不预变位时的一半。

3.3 提高焊缝金属金相品质

焊接时采用合适的焊条，注意铁素体的含量不能过高或过低（一般为 3%~5%），以求在焊缝金属中形成奥氏体-铁素体双向组织，既可以减少晶间腐蚀的倾向，又可以细化奥氏体晶粒，防止杂质的聚集和低熔点共晶体的形成。

3.4 优化管系设置

三旋至烟机入口烟道管系优化为三维立体 Z 形布置，在垂直管段中部设置固定承重支架，以此固定支架为死点，将整个管系分为上部以三旋出口为支点和下部以烟机入口为支点的两个 L 形平面管系，两平面管系各设置一组 3 个单式铰链膨胀节（铰链方向不同）。上部一组膨胀节的铰链方向与该 L 形平面管系一致，均位于平面两侧，利用波纹管角位移来吸收三旋出口烟道在该平面系内的位移；下部一组膨胀节的铰链方向与该 L 形平面管系一致，均位于平面两侧，利用波纹管角位移来吸收烟机入口烟道在该平面系内的位移。在烟机入口近段再设置两个万向型角位移膨胀节，以吸收附加力和力矩，改善烟机本体受力情况。因各膨胀节间距较大，其补偿量可以很大。由于大口径波纹管的弯曲刚度比轴向刚度小得多，并有铰链等附件来承受内压，不会产生由内压引起的推力，因此作用在烟机上的力较小。

3.5 停工期间对烟道和膨胀节进行检查和维护

停工时对膨胀节波纹管与端管焊缝、膨胀节与烟道焊缝、铰链板与筒节连接焊缝等处进行着色检查，对焊缝热影响区母材进行硬度检查、金相分析，及时发现初始微裂纹缺陷并进行相应分析和处理。停工时注意烟机入口水平烟道及膨胀节低点的清洁情况，避免酸性凝液聚积对烟道焊缝产生腐蚀。

3.6 改善烟道保温状况

膨胀节波纹管及铰链板处不应包保温，以避免过大温差应力。保温材料改变时，应核算温度变化对管系变形的影响。烟道保温施工完毕后应按要求进行验收，并在烟道正常运行期间，尤其是雨雪极端天气前后对保温效果进行检查，及时整改保温缺陷。烟道出现焊缝缺陷需要局部拆除保温时，应尽量缩短处理时间，尽快恢复保温。为了防止氯离子对烟道的腐蚀，保温材料中的氯离子含量应符合《覆盖奥氏体不锈钢用绝热材料规范》（GB/T 17393—2008）的规定。

3.7 改善烟道运行条件

控制平稳三旋至烟机入口烟道温度，控制变化幅度和频次，避免超温。改善烟道内烟气流动状态，核算烟道管系支撑强度，必要时增加导向支架、弹簧吊架，缓和烟道振动。

3.8 检查框架结构对烟道的限制

装置开工前对框架结构与烟道及膨胀节之间的间隙进行检查确认，保证足够的位移空间。烟道正常运行过程中也要定期进行检查，及时发现异常位移或抵触情况，及时消除。

4 结语

三旋至烟机入口烟道焊缝开裂故障次数较多，其原因涵盖设计、施工安装、运行、维护及检修等多个方面。因此，要减少此故障次数，就要从上述各个方面进行检查、确认和改进，消除各故障因素，从而保障装置安全平稳长周期运行。

参 考 文 献

1 李智，吴选化. 催化裂化烟道开裂原因分析及对策. 化工管理，2015(11)：134.

2 马显峰. 催化裂化装置烟道管件故障失效分析. 广州化工，2013(10)：189-190.

3 陈彦泽，李永清，陈照和，张延年. 催化裂化装置三旋烟机烟气管道开裂原因. 中国特种设备安全，2012，(11)：37-39.

加氢装置热浸锌复合空冷器泄漏原因分析及处置

李俊涛

(中海油气(泰州)石化有限公司, 江苏泰州　225300)

摘　要　本文对加氢装置脱硫化氢汽提塔顶复合空冷器热浸锌水冷管段多次泄漏的原因进行系统分析, 找出造成空冷器腐蚀泄漏的影响因素, 并提出相应的使用、管理、预防措施, 从设备全生命周期过程管理提出建议。

关键词　加氢; 热浸锌; 垢下腐蚀; 除盐水

近年来, 高效热浸锌复合空冷器因具有占地空间小、节能高效等优点在炼化行业内得到广泛应用。热浸镀锌是将钢管放在熔融的锌锅中460~480℃经过一定时间取出, 通过两种金属熔融状态下互相溶解, 最终在钢管表面形成锌镀层。

经过石化装置长时间生产实践, 热浸锌基管虽取得了良好的使用效果, 但在使用过程中腐蚀泄漏问题也是屡见不鲜。某加氢装置脱硫化氢汽提塔顶复合空冷器 A-201A/D 自 2016 年 6 月投用以来, 分别于 2018 年 3 月、2018 年 7 月和 2021 年 6 月发生三次热浸锌表面蒸发管腐蚀泄漏问题, 由于该类设备结构复杂、维修难度大、施工周期长, 给装置生产稳定、安全环保造成极大困扰。

1　基本参数

复合空冷器 A-201 采用复合结构设计, 结构形式近似表面蒸发空冷, 换热模块上部采用翅片管干式空冷, 下部采用表面蒸发管式水冷设计(见图 1)。其操作工况如下:

使用介质: 轻烃+蒸汽+干气; 操作温度(入口): 129℃; 操作压力: 0.75MPa; 基管材质: 08Cr2AlMo; 基管规格: 规格 $\phi25\times3mm$; 腐蚀介质: H_2S。

2　腐蚀泄漏基本情况

2.1　第一次泄漏

2018 年 3 月, A-201 空冷在运行 21 个月后发生泄漏。操作人员在巡检过程中检测到脱硫化氢汽提塔顶空冷器 A201 区域附近存在 H_2S

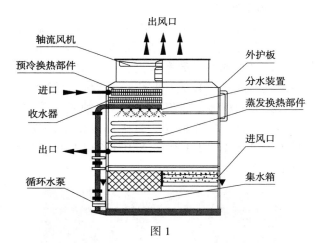

图 1

气味, 水箱水质肉眼观察变轻度浑浊, 水质分析检测到水中含有油及 H_2S。经现场拆解检查发现, A201A 模块热浸锌蒸发管出现腐蚀穿管泄漏, 泄漏部位在紧邻入口管箱侧。

A-201 空冷管束 A 模块腐蚀泄漏穿孔部位, 换热管外表面(腐蚀孔洞周边 20mm 范围内)呈现局部腐蚀凹坑, 属于典型的局部腐蚀。现场通过超声波(UT)无损检测, 以及对泄漏点光管进行剖分检查, 基管泄漏部位内管壁平整, 腐蚀是由外向内扩展的腐蚀穿孔(见图 2)。

在对 A-201A/D 热浸锌蒸发管整体检查时发现, 在空冷热浸锌管同一侧, 管箱与换热管连接附近 200mm 区间内, 所有换热管热浸锌防腐层存在腐蚀破坏、起层剥落现象。所有基管中间区域热浸锌层良好, 未见腐蚀结构剥离问题。现场通过对泄漏基本进行切除、焊接堵管, 水压试验合格后恢复生产。

图2

图4

2.2　第二次泄漏

2018年7月，A201空冷（C模块）在运行25个月发生泄漏，此次泄漏部位主要集中在热浸锌换热管的"U"形弯管处，此次泄漏部位较多，且腐蚀孔径较大（见图3）。因热浸锌管束弯管处大面积镀锌层起层剥离、腐蚀减薄严重，继续运行存在安全隐患，且无修复价值，装置2019年3月对A201空冷A/B/C/D四个模块进行了更换。

弯管泄漏喷水点

图3

2.3　第三次泄漏

2021年6月新空冷在投用27个月后出现泄漏，A201空冷顶部引风机出口附近硫化氢浓度为5ppm，经拆解接检查，A201C片空冷热浸锌管顶层第一排管发生泄漏，泄漏段位置接近于热浸锌管中部（直管段）（见图4）。

3　综合分析
3.1　热浸锌管束泄漏原因
3.1.1　第一次泄漏原因分析

现场对泄漏光管截取试样，纵向剖分检查

管道内部腐蚀情况，漏点附近管道内部光滑，无腐蚀痕迹，排除湿H_2S腐蚀可能性，因此判断第一次基管泄漏是由于08Cr2AlMo基管材料缺陷原因，近似夹渣、砂眼腐蚀穿孔泄漏。同时检查泄漏位置，因泄漏点位置距管箱焊口约100mm左右，排除焊接热影响区因素。

3.1.2　第二次泄漏原因分析

第一次泄漏造成空冷内部形成封闭的湿H_2S腐蚀环境，尽管空冷顶部引风机会将大部分腐蚀气体抽出排至大气，但受空冷内部结构影响，在热浸锌管两侧（管箱侧和弯管侧）上部设有挡水板，在挡水板下部和热浸锌管之间会形成局部的湿H_2S封闭空间，在这个环境中，存在高浓度的湿硫化氢腐蚀，极大地促进热浸锌保护层剥离，结垢产生垢下电离子腐蚀和基管局部酸性腐蚀，同时，由于弯管部位在轧制过程中存在基管机械性能下降、存在微裂纹可能性等问题，管道抗腐蚀性能下降，造成弯管多处同时泄漏。第二次空冷泄漏是第一次H_2S泄漏造成空冷模块其他换热管外表面热浸锌腐蚀防护层破坏而引发的必然结果，是第一次泄漏造成的次生问题。

3.1.3　第三次泄漏原因分析

全新热浸锌管在投用27个月后发生第三次腐蚀泄漏，在热浸锌管第一排管中部区域出现大面积结构、起层、剥离问题（见图5）。现场检测复合空冷水冷段热浸锌管第一层光管表面的操作温度达到104℃。空冷器冷却循环水使用除盐水，通过对空冷底部循环水箱水质检测，Cl^-含量为60.82mg/L，钙硬度为1158mg/L，镁硬度为 45mg/L，水质总硬度达到 1202mg/L。不合格的冷却水质在高温下快速结垢，对基管外表面产生垢下腐蚀，是腐蚀穿孔的主要原因。现场对基管开展大范围的测厚检查，基管外表面普遍存在局部垢下腐蚀凹坑问题，由外向内腐蚀，管壁最薄处只有 1.35mm（初始壁厚 3mm）。

图 5

3.1.4　热浸锌镀层失效因素

影响热浸锌保护层损伤的主要因素有：

（1）热浸锌管表面纯锌层在高温下条件下热浸锌钢管在外表面电位较正，锌层失去阴极保护作用，从而加速了钢铁的腐蚀。

（2）循环冷却水质本身总硬度超标，容易在光管表面结垢。

（3）在基管表面 104℃ 操作条件下，基管表面水质蒸发较快，加速了管表结垢。

（4）空冷器顶部引风机抽出热风，基管表面风速大，加速了基管表面水质蒸发浓缩，促进了钙化结垢。

（5）水箱周围设有安全格栅，但没有防尘网，长时间使用会存进冷却除盐水劣质化，并伴有尘土、柳絮等杂质污染水质，长时间沉积，循环使用，会堵塞冷却循环水喷淋系统的喷嘴，造成喷淋水偏流，导致热浸锌基管表面局部产生干点，加剧浓缩结垢，锌层会慢慢腐蚀，破坏纯锌层，锌铁离子出现电化学腐蚀，产生锌层剥离。

3.2　热浸锌管腐蚀机理

热浸锌管通常由外向内分为四层：纯锌层—膨化层—过渡层—锌铁结合层。通常，只

有最外部纯锌层具有防腐作用，纯锌层厚度通常在 $80\sim120\mu m$ 左右。第二次为膨化层，内部存在密集蜂窝状孔隙结构，腐蚀介质可轻易通过孔隙渗透至基管，在基管表面产生电离子垢下腐蚀。如图 6 所示，在最外层灰色物质为外表面的灰土杂质层，向内第二层为硬质重碳酸钙钙质层，第三层（褐色部分）为热浸锌膨化过渡层和基管锈蚀层。

图 6

试验表明：当纯锌层腐蚀以后，使铁锌合金层暴露于外表面，铁锌合金层的腐蚀速度较纯锌层快，在缓冲溶液中的酸性区域表现更为明显，这主要是锌在酸性区域易遭受腐蚀，使热浸镀锌的外层纯锌层很快腐蚀，中间的铁锌合金层暴露出来，加速了试样的腐蚀。

热浸锌换热管外表层热水结垢产物主要由 $CaCO_3$、$Mg_3Ca(CO_3)_4$ 组成。不同温度下结垢产物的峰位和峰强基本相同（见图 2 XRD 谱图），说明温度对热浸锌换热管外表层水自身结垢产物的组成结构、形貌影响不大。但是随着温度的升高，热浸锌换热管外表层水的结垢率呈上升趋势，且温度越高结垢率增长更为明显。这主要是由于 $CaCO_3$ 随着温度的升高其溶解度变小，并且温度越高，Ca^{2+}、Mg^{2+}、HCO_3^- 等成垢离子越活泼，越易于结垢。在 80℃、65℃ 下，由于 Cl^- 比较活泼，腐蚀穿透能力增强，镀锌层腐蚀较深，镀锌层已经局部破坏，露出基材，因而发生了基材的腐蚀。

因此，热浸锌管介质过高的问题（99～104℃）会造成纯锌层失去牺牲阳极保护作用；循环冷却水质不合格（水质总硬度达到1202mg/L），同时加速热浸锌管表面结垢，腐蚀水质快速破坏纯锌层，穿过膨化层，腐蚀锌铁合金表层，最终导致基管腐蚀。

4　后续处置措施

4.1　保证基管材质质量

复合空冷出问题主要集中在光管段（弯管

段）。为提高热浸锌镀层效果、保证锌铁元素结合及防腐蚀因素考虑，厂家通常用08Cr2AlMo材质替代碳钢（10#，20#）材料以提升抗硫化氢性能。无论是08Cr2AlMo材质还是10#、20#碳钢材质，在轧制后机械性能和冶金质量方面会存在各种问题。有证据表明，在设备制造和使用过程中会出现热浸锌管弯管受力区域出现管道应力开裂问题，或者在弯管外弯处出现大量砂眼而焊接补漏的问题，因此，严格把控基管的材料来源，保证材料入厂质量、防止以次充好，严格把控材料质量和机械加工质量至关重要。

4.2　优化设备设计选型

对于复合空冷器（表面蒸发），在设计核算中，严格审核工艺介质在空冷器各个阶段的热负荷，保证空冷材料的适用性。复合空冷设备水箱上部应配置防尘网，提高水质清洁度，避免喷嘴堵塞，影响冷却水分布。对于空冷器内部结构，如个别复合空冷器光管上部两侧设有挡水板，其作用是防止水流飞溅。如果出现介质微泄漏，就会在挡水板下部形成腐蚀介质涡流区，促进该区域基管外表面腐蚀，因此对空冷挡水板等结构要合理分析必要性。

4.3　保证循环冷却水质达标

管理部门应严格制定在役复合空冷器冷却水置换标准。使用部门定期对循环冷却水质进行分析，始终保持浓缩水关键性指标，如水质

pH值为6.5~8、控制总硬度小于500mg/L等，任何指标超标都应及时置换。定期开展循环水喷淋系统的清理工作，保证冷却水喷淋畅通、不偏流，防止热浸锌基管表面出现少水或无水现象，避免出现干点问题。

4.4　规范设备使用与腐蚀监控管理

使用单位应对空冷器防腐管理实行专人负责制，建立相应的日常巡检检查制度。对复合空冷器定期开展水质分析，保证水质合格；对复合空冷器水冷段入口温度>65℃的设备，重点监控，提高检查频次。管理部门应建立相应管理制度，定期开展复合空冷器管束结垢腐蚀检查，建立动态检查台账。根据检查结果，考虑到镀锌管腐蚀主要集中在顶部光管，可以采取顶部两层热浸锌管喷涂耐高温环氧沥青漆或硅橡胶漆措施，防止结垢腐蚀。同时，评估腐蚀状况，制定相应防腐措施，预估使用寿命，及时提报备件。

5　结束语

复合空冷设备防腐工作是长期复杂的管理工作。应针对空冷器腐蚀案例分类别系统地分析原因。依据分析结果，遵循设备全寿命周期过程管理理念，从管理制度建设、设备适应性选型、使用管理、防腐监测、防腐措施、应急处置管理等六个方面建立完善体系化管理的后续专业管理制度与处置措施，保障空冷设备满足生产装置的安全、平稳、长周期运行的要求。

游梁式抽油机故障分析及处理对策

魏贤通　张　庆

（中国石化西北油田分公司采油三厂，新疆轮台　841600）

摘　要　抽油机是对原油进行开采的主要设备，但该设备在原油开采过程中极易出现故障，影响油井正常生产。通过对抽油机故障现象描述、原因分析，提出了实际处理对策，以更好地保障抽油机的安全稳定运行。

关键词　抽油机；故障；对策

抽油机是机抽井生产的根本设备，其工作状态好坏对油井能否安全平稳生产起决定性作用。抽油机载荷大、连续运行时间长、安装不规范等因素容易导致各种故障发生，影响油井生产工作正常开展，给原油开采带来损失。因此，在日常检查、维护、保养中，及时发现并排除抽油机故障，是油井持续生产的重要保障。分析游梁式抽油机故障现象及产生原因，并提出针对性的处理对策，对原油开采具有重要意义。

1　游梁式抽油机故障现象及原因分析

1.1　抽油机整机振动

抽油机运行过程中，支架摆动、支架与底座振动，有时伴有电动机发出不均匀噪声。

抽油机整机振动发生的主要因素一般包括以下几点：第一，底座不规范。地基不坚固，未夯实，抽油机在运行过程中地基发生形变导致抽油机整机振动；抽油机底座与抽油机基础接触不实有间隙、支架底盘与底座接触不实，抽油机运行过程中，接触不实位置出现相对位移，导致抽油机整机振动。第二，井口对中误差较大，导致抽油机受到井口前向拉力，引起抽油机整机振动。第三，载荷影响。悬点载荷过大，平衡率不达标，杆柱存在挂卡或炉头别光杆现象，导致抽油机超负荷运行，引起整机振动。

1.2　连杆与平衡块刮碰

抽油机运行过程中出现有规律异响，主要表现在当抽油机运转到某一位置时，异响声出现，检查抽油机发现连杆和平衡块交替位置有明显划痕。

出现这种故障时，首先检查游梁安装是否居中，游梁中心线是否与底座中心线重合，不居中的游梁会导致连杆倾斜，与平衡块摩擦。排除游梁不居中后，再检查平衡块的制作与安装是否合格，平衡块铸造不合格，凸出部分过大，会导致平衡块摩擦连杆，同时，安装不合格的平衡块，出现倾斜现象，同样也会导致平衡块摩擦连杆。

1.3　游梁不居中

观察抽油机发现炉头歪斜，井口对中无法调整合格，抽油机运行过程中，游梁支承异响。

游梁不居中存在两种情况：第一，对于新安装抽油机，首先检查连杆安装的曲柄销孔是否对称，再检查连杆长度是否一致，若上述检查均无异常，可判断为抽油机组装不合格导致游梁不居中。第二，前期正常运行抽油机出现游梁不居中时，首先检查是否为近期调冲程或更换曲柄销子时操作不当，造成游梁扭偏。若近期为未进行工作制度调整，则检查是否为游梁支承故障。

1.4　平衡块固定螺丝松动

抽油机正常运行过程中，如发现平衡块处出现有规律响声，上下冲程各一次，则可判断为平衡块固定螺丝松动。

2　游梁式抽油机故障处理对策

同一种故障可由不同原因导致，故障处理必须从实际出发，结合故障具体现场，分析故障原因，优化处理对策以解决问题。

2.1 抽油机整机振动处理对策

抽油机整机振动可由多重原因导致，针对不同原因，需采取不同对策。若是地基不坚固，未夯实，需重新打地基，夯实基础；若是支架底盘与底座接触不实，可用金属垫片找平，重新紧固；若是抽油机底座与抽油机基础接触不实有间隙，可重新找水平后，紧固地脚螺丝或压杠螺丝，并备齐止退螺帽。井口不对中时，应及时调整井口对中；抽油机严重超负荷运行时时，应及时调小工作制度（冲程、冲次），或更换更大型号抽油机等；平衡率不够时，应及时调整平衡，平衡率不小于85%；杆柱挂卡或别光杆时，应及时调整防冲距，直至不碰不挂，或者通过洗井解决杆柱挂卡问题。

2.2 连杆与平衡块刮碰处理对策

为及时有效处理连杆与平衡块刮碰问题，需要针对故障具体原因，采取合理措施进行干预。第一，若是游梁安装不居中导致连杆与平衡块刮碰，需调整游梁位置，使游梁中心线应与底座中心线重合，具体可用游梁支承前后4条顶丝调节。第二，若是平衡块凸出部分过大导致摩擦，可打磨掉平衡块上多余部分或更换平衡块。第三，若是平衡块安装不合格导致摩擦，需重新调整、安装平衡块。

2.3 游梁不居中处理对策

游梁是抽油机的重要组成部分，对于游梁不居中需谨慎处理。连杆安装的曲柄销孔不对称的，需重新安装曲柄销；连杆长度不一致的，需更换连杆；抽油机组装不合格的，需重新装机；调冲程或更换曲柄销子时操作不当，造成游梁扭偏的，需重新校正游梁；游梁支承故障的，需更换游梁支承。

2.4 平衡块固定螺丝松动处理对策

平衡块螺丝松动处理需将曲柄停在水平位置，检查紧固螺丝及锁牙螺丝，将平衡块复位后上紧螺丝。

3 结束语

石油能源作为社会发展的重要能源，关系到生产和生活的正常运行。当前，石油工业开采过程中，游梁式抽油机数量不断增加，抽油机的正常运行能够保障石油开采工作的效率和质量，所以，抽油机维护人员及设备管理人员必须对抽油机的异常现象进行分析，正确判断故障原因，合理采取处理对策，及时排除故障，保障抽油机安全稳定运行，以促进石油开采效率和质量的提升。

参 考 文 献

1 张秀云. 关于抽油机安装及维修存在问题的探讨[J]. 中国石油和化工标准与质量，2011.

2 刘大龙. 油田抽油机的日常维护保养[J]. 化工管理，2016.

3 陈文亮. 抽油机常见故障成因分析与治理对策探讨[J]. 内蒙古石油化工，2019.

三柱塞往复式高压泵在使用过程中存在的问题及改进措施

闫俊杰　李　鹏　谢　宇　刘晓丹

（中国石化催化剂有限公司长岭分公司，湖南岳阳　414012）

摘　要　本文简单介绍了三柱塞往复式高压泵（以下简称高压泵）的结构和工作原理，针对高压泵在使用过程中存在盘根泄漏、柱塞大堵头泄漏和倒缸故障率高的现象，分析了具体原因，提出了改造方案。经改进后，有效降低了设备故障率，节约了生产成本，保证了生产正常进行。同时，为该类设备的检修和设计提供了一些思路。

关键词　高压泵；故障率；改造；生产

1　前言

喷雾干燥成型是利用喷雾干燥原理，生产粉状、微球状产品。喷雾干燥方式包括气流式喷雾干燥、压力式喷雾干燥和旋转式喷雾干燥。我厂裂化剂装置采用的是压力式喷雾干燥，其原理是利用高压泵使料液获得很高压力（2～20MPa），然后经过喷枪喷出，分裂成细小雾滴，然后通过气流干燥，生产出合格粒度分布的产品。其中高压泵的工作压力是影响产品粒度分布的关键因素之一。

我厂现用高压泵是喷雾干燥工艺中不可缺少的设备，同时也是生产线上的关键设备。在生产过程中，高压泵故障率长期居高不下。通过对2017年裂化剂装置高压泵P1806/2和P1804/4故障率统计（见表1），发现高压泵主要故障包括盘根漏料、柱塞大堵头处漏料、倒缸等。有效解决上述问题，就可明显降低设备故障率和检修频次。本文详细介绍了高压泵的改造思路、改造方法和改造后取得的效果。

表1　2017年高压泵P1806/2、4检修情况　次

高压泵	盘根泄漏	更换柱塞	倒缸	其他	合计
P1806-2	10	6	11	5	32
P1806-4	12	4	10	4	30

2　结构和工作原理

2.1　结构（见图1）

2.1.1　控制系统

控制系统由启停控制系统、变频调速控制系统组成。

图1　高压泵结构

2.1.2　电气部分

电气部分由电控箱和电动机组成，电控箱内设置交流接触器、空气开关等。

2.1.3　减速传动部分

采用齿轮减速传动，减速箱的输入和输出轴均装有联轴器，分别与电动机和曲轴连接，联轴器处设有防护罩。

2.1.4　动力端

机身为箱式结构，材质为灰铸铁。内部由曲轴、轴瓦、连杆和滚动轴承组成。曲轴下部存放润滑油，油面显示在油镜上，采用N68机械油润滑。一根曲轴上并联三根连杆，三根连

作者简介：闫俊杰（1988—），男，甘肃天水人，2010年毕业于湘潭大学过程装备与控制工程专业，工程师，从事设备管理与维修工作。

杆在曲轴上相互错开 120°，即吸液和排液依次相差 1/3 周期，大大地提高了排液的均匀性。

滚动轴承采用飞溅润滑。轴瓦采用强制润滑，润滑油由专用供油泵经滤油器从曲轴连杆内的油道送到各摩擦副进行润滑。

润滑油泵装有润滑油冷却器、滤油棒及油压控制器，调整油压在 0.3～0.4MPa 内。

2.1.5　液力端

液力端由缸体、柱塞、稳压包、吸入阀、排除阀、压力表、进出口管线和法兰等部件组成。

缸体由一长方形不锈钢块锻造而成，材质为 316L，开有三个柱塞孔，柱塞由不锈钢或陶瓷制造，柱塞由连杆带动。为防止液体泄漏和空气渗入，采用填料密封。

2.2　工作原理

电动机与减速箱、减速箱与曲轴通过联轴器连接，曲轴通过连杆带动柱塞作往复运动。传动机构将电动机的回转运动变成往复运动，柱塞一端伸到泵体内，当柱塞离开泵体时，在泵体的泵腔内产生低压，物料由于外压的作用由泵腔下部被吸入缸内，排出阀受排出管内介质的压力而关闭。当柱塞反向运动时，由于缸内介质压力增加，吸入阀关闭，排出阀打开向外排液，物料排出。

3　主要故障及原因分析

3.1　盘根泄漏及原因分析

高压泵在用柱塞有两种：氧化锆陶瓷柱塞和不锈钢柱塞。

柱塞密封通常采用盘根形式，一方面是比较经济，另一方面是检修方便。但其频繁泄漏也成为影响高压泵连续运行的重要因素。在正常安装维护的情况下，柱塞泄漏频次高的原因主要有以下三点。

3.1.1　使用普通盘根

以前使用的盘根为一整卷，材质为混纺纤维浸四氟，每次更换盘根时需要检修人员根据实际长度一根一根地切割好，由于检修人员技能水平参差不齐，造成盘根长短不一样、切口角度不一致，导致使用时盘根寿命下降。

混纺纤维材质较软，硬度低，易造成较硬的物料夹入盘根内，加剧柱塞的磨损，所以每

次安装时都需要检修人员进行预压，费时费力；盘根偏长会造成盘根安装后排列不齐，出现缺陷；盘根偏短及切口不一致会造成接口处密封效果差。

3.1.2　金属柱塞设计存在缺陷

柱塞在工作中作往复运动，来回撞击，背帽原设计没有防松措施，经常出现背帽松动、O 形圈损坏等现象。

原金属柱塞使用材质为 2Cr13，其特点是硬度高，耐腐蚀性差，由于裂化剂物料 pH 值低，导致在使用过程中柱塞表面短时间内被腐蚀，造成柱塞漏料。

3.1.3　旧陶瓷柱塞质量较差

由于工艺原因，旧陶瓷柱塞硬度较差，表面易损伤，且在冷却水堵的情况下短时间内就会炸裂。

3.2　柱塞大堵头处漏料及原因分析

柱塞大堵头的密封圈及与其安装配合的表面有损伤，均会导致泄漏。高压泵的大堵头既是填料箱堵头，也是物料的通道。大堵头前后两道各 2 个密封圈进行圆周密封，物料从大堵头中部及中心的孔道进出，前道 2 个密封圈防止物料沿着缸体内壁从缸体内侧泄漏，而后道的 2 个密封圈是防止物料沿着缸体内壁从缸体外侧压盖处泄漏（见图 2）。

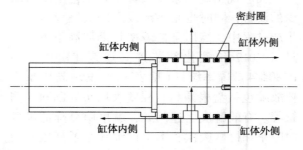

图 2　大堵头密封圈失效泄漏途径

高压缸缸体和盘根箱的密封都是与大堵头关联，只要它们之间有一处密封面腐蚀破坏就会造成泄漏，当腐蚀严重时必须更换高压缸、盘根箱和堵头。其泄漏原因主要有以下两点：

（1）每次更换盘根都要拆卸大堵头，多次反复拆装造成大堵头与缸体局部磨损，且在长时间使用过程中，高压缸缸体、盘根箱和大堵头均腐蚀磨损严重，它们之间的密封面被破坏，造成泄漏，同时会导致缸体报废。

（2）缸体设计存在缺陷，大堵头的设计虽然便于检修，但增加了密封点，且频繁拆卸加速了腐蚀磨损。

3.3 倒缸及原因分析

单向阀内部物料从高压区回流到低压区，导致出口压力波动的现象称为倒缸，内部密封失效是单向阀倒缸的根本原因。

内部密封失效分为尼龙球密封失效和密封圈密封失效两种。

尼龙球的损坏或磨损，或是阀座孔圆弧面腐蚀或磨损，都会造成尼龙球与阀座圆弧面配合不严密，导致尼龙球密封失效。密封圈的破损、老化或磨损，与密封圈接触的缸壁的损坏或磨损，松动引起密封圈在阀座和限位套之间的配合间隙变大，以上三种情况均会导致密封圈失效。

尼龙球密封失效属于正常磨损，不会对缸体造成影响。密封圈失效更换不及时，会导致物料冲刷缸壁，以及密封圈与阀座在缸体内上下蠕动磨损缸壁，长时间运行会对缸壁造成损伤，直至报废。因此，降低倒缸频次主要是降低密封圈的损坏频次。

大堵头频繁拆装造成缸体密封部位磨损严重导致密封失效，高压缸部位由于倒缸和单向阀堵头泄漏造成的缸体损伤，均会造成缸体报废。缸体的频繁更换不仅影响生产连续进行，而且增加了检修工作量和配件成本（见表2）。

表2　近几年 P1806/2、4 缸体更换情况

设备编号	安装日期	缸体更换日期及原因	缸体更换日期及原因	缸体更换日期及原因
P1806-2	2011.7	2014.4 高压缸严重损伤	2016.7 高压缸严重损伤	2017.9 大堵头与缸体密封失效
P1806-4	2010.10	2015.4 高压缸严重损伤	2016.9 高压缸严重损伤	2017.10 大堵头与缸体密封失效

4 所采取的主要措施

4.1 降低盘根漏料频次所采取的措施

针对盘根漏料频繁，在要求标准化检修的同时，我们做了以下工作来降低盘根泄漏率。

（1）针对普通盘根硬度低和在检修过程中由于人的因素造成的长短不一致、切口不好等

问题，我们和岳阳市洞庭密封材料有限公司一起设计了新的成型盘根。新盘根采用芳纶浸四氟，该材质较混纺纤维强度高、耐酸性好，且在制作过程中施加预压，有效提高了盘根寿命。同时，新盘根长短一致，切口平整，切口处采用特殊胶水黏结，稳定性好，彻底消除了因人的不确定因素造成盘根寿命短的情况（见图3）。

(a)改进前

(b)改进后

图3　改进前后的盘根

（2）针对金属柱塞背帽没有考虑防松的问题，我们把单背帽改成了双背帽，并在柱塞上增加环形槽，安装密封圈来解决轴向泄漏问题。

针对 2Cr13 耐腐蚀性差，我们将柱塞材质改为 316L，虽然提高了耐腐蚀性，但 316L 存在硬度较低的缺点，导致金属柱塞的寿命不是特别理想。

陶瓷柱塞有硬度高、表面光滑等特点，可以很好地降低盘根泄漏频率，延长盘根和柱塞使用寿命。原陶瓷柱塞在使用过程中经常出现表面磨损、炸裂的情况，我们与厂家沟通，使用了新材料、新工艺加工的陶瓷柱塞（见图4）。

新柱塞在试用 6 个月后，没有出现磨损和炸裂，表面粗糙度仍然符合要求，大大延长了柱塞的使用寿命。

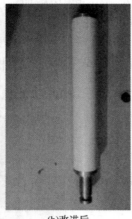

(a)改进前　　　　　　(b)改进后

图 4　改进前后的金属柱塞和新型陶瓷柱塞

在条件允许的情况下，使用新型陶瓷柱塞可以有效降低盘根泄漏率，降低检修频次、劳动强度，节约配件成本。

4.2　解决柱塞大堵头处漏料所采取的措施

在不改变高压缸结构的情况下，把中间套与盘根箱的端面密封和中间套与高压缸的圆周密封合并成一处密封，在中间套小头端面处车一个 170.4×4.8mm 的凹台，安装 180×5.7mm 的 O 形圈，利用 O 形圈来弥补高压缸缸体、盘根箱和中间套因为腐蚀无法密封而泄漏频率高的问题(见图 5)。改造后，密封面在腐蚀磨损的情况下，大堵头处的漏料频率由原来的 2~3 次/月降至 1 次/月。

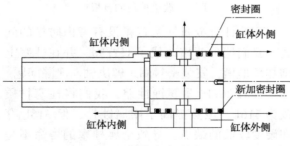

图 5　大堵头改造图

2017 年，P1806-2 在新缸体制造过程中，我们与厂家沟通，改进缸体设计，将高压缸与大堵头设计为一体，彻底消除了因大堵头反复拆装磨损造的泄漏问题，有效地提高了缸体使用寿命。新缸体于 2017 年 9 月用于 P1806-2，

使用到现在缸体部位没有出现损伤。

4.3　降低倒缸频率所采取的措施

高压泵阀座密封圈失效、缸壁腐蚀磨损都会造成倒缸，只需把次通道完全封闭，既可保护缸壁，也可使已报废的缸壁继续使用。

对主、次通道之间的通道，通过安装尼龙垫片对缸体阀座的上下端面进行密封(见图 6)。

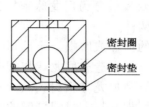

图 6　阀座改造图

安装尼龙垫的作用是将主次通道之间的通道封闭，这样主通道内的物料就不会跑到次通道内去了，次通道进料后，也不会跑到主通道中去，压力就不会波动。

在缸壁出现轻微损伤的情况下，通过在下阀座底部安装尼龙垫，通过调整尼龙垫的高度来让密封圈错开损伤部位，形成新的密封面，从而消除倒缸。

当缸体损伤严重无法密封时，可通过在缸体底部、阀座和下限位套分别安装尼龙垫，将单向阀的周向密封改为径向密封，从而消除倒缸，延长缸体使用寿命。

5　取得的效果

通过上述改造，有效地降低了盘根箱泄漏率，延长了柱塞与盘根的寿命，降低了倒缸频次，同时通过对缸体的改造，大大延长了缸体使用寿命(见表 3)。

表 3　P1806/2、4 近三年故障率

时间	盘根泄漏率/(次/月)	柱塞平均寿命/月	倒缸频次/(次/月)	缸体寿命/年
2016 年	1.25	1	0.92	1
2017 年	1.33	1.2	0.83	1
2018 年	0.83	>6	0.5	>1

6　结语

通过在实际检修过程中对高压泵的不断改造和完善，有效降低了高压泵的故障率，降低了检修频次和劳动强度，保证了设备长周期稳定运行。通过改造，有效降低了配件的消耗量，

为企业节约了生产成本。同时，为该类设备的检修和设计提供了思路。

　　使用成型盘根后，在盘根更换过程中我们通过不断摸索，将传统的先装柱塞后装盘根和导向套的方式改进为先装盘根和导向套后装柱塞，更换盘根的工作量由原来 4 人 8 小时降至现在 3 人 3~4 小时。通过单台高压泵多次实验，发现盘根安装方式的改变对盘根泄漏率不会造成影响，我们将此方法推广至所有高压泵的检修过程中，大大降低了检修人员的劳动强度。

参 考 文 献

1　张继光. 催化剂制备过程技术. 北京：中国石化出版社，2011.
2　方子严. 化工机器. 北京：中国石化出版社，1999.
3　往复泵设计编写组. 往复泵设计. 北京：机械工业出版社，1982.

焙烧炉进料转阀运行效果差的
原因分析及改进措施

罗立武 闫俊杰 姚云辉 李 鹏

（中国石化催化剂有限公司长岭分公司，湖南岳阳 414012）

摘 要 针对焙烧炉进料转阀运行效果差的情况，通过对焙烧炉进料转阀故障检修过程中数据的检测，分析了转阀运行效果差的原因并提出了处理措施。分析认为，转阀阀体的转子直径与阀腔内径间隙大、转子与腔体同心度差是造成转阀运行效果差的主要原因。通过对转阀同心度和间隙的优化改造，彻底解决了转阀运行效果差的问题，提高了物料输送效率，降低了设备故障率，减少了装置非计划停工，为装置的安稳优运行提供了保障。

关键词 转阀；转子；间隙；同心度

焙烧炉转阀是一种封闭式的粉末状固体输送设备，将闪蒸出来的粉末，通过均匀转动的阀芯叶片输送到焙烧炉内进行焙烧。由于转速与叶片容积是一定的，每分钟输送的量很稳定，物料均量地进入炉内是不会引起炉子工况波动的。同时，焙烧炉进料转阀是分子筛生产系统的独生子设备，设备运行效果直接影响着整套装置的安全稳定运行。我公司分子筛生产装置第三条生产线中焙烧炉进料转阀的工作间隙较大，炉内有高温焙烧气流形成的正风压，风压会将部分物料憋压从圆周间隙处返回（即内漏），影响转阀给炉子进料的效果，使得进料不均匀。同时，间隙会让炉内热量大量损失，影响产品焙烧效果。这些都会使炉子工况不稳，温度发生较大波动，炉子窜动频繁，运行很不平稳，增大维护检修工作量及可能带来炉子开坏的重大设备事故。

1 故障现象及原因分析

在进料转阀故障检修过程中，对该转阀进行数据检测，发现阀体的转子直径与阀腔内径间隙较大，达到了3mm。同时，转子与腔体同心度差，偏心严重，最大间隙为2.5mm，最小处才0.5mm。这样的工作精度在出口炉内的正风压下进料效果就不好了。风压、间隙、同心度是影响转阀进料的主要因素。

1.1 风压问题的影响

转阀出口的焙烧炉内风压是物料在焙烧过程中形成热气流的压力，是正压，会使粉状物料下料不畅。在转阀转子圆周间隙过大时，风压甚至会将物料憋压返回，产生内漏。另外，风压的存在，会损失部分热能，影响焙烧效果。

1.2 转子与阀体的间隙问题

间隙是为了防止转子与阀体热胀程度不一样或防止转子因制造误差和装配定位误差而产生卡死盘车不动。间隙小了会卡死，间隙大了则物料会在正风压作用下返回，还会使炉内热力损失。根据线性热膨胀公式 $a=(L_1-L_2)/L_1 \cdot \Delta T$，我们算出在该工作介质温度下，转子与阀体不发生热胀卡死的最小极限间隙 X_2 等于0.25mm。另外，必须控制最大极限间隙 X_1 在允许值内。转子与阀体的各部位的尺寸和形位加工误差及各部装配定位误差产生了转子与阀体偏斜不同心的现象，使得间隙不均匀，存在最大极限间隙与最小极限间隙，最小极限间隙与最大极限间隙之差就等于最大偏心值 $T_偏$ 的两倍，即 $X_1-X_2=2T_偏$（见图1）。

1.3 影响同心度的问题

在转阀中，影响同心度的因素有以下几个方面：①轴承内圈与转轴、外圈与轴承座孔的配合情况；②轴承座轴心线与端盖定位止口中心线重合情况；③端盖定位止口中心线与阀体

作者简介：罗立武（1973—），男，高级技师，现主要从事机动设备检维修工作。

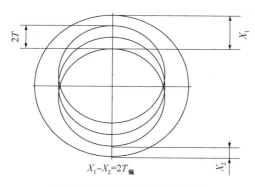

图1　转子与阀体间隙示意图

孔的定位止口中心线重合情况；④阀体两端止口中心线与阀体孔轴线重合情况；⑤轴承、叶轮转子的径向跳动情况；⑥当轴承采用的是特殊专用的防尘式整体座式轴承时，其与轴承座孔对中情况。这6个方面的影响大小是各不相同的，下面分别就各方面的影响进行具体分析（见图2）。

（1）轴承内圈与轴是紧配合，两者的对中精度很高，外圈与轴承座孔的配合为过渡配合，对中精度也很高。这两处的配合对偏心的影响误差值 T_a 很小，可忽略不计。

（2）在机械加工中，大多数零件或部件是将金属材料经过铸造、锻造、焊接加工制成毛坯，再经过车、铣、刨、磨、钳等切削加工及热处理而制成。转阀的轴承座与端盖就是两个单独零件焊接成一体的。两者焊接成一体后，就有相对位置精度要求了，即要求轴承座轴线与端盖定位止口中心线重合。在两者的焊接过程中，不可避免地存在焊接应力和变形，还有焊接前的对中定位不当或夹紧不够，都会使两轴线不重合和偏斜。在该转阀中，存在较严重的焊接变形及定位夹紧不当产生的轴线偏离误差值 T_b。

（3）转阀两端盖与阀体的定位对中是依靠端盖上的止口与阀体两端止口的配合来完成的，两者是间隙配合。有多少间隙，就会有多少定位误差存在，配合间隙引起的定位误差值等于直径间隙值的一半。

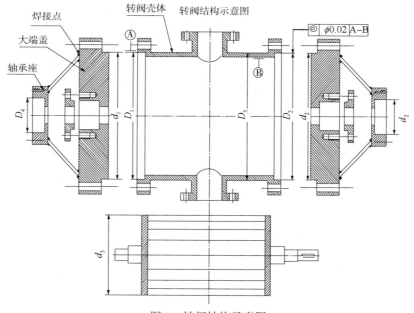

图2　转阀结构示意图

在这台转阀中，两盖与阀体止口直径间隙值分别为1mm和1.2mm，两端盖定位误差分别为0.5mm和0.6mm，则两端盖止口中心线对两阀体中心线不重合偏差值最大可为 $T_c = 0.50 + 0.60 = 1.10$ mm（见图3）。

（4）阀体两端的止口直径 D_1 与 D_2 只能在两次装夹加工中才能够加工出来，即先加工完一端的止口直径尺寸 D_1 与阀腔内径尺寸 D_3，再调头装夹找正定位一次，然后加工另一端的止口直径 D_2。D_1 与 D_3 是在同一道工序中加工出来的，同轴度很高，而 D_2 重新装夹了，是另一道工序，若这两道工序的装夹定位基准不重合，则有定位基准不重合误差存在。在该转阀中，也存在这种误差 T_d。

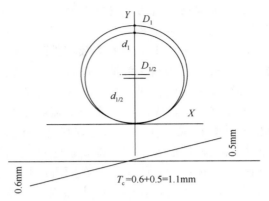

图 3　阀体同心度偏差

（5）轴承、叶轮转子的径向跳动是不可避免存在的，轴承与叶轮转子的加工精度很高，轴承的径向跳动一般在 0.02mm 以内，而叶轮转子的加工径向跳动在 0.01mm 以内，两者的径向跳动误差 $T_e=0.02+0.01=0.03$mm。

（6）当轴承采用特殊专用的防尘式整体座式轴承时，轴承与大盖-轴承座孔的安装连接定位不是直接由轴承外圈来完成的，而是由这种整体座式轴承的铸铁座端盖上的止口与轴承座孔的配合来实现的，同 T_c 一样，也会有配合间隙引起的定位误差。炉 3 转阀采用的就是这种专用轴承，两轴承盖止口与轴承座孔配合间隙均为 1mm，其各自定位误差为 0.50mm 和 0.50mm，则两轴承中心线与座孔心线不重合偏差 $T_f=0.50+0.50=1.0$mm。

以上 6 个方面对转阀的对中误差影响效果是不一样的，其中 T_a 和 T_e 这两种误差是加工过程中存在的不可避免和绝对消除的零件加工精度误差，其值也很小，可忽略不计。而 T_b、T_c、T_d、T_f 等误差值较大，累积的对中误差最大达到 2mm 以上了，在这样大的定位对中误差下装配，装配中常常偏磨或是卡死（不盘车不动），带来大量的调整对中的工作量。高的装配精度必须依靠高的尺寸、形状和位置精度来保证。因此，必须对这四处误差进行第二次加工，最大限度地减少各自的误差值，控制对中误差总量值以提高装配精度。

2　转阀改造措施

对影响进料效果的 3 方面因素进行分析，其中，风压是生产焙烧过程中形成的，是不能避免和减少的，只能通过控制转子与阀腔的最大极限间隙来降低风压的影响。这样一来，对 3 个方面因素的改造实际就成了 2 个方面的改造，即同心度与间隙的处理改造。

2.1　同心度的处理改造

（1）阀体两端止口对阀腔体轴心不同心误差 T_d 的改造：检测 D_1 和 D_2 两止口对阀体腔孔径 D_3 的轴心对中情况，必有一个止口对中好，另一个差些，假设 D_1 对中性好，就以它为装夹基准，进行装夹，精找正，夹紧后对止口 D_2 进行车削加工，加工得到尺寸 D_2^* 比 D_2 大 2mm，这时，误差 T_d 就是来自车床主轴跳动和精找正的误差了，这是很小的，不大于 0.01mm，可忽略不计。

（2）盖定位止口中心线与阀体孔的定位止口中心线不重合误差 T_c 的改造：T_c 是配合间隙引起的误差，可通过第二次车削加工减小配合间隙值来降低 T_c 值，即对两个大盖端面进行车削，分别形成长 2mm 的第二止口（见图 4），其直径尺寸为 $D_1-0.05$mm 和 $D_2^*-0.05$mm。这样一来，两端大盖止口直径配合间隙值就保证为 0.05mm 了，其引起的定位误差分别就是 0.025mm 和 0.025mm，则两新止口中心连线对阀体两止口中心线不重合偏差值 $T_{c1}=0.025+0.025=0.05$mm。

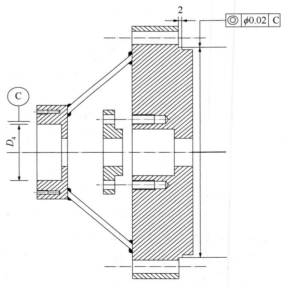

图 4　改造后的大盖端面

（3）轴承座轴心线与端盖定位止口中心线对中误差 T_b 的改造：在前述"（2）"的加工过程中，第二止口加工装夹时，必须以与大盖焊接成一体的轴承座孔为装夹定位基准,进行精找正后,再加工出直径尺寸 $D_1 - 0.05$mm 和 $D_2^* - 0.05$mm,这样做的目的是保证端盖的第二止口对轴承座孔的同心度,降低焊接变形及焊接应力引起的两轴心线偏斜误差 T_b。处理后的误差 T_{b1} 只是很小的精找正误差,T_{b1} 不会大于 0.01mm。

(4)专用轴承定位安装止口与端盖上轴承座配合间隙误差值 T_f 的改造:同 T_c 性质一样,T_f 也是间隙配合引起的误差,也采取车削的方法,对这两特殊轴承盖凸台车削出第二止口,长 2mm,形成新的定位止口尺寸,与轴承座孔直径间隙值为 0.05mm,其引起的定位误差分别就是 0.025mm 和 0.025mm。另外,在这里装夹加工轴承盖第二止口时,存在装夹定位精找正误差,其值不大于 0.01mm,则两轴承中心线与轴承座孔心线不重合偏差 $T_{f1} = 0.025 + 0.025 + 0.01 + 0.01 = 0.07$mm。

通过上面对同心度的改造加工,将转阀各处的对中误差降低为 $T_{偏} = T_a + T_{b1} + T_{b1} + T_{c1} + T_{d1} + T_e + T_{f1} = 0 + 0.01 + 0.01 + 0.05 + 0.01 + 0.03 + 0.07 = 0.18$mm。

2.2　处理间隙的改造

间隙的处理改造就是重新确定能满足使用要求的转阀腔体与转子叶片的直径间隙值。

前面算出,转子与阀体不发生热胀卡死的最小极限间隙 $X_2 = 0.25$mm,改造后最大极限偏心误差 $T_{偏}$ 为 0.18mm,则转子与阀体最大极限间隙值 $X_1 = 0.25 + 0.18 = 0.43$mm,即转子叶片直径与阀腔内径间隙为 $X = 0.25 + 0.43 = 0.68$mm。这样,当转子叶片直径与阀腔内径间隙为 0.68mm 时,改造后转子与阀腔的装配最小极限间隙为 0.25mm,最大极限间隙为 0.43mm,既不会热胀卡死,也不会有大的物料返回内漏和热力损失。

由于转阀腔体内壁较薄,再次车削加工会降低其强度及引起变形,只能对转子叶片采取加工措施,即对转子叶片外径进行电焊堆焊后,再进行车削加工,加工得到的转子直径尺寸控制在比阀腔内径 D_3 小 0.68~0.70mm。

以上解决了径向尺寸问题,还需解决轴向

问题。在大盖第二止口的加工与专用特殊轴承铸铁座第二止口的车削加工中,轴向尺寸发生了变动,可在各第二止口尺寸加工的同时,将原止口端面相应的轴向车削下去 2mm 或 3mm,以保证各新止口的配合深度不变,这样就能保证改造后轴向间隙及轴向窜量跟改造前一样。

3　改造后的效果

(1)提高了输送效率,满足了生产需要。

(2)减少了产品的泄漏流失,提高了产品收率及降低了泄漏粉尘的环境污染,改善了工人的生产作业环境。

(3)减少了炉子的热能损失,降低了产品能耗。

(4)转阀装配精度的提高,减少了其装配偏磨现象、间隙过大造成的被异物卡死或卡物将阀腔内壁拉毛现象及相应带来的大量设备配件修复工作和避免偏磨的调试对中工作,降低了设备修复成本和工人维修频率。

(5)转阀工作精度的大幅提高,使焙烧炉获得了稳定的工况及运转平稳,对产品的焙烧均匀,从而获得的产品质量稳定。

(6)避免了转阀输料不稳定而使炉子运转不平稳、炉体窜动引起重大机械事故、造成突发性停工生产损失及大量的抢修工作。

参 考 文 献

1　李红伟,章勇锋,齐武军,等. 化工行业粉粒体输送设备应用及发展[J]. 石油化工设备,2020(6):47-54.

2　周艳. 旋转阀的特点及应用趋势[J]. 氯碱工业,2004(9):41,44.

3　闫俊杰. 关键机组特护管理体系及方法探讨[J]. 石油化工设备技术,2020(4):58-62.

4　孙卫江. 滚动轴承装配方法及注意事项[J]. 山东工业技术,2016(23):200.

5　赵福来. 滚动轴承装配分析[J]. 设备管理与维修实践和探索,2005(S1).

6　闫俊杰. 闪蒸干燥设备在分子筛装置应用过程中的改造完善[J]. 石油化工设备技术,2019(4):49-52.

7　闫俊杰. 气流分级机在裂化剂生产中的应用改进管理提升[J]. 石油和化工设备. 2019(1).

浅析制氢转化炉猪尾管开裂原因与处理

姜瑞文[1]　周一斌[2]

（1. 中国石油化工集团有限公司工程部，北京　100728；

2. 中国石化福建炼化公司，福建泉州　362000）

摘　要　福建某企业 $40\times10^3Nm^3/h$ 制氢转化炉停用期间 TP347H 材质的猪尾管发生普遍性断裂现象。结合转化炉结构、运行及修复情况，采用铁磁相含量测定、拉伸、腐蚀和硬度试验、化学成分和金相组织分析、断口形貌观察及能谱分析等手段，通过宏观和微观观察，分析了裂纹产生及开裂的原因，根据失效原因，提出了转化炉修复的解决方案，制定了防护措施，确保了装置安全平稳长周期运行，也为 Technip 制氢工艺同类问题处理提供了借鉴。

关键词　制氢转化炉；猪尾管；应力腐蚀

1　概述

福建古雷工业园某石化企业 $40\times10^3Nm^3/h$ 制氢装置于 2013 年 7 月建成投产，采用荷兰德希尼布公司（Technip）烃类/水蒸气转化、中温变换、变压吸附分离（PSA）提纯净化制氢工艺，原料可以用气、油或油气混用，以较低的水碳比、能耗和原料消耗生产所需工业用氢。该制氢转化炉换炉有别于国内制氢转化炉设计，一是抛去传统转化出口"猪尾管"，降低转化炉出口材质要求和施工难度，但使进口猪尾管承受尾管本身以及炉管、进出口集合管在高温下所产生的热变形，甚至由此产生的热应力，对进口猪尾管提出了更高的要求；二是流段采用"立体"设计，不但节约土建空间，而且提高了热效率；三是转化炉反应条件苛刻，转换炉转化反应最大空速达 $1200h^{-1}$，转化出口温度最高达 870℃，正常工况以重整氢 PSA 尾气生产工业用氢，原料组分复杂，这些对转化炉猪尾管的设计提出了更高的要求。工程建设于 2011 年 4 月动工，2013 年 1 月 31 日中交，7 月 16 日实现首次开车。设计主工况是以重整氢 PSA 尾气为原料，运行期间主要以精制 C_5 和液化气为原料，负荷为 30%～80%，2015 年 4 月 6 日因爆炸事故导致装置停工，停用期间未对转化炉炉管内采取保护措施，也未对转化炉管系支吊架进行检查和调整。

该装置转化炉结构独特，辐射炉膛内设置三排共 126 根炉管，辐射段只在转化炉管（材质 25Cr35NiNbMA）上端进口段设置侧进"猪尾管"［A312 TP347H、Sch. 40S、PIPE 1¼"、壁厚 3.56mm、长 8200mm，焊材采用 E（R）347］，猪尾管两端通过管台（上管台材质 A312 TP347H、下管台材质 A312 TP304H）与进料集合管（材质 A312 TP347H）、炉管上端侧面连接，炉管上端是端盖法兰（材质 A312 TP304H）密封并由恒力弹簧吊挂悬吊，转化炉管下端出口采用直管段（材质 20Cr33Ni ALLOY 800HT）变径后连接到下集合管，三排下集合管在炉底将转化气汇集后进入废热锅炉。辐射段与对流段由转油线（$\phi325\times17.48mm$ A312 TP347H）连接。对流段炉膛内原料预热、燃料空气预热、自产蒸汽等换热采用高效"立体"设计，辐射段进料集合管、炉管、猪尾管设置恒力弹簧吊挂、支吊架等，以满足管系变形补偿。猪尾管内介质是原料加氢脱硫、脱氯反应产物配蒸汽换热后的混合产物，硫化氢含量<0.5ppm（体积）、氯化氢含量<0.1ppm（体积），设计温度为 520℃，操作温度为 480～520℃，设计压力为 3.45MPa，

作者简介：姜瑞文（1967—），男，高工，1990 年本科毕业于山东工业大学，长期从石油化工企业生产、设备与工程管理工作，现在中国石化集团有限公司工程部从事工程建设生产准备管理工作。

操作压力为 3.25MPa。

2018 年 5 月经 PT 检测发现猪尾管与上管台相连的焊缝附近(见图 1 的 A 处)和猪尾管的弯管附近(见图 1 的 B 处)普遍断裂且有大量裂纹。7 月 12 日,PT 检测下管台(管台锻件材质 ASTM A182 F304H)也发现坡口位置存在裂纹,而且在修复切割、打磨过程中近焊缝 TP347 和 TP304H 母材重复产生裂纹。管台焊接处和弯管部位裂纹一致且呈现规律性特征:126 根猪尾管全部产生裂纹,断裂 91 根,上管台处 A 处裂纹开裂 38 处、弯管 B 处裂纹开裂 80 处;裂纹大多发生在高应力集中的区域,猪尾管弯管内侧、焊缝及热影响区附近靠近母材部分,外观断裂裂纹自管外壁产生,沿壁厚方向扩展开裂,主裂纹附近裂纹更密集,裂纹沿壁厚方向的扩展深度更深。

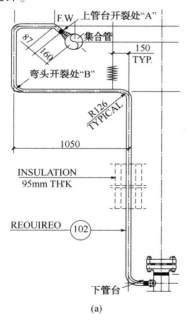

(a)

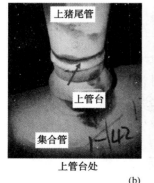 

上管台处　　　　弯头处

(b)

图 1　上猪尾管及开裂部位

2　检测分析

2.1　外观检查

猪尾管样件及裂纹宏观形貌如图 2 所示,猪尾管上的裂纹主要位于上管台与猪尾管相连的焊缝近母材上(A 处)和猪尾管 90°的弯管上(B 处),裂纹开裂(断裂)方向均为环向,钢管外表面呈灰黑色,未见明显腐蚀坑等其他缺陷。裂纹 1 位于试件一端近焊缝处(近上管台侧 A 处部位),裂纹沿管横截面方向分布,张口最大位置位于框型结构的内侧,裂纹整体较平直,局部呈不规则折线型。裂纹 2 位于弯管的内弯处(弯管 B 处),宏观形貌与裂纹 1 相似。将裂纹 2 打开后发现内表面光洁,呈青灰色,除裂纹外未见其他缺陷,主裂纹附近可见于主裂纹平行的细小微裂纹。管壁无明显变形和减薄。

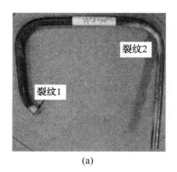

(a)

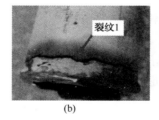 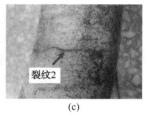

(b)　　　　　(c)

图 2　裂纹宏观形貌

2.2　铁磁相含量分析

测定显示直管段表面铁磁相含量为零,弯管部位略有一点磁性,最高为 0.45%,表明猪尾管的热处理状态为固熔状态。

2.3　化学成分分析

结果表明材料化学成分符合 ASTM A312/312M 标准中对 TP347H 的要求。

2.4　拉伸试验

室温拉伸试验结果表明直管部位的抗拉强度和延伸率略低于标准要求。

2.5　腐蚀试验

恒力载荷应力腐蚀试验结果表明,直管段

部位在只有单一 Cl^- 环境下产生应力腐蚀开裂，断口为穿晶性。

2.6 金相组织分析

截取裂纹部位轴向全厚度金相试样试验，观察到宏观形貌和微观形貌具有典型的晶间型应力腐蚀开裂特征。金相组织结果表明为正常的奥氏体组织，材料存在一定程度的敏化。

2.7 硬度分析

硬度检测结果表明材料内、外部硬度值分布偏高，管的内侧点的硬度均偏高。

2.8 裂纹断口分析

采用扫描电子显微镜（SEM）对断口进行微观形貌观察，结果表明断口为沿晶断裂。

2.9 能谱（EDS成分）分析

管外壁裂纹内部物质进行 EDS 分析，结果表明裂纹内物质为 Fe、Cr 的氧化物，裂纹内具备形成腐蚀环境条件。

管内壁氧化层进行 EDS 分析表明停炉检修期间，空气中的水分进入，导致生成的腐蚀产物体积膨胀，引起腐蚀产物开裂。

对 4 个裂纹断口表面进行腐蚀产物能谱分析，结果显示裂纹断口上腐蚀性元素同上。

3 原因分析与研讨

3.1 设计因素分析

3.1.1 工艺包及工艺设计方面

荷兰德希尼布制氢工艺技术先进，设有原料加氢脱硫、脱氯精制预处理反应器，核实管系配管应力分析结果满足工艺要求。

3.1.2 设计材质选用方面

该猪尾管材（1Cr19Ni11Nb）含稳定化元素 Nb，属于高碳含铌 Cr-Ni 奥氏体不锈钢，其耐晶间腐蚀和耐链多硫酸晶间应力腐蚀性能良好，有良好的弯管和焊接等工艺性能，还有更高的高温强度和更好抗高温氧化性能。作为承压部件，其最高允许使用温度可达 650℃；作为抗氧化部件，其最高抗氧化使用温度可达 850℃。制氢转化炉管入口操作温度为 480℃，出口操作温度为 870℃，温升高达 290℃，转化炉管是管式反应器，热变形大，猪尾管依靠特殊结构形状的形变来消除管系热胀冷缩的集中应力，故猪尾管对热态和冷态下抗拉强度和延伸率有较高要求。杨宏辉对 TP304H、TP347H 钢的材料特性进行过详细研究：两种钢的最高允许温度均为 760℃，抗拉强度 ≥515MPa，屈服强度 ≥205MPa，伸长率 ≥35%，硬度 ≤192HB，最大许用应力见表1。

表1 最大许用应力

温度\材料	537℃	565℃	593℃	620℃	650℃
TP304H 下管台	95.1MPa	67.6MPa	64.1MPa	53.1MPa	42MPa
TP347H 猪尾管	99.3MPa	97.2MPa	89.6MPa	72.4MPa	54.5MPa

根据 GB 13296 规定，ASTM A312 TP347H 相当于 07Cr18Ni11Nb（S34779）钢管，GB 13296 对高温规定塑性延伸强度满足使用要求，见表2。

表2 高温规定塑性延伸强度

序号	牌号	高温规定塑性延伸强度 $R_{P0.2}$/MPa（不小于）										
		100℃	150℃	200℃	250℃	300℃	350℃	400℃	450℃	500℃	550℃	600℃
1	07Cr19Ni10	170	154	144	135	129	123	119	114	110	105	101
2	07Cr19Ni11Ti	184	171	160	150	142	136	132	128	126	123	122
3	07Cr18Ni11Nb	189	171	166	158	150	145	141	139	139	133	130

综上所述，设计选用 TP347H 材质满足制氢转化炉正常工况材质强度和延伸强度要求。

3.2 制造与安装因素分析

管系运行和检测证明，猪尾管安装满足相关技术规范要求，但是转化炉转油线、进料集合管、炉管管系存在制造和安装应力，管组件材质特殊性能不符合相关规范要求，无缝钢管和管台毛坯锻件原材料存在制造缺陷。

3.3 运行操作因素分析

猪尾管与制氢转化炉同步投用、同步停用，运行期间没有断裂。

3.4 失效样件宏观及微观检测结果探讨

3.4.1 猪尾管开裂分析结果

结果证实，猪尾管化学成分、硬度符合要

求但存在一定程度的敏化，管材无明显变形或减薄，开裂部位位于焊缝边缘及弯管母材应力集中部位，裂纹内部充满腐蚀产物且腐蚀产物中含有较高含量的 S、Cl 元素，沿晶型裂纹在晶间传播，表明猪尾管失效符合应力腐蚀开裂特征，外部拉伸助推开裂。猪尾管外管裂纹内含有硫、氯元素，表明猪尾管外管在外部环境作用下形成腐蚀环境，猪尾管本身存在拉应力超出补偿范围而失效。

3.4.2　上猪尾管下管台裂纹分析结果

结果证实下管台 PT 检测坡口处均有裂纹，管台的化学成分、硬度测试结果满足相关标准要求，下管台金相分析可见裂纹为沿晶开裂并伴有晶粒脱落现象，有的裂纹有方向性，而有的裂纹无方向，断口具有沿晶开裂特征；能谱分析断口表面和裂纹缝隙内主要腐蚀性元素为 O、S 和 Cl。表现出晶间腐蚀和晶间型应力腐蚀混合特征。

3.4.3　分析结果探讨

综上分析，TP347H 上猪尾管为氯离子应力腐蚀开裂，大气中的水气、SO_2、氯离子在猪尾管外管高应力集中区形成腐蚀环境，保温材料中可能也含有一定的腐蚀介质，导致猪尾管应力腐蚀；停炉检修期间未做好防护工作，停工后支吊架松动是导致猪尾管超出补偿变形量而过度冷变形开裂的主要推动因素。TP304H 下管台的工作温度为 520℃，在敏化温度范围，其服役必定产生敏化，且停工期间有应力腐蚀开裂特征，大气环境中的氯离子对开裂起到促进作用。连多硫酸仅对敏化的不锈钢敏感，如果产生敏化应该在猪尾管与支管台焊缝的熔合线附近产生，但该裂纹部位远离焊缝熔合线；失效样件断口显示断裂为晶间腐蚀，虽然氯离子腐蚀也会产生晶间开裂，但是更多晶间开裂发生在敏化的不锈钢中，因此该处的氯离子应力腐蚀开裂并不典型，是否具有氢至开裂原因等值得再探讨。

4　整改修复解决方案及防护措施

该修复方案具有更新和维修相结合特点。猪尾管和支管台已经产生了大量裂纹，没有修复价值，因此按原工艺包和设计要求更新了猪尾管（A312 TP347H）和支管台（A312 TP304H）。

更新部分需要与原炉管、集合管进行焊接。

4.1　更换猪尾管、下管台的焊接

猪尾管与上管台为 TP347H+TP347H 材质的焊接，与下支管台为 TP347H+TP304H 焊接，均为普通的不锈钢焊接，焊接难度小且可控。

4.2　下管台与辐射段炉管的焊接

下管台的焊接关键是管台与转化炉管（ZG40Cr25Ni35NbTi）侧的焊接。

4.2.1　旧管台拆除

用角向砂轮机对焊缝进行切割拆除旧管台，彻底清除炉管表面渗碳层，直至露出炉管金属光泽。

4.2.2　炉管表面质量检查

先对管台切割部位炉管的表面进行 PT 检查，发现炉管母材近焊缝部位出现细微的裂纹，用砂轮机进行打磨消除，再经 PT 检查合格后在炉管母材上进行堆焊，再次 PT 合格后才能进行炉管与管台的焊接。如裂纹出现严重扩展倾向，应先对炉管母材进行质量分析，找出原因。

4.2.3　炉管与下管台的焊接及检验

施焊前，应分别对炉管及管台坡口区域进行清理，去除金属表面的氧化膜、油污、水锈等影响焊接质量的杂质。焊前做热处理。采用 GTAW 焊接方法焊接，所有根部焊道应在内外表面采用氩气保护。焊丝为 ERNiCr-3。

焊接过程规范参数：焊接电流为 100~120A，焊接电压为 20V，焊接速度为 12~18cm/min，层间温度≤150℃。按照 NB/T 47013.5 对打底焊缝进行 PT 检查，质量等级为Ⅰ级，检查合格后继续进行焊接，焊接完成后，按照标准及图纸要求对焊缝进行目视及 PT 检查。

4.2.4　转化炉管裂纹的产生与修复

转化炉管与新管台焊接后，转化炉管热影响区产生了较多的裂纹。转化炉管为离心铸造，原始铸件材料塑性低，影响可焊性，甚至传统的预热不能克服这个条件。转化炉管与下管台连接处是第二次焊接，会使炉管的塑形下降，任何焊缝在凝固冷却时都在焊缝及接头产生高的应力，热影响区在焊接时不能承受焊接应力而产生裂纹。

转化炉管的补焊修复：焊后产生点状、浅表性裂纹，采用砂轮磨头或金属磨头打磨至裂

纹清除；对于深度小于 0.8mm 的裂纹无需补焊，将炉管打磨至光滑表面；对于深度超过 0.8mm 的裂纹在母材表面堆焊一层后，锤击焊缝释放应力。对于壁厚方向延伸裂纹，用角磨机和金属磨头打开缺陷，采用小电流多层多道焊，每一层焊接后锤击焊缝释放焊接应力。焊接采用钨极氩弧焊，焊丝采用 UTPA2535Nb。

焊接规范：焊接电流为 102～140A，焊接电压为 12～20V，焊接速度为 12～14cm/min，层间温度 ≤ 65℃。焊接完成后目视检查，PT 检测。

4.3　防护措施

应力腐蚀需同时具备三个条件，即特定环境、敏感材料、拉伸应力，因此解决方案也应从材料、环境、应力这三个方面进行控制。制氢装置毗邻硫黄装置，空气中 SO_2 含量高，空气中的 SO_2、水气极易在停工猪尾管外表面形成连多硫酸环境，装置地处古雷岛屿海边，空气湿润且 Cl^- 含量高，氯离子半径小且穿透力极强，很容易透过膜内的空隙而破坏金属表面的钝化膜，即在氯离子与连多硫酸共存的环境中，氯离子增加敏化不锈钢的应力腐蚀破裂倾向。猪尾管焊缝和弯头处极易形成高应力区。

4.3.1　材料选用与制造

制氢转化炉上尾管选用低碳、稳定性奥氏体不锈钢。碳含量低可以有效防止晶间碳化铬析出，有效降低晶间贫铬区的形成。合金中添加少量稳定元素的钛和铌易于碳形成碳化物(碳化钛、碳化铌)，进一步防止碳化铬析出，提高不锈钢耐应力腐蚀能力。

4.3.2　外部环境防护

停工期间应采用干空气保护管外，隔绝水分；采用氮气保护管内，隔绝氧气和水分。应加强装置开停车操作管理，控制升温和升压速率，先升温再升压，使管道受热均匀，避免产生冷凝液。严格控制进料介质氯离子含量，防止其在系统中的积累。

4.3.3　安装应力

从焊接和安装两方面来降低残余应力，优化工艺流程及管道布置，合理设置支吊架等来降低安装所产生的残余应力。焊接时除了严格遵循焊接规范，还可采用低焊接线能量施焊、加快焊接速度、合理设计坡口和焊接次序、焊接过程中热态锤击焊缝等措施；采用预变形方案，猪尾管在焊接过程中，预先让其承受一个相对炉管热胀方向相反的位移载荷量，在运行期间就能有效降低猪尾管应力水平。

4.3.4　保温防护

改善保温形式，减缓猪尾管的温度差以降低残余应力。猪尾管弯管段保温可采用柔性伸缩保温套保温，柔性伸缩保温套保温可有效补偿猪尾管直管段热胀冷缩的伸缩保温，弥补了直管段保温不能随直管段同步伸缩的缺陷，减缓猪尾管温度差。

5　结论与建议

该制氢装置转化炉猪尾管失效源自应力腐蚀，通过防止腐蚀环境形成、降低应力水平、采购满足使用要求的材料均能有效阻止应力腐蚀发生。注重在停炉、检修期间保护，避免因保护不当造成失效；优化生产操作、加强对设备全寿命周期管理，及早发现和消除隐患，提高设备运行可靠性，确保装置长周期安全运行。

参 考 文 献

1　杨宏辉. TP304H、TP347H 钢的材料特性与金属监督[J]. 湖南电力，2000，20(6)：51-52.

1PE 高压聚乙烯吐出配管失效分析

周　晨

（中国石化上海石油化工股份有限公司，上海　200540）

摘　要　上海石化 1PE 聚乙烯装置中的管式反应器（超高压）是该装置的重要设备。该反应管已运行多年，部分已处于超期服役状态，所以必须要确保该管道的稳定长期运行，这样才能保证石化人、机、材以及财产的安全。在超高压聚乙烯反应器的日常运行过程中，面临着各种严苛工况条件，如设备启停操作导致管道中压力的波动不稳定、温度发生周期性的改变、流体导致管道产生自振等，由这些因素引起的应力变化而导致材料产生疲劳失效。据最新数据统计：75%压力容器运行过程中所产生的缺陷是由材料应力疲劳导致的，由于材料的疲劳而产生的裂纹占比 40% 以上。本文对 IPE 高压聚乙烯吐出配管失效进行了分析。

关键词　超高压聚乙烯管；裂纹；失效；分析

1　简介

聚乙烯合成树脂的产量和消耗量是当前国际上五大通用商业合成合成树脂占比最高的，其中薄膜和吹塑制品已经在农业、工业、军用得以广泛应用，有三个主要品种：LDPE（Low Density Polyethylene）低密度聚乙烯、HDPE（High Density Polyethylene）高密度聚乙烯和 LLDPE（Linear low density polyethylene）线性低密度聚乙烯。其中，LDPE 的产能和收益都是最好的，并且随着 LDPE 的生产工艺、技术不断改进完善，使得其生产成本更低，具有较强的竞争力。

LDPE 的生产工艺有两种：釜式法和管式法。高压釜式反应器长径比为 4∶1 至 18∶1，该工艺最早是 20 世纪 30 年代由 ICI 公司开发的。管式法工艺的反应器为长径比大于 12000∶1 的管式反应器。管式法工艺最早是由 BASF 公司开发的，该工艺技术也得到了诸如 DuPont、Dow Chemical、埃尼这些跨国公司的改进和升级优化。由于反应器温度分布的差异导致聚合物生产工艺存在差异。常用的电缆、薄膜树脂最常采用管式法。管式法具有更加可靠简单的设备、运行生产长周期、生产力强、低能耗等优点，使成本进一步得到优化降低，所以我国更多地是应用管式法。

LDPE 管式反应器的工作压力大于100MPa，工艺条件苛刻程度远超过其他高压设备，需承受剧烈的高压力波动、交替循环的附加载荷、高的器壁温差热应力、分解反应时的短时高温热冲击、外壁热媒和内壁化学介质的腐蚀以及脉冲震动等的作用。这些作用是同时存在并联合作用于同一设备上的。高压聚乙烯装置管式反应器属于超高压设备，迄今尚无国际认可的法定规范、标准用以指导设计、制造和在役检查工作。

在聚乙烯生产装置中，超高压聚乙烯管式反应器能否长周期稳定运行直接影响到人、机的安全以及上海石化的生产效益，因此要引起高度重视。由疲劳产生的压力容器缺陷及不稳定因素在早期并不引起高度重视。由于工业新技术新工艺的改进发展，导致超高压反应器面临更加严酷的操作条件，设备启停操作导致管道中压力的波动不稳定、温度发生周期性的改变、流体导致管道产生自振等，运行中的交变应力以及静载荷都构成了 1PE 高压聚乙烯吐出配管失效的因素。再加上国际大规模的制造而产生的各种制造加工缺陷，这些都大大增加了疲劳破坏的危险性。75%压力容器的运行过程中所产生的缺陷是由材料应力疲劳导致的，由于材料的疲劳而产生的裂纹占比 40% 以上。国家、行业都非常关注材料疲劳导致的破坏。

2　1PE 高压聚乙烯吐出配管的使用工况

上海石化 1PE 将首先面临装置的设计寿命

期，其已经过七百多次开停车，因而通过对正在运行的高压聚乙烯管式反应器进行相应的安全性分析和寿命的评估检测以及技术检验规程的制定就显得非常重要。由于高压聚乙烯装置反应器的进口造价极为昂贵，如果反应器管要求重新自增强或更新拆装，施工需要停车，会造成巨大的经济损失。因而在原设计寿命基础上，通过全面检验、寿命评估将取得巨大的经济效益。

在检修过程中发现上海石化塑料部1PE装置引进的高压聚乙烯管上存在外壁裂纹扩展贯穿的情况。因此对外壁带有缺陷的超高压钢管进行了疲劳试验的研究。1PE高压聚乙烯管管线号为EPG-78/34-30HK-21521，管线走向为2K-102Ⅱ段（主）→2K-102Ⅱ段（主）后方接头。

该管的工作压力为240~270MPa，开停车时压力在0~270MPa之间波动，介质温度为80~95℃，外无夹套包裹，故其外壁直接与空气接触，外壁温度为室温，内壁温度也受室温影响，冬季偏低、夏季偏高。

压聚乙烯管材质为电炉冶炼真空脱气的AISI4340H-Ⅱ。AISI4340钢是一种典型的低合金高强度结构钢，对应中国牌号为40CrNiMoA，其缺点是白点敏感度高、有回火脆性、焊接性很差，其优点是淬透性好、强度高、韧性高、有抗过热的稳定性，高温预热需要在焊接前进行，焊后对热应力要消除处理。管子的名义内外直径分别为78mm和34mm，长4.677m。该管在制造时，采用了自增强处理，自增强压力为632MPa。

该管是1976年装置投产使用至今（见图1），平时只有在压缩机检修时有拆装需要，一般1年在三四次左右。在检修期间发现该管管壁上出现了一条裂纹，以致该管失效。

3 理论分析

3.1 应力分析

1PE管长8m，名义内外径分别为34mm和78mm，内外径比为2.294。对该管进行实际测量，得其实测内外径为78.62mm和33.02mm，内外径比为2.380。

国际上，制造反应容器管时为了提高其抗

图1 1PE吐出配管

疲劳破坏（内壁裂纹萌生与扩展）的能力，对管道采取自增强工艺处理措施，提高内壁压缩残余应力，运行过程中产生的内压以及温差应力与该应力累加，从而降低了内壁应力。制造时，该管自增强施压632MPa。该管正常工作压为240~270MPa，工作温度为80~95℃，筒体是厚壁圆筒的条件是筒体的外半径与内半径之比大于1.2，该吐出配管外径与内径之比达到了2.294，属于典型的厚壁圆筒，并承受内压作用。

3.1.1 弹性应力

1）温差引起的弹性热应力

厚壁圆筒通常承受内部加热或者外部加热。这必然使得温度沿壁厚的分布不均。将厚壁圆筒看成由许多薄壁圆筒套在一起而成。薄壁圆筒的热应力是由于温度不均匀分布，导致不同的热膨胀，圆筒为保持连续而产生相互之间的作用力。内加热圆筒外壁材料受到拉力的作用，内壁受压力的作用，通过计算得知：

在内壁为压应力，外壁为拉应力，轴向和周向温差应力数值较大，故该管不能忽视温差应力的影响。径向温差应力较小。

$$\sigma_r^t = P_t\left(-\frac{\ln K_r}{\ln K} + \frac{K_r^2 - 1}{K^2 - 1}\right)$$

$$\sigma_\theta^t = P_t\left(-\frac{\ln K_r - 1}{\ln K} - \frac{K_r^2 + 1}{K^2 - 1}\right)$$

$$\sigma_z^t = P_t\left(-\frac{2\ln K_r - 1}{\ln K} - \frac{2}{K^2 - 1}\right)$$

如果仅存在径向温差，厚壁圆筒用上式作为应力表达式。上式中：$P_t = E\alpha\Delta T/2(1-\mu)$，$\alpha$ 为材料的线弹性系数，E 为弹性模量，ΔT 为内外壁温差，μ 为泊松比；K 为筒体的外半径和内半径之比；K_r 为筒体的外半径与任意半径之比。经计算，得到温差应力沿壁厚的应力分布，如图 2 所示，由图 2 可以看出，轴向和周向温差应力数值较大，在内壁为压应力，外壁为拉应力，故该管不能忽视温差应力的影响。径向温差应力较小。

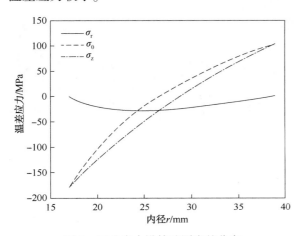

图 2　温差应力沿筒壁厚度的分布

热应力的特点：

（1）温度差异与热应力的大小成正比，温度本身的大小并不起作用，因此可通过内外壁面的保温，使温度差降低，达到降低热应力的目的。

（2）热应力的大小往往与载荷引起的应力同为一个数量级，因此在工程实际中，热应力不能忽视。

（3）热应为二次应力，有一定的自限性。对于塑性材料，热应力不会导致结构断裂，但交变热应力会导致结构疲劳失效。

2）工作内压引起的弹性应力

假设筒体仅受内压 p_i 作用，筒体的内半径为 R_i，外半径为 R_o。当筒体仅受内压 p_i 作用且压力较小时，筒体处于弹性状态，其弹性应力分量表达式为：

$$\sigma_r^p = \frac{p_i R_i^2}{R_o^2 - R_i^2}\left(1 - \frac{R_o^2}{r^2}\right)$$

$$\sigma_\theta^p = \frac{p_i R_i^2}{R_o^2 - R_i^2}\left(1 + \frac{R_o^2}{r^2}\right)$$

$$\sigma_Z^p = \frac{p_i R_i^2}{R_o^2 - R_i^2}$$

由上式可知，在内压作用下，弹性应力沿壁厚分布，$\sigma_r^p > \sigma_\theta^p > \sigma_Z^p$。且 $\sigma_r^p < 0$，$\sigma_Z^p = 1/2(\sigma_\theta^p + \sigma_r^p)$。取该超高压管的工作压力的最大值为 270MPa，代入上述公式，求出各壁厚处的应力分布，并制成图像，如图 3 所示。对于未经自增强处理的超高压管，在内压下，应力沿壁厚的分布极不均匀。内壁存在较大的周向拉应力。经计算，对于未经自增强处理的超高压管，在内压下，应力沿壁厚的分布极不均匀。内壁存在较大的周向拉应力。

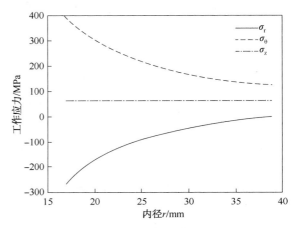

图 3　超高压管工作压力下的应力分布

3.1.2　厚壁圆筒的弹塑性分析

厚壁圆筒在内压载荷作用下，筒壁应力随着压力的增加而不断增加。应力分量增加到一定值时，筒体由弹性变形转变为塑性变形，从筒体内壁逐渐扩展至外壁表面，最终筒壁发生完全屈服。

3.1.3　厚壁圆筒的自增强

自增强处理是指筒体在使用之前进行加压处理，在工作压力、温差应力和残余应力的综合作用下，超高压管内壁保持有较大压缩应力，提高了内壁的抗疲劳强度，而外壁存在较大的周向拉应力，应力状况存在一定程度的恶化。

由于内壁应力大，大多数分析都是针对内壁进行的。但若外壁存在腐蚀，在内热式条件下，在外壁的残余拉应力与压力和温差应力的叠加可能会使裂纹先于内壁产生，这样为了降低内壁应力而产生的外壁残余拉应力就变成了不利因素。

3.2　正常工作及开停车压力循环的应力波动

在开车前后，内壁轴向应力变化不大，而周向应力和径向应力均有较大幅度的波动，外壁周向应力也发生了较大幅度的波动。停车前后的应力波动情况与开车前后类似。

高压聚乙烯反应管疲劳特性为高应力、断裂时应力循环次数较低。

3.3　裂纹扩展

根据材料疲劳裂纹的产生机理，当材料受到小于屈服强度的交变应力时，会产生疲劳问题，会加剧附近裂纹缺陷的扩大，降低构件强度而导致断裂。裂纹的产生和扩展是由局部的应力集中产生的。对于超高压聚乙烯反应管来说，疲劳导致的裂纹扩展大大降低了材料使用寿命。

3.4　大气腐蚀

大气腐蚀会加剧金属腐蚀，由于环境中的氧气、水气、污染物等在金属表面造成化学反应，腐蚀加速。电化学腐蚀是由潮湿大气所引起的，即金属表面存在着许多肉眼看不见的薄膜液层和凝结水膜层，大气腐蚀主要是氧通过金属表面所形成液膜的扩散，而发生氧去极化的腐蚀。而化学腐蚀是由于干大气所引起的。腐蚀性气体和盐溶入金属表面的水膜中，会加剧金属表面的电化学腐蚀现象。金属的腐蚀反应离不开空气中的氧，空气中氧也是主要的腐蚀剂。海边空气湿度大会加速对金属的腐蚀。超高压聚乙烯装置反应段，夹套中的冷却水容易导致腐蚀，但对于没有冷却水腐蚀的非反应段，人们对于腐蚀还没有足够的重视。对于该超高压管，设备处于半裸露状态，工作环境靠近海边，更容易发生大气腐蚀。且发生裂纹的部位位于整根超高压管的下部，该部位较其他部位更加潮湿，容易有水分的存积。腐蚀导致原超高压管表面的保护涂层破坏，使碳钢裸露，在高盐的环境中很容易腐蚀。延长超高压管的使用寿命可使用含锌或铝的保护性涂层。通过定期维护减少降低涂层脱落速度，从而降低腐蚀速度。

3.5　断口宏观分析

将吐出配管出现裂纹处进行拍照记录，沿裂纹环向一周观察，只发现一条较明显的裂纹，

该裂纹具体形貌见图4。观察图4，可见管表面存在一条长约10cm的裂纹，裂纹较细，整体呈L形，一部分沿轴向，一部分沿环向。裂纹表面附近存在腐蚀情况，且裂纹横向段附近腐蚀最为严重。管子内壁有一灰色薄层，用砂纸打磨后，可见内表面光滑无腐蚀。

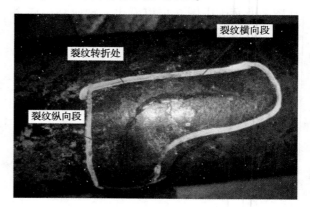

图4　裂纹整体形貌

为进一步观察裂纹形貌，先将裂纹部分切取几个圆环，沿端面观察裂纹的扩展情况。图5为裂纹横向段打开的某一端面的裂纹扩展分布情况，观察可见，裂纹由外表面沿径向向内表面扩展，已经裂至管径三分之二处。

图5　环面

上面已经从端面观察分析了裂纹的扩展情况，推断裂纹是由疲劳产生的。

4　结论

（1）腐蚀导致了外壁裂纹的萌生。

分析超高压管工作现场工况及周边气候地理位置，该管周边存在多种腐蚀因素。由于工厂靠近海边，且设备处于室外，空气中水分和盐分的含量较高，会增大大气的腐蚀作用。在大气和雨水的不断腐蚀作用下形成了超高压管

的外壁的初始疲劳。

对于整根超高压管，其他部位未存在明显的腐蚀情况，出现裂纹的部位在整根超高压管的下方，该处较其他部位更加潮湿，且容易有水分存积。

（2）裂纹扩展的主要动力：开停车时内压的周期性波动。

装置正常运行时，超高压管内压在 240～270MPa 之间波动，而在开停车时，内压则在 0～270MPa 之间波动，经计算，在开车前后，内壁轴向应力变化不大，而周向应力和径向应力均有较大幅度的波动，在裂纹产生的外壁，周向应力也发生了较大幅度的波动（68.621～195.309MPa）。应力周期性的波动导致了疲劳裂纹的扩展。

（3）自增强残余应力存在一定程度的衰减，使该超高压管的抗疲劳能力下降。

5　建议

（1）加强对超高压管吐出配管的防腐处理，改善钢管的腐蚀环境，如增加涂层，并定期检查管道的腐蚀情况。我们需要定期对涂层进行保养维护，防止剥落，降低配管腐蚀速度。

（2）超高压管经自增强处理后，内壁显著提高了抗疲劳能力，而外壁存在的残余拉应力会降低外壁的抗疲劳破坏能力。为降低外壁的应力水平，提高疲劳寿命，可以采用渗碳、喷丸等措施进行表面强化处理。

（3）减少不必要的开停车次数，以减小超高压管内压的波动。

脱丁烷塔顶后冷器壳体开裂原因分析及处理对策

卜敬伟

（中国石化镇海炼化分公司，浙江宁波　315207）

摘　要　本文介绍了某炼油厂加氢裂化装置大修，发现脱丁烷塔顶后冷器壳体裂纹，结合介质成分分析，该脱丁烷塔顶换热器壳程介质中含有水和硫化氢，是典型的湿硫化氢环境及碱式酸性水腐蚀环境，该后冷器在湿硫化氢环境导致氢致开裂及碱式酸性水环境下冲蚀，裂纹部位壳体挖开后对筒体钢板进行更换处理，并从设备制造、选材方面提出了防腐建议和措施。

关键词　脱丁烷塔顶后冷器；湿硫化氢腐蚀；酸性水腐蚀；处理方法

某炼油厂加氢裂化装置于 1995 年投产，其主要原料为蜡油。2020 年 4 月装置停工大修，发现脱丁烷塔顶后冷器壳体裂纹。脱丁烷塔顶后冷器腐蚀在加氢裂化装置中属于较常见问题，对该问题进行了原因分析，并提出改进建议和措施。

1　E308 情况简介

1.1　E308 基本参数

加氢裂化装置脱丁烷塔后冷器 E308 为 1995 年制造，1996 年投入使用，壳体材质为 16MnR，管束原始材质为 10#钢，2001 年管束材质更换为 0Cr18Ni10Ti，壳体未更换，具体参数见表 1。

表 1　E308 基本参数

设备编号	E308
设备名称	脱丁烷塔后冷器
材质	壳程：16MnR
	管箱：16MnR
	换热管：原始 10；2001 年更换管束，材质为 0Cr18Ni10Ti
操作压力	壳程：1.35MPa
	管程：0.38MPa
操作温度	壳程：56℃（上入）/35℃（下出）
	管程：25℃（下入）/29℃（上出）
介质	壳程：液化气、硫化氢
	管程：循环水
焊后热处理	壳程：无
	管程：有
有无保温	无

1.2　E308 系统工艺流程

该装置主要加工蜡油，来自装置反应系统的生成油进入脱丁烷塔 T301。E308 为脱丁烷塔顶后冷器，经 E308 冷凝后的介质进入脱丁烷塔顶回流罐 V308 中进行气相、液相以及水相的分离。气相送入干气脱硫塔 T306，液相返回脱丁烷塔 T301，水相由水包排出至含硫污水系统处理。其工艺流程简图及采样位置如图 1 所示。

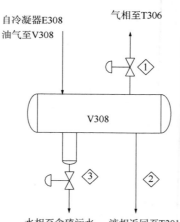

图 1　流程简图及介质取样位置

2　失效原因分析

2.1　介质成分分析

因该冷凝器壳体、管路上无采样口，为此在

作者简介：卜敬伟（1986—），男，2009 年毕业于辽宁石油化工大学过程装备及控制工程专业，现为镇海炼化炼油三部成本中心加氢裂化设备技术员，从事设备管理工作。

V308 系统中采样，采样口位置见图 1 中编号。

对脱丁烷塔顶回流罐 V308 中的气相、液相、水相介质成分进行数据采集处理，分析结果见表 2。因水相中的 pH 值为 7.82，明显成碱性，结合加氢裂化反应机理，可判断水相中含有 NH_3。

表 2　介质成分分析结果

气相硫化氢含量		液相硫化氢体积分数/%	水相 pH 值
体积分数/%	浓度/10^{-6}		
34.62	80000	6.35	7.82

2.2　损伤机理分析

2.2.1　湿硫化氢腐蚀

E308 壳程材质为 16MnR，介质为液化烃、硫化氢并且含水，操作温度为 35~56℃，处于典型的湿硫化氢破坏环境。

在含水和硫化氢环境中碳钢和低合金钢所发生的损伤，包括氢鼓泡、氢致开裂、应力导向氢致开裂和硫化物应力腐蚀开裂四种形式。

（1）氢鼓泡：金属表面硫化物腐蚀产生的氢原子扩散进入钢中，在钢中的不连续处（如夹杂物、裂隙等）聚集并结合生成氢分子，当氢分压超过临界值时会引发材料的局部变形，形成鼓泡。

（2）氢致开裂：氢鼓泡在材料内部不同深度形成时，鼓泡长大导致相邻的鼓泡不断连接，形成台阶状裂纹（宏观表现为与表面基本平行的直线状或台阶状裂纹，一般沿钢材轧制方向扩展）。

（3）应力导向氢致开裂：在焊接残余应力或其他应力作用下，氢致开裂裂纹沿厚度方向不断相连并形成穿透至表面的开裂。

（4）硫化物应力腐蚀开裂：由金属表面硫化物腐蚀过程中产生的原子氢吸附造成的一种开裂。

具体的损伤形态：

（1）氢鼓泡：在钢材表面形成独立的小泡，小泡与小泡之间一般不会发生合并。

（2）氢致开裂：在钢材内部形成与表面平行的台阶状裂纹，裂纹一般沿轧制方向扩展，不会扩展至钢的表面。

（3）应力导向氢致开裂：一般发生在焊接接头的热影响区，由该部位母材上不同深度的氢致开裂裂纹沿厚度方向相连形成。

（4）硫化物应力腐蚀开裂：在焊缝热影响区表面起裂，并沿厚度方向扩展。

主要影响因素：

（1）硫化氢分压：溶液中溶解的硫化氢浓度 $>50×10^{-6}$ 时湿硫化氢破坏容易发生，或潮湿气体中硫化氢气相分压大于 0.0003MPa 时（相当于硫化氢溶解度 $≥7.7mg/L$）湿硫化氢破坏容易发生，且分压越大，敏感性越高。

（2）温度：氢鼓泡、氢致开裂、应力导向氢致开裂损伤发生的温度范围为室温到 150℃，有时可以更高，硫化物应力腐蚀开裂通常发生在 82℃ 以下。

（3）硬度：硬度是发生硫化物应力腐蚀开裂的一个主要因素。炼油厂常用的低强度碳钢应控制焊接接头硬度在布氏硬度值 200 以下，小于 237 时不敏感。氢鼓泡、氢致开裂和应力导向氢致开裂损伤与钢铁硬度无关。

（4）当溶液中含有硫氢化铵且浓度超过 2%（质量分数）时，会增加氢鼓泡、氢致开裂和应力导向氢致开裂的敏感性。

（5）当溶液中含有氰化物时，会明显增加氢鼓泡、氢致开裂和应力导向氢致开裂损伤的敏感性。

2.2.2　碱式酸性水腐蚀

金属材料在存在硫氢化铵（NH_4HS）的酸性水中发生的腐蚀：

$$NH_4HS + H_2O + Fe \longrightarrow FeS + NH_3 \cdot H_2O + H_2$$

主要损伤形态：

（1）介质流动方向发生改变的部位，或硫氢化铵浓度超过 2%（质量分数）的紊流区，易形成严重的局部腐蚀。

（2）氢致开裂：在钢材内部形成与表面平行的台阶状裂纹，裂纹一般沿轧制方向扩展，不会扩展至钢的表面。

（3）应力导向氢致开裂：一般发生在焊接接头的热影响区，由该部位母材上不同深度的氢致开裂裂纹沿厚度方向相连形成。

（4）硫化物应力腐蚀开裂：在焊缝热影响区表面起裂，并沿厚度方向扩展。

主要影响因素：

（1）pH 值：pH 值接近中性时腐蚀性较低。

（2）浓度：随着硫化氢铵浓度升高，腐蚀速率增大。硫化氢铵浓度小于 2%（质量分数）时，几乎无腐蚀性；浓度超过 2%（质量分数）时，腐蚀性越来越强。

（3）流速：随着硫化氢铵流速加快，腐蚀速率增大。低流速区易发生硫化氢铵结垢，并出现垢下腐蚀；而高流速区，尤其是出现紊流时，易发生冲蚀。

（4）紊流状态：紊流区易发生腐蚀。

2.3 宏观形貌分析

对脱丁烷塔顶冷凝器腐蚀部位进行宏观检查，如图 2 所示。在壳程入口下方出现一流线状腐蚀性沟槽，长度约为 1000mm，槽宽约为 30mm，槽深约为 3mm，该位置位于管束一折流板附近。将腐蚀沟槽附近板材割除修补时，发现割除的板材内部出现平行于母材表面的分层，如图 3 所示。

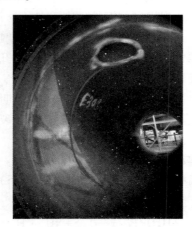

图 2 腐蚀部位宏观形貌

图 3 割开后的分层板材

2.4 表面检测

清除设备内表面浮锈，在腐蚀沟槽附近内表面及近表面进行磁粉检测，发现内表面及近表面存在较多细小的裂纹，对表面细小裂纹进行打磨后发现一条较深的台阶状裂纹，如图 4 所示。

图 4 打磨后母材内出现台阶状裂纹

2.5 埋藏缺陷检测

在腐蚀沟槽及周边对应的外表面区域进行相控阵检测，采用 0° 纵波垂直入射线扫检测。缺陷 C 扫图谱分两类存在，如图 5 和图 6，图 5 中缺陷图像平直、连续、颜色均匀，初步判定此区域钢板在制造过程中可能有分层缺陷存在。图 6 中曲线图像存在台阶状，深度方向不一致，附近其他缺陷显示交替出现，结合换热器介质及运行工况，初步判定此区域存在鼓泡和开裂。

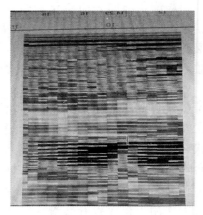

图 5 相控阵检测图像 1

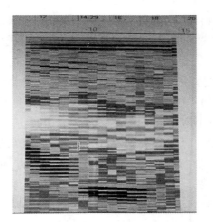

图 6 相控阵检测图像 2

2.6　硬度检测

对腐蚀沟槽附近内表面区域、附近焊接接头部位进行了硬度检测，硬度检测结果如表3所示。硬度检测结果未见异常。

表3　硬度检测结果

腐蚀沟槽附近母材（HB）	腐蚀沟槽附近焊接接头（HB）		
	焊缝	热影响区	母材
168	171	169	158

2.7　腐蚀原因分析

腐蚀沟槽位于脱丁烷塔顶换热器壳程入口下方，换热器管束在改位置处设有折流板，腐蚀部位处于流动方向发生改变的紊流区，流线状的腐蚀形貌具有冲刷腐蚀的典型特征。

脱丁烷塔顶换热器壳程材料为16MnR，壳程入口处温度为56℃。根据塔顶回流罐V308气相、液相和水相介质成分分析结果可知，脱丁烷塔顶换热器壳程介质含有水、大量的 H_2S 和 NH_3。根据E308材料和组分分析情况判断，壳程存在碱式酸性水腐蚀，并且对于碱式酸性水腐蚀，在流动方向发生改变的紊流区，会加剧局部腐蚀，流速越大，腐蚀越严重，管束上的折流板正位于该区域，介质流经折流板流速增大，造成了腐蚀加剧。由此可知，冲刷和碱式酸性水腐蚀耦合是导致换热器壳程局部腐蚀的主要原因。

2.8　开裂原因分析

脱丁烷塔顶换热器壳程介质中含有水和硫化氢，是典型的湿硫化氢环境。在湿硫化氢环境中低合金钢16MnR易发生湿硫化氢破坏损伤。

通过检测结果，壳程焊接接头部位硬度值满足要求，在焊接接头附近区域未发现开裂。脱丁烷塔顶换热器壳程裂纹位于远离焊接接头部位的母材内部区域，且具有典型的与表面平行的台阶状特征。因此，导致壳程母材发生开裂分层的原因是氢致开裂。

3　处理方法

因生产装置停工检修时间短，发现该冷却器壳体裂纹后，重新制作新壳体时间较长，决定采取挖补的方式进行处理。首先，需打磨消除裂纹，直至到无裂纹区域，确定更换范围；其次，为防止割除、补焊过程中壳体受热变形，先做好支撑板加固，如图7所示；第三，壳体钢板割除前先做消氢处理，补焊后消应力处理；第四，壳体整体做耐压试验。缺陷部分更换后，该换热器在装置开工后运行正常，补焊后情况如图8所示。

图7　E308壳体补焊前加固

图8　E308壳体补焊后情况

4　改进措施建议

由于水、硫化氢和氨等腐蚀性介质的存在，加氢裂化装置中脱丁烷塔顶换热器易发生碱式酸性水腐蚀和湿硫化氢破坏损伤，可采用以下措施进行预防：

（1）涂刷防腐涂层。在16MnR材料表面涂刷贝尔佐钠等有机防护涂层，预防腐蚀和湿硫化氢开裂。

（2）折流板位置优化。从工艺设计上优化壳程入口处折流板位置，在保证传热效率的前提下，降低冲刷腐蚀程度。

（3）制造过程中做好焊后热处理。对

16MnR 材料进行焊后消除应力热处理，控制焊接接头区域硬度不超过 HB 200，降低应力导向氢致腐蚀开裂和硫化物应力腐蚀开裂的可能性。

（4）材质升级。采用高纯净度抗氢致开裂钢或奥氏体不锈钢复合钢板或双相不锈钢复合钢板。

参 考 文 献

1　GB/T 30579—2014　承压设备损伤模式识别.

湿硫化氢环境下小浮头螺栓失效分析和对策

赵 军

（中国石化上海石油化工股份有限公司炼油部，上海 200540）

摘 要 本文介绍了稳定塔顶冷却器小浮头螺栓断裂的基本情况，通过对螺栓的成分分析、金相组织分析、断口微观形貌分析以及硬度检测等，得出螺栓断裂的主要原因是由于在湿硫化氢腐蚀环境中，螺栓本身较高的硬度使螺栓对硫化物应力腐蚀开裂的敏感性相应增大，腐蚀凹坑部位存在应力集中，产生了应力腐蚀裂纹的起裂，并最终导致了螺栓的断裂。

关键词 螺栓；湿硫化氢腐蚀；应力腐蚀开裂

1 前言

4#炼油2#延迟焦化装置稳定塔顶冷却器E-9210C为钩圈式浮头换热器，型号为BES1200-4.0-383-6/25-4I，壳程介质为液化气，管程介质为循环水，主要工艺参数见表1。E-9210C于2009年投用，上一次的检修日期为2017年4月。2018年8月24日对该系统其他设备进行检修，10月25日系统开车，气密试验时发现E-9210C管束泄漏，堵管8根，同时发现1根小浮头螺栓断裂。E-9210C共计有M27×335的小浮头螺栓44根，抢修更换新螺栓运行1个月后，又有20根螺栓发生了断裂，断裂部位既有在两端螺纹处，也有在中部螺杆处，如图1所示。

图1 E-9210C断裂的小浮头螺栓

图2为螺栓断口的宏观形貌。整个断口基本垂直于螺栓轴向，表面被黑色和棕黄色的腐蚀产物覆盖，断口没有明显的塑性变形，呈脆性断裂特征。裂纹起裂于螺栓表面，呈放射状快速扩展而断裂。放射线的汇集处为裂纹起裂源（图2下部），整个断口中部为裂纹扩展区，上部为最终撕裂区。

表1 E-9210C主要工艺参数

工艺参数	壳程	管程
最高工作压力/正常工作压力/MPa	1.45/1.13	0.8/0.4
设计压力/MPa	1.53	1.424
进/出口工作温度/℃	50/40	33/43
设计温度/℃	120	80
介质	液化气	循环水

2 宏观分析

本次取样断裂部位在螺杆中部的螺栓做失效分析。整根螺栓表面锈蚀，两侧螺纹部位均有较多的腐蚀垢物覆盖，螺纹凹槽局部被垢物填满，两端螺纹和中间螺柱都存在不同程度的表面腐蚀。

图2 断口宏观形貌

作者简介：赵军，设备管理副主任师，在中国石化上海石化股份有限公司长期从事设备技术管理工作。

3 材料化学成分分析

对发生断裂的螺栓材料进行化学成分分析。分析结果表明，本次取样发生断裂的螺栓材料牌号为35CrMoA。

4 金相组织分析

对断口附近的螺栓材料进行了金相组织分析。

1#金相试样为断口附近横截面；抛光态组织可以看到1条主断面扩展过来的二次裂纹，呈分叉扩展，为典型应力腐蚀裂纹扩展形貌，如图3（a）和图3（b）所示；硝酸酒精溶液浸蚀后组织为回火索氏体+铁素体，为35CrMoA钢的淬火回火组织，如图3（c）所示。

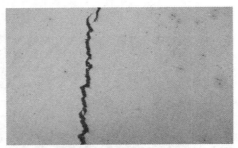

(a)1#试样裂纹形貌1(抛光态)

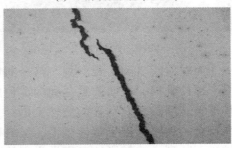

(b)1#试样裂纹形貌2(抛光态)

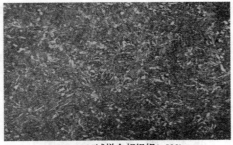

(c)1#试样金相组织(×500)

图3 1#金相试样

2#金相试样为断口附近纵截面；同1#金相试样，抛光态组织可以看到断口处二次裂纹形貌同样为分叉扩展，为典型应力腐蚀裂纹扩展形貌；硝酸酒精溶液浸蚀后组织也为回火索氏体+铁素体。

材料中夹杂物按照GB/T 10561—2005《钢中非金属夹杂物含量的测定标准评级图显微检验法》评级，主要为D类环状氧化物类夹杂物，2级。

5 断口微观形貌分析

分析断口起裂部位的微观形貌，起裂部位受外壁腐蚀坑以及内部夹杂物的双重作用，可见由起裂源处向外扩展的放射状条纹，如图4（a）所示；同时该区域被大量腐蚀产物所覆盖，如图4（b）所示。

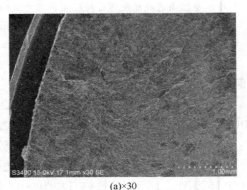

(a)×30

(b)×150

图4 断口起裂区微观形貌

断口上的二次裂纹及断口扩展区的微观形貌显示断口被大量泥状腐蚀产物所覆盖，如图5所示。

断口最终撕裂区的微观形貌同样可以看到大量泥状腐蚀产物，右侧边缘可以看到少量韧窝形貌，如图6所示。

对断口起裂区、扩展区和最终撕裂区的腐蚀产物分别进行能谱分析，三个部位腐蚀产物中可引起腐蚀的有害元素硫含量（质量分数）分别为8.05%、29.88%和29.57%。硫主要来源于壳程介质液化气中的硫化氢，2017年11月26日的液化气成分分析结果显示硫化氢含量为

5.43%（体积分数），2018 年 12 月 8 日的液化气成分分析结果显示硫化氢含量为 9.49%（体积分数）。

(a)二次裂纹(×30)

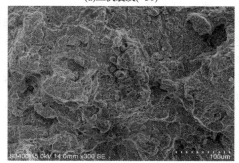
(b)扩展区(×300)

图 5 断口二次裂纹和扩展区微观形貌

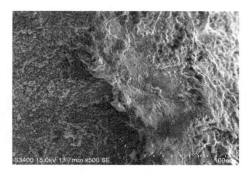

图 6 断口最终撕裂区微观形貌

6 硬度检测

在断裂螺栓上靠近断口处取横截面样品，将两端磨平后，按 GB 230—2009，使用洛氏硬度计，测定螺栓的洛氏硬度值。螺栓材料接近外壁部位硬度值在 HRC 31（HB 295）左右，中间部位硬度值在 HRC 28（HB 273）左右，均高于 GB/T 3077—1999《合金结构钢》中 35CrMoA 钢供货的硬度要求 HB≤229（HRC 21）（钢材退火或高温回火供应状态的布氏硬度）；最高硬度也高于 HG/T 20613—2009《钢制管法兰用紧固件》中表 4.04 的要求（HB 234~285）；但是符合

GB/T 3098.1—2000《紧固件机械性能 螺栓、螺钉和螺柱》中 8.8 级螺栓硬度值 HRC 23~34 范围要求。

7 原因分析

从螺栓断口宏观形貌和微观形貌分析判断，螺栓断裂是脆性断裂，且断面上有裂纹分叉现象，符合应力腐蚀断裂的特征。

由于该螺栓工作时本身承受一定的拉应力，所处的环境介质中含有硫化氢和水存在，也就是处在一定程度的湿硫化氢环境中，加上有适宜的温度（壳程温度 40~50℃）、螺栓本身较高的硬度（最高硬度 HRC 大于 30）和强度，使这些螺栓对湿硫化氢应力腐蚀开裂的敏感性相应增大。且螺杆外部腐蚀坑部位存在应力集中，再加上材料中存在夹杂物，因此在齿根部位和腐蚀凹坑处容易产生应力腐蚀裂纹的起裂，并最终导致螺栓的断裂。

另外，在换热器内部不可避免地存在一些流体滞留区，像内浮头处于换热器尾部，此处介质的流动性差，许多杂质会覆盖在金属表面（断裂螺栓的螺纹部位有大量腐蚀垢物堆积覆盖），经过一段时间积累此处介质的 pH 值会逐渐降低，当金属表面有缺陷时，容易产生表面腐蚀坑，这些腐蚀坑就形成了应力腐蚀破裂的初始裂纹源。

在 NACE RP-04-72 和 API RP 492 标准中规定，湿硫化氢介质中承受载荷的钢件硬度值必须小于 HRC 22 才能有效抵抗硫化氢应力腐蚀开裂。从螺栓断口特征、受力状况、工作环境和对螺栓测定的硬度值分析得出本次 E-9210C 小浮头螺栓发生断裂是由硫化氢应力腐蚀开裂造成的。应力腐蚀开裂时间不固定，在特定环境下，材料在几分钟内就可能破裂。

8 结论

（1）发生断裂的螺栓材料牌号为 35CrMoA。

（2）螺栓材料金相组织为回火索氏体+铁素体，为 35CrMoA 钢正常的淬火回火组织，材料中夹杂物按照 GB/T 10561—2005《钢中非金属夹杂物含量的测定标准评级图显微检验法》评级为 D 类 2 级。GB/T 3077—1999《合金结构钢》中 6.9 对非金属夹杂物的规定是：根据需方要求，可检验钢的非金属夹杂物，其合格级别由供需双方协议规定；而 HG/T 20613—2009《钢制管法兰用紧固件》和 GB/T 3098.1—2000《紧固件机械性能　螺栓、螺钉和螺柱》中对夹杂物没有相关的条款规定。

（3）根据螺栓断口宏观形貌以及微观形貌分析，结合 E-9210C 的工艺介质，可以确认螺栓断裂失效是由于湿硫化氢应力腐蚀开裂造成的，螺栓本身较高的硬度（最高硬度大于 HRC 30），使这些螺栓对湿硫化氢应力腐蚀开裂的敏感性相应增大，腐蚀凹坑部位存在应力集中，再加上螺栓材料中存在夹杂物，因此在腐蚀凹坑部位产生了应力腐蚀裂纹的起裂，并最终导致了螺栓的断裂。

9　应对措施

（1）在湿硫化氢环境下，承受的预紧力满足使用要求时，可以选取强度、硬度（材质硬度应小于 HRC 22）相对较低的金属材料制造螺栓。

（2）增大螺栓直径，降低其所承受的拉应力，并确保所有螺栓受力均匀。

（3）控制螺栓的预紧扭矩。把好安装关，防止预紧力过大，尤其是对于腐蚀性介质中的设备。

参 考 文 献

1　陈彩霞，赵青. 浮头式热交换器浮头管板螺栓断裂原因分析及改进［J］. 石油化工设备，2014，43（S1）：69-72.

2　张亚明，藏晗宇，夏邦杰，董爱华. 换热器小浮头螺栓断裂原因分析［J］. 腐蚀科学与防护技术，2008（3）：220-223.

3　丁明生，陆晓峰，丁敲. 塔顶冷却器小浮头螺栓断裂失效分析［J］. 石油化工腐蚀与防护，2006（6）：44-47.

4　杨开春，赵国兵. 换热器小浮头螺栓断裂失效分析［J］. 化工设计，2002（2）：47-50，2.

酸再生装置膨胀节腐蚀原因分析及对策

刘家兴

（中国石化镇海炼化分公司机动部，浙江宁波　315207）

摘　要　某酸再生装置运行期间，出现多次膨胀节腐蚀失效，影响装置长周期运行。本文对膨胀节失效原因进行了分析，总结出影响膨胀节寿命的主要因素，通过优化膨胀节工作环境并对膨胀节进行合理选材，来提高膨胀节的稳定性，满足装置安全生产需要。

关键词　膨胀节；露点腐蚀；酸再生；二氧化硫

1　概述

波纹管膨胀节在石油化工行业中应用广泛，但随着使用范围不断扩大，其工作环境变得更加苛刻，膨胀节失效情况频繁发生。某烷基化酸再生联合装置，开工后出现多次膨胀节失效，不利于装置安全长周期稳定运行。本文主要分析膨胀节产生腐蚀的原因，通过改变膨胀节工作环境以及优化膨胀节选材来提高设备可靠度，保证装置平稳运行。

2　膨胀节基本参数

酸再生反应器出口风机处设计压力为 $-0.007MPa/0.007MPa$，介质为反应后尾气，主要组成为 $10\%\ O_2$、$75.6\%\ N_2$、$10.3\%\ H_2O$、$4\%\ CO_2$、$0.1\%\ SO_2$，设计温度为 $200℃$，工作温度为 $75\sim85℃$，膨胀节是单式轴向型，内套筒材质为 316L，波纹管材质为 316L。

酸再生焚烧炉出口设计压力为 $-0.012MPa/0.012MPa$，介质为工艺气，主要组成为 $3\%\sim6\%\ O_2$、$40\%\ SO_2$、$10\%\ H_2O$、$40\%\sim50\%\ N_2$，设计温度为 $600℃$，操作温度为 $500℃$，膨胀节内套筒 304H，波纹管材质为 Incoloy 800H。

3　膨胀节失效分析

3.1　失效情况概况

风机出入口膨胀节于 2019 年 10 月开始安装，2019 年 12 月装置首次开车后正常投用，在 2020 年 3 月检查发现膨胀节腐蚀穿孔（见图1），风机入口膨胀节存在 4 个小孔（见图2），出口膨胀节存在 2 个小孔。由于该处工作温度较低，介质中含有水和二氧化硫，腐蚀介质容易在波纹波峰处富集，造成腐蚀穿孔。

图1　风机入口膨胀节腐蚀情况

图2　风机出口膨胀节腐蚀情况

作者简介：刘家兴（1992—），男，浙江宁波人，2015 年毕业东北石油大学过程装备与控制工程专业，工程师，从事石油炼制设备管理工作。

装置自 2019 年 12 月开工至 2020 年 10 月，焚烧炉出口膨胀节连接部分全部腐蚀，腐蚀状况见图 3，因一级转化器 R8200 入口温度不足，作为温控阀，工艺操作上 TV810041 长期保持较低开度（<10%），SO_2 烟气在此流通不好，且该膨胀节位于平台穿孔处，保温存在缺陷，下雨天雨水易进入保温内，保温质量不好进一步加剧了膨胀处温度下降。

图 3　焚烧炉出口膨胀节

3.2　失效原因分析

露点腐蚀：工艺气或者尾气中的 SO_2 和 SO_3 在有水环境下，当换热面的外表面温度低于介质露点温度时，在换热面上就会形成硫酸，导致换热面位置腐蚀。

酸再生工艺管道含有大量 SO_2 和 SO_3 烟气，在无水的环境中 SO_2 和 SO_3 不会产生腐蚀，但是湿法硫酸工艺，工艺烟气中含有较高含量的水，极易形成露点腐蚀。

第一，焚烧炉出口工艺气正常工况下烟气温度高于 SO_2 露点温度，但由于工艺操作上此处阀门开度低（10%），工艺气流通性差，导致工艺气温度低于 SO_2 露点温度（260℃），此时工艺气与水反应在波纹管内筒处凝结生成硫酸，产生低温露点腐蚀。第二，风机出口尾气中含有少量的 SO_2，在有水条件下，凝露形成硫酸，同时由于风机出入口膨胀节的特殊性，腐蚀介质在波峰位置集聚，最终硫酸导致波纹管腐蚀穿孔，造成波纹管失效。材质情况：膨胀节波纹管材质是 316L 和 304H，均属于奥氏体不锈钢，具有较好的耐蚀性能和力学性能，316L 化学成分见表 1，304H 化学成分见表 2。

表 1　316L 化学成分　　　　　　　　%

C	Mn	P	S	Cr	Ni	Mo	Si
0.03	2	0.045	0.03	16~18	10~14	2~3	0.75

表 2　304H 化学成分　　　　　　　　%

C	Mn	P	S	Cr	Ni	Si
0.04~0.1	2	0.045	0.03	18~20	8~10.5	0.75

在常温下 316L 和 304H 是有一定的耐腐蚀性的，但是随着温度上升，腐蚀速率明显升高。同时当硫酸浓度在 10% 以下时，不锈钢 316L 是不耐硫酸腐蚀的。所以在膨胀节位置 SO_2 在有水条件下，在膨胀节波纹管壁产生硫酸，最终导致波纹管损坏。同时值得特别注意的是，硫酸的露点腐蚀对金属腐蚀远远大于普通硫酸腐蚀，硫酸对金属腐蚀生成 $FeSO_4$，SO_2 与 O_2 进一步反应生成 $Fe(SO_4)_3$，当 pH<3，$Fe(SO_4)_3$ 对金属也会腐蚀生成 $FeSO_4$，因此将加速金属腐蚀速度，导致膨胀节加速失效。

4　防护措施

4.1　优化工作环境

由于一级反应器入口温度不足，导致 TV810041 控制阀长期处于小流量甚至关闭状态，焚烧炉出口工艺气管线内介质流通不畅，导致膨胀节壁温低于工艺气露点温度，最终造成露点腐蚀。通过现场实际测量焚烧炉出口至反应器入口间热损失现象较为突出，由于保温在穿平台位置，外部铝皮存在断层，造成雨水会进入保温内部直接对管道降温，给露点腐蚀发生创造有利条件。因此，首先应将酸再生装置保温完善，降低热损失，考虑内部材料选用气凝胶外部硅酸铝结构的复合保温结构，以减少管道热损失，保证管壁温度高于工艺气露点温度。同时加强对工艺操作监控，在保证一反床层催化剂活化温度的前提下，开大 TV810041 控制阀，让工艺介质流动起来，避免由于介质流通不畅造成介质温度低，最终通过提高工艺气温度来避免露点腐蚀发生。

4.2　合理选材

由于湿法酸再生工艺的工艺气中含有水，

一旦介质温度低于露点温度，就会发生露点腐蚀，这对装置设备管道材质要求异常严格。由于风机出口尾气中可能夹带酸、SO_2 等，所以 316L 材质的膨胀节不能满足装置运行工况。目前常用金属膨胀节波纹管材质有以下几种：碳钢（Q235B）、不锈钢（304 和 316）、镍基合金（Inconel600、Inconel625）以及带内衬金属膨胀节。镍基合金（Inconel600、Inconel625）将 Nb 等稀有金属固溶于镍基中，Ni 元素具有耐腐蚀、高强度、韧性好等特点。镍基合金对于氧化和还原环境各种腐蚀介质具有很好的抗腐蚀能力，但是价格较贵。金属内衬 PTFE，PTFE 材质材料具有良好的稳定性，抗酸腐蚀能力尤其出色，且该材质适用于 200℃ 以下工况环境下。通过对装置工况综合考虑，在抗露点腐蚀以及稀硫酸腐蚀性能上 PTFE 是优于镍基合金的，且在工况温度较低情况下，优先采用 304+PTFE 材质。

5　结论

经过对装置工艺及腐蚀特点分析，可以发现装置膨胀节腐蚀失效是由多种原因造成的露点腐蚀现象，针对不同工况腐蚀问题，通过对膨胀节合理的选材以及优化工作环境等措施，提高膨胀的使用寿命和稳定性，满足装置长周期稳定运行。

参 考 文 献

1　于连诗，冯红轮，等. 烷基化/废酸再生（SAR）联合装置腐蚀与防护研究［J］. 现代化工，2018（10）：213-217.

2　蔡善祥，马金华，等. 催化裂化装置膨胀节腐蚀失效分析与防护对策［J］. 石油化工设备，2005（5）：77-80.

丙烯腈装置腐蚀泄漏分析及对策

王兴华

（中国石化镇海炼化分公司成本中心(合成材料部)，浙江宁波　315207）

摘　要　丙烯腈装置介质具有易燃、易爆、腐蚀、有毒、有害的特点，介质一旦腐蚀泄漏，将会产生较大的安全风险，同时会影响装置的稳定运行。通过对丙烯腈装置运行以来的典型腐蚀泄漏实例进行分析，并就造成丙烯腈装置腐蚀泄漏的腐蚀机理进行阐述，同时针对丙烯腈装置存在的腐蚀泄漏给出了相应的应对策略。应对策略实施后成效显著，大大减少了因腐蚀造成的泄漏，有利于丙烯腈装置的安全稳定运行。

关键词　丙烯腈装置；腐蚀泄漏；机理分析；应对策略

1　丙烯腈装置运行情况简介

目前，国内万吨级以上丙烯腈装置采用丙烯氨氧化法生产丙烯腈，该工艺主要包含反应、急冷、吸收、萃取精馏、脱氰和成品精制等生产单元。原料丙烯、氨和空气在 430~450℃下，在流化床反应器中反应生成丙烯腈(AN)、乙腈(ACN)、氰氢酸(HCN)、丙烯醛(ACL)和丙烯酸(ACA)等主副产物。丙烯腈生产中腐蚀泄漏的不利因素主要是反应系统的高温反应气体、高压撤热水及后续系统中含 CN-酸性废水、硫酸、硫铵、醋酸以及乙腈精制中的碱性废水。丙烯腈装置介质具有易燃、易爆、腐蚀、有毒、有害的特点，所以介质一旦腐蚀泄漏，将会产生较大的安全风险，同时会影响装置的稳定运行。因此，加强丙烯腈装置腐蚀泄漏原因及相应策略的研究，对于降低丙烯腈装置安全风险、减少丙烯腈装置生产波动、延长丙烯腈装置运行周期具有很重要的意义。

2　腐蚀泄漏实例分析

2.1　酸介质导致的腐蚀泄漏

丙烯腈装置硫酸加入线存在设计缺陷：硫酸在进入混合器管线时，由于硫酸相对密度远大于混合液相对密度，并且因计量泵加酸具有周期性造成加酸管线压力周期性低于混合器管线压力，这时硫酸在重力作用下进入混合器，混合液在浮力作用下进入加酸管线并与浓硫酸混合形成腐蚀性更强的稀硫酸，从而使加酸管线法兰最薄弱处出现泄漏。针对该情况，对加酸位置进行了改变，将硫酸加入位置由混合器上部加酸改为混合器下部，从而避免了因混合液进入加酸管线而导致的腐蚀。

2.2　衬里损坏导致的酸腐蚀泄漏

内衬四氟损坏后酸性物料腐蚀碳钢管线减薄造成泄漏。经测厚后发现该漏点周围管线厚度已由 7.5mm 减薄至 3.1mm；经拆检发现该处管线内衬四氟因单向阀阀芯脱落后磨损造成了损坏，将此处管线改为 316L 不锈钢管内衬四氟，形成"双保险"，有效避免了酸性介质腐蚀。

2.3　材质选用不当，介质冲刷腐蚀泄漏

成品塔釜液经成品塔再沸器管程与壳程贫水换热后汽化经管线再次进入成品塔，由于汽化不完全，夹杂有液相物料以及阻聚剂醋酸，且温度较高，造成冲刷腐蚀。经测厚后发现该管线最薄处已减薄至 1.77mm。该处管线及弯头原设计材质为 20g，将此处材质升级为 304 不锈钢后消除了冲刷腐蚀。

2012 年 7 月检修时发现萃取塔塔釜升汽帽腐蚀较为严重。经分析萃取塔塔釜升汽帽处介质为汽液混合，含有氢氰酸且温度较高，造成冲刷腐蚀。该处材质原为 20#钢，将此处材质升级为 304 不锈钢后消除了腐蚀。

作者简介：王兴华(1985—)，男，山东菏泽人，2009 年毕业于西南石油大学过程装备与控制工程专业，设备工程师，现从事设备技术管理工作。

2.4　保温不良导致外腐蚀泄漏

因管线保温不良，使外部水汽及酸性空气进入，形成外腐蚀泄漏。

2.5　使用时间过长腐蚀泄漏

该丙烯腈装置于 1992 年 5 月建成投产，部分管线因使用时间过长造成了腐蚀泄漏。

3　腐蚀泄漏分析及应对策略

3.1　丙烯腈装置腐蚀泄漏机理

通过对丙烯腈装置腐蚀泄漏实例及介质成分的分析，总结丙烯腈装置的腐蚀泄漏机理概括起来主要包括以下几个方面。

3.1.1　硫酸腐蚀

浓硫酸为强氧化性酸，对含碳的钢材具有很强的腐蚀性，浓硫酸在钢材表面会发生钝化反应形成保护膜，可降低钢材腐蚀速率，但低含量硫酸对钢材的腐蚀很严重。硫酸对金属的腐蚀机理包括化学腐蚀和电化学腐蚀，以电化学腐蚀为主。常温条件下碳钢在硫酸中发生电化学腐蚀，其电极反应表示如下：

阳极：$Fe - 2e^- \rightarrow Fe^{2+}$；阴极：$2H^+ + 2e \rightarrow H_2$；总反应式：$Fe + H_2SO_4 \rightarrow H_2 + FeSO_4$。

硫酸含量、温度、流速、氧化剂的存在等都是影响硫酸腐蚀的主要因素。如果流速超过 $0.6 \sim 0.9 m/s$，碳钢的腐蚀速率明显增加。浓硫酸与水混合使硫酸含量稀释，同时会释放大量热，腐蚀速率很高。氧化剂的存在也会大幅度提高腐蚀速率。

3.1.2　醋酸腐蚀

醋酸的腐蚀性在有机酸中仅次于甲酸，其离解程度比无机酸弱很多，属于弱还原性酸，但在高含量时，呈现较强的还原性，特别是在沸腾浓醋酸溶液且含 Cl^-、Br^-、I^- 及甲酸时呈强还原性。当醋酸中含有一定的氧、Fe^{3+}、Cu^{2+} 等变价金属离子与高锰酸盐、重铬酸盐等氧化剂时，将使其氧化还原电位从还原性转向氧化性。还原性酸对金属造成电化学腐蚀时在阴极上发生析氢反应：$2H^+ + 2e \rightarrow H_2$（$H^+$ 为去极化剂）；氧化性酸对金属造成电化学腐蚀时在阴极发生吸氧反应：$O_2 + 2H_2O + 4e \rightarrow 4OH^-$（$O_2$ 为去极化剂）。醋酸对铁及碳钢具有腐蚀作用，在较高的温度条件下，任何含量的醋酸溶液，均对铸铁及碳钢产生剧烈的腐蚀作用，在高温

时尤为剧烈。

对于不锈钢的醋酸腐蚀来说，醋酸的含量、温度、杂质、汽液相变、流动冲刷、加热面及冷凝液膜等因素都有不同程度的影响。通常随着醋酸含量和温度的升高，不锈钢的耐蚀性能降低。实验证明：醋酸质量分数在 48% ~ 93% 时，对含钼不锈钢产生严重腐蚀，其中尤以质量分数为 78% 时最为严重。低温的醋酸溶液中，几乎所有的不锈钢均具有较好的耐腐蚀性能，特别是当醋酸溶液中含有少量氧化性物质时，耐腐蚀性能更为优异；但随着温度升高，特别是当醋酸溶液中含有还原性物质时，不锈钢的腐蚀变得加剧。

3.1.3　氢氰酸腐蚀

氢氰酸是易流动的无色液体，有剧毒，熔点为 $-14℃$，沸点为 $26℃$，易挥发，与水混溶，具有一定的腐蚀性。氢氰酸属于弱无机酸，在含量较高时，会对金属材料产生一定的腐蚀。有文献介绍，在稀的氢氰酸溶液中，碳钢和低合金钢会产生应力腐蚀开裂。在氢氰酸与氰化物溶液以及氢氰酸和氯化物溶液中，碳钢会发生应力腐蚀开裂。

3.1.4　高温渗氮

碳钢、低合金钢及不锈钢等材料暴露在含氮化合物很高的高温工艺物流中时，会形成一个硬脆的表面层，导致高温蠕变强度、室温机械性能（尤其是强度/韧性）、焊接性能和耐蚀性能的降低。

渗氮是一个扩散控制过程，主要影响因素包括环境温度、时间、氮的分压和金属材料。通常，渗氮在温度高于 $316℃$ 时开始发生，在高于 $482℃$ 时变得严重。

渗氮通常发生在部件的表面，形成一个暗灰色的外观，在更严重的阶段，金属会显示出十分高的表面硬度。在多数情况下，容器或设备表面硬度的轻微增加不会影响设备的整体机械性能，但是在渗氮层内潜在的裂纹扩展可能会穿透整个基体金属，导致材料失效。

3.1.5　晶间腐蚀

不锈钢在腐蚀介质作用下，在晶粒之间产生的一种腐蚀现象称为晶间腐蚀。其主要原因是奥氏体不锈钢在 $400 \sim 900℃$ 加热或从此温度

范围缓慢冷却时，碳很快向晶粒的边界扩散，并与铬化合成为碳化铬沿着晶界析出，形成贫铬区。不锈钢在这种条件下，对比较缓和的腐蚀介质引起的晶间腐蚀比较敏感，特别是对含氯、氟或碘的介质十分敏感。丙烯腈装置涉及的介质有硫铵、醋酸、含 CN^- 酸性废水等。

产生晶间腐蚀的不锈钢，强度几乎完全消失，当受到应力作用时，即会沿晶界断裂，而且腐蚀发生后金属和合金的表面仍保持一定的金属光泽，看不出被破坏的迹象，但晶粒间结合力显著减弱，力学性能恶化，不能经受敲击，所以是一种很危险的腐蚀泄漏。这是不锈钢的一种最危险的破坏形式。晶间腐蚀可以分别产生在焊接接头的热影响区(HAZ)、焊缝或熔合线上，在熔合线上产生的晶间腐蚀又称刀线腐蚀(KLA)。丙烯腈装置的大循环管道及管件就出现过因 Cr、Ni 含量不够而造成腐蚀泄漏。原因是只注意了理论上的电化学腐蚀，而没有考虑到材质冶炼过程中的不均匀造成的局部含量偏差。

3.1.6　保温层/保冷层下腐蚀

保温层/保冷层下腐蚀主要是由水、氧气、含有 SO_2 的腐蚀性大气及氯化物侵入保温保冷材料造成的。水的来源有雨水、工艺系统泄漏、冲洗水、凝结水等。当保温保冷材料发生损坏时，水在设备表面形成腐蚀环境，导致设备的氧去极化腐蚀：$O_2+2H_2O+4e \longrightarrow 4OH^-$。

腐蚀导致金属表面产生孔蚀，孔蚀坑内成为阳极，发生以下反应：$Fe+2OH^- \longrightarrow Fe(OH)_2$；$Fe \longrightarrow Fe^{2+}+2e$。

反应生成的 $Fe(OH)_2$ 和 Fe^{2+} 很不稳定，前者继续与水作用，生成疏松的红棕色铁锈($Fe_2O_3 \cdot nH_2O$)，后者与潮湿环境中的氯离子作用，生成 $FeCl_2$。$FeCl_2$ 水解后可产生游离态酸，使得蚀坑酸性增加，腐蚀加速。即：$FeCl_2+H_2O \longrightarrow Fe(OH)_2+HCl$。

保温层/保冷层下腐蚀主要发生在碳钢和300系列不锈钢上。对于碳钢设备管道，腐蚀表现为局部或均匀减薄，对于不锈钢通常为点蚀或腐蚀导致的应力腐蚀开裂。容易发生腐蚀的典型部位包括高湿度的部位(如冷却塔的下风位置、靠近蒸汽排放口的位置、喷洒系统、酸

性水气、靠近喷水的辅助冷却设备等)、保温保冷及耐水耐候层破损的部位、容易积水的部位(如垂直设备的保温支撑圈等)。丙烯腈装置乙二醇冷冻液系统设备管道外表面易发生这类腐蚀现象。

3.2　丙烯腈装置腐蚀泄漏应对策略

3.2.1　选材

丙烯腈装置的腐蚀主要是由硫酸、醋酸、氢氰酸引起的。对于硫酸环境的选材，应根据硫酸含量选择碳钢、304L、316L 或 904L，质量分数高于 85% 的硫酸环境可以选择碳钢，含量低则应选择 304L、316L 或 904L 等不锈钢。

对于混合器等腐蚀严重的部位，应选用金属材料+聚四氟乙烯衬里。

对于醋酸腐蚀，因为在丙烯腈装置接触醋酸的环境中操作温度都不高，选用 316L 完全可以满足要求。

对于氢氰酸腐蚀环境，按照日本引进的丙烯腈装置设计选材原则：①氢氰酸含量(质量分数)不大于 10% 时，选用 SS 类和 SM 类碳钢，退火后使用；②氢氰酸含量(质量分数)高于 10% 时，选用 SUS304 不锈钢。

应对不锈钢晶间腐蚀主要是减少碳化铬的形成，常用办法有 3 种：一是将不锈钢中的碳含量(质量分数)降至 0.03% 以下，碳含量的降低减少了碳化铬的形成，如 304L、316L 等超低碳奥氏体不锈钢就是应用此原理；二是向不锈钢中加入能形成稳定碳化物的合金元素钛和铌，因为钛和铌与碳的亲和力比铬和碳的亲和力大，因此在处于敏感温度范围时，碳优先和钛、铌形成 TiC、NbC，致使铬保留在晶界边界处，形不成贫碳区，而使晶间腐蚀不会发生，如 321、347 等不锈钢加入 Ti、Nb 就是这个作用；第三种方法是固溶处理，将不锈钢加热至 1050～1100℃ 后，快速冷却通过敏感温度 400～900℃，则碳没有足够的时间达到晶界，碳化铬难以在晶界析出，可以达到控制晶间腐蚀的目的。

3.2.2　工艺防腐

丙烯腈装置工艺防腐措施主要是通过加碱或酸将 pH 值调整到合适的范围内，目前装置可采取的工艺防腐措施见表1。

表1　丙烯腈装置可采取的工艺防腐措施

注剂部位	注剂类型	质量分数/%	注入量/(kg/h)	pH
萃取塔分层器、轻有机物汽提塔、萃取塔、急冷塔后冷器	碳酸钠	10	约2	V-111：6.5~7.5；T-504：6~10
冷剂槽	磷酸三钠	3	约1.5	9~10
脱氰塔冷凝器、氰氢酸成品冷凝器	醋酸	30	约32	4~5
急冷塔上段循环泵	硫酸	98(夏季)、93(冬季)	约1200	3~5

3.2.3　腐蚀监测与检测

1）定点测厚

设备管道定点测厚是检测设备腐蚀损伤的基本方法之一，应在装置易腐蚀部位设置定点测厚部位，根据腐蚀程度、泄漏危害风险等对测厚部位进行分级，按照分级情况确定检测周期。定点测厚部位应根据现场检测和工艺及材料变化情况及时进行优化调整。表2列出了丙烯腈装置采取定点测厚检测的部位及频次。

表2　丙烯腈装置采取定点测厚的部位及频次

管线名称	建议频次/(次/a)
反应器出口到反应气体冷却器入口管线	1
硫酸注入口到急冷塔上段	2
硫酸注入口到急冷塔下段	2
萃取塔塔壁	1
萃取塔出口到萃取塔冷凝器入口管线	1
萃取塔冷凝器到萃取塔分层器管线	2
脱氰塔顶部到脱氰塔顶冷凝器入口管线	1
醋酸加注线	2
脱氰塔顶冷凝器出口到脱氰塔管线	1
成品塔再沸器出口到成品塔管线	1
从醋酸罐到第二脱氰塔顶冷凝器入口(醋酸线)	2
第二脱氰塔顶冷凝器	2
第二脱氰塔顶冷凝器出口到第二脱氰塔管线	2
从第二脱氰塔顶冷凝器到焚烧炉(不凝气线)	2
轻有机物汽提塔顶抽出线	1

2）腐蚀挂片监测

腐蚀挂片监测作为腐蚀监测最基本的方法之一，具有操作简单、数据可靠性高等特点，可作为设备和管道选材的重要依据。挂片材质根据现场需要选定，常用的有碳钢、18-8、316L、Cr5Mo等。

丙烯腈装置腐蚀挂片位置包括急冷塔、萃取塔、脱氢氰酸塔、第二脱氰塔等的塔顶、进料、塔底及循环返塔等部位，此外腐蚀比较严重的冷换设备在管箱处也可以挂入腐蚀挂片进行腐蚀选材评估。

3）腐蚀在线监测

腐蚀在线监测系统通常采用电阻、电感、pH值探针，实时在线监测工艺介质的腐蚀变化趋势。丙烯腈装置的腐蚀在线监测措施见表3。

表3　丙烯腈装置腐蚀在线监测措施

监测部位	在线监测方法
急冷塔上段废水	pH
急冷塔下段废水	pH
急冷塔后冷器	pH
萃取塔分层器	pH

4）在线壁厚测量系统

对于泄漏风险高的硫酸、醋酸或氢氰酸管道，建议采取非插入式的在线壁厚测量系统进行实时检测。丙烯腈装置在线测厚开展部位见表4。

表4　丙烯腈装置在线测厚开展的部位

管线名称	腐蚀介质
硫酸注入口到急冷塔上段混合器部位	硫酸
硫酸注入口到急冷塔下段混合器部位	硫酸
萃取塔冷凝器到萃取塔分层器管线	氢氰酸
醋酸加注线	醋酸
从醋酸罐到第二脱氰塔顶冷凝器入口(醋酸线)	醋酸
第二脱氰塔顶冷凝器	氢氰酸
第二脱氰塔顶冷凝器出口到第二脱氰塔管线	氢氰酸
从第二脱氰塔顶冷凝器到焚烧炉(不凝气线)	氢氰酸

5）腐蚀介质分析

在装置运行期间，应定期对相关物流中的腐蚀介质进行分析，以及时掌握装置腐蚀动态。目前丙烯腈装置已采取的腐蚀介质分析项目见表5。

表 5　丙烯腈装置目前采取的腐蚀介质分析项目

分析项目	标准要求	分析频次/（次/d）
汽包水质		
pH	9~10	6
电导率/（μS/cm）	≤70	6
SiO₂含量/（mg/kg）	≤0.5	无
磷酸根含量/（mg/kg）	1~10	6
工艺水 pH	7~9.5	无
急冷水 pH	7~9.5	无
排污水 pH	9~10	2 次/8h

6）装置停工腐蚀检查重点

在装置停工检修期间，应对设备管道开展腐蚀检查工作，重点应关注以下部位：反应器内加热盘管；急冷塔硫酸加注系统；萃取塔塔顶冷凝冷却系统；脱氰塔系统醋酸线；乙腈系统第二脱氰塔塔顶冷凝系统及醋酸加注线。

7）其他腐蚀监测和检测技术

对于保温/保冷层下腐蚀严重的装置来说，建议采用红外热成像定期检测设备管道表面保温保冷层破损情况，根据检测结果及时对破损部位进行修复，减缓保温/保冷层下腐蚀泄漏的发生。

3.3　应对策略实施后的效果

通过对丙烯腈装置急冷塔硫酸加入混合器、成品塔再沸器至成品塔管线、萃取塔塔釜升汽帽等部位选材的改进，提高了这些部位的耐腐蚀能力，消除了这些部位的腐蚀泄漏问题；通过工艺防腐措施的实施，有效地改善了相应部位设备、管线的使用环境，减缓了腐蚀泄漏的发生；通过定点测厚、腐蚀在线监测、红外热成像定期检测等腐蚀监测与检测技术手段的应用，可以及时检测丙烯腈装置易发生腐蚀部位的腐蚀情况，从而提前采取相应的措施，避免腐蚀泄漏的发生。

4　结语

腐蚀泄漏是化工装置发展中的一个重大问题，常常造成装置停工停产、运行周期缩短，引起火灾、爆炸及人身伤亡事故，致使装置或设备过早报废、使用寿命短，导致产品或物料流失、污染环境，同时也会影响新技术的正常开发。丙烯腈装置介质具有易燃、易爆、腐蚀、有毒、有害的特点，所以介质一旦腐蚀泄漏，将会产生较大的安全风险，同时会影响装置的稳定运行。因此，加强丙烯腈装置腐蚀泄漏原因及相应策略的研究，对于降低丙烯腈装置安全风险，减少丙烯腈装置生产波动，延长丙烯腈装置运行周期有很大的帮助。工业运行结果表明：文中提出的应对策略实施后成效显著，大大减少了因腐蚀造成的泄漏，有利于丙烯腈装置的安全稳定长周期运行。

参 考 文 献

1　胡洋，李文戈，谷其发. 炼油厂设备腐蚀与防护图解[M]. 北京：中国石化出版社，2015：5-27.

2　孙家孔. 石油化工装置设备腐蚀与防护手册[M]. 北京：中国石化出版社，1996：2-30，519-528，560-567.

3　左禹，熊金平. 工程材料及其耐蚀性[M]. 北京：中国石化出版社，2008：12-86.

4　徐晓刚. 化工腐蚀与防护[M]. 北京：中国石化出版社，2011：10-32，40-113.

制氢装置中变气系统管线保温层下腐蚀开裂原因分析

王志坤　李峰明　唐爱华

（中国石油华北石化公司，河北任丘　062552）

摘　要　某石化公司 $16×10^4Nm^3/h$ 制氢装置开工运行一年半后，其中温变换气系统300系列不锈钢管线发生氯离子应力腐蚀开裂泄漏事件。采用宏观检查、化学成分分析、金相检查、扫描电镜等检验方法对腐蚀部位进行了分析，确定是由于保温层下腐蚀导致的氯化物应力腐蚀开裂。针对类似位置提出了防护建议。

关键词　保温层；不锈钢；氯化物；应力腐蚀；开裂

某石化公司 $80000Nm^3/h$ 制氢装置引进Technip公司的工艺技术，采用轻烃水蒸气转化法的工艺路线，2019年4月18日开工运行。2020年10月13日，巡检时发现E304副线管道发生泄漏，拆除保温进行检查，发现直管段管线有2处漏点。该管道设计温度为302℃，操作压力为2.47MPa，材质为022Cr19Ni10，管内介质为中温变换气（ H_2 76%、CO 1.7%、 CO_2 14.5%、 CH_4 3.1%），实际生产中近三个月内该管道副线阀处于关闭状态，管线内介质不流动，实际温度较低。

1　腐蚀检查情况

1.1　腐蚀宏观检查情况

漏点处于水平管段底部，共有2处，一处漏点处有垢物附着，难以分辨形貌，另一处漏点为裂纹形态，管道存在多处锈蚀，锈蚀处有腐蚀产物和保温棉黏附在管道上，两个漏点位于其中一处黏附区域的边缘，如图1所示。

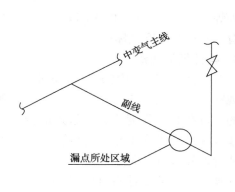

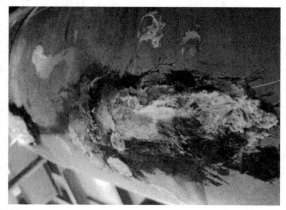

图1　漏点位置宏观形貌

1.2　渗透检测

从管道泄漏处切取两块管道样件（分别标记为1和2），对样件进行PT检测，管道外表面共发现2处缺陷，呈多分支裂纹形貌，详见图2。管道内表面对应检测2处缺陷，宏观尺寸明显小于外表面裂纹，具体形貌见图3。对管道其他所有存在锈垢的区域进行了渗透检测，未发现其他裂纹或缺陷。

1.3　管道厚度及硬度检测

对管道进行了测厚和硬度检测，检测部位分布如图4所示。

作者简介：王志坤（1973—），高级工程师，现就职于中国石油华北石化公司，从事炼油装置设备管理工作。

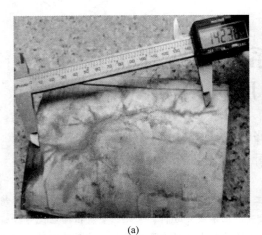

图 2　样件 1、2 外表面形貌

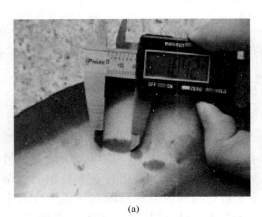

图 3　样件 1、2 对应内表面形貌

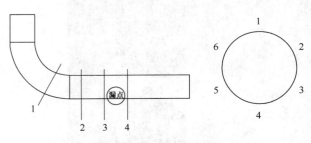

图 4　测厚点分布示意图

测厚数据见表 1，从测厚数据来看，管道壁厚未发现明显减薄。

表 1　测厚数据汇总表　　　　　mm

序号	1	2	3	4	5	6
1	12.52	12.37	11.89	11.16	11.68	11.36
2	10.84	12.12	12.35	13.41	12.81	11.64
3	10.64	11.13	11.09	10.38	10.01	10.41
4	10.46	10.95	11.07	10.78	9.97	10.23

对管线及焊道进行了硬度测量，硬度值除

一处焊道部位外均在 HB187 以下，从检测数据来看，不存在硬度超标情况。

1.4　样件低倍观察

对样件 1、2 使用体式显微镜对其内外壁进行观察分析，如图 5 所示。可见，管道外壁裂纹的数量和开裂程度均大于管道的内壁，并且有些裂纹已经贯穿了整个管壁，表明管道开裂是从管道外壁向内进行的。

观察样件裂纹处断口（见图 6），没有明显的塑性变形，为脆性断裂，表面裂纹是从管道的外壁产生并向内不断地扩展，直至最终贯穿管壁，造成管道的泄漏，管道断口在临近其外壁处，断口比较陈旧，断口上腐蚀产物相对较多，管道断口在临近其内壁处，断口比较新鲜干净，断口上的腐蚀产物相对较少。初步判断，管道的开裂（断裂）性质为不锈钢应力腐蚀破坏，裂纹是由管道外壁向内壁进行的。

(a)   (b)

图5 样件1、2对应裂纹形貌

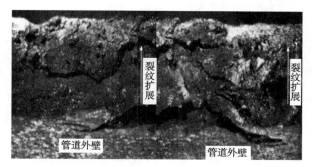

图6 样件1、2断口裂纹形貌

1.5 管道材质分析

依据相关标准，使用光谱仪等，对样件1、2进行了化学分析。分析结果见表2，结果表明，管道材质成分符合304L不锈钢的标准要求。

表2 管件化学成分分析 %

项目	C	Si	Mn	P	Cr	Ni
标准	≤0.03	≤1.0	≤2.0	≤0.045	18~20	9~12
样件数据	0.014	0.37	0.81	0.02	19.8	9.01

1.6 管道金相分析

对样件1、2切取横向金相样品，经预磨、抛光、腐刻后，在显微镜下观察分析，如图7所示。裂纹产生于管道的外壁，由外向内穿晶扩展；裂纹有大量的分支，呈树枝状，具有奥氏体不锈钢应力腐蚀开裂的典型特征；管壁金相组织为单一的固溶态奥氏体。

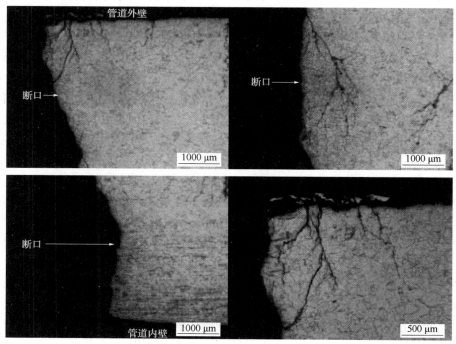

图7 样件1、2金相分析

1.7 管道内壁表面电镜及能谱分析

对样件1、2使用扫描电镜，对断口进行微观分析，如图8所示。管道断口为脆性断裂，有河流状花样，为奥氏体不锈钢应力腐蚀开裂

的典型形貌；能谱分析表明，在管道断口上的局部区域（尤其是靠近管道外壁处）有氯元素的富集。可见，管道开裂是由氯离子引发的应力腐蚀开裂，即氯脆。

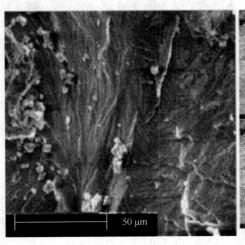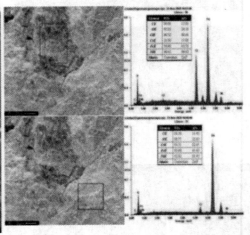

图8　样件1、2电镜扫描及能谱分析

2 结果和讨论

通过上述对管道（样件）进行多项理化分析，认为管道的开裂泄漏是从管道外壁发生和发展的，与管道内的中温变换气介质无关，主要影响因素是管道外部的环境介质、管道应力状态和运行温度等。保温层下腐蚀国外被称为CUI，这仅对碳钢而言，而对保温层下不锈钢设备与管道外表如防护不当，有可能发生应力腐蚀破裂与点腐蚀，其中外部应力腐蚀破裂称为External Steess Corrosion Cracking（ESCC），保温层下应力腐蚀开裂称为 Steess Corrosion Cracking Under Insulation（SCCUI）。

保温层下不锈钢设备和管道应力腐蚀破裂（ESCC）是由水及其氯离子等杂质，在一定拉应力和温度的共同作用下造成的。

保温层所用的保温材料大多是无机物，含有大量的无机盐，其中含有氯化物、氟化物、硫化物等有害成分，同时由于保温材料通常为疏松多孔的结构，具有较大的比表面积，因而具有较强的吸水能力，一旦保温材料的外保护层发生破损，保温材料会迅速吸收周围的水汽，造成一个高湿度的腐蚀环境，这是促使ESCC发生与发展的环境因素。

发生ESCC的温度基本上在50~150℃。从工艺运行情况来看，E304Ⅱ副线阀长期处于关

闭状态，发生泄漏的管道运行期间温度较设计低，在100℃以下，属于ESCC发生的50~150℃温度范围。从管道现场安装情况来看，E304Ⅱ副线管道漏点位置在其水平管段的底部，管线立管部分保温层不严，也会造成外部环境中的水汽进入保温层中，并凝聚在水平管道的底部区域。低温易于造成管道外壁出现水汽凝结，偶尔打开副线又会导致水汽挥发，管道外表面长期处于干湿交替的条件下，导致腐蚀介质的浓缩和聚积，促使了ESCC的发生与发展。漏点处有明显的锈蚀垢物，表明腐蚀性元素在此部位有富集和浓缩，管道断口上的电镜能谱分析确认了腐蚀性元素Cl的局部富集。

发生ESCC还需要有一定的拉应力。E304副线管道的应力是始终存在的，包括管道安装应力、运行应力、热应力等，而且水平管道底部始终受到拉应力的作用。总之，在环境腐蚀性介质、拉应力、敏感材料等因素都具备的条件下，E304Ⅱ副线管道的304L不锈钢就发生了保温层下氯离子应力腐蚀开裂，结果造成了管道内部介质的泄漏。

3 整改措施及防护建议

针对现场工艺条件和管线材质，决定按原设计更换缺陷的管线，为了保证长周期生产，采取了以下措施：

（1）根据工艺条件，操作中保持副线少量过量，控制副线温度在 200℃ 以上，维持副线管道内温度大于 300 系列不锈钢氯离子应力腐蚀的敏感温度，避免管道外壁液态水的产生。

（2）对 E304 管线上下游设备相似部位安排进行排查，对保温不完善易导致进水的部分进行整改。

（3）对特殊部位（疑似发生腐蚀部位）拆开保温检查，如果有保温层下腐蚀，进行清理和处理。对部分存在低温风险的部位评估后拆除保温。

（4）对不锈钢设备和管道进行防护镀涂处理可以有效提高其抗腐蚀能力，在已出现 ESCC 的部位设计中应该考虑合适的喷镀技术。

目前保温层下腐蚀的检测手段还不是特别完善，不锈钢设备、管线的保温层下腐蚀也屡有发生。一方面应从设计根源上详细了解设备的使用参数及工况，另一方面，设备在运行过程中的操作环境的多样性及检修的保温层安装防护也是不可忽视的重要因素，多方面共同管控才能预防腐蚀的发生。

参 考 文 献

1　余存烨. 保温层下不锈钢设备与管道应力腐蚀破裂的防护[J]. 全面腐蚀控制，2015，29(11)：26~28.
2　从海涛. 保温层下腐蚀及防腐对策分析[J]. 涂料技术与文摘，2014，35(6)：7~9.
3　梁长松. 保温层下不锈钢设备与管道应力腐蚀破裂的防护[J]. 化工设计通讯，2018，44(1)：95.
4　杜凡. 保温层下不锈钢应力腐蚀开裂解析[J]. 现代盐化工，2018(6)：5~6.

化工装置混凝土腐蚀分析及新材料加固应用

周於欢

（中国石化上海石油化工股份有限公司塑料部，上海 200540）

摘 要 本文介绍了某化工装置中混凝土腐蚀的主要因素，包括海洋气候的侵蚀、水冻融、碱结晶、环境湿度等因素。在分析原因的基础上，论述了采用新材料对腐蚀混凝土框架柱的加固处理方法，并提出在设计中避免混凝土腐蚀的基本措施，主要有添加粉煤灰、改善施工工艺、在结构设计中采取措施等办法，通过防腐蚀措施，可以有效改善混凝土使用的耐久性和安全性。

关键词 混凝土；腐蚀防腐措施；新材料；加固；耐久性

化工装置在长期使用过程中，用于承载大型设备的钢筋混凝土框架出现了不同程度的表层剥离、开裂、钢筋外露、锈蚀的现象，对设备的安全运转造成重大影响。本文分析了腐蚀的原因，提出了应用新材料采取的加固措施。同时，也对如何在设计中充分考虑环境影响提出了建议，从而在根本上避免出现这些问题，提高混凝土使用的耐久性和安全性，降低对装置的维护成本。

1 腐蚀现象

某化工装置区内钢筋混凝土框架于 2000 年底竣工并投产使用，采用现浇混凝土结构、钢结构承重体系。经过近 21 年腐蚀环境影响，承重结构腐蚀严重，尤其是钢筋混凝土柱表面出现大量纵向裂纹，并且在近一年时间里裂缝快速发展，表面粉刷层及钢筋保护层全部出现起鼓、脱落，可见部分钢筋外露、锈蚀，严重威胁到设备的安全运行（见图 1~图 3）。

图 1 一层柱锈胀，混凝土保护层开裂

图 2 二层柱锈胀，钢筋外露锈蚀

图 3 柱脚严重锈胀，钢筋外露锈蚀

2 混凝土检测

2.1 混凝土材料强度检测

根据现场测试条件和受检结构特点，对受检混凝土构件抗压强度采用回弹法进行抽样测试，并根据《回弹法检测混凝土抗压强度技术规范》（JGJ/T 23—2011）有关规定，计算各测区的混凝土强度换算值。该装置建造于 20 世纪 90 年代末，混凝土龄期约为 11000 天，混凝土龄期修正系数为 0.91。从计算结果可知：本次抽测构件的混凝土抗压强度等级推定为 C25。

2.2　钢筋保护层及间距测试

采用钢卷尺、激光测距仪、钢筋扫描仪等对装置的混凝土构件的钢筋保护层、钢筋位置间距等进行现场抽样检测。由检测可知，本次抽测构件钢筋的混凝土保护层厚度为 5~41mm，部分构件保护层厚度偏低（按现行规范）。

2.3　无损检测结论

该装置主要存在耐久性问题，出现以上损坏主要由以下因素造成：装置处于腐蚀环境中；装置原始设计依据的标准较低，部分混凝土构件的钢筋保护层偏低（按现行规范要求），钢构件防腐层、防火层开裂脱落；本次检测区域中的梁、柱及支撑等结构构件已存在严重缺陷；损坏等级评定为严重损坏，需采取有效措施进行处理。

3　原因分析

3.1　海洋气候的影响

该化工装置处于杭州湾畔，常年受海洋气候的影响，潮湿的海风夹杂着盐雾不停地侵蚀着装置的混凝土结构，且上游的循环水场的水汽也一直笼罩着混凝土的表面，这种双重腐蚀环境影响，对混凝土框架伤害很严重。钢筋腐蚀过程分析，混凝土的 pH 值通常在 12~13 之间，其碱性性质使钢筋表面生成难溶的 Fe_2O_3 和 Fe_3O_4，从而形成一道致密的钝化膜，对钢筋有良好的保护作用。而在海洋环境作用下，混凝土中的碱性环境受到破坏，趋于中性。当 pH 值降低到一定程度后，这道致密的钝化膜受到破坏，从而引起了钢筋的锈蚀。当混凝土内的钢筋附近部分发生锈蚀后，腐蚀后的铁机体作为阳极与钝化膜所代表的阴极形成电位差，为电化学腐蚀营造了环境，加剧了钢筋的腐蚀速度，钢筋锈蚀体积不断膨胀，从而引起了混凝土的开裂。

3.2　混凝土的特点

混凝土是以水泥为胶凝材料，以砂和石子为骨料，通过水泥水化凝固成气、液、相并存的多孔性非匀质刚性材料。普通硅酸盐水泥的主要矿物成分为硅酸二钙、硅酸三钙、铝酸三钙及铁铝酸四钙，硅酸钙在水化后形成微晶体，

硅酸三钙结晶后转化为纤维的网状结构，形成混凝土早期强度。硅酸二钙最终转化为稳固的结晶体，是构成混凝土后期强度的主要来源。在凝固过程中，因水分分布得不均匀、水化反应速度变化、振捣不密实等均会使混凝土中含有许多毛细孔，会形成连通到构件表面的毛细管。多余的游离水通常是氢氧化钙 $Ca(OH)_2$ 饱和溶液，便滞留在混凝土毛细孔内，呈饱和状态，其 pH 值经常在 12 以上。钢筋在这种高碱度的环境中，表面会逐渐沉积一层致密的尖晶石固溶液 Fe_3O_4 或 Fe_2O_3 氢氧化铁薄膜，而转入钝化状态，这样保护钢筋，免受腐蚀。

在低强度的混凝土中，在搅拌、振捣时水会在骨料孔隙间流动，会形成通道，其直径比毛细管大。

3.3　钢筋的锈蚀

混凝土碳化和氯离子侵蚀是混凝土腐蚀的两个主要原因，通常混凝土碳化会导致混凝土的中性化，当钢筋表面混凝土孔隙溶液的 pH 值小于临界值后，钢筋钝化膜开始破坏，当混凝土钢筋表面氯离子的自由氯离子超过临界氯离子溶度后，钢筋的钝化膜也会发生破坏，自由氯离子含量越高钢筋腐蚀速率越高且发生点腐蚀概率越大，这两种情况介入，都是导致钢筋开始发生锈蚀的前兆，在混凝土受到侵蚀时，钢筋的钝化膜会遭到破坏，持续生成氧化物，最终形成大量氧化物（铁锈）的堆积，引起钢筋体积的膨胀，最终会破坏混凝土，造成开裂，其裂缝通常沿钢筋的方向延伸，从外观看是基本平行的纵向裂缝。

3.4　水的溶出影响

首先，毛细管中曾经饱和的液体被溶解、稀释，随后，构成毛细管壁的游离石灰将陆续开始溶解，使整个管壁表面孔隙率增多，随着游离石灰的不断溶解，混凝土构件强度下降，其外观表现就是构件在原有应力作用下出现细微的裂缝，而这又加速了整个溶出过程。

其次，在长期与水接触的混凝土外表面，也会发生直接溶出现象。外观表现为表层混凝土变得粗糙、易剥落。

3.5　水冻融的影响

充满毛细管的游离水在冬季遇冷时结冰，

产生体积膨胀，会形成微裂缝。在多次反复冻融循环作用下，混凝土表面剥落，造成破坏。这种情况在低强度的混凝土中更加明显。

3.6 碱溶液的影响

当高浓度碱液作用于混凝土时，水泥中二氧化硅和氧化铝会溶解在碱液中，而且碱溶液浓度越高，溶解速度越快，会对混凝土强度造成影响。

3.7 环境湿度的影响

实验表明，空气湿度在80%左右时，混凝土中钢筋锈蚀会很快进行。

4 处理方法

综上所述，混凝土腐蚀是一个非常复杂的问题，混凝土的腐蚀往往是各种因素综合作用所产生的结果。针对该装置混凝土框架柱开裂严重，我们采用新材料进行框架柱整体加固。

4.1 新材料性能

本次采用的新材料是某公司研制的以超支化树脂为基料、自交联成膜的水性防碳化保护涂料。常温自干，涂刷在混凝土结构表面，渗透扩散到结构内部，堵塞过水通道，起到理想的防护作用，防止外界雨水、潮气、氯离子的侵入及二氧化碳等有害气体渗入，保护混凝土结构不受酸碱、油脂和盐类等的侵蚀，提高表面的耐磨性，抗霉菌生长，抗色斑，冻融稳定性好。特别对由于风压、水压、应力引起的破损、脱落、钢筋裸露等腐蚀混凝土的修复起到防碳化保护作用。

表1　新旧混凝土面处理后拉拔强度对比

	处理前拉拔强度/MPa	处理后拉拔强度/MPa
新基面	0.5	2.2
旧基面	0.2	1.8

注：处理后的测试在施工12h后进行。

4.2 混凝土修复防碳化

4.2.1 底漆二道

将原有钢筋混凝土柱表面疏松层去掉，用压缩空气将混凝土浮尘吹扫干净，对疏松下面的裂缝可用超细混凝土注浆料灌实磨平，干燥24h后刷改性丙烯酸酯水性底漆二道(封闭剂)，涂布量为$0.3kg/m^2$，厚度为$100\mu m$。

4.2.2 中间漆二道

底漆干燥24h后刷防碳化中间层二道，其中一道加固料(填充层)渗透型专用腻子打底磨平(涂布量为$9.2kg/m^2$)，厚度为$4000\mu m$，浅灰色。干燥24h后再涂一道加固料(封闭层)(涂布量为$4.6kg/m^2$)，厚度大于$2000\sim2500\mu m$，浅灰色。

4.2.3 面漆二道

干燥24h后涂二道脂肪族聚氨酯水性纳米防腐漆(涂布量为$0.4kg/m_2$)，厚度大于$100\mu m$，间隔时间4h，可选各色。

4.2.4 新材料加固检测

(1)执行标准：JC/T 984—2011《聚合物水泥防水涂料》。

主要检测项目如下：

封闭型检测报告，抗渗压力7d：通过1.5MPa；抗渗压力28d：通过1.5MPa；抗折强度(8MPa)：通过13.6MPa；柔韧性(1.5mm)：通过1.9mm；耐热、耐酸碱、抗冻：无开裂、无剥落；收缩率(<0.13%)：0.129%；碳化试验(28d≤2.5mm)：通过2.3mm。

(2)执行GB/T 17671—1999《水泥胶砂强度检验方法　ISO法》。

主要检测项目如下：

加固料(封闭层)检测报告：抗压强度(24MPa)：通过38.3MPa；横向变形能力(1.0MPa)：通过2.5MPa；黏结强度(7d > 1.2MPa)：通过2.0MPa；黏结强度(28d > 1.2MPa)：通过2.0MPa；吸水率(<4.0%)：通过2.9%。

(3)拉拔强度试验：

基面拉拔强度：1.75MPa；中涂拉拔强度：2.35MPa；面涂拉拔强度：2.55MPa。

混凝土是非均质材料，固化后存在孔隙、裂缝等缺陷。当混凝土存在裂缝时，其碳化进程从裂缝开始很快达到钢筋部位，钢筋便开始锈蚀直至失去强度，导致水泥构件崩溃。超支化复合涂层有很好的防碳化性，有效保护混凝土钢筋，同时有良好抗污性，可阻止附着滋生。

5 建议措施

5.1 结构设计

结构设计解决混凝土腐蚀问题是最根本的方法。在具体设计中，应确保结构易于观察、易于维修。在确定设计标准时，可适当提高对混凝土抗震等级的要求，限制裂缝的宽度不得超过 0.2mm，将容易受到雨淋或者可能积水的混凝土结构表面做成斜面或者设置排水系统等。

在结构强度上，可以适当提高混凝土的标号，加大钢筋保护层的厚度；在选用材料方面，采用优质细粒粉煤灰添加剂，能有效地提高混凝土的耐久度。实验表明，在添加粉煤灰的硅酸盐水泥中，混凝土的渗透系数降低为普通水泥的 0.5 倍，能降低毛细管产生的概率，同时，在添加粉煤灰的环境中，氢氧化钙转化为水化铝酸钙和铝酸钙较为稳定，尤其在界面区，原有氢氧化钙呈定向排列，破坏原来的网状结构，但活性混合材料会吸收游离的石灰，产生水化硅酸钙，稳定整个网状结构。另外，优质细粒粉煤灰颗粒中，圆形微粒占 80%，在水泥浆中会起到润滑作用，降低对水的需求，也就减少了混凝土中毛细孔的数量。在设计中还要考虑具体的生产工艺条件，以及出现腐蚀状况时侵蚀介质的变化情况。

5.2　施工控制

应确保使用高质量、高密度、永久性和耐用型混凝土。浇筑混凝土应在规定的温度范围内进行。骨料应保持在阴凉处，高温天气可以使用冷水降低混凝土的温度。如有必要，在大面积浇筑混凝土时，可以使用冷却循环水降低温度。减少混凝土施工缝设置，确需留缝，表面要清理干净，要有良好的黏合性，施工时严格操作程序，严格控制水灰比，保证施工质量。

混凝土施工完成后，可以考虑对混凝土表面进行防腐处理，涂覆新材料防腐涂料或附加保护层，可达到良好的防腐效果。

6　结论

根据混凝土腐蚀主要因素，结合钢筋混凝土框架柱所处的环境情况，提出了以隔离外界腐蚀为主的新型加固材料、防腐处理方法。对类似的混凝土框架柱等构件，应在设计施工中采取必要的防腐措施，主要包括添加粉煤灰、改善施工工艺、混凝土的表面处理等方法，避免今后出现类似的问题。

3#常减压含油污水管道内腐蚀防护

杜金勐

（中国石化上海石油化工股份有限公司公用事业部，上海　200540）

摘　要　3#常减压含油污水管道由于输送介质存在微生物内腐蚀机理，导致管道时常泄漏，经过泄漏机理分析，决定采用玻璃鳞片内防腐工艺对管道实施内防腐，实施后管道运行正常。

关键词　含油污水；内腐蚀

1　工程概述

含油污水管道 2005 年建成投运，至今已有 15 年。管道流程为：炼油部 3#常减压装置→2#常减压装置→公用界区 DN600 污水总管。管径为 DN200/300，材质为 20#钢，操作压力为 0.5MPa，输送温度为常温。2017 年至今发生多次泄漏、渗漏，管道上共有九处抱箍。

2　历年检修

管道于 2019 年西区五号路管廊整体防腐时做过外防腐检修，故沿线管道外表面未发现明显腐蚀坑。

3　泄漏统计（见表 1）

表 1　管道泄漏统计

序号	泄漏时间	泄漏柱号	泄漏部位	表面腐蚀状况
1	2017 年 11 月 16 日	炼化西区 5#路 6-8#柱北		防腐层良好
2	2018 年 8 月 30 日	炼化西区 5#路 6-4#柱附近共 4 处		防腐层良好
3	2020 年 1 月 2 日	大堤路 4022 #柱	直管段处 9 点钟方向	防腐层良好
4	2020 年 3 月 19 日	炼化西区 5#路 6-11#柱	直管段处 6 点钟方向	防腐层良好
5	2020 年 3 月 19 日	炼化西区 5#路东 01C#		防腐层良好
6	2020 年 3 月 19 日	炼化西区 5#路 08#~09#之间		防腐层良好
7	2020 年 5 月 15 日	炼化西区 5#路 6-6#柱	直管段处 6 点钟方向	防腐层良好

续表

序号	泄漏时间	泄漏柱号	泄漏部位	表面腐蚀状况
8	2020 年 5 月 9 日	炼化西区 5#路 6-4#柱	直管道处 4 点钟方向	防腐层良好
9	2020 年 7 月 20 日	炼化西区 5#路 5-6#柱	直管道 9 点钟方向	防腐层良好

4　管道泄漏后对泄漏点附近的检测情况

管道泄漏后委托检验单位对该管道通过脉冲涡流检测技术共抽查检测 6 个管段，其中有 4 个管段均发现存在最大减薄点超壁厚 30%，两处接进 30% 的情况，详见报告。

5　管道输送介质

管道内输送介质抽样分析见表 2。

表 2　管道内输送介质抽样分析

采样点	硫化物/（mg/L）	电导率/（μS/cm）	pH 值	氨氮/（mg/L）	水中油含量/（mg/L）	化学耗氧量/（mg/L）
W-LY-B	0.0979	2350	6.45	23.68	17.75	491
W-LY-B	0.102	1999	6.71	20.73	13.82	366
W-LY-B	0.0552	2780	6.33	25.3	18.49	535

6　泄漏原因分析

从现场情况来看，泄漏、渗漏处均为直管段（非焊口、支架处），且泄漏附近主管外表油漆较好，判断非管道外腐蚀导致穿孔泄漏。

作者简介：杜金勐，男（1977—），2001 年毕业于哈尔滨工业大学，现就职于上海石化公用事业部（海堤管理所）。

根据管道内输送介质抽样分析，判断为管道内腐蚀导致的管道壁厚减薄进而管道失效。

7　更换下来的管道内表面腐蚀情况

1）内表面结垢层较厚（见图1）

图1

2）管道内壁水清洗后显示出较为严重的腐蚀坑（见图2）

图2

8　采取对策

2020年对该根管道整体进行更换，为延长管道使用寿命，管道内部采用玻璃鳞片进行内防腐技术，更换后管道输送正常。

胺处理装置再生塔法兰腐蚀失效分析

许伟龙

（中国石化上海石油化工股份有限公司，上海 200540）

摘 要 本文从装置生产工艺控制、法兰材料成分和腐蚀产物等方面对胺处理装置再生塔腐蚀法兰进行了分析研究。确定腐蚀产物主要为铁的氧化物和硫化物；判断法兰腐蚀的主要原因为气蚀引起的缝隙腐蚀，其他影响因素还有介质为酸性环境及其夹杂的热稳态盐等固体颗粒。提出了工艺调整方案和材质升级等控制措施。

关键词 胺处理；热稳态盐；气蚀

胺液再生系统是炼油装置腐蚀最为严重的系统之一，近年来炼油装置原油持续劣化，胺处理装置运行环境更加苛刻，研究设备及管道腐蚀失效原因、制定应对措施是保障装置的安全、平稳和长周期运行的必要举措。

1 基本情况

某石化厂胺处理装置主要处理加氢裂化装置脱戊烷塔顶回流罐中分离的含硫气体和液体，以及低压分离器中的含硫气体。通过 MDEA 水溶液在气体吸收塔吸收处理后，燃料气中硫化氢含量≤25ppm 后送入燃料气管网；液化气经液体吸收塔吸收处理后，液化气硫化氢含量≤10ppm 后送入液化气回收装置。饱吸硫化氢的富溶液经汽提塔处理后解吸出浓度约为 97%（体积分数）的硫化氢气体送硫回收装置进行回收处理。胺处理装置再生塔 DA952Z 及塔底重沸器 EA953Z 流程如图 1 所示。

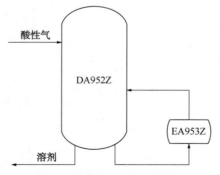

图 1 胺液再生塔流程图

近几年来，塔底重沸管线多次发生泄漏，法兰也有较大程度腐蚀，腐蚀形貌如图 2 所示。

调查装置近 2 年的工艺操作变化情况（物料、负荷、流量、温度、压力等），再生塔 DA－952（Z）塔顶酸性气压力：平均为 0.56bar，塔顶酸性气压力随着进料硫含量高低而变化，同时也受后路管线畅通程度影响；塔底温度：最高为 127.6℃，平均为 116～118℃；塔底加热蒸汽量：加热蒸汽为重整来的低压蒸汽，最大为 5.35t/h，平均为 2.33~3.59t/h；气相进料硫含量：100#脱戊烷塔顶回流罐 FA－107 气相 S－01/12，还有少量二联合预加氢含硫干气，硫化氢平均含量为 1.69%。

图 2 法兰腐蚀形貌图

2 腐蚀分析

2.1 宏观检查

该法兰为带颈对焊法兰，尺寸规格符合 SH/T 3406《石油化工钢制管法兰》，材质为 20#碳钢。从法兰腐蚀形貌看主要集中在法兰内壁，冲刷减薄现象明显，成凹坑状；密封面也有不同程度侵蚀，受腐蚀部位未超过密封面垫片与垫片压紧部位，故运行期间尚未从法兰面中泄漏出来。

2.2 材料成分分析

现场对法兰颈部取样，材料成分分析见表1。与 GB/T 711《优质碳素结构钢热轧厚钢板和钢带》中 20#碳钢成分对比，碳元素质量分数高于标准 0.02%，Mn 元素质量分数高于标准 0.01%，其他元素符合标准要求。

表1　腐蚀法兰材质成分分析　　　　　%

元素	C	Mn	Si	Cr	Ni	Cu	S	P
测量值	0.25	0.66	0.28	0.072	0.045	0.009	0.0021	0.014
标准	0.17~0.23	0.35~0.65	0.17~0.37	≤0.20	≤0.30	≤0.25	≤0.035	≤0.035

2.3 电镜及能谱分析

在法兰颈部内侧表面取样进行 SEM 观察和 EDX 分析。法兰内表面腐蚀形貌见图3，EDX 取样分析部位见图4。EDX 分析法兰内表面主要元素构成为 C、O、Na、S、K、Fe、Zn，详细结果见表2。

图3　法兰内表面电子显微形貌

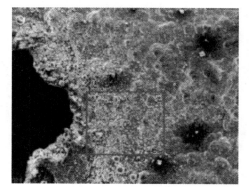

图4　法兰内表面 EDX 分析取样部位

表2　法兰内表面 EDX 分析结果

元素	Wt/%	At/%
C	13.88	028.78
O	23.77	37.00

续表

元素	Wt/%	At/%
Na	3.88	4.20
S	12.01	9.33
K	0.60	0.38
Fe	43.60	19.44
Zn	2.25	0.86

2.4 腐蚀原因分析

该法兰处于 $RNH_2-CO_2-H_2S-H_2O$ 腐蚀环境，返塔前加热后 H_2S、CO_2 从胺液中完全解析出来，遇水生成了酸液，与碳钢的法兰发生了腐蚀作用。同时，胺液中还存在大量胺降解产物、热稳定盐、烃类物质、氧和硫化亚铁等固体物等，会造成均匀腐蚀和冲刷腐蚀。这些组分统称为热稳态盐，超过 0.5%（质量分数）和极限的 2%（质量分数）范围时，胺的降解物具有腐蚀性，同时降低活性胺的量增加酸性气的腐蚀性。热稳态盐由泥浆状不溶固体颗粒组成，不能通过加热解析的方法来再生，这些固体颗粒的存在对设备表面存在很大的冲蚀作用。

对比该装置其他部位法兰，判断腐蚀加剧的另一个主要原因是该位置胺液呈气液两相流，在返塔管线设备进口部位，气相组分增大，阻力降减小，故介质流速增大，在法兰面之间会产生涡流区域，同时介质中酸性气泡在法兰缝隙处破裂，产生冲击，最终导致法兰颈部和密封面部位产生凹坑腐蚀。

3 结论

法兰颈部和密封面的腐蚀是由酸性介质环境中的热稳态盐的冲刷和气液两相流体对该部位的气蚀共同作用造成的。针对该原因，提出以下几点针对措施：

（1）将该法兰及连接管线材质升级为0Cr18Ni9Ti；

（2）设置胺液净化设施，除去胺液中的热稳定盐，控制热稳定盐的质量分数小于1%以减缓腐蚀；

（3）平稳操作，控制好返塔前重沸器的温度和负荷，减少热稳定盐的生成。

外防腐涂料在混凝土结构中的应用

洪景美

（中国石化上海石油化工股份有限公司涤纶部，上海 200540）

摘 要 石油化工生产企业的钢筋混凝土结构，经多年使用均会出现开裂、疏松、粉化，甚至出现裂缝、孔隙、渗漏现象；这些裂缝和孔隙在循环水、污水及化工大气环境腐蚀下，会导致混凝土内部钢筋锈蚀，铁锈会进一步导致混凝土胀裂，长此以往，将严重影响混凝土设备的安全运行。本文通过分析钢筋混凝土腐蚀破坏的原因，有针对性地选择外防腐涂料，从而保护混凝土结构的使用寿命。

关键词 混凝土结构；防腐涂料

钢筋混凝土结构是最常见的建筑结构之一，已广泛应用于工业、民用、国防军事设施等建设中，在石油化工生产企业更是常见，如钢筋混凝土框架结构、污水池、冷却塔等。但是在沿海地带，受海水的影响，大多富含氯离子、硫酸根离子等对钢筋混凝土有害的物质，如何解决滨海环境中钢筋混凝土构筑物腐蚀问题，关系到工程的耐久性，必须充分考虑混凝土结构腐蚀和功能劣化的问题，以达到钢筋混凝土结构的可靠、耐用等目的。

1 混凝土结构的腐蚀机理

混凝土结构的腐蚀分为混凝土的碳化、氯化物的渗透、冻融破坏、混凝土和钢筋的锈蚀，引起混凝土内部钢筋腐蚀最为主要的原因是混凝土的碳化和氯化物的渗透。

1.1 混凝土的碳化

混凝土结构材料并不是永固的，自其浇灌成型开始，便开始受到破坏。混凝土碳化是指酸性气体 CO_2、SO_x，NO_x，H_2S 及酸雨、酸雾等通过混凝土空隙从外表面逐渐向内部扩散、渗透，与其中的 $Ca(OH)_2$ 反应，产生混凝土的碱度中性化（即碳化）过程。碳化引起混凝土的碱度降低，减弱了对钢筋的保护作用。混凝土中钢筋保持钝化状态的临界碱度是 pH = 11.8，当 pH < 11.8 时（碱性降低），钢筋表面的钝化层开始破坏、锈蚀。当碳化深度穿透混凝土保护层而到达钢筋表面导致锈蚀时，使钢筋钝化膜的体积膨胀 2~6 倍，致使保护层产生开裂；开裂后的混凝土有利于 CO_2、H_2O、O_2 等有害介质进入，加剧碳化和钢筋的锈蚀，最终导致混凝土产生顺筋开裂而破坏。碳化作用到一定程度会增加混凝土的收缩，引起混凝土表面产生拉应力而出现微细裂缝，降低混凝土抗拉、抗折强度及抗渗能力，因此钢筋锈蚀导致混凝土构件的破坏形式有表面裂缝、剥落（局部剥落和层状剥落）、掉角等。

1.2 氯化物的渗透

氯离子是一种穿透力极强的腐蚀介质，即使在强碱性环境中，氯离子引起的点蚀依然会发生，同时由于水往往会渗透到混凝土里面，这种非存水中含有杂质的电解液，发生电化学作用导致锈蚀加快。当氯离子渗透到混凝土中的钢筋中时，钢筋钝化膜被破坏，成为活化态。

美国 ASTM C1002 标准：主要借助直流电场的作用，加速氯离子在混凝土中的迁移运动，通过测定流过混凝土的电量，快速评价混凝土的渗透性。通过的电量越少，混凝土越密实，抗 Cl^- 渗透能力越强。分级标准如表 1 所示。

表 1　混凝土电量法分级标准

通过的电量/C	混凝土渗透性
>4000	高
2000~4000	中等
1000~2000	低
100~1000	很低
<100	可忽略

作者简介：洪景美（1973—），女，工程师，主要从事石油化工工程施工管理工作。

2　混凝土结构外防腐涂料

为了抑制混凝土内钢筋腐蚀，提高混凝土结构的耐久性，结合使混凝土及其内部钢筋腐蚀碳化等原因，可以考虑采用具有封闭型、隔离型、耐腐蚀的外防腐涂料来提高混凝土的结构稳定性。

2.1　封闭型

将黏度很低的硅烷或水性涂料涂装于已熟化的混凝土表面，靠毛细孔的表面张力作用吸入深约数毫米的混凝土表层中，明显降低混凝土的吸水性和氯化物的渗透性，达到保护混凝土的目的。

2.2　隔离型

在混凝土表面涂装有机涂料，阻隔腐蚀性介质对混凝土表面的侵蚀和渗透。一般作为混凝土表面保护涂料的主要有环氧涂料、氯化橡胶面漆、丙烯酸涂料、聚氨酯涂料等。其中，环氧涂料具有优良的附着力、耐碱性、与其他面漆的良好配套性，可优先选择作为混凝土保护涂料体系的底漆和中间漆。混凝土保护涂料的面漆，目前主要有聚氨酯面漆、氯化橡胶面漆、丙烯酸面漆、环氧面漆和氟碳树脂面漆等。

3　混凝土结构外防腐涂料的性能要求

3.1　高性能耐候面漆

在表干区部位环氧封闭漆+环氧云铁漆+丙烯酸聚氨酯面漆的体系以其综合的优异性能在防腐和景观要求较高的场合长期应用。上述体系中底涂层环氧漆将逐步向高固体分、无溶剂涂料过渡，而耐候面漆将逐步向耐候性能更加优异的氟碳涂料、聚硅氧烷涂料过渡。

3.2　弹性涂料

相对于钢材，混凝土结构的形变更大，因此 JT/T 695 规定了用于混凝土结构表面的涂料要具有很好的力学性能，以适应混凝土的形变。涂装体系为：环氧树脂或聚氨酯底漆+环氧树脂腻子+柔韧型环氧树脂或柔韧型聚氨酯中涂+柔韧型聚氨酯面涂。正在制定的铁路桥梁混凝土结构防腐面涂层标准，规定了柔性氟碳涂层及其技术指标。

3.3　无溶剂、高固体分环氧涂料

无溶剂环氧涂料是目前应用最广泛的无溶剂防腐涂料品种。无溶剂环氧涂料施工难度大，而采用活性稀释剂和高性能的低黏度固化剂又使成本提高，因此采用高固体分的环氧涂料（体积固体含量达到 80% 以上）也是一种可选择的环保方案。一些腐蚀环境恶劣且难以维修的部位可采用厚膜型环氧涂料，或环氧玻璃鳞片涂料，也可采用环氧涂料+玻璃布的方式进行涂装保护。无溶剂涂料或高固体分厚浆涂料由于黏度太高，渗透性不好，不能直接用于混凝土表面，应配套低黏度、高渗透性底漆，或将这些高黏度涂料稀释后打底。

3.4　乙烯酯玻璃鳞片涂料

市售的乙烯基树脂是由乙烯酯预聚物溶剂与苯乙烯单体（含量通常在 35%）构成，而乙烯酯预聚物是由环氧树脂与含有乙烯基团的丙烯酸或甲基丙烯酸反应生成的。加入催化剂和固化剂，苯乙烯之间以及苯乙烯和乙烯基树脂之间通过自由基聚合反应固化成膜。乙烯酯树脂交联固化会产生体积收缩而产生内应力，通过加入玻璃鳞片可消除部分内应力。乙烯基玻璃鳞片涂料具有很好的耐化学品腐蚀性能以及较高的耐温等级。目前乙烯基玻璃鳞片涂料主要应用在脱硫烟道，在污水池也有少量应用。当前乙烯基玻璃鳞片涂料的实际应用效果并不好，用于脱硫烟道的涂料 1~2 年内就出现大面积脱落，这主要是由涂料的品质和施工工艺决定的。玻璃鳞片涂料的品质主要由玻璃鳞片的处理以及在基体树脂中的分散效果所决定。

3.5　聚脲涂料

喷涂聚脲是由异氰酸酯组分（简称 A 组分）与氨基化合物组分（简称 B 组分）反应生成的一种弹性体物质。喷涂聚脲弹性体技术（SPUA）与传统聚氨酯弹性体涂料喷涂技术相比有许多优异性能和特点：干燥速度快，施工后几秒钟就会硬化；对湿气不敏感，施工环境适应性强；立面厚膜施工不流挂；具有非常优异的力学性能和耐介质腐蚀性能。应用于混凝土表面的聚脲由于固化速度太快，渗透性不好，直接喷涂与混凝土表面附着力不理想。国内目前主要应用领域为铁路的防水材料，此外在污水池、桥梁、脱硫烟道领域也有应用，但使用效果不理想。

4　炼化企业的混凝土结构常用防腐蚀材料

常用防腐蚀材料分类：传统的防护涂料包

括环氧沥青、煤焦油沥青涂料。现阶段使用的高性能涂料还包括高固体分环氧或无溶剂环氧、聚氨酯涂料、环氧玻璃鳞片涂料、乙烯基玻璃鳞片涂料和聚脲涂料。污水包括生活污水和各种工业污水，污水的状况决定腐蚀作用的大小。应根据污水腐蚀环境状况以及混凝土基面状况选择相应的涂料品种及涂层厚度。对于一些腐蚀环境较恶劣的环境，或混凝土易开裂的环境，可采用涂料+玻璃布的体系增强防护效果。

4.1　环氧玻璃钢的应用

污水池铲除旧玻璃钢→砂轮机表面处理→堵漏→混凝土破损部位修复→刷环氧湿固化底漆 1 道→刮环氧腻子、随即刷环氧封闭底漆 1 道→环氧树脂衬 0.2mm 玻纤布 3 层→涂环氧封闭面漆 1 道→涂环氧防水、抗老化面漆 2 道。

冷却塔是热电厂的重要组成之一，属大型钢筋混凝土砼构筑物，主要由现浇钢筋混凝土塔体(包括人字柱、环梁、筒壁)、蓄水池和塔内淋水构件组成。对于不见阳光的部位也可采用环氧封闭漆+环氧耐磨漆。而对海水冷却塔等腐蚀环境较恶劣的部位可采用环氧玻璃鳞片涂料、酚醛改性环氧涂料以增强耐介质腐蚀性和涂层的屏蔽效果。

冷却塔铲除旧防腐层→表面处理→堵漏→涂环氧湿固化底漆 1 道→环氧砂浆修补混凝土损坏部位→满批环氧腻子 2mm→涂环氧封闭底漆 1 道→贴衬环氧玻璃布三层→层间处理→涂环氧封闭面漆 1 道→涂环氧防水抗老化面漆 2 道。

4.2　环氧树脂胶优点

(1)环氧树脂含有多种极性基团和活性很大的环氧基，因而与金属、玻璃、水泥、木材、塑料等多种极性材料，尤其是表面活性高的材料具有很强的黏接力，同时环氧固化物的内聚强度也很大，所以其胶接强度很高。

(2)环氧树脂固化时基本上无低分子挥发物产生。胶层的体积收缩率小，约为 1%~2%，是热固性树脂中固化收缩率最小的品种之一，加入填料后可降到 0.2% 以下。环氧固化物的线胀系数也很小，因此内应力小，对胶接强度影响小。加之环氧固化物的蠕变小，所以胶层的尺寸稳定性好。

(3)环氧树脂、固化剂及改性剂的品种很多，可通过合理而巧妙的配方设计，使胶黏剂具有所需要的工艺性(如快速固化、室温固化、低温固化、水中固化、低黏度、高黏度等)，并具有所要求的使用性能(如耐高温、耐低温、高强度、高柔性、耐老化、导电、导磁、导热等)。

(4)与多种有机物(单体、树脂、橡胶)和无机物(如填料等)具有很好的相容性和反应性，易于进行共聚、交联、共混、填充等改性，以提高胶层的性能。

(5)耐腐蚀性及介电性能好，能耐酸、碱、盐、溶剂等多种介质的腐蚀，其体积电阻率为 $1013 \sim 1016\Omega \cdot cm$，介电强度为 $16 \sim 35kV/mm$。

(6)通用型环氧树脂、固化剂及添加剂的产地多、产量大，配制简易，可接触压成型，能大规模应用。

4.3　环氧树脂胶缺点

(1)不增韧时，固化物一般偏脆，抗剥离、抗开裂、抗冲击性能差。

(2)对极性小的材料(如聚乙烯、聚丙烯、氟塑料等)黏接力小，必须先进行表面活化处理。

(3)有些原材料如活性稀释剂、固化剂等有不同程度的毒性和刺激性，设计配方时应尽量避免选用，施工操作时应加强通风和防护。

4.4　碳钛笼混凝土防碳化涂料

碳钛笼混凝土防碳化涂料有着优异的施工性能，对施工温度、湿度要求都比较宽泛，允许带湿施工(相对湿度为 0%~80%)，可在 $-20 \sim 50℃$ 环境温度条件下施工，推荐 $5 \sim 35℃$ 正常施工。

沉淀池基面处理→喷涂改性丙烯酸酯水性纳米底漆 1 道→填刮腻子平均厚度 2~3mm，每 1mm 用量 2.3kg→喷涂防族聚氨酯水性纳米面漆 2 道。

碳钛笼混凝土防碳化涂料的优缺点：碳钛笼混凝土防碳化涂料能耐盐雾 1440h 以上，人工老化 3000h 以上，相当于自然环境中耐腐蚀 30 年以上。支持带漆、带湿、带锈施工，表干速度快，适应温度范围广，在诸多环境不利条件下，依然可获得良好的防腐蚀性能；其缺点是由于碳钛笼混凝土防碳化涂料是一种特殊涂料，所以与普通的涂料施工工艺会略有不同，为了保证涂料的最佳性能，施工技术要求较高，必须严格按照厂家提供的施工工艺按部施工。

5　结论及建议

随着我国环保事业的发展，作为炼化企业，已率先实行绿色企业的生产标准。钢筋混凝土结构表面用涂料的未来发展趋势也将遵从高性能、绿色环保的原则。同时涂料技术向多元化方向发展以适应不同腐蚀环境、不同防腐部位甚至人文景观的要求。在不同的腐蚀环境下的混凝土结构的外防腐选材可以从腐蚀的根源考虑，并可根据以上例举的案例及分析，科学地选择更适用的外防腐材料。

五效预热器平板封头与
管箱法兰密封面腐蚀原因分析

时永超

（中国石化上海石油化工股份有限公司腈纶部，上海　200540）

摘　要　硫氰酸钠（NaSCN）作为湿纺腈纶生产中的溶剂，其腐蚀性极强，它不仅对碳钢、铝和铝合金有腐蚀性，而且对一般的不锈钢也有一定的腐蚀性，对于普遍采用的316L（00Cr17Ni14Mo2）不锈钢，其良好的耐蚀性能和可焊性在理论上完全可以抵抗硫氰酸钠（NaSCN）的腐蚀，但是实际生产中，焊缝开裂、罐壁孔蚀、设备腐蚀的现象时有发生。解决和预防硫氰酸钠（NaSCN）的腐蚀对于五效预热器的设计、制造、加工、维修、保养有着很重要的意义。

关键词　预热器；压力容器；密封面；腐蚀；硫氰酸钠

化动车间用于溶剂回收利用的五效预热器的平板封头与管箱法兰密封面为换热类压力容器，在检修时发现发生了逐年增加的点状腐蚀，其工艺路线是 NASCN 介质由 T-1301 槽出来，经过二步法超滤除杂（水不溶物）后进入 T-1303 槽，后经过 SPC-1/SPC-4 系统进入到 T-1207 槽。五效预热器的作用是将 NASCN 溶液温度从 80℃提高到 116℃，NASCN 溶液浓度由约 17%浓缩到 58%。

该装置五效预热器均为立式换热器，加热介质为蒸汽，物料走管程，与腐蚀性介质接触的筒体主体材料为 316L，与腐蚀性介质不接触的法兰主体采用 16MnR 材料，为增加密封面抵抗腐蚀的能力，管箱法兰与平板封头密封面采用抗 NASCN 介质腐蚀性能较好的 UNS N08926（法兰密封面为复层材料）。其现场情况如图 1 和图 2 所示。具体结构参数见表 1。

由现场照片可以看出，腐蚀主要发生在管箱

图 1　预热器上管箱结构（下图腐蚀后的密封面已经过加工）

图 2　预热器平板封头结构（下图密封面可见明显的腐蚀坑）

与平板封头有复层材料的法兰密封面上，在此背景下为保证设备的安全运行，对该设备进行腐蚀原因的分析及对策的研究。

1 宏观检查

结合以往检修资料，该预热器法兰密封面的腐蚀是一个逐渐加深和严重的演变过程。

腐蚀主要发生在管箱与平板封头的法兰面密封垫片覆盖的区域面上，呈密集的点状分布，有的腐蚀坑深度可达 2~3mm。YH-4305、YH-4304、YH-4303、YH-4302 不同检修周期的腐蚀形貌见图3~图9。

表1 上海石化腈纶部在用压力容器特性参数一览表

序号	装置/车间	容器编号	容器名称	设计单位	制造单位	制造年月	投用年月	容器规格			操作条件			主体材质
								内径/mm	厚度/mm	容积/m³	最高工作压力/MPa	温度/℃	介质	
81	化动车间	YH-4302	二效预热器	上海石化机械制造公司	石化机制公司	01.3	01.8	495.3	6.35	1.2	0.145/0.765	128/116	蒸汽/16.5%NaSCN	316L
82	化动车间	YH-4303	三效预热器	上海石化机械制造公司	石化机制公司	01.3	01.8	495.3	6.35	1.2	0.069/0.845	116/101		316L
83	化动车间	YH-4304	四效预热器	上海石化机械制造公司	石化机制公司	01.3	01.8	495.3	6.35	1.2	0/0.925	101/83		316L
84	化动车间	YH-4305	五效预热器	上海石化机械制造公司	石化机制公司	01.3	01.8	445	6.35	1	-0.054/0.955	82/80		316L

图3 YH-4305 现场封头与管箱法兰面腐蚀形貌
（2015年6月）

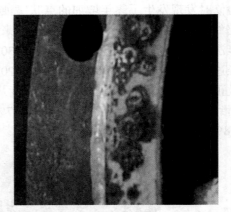

图4 YH-4305 现场封头与管箱法兰面腐蚀形貌
（2016年2月15日）

图5 YH-4305 现场封头与管箱法兰面腐蚀形貌
（2018年4月13日）

图6 YH-4305 现场封头与管箱法兰面腐蚀形貌
（2019年4月）

图 7　YH-4304 现场封头与管箱法兰面腐蚀形貌
（2019 年 4 月）

图 8　YH-4303 现场封头与管箱法兰面腐蚀形貌
（2019 年 4 月）

图 9　YH-4302 现场封头与管箱法兰面腐蚀形貌
（2019 年 4 月）

图 4~图 7 为 YH-4305 现场封头与管箱法兰面从 2015 年、2016 年、2018 年及 2019 年看到的腐蚀形貌，随着设备运行周期的延长，法兰密封面的腐蚀越来越严重，腐蚀坑越来越多，深度也越来越深。其实化动车间 SPC 系统法兰密封面腐蚀时有发生，化动车间在 2017 年大修开罐检查时也发现 6032、6033 法兰密封面严重腐蚀，在大修时更换了法兰，并将材料升级成双相钢 2205，收到很好的效果。

2　材质检验

金属及合金材料是结构材料中的主体，其中钢铁占据主要的地位。但是，由于钢铁的耐

蚀性能具有局限性，因此具有高性能的合金及有色金属材料的开发和应用发展迅速，在一定程度上解决了局部腐蚀及特殊环境下的腐蚀问题。

对 YH4305 管箱法兰面和平板端盖材质进行确认，翻阅书面资料，资料显示该结构材质为复合板，密封面材质为 4529（UNS N08926），该材料在卤化物介质和含硫氢酸性环境中具有非常高的抗点蚀和缝隙腐蚀能力，能有效抵抗应力腐蚀，在氧化和还原性介质中同样具有良好的耐腐蚀性，稳定性良好，该钢材耐氯化物点蚀、缝隙腐蚀和应力腐蚀的能力均远优于 300（316L，317L）系列不锈钢，机械性能略优于 904L，可用于 -196 到 400℃ 的压力容器制造。

我们对密封面材料进行多点的现场光谱测量，分析验证，比对元素含量，确认法兰面复层材料为 UNS N08926，属于超级奥氏体不锈钢。

3　NASCN 溶液组分分析

化动车间 SPC4 五效预热器管箱与平板封头法兰密封面发生腐蚀从 2015 年开始，2018 年有加剧现象，该处的溶剂经过两步法超滤净化，其含杂及总铁的分析结果如表 2 所示。

由表 2 可知，化动车间过滤五效预热 NASCN 溶液组分中含有一定的 NaCl，故 NASCN 溶液中含有一定量的 Cl^-，腈纶生产中 Cl^- 来源于两个方面：一是原料带入，NaSCN 溶

剂本身有近 0.01% 的 Cl⁻ 含量，而所用的第三单体丙烯磺酸钠合格品中 NaCl 含量高达 2.0%，是 NaSCN 溶液系统中 Cl⁻ 的主要来源；二是脱盐水带入。

表 2   化动车间过滤五效预热 NASCN 溶液组分分析

样品	pH 值	NaSCN/%	总铁/%	总杂/%	NaCl/%	Na₂SO₄/%	β-SPN/%
T-1303-1A	7.0	16.88	0.16	0.69	0.09	0.12	0.33

4 腐蚀原因分析

不锈钢的耐腐蚀性主要决定于表面钝化膜的化学活性及钝化膜表面物理状态。从材质分析来看，该钢含 Cr 为 25.50%，含 Mo 为 6.92%，含 Ni 为 25.50%，符合标准要求。在不锈钢钢中，Ni 是奥氏体形成元素，可以改善 Cr 钢塑性与降低硬度。Ni 也可增强 Cr 钢的钝化作用，提高耐蚀性，尤其是对非氧化性介质的耐蚀性。Mo 与 SCN⁻ 离子结合后，与 SCN⁻ 竞争吸附使 Mo 在点蚀活性点上富集，减弱了 SCN⁻ 离子的侵蚀活性，生成含有 Fe³⁺、Mo⁶⁺ 的比较复杂的氧化膜，这样就抵御了 SCN⁻ 的腐蚀。

以硫氰酸钠（NaSCN）为溶剂的湿纺腈纶生产中，设备的腐蚀大部分均表现为点蚀，其主要原因是由以 NaSCN 为溶剂的溶液所致。当 NaSCN 溶液中含有的某些阴离子（如 Cl⁻）含量足够多或有某种氧化剂（这种氧化剂通常就是空气中的氧）存在时，腈纶设备的腐蚀就较为严重。这是由于料液中的活性阴离子 Cl⁻ 被吸附在金属表面某些点上，取代了与金属结合的氧，使金属局部去钝化，氧化膜受到破坏的地方成为阳极，从而使金属不断溶解，这是设备点蚀的主要原因。

预热器平板封头与管箱之间采用法兰连接，中间夹持有密封垫片，其密封原理就是通过螺栓施加夹紧力，增加介质沿泄漏方向的阻力，法兰与密封垫片之间相互挤压，紧密贴合，在相互接触的分界面上形成大量的接触点，一方面可能破坏法兰密封面的钝化层，另一方面使得法兰与垫片接触面上缝隙内的介质流动不畅，造成 Cl⁻ 的富集，使得不锈钢抵抗点蚀的能力大大降低，从而引起缝隙腐蚀，导致缝隙内某些区域优先发生腐蚀溶解，这就是预热器均在法兰与垫片接触区域发生腐蚀坑的主要原因。

点蚀又称孔蚀，是局部腐蚀的一种。缝隙内金属表面钝化膜的破坏是导致点蚀的内因，溶液中含有活性阴离子 Cl⁻ 及假卤素离子 SCN⁻ 是导致点蚀的外因，它们能吸附在金属表面的缺陷上，进而对氧化膜发生破坏作用。

因此该预热器平板封头与管箱法兰密封面的腐蚀失效是 Cl⁻ 及假卤素离子 SCN⁻ 引起的缝隙腐蚀和点腐蚀联合作用的结果。

5 建议和对策

综上所述，从工艺角度减少或消除 Cl⁻ 和氧化性阳离子，如加入某些氧化性阴离子（缓蚀剂）、提高 pH 值、降低环境温度、使溶液流动或加搅拌等，可以减轻或抑制孔蚀及间隙腐蚀。同时从材料角度正确选用材料，正确安装，确保不锈钢设备钝化膜完好也是减轻或抑制孔蚀及间隙腐蚀的措施。钛是耐点蚀性最好的结构材料，在无法解决点蚀问题时，也可考虑使用钛。

根据现场条件，在目前情况下，建议采取如下措施：

（1）设法降低 NASCN 溶液中 Cl⁻ 离子含量。为了减少或避免不锈钢的点蚀源，应把好原料关，严格控制丙烯磺酸钠的 NaCl 含量，并同时严格控制进出水 Cl⁻ 指标。

（2）对密封面进行酸洗钝化处理，确保设备钝化膜完好。钝化就是一种极特殊的阳极极化，当阳极电流产生后，金属材料表面形成一层极薄的钝化膜，又称氧化膜。它具有很高的电阻，引起强烈的阻力极化，从而使金属从活化腐蚀状态转为钝化，阻止了金属腐蚀的发生。钝化膜的缺陷是导致点蚀的内因，故应对预热器切除表面点蚀层后的管箱法兰及平板封头法兰密封面进行酸洗钝化处理，以除掉加工及运输、安装过程中黏附的脏物和施工标记、焊渣、磕碰损坏处，促使钝化膜重新生成，确保其完整无缺陷。

（3）规范制造及安装工艺规程，避免钝化

膜损坏。金属材料设备在制作过程或维修、安装中，如存在残余应力、组织应力、热应力、焊接应力、磕碰等，将使不锈钢表面的钝化膜成为薄弱点，也易被首先破坏，形成孔蚀源。

参 考 文 献

1　肖纪美，曹楚南. 材料腐蚀学原理. 北京：化学工业出版社，2002.

2　黄用昌. 金属腐蚀与防护原理. 上海：上海交通大学出版社，1989.

3　闫康平，陈匡民. 装备腐蚀与防护. 北京：化学工业出版社，2009.

常减压蒸馏装置减四线管道腐蚀与防护

张　塞

（中国石化北京燕山分公司炼油厂，北京　102500）

　　摘　要　针对四蒸馏装置减四线发生的严重腐蚀减薄现象，对该管线进行了宏观检查、化学成分分析和减四线腐蚀机理分析。分析结果表明，减四线腐蚀主要发生在管线内壁，为高温硫腐蚀和高温环烷酸腐蚀共同作用。从工艺、设备和腐蚀介质检测等三个方面提出了相应的防护措施。
　　关键词　四蒸馏；减四线；腐蚀机理；防腐措施

1　前言

　　四蒸馏装置于 2007 年 6 月建成投产，经 2013 年和 2016 年两次升级改造，现加工 800 万吨/年中东混合原油，原油以沙轻、沙重、罕戈和吉拉索按 67：25：2：6 比例混合，混合原油的硫含量为 2.5%（质量分数），酸值为 0.475mgKOH/g。随着进口原油逐步劣质化，原油硫含量、酸值都曾超过设防值。2020 年 5 月通过测厚发现四蒸馏装置减四泵后管线出现均匀腐蚀减薄，管线腐蚀减薄严重，管壁最薄厚度为 2.8mm（原管壁厚度为 6mm），减薄率为 53.3%。本文主要对四蒸馏装置减四线减薄腐蚀原因和机理进行分析研究，并提出相应预防措施。

2　减四线简介

　　常减压蒸馏装置由电脱盐部分、初馏部分、常压部分、减压部分、原油换热网络部分、轻烃回收部分等六部分组成。其中减压塔为全填料湿式减压塔，内设 7 段填料及相应的汽、液分布系统。四蒸馏减压塔有六条侧线，其中减四线是由减四线泵（P-1040/1，2）从减压塔第 V 段填料下集油箱抽出一部分作为内回流进入第 VI 段填料上方，剩余部分经 E-1221、E-1111/1，2、E-1104 换热至 160℃后送出装置作润滑油或蜡油加氢料（见图 1）。

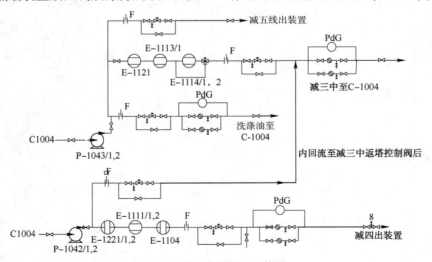

图 1　减四线工艺流程简图

3　减四线腐蚀情况和机理分析

3.1　减四线腐蚀情况

　　专业检测公司对减四线进行脉冲涡流扫查及超声波测厚工作，共计检测 93 处位置，经扫查发现有 18 处材质为 1Cr5Mo、规格为 114mm×

　　作者简介：张塞，硕士，工程师，从事炼油装置的腐蚀管理和腐蚀机理研究工作。

6mm 位置存在腐蚀减薄现象，具体减薄数据如表 1 所示。

表 1 减四线检测数据及分析

检测部位编号	检测部位位置	检测最大值/mm	检测最小值/mm	减薄率/%
1	51 号弯头	4.20	3.15	47.50
2	52 号短节	4.27	3.50	41.67
3	54 号短节	4.51	3.53	41.17
4	56 号短节	4.36	3.40	43.33
5	57 号短节	4.31	3.40	43.33
6	61 号短节	4.00	3.50	41.67
7	62 号弯头	3.98	3.30	45.00
8	63 号短节	4.00	2.80	53.33
9	75 号短节	3.90	3.20	46.67
10	81 号弯头	3.90	3.20	46.67
11	83 号弯头	4.12	3.30	45.00
12	84 号短节	3.94	3.70	38.33
13	85 号短节	4.19	3.50	41.67

续表

检测部位编号	检测部位位置	检测最大值/mm	检测最小值/mm	减薄率/%
14	86 号弯头	4.20	4.10	33.33
15	87 号弯头	4.21	3.66	39.00
16	88 号弯头	4.70	3.90	35.00
17	89 号短节	4.00	3.50	41.67
18	90 号短节	4.24	3.76	37.33

3.2 检验与分析

通过对管线内表面(见图 2)检查发现，大部分区域内表面清洁、光滑无垢，局部剥落的区域呈深褐色，局部区域形成较深的流线沟槽和边缘锐利的凹坑状，管壁呈现均匀减薄。取样对腐蚀管段进行化学成分分析，发现腐蚀产物主要含有硫、铬，其余是铁，其分析结果列于表 2。该段管线存在明显均匀减薄现象，管线内部存在密集腐蚀凹坑。

图 2 抽出阀后直管段切割后图片

表 2 减四线垢样元素分析

减四线垢样	S	Cr	Fe	其他元素
含量/%	20	2.3	75	2.7

3.3 腐蚀机理

由管壁内壁的腐蚀形貌观察和垢样元素分析结果可知，四蒸馏装置减四线的腐蚀减薄是由于高温硫腐蚀和高温环烷酸腐蚀共同作用而引起，两者同时存在，反应机理如下：

$$S + Fe \longrightarrow FeS$$
$$2RCOOH + FeS \longrightarrow Fe(RCOO)_2 + H_2S$$
$$H_2S + Fe \longrightarrow FeS + H_2$$

金属表面生成的 FeS 不溶于油，覆盖在金属表面形成保护膜，在一定意义上能够阻止金属继续腐蚀。但是如果有环烷酸存在，环烷酸和硫化亚铁会生成环烷酸铁和硫化氢，破坏防护膜，通过介质的冲刷，流体带走腐蚀产物，使金属裸露出新的表面，同时带来腐蚀介质，于是腐蚀反应十分剧烈。

环烷酸是一种存在于石油中的含饱和环状结构的有机酸，其通式为 RCH_2COOH，石油中的酸性化合物包括环烷酸、脂肪酸、芳香酸以及酚类，而以环烷酸含量最多，故一般称石油中的酸为环烷酸。其含量一般借助非水滴定测定的酸度（mgKOH/100mL 油，适用于轻质油品）或酸值（mgKOH/g 油，适用于重质油品）来间接表示。实践经验表明，原料油的组成、物料的温度、酸值、相态和流速以及设备材质是影响环烷酸腐蚀的重要因素。一般认为原油的酸值达到 0.5mgKOH/g 时，即可引起环烷酸腐蚀，2019 年和 2020 年原油硫含量和酸值的变化趋势图见图 3 和图 4，四蒸馏加工的原油为高硫低酸原油，在原油酸值小于 0.5mgKOH/g 时，减四线环烷酸腐蚀仍然存在。酸值升高，腐蚀速率增加。

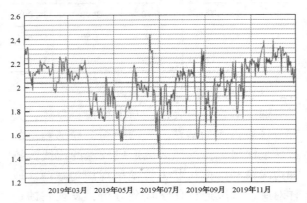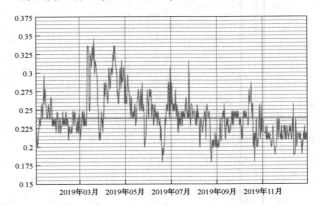

图 3　2019 年四蒸馏原油含硫和酸值趋势图

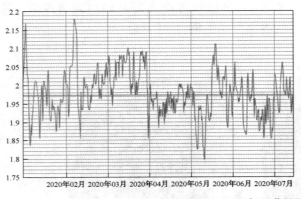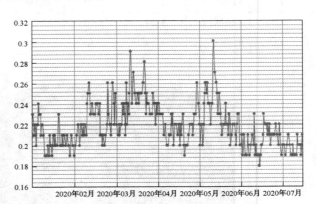

图 4　2020 年四蒸馏原油含硫和酸值趋势图

减四线管线介质为蜡油，温度为 330℃ 左右，环烷酸腐蚀的温度范围大致在 230～400℃，正好处在腐蚀温度区间，另外环烷酸的腐蚀还跟介质的流速有关，随着流速的增加，腐蚀也会加剧。减四线管线流量为 102.2m³/h，据有关公式计算得出流速为 1.54m/s，流速对于腐蚀影响较小。由于环烷酸铁是油溶性的，再加上介质的流动，故环烷酸腐蚀的金属管线表面清洁、光滑无垢。在弯头等流速较大处环烷酸腐蚀呈顺流向产生的锐缘的流线沟槽，在低流速区域则呈边缘锐利的凹坑状。油气中硫含量的多少也影响环烷酸腐蚀，硫化物在高温下会释放出 H_2S，H_2S 与钢铁反应生成硫化亚铁，覆盖在金属表面形成保护膜，这层保护膜不能完全阻止环烷酸的作用，但它的存在显然减缓了环烷酸的腐蚀。

4　防腐措施
4.1　改善工艺条件
加注缓蚀剂，在泵入口管线处加注高温缓蚀剂注点，使用油溶性缓蚀剂可以抑制炼油装置的环烷酸腐蚀，使用温度范围为 316～400℃；控制减四线温度在 280～350℃，有些文献认为环烷酸腐蚀有两个峰值，第一个高峰出现在 270～280℃，当温度高于 280℃ 时，腐蚀速率开始下降，但当温度达到 350～400℃ 时，出现第二个高峰；原油的酸值可以通过混炼加以降低，如果将高酸值和低酸值的原油混合到酸值低于环烷酸腐蚀的临界值以下，则可以在一定程度上解决环烷酸腐蚀问题，而解决环烷酸腐蚀的最根本方法是从油中提取环烷酸，这不但能最终解决环烷酸腐蚀问题,而且能够提高炼油企业的经济效益。

4.2 管线材质升级更换

鉴于管线测厚减薄的情况,根据操作条件对减四线进行了强度校核,计算公式为:

$$\delta = \frac{PD}{2[\sigma]\phi + P} + C$$

式中:δ 为减四线罐壁厚度;P 为设计压力1.9MPa;D 为管线外径114mm;$[\sigma]$ 为在操作温度下管线的许用应力95MPa;ϕ 为焊接拉头系数0.8;C 为腐蚀余量2mm。经过计算管线最小允许厚度为3.41;强度校核结果是管线局部强度已不允许该管线继续运行,同时考虑整条管线减薄部位比较多,已经严重影响装置长周期运行,目前管线材质为 Cr_5Mo,在环烷酸腐蚀环境中,材料抗腐蚀能力从高到低的顺序是 316>304>Cr_5Mo。2020年6月20日将减四线材质升级更换为316。

4.3 设备防腐管理

(1)选择适当的金属材料及表面处理。材料的成分对环烷酸腐蚀的作用影响很大,碳含量高易腐蚀,而 Cr、Ni、Mo 含量的增加对耐蚀性能有利,所以碳钢耐腐蚀性能低于含 Cr、Mo、Ni 的钢材,低合金钢耐腐蚀性能要低于高合金钢,因此选材的顺序应为:碳钢→Cr-Mo钢($Cr_5Mo→Cr_9Mo$)→$1Cr_{13}$→$0Cr_{18}Ni_9Ti$→316L→317L。材料的表面处理也是抑制环烷酸腐蚀的途径之一。

(2)管线在设计时要合理。要尽量减少部件结合处的缝隙和流体流向的死角、盲肠;减少管线振动;尽量取直线走向,减少急弯走向,高温重油部位尤其是高流速区的管道的焊接,凡是单面焊的尽可能采用亚弧焊打底,以保证焊接接头根部成型良好。

(3)减四线直管和弯头处增加在线定点测厚点数,这样就可以实时监控管线壁厚的安全运行状态,同时开发并利用各种在线腐蚀检测技术,进行必要的在线检测,能在线预测设备的缺陷,以便及时维修被损伤的设备,减少事故发生。

5 结论

常减压四蒸馏装置高温硫和高温环烷酸腐蚀的发生,可以通过一系列手段来解决。在加工高硫低酸原油时应该采取选材、工艺等多种手段联合进行防腐控制,同时要加强腐蚀管理力度,这样才能保证各项防腐措施落实到位。常减压四蒸馏装置的防腐工程是一套综合的系统工程,而管线的防腐工作随着科学技术的进步将会更加完善,为了保证设备的长周期安全运行,装置的腐蚀与防护是摆在我们面前的首要任务。

参 考 文 献

1 林世雄. 石油炼制工程[M]. 北京:石油工业出版社,2000.

2 程丽华. 石油炼制工艺学[M]. 北京:中国石化出版社,2004.

3 胡洋,等. 加工高酸值原油设备腐蚀与防护技术进展[J]. 石油化工腐蚀与防护,2004,21(4):5-8.

4 王东亮,黄晨文. 常减压蒸馏装置减三线管道腐蚀原因分析[J]. 石油化工腐蚀与防护,2018,35(5):16-17.

5 李出和. 常减压装置渣油管线腐蚀原因及防护[J]. 管道技术与设备,2015,(4):39-41.

6 马红杰,殷悦,赵敏,等. 蒸馏装置的硫腐蚀及防护[J]. 石油化工设备技术,2015,36(2):35-38.

醋酸装置精馏工序水冷设备腐蚀及材料选型

白小平

（中国石化长城能源化工（宁夏）有限公司，宁夏灵武　750409）

摘　要　甲醇羰基制醋酸工艺精馏工序水冷设备运行工况复杂，介质腐蚀性强，设备选材苛刻，因此熟悉掌握工艺介质腐蚀性并选择良好的防腐蚀金属材料，加强醋酸装置的防腐蚀管理十分必要。本文结合了醋酸装置开车以来及酸装置的工艺状况和腐蚀情况，针对醋酸装置的介质腐蚀特性，对精馏水冷设备的材料选材进行了分析讨论，重点对 U 型冷换设备干燥塔冷凝器 E-030205 管束进行了材质更新，以及对轻组分塔初冷凝器 E-030201A/B 进行了管束加固。截至目前，装置设备运行良好。

关键词　金属材料；醋酸；防腐蚀

中国石化长城能源化工（宁夏）有限公司醋酸装置的工艺流程主要是用 CO 和甲醇在铑系催化剂及助催化剂碘甲烷、氢碘酸的促进下，在温度 188~192℃、压力 2.76MPa 下液相合成粗醋酸，粗醋酸经精馏及吸收工序后产出合格醋酸。在醋酸装置生产过程出现了特有的一些防腐蚀材料，如锆合金系列主要应用于醋酸装置合成及精馏前工序，哈氏合金的系列（HA-B 及 HA-C）主要用于精馏后工序，316L（022Cr17Ni14Mo2）主要用于吸收工序及成品醋酸。醋酸精馏工序如图 1 所示。

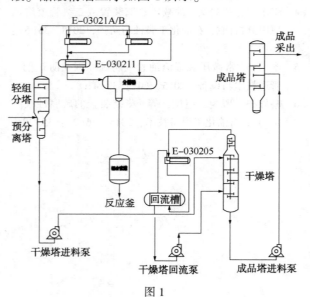

图 1

醋酸装置生产过程中的工艺介质有醋酸、HI、碘甲烷及水，并伴生丙酸、醋酐及酯类、

卤化物及腐蚀形成的金属 Fe 及 Ni 等金属阳离子，属于强腐蚀性环境，对材质为 316L 及哈氏 C 系列的设备及管道造成了严重腐蚀，对生产及设备造成了严重的损失。装置运行以来，公司及运行部对醋酸装置不断地进行工艺改进和参数的调整优化，部分防腐蚀的问题得到了逐步解决，生产过程中装置精馏工序 N10276（HA-C）材质的干燥塔冷凝器 E-030205 设备在管束前发生了严重腐蚀，造成装置 3 次停车，随后便进行了材质升级；同时轻组分塔初冷凝器 E-030201A/B 管板腐蚀导致列管磨损断裂造成装置 5 次停车。基于醋酸装置目前的运行状况，如何选择经济可靠的防腐材料，延长设备使用寿命，是醋酸生产工艺过程需要长期坚持研究的难题。

1　醋酸精馏工序 E-030205 及 E-030201A/B 设备及腐蚀情况概述

醋酸装置自 2014 年 5 月运行以来，装置精馏工序先后出现了干燥塔冷凝器 E-030205、轻组分塔初冷凝器 E-030201A/B 管束的腐蚀泄漏。设备参数如表 1 所示。

表 1　E-030205 与 E030201A/B 设备参数

设备名称/位号	干燥塔冷凝器 E-030205	轻组分塔初冷凝器 E-030201A/B
规格	1100mm×7120mm	1200mm×6455mm
设计压力	壳程 0.6MPa；管程 0.4MPa	壳程 0.6MPa；管程 0.4MPa

续表

设备名称/位号	干燥塔冷凝器 E-030205	轻组分塔初冷凝器 E-030201A/B
材质	壳程 Q345R；管程 N0276	壳程 Q345R；管程 Zr702
工作介质	壳程循环水；管程工艺气体，醋酸，碘甲烷，水	壳程循环水；管程工艺气体，醋酸，碘甲烷，水
工作温度	壳程 30/40℃；管程 142.3/60℃	壳程 30/40℃；管程工作温度 116.4/45℃

1.1　E-030205 检修情况（见表 2）

表 2　E-030205 检修统计

检修时间 设备名称	2014 年 12 月	2015 年 5 月	2016 年 1 月	备注
E-030205	泄漏 33 根	泄漏 96 根	泄漏 40 根	泄漏率 27.8%

表 3　E-030201A/B 检修统计

检修时间 设备名称	2017 年 7 月	2017 年 11 月	2017 年 12 月	2018 年 3 月	2019 年 6 月	备注
E-030201A	不泄漏	不泄漏	不泄漏	泄漏 9 根	泄漏 3 根	泄漏率 1.7%
E-030201B	泄漏 3 根	泄漏 1 根	泄漏 10 根	泄漏 4 根	不泄漏	泄漏率 2.6%

表 4　腐蚀检测数据

名称 日期	2014 年 12 月	2015 年 5 月	2016 年 1 月	2018 年 3 月	腐蚀率	备注
E-030205 列管与管板焊缝余高（定点）	1.3mm	0.9mm	0.7mm	—	0.56mm/a（要求<0.1mm/a）	2016 年 2 月管束材质 N10276 升级为 Zr702
E-030201B 折流板管孔	—	—	—	1.7mm（腐蚀、磨损）	—	—
E-030201B 壳程表面	—	—	蚀坑 1.4mm	—	—	—

干燥塔冷凝器 E-030205 在使用过程中，管束与管板焊缝出现了大量腐蚀并泄漏，循环水进入系统导致装置无法正常运行；2015 年 5 月泄漏已影响装置正常运行，特别是管板上部列管与管板焊缝大面积腐蚀穿孔，随后紧急进行了管束材质升级。

1.2　E-030201A/B 检修情况（见表 3）

轻组分塔初冷凝器 E-030201B 于 2017 年 7 月首次发生泄漏以后，2018 年 3 月 E-030201A 发生了泄漏，期间每 2~3 个月便有 1 台设备发生列管泄漏，循环水进入系统导致醋酸装置无法正常运行。

2　E-030205 及 E-030201A/B 腐蚀检测数据及泄漏原因分析

2.1　E-030205 及 E-030201A/B 腐蚀检测（见表 4）

2.2　泄漏原因分析

2.2.1　工艺操作波动的影响

醋酸装置生产过程中，操作不当引起系统波动，使合成工序的一些强腐蚀介质碘、酯类、卤化物等发生后移，同时精馏系统工艺介质组分及操作参数发生变化，进一步增加了精馏系统介质的腐蚀性，加剧了精馏工序介质对哈氏合金系设备的腐蚀；与此同时，腐蚀增加了系统中 Fe、Ni、Cr 等金属离子含量，而金属离子在系统中无法自行消除或通过产品大量带走，久而久之形成了恶性循环，使得设备的腐蚀不断加快。因此在醋酸工艺生产过程中要严格控制金属离子，并当金属离子超过一定程度时要进行脱除，一般要求金属离子控制在 $5000×10^{-6}$ 以下。

2.2.2　材质设计不合理

精馏工序轻组分塔至干燥塔段腐蚀性工艺介质主要为醋酸、碘甲烷、水，工作温度介于 140~160℃，属于强腐蚀环境，但是在初次设计中精馏工序干燥塔冷凝器 E-030205 管束材质却设计为 N10276（HA-C）材质，其余设备均为 Zr702 合金，同样的腐蚀环境设备的防腐蚀性能达不到使用要求，造成干燥塔冷凝器 E-030205 的管束特别是焊缝发生了严重腐蚀。

2.2.3　异种金属的腐蚀

干燥塔冷凝器 E - 030205 管束材质为 N10276（HA-C）材质，与其相连接的工艺管道材质为锆合金；轻组分塔初冷凝器 E-030201A/B 管束材质为 Zr702，而折流板材质为 Q235B。处于同一介质中，不同金属造成异种金属接触部形成腐蚀原电池，即电偶腐蚀，加剧了 E-030205 哈氏合金管束 N10276（HA-C）与 E-030201A/B 碳钢折流板 Q235B 的腐蚀。

2.2.4　循环水的水质引起的腐蚀

循环水水质好坏直接影响装置换热器及管路的安全运行，由于循环水水质差，引起轻组分塔初冷凝器 E-030201A/B 壳程循环水侧折流板发生了严重的垢下腐蚀，使得 U 形列管通过折流板处的孔径变大，列管在气液两相冷热介质工况下产生的振动引起列管磨损，列管振幅变大，在剪切力的作用下发生断裂导致列管泄漏。同时 E030201A/B 设备一旦泄漏，壳程的循环水比管程介质的工作压力大，循环水进入系统中，系统中的碘、氯熔盐成分（特别是在缺水的情况下）进一步破坏金属表面的氧化膜，增大了装置设备腐蚀概率。

3　E-030205、E-030201A/B 的防腐蚀控制措施及改造

3.1　工艺控制及措施

防止合成工序强腐蚀介质后移，加强工艺操作管理与平稳操作减少系统波动，严格执行操作规程中精馏塔升降温速率要求。正常操作时严禁塔设备加热蒸汽的大幅度波动，严格控制闪蒸阀的操作，减少由于闪蒸量不稳对 E-030201A/B 管束的冲击，加强中控监控和现场巡检，特别是在系统水含量异常情况下，及时分析排查原因并进行控制；加强对循环水水质的控制，减小因循环水水质差而引起的垢下腐蚀等情况。

3.2　定期脱除系统中的 Fe、Ni、Cr 等金属离子

从 2014 年 5 月装置运行以来进行的取样分析来看，醋酸装置合成工序中金属离子在 2016 年出现了上升趋势，最高达到了 6845×10^{-6}，在 2018 年 12 月至 2019 年 6 月期间进行了金属离子脱除项目小试装置，并取得了良好的效果，近期金属离子取样分析降低 2500×10^{-6} 以下。目前，已立项的反应液金属离子脱除项目已在施工准备期间。

3.3　E-030205 与 E-030201A/B 折流板材质升级

为了消除由于强腐蚀介质造成的干燥塔冷凝器 E-030205 泄漏，在 2016 年 2 月对 E-030205 管束进行了材质升级改造，管束材质由原来的 N10276（HA-C）升级为 Zr702，安装前对设备列管与管板焊缝余高检测为 1.47mm，于 2018 年 3 月检修期间进行检测为 1.47mm，腐蚀速率为 0mm/a，且 3 年多以来运行正常列管未发生腐蚀与泄漏；同时，建议后期的醋酸生产装置，精馏装置水冷设备折流板材质要求设计为不锈钢材质。

3.4　E-030201A/B 设备列管加固

为了消除轻组分塔初冷凝器 E-030201A/B 列管因振幅变大造成的磨损断裂，经查阅图纸资料并向厂家咨询得知，换热列管之间的间距约为 3.2mm，最小为 2.97mm，在靠近折流板及管板端列管束水平方向加一组 $\delta = 3mm$ 的 304 不锈钢条，减小列管振幅，以此对换热管束列管进行加固（见图 2），预防列管发生磨损和断裂。在 2018 年 3 月大修期间对 E-030201B 靠近管板处两组折流板侧处进行了加固，2018 年 11 月 7 日经抽芯打压检查未发现列管泄漏断裂，并对 E-030201A/B 的折流板侧管束均进行加固（见图 3）。从目前运行效果来看，E-030201A/B 从加固前每 2~3 个月发生 1 次泄漏，到加固后 13 个月发生了 1 台/次 E-030201A 的泄漏，保证了装置稳定运行，延长了设备使用寿命。同时，于 2019 年 3 月了解到，陕西延长醋酸装置轻组分塔初冷凝器出现了同样的泄漏状况，我们将此经验进行了交流并取得了良好效果。

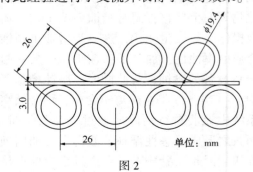

图 2

图 3

4　结束语

通过对醋酸装置精馏系统水冷设备腐蚀原因进行分析，将干燥塔冷凝器 E-030205 管束材质升级为 Zr702，对轻组分塔初冷凝器 E-030201A／B 管束进行了固定加固，并通过严格的施工，把控工艺操作与控制，为醋酸装置的长周期稳定运行提供了保障，降低了因水冷设备的腐蚀造成装置停车带来的损失（按照 2019 年 6 月份计算醋酸停车一次产值损失约 694 万），并为醋酸相关装置防腐蚀材料的选型提供了借鉴。同时要求我们在设备制造、安装及装置生产和检修过程中，应根据实际发现的问题认真分析，选取经济有效的防腐蚀材料。

醋酸乙烯精馏腐蚀研究

鲁佳洁

（中国石化长城能源化工(宁夏)有限公司聚乙烯醇运行部，宁夏灵武　750409）

摘　要　醋酸乙烯是由乙炔和醋酸在催化剂的作用下，得到含有醋酸乙烯的混合气体，经过分离、洗涤、精制后得到精醋酸乙烯产品，在醋酸乙烯精制过程中由于物料组分中杂质的存在，加剧了醋酸对设备管线的腐蚀。本文通过分析研究腐蚀严重的设备管线内物料组分，总结出引起腐蚀加剧的原因并提出工艺防腐优化措施。

关键词　腐蚀；分析；Cl^-；优化

1　设备概况

目前聚乙烯醇运行部醋酸乙烯装置腐蚀严重的设备及管道为精馏三塔、P055316 泵机封、E055309、E055311、精馏五塔加料管线、精馏六塔釜出管线、精馏三塔釜出管线、精馏五塔回流管线、精馏二塔回流管线、精馏四塔回流管线。

其中精馏三塔自 2014 年 8 月进料投入生产，塔板原设计为导向筛板，共计 54 层，在 2015 年 10 月技术改造时将塔板更换为复合斜孔塔板。更换后，设备连续运行至 2018 年 4 月大修，在大修期间对该塔检测发现该塔塔壁及塔下段 1~18 层塔板腐蚀严重，塔板最薄处从原来的 4mm 减至不到 1mm，且斜孔压片多处出现腐蚀空洞，因此将塔下段 1~18 层塔板进行了更换。5 月投入生产，高负荷运行至 12 月时，发现精馏三塔釜出中 VAC 含量从原来的 0.05% 上升至 0.12% 左右。通过调整精馏三塔工艺控制，精馏三塔釜出 VAC 含量超标情况未得到有效改善。2019 年 4 月装置停车消缺期间，对精馏三塔塔壁及下段 1~12 层塔板进行检测，发现存在明显腐蚀情况，塔板压片面积变小，压片张角增加，塔板开孔率变大。2020 年 5 月装置停车消缺期间，因腐蚀严重，对下段 1~18 层塔板又重新进行了更换，如图 1 所示。

2　工艺控制情况及质量情况

2.1　精馏三塔工艺控制情况

精馏三塔釜出中 VAC 含量上升后，带入精馏五塔中的 VAC 与水进行共沸精馏，将精馏五

(a)2018年4月新安装的塔板

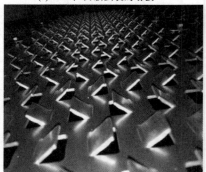

(b)2019年4月检查的塔板

(c)2020年5月检查的塔板

图 1　塔板概况

塔中的水从塔顶采出，消耗了与丁烯醛共沸的水，丁烯醛落入精馏五塔中采，导致精馏五塔中采中丁烯醛含量上升，影响精馏五塔中采回收醋酸质量，同时精馏三塔釜出 VAC 含量上升造成醋酸乙烯损耗增加，降低了醋酸乙烯的收率。

精馏三塔的主要作用是对粗醋酸乙烯中的醋酸和醋酸乙烯进行粗分离，主要通过调节三塔 15 板灵敏温度来控制精馏三塔塔釜 VAC 含量和塔顶馏出醋酸、未知物等含量满足分离要求。当发现精馏三塔塔釜 VAC 含量上升后，装置对精馏三塔工艺控制指标进行了调整，将 15 板温度由原来的 105～110℃ 逐渐提升至 120～125℃，但是通过取样分析显示，提高精馏三塔灵敏板温度并未降低精馏三塔釜出 VAC 含量。塔釜 VAC 含量平均为 0.12%。详细控制指标见表 1。

表 1　精馏三塔工艺控制指标

日期\n项目	2018 年 10 月	2019 年 1 月	2019 年 4 月	2020 年 4 月	2020 年 6 月
15 板温度/℃	106.4	114.1	122.2	118.6	103.2
釜温/℃	129.8	130.6	128.2	128.9	129.6

2.2　主要设备工艺控制情况

目前精馏系统各主要设备的工艺控制指标见表 2。

表 2　精馏单元工艺控制指标

项目\n项目	T055302	T055303	T055304	T055305	T055306
顶温/℃	65.2	77.5	69.3	103.2	95.0
釜温/℃	94.5	129.6	76.4	124.2	107.0

2.3　精馏单元质量分析单

精馏系统在装置低负荷（精馏一塔釜出小于 60t/h）运行时部分项目的分析结果详见表 3 和表 4。

表 3　精馏单元质量分析单一

关键设备内物料分析单（检验计量中心）									
	Fe/%	水分/%	甲酸/%	丙酸/（mg/kg）	醋酸/%	醋酸乙烯/%	丁烯醛/%	总碘/（μg/kg）	高锰酸钾时间/min
V055307 出料	0.00109	0.47	0.022	颜色深 1020	98.62	0.0061	0.0080	颜色深 21	
T055303 塔釜出	0.00004	0.0521	0.014	颜色深无法检测	99.79	0.0013	0.019	颜色深无法检测	
T055306 塔釜出	0.00016	10.161	0.0088	颜色深 48.3	89.57	0.0059	0.0231	颜色深 30	
T055305 塔馏出	0.00006	13.41	0.0199	颜色深 49	84.69	0.38	0.112	颜色深 559	
回收六塔中采	0.000534	0.0691	0.008271	颜色深 98	99.68	0.0001	0.0002	颜色深 45	10
原料醋酸	0.00002	0.077	0.01	340	99.83	—	—	27	>60

表 4　精馏单元质量分析单二

	乙酸/（g/L）	丙酸/（g/L）	丁烯醛/（g/L）	水/%	总氯/（mg/L）
回收六塔加料	628.04	0	0	37.07	0.02
V055307 出料	1060.69	0.082	0.019	1.54	0.10
粗分塔釜出	1107.77	0.027	0.072	0.65	3.92
脱丁烯醛塔釜出	1016.67	0.058	0.067	6.20	37.71
醋酸精制塔馏出	933.07	0.043	0.029	8.05	49.19
回收六塔中采	1117.94	0	0.020	0.69	17.88
脱乙醛塔回流	1.18	0	0.030	0.54	56.31
醋酸乙烯精制塔回流	0.019	0	0	0.53	0.35
合成六列反应液	777.72	0.017	0.030	0.63	12.33

3　腐蚀原因简要分析

醋酸的腐蚀性是相当强的，尤其在高温醋酸条件下，金属在醋酸中发生电化学腐蚀反应，其腐蚀速率和形态与醋酸的浓度、温度、杂质、气液相变、流动冲刷、加热面及冷凝液膜等因素有密切的关系。其中高温醋酸特别是含有一些特定杂质的高温醋酸，对设备和管道的腐蚀十分严重。尤其是当杂质为多种有机酸混合物时，腐蚀强度比单一的有机酸更大，这些杂质有 Cl^-、丁烯醛、SO_4^{2-}、醋酐、甲酸等。吉林研究院对北京有机化工厂等醋酸设备腐蚀原因分析表明：醋酐、Fe^{2+}、Cu^{2+} 及还原性有机杂质如醛、酯等均会加剧不锈钢在醋酸中的腐蚀。

3.1 精馏三塔塔釜样品分析

本装置精馏三塔塔釜满足醋酸腐蚀的多种条件。第一，精馏塔釜温度控制在 127～131℃，温度较高；第二，精馏三塔运行下段醋酸浓度较高，并且在塔板上进行大量上升蒸汽和下降凝液的传质传热分离，对塔板进行冲刷；第三，精馏三塔塔釜液中存在多种能增强醋酸腐蚀的有机杂质。2018 年 12 月将精馏三塔塔釜液外送分析，结果显示精馏三塔塔釜液中存在甲酸、丙酸、丁烯醛、乙酸乙酯、乙酸丁酯、二醋酸亚乙酯等混合有机杂质。有机杂质的存在加快了精馏三塔塔板腐蚀速率，部分有机杂质如甲酸、丙酸是原料中带入的，部分杂质如丁烯醛、乙醛等杂质是在合成反应中生成的。精馏三塔塔釜分析结果见表 5。

表 5　精馏三塔塔釜液分析结果

成分名称	成分含量
水/%	0.3～0.4
乙酸/%	97.2～97.5
甲酸/%	0.20～0.25
丙酸/%	0.02～0.03
乙醛/(mg/L)	22.1～22.2
丁烯醛/(mg/L)	3.80～3.85
二醋酸亚乙酯/(mg/L)	0.30～0.32
铜/(μg/kg)	8.44～8.50
高锰酸/(μg/kg)	37.37～37.40
乙酸乙烯酯/%	0.8～1.2
乙酸丁酯/%	0.7～0.9
乙烯二乙酯/%	0.5～0.8

3.2 氯离子对设备的影响

醋酸中含有氯离子会大大加速不锈钢的腐蚀速度，其来源是从工艺水中带入或出现设备内漏。氯离子的半径小，易渗透到不锈钢的钝化膜中，引起点蚀。当醋酸溶液中存在氯离子时，从加热到沸腾，氯离子会带入汽相，从而使与汽相接触的不锈钢的腐蚀速率加大。在 99%的醋酸中，极微量的氯离子就能破坏不锈钢的稳定性。当 99% 的醋酸中 Cl^- 含量从 0.0002%增加到 0.002%时，不锈钢的腐蚀速度就从 0.001mm/a 增加到 1.8mm/a。当设备出现内漏，循环水就会进入系统，系统中就会引入 Cl^-，或者从原辅材料中引入 Cl^-，从而造成设备的腐蚀。从本装置精馏二塔回流管线和精馏四塔回流管线的腐蚀情况看，符合点蚀的特征。

3.3 丁烯醛对设备的影响

生产实践证明，在醋酸蒸馏过程中，丁烯醛是促进醋酸腐蚀的主要杂质。例如四川维尼纶厂醋酸乙烯的 D-594 塔塔底丁烯醛含量在 0.030237%以下尚可使用含钼不锈钢，当丁烯醛的浓度进一步提高时，对含钼不锈钢的腐蚀加剧。目前本装置低负荷运行，且精馏三塔塔板下段 1～18 层塔板又重新进行了更换，因此精馏三塔釜中 VAC 含量较低，从而对醋酸系统除丁烯醛效果影响不大。当精馏三塔釜出中 VAC 含量上升后，带入精馏五塔中的 VAC 与水进行共沸精馏，会使系统中的丁烯醛含量上升，从而加剧不锈钢在醋酸中的腐蚀。为了增加 VAC 的回收率，V055315 槽的物料会定期返至 V055502C 槽，导致精馏系统中的丁烯醛含量增加，在 2020 年 5 月大检修前，V055502C 槽出料丁烯醛最高含量可达 6%以上，精馏五塔中采丁烯醛最高含量可达 0.15%，最终形成恶性循环。

3.1 碘对设备的影响

从几个相关腐蚀点的分析结果来看，基本上对碘的含量无法进行检测，因系统中物料颜色较深，会造成检测仪器的损坏。但原料醋酸中带入微量侵蚀性的碘，形成 HI，从文献资料查询 HI 与水共沸温度为 105～122℃，因此易于聚积在精馏三塔釜出，并进入醋酸系统，从几次能分析出来的结果可以看出 T055305 塔馏出碘含量可达 559μg/kg，从而造成相应的设备及管道腐蚀。

4 相关建议及措施

由于装置工况决定了精馏三塔塔釜工艺控制很难做大幅度的调整，只能通过降低原料中的杂质含量、减少合成副反应的生成、定期对精馏三塔塔板和腐蚀严重的部分管线进行更换、提高精馏三塔塔板材质等方法来减缓腐蚀速率。

4.1　提高原料质量

外送样品分析结果显示精馏三塔塔釜甲酸含量为 0.20% ~ 0.25%，甲酸的存在加剧了醋酸的腐蚀强度，醋酸原料中的甲酸含量目前控制在 0.01% 左右，需要醋酸装置通过工艺优化进一步降低醋酸中的甲酸含量。甲酸对醋酸的腐蚀影响见表 6。

表 6　醋酸中含有甲酸对 OCr7Ni14Mo3 腐蚀的影响

介质	醋酸	醋酸+1%甲酸	醋酸+5%甲酸
腐蚀率/（mm/a）	0.0033	0.045	0.0624

4.2　减少装置副反应，降低杂质含量

分析结果中丁烯醛、乙醛等杂质均是合成反应中的副产物，合成单元需要合理控制各系列催化剂的使用周期，避免出现多个系列同时处于催化剂使用末期，尽量降低乙醛、丁烯醛、二醋酸亚乙酯等杂质的生成，其中丁烯醛主要通过精馏五塔、六塔分离除去。目前经过工艺调整，合成各系列催化剂运行周期已优化完成，粗醋酸乙烯中的丁烯醛含量已降低至 0.02% 以内。

4.3　降低原料中的碘含量

尽量减少原料醋酸中的碘含量，降低有害的碘离子对材料的腐蚀。同时应注意防止系统中其他设备出现内漏，避免通过循环水或蒸汽等带入有害的 Cl^-。

4.4　定期更换精馏三塔塔板

当提高精馏三塔灵敏板温度未降低精馏三塔釜出 VAC 含量时，就需要对其塔板进行更换。

4.5　更换腐蚀管道

从分析结果显示，精馏五塔加料管线、精馏六塔釜出管线、精馏三塔釜出管线、精馏五塔回流管线易于腐蚀，需定期进行更换。

高分子材料在换热器易腐蚀部位上的应用

杨晓聪

（中国石油长庆石化分公司，陕西咸阳　712000）

摘　要　为了避免换热器设备内腐蚀，2019 年 7 月装置停工检修期间，公司在催化装置气压机凝汽器的管板及浮头箱内采用了某型号超级金属修复腐蚀的管板和压槽，对管板、挡板、浮头箱做了整体的内涂层，从而对换热器易腐蚀部位做了保护。本文主要对此高分子材料的应用情况进行阐述，应用表明该高分子材料可修复换热器损坏部位，同时为换热器提供很好的保护，有效地保证了装置的长周期平稳运行。

关键词　换热器；管板；高分子材料修复；高分子材料保护

1　前言

随着加工原油硫含量的不断增加、劣质化日趋突出，生产用水水质逐年下降，装置换热器设备的腐蚀越来越严重，由腐蚀引发的设备问题和安全隐患也逐渐增多，严重影响了装置的长周期运行。

列管式换热器是目前炼油化工生产上应用最广的一种换热器，它主要由壳体、管板、换热管、管箱、折流挡板等组成。制作换热器所需材质可分别采用普通碳钢、紫铜、不锈钢及特殊材质，其中碳钢材质的管板在作为冷却器使用时，其管板与列管的焊缝经常出现腐蚀泄漏（见表 1 和图 1），同时生产用水中大量微生物会沉积在浮头箱内，导致换热效率低下，需要每月定期降低加工量清洗，严重影响了安全生产。我们在本次检修中通过对管板、浮头箱、挡板表面涂刷贝尔佐纳高分子材料，很好地解决了管板与列管焊缝泄漏问题及浮头箱内微生物富集堵塞问题，极大地延长了设备的使用周期。

图 1　催化装置气压机凝汽器腐蚀部位

接一般采用手工电弧焊，焊缝形状存在不同程度的缺陷，如凹陷、气孔、夹渣等，焊缝应力的分布也不均匀。使用时管板部分一般与工业冷却水接触，而工业冷却水中的杂质、盐类、气体、微生物都会构成对管板和焊缝的腐蚀。这就是我们常说的电化学腐蚀。研究表明，工业水无论是淡水还是海水，都会有各种离子和溶解的氧气，其中氯离子和氧的浓度变化，对金属的腐蚀形态起重要作用。另外，金属结构的复杂程度也会影响腐蚀形态。因此，管板与列管焊缝的腐蚀以孔蚀和缝隙腐蚀为主。从外

表 1　催化裂化装置气压机凝汽器腐蚀环境及发生部位

腐蚀环境	发生部位	腐蚀形式
循环水（含油酸性物质、微生物）	管板与管束的焊缝、管箱	双金属腐蚀、点蚀、微生物腐蚀

2　管板焊缝腐蚀机理

列管式换热器在制作时，管板与列管的焊

作者简介：杨晓聪，男，陕西渭南人，2011 年毕业于西安石油大学过程装备与控制工程专业，工程师，现就职于中国石油长庆石化公司机动设备处，从事炼化设备技术管理工作。

观看，管板表面会有许多腐蚀产物和积沉物，分布着大小不等的凹坑。以海水为介质时，还会产生电偶腐蚀。化学腐蚀就是介质的腐蚀，换热器管板接触各种各样的化学介质，就会受到化学介质的腐蚀。另外，换热器管板还会与换热管之间产生一定的双金属腐蚀。一些管板还长期处于腐蚀介质的冲蚀中。尤其是固定管板换热器，还有温差应力，管板与换热管连接处极易泄漏，导致换热器失效。

3　某型号超级金属技术说明

本产品是一种双组分膏状级材料，主要用于机械和设备的修复和重建。

耐磨性：1kg 的承重条件下，泰伯耐磨性典型数值为 852mm³ 涂层损耗/千转（潮湿环境，H10 砂轮）及 24mm³ 涂层损耗/千转（干燥环境，CS17 砂轮）。

耐化学性：对浓度高达 20% 的常见无机酸和碱、CH 化学物、矿物油、润滑油等表现出极佳的耐化学性。

拉伸剪切黏合力：根据美国材料与实验协会（ASTM）D1002 进行测试，使用经脱脂处理的带钢，喷砂至 3~4 密耳进行拉伸剪切黏合测试，其典型数值为 19.2MPa（低碳钢）、11.4MPa（黄铜）、14.2MPa（铜）、20.4MPa（不锈钢）、13.4MPa（铝）。

拉伸疲劳：根据美国材料与实验协会（ASTM）D3166 进行测试，在室温条件下施加 4.5MPa 静态拉伸力，拉伸疲劳>1000000 周期。

拉脱黏合力：根据美国材料与实验协会（ASTM）D4541/ISO 4624 进行测试，其在喷砂钢上的撕裂强度典型数值为 22.3MPa（20℃下固化）和 20.5MPa（100℃下固化）。

撕裂强度：根据美国材料与实验协会（ASTM）D1062 进行测试，其在喷砂钢上的撕裂强度典型数值为 1199pli（20℃下固化）。

抗压性：根据美国材料与实验协会（ASTM）D695 进行测试，其典型数值为 86.4MPa（20℃固化）。

延长率和拉伸性：根据美国材料与实验协会（ASTM）D638 进行测试，其典型数值拉伸强度为 34.3MPa（20℃固化），延长率为 0.49%（20℃固化），弹性模量为 12.6×10⁵psi/8681MPa。

4　某高分子材料技术说明

本产品是一种双组分手动涂覆涂层系统，专门用于工作温度高达 130℃ 的连续浸泡环境，适用于 210℃ 的蒸汽吹扫环境。在高温环境下具备极佳的耐侵蚀耐腐蚀性，同时因该产品为无营养，且表面光滑，微生物不易富集。

耐磨性：1kg 的承重条件下，泰伯耐磨性典型数值为 320mm³ 涂层损耗/千转（潮湿环境，H10 砂轮）及 31mm³ 涂层损耗/千转（干燥环境，CS17 砂轮）。

耐化学性：对多种化学品表现出极佳的耐化学性。

拉伸剪切黏合力：根据美国材料与实验协会（ASTM）D1002 进行测试，在喷砂钢上的拉伸剪切黏合力典型数值为 22.06MPa（100℃下固化）。

拉脱黏合力：根据美国材料与实验协会（ASTM）D4541/ISO4624 进行测试，其在喷砂钢上的撕裂强度典型数值为 22.59MPa（20℃下固化）和 29.51MPa（100℃下固化）。

耐腐蚀性：根据美国材料与实验协会（ASTM）G42 进行测试，其剥离典型数值为 3.3mm（90℃）。

抗压性：根据美国材料与实验协会（ASTM）D695 进行测试，其典型数值为 75.84MPa（20℃固化）。

急速减压：根据美国腐蚀工程协会（NACE）TM 0185 进行测试，涂层连续 21 天浸泡在海水/碳氢化合物测试流体中，120℃ 及 70bar 压力下，每隔 15min 减压一次，涂层完好。

延长率：根据美国材料与实验协会（ASTM）D638 进行测试，其典型数值为 0.502%。

拉伸率：根据美国材料与实验协会（ASTM）D638 进行测试，其典型数值为 21.25MPa（拉伸强度）、7.8×10⁵psi（5380MPa）。

厚膜开裂：根据美国腐蚀工程协会（NACE）TM 0104 第 12 节进行测试，在温度为 40℃ 的海水中连续浸泡 12 个星期，3 倍于推荐膜厚的涂层未出现开裂。

5　换热器的表面处理

清洗：用水将管板表面和管束内清洗至完全无杂物，并充分将基体上的寄生物与油脂去除，然后通入热风，将表面进行初步干燥。

喷砂：先用预先准备的橡胶塞堵住所有的管束，以保护管束不会因喷砂而损坏（管子堵住后，用一块木板从最突出的管子开始将各个橡胶塞找平）。使用 16～20 目的棕刚玉对所有需防腐的区域进行喷砂处理，彻底除去表面锈蚀层，露出金属本色，使表面粗糙度达到 75μm 以上。

表面清洗：将喷砂处理后的所有表面及其周围 100mm 区域使用合适的清洗剂或丙酮进行清洗，彻底除去表面浮灰，保证基体表明的清洁。

干燥：在进行表面清洗的同时，用热风机向管板表面通风，以彻底干燥管板表面。

漏点修复：用某型号超级金属对管板与管束连接处凹陷区域和隔板压槽进行修复处理。

6 涂装处理

解决腐蚀，防治微生物富集最有效的办法是尽可能使管板表面与水隔离，即在金属表面涂刷一层保护涂层。具体施工如下所述。

6.1 混合及配比

将固化剂容器内所有的材料倒入基料容器中，彻底混合直至材料均匀无条纹。当少量混合时按照以下比例混合：

根据重量配料：8.5 份基料对 1 份固化剂；

根据体积配料：4 份基料对 1 份固化剂。

从混合开始，高分子材料必须在 22min（30℃）、45min（20℃）、90min（10℃）内使用完所有材料。

6.2 涂装施工

使用硬毛刷或所提供的塑料刮板，直接将高分子材料敷涂到经过处理的表面。共涂覆两层，目标湿膜厚度第一层涂覆 450μm，第二层涂覆 450μm，两层最低干膜厚度为 600μm，两层最高干膜厚度为 1750μm。

6.3 固化

产品涂装完毕后，必须按照以下时间固化 5h（40℃）、12h（30℃）、24h（20℃）、72h（10℃）。

7 使用效果

截至 2021 年 5 月份，贝尔佐纳内涂层已经在气压机凝汽器内连续使用 20 个月，各项换热

参数正常，换热器内涂层完好，无脱落、鼓泡、开裂等现象，维修过的挡板压槽无腐蚀现象，换热器内无微生物富集堵塞现象，无需每月降低加工量清洗，检修时间由原来的几天降低到 1 天内完成，为公司节约大量新鲜水，不影响装置正常生产（见图2）。

图 2　使用 20 个月未清洗图片

8 结论

综上所述，从催化装置气压机凝汽器运行情况及打开后的现状来看，高分子材料不但修复了换热器管板的漏点和挡板密封槽，还为管板、浮头箱提供了耐酸碱的保护，同时因其无营养，微生物不易富集，不会造成浮头箱堵塞，很好地保护了换热器，节约了大量水资源，为装置的长周期安全平稳运行提供了强有力的保障。

参 考 文 献

1　孙家孔. 石油化工设备腐蚀与防护手册[M]. 北京：中国石化出版社，1996：162-198.

2　中国石油和石化工程研究会. 炼油设备工程师手册（第2版）. 北京：中国石化出版社，2009.

某电站汽轮机背压改造过程中对汽封系统的改造及影响

张志起

（中国石化镇海炼化分公司，浙江宁波　315207）

摘　要　本文介绍了某电站25MW双抽凝汽式汽轮机改背压机过程中对汽轮机前后汽封的改造，通过对改造前后工况的变化进行对比分析，针对目前汽封系统在实际运行中可能出现的问题及原因进行阐述，有针对性地提出了有利于背压机组长周期运行的改进措施。

关键词　背压机；改造；汽封系统；前汽封；后汽封；长周期；双抽；凝汽

某电站现建设有规模为 2×220t/h 燃用高硫焦循环流化床锅炉+2×25MW 双抽凝汽式汽轮发电机组。汽轮发电机组为北京北重汽轮电机有限责任公司生产的 CC25-9.12/4.12/1.27 型单缸、冲动、单排汽口、两级调整抽汽冷凝式蒸汽轮机，汽轮机转子有 16 级叶片，在安装方式上采用铬钼钒珠光体钢整体锻造和套装叶轮组合式结构。现阶段，该电站 2 台 CC25 机组由于实际运行过程中抽汽供热量相对较小，机组年平均供电标煤耗均大于 310g/kW·h，不符合国家节能减排政策要求，因此将一台 CC25 抽凝式汽轮机改造为 CB12 背压机组。改造后，经过一段时间的实际运行试验，该背压机组年平均供电标煤耗低于 295g/kWh，达到了预期改造目标。

1　改造原理

本次改造在汽轮发电机组整体及基础不作变动的情况下，将一台 CC25 汽轮机改造为一台 CB12 背压机。原则上尽可能利用原机组辅助设备及系统管线，转子不做更换，汽缸不做更换，以最大限度地减少改造施工量，缩短施工周期。为确保改造后背压机组额定背压符合系统工况需求，根据热力核算，利用原双抽凝汽机组的前 7 级即可满足改造后背压机组的通流需要，因此，转子的前 7 级叶轮不进行改动，在具体施工中保留原机组第一级隔板套、第二级隔板套以及第 2~7 级隔板和隔板汽封圈；因转子前 7 级已满足背压机组流通需求，因此对原转子的第 8~16 级叶轮进行车削，保留部分轮毂，同时按轴系配重和轴封要求进行加工；

原双抽凝汽机组第 8 级为旋转隔板结构设计，对第 8 级旋转隔板处进汽窗口进行封堵，拆除原第三、四级隔板套，利用带有汽封圈的堵板代替拆除的隔板套或者隔板，安装于各汽缸槽档处，形成背压机后汽封。

2　改造前后工况变化

原机组为双抽凝汽式汽轮发电机组，其额定进汽压力为 9.12MPa，额定功率为 25MW，最大功率为 30MW。改造过程根据升压后的热力边界条件重新对通流级数和根径等进行计算调整，通流部分变为 I+4+Ⅵ+5（=11）级，改造后的流通形式进一步优化了焓降分配及汽流角度，提高了背压机组的内效率。改造以尽量减少施工量为原则，在机组轴系的重量分配上通过对后汽封堵板块的重量进行优化调整，使得改造之后的转子维持整体重量基本不变，故前后轴承载荷基本不变，轴承箱及润滑系统相关参数维持原要求；汽轮机主蒸汽参数不变，改造后的机组由双抽凝汽式改为背压式运行，凝汽器停用、射水抽汽系统拆除，背压排汽作为低压工业用汽，汽轮机中压缸通过加装堵板块改造为背压机的后汽封体，原机组低压缸通过凝汽器人孔与大气连通，形成背压机组排汽缸的自然冷却通道，原机组真空系统相关参数设定取消，在后续的背压机组运行过程中将不再

作者简介：张志起（1993—），男，山东东营人，2016 年毕业于中国石油大学（华东）过程装备与控制工程专业，助理工程师，现任中国石化镇海炼化分公司 2#动力中心设备技术主办。

包含真空系统的参数控制。改造后背压机组保留原中压工业抽汽，采用双座阀来调节抽汽压力，额定抽汽压力为 4.12MPa，额定抽汽温度为 402℃，最大抽汽量设计为 100t/h。改造后的热力系统及热力参数基本不变，从而保证汽轮机的相关主要辅机系统、管道尽可能利旧，但是此工况下锅炉总负荷率和机组发电量有不同程度的降低。

改造前后工况对比如表 1～表 3 所示。

表 1 改造前机组工况

项　目	描　述
型式：	单缸、单轴、冲动、双可调抽汽、凝汽式
额定功率/MW	25
最大功率/MW	30
额定进汽压力/MPa	9.12+0.2～0.3
额定进汽温度/℃	535+10～15
冷却水温度/℃	27
中压调整抽汽压力/MPa	4.12
中压调整抽汽压力温度/℃	438
低压调整抽汽压力/MPa	1.27
低压调整抽汽压力温度/℃	311
额定工况排汽压力/MPa	0.0053

续表

项　目	描　述
纯凝工况排汽压力/MPa	0.0072
汽轮机额定转速/(r/min)	3000
转子旋转方向	自机头看为顺时针方向
回热抽汽级数	2GJ+1GCY+1DCY+2DJ

表 2 改造后机组工况

项　目	描　述
汽轮机形式	高温、高压、单缸、单抽背压机组
汽轮机型号	CB12-9.12/4.12/1.275
额定功率/MW	11.7
主蒸汽压力/MPa(a)	9.12
主蒸汽温度/℃	535
最大进汽量/(t/h)	220
中压抽汽压力/MPa(a)	4.00
额定中压抽汽温度/℃	432.8
额定中压抽汽量/(t/h)	80
最大中压抽汽量/(t/h)	100
背压排汽压力/MPa(a)	1.275
排汽温度/℃	307.9
额定排汽量/(t/h)	50
最大排汽量/(t/h)	80

表 3 改造前后技术经济指标

序号	项　目	单　位	改造前：2×220t/h+2×CC25	背压改造后：2×220t/h+1×CC25+1×CB12
1	热负荷：4.12MPa	t/h	160	160
	热负荷：1.27MPa	t/h	60	60
	供热量：4.12MPa	GJ/h	483.49	483.31
	供热量：1.27MPa	GJ/h	170.80	170.75
	总供热量	GJ/h	654.29	654.06
2	锅炉出口蒸汽量	t/h	416.76	355.00
3	汽机进汽量	t/h	412.60	351.45
4	汽机发电量	kW	50000	34600
5	总供热量	10^4GJ/a	523.43	523.25
6	总发电量	10^4kW·h/a	40000	27699.47
7	总供电量	10^4kW·h/a	31400	21937.98
8	单位热量耗电量	kW·h/GJ	10.07	7.94

序号	项　　目	单　位	改造前：2×220t/h+2×CC25	背压改造后：2×220t/h+1×CC25+1×CB12
9	总厂用电率	%	21.50	20.8
10	供电平均标煤耗	g/kW·h	339.09	287.28
11	供热平均标煤耗	kg/GJ	40.71	39.99
12	热电厂总热效率	%	67.64	76.40
13	平均热电比	%	463.05	662.53
14	供热比	%	61.27	72.13
15	供热年利用小时	h	8000	8000
16	总标煤耗量	t/a	321075.3	269020.70

3　汽封系统改造

3.1　前汽封(见图1)

改造过程中，为平衡轴向推力及减少改造施工量，保留原前汽封体。原前汽封设计共有15块汽封环，根据前汽封环磨损情况，对1#、2#、3#等无明显损伤的汽封环进行利旧使用，只更换4#~15#汽封环。因机组改为背压模式运行，原汽封体介质泄漏情况有所变化，改造后前汽封共存在5挡漏汽，抽汽口变化如下：从大气侧向内第5挡漏汽，原接至高压除氧器，现接至背压排汽；靠大气侧向内第4挡漏汽，原接至2#低压加热器，现接至高压除氧器；靠

大气侧向内第3挡漏汽，原接至1#低压加热器，现接至2#轴封加热器；靠大气侧原最外第1挡、第2挡漏汽分别接至均压箱与汽封冷却器，改造后该两段漏汽合并接至1#轴封加热器。改造后根据前汽封漏出介质的温度、压力条件计算情况对管线材质进行重新选择，根据热力计算结果情况，前汽封去背压排汽及前汽封去高压除氧器段管线介质温度高于425℃，故对其管线材质进行升级处理，采用耐热合金钢管材，以防止介质温度超出金属耐温极限，对管线长周期安全运行造成影响。

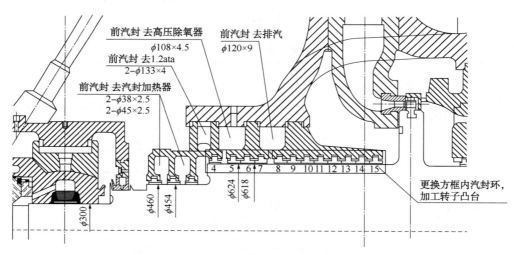

图1　前汽封结构图

3.2　后汽封(见图2)

本次改造过程中对后汽封进行了重新设计，因真空系统拆除，凝汽器停用，原机组中压缸

新增3块堵板形成后汽封体，改造后的后汽封漏汽情况如下：1段漏汽去高压除氧器，2段漏汽去2#轴封加热器，3段漏汽去1#轴封加热器

（汽封冷却器）。原机组后汽封仅保留最外侧两档汽封圈，以防止外界异物进入汽缸，并对原漏汽管路接口进行封堵；汽缸中部更换为新的后汽封壳体，改造后的后汽封位置较原来有明显前移，这种改造方式可使高温漏汽在一定程度上远离排汽缸及后轴承座，避免轴承箱进水和轴承温度过高引起标高变化等问题的出现，确保运行过程中轴系的稳定可靠性。改造后的后汽封体利用原机组中压缸后部加装 3 套堵板形成，同时保留原旋转隔板汽封环。后汽封管路利旧原回热抽汽接口，具体改动如下：原中

压缸第 8 级后接至低压除氧器的管道现接至高压除氧器；原第 11 级后接至 2#低压加热器的回热管道现接至 2#轴封加热器；原第 14 级后接至 1#低压加热器的回热管道现接至 1#轴封加热器。在管道材质选择上，考虑到后汽封介质温度、压力已有明显下降，在普通碳钢管材的耐受温度范围以内，故不进行管材升级，这也在一定程度上减少了改造施工作业量。

3.3　流程变化

本次改造后，前后汽封漏汽流程变更如表 4 所示。

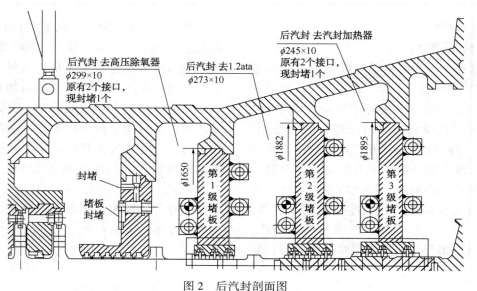

图 2　后汽封剖面图

表 4　前后汽封介质去向变化表

序号	管接口位置	原去向	改造后去向
1	前汽封 1 号汽封体	汽封冷却器	合并后去汽封加热器
2	前汽封 2 号汽封体	均压箱	
3	前汽缸下半	1#低压加热器	高压除氧器
4	前汽缸下半	2#低压加热器	2#轴封加热器
5	前汽缸下半	高压除氧器	背压排汽
6	前汽缸下半	高压工业抽汽	高压工业抽汽
7	前汽缸下半	2#高压加热器	2#高压加热器
8	中汽缸下半	低压工业抽汽、1#高压加热器、高压除氧器	背压排汽、1#高压加热器、高压除氧器
9	中汽缸下半	低压除氧器	高压除氧器
10	中汽缸下半	2#低压加热器	2#轴封加热器
11	中汽缸下半	1#低压加热器	汽封加热器

3.4 施工改造难点

本次改造过程中，主要的施工难点在于改造后的转子轴系对中找正、汽封间隙调整以及流程改动所带来的静设备配管拆除工作。因原转子的第 8～16 级叶轮已进行了车削，保留了部分轮毂，同时加装了配重块，故对转子整体动平衡精度提出了更高的要求，为了保证改造后旋转部件振动稳定，在轴系的对中数据上要求也更为严格。在汽封间隙调整方面，该项内容也是本次汽轮机背压改造中最为关键的工序之一，直接关系到改造后机组运行的安全性。本次改造采用贴胶布的方法对前后汽封间隙进行测量与调整，影响间隙数据的主要因素包括猫爪的膨胀、加工及测量偏差、施工人员工艺水平以及转子垂弧的影响等。在进行汽封间隙调整时，应特别注意尽量规避因施工规范性而对测量数据产生影响的情况，如在安装上部隔板以及隔板套的工序中水平中分面螺栓紧力不足，若不能保证中分面间隙 0.05mm 塞尺无法塞入，将导致上部汽封间隙的测量值较实际偏大；同时应注意在安装汽封环、汽封体时应及时发现卷边、毛刺等缺陷并及时处理，保证各段汽封齿的接头处能够圆滑过渡、接触良好，以避免因加工缺陷等对汽封测量间隙数值产生影响。除此之外，在进行汽封间隙调整时，还应考虑到转子和汽缸的安装状态，如转子的垂弧，在检修期间转子放置在支撑架上导致出现垂弧，在测量汽封间隙前可通过在临时支架上定期盘动 180° 的方式来消除垂弧。汽封间隙的调整是一项重要而细致的工作，尤其是对于改造机组，因该机组已连续运行多年，亦要考虑到转子自身发生的挠性变形而对汽封间隙数据产生的影响，并通过技术手段进行修正。静设备部分主要是流程的改动所带来的配管工作，其关键质量控制点在于流程的走向、管材的选择、热应力的消除以及施工过程的规范性，在机组本体侧进行配管焊接施工时应注意将焊渣清理干净，管道进行酸洗，以保证外界杂质不因施工过程的不规范而进入机组本体，从而引起机组内部的动静部分组件的碰磨而造成损坏。

4 改造影响

（1）汽轮机改为背压运行后，凝汽器停用，机组真空系统取消，机组运行过程中带负荷能力不再受真空度制约，工艺流程更加简单，机组运行维护人员工作量大大减少，运行控制更加稳定、可靠。

（2）原机组在前汽封与后汽封之间设有均压箱，可将一部分前汽封漏汽补入后汽封，同时对机组胀差的控制有较明显的作用。进行背压改造后，前、后汽封均为正压漏汽，均压箱被取消，机组运行过程中尤其是开机阶段胀差的控制手段匮乏，一旦超出既定参数只能停机无法调整补救，因此开机期间对机组的负荷、温升过程控制要求更高，以保证动静部分膨胀间隙等参数的稳定。

（3）汽轮机背压改造后由原机组的中、低压两级可调抽汽变为中压一级可调抽汽，且中压调门后蒸汽全部通过背压排汽排出，无可凝汽量。在机组负荷大幅调整时，后段抽汽易发生过热而损坏管道及设备，因此改造后对汽轮机的调节性能产生一定负面影响，抗外界干扰能力有所降低，且锅炉负荷率和机组发电量均有不同程度的下降。此问题可通过后期对机组叶轮效率升级改造或抽汽管线材质升级的方式进行解决。

（4）汽轮机背压改造后，前、后汽封末端漏汽温度、压力较原机组更高，对该段汽封环的使用寿命造成一定程度的负面影响，同时因汽封压力升高，开工过程成更容易产生汽封泄漏的风险。此问题可通过进一步调整汽封间隙、对汽封结构形式进行改进如使用侧齿汽封、蜂窝汽封等结构、进一步提高轴封冷却器抽风机的抽吸功率等三种手段加以规避和控制。

5 结论

该电站汽轮机背压改造后至今已安全运行近 7 个月，目前，机组年平均供电标煤耗低于 295g/kW·h，达到了节能、环保和消除部分设备运行问题的目标。随着经济的发展，当前社会上除了对电力的需求增加以外，对供热的需求也稳步增加，同时国家也对工业企业提出了更高的节能、环保要求，而通过将现役的抽凝式汽轮发电机组改造为背压供热机组的方式，可以在满足环保、节能指标的情况下不需增加电力装机规模便可进一步提高机组供热能力，具有较好的推广实用性。在抽凝机组改造为背压机组的过程中，对汽封系统的影响较大，由于改造后介质压力温度的变化，对汽封材质、结构等提出了更高的要求，同时在开机过程中需对机组负荷变化控制更加精细，从而保证机组轴封系统和各项关键参数的稳定性。

参 考 文 献

1 赵岩，冯云 . 300MW 空冷机组高背压供热改造 . 河北电力技术，2015，34(2).

2 寇顺福 . 50MW 机组汽封改造及效果分析，电力安全技术，2014，16.

3 韩涛 . 汽轮机抽凝机组改背压机组运行效果总结 . 小氮肥，2015，43(6).

4 李强华 . 125MW 抽汽凝汽式机组改造为背压机组的可行性分析 . 河北电力技术，2012，31(6).

5 殷戈，谭锐，涂朝阳，等 . 背压机技术在供热优化改造中应用研究 . 电站系统工程，2018，34(5).

6 卢广盛，覃小光，黄连辉，等 . 330MW 汽轮机低压缸汽封改造 . 广西电力，2011，34(2).

循环氢压缩机轴瓦温度异常原因分析及处理措施

俞 亮

（中国石化镇海炼化分公司机动部，浙江宁波　315207）

摘　要　某公司裂解汽油加氢装置二段循环氢压缩机 K-760 自 2018 年装置停车大修后，机组前、后端径向轴承瓦温较上一周期大幅上升，后续又出现较为频繁且幅度较大的异常波动，瓦温最高时已短时达到 125℃。因运行期间无法切出检修，在充分分析原因后，采取了油路外循环、加注 V 类基础油等措施，瓦温最终得到了有效控制，并于 2021 装置短停期间对机组进行了停机检修，检修期间对机组径向轴承进行处理，开机后机组各项运行参数恢复正常。

关键词　离心机组；轴瓦温度异常；V 类基础油；油质分析；滤油机

2018 年，某公司裂解汽油加氢装置二段循环氢压缩机 K-760 在检修完成开机后，机组瓦温异常上升，前、后端轴瓦上各有一个测温点较上周期提高了 25℃，同年 11 月，机组前、后端径向瓦温温度开始出现上升趋势，从 102℃ 升高至 107℃，随后开始出现较密集的温度突变，最高时跳至满量程（见图 1）。

2019 年 3 月，前端径向瓦温 TIA76627 开始出现温度异常跳动，从形态上来看，和 TIA76624 较为相似。

2020 年 6 月 8 日，K-760 润滑油箱外接平衡电荷型滤油机对机组润滑油进行外循环处理。滤油机投用后，后端径向轴瓦温度 TIA76624 有较明显下降趋势，从 105℃ 降至 100℃，且前、后端瓦块的温度波动幅度较之前明显改善（见图 2）。

6 月 24 日 7：55，裂解汽油加氢装置 K-760 轴瓦温度 TIA76624 异常上升，由 100℃ 瞬时跳至 118℃，有所不同的是，以往轴承温度出现突变时，一般 2～3min 内温度会恢复到原温度附近，但是此次突变后未快速恢复，温度一直持续在 118℃，整体趋势上仅有非常缓慢的下降趋势，截至 21：00，温度降至 115℃（见图 3）。

1 异常原因分析

1.1 状态检测数据分析

通过 PI 图查看机组前、后端径向轴承处的振动与瓦温变化，可以看出当瓦温出现突变的时候，振动也会出现同步的跳变（见图 4）。

结合 S8000 在线状态监测系统趋势数据，压缩机振动突变过程存在轴心轨迹进动方向改变现象，分析存在摩擦故障。

根据以上两方面数据情况分析，瓦块表面是有摩擦情况的，分析认为瓦块表面有漆膜生成，在运行中径向瓦因结焦物（漆膜）累积，间隙逐渐变小，振动降低，但是瓦温上升；当结焦物增加到一定程度后，瓦块表面出现摩擦、结焦物脱落，脱落后径向瓦间隙变大，进油量增加后瓦温下降，但是因为间隙变大振动会有所上升，且结焦物脱落的瞬间会出现瞬时的振动波动。

从振动的变化趋势上还可看出，振动波动后回落但数值略高于原振动平台，而瓦温会在上升后回落至原平台下，也进一步印证了这一系列的变化都是与轴瓦间隙有着密切联系的。

鉴于以上分析，我们认为轴瓦表面是有结焦物生成情况的，但是结焦物的生成是由多方面的因素所决定的，如设备安装时的间隙控制、润滑油品的质量等，当然也不排除仪表的安装问题，以及生成运行中的工艺波动等因素。

作者简介：俞亮（1985—），男，江苏泰州人，2008 年毕业于西安石油大学过程装备与控制工程专业，工程师，现在镇海炼化项目部负责镇海二期扩建项目设备专业工作，已发表论文 1 篇。

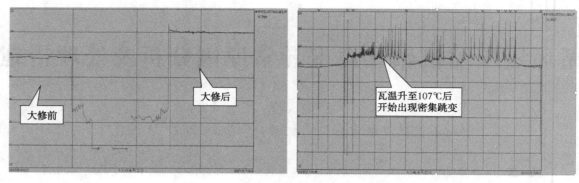

图 1　机组检修前后瓦温对比与异常跳动

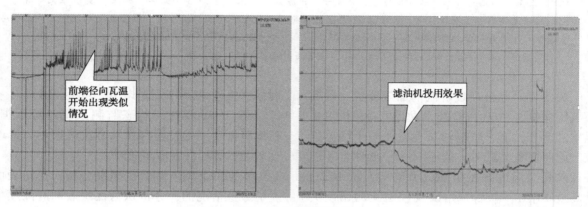

图 2　滤油机投用效果

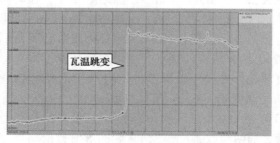

图 3　瓦温跳变后保持跳变后温度水平

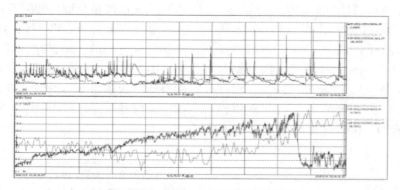

图 4　压缩机前后端的振动与瓦温对应趋势图

1.2 检修质量分析

2018年装置停工检修期间，检查机组前、后端径向瓦表面有少量漆膜，无明显划痕及磨损痕迹。

测量后端径向轴瓦间隙为0.42mm，与校准值偏差较大，经与设备厂家确认并与动设备团队讨论后决定调整至0.20mm（标准0.13~0.18mm），该次检修中同步对机组转子进行了整体更换。

对比上一周期两侧径向瓦的表面情况，瓦块表面均只有少量漆膜，无明显磨损痕迹，而此次对后端径向瓦间隙进行调整，并无法得出会造成轴瓦结焦产生局部高温的结论。

主要可以从两方面论证：一方面调整后的轴瓦间隙并未小于标准间隙的范围下限，另一方面虽然后端轴瓦间隙有调整，但是前段轴瓦温度同样出现异常，可是检修中并未对前段轴瓦间隙进行调整。

所以轴瓦间隙调整并不是瓦温异常的直接原因。

1.3 油样分析

因为机组开机后就出现了瓦温异常，为了跟踪机组的运行工况，特安排对机组润滑油进行定期的全组分分析。

2018年11月，安排了第一次润滑油全组分分析，分析结果显示漆膜指数正常（1.8），NAS污染度等级7，初步判断油中颗粒物稍多，处于正常范围靠上限，其余指标未见异常。

2020年5月，安排了第二次全组分分析，分析结果显示漆膜指数正常（2.8），但此时报告中指出油中有个别钢及轴承合金异常磨损颗粒，表明油路系统有关部件可能存在异常磨损，但磨损程度属于正常范围内较轻微的情况。

后续对机组的润滑油进行定期采样分析，频率为1次/月。

对比油品各项指标的变化情况，主要有以下几方面变化。

1.3.1 润滑油污染等级呈缓慢上升的趋势

通过与润滑油研究所的交流，结合每次的油样报告，可以看出油液中粒径$0\sim10\mu m$颗粒物含量略高且有少量轴承合金，而对应的润滑油总管上的过滤器精度为$10\mu m$，所以才会出现油路总管过滤器压差一直无变化，但是油质分析中的污染度却在缓慢上升的情况。

1.3.2 胺类抗氧化剂含量有较明显的下降趋势

润滑油中的抗氧化剂主要有胺类和酚类两种，其中胺类抗氧化剂又称为高温抗氧化剂，其主要作用是提高油品的高温工况下的抗氧化性。随着油品中胺类抗氧化剂的含量逐渐降低，油品受高温影响而氧化、结焦的情况也会逐渐增多起来，反映在润滑油系统中就是在一些局部高温部位有析出物并以漆膜的形式附着在油路系统中。

初期形成的漆膜是以淡黄色的形态出现在油路系统中的，而这种淡黄色的初期漆膜是处于一种析出与反溶解的平衡中的，也就是说随着油质的改善，初期漆膜是可以被重新溶解回润滑油中的；反之，如果油质逐渐劣化，那么析出的初期漆膜受高温影响会进一步的氧化、脱水，颜色逐渐加深，变为褐色甚至黑棕色的漆膜，这是一个漆膜的碳化过程，而碳化达到一定程度的漆膜，是无法再被溶解回润滑油系统中的。

1.3.3 泡沫特性略微提高

泡沫特性指的是油品生成泡沫的倾向性以及泡沫的稳定性。倾向性指生成气泡的难易程度，而稳定性则代表泡沫破灭的速度。

倾向性较高时，油品在循环过程中更容易生成气泡，由于气泡的增多，导致系统油压降低，轴瓦部位的油压低会导致进油量变小，润滑、冷却效果下降。

泡沫的增多还会增大润滑油与空气的接触面，加速油品的老化，但是由于我们的油路系统基本一直处在氮气环境下，所以这方面的影响相对较弱一些。

油品中带有大量的泡沫，当带有气泡的润滑油被压缩时，气泡一旦在高压下破裂，产生的能量会对设备表面产生冲击，这种情况如果出现在轴瓦表面则可能会导致轴瓦出现磨损现象，从而导致摩擦加剧，瓦温升高。

通过对油质的持续跟踪，我们通过对油质污染度等级、抗氧化剂含量、泡沫特性等几项指标进行跟踪，可以推断出油质的变化对机组运行参数变化所带来的影响（见表1）。

表 1　润滑油全组分分析数据跟踪

分析数据	参考值	2018.11	2020.05	2020.06
漆膜倾向指数	≤15	1.8	2.8	2.5
胺类抗氧化剂含量	≥25%	78	56.6	54.3
污染度 NAS 1638 等级	≤8	7	7	7
泡沫特性	≤500ml/10ml	80/0	380/0	320/0

如果可以改善油质，则可以一定程度上缓解机组工况不稳的情况。

1.4　仪表安装质量分析

径向轴承上的测温探头是沿轴向方向插入到瓦块内部的，插入深度大约占瓦块轴向长度的 2/3，测温探头的引线由油封环上特定的仪表安装孔中穿出。

如果瓦块内的测温探头安装不到位，则可能会造成探头在安装孔内晃动、摩擦，导致探头测得的温度失真，甚至仪表引线的安装松紧不当也会造成引线保护套的磨损，这些都可能导致探头反馈的测温数据失真，在以往的运行中也出现过类似的问题。

我们常用的仪表引线通常为单支双芯、带中间接头的形式：即探头内装了两组测温元件，当怀疑探头故障时可切换至另一组元件，从而验证探头是否故障；引线的中间接头位于机体外侧，有时测温数据的异常是中间接头上有油污等原因造成的，此时还可通过检查、清理中间接头、测量电阻的方式来排查仪表的故障问题。

但是当位于机体内部的引线部分出现磨损时，那么就没法立即整改了，只能待机组停机检修时拆开检查处理了。

经与仪表专业现场排查后开会讨论，暂无法完全排除探头故障导致瓦温异常的可能。

1.5　工艺操作分析

裂解汽油加氢装置的循环氢压缩机 K-760 为电机驱动，转速不可调，运行电流受氢纯度影响有小幅变化，查看 PI 相关流量、压力、阀位等参数变化均较为稳定，综合评估基本可排除工艺操作方面对轴瓦产生的影响。

2　措施与效果

2.1　滤油机油路外循环

为了验证以上推断，我们采用平衡电荷型的滤油机对机组进行油路外循环，通过向油中微小颗粒物加载正、负电荷的方式来使油中的小粒径颗粒物在电荷的作用下结合，并通过滤油机自带的过滤滤芯脱除。

从使用结果上来看，滤油机的投用，对改善润滑油质，优化油品工作环境是可以起到一定作用的。

2.2　润滑油系统加注 V 类基础油

经调研，通过向油路系统中加注 V 类基础油，可以提高在用油对油中降解、老化产物的溶解能力，因为溶解度的大幅增强，可以使系统中原先已经析出并附着在系统表面的漆膜反向溶解回在用油中，从而起到优化机组工况的作用。

2020 年 6 月，我们向机组润滑油箱中加注 V 类基础油一桶，加注 2min 后瓦温即开始同步下降且降幅明显（114.6~105.9℃）。

V 类基础油应按比例加注到润滑油系统中，加注量占系统总润滑油量的 5%左右。此次加注 V 类基础油一桶，分 3 次添加，每次间隔半小时。加注点主要考虑能使注剂最快速充分溶解到油系统中为最佳，即选择油箱常规加油口加注。由于 V 类基础油对溶解油中漆膜颗粒的能力较为快速，所以加注后 5min 内即可见较明显变化，且油滤器压差会有所降低。

加注 V 类基础油后，瓦温逐渐恢复至 100℃，且瓦温波动的情况基本消失，在此基础上，继续对机组油质进行定期分析，观察各指标变化趋势。设备维持平稳操作，并抓紧制定下次检修策略，准备检修备件。

3　机组检修验证

3.1　检修情况

2021 年 6 月，裂解汽油加氢装置短停，对机组进行局部检修。

拆检前、后端径向轴承，发现径向瓦块表面有较多结焦物附着，颜色呈棕褐色，其中后端径向轴瓦颜色较深，两组瓦块表面有均匀的结焦物点状剥落痕迹，如图 5 所示。

图 5　短停检修瓦块表面情况（2021 年 6 月）

检查仪表安装情况，瓦块内探头及引线各处均未见明显磨损痕迹，电阻值、引线安装卡扣处正常，基本可排除仪表安装引起的故障。

由于装置短停，考虑到 2018 年大修时已整体更换过润滑油，后续运行期间曾加注过 V 类基础油，且油样分析数据均无较明显异常，经开会讨论确定此次检修不对润滑油进行更换。

此次检修对前、后端径向轴承瓦块全部进行更换；瓦块回油侧刮 3mm 倒角，使瓦块产生轻微偏支的效果，增加进、回油量；同时为了减小回油阻力，对瓦座的梳齿油封靠近转轴部分的尺寸进行调整，将梳齿末端沿轴向的长度由 3mm 缩短至 1mm，以降低回油阻力。

对比检修前后机组运行参数，机组运行参数有了较明显改善，轴瓦恢复正常水平，具体参数详见表 2。

表 2　机组检修前后参数对比

主要参数	检修前	检修后	差值
推力瓦温（主/付）/℃	68/79	68/67	0/-12
径向瓦温（前/后）/℃	107/102	88/78	-19/-24
压机前轴承振动/μm	10/8	12/12	+2/+4
压机后轴承振动/μm	8/4	12/12	+4/+8
压机轴向位移/mm	0.11	0.11	0.00
压机入口流量/(t/h)	14.1	14.6	+0.5
压机排气压力/MPa	3.04	3.04	0.0
润滑油总管压力/MPa	0.27	0.26	+0.01
润滑油总管进油温度/℃	45	43	-2
一次气压力/MPa	0.09	0.08	-0.01
一次气泄漏量/(Nm³/min)	6.4/7.8	6.3/7.8	-0.1/0
转速/(r/min)	11440	11429	-11

4　结论

经过前期异常信息的收集，进行多方面原因分析，采取有效措施，直至安排检修，最终验证设备故障原因，总结如下。

4.1　轴承进、回油量小导致油膜厚度不足，润滑、冷却不足

机组的径向瓦块为中心支点形式，进油量较偏心支点形式的瓦块弱，回油量相对较小，所以瓦块表面的温度相对较高。

通过瓦块表面刮倒角、调整轴向油封宽度的方法，增加径向轴承的回油量，提高了油膜的厚度，使得轴瓦表面得到了充分润滑与冷却，降低了局部高温点，同时生成的结焦物能在大油量的冲刷下被及时从轴瓦间隙中带出，保证了润滑点的良好润滑效果。

4.2　润滑油中颗粒物较多，析出的老化产物引起油质劣质化

从油样分析中可以看出，油中的小粒径颗粒物较多，接近临界值；泡沫特性、抗氧化剂等指标随着油液的循环，含量逐渐降低，油液中的氧化产物因为溶解能力的饱和逐渐转化为游离态而悬浮于油液中，随着油液的循环附着在系统中的一些高温部位并逐渐脱水、碳化，最终形成结焦物。

通过投用滤油机对油路进行外循环，可以有效脱除润滑油系统中的小粒径颗粒物，颗粒物被脱除的过程同时也可以促进油液对析出物的再溶解，将油中的游离物及初期形成的漆膜重新溶解回油液中，起到净化油质的效果。

V 类基础油从性能上可以理解为溶解性增强型基础润滑油，其作为添加剂加入润滑油中，可以大幅提高润滑油对氧化产物的溶解能力，减少油中悬浮颗粒物的数量，同时由于其对溶解能力的大幅提升效果，使得在加入后的第一时间就可将大量已经附着在油路中的漆膜溶解回油液中，由于轴瓦表面结焦物中的初期漆膜被大量溶解，轴瓦处进油量明显加大，所以瓦温呈现短时大幅降低的现象。

从检修照片中也可以看出，瓦块表面的漆膜颜色较深，但其中有大量均匀的点状剥落痕迹，说明结焦物中的初期漆膜被大量溶解，但是形成时间较久的漆膜由于已经结焦碳化，无

法被溶解回去，所以仍残留在瓦块表面。

机组作为核心设备在运行周期内是没有停机检修机会的，但是为了保证装置安全平稳运行，当机组的运行状态出现异常时，一定要引起足够的重视，从多方面去分析故障原因，通过排查来缩小故障范围。

大部分机组的振动、温度参数都挂着停机连锁，所以参数的异常波动如果在不明原因的状态下又不采取有效措施加以干预，一旦波动超过报警范围触发连锁，那么不仅是设备受损，甚至会导致安全事故。

参 考 文 献

1　翟建平，谭大钧. 某水电机组导轴承瓦温及间隙异常原因分析. 润滑与密封，2015(9)：151-156.

2　黄生文，刘晓东，李振海. 汽轮发电机组6#轴承瓦温异常原因分析及处理. 科技创新与应用. 2020(19)：107-108.

3　陈博阳. 润滑油品质分析. 云南化工，2019(9)：185-186.

4　任天杰，润滑油的指标检验要点解析. 当代化工，2014(6)：1095-1097.

5　关子杰. 润滑油与设备故障诊断技术. 北京：中国石化出版社，2002.

乙烯电站返料风机轴承可靠性研究

安 冉

（中国石化镇海炼化分公司仪表和计量中心，浙江宁波 315207）

摘 要 返料风机是CFB锅炉系统的重要组成部分，是锅炉运行的必要条件。乙烯电站5台返料风机均存在着轴承寿命低、运行周期内因轴承故障导致锅炉停运的问题。为提高轴承寿命，提升返料风机运行可靠性，本文以3#、5#返料风机轴承故障为例，全方位分析影响轴承使用的各个因素，并提出相应的解决方案及整改措施，确保返料风机能在主设备运行周期内可靠运行。

关键词 CFB锅炉；返料风机；轴承；轴向力计算；状态监测

1 返料风机轴承的基本情况

Ⅳ电站现用返料风机轴承型号为SKF-6316Cd，系大游隙单列深沟球轴承，轴承润滑方式为油浴润滑，运行工况下轴承温度随气温及工况变化在50~75℃范围内波动（出口端油温较进口端高5~10℃），风机吸入口在联轴器端，排出口在非联轴器端，额定排气压力为60kPa。

2 故障情况描述

2019年7月3#炉返料风机、2020年3月5#炉返料风机故障情况：低压端轴承外圈（靠联轴器端半边）、滚动体有疲劳剥落现象。

如图1所示，轴承故障为外圈剥落。

图1 轴承外圈剥落

如图2所示，轴承故障为滚动体剥落。

如图3所示，3#炉返料风机2019年3月29日检修结束（停工期间：返料风机轴承内窥镜检查正常，定期换油；电机外委检修）转入运行，

运行至4月8日AMS系统开始监控，5月1日固定点peakvue值开始跳至20g/s，5月15日peakvue值增至50（上限），6月3日更换轴承（3#炉返料风机上次更换轴承时间为2017年10月）。

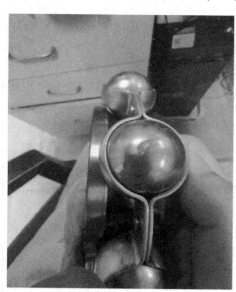

图2 滚动体剥落

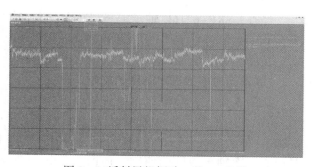

图3 3#返料风机振动peakvue曲线

如图 4 所示，5#炉返料风机 2 月 27 日开始停工检修，停工前 peakvue 在黄区（分别为 7g/s、13g/s），可稳定运行；停工期间返料风机轴承内窥镜检查正常，定期换油；电机外委检修。3 月 14 日停工检修结束开始运行，固定端轴承 peakvue 值飙升至 40g/s，现场也有明显异音，4 月 26 日开始在线更换轴承，更换后 peakvue 值降至 2g/s。

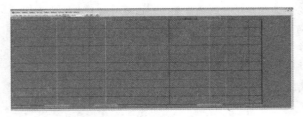

图 4　5#返料风机振动 peakvue 曲线

3　轴承故障因素分析

3.1　轴向力对轴承的影响

风机侧对轮的受力分析：下述轴向力分析以成心德编纂的《叶片式泵、通风机、压缩机（原理、设计、运行、强度）》中关于多级离心风机的轴向力计算方法为依据；

由于叶轮轮盘和轮盖外侧所受的流体作用力不同，相互抵消后还剩下一部分轴向力。所有时轮上轴向力之和就是作用在转子上的轴向力，其作用方向是从高压端指向低压端。另外分析叶轮上的轴向力，通常作两个假定：

（1）在叶轮出口处无论是轮盘或轮盖侧的流体压力等于叶轮出口压力；

（2）轮盘和轮盖与机壳间隙内的流体旋转速度是叶轮旋转速度的一半；

经计算（计算过程略）得到轴向力为 5.09kN。本次计算应该为各种状态下返料风机承受轴向力的最小值。

经查，SKF-6316C 轴承能承受的最大轴向力在 0.1kN 以下，所以，风机侧 5.09kN 的轴向力实质上对轴承有影响。

3.2　联轴器对中数据对轴承的影响

从图 5 来看，5#炉返料风机检修前虽然该值较高，但处于一个较稳定的趋势；检修后 peakvue 值明显突升，显然停工找正操作很可能是引起本次轴承故障的原因，但由于电气作业直接委托钳工找正并未记录联轴器的预留间隙，

故无据可查。

基于上述猜测，在 3#炉停工检修时，我们对联轴器预留间隙做了试验，第一次预留正常间隙 20 丝，第二次试验预留 40 丝间隙。从试验结果看，20 丝时固定端 peakvue 值为 6.06g/s，40 丝时 peakvue 值为 4.11g/s，略微降低了一点；而且向电气专业问询到电机侧轴承为深沟球轴承（SKF-6319C），定位端为非联轴器端，所以其热膨胀的方向及游隙允许的方向均为电机端向风机端。

结论：从轴承故障发生的时间以及同电机的影响来看，返料风机对中时联轴器预留间隙对轴承也会有影响。

3.3　润滑油对轴承的影响

返料风机润滑油从现场运行来看，可能存在的问题为：

（1）锅炉大修时，检修过程中因清床料的工作以及大修后期的清场工作，曾出现过返料风机本体覆灰较多，加之操作人员对自动补油杯的认识不足，可能会导致顶部丝扣未拧紧；此时，如果进行润滑油换油工作或者更换轴承工作，有较大概率导致灰尘等异物进入自动补油杯的上腔。

（2）检修施工时，佩戴的手套、清理用的抹布脏会导致异物进入润滑空间，同样会导致轴承故障。

（3）油质差、缺油必然会对轴承产生影响，但这两次故障时检查油质均为正常的，不是故障产生的原因。

3.4　检修施工不规范对轴承的影响

返料风机轴承箱为上、下一体式结构，造成拆、装时无法用传统热装法进行拆装，故拆装时发生过直接敲、振轴承外圈的情况，导致轴承安装时产生原始缺陷，随着运行时长的增加，形成疲劳破坏。

因为不规范施工产生的缺陷有潜伏期，所以不能排除施工质量的因素对这两次故障的实际作用。

3.5　风机运行工况对轴承的影响

从返料风机的运行角度来看，离心风机的流量低于下极限值时，会出现介质返流的现象，出现该现象时，会对轴产生反向推力，使进口

侧轴承出现疲劳破坏。

4　返料风机的运行与维护建议

根据前面对轴承故障原因的分析，提出下述六条建议。

4.1　保证润滑油的质量

从大修期间做好对返料风机的保护，换油时间尽量靠后，必要时换油后取样观察、分析；换油后对螺母进行紧固检查，保证其密封性；换油后对轴承箱进行保护，例如用塑料膜遮盖等。更换轴承后，用红外水平仪对自动补油线进行校正，确保自动补油线在最下面一个滚动体的 $1/2 \sim 2/3$ 之间。

4.2　对风机的运行工况提要求

严禁风机在下极限流量运行。

4.3　确保检修质量

（1）电气专业对电机进行检修后需要找正时，设备员介入找正过程，对找正数据进行确认。

（2）检修过程中禁止对轴承内圈、外圈、保持架进行直接敲、振；目前建安公司已制作了专用工具，该现象基本不会再发生。

（3）更换轴承时，应使用干净的手套、抹布等工具，杜绝异物进入轴承箱（该现象发生过）。

（4）确保返料风机对中时联轴器预留间隙满足要求，建议间隙值为 40 丝。

4.4　更换轴承类型

鉴于返料风机轴向力的计算结果，建议将滚动轴承更换为相同承载能力的角接触轴承或增加平衡管。

4.5　风机试运行

在停工检修期间，与工艺专业对接，在炉内施工条件满足的条件下，尽早完成返料风机的试运行工作。

4.6　艾默生无线泵群轴承状态监测的运用

该系统独有的 peakvue 值在轴承早期故障时有极强的预警作用，在 peakvue>10g/s，系统会低报，peakvue>20g/s 系统会高报，从 3#炉的观察过程来看，高报后我们仍有 10 天左右的处理时间，当然需采取降负荷、加强润滑等手段同步配合。设备员应养成良好的习惯，将该系统的观察、运用作为日常工作，监控轴承的运行状态，每月至少取点一次（peakvue、振速频谱），做好数据库储备。

4M50型氢气压缩机连杆改造分析

孟维鹏

（中国石化镇海炼化分公司，浙江宁波 315200）

摘 要 某厂加氢裂化装置在用的4M50型氢气压缩机，因原设计原因导致连杆螺栓上紧后椭圆度超标，连杆大头瓦使用寿命远低于设计值。本文针对连杆材质和连杆厚度进行改造，改进连杆大头瓦材质，解决因原连杆弯曲应力不足导致上紧螺栓后椭圆度超标的问题，提高机组备件使用寿命。

关键词 连杆改造；椭圆度；弯曲应力

某厂 I 加氢裂化装置使用四台4M50型氢气压缩机，作为反应系统供新氢用压缩机，该压缩机组为20世纪90年代投用，为沈阳气体压缩机厂早期产品，日常检修过程中，曾多次发现按照设计的预紧力将连杆螺栓上紧后，连杆大头瓦处椭圆度超标，导致大头瓦瓦隙不均，后期检修时发现连杆大头瓦巴氏合金脱落次数较多，验证了上述椭圆度超标问题。为解决这一问题，提高压缩机组配件使用寿命，减少检修次数，对该压缩机组的连杆进行分析校核，通过材质升级与增加大头端横截面积的方式，以解决连杆弯曲应力不足的问题，同时考虑到巴氏合金+钢背型式的轴瓦优缺点，利用大头瓦的材质改造，减少瓦面脱落的故障频率，保证机组长周期运行。

1 原连杆应力分析

1.1 4M50型氢气压缩机机组参数

本文以C302D机组为例，该机组投用于1999年，型号为4M50-36/11-192-BX，为四列三级压缩，介质为氢气，连杆大头瓦采用巴氏合金层+钢背形式，采用两颗连杆螺栓进行紧固，其材质为35CrMo，最大活塞力为500kN，连杆材质为35#，连杆总长度为910mm，厚度为125mm。自投用以来，多次出现因曲轴箱杂音等故障停机检修，仅2016～2017年便发生了三次停机检修，且均发现一级、三级连杆大头瓦出现剥落，实际寿命远远低于大头瓦预期寿命（24000h）。该压缩机具体参数见表1。

由于现场结构安装特点，对连杆及曲轴尺寸复核，其曲轴拐径，即连杆大头瓦的内径（曲拐拐径）如表2所示。

1.2 原连杆危险截面应力分析

连杆厚度为125mm，材质为35#钢，考虑实际使用情况，以大头瓦处界面A-A为危险界面，对连杆的大头瓦部分的弯曲应力σ_a进行分析。经相关计算（计算过程略），可得弯曲应力$\sigma_a = 537.65 \text{N/mm}^2$。

对比 GB/T 150 中 35#钢的许用应力（$\sigma_{许用应力} = 530 \text{N/mm}^2$），则截面部位弯曲应力大于许用应力，不满足使用要求。

由于连杆大头瓦处截面部位 A-A 弯曲应力大于材质许用应力，在日常检修过程中，其抗弯能力较差，在往复机组交变载荷的情况下，易发生连杆大头瓦各处瓦隙不均的情况，由于连杆大头瓦材质为巴氏合金+钢背型式，在承受交变载荷的情况下，易发生瓦面受力不均，大面积脱落的情况，这一现象一方面是由于交变载荷影响，一方面是由于大头瓦在设计制造过程中，多个环节易存在缺陷，导致瓦面与母材贴合不均，尤其是易发生在内油孔部位。

2 新连杆选用及校核

将连杆材质更换为35CrMo，大头端厚度尺寸加大为150mm，对危险弯曲截面 A-A 进行重新强度校核，校核后的弯曲应力$\sigma_b = 645 \text{N/mm}^2$。

对比 GB/T 150 中 35CRMo 钢的许用应力

作者简介：孟维鹏，男，河北邢台人，2015年毕业于大连理工大学过程装备与控制工程专业，工程师，现为中石化镇海炼化分公司1#加氢裂化设备员。

（$\sigma_{许用应力}=735\mathrm{N/mm^2}$），则截面部位弯曲应力小　于许用应力，满足使用要求。

表1　压缩机技术参数

技术参数	数值	技术参数	数值
进口流量/（Nm³/h）	22500	排气量/（Nm³/h）	22500
吸气压力/MPa	1.096	排气压力/MPa	18.85
进气温度/℃	40	排气温度/℃	134/131/139
轴功率/kW	3020	转速/（r/min）	300
行程/mm	400	级数/级	3
余隙系数	10	气量调节范围	⌒ 0~100%
传动方式	直联	气量调节方法	旁路
气缸直径/mm	505/325/175	活塞杆直径/mm	110
气缸	HT250/35g/35g	活塞速度/（m/s）	4
曲轴	35CrMo	最大活塞力/kN	500
活塞杆	42CrMo	连杆	35#

表2　曲拐拐径数据

曲拐	拐径/mm
一级大头瓦	279.85~279.87
二级大头瓦	279.82~279.84
前三大头瓦	279.86~279.87
后三大头瓦	279.90~279.91

3　连杆螺栓预紧力分析

连杆螺栓作为连杆体与大头盖的连接部分，在日常运行过程中承受交变载荷，是压缩机运行中的较为薄弱一环。连杆螺栓预紧力影响着连杆部件乃至整个压缩机的正常运行。螺栓预紧力过大，可能使连杆或螺栓材料达到其屈服极限，产生永久的塑性变形；预紧力不足，会使螺栓产生较大的应力幅，缩短螺栓本身的疲劳寿命，应力幅过大甚至会造成大头盖在运行中松开。因此，在连杆进行局部改造后，其连杆螺栓的强度及预紧力需进行进一步分析，以保证机组的安全使用。

对连杆螺栓进行受力分析，经过计算（计算过程略）可知，在连杆改造后，其连杆螺栓的预紧力应更改为135MPa，并使用专用的螺栓打压工具。为保证残余预紧力满足要求，可通过对螺栓伸长量的测量，并经过螺栓刚度系数的计算，得出连杆螺栓的拉伸量应至少为0.87mm，这样可以在现场施工过程中通过对拉伸量的测量，更方便、更直观地确定当前的连杆螺栓预紧力是否满足要求，避免因连杆螺栓预紧力不足造成运行期间交变载荷下，残余应力减小，连杆接触面间隙变大，导致大头瓦碰磨损坏，或连杆螺栓预紧力超标，引起大头瓦面变形，间隙不足，甚至因螺栓产生塑性变形而导致断裂等现象。

4　连杆大头瓦材质分析与改进

在石化机械大型往复机组轴瓦的应用中，主要有两类材质，一种为钢背+巴氏合金镀层的结构，一种为铝镁合金结构。

巴氏合金镀层主要成分为锡、铅、铜等，主要优点在于耐磨性好，承载能力好，但由于往复机连杆大头瓦承受交变载荷，超过其极限强度时，易发生剥落现象，且由于巴氏合金轴瓦的制造问题，其底层钢瓦由厂家根据尺寸进行粗加工，再进行巴氏合金挂壁工艺加工，最后进行巴氏合金的精加工，以达到相符的尺寸，其制作过程中的不确定性因素较多，也易产生一系列的质量问题。

铝镁合金的导热性能和强度较好，且精度较高，作为一个整体瓦块，能够很好地避免巴氏合金轴瓦镀层脱落的问题，且不会出现巴氏合金内孔合金层与钢背分层而导致的失效问题，且铝镁合金的熔点较高，一般在650℃以上，相较于巴氏合金的250℃，其抗高温、磨损性能也更高，抗变形能力较强。在检修更换方面，更换较方便，且刮瓦操作较巴氏合金瓦简单，但其缺点在于轴瓦的抗蚀性能差。

除材质方面外，在装配过程中，由于连杆螺栓是由两颗相同螺栓共同来实现连杆的预紧，在安装过程中，虽然已提供给施工人员正确的预紧力以及拉伸量，但受限于人员操作和螺栓质量等，两颗连杆螺栓的预紧力总会存在差值，就会导致连杆大头瓦的瓦隙存在偏差，加剧了巴氏合金脱落的可能性。

综上所述，巴氏合金轴瓦在应用过程中由于其耐磨性好、承受交变载荷能力强，有一定的可取性，也广泛用于往复式压缩机连杆大头瓦，但当检修发现由于交变载荷变化，或装配量偏差导致连杆大头瓦频繁损坏，巴氏合金层脱落较多，达不到其使用寿命时，可考虑更换为铝镁合金大头瓦，以提高连杆大头瓦的使用寿命，保证机组的长周期运行。

5　结论

在往复式活塞压缩机的使用过程中，因连杆厚度、大头瓦材质、连杆螺栓预紧力等因素干扰，对连杆大头瓦的使用寿命有着多方面的影响，通过对连杆材质、连杆厚度等改造，提高了连杆的危险截面抗弯能力，避免了因连杆大头处椭圆度超标导致的大头瓦巴氏合金瓦面剥落现象。探讨了连杆螺栓预紧力的影响以及确定方式，通过对螺栓拉伸量测量可以更直观地检查螺栓是否上紧或螺栓是否产生塑性变形的影响大头瓦的使用寿命。提出了连杆大头瓦材质改造的可能性。该4M50往复式活塞压缩机组于2020年6月完成检修，并对连杆及连杆大头瓦进行了改造，目前已平稳运行超过8400h，使用寿命较2016～2017年同期大幅提高，预计可达到24000h的预期使用寿命，验证了连杆及大头瓦改造的必要性。

参 考 文 献

1　活塞式压缩机设计编写组．活塞式压缩机设计[M]．北京：机械工业出版社，1974.
2　李少华，李勇，等．4M50氢氮气压缩机故障分析及改造[J]．氮肥与合成气，2019，47(2)：24.
3　李笑岩，付冰洋，等．连杆螺栓的强度分析[J]．压缩机技术，2016，257(3)：18.
4　卢向银，李振光，等．铝镁合金瓦在往复式压缩机中的应用[J]．中国石油和化工标准与质量，2021(3)：100.
5　黄磊．螺栓定力矩紧固的应用研究[J]．炼油与化工，2018(4)：49.

往复压缩机增设无级气量调节机构节能减排应用与动力负荷校验方法

沙诣程[1]   高子惠[2]

（1. 中国石油抚顺石化分公司，辽宁抚顺　113000；

2. 中国昆仑工程有限公司，北京　100037）

摘　要　在石油生产过程中，中压、高压及超高压加氢装置愈发起到关键作用，全面控制着油品的最终质量。因此，基于节能降耗、减少新氢返回和保障循环氢氢分压等方面考虑，无级气量调节结构的应用愈发广泛，但也存在着潜在风险。本文旨在指导无级气量调节机构节能减排应用，并通过对反向角、气体力、惯性力、缓冲罐容积和管系固有频率等进行分析，给出往复压缩机增设该系统的潜在风险消除和允许工作区间校核方法，以达到长满安稳运行和节能降耗两者之间平衡的目的。

关键词　节能减排；往复压缩机；无级气量；风险

1　往复压缩机无级气量调节系统（机构）概述

以抚顺石化公司石油一厂石蜡加氢精制装置为例，通常情况下反应所需实际气量仅为往复压缩机组设计排气量的70%左右，目前是通过旁通回流调节的方式满足下游对气量的要求，但造成了一定程度的能源浪费，因此考虑进行增设无级气量调节系统，进而进行论证。

1.1　无级气量调节系统基本原理

如图1和图2所示，随着活塞在压缩机气缸中的往复运动，每个气缸侧的一个正常工作循环包括：①余隙容积中残留高压气体的膨胀过程，如图示A–B曲线，此时压缩机的进气阀和排气阀均处于正常的关闭状态；②进气过程，如B–C曲线，此时进气阀在气缸内外压差的作用下开启，进气管线中的气体通过进气阀进入气缸，至C点完成相当于气缸100%容积流量的进气量，进气阀关闭；③C–D为压缩曲线，气缸内的气体在活塞的作用下压缩达到排气压力；④D–A为排气过程，排气阀打开，被压缩的气体经过排气阀进入下一级过程。如果在进气过程到达C后，进气阀在执行机构作用下仍被强制地保持开启状态，那么压缩过程并不能沿原压缩曲线由位置C到位置D，而是先由位置C到达位置C_r，此时原吸入气缸中的部分气体通过被顶开的进气阀回流到进气管而不被压缩；待活塞运动到特定的位置C_r（对应所要求的气量）时，执行机构使顶开进气阀片的强制外力消

失，进气阀片回落到阀座上而关闭，气缸内剩余的气体开始被压缩，压缩过程开始沿着位置C_r到达位置D_r。气体达到额定排压后从排气阀排出，容积流量减少。这种调节方法的优点是压缩机的指示功消耗与实际容积流量成正比，是一种简单高效的压缩机流量调节方式。

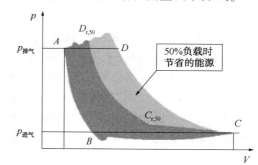

图1　机组做功示意图

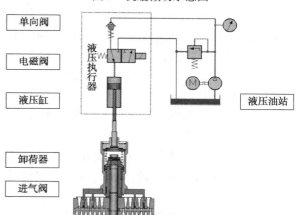

图2　调节机构示意图

1.2　投用系统所带来的收益

1.2.1　提高压缩机运行安全性

增设该系统可以单独调节每一级负荷，减少或防止由循环氢段含气态石蜡的氢气经新氢三级-循环氢气缸连通平衡腔，再经新氢返回线进入新氢系统，减少冷却后形成固态石蜡对气阀造成损害，延长气阀寿命，提高压缩机运行稳定性，减少非计划停机。

1.2.2　节能减排

根据石油一厂该型压缩机数据表，对该机增上无级气量调节系统后的节能功效进行了初步评估。该压缩机的指示功率为166kW，按照：

节省的压缩机指示功率=压缩机指示功率×（1-压缩机负荷）

年节省电费=节省的压缩机指示功率×8400（小时/年）×0.6（元/度）

进行估算，则该机安装该系统后在不同负荷下的节能效果如图3和表1所示。

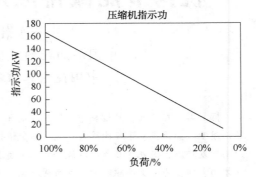

图3　压缩机指示功

表1　指示功带入公式后的年节能节费对照图

压缩机负荷/%	100	90	80	70	60	50	40	30	20	10
指示功/kW	166	149	133	116	100	83	66	50	33	17
省功/kW	0	17	33	50	66	83	100	116	133	149
节电/万元	0	8	17	25	33	42	50	59	67	75

分析图表可知，压缩机消耗的指示功基本与运行负荷成正比。根据实际工况，执行多余压缩气体通过旁通回流方式返回到进气总管的方案，达到节能节电的目的，按照年平均运行时间8400h计，保守计算每年可节约电费25万元以上，折算标煤51.66t（7000kcal/kg），故单台机组即可减少二氧化碳排放约135.35t、减少二氧化硫约439.11kg、减少氮氧化物约400kg。

1.3　增设该系统的潜在风险

通常在得到增设该系统的收效等结论时，往往容易忽略增设该系统的潜在风险，而经过全系统的论证及调研，笔者认为潜在风险主要存在于以下四个方面：

（1）气体力发生显著变化，对活塞环工作状态造成影响。

（2）气体力与惯性力的平衡状态发生改变，造成曲轴受力不均衡。

（3）排气周期内气量发生变化，尤其是双作用式往复压缩机的脉动排气气流，造成缓冲罐容积不足。

（4）整体动力负荷发生改变，对大小头瓦块润滑情况造成改变。

2　气体力变化对活塞环的影响

2.1　活塞环工作原理简述

在往复压缩机的工作活塞上设置有不同或相同宽度、深度的沟槽，用于安装活塞环，而活塞环上有切口，在自由状态下，其直径大于气缸的直径，因此活塞环装入气缸时，由于材料本身的弹性，产生一个对气缸壁的预压力。活塞环装在活塞环槽中，与槽壁间应留有间隙。压缩机工作时，活塞环在其前压力（p_1）和后压力（p_2）的压力差作用下，被推向压力较低（p_2）的一方，即密封了气体沿环槽端面的泄漏。作用在活塞环内圆上的压力，约等于环前的压力（p_1），此压力大于作用在活塞环外圆上的平均压力，于是形成压力差，将环压向气缸镜面，阻止了气体沿气缸壁面的泄漏。气体从高压侧第一道环逐级漏到最后一道环时，每一道环所承受的压力差相差较大。第一道活塞环承受着主要的压力差，并随着转速的提高，压力差也增高。第二道承受的压力差就不大，以后各环逐级减少。

2.2 工作状态理论推导

当吸排气工作点发生变化时，活塞四个冲程的工作点亦发生变化，其过程近似于活塞环于低转速工况下的工作状态，活塞环径向间隙、法向间隙及切口间隙不能按照气量调节后的工况进行随时变换，所以活塞环的自由运动时间占比上升，因此会增加气缸磨损、活塞环磨损，增大摩擦功。

2.3 活塞环工作状态校核结论

根据石蜡加氢装置该型氢压机工况，可知当工作区间减小为原冲程 190mm 的 48% 时，方会发生异常磨损，而 70% 的气量对应工作区间为 75% 以上，故不会发生活塞环的显著异常，但对于其他机组、其他工况，应严格进行计算论证。

3 气体力与惯性力的不平衡

在实际工况下，因死点存在相位角，故需要单独考虑气体力和惯性力的平衡情况，查往复压缩机设计手册及 API 618 可知，最大惯性力与气体力的向量和不建议大于最高动力负荷

的 ±5%，故曲轴平衡前最大惯性力 $F_1 I = 129.4kN$，活塞直径 $\phi_1 = 110mm$，排气压力 $p = 8.0MPa$，参照 2.3 节的工作区间结论，可知将有 25% 的时间单侧受力处于不平衡状态，合力大于 6.47kN 的时间亦是超过 50%，机组存在振动异常的可能，但不应作为否决项进行，因为气体力和惯性力的单侧平衡只为推荐项，只有当合力远远大于（数量级不同）规范值时，才能作为否决项，故针对此台机组，校核合格。

4 排气周期内气体流量的变化与缓冲罐容积的校核

出口缓冲罐对于往复压缩机组起到隔离、缓冲、吸收冲击载荷和提升静压能的作用。在往复压缩机设计中，一般取 12 倍以上的工作腔容积，但基于振动微分方程和振动阻尼响应函数，双作用共用缓冲罐时，两侧排气互为补充，缓冲容积取工作腔容积的 5~8 倍即可。石油一厂石蜡加氢精制装置气缸工作容积为 0.018m³，而缓冲罐容积为 0.15m³，恰好满足 8 倍容积，排气曲线如图 4 所示。

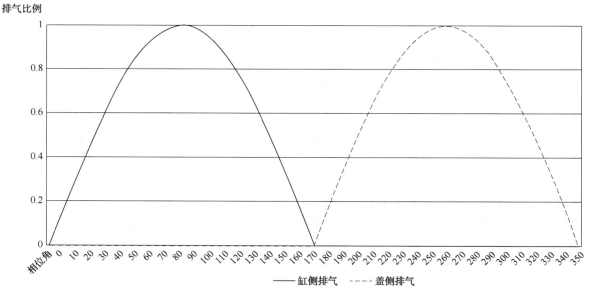

图 4 排气周期示意图

对机组管路进行有限元分析可知，其固有频率为 18.77Hz，机组转速为 735r/min，原工况下双作用排气频率为 24.5Hz，排气时机调节后各排气点均有所前移，故每周期内振动次数为 4 次，所以每秒振动频率为：

$$N = (4-1) \times 735/60 = 36.75Hz$$

对比固有频率和排气频率，恰好在二阶固有频率危险共振区间范围内，故存在极大可能对缓冲罐、管路振动造成严重不良影响，校核不合格。

5　整机动力负荷和反向角的校核

增设无级气量调节系统后，整机动力负荷会发生显著变化，而动力负荷的变化会影响活塞杆及所有传动部件的受力情况，而压应力或拉应力会使十字头销、连杆大、小头衬套的双侧中的一侧出现间隙，使之进行"休息"，润滑油会趁机进入低副内，如果在一段时间内，十字头销和连杆总压在衬套的一侧，那么受压一侧将始终无法休息，也就不会进行有效的润滑和冷却。因此动力负荷方向必须及时发生改变，且整机动力负荷的单向性和交替性必须保持足够的时间，保障润滑油充分进入，也就是有足够的反向角。根据 API 618 规定和机组随机资料，该台设备反向角 $-\alpha$ 为 $15°$，故对其进行校核。

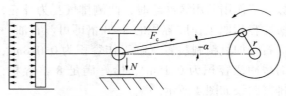

图 5　连杆力示意图

连杆力为：

$$F_{c} = \frac{F_{p}}{\cos\alpha}$$

式中 F_{p} 为活塞杆合理，即气体力、惯性力和摩擦力之向量和：

$$F_{p} = F_{g} + I + F_{r}$$

F_{r} 可以忽略，F_{g} 参照 3.2 节结论，I 为最终惯性力：

$$I = m_{1}r\omega^{2}\cos\beta - m_{2}r\omega^{2}\cos\beta$$

各项数据均为查机组随机资料可知，最后解得 $I = 24.2\text{kN}$，故 F_{c}、F_{g} 和反向角 $-\alpha$ 之间的关系为：

$$\cos\alpha = \frac{F_{g} + I}{F_{c}} \geq 0.96$$

因 F_{c} 和角 α 为定值且标记为正，故可解不等式，得气体力合力 $F_{g} \geq 5.57\text{kN}$，方可满足润滑要求，但增设无级气量调节后，气体力施加时间不足原工况 80%，润滑时间减少 20%存在极大风险，且活塞为双作用，缸侧活塞杆占据大量工作容积及活塞截面面积，进一步造成气体力不足，校核不合格。

6　结论

综上所述，针对无级气量调节系统本身而言，若在机组设计之初即考虑该系统的应用，其节能和安全的收益是有效而显著的，可减少机组能耗导致的碳排放约 30%～75%。本文给出了某一类型往复压缩机增设无级气量调节系统在宏观上的论证思路和具体的操作方法，可有效规避潜在风险，判定可行性和允许工作区间，在应用节能降耗等技术手段的同时，实现本质安全，避免次生问题。

参 考 文 献

1　哈尔滨工业大学理论力学教研室．理论力学［M］．北京：高等教育出版社，2009.

2　中国石油化工集团公司．石油化工设备维护检修规程第一册/通用设备［M］．北京：中国石化出版社，2004.

3　中国石油和石化工程研究会．炼油设备工程师手册（第二版）［M］．北京：中国石化出版社，2009.

双螺杆泵螺旋套切出齿角度与
泵轴振动的研究改造

李光云　詹　磊

（中国石化西北油田分公司油气运销部，新疆巴州　841000）

摘　要　螺杆泵作为一种容积式泵适用于输送高黏度原油，运转稳定，工作效率较高。但在过去的几年中，原油外输管道系统的双螺杆泵故障不断，严重影响了正常的原油外输作业。雅克拉末站双螺杆原油外输泵承担着油田每年 600 余万吨原油外输重任。在运行过程中，由于泵体振动较大导致泵房内产生极大的噪声，不但影响站内巡检人员的听力，还导致泵轴磨损严重，出现裂痕、断裂，对泵体使用寿命造成影响。通过对螺旋套压力场、震动及噪声的检测分析、技术改造，成功改进了双螺杆泵螺旋套切出齿角度存在的问题。

关键词　双螺杆泵；泵轴磨损；噪声；措施；效益

在苏丹的某一油气勘探开发公司从 2004 年开始投产，先后经历了连续三期的滚动开发，目前，已实现平均日产原油 6 万桶。在前两个开发周期中，建成投产一条管径 610mm、长 715km 的原油外输管道。该管道日平均向喀土穆炼油厂输送稠油 4 万桶。在这条管道上，共有双螺杆泵 8 台，分别安装在首站（PS#01）、中间三号站（PS#03）、中间四号站（PS#04）。这 8 台双螺杆泵均为德国 Bornemann 的产品。在首站（PS#01），两台 Bornemann HP255-25 型双螺杆泵的螺杆外径为 266mm，螺杆螺距为 25mm。两台泵与 CPF 的一座 20000m³ 大罐通过外径为 300mm 的入口管线相连，罐与泵之间安装有过滤橇。在该外输管道系统建成投产之后的前三年里，螺杆泵累计发生各类大小故障 37 起，其中，首站二号螺杆泵（P-1402）在开工运转 1400h 后即发生了螺旋套断裂事故，给原油正常外输造成极大的困难。将该泵现场解体后，发现在泵入口端靠近同步齿轮一侧从动轴的螺旋套从根部发生断裂。断裂片从螺线始点至末端形成大约 90°的扇面（见图 1），断面整齐，边棱锐利，说明该部分螺旋套是在很短的时间内突然被折断的。在相对应的主动轴一侧，螺旋套顶面棱边则发生严重的啃削（见图 2）。

图 1　入口处的从动轴上螺旋套发生约 90°扇面的折断

图 2　在出口处的主动轴上螺旋套顶面棱被严重啃削

1　目前存在的问题

（1）在维护保养中发现泵轴磨损严重，出现裂痕、断裂等问题；

（2）泵运行过程中螺旋套、衬套磨损严重，出现断裂等问题；

（3）固定泵用的地脚螺栓松动，存在安全隐患；

（4）运行过程中产生极大的噪声，严重影响站内巡检人员的听力健康。

2 项目内容及主要措施

双螺杆泵工作原理：重油自低压端进入衬套内，在电机的带动和同步齿轮的传动下，主动轴与从动轴开始转动。主动轴与从动轴上螺旋套的螺旋齿条相互啮合并与它们周围的衬套形成间隙配合，使得在泵进口与出口之间形成多副连续的动密封副。重油在这些动密封副内不断增压，在离开螺旋套切出齿后到达高压端排出衬套。

当重油从上下两个螺旋套的低压端出来并被推至高压端后，上下螺旋套的高压端切出齿的夹角决定了腔体内液体输送是否连贯。切出齿夹角改变时，上下螺旋套内的重油离开高压端的时间和行程不同，再次汇聚时发生碰撞，导致出现泵噪声大、振动大的问题。

根据以上，本项目的主要研究内容分为两个部分：

1）数值模拟

对不同角度双螺旋套内的流场、温度场、速度场进行数值模拟，研究不同角度下，双螺旋套内的三场分布情况、重油切出双螺旋套最后一道齿后的碰撞情况，探究泵轴振动与螺旋套切出齿角度的关系。

2）现场实验验证

根据软件模拟给出的典型角度，制作典型角度的双螺旋套，采用实验的方式，探究运行不同时间时，双螺杆泵的振动大小和产生的噪声大小。

研究变量：双螺旋套切出齿的夹角角度；流场分布；温度场分布；速度场分布；运行时间。

评价变量：泵振动；噪声。

根据软件的模拟结果分析不同角度下螺旋套内的流场、速度场、温度场的分布情况，通过实验验证模拟结果，综合分析后改进螺旋套切出齿夹角。

3 预计效果及效益

3.1 预计效果

该项目实施后，能有效解决双螺杆泵振动大、噪声大的问题，延长维修周期，降低故障频率，消除安全隐患，保护工作人员人身安全。

预计效益：油气运销部双螺杆泵总计29台，其中雅克拉末站12台。以2021年的两次机泵大修为例，维修成本分别为32.95万元和19.28万元，故总维修成本为 $32.95+19.28=52.23$ 万元/年；折算运销部全年效益为 $29\div12\times52.23=126.22$ 万元/年。

3.2 预算说明

3.2.1 本项目的预算组成

1）数值模拟费用

采用 ANSYS FLUENT 软件对螺旋套内的流场、速度场、温度场等。

2）实验费用

（1）根据模拟结果，制作典型角度双螺旋套的成本费：预计制作10对典型角度的双螺旋套。

（2）实验设备购置费：预计购置积分声级计1台，用于测量泵的噪声大小。

（3）实验过程中维保人员保驾费。

3.2.2 预算计算

1）数值模拟费用

预计数值模拟费用10万元。

2）实验费用

（1）制作螺旋套成本费：按照单个螺旋套3300元计，每个角度的螺旋套需要4个，共计 $3300\times4\times10=132000$ 元。

（2）积分声级计购置费：购置1部，计5000元。

（3）实验过程保驾费：预计5万元。

3.2.3 总计

$100000+132000+5000+50000=287000$ 元。

3.2.4 总结

应用范围：本单位部、局分公司各单位、中国石化系统内其他单位、面向社会。

该项目研究成功后，可有效减轻双螺杆泵各主要部件的振动磨损，延长维修周期，同时降低噪声对人身健康的损害，可在局分公司各单位全面推广使用，经济效益极明显。

参 考 文 献

1 郭二军，王丽萍，岳金权，等. 双螺旋辊式新型磨浆机螺旋套磨损机理的研究[J]. 摩擦学学报，2005，25（6）.

2 许明，杜玉琴，赵红超，等. 双螺杆多相混输泵的技术改进[J]. 石油机械，2002，30（10）.

3 蒋勇. 双螺杆泵螺旋套的改造与应用效果[J]. 油气储运，2005，24（4）.

科莱斯达 TC300/60-AS 气体膨胀机故障分析及国产化改造

何小龙

（中天合创能源有限公司，新疆鄂尔多斯　017000）

摘　要　科莱斯达气体膨胀机两端叶轮刮擦严重，导致膨胀机运行效率下降，对其进行原因分析并委托第三方公司对其进行国产化改造，改造后运行效果较好。

关键词　效率；刮擦；锁母；安全系数

某工厂 6 套空气液化分离装置使用的气体膨胀机制造厂家为 CRYOSTA，型号为 TC300/60-AS，额定转速为 15600r/min，膨胀量为 89900Nm³/h，压缩量为 92800Nm³/h。从调试开车到正式运行，该设备均出现不同程度故障，导致其效率下降且密封气泄漏严重，与原制造厂家沟通难度大，问题解决效率低，于是委托国内具有相似型号气体膨胀机制造维修经验的第三方对其进行故障原因分析并国产化改造。

1　故障表现

先后有多套气体膨胀机膨胀效率下降，单套气体膨胀机每启动一次转速均会有上升，同时密封气泄漏量较大，大量泄漏密封气窜至润滑油系统，致使真空度异常。

（1）多套该气体膨胀机运行时发现膨胀效率下降，尤其是每启停一次时这种现象更为明显；效率下降主要表现在同等膨胀量时转速上升，一定的制冷量膨胀量偏大。

（2）密封气泄漏严重，泄漏气窜入润滑油系统使油箱压力上升，油雾风机抽吸油雾能力有限，使油箱长期处于微正压，影响轴承回油且导致润滑油系统多处静密封点渗油漏油严重。

2　拆检情况及原因分析

2.1　拆检情况

通过拆解，发现膨胀端叶轮与轮盖刮擦主要发生在叶尖上，轮盖梳齿倒齿发生方向主要为轴向，倒齿现象较严重，压缩端叶轮叶片轮廓线均发生不同程度的磨损，通过拆解情况判断为叶轮发生移位是造成转子部件与定子部件

发生摩擦的主要原因（见图1~图5）。

图 1　压缩端叶轮磨损

图 2　压缩端叶轮轮盖刮擦

作者简介： 何小龙（1988—），男，2013 年毕业于河南理工大学机械设计制造及其自动化专业，空分装置设备主任、工程师，从事设备管理工作，已发表论文 2 篇。

图 3　膨胀端叶轮叶尖磨损

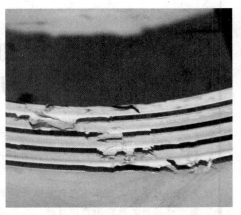

图 5　膨胀端轮备密封梳齿

2.2　原因分析

2.2.1　各部位设计间隙

　　按气体膨胀机原理结合实际结构和存在的问题，气体膨胀机制冷效率下降是因为膨胀端叶轮尺寸或结构发生变化；结合装配图与装配间隙，两端叶轮与轮盖轴向间隙均大于转子止推间隙，能够保障两端叶轮叶顶与轮盖不发生刮擦。

2.2.2　膨胀机效率及轴向推力计算

　　1）DCS 画面数据（见图 6）

图 4　膨胀端叶轮轮盖磨损

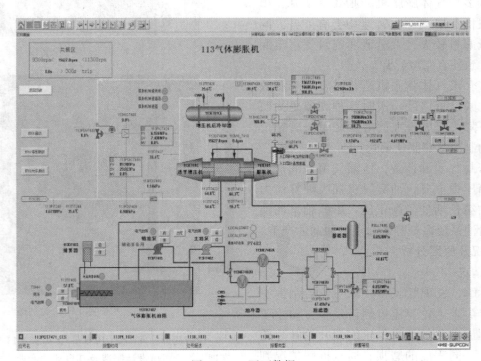

图 6　DCS 画面数据

2）膨胀机效率计算结果（见表1）

表1 效率计算结果

右上角续表

名 称	膨胀端	增压端
工作介质	空气	空气
流量/(Nm³/h)	95848	96216
进口压力/MPa(A)	4.711	4.771
出口压力/MPa(A)	~0.521	7.026
膨胀比及压比	9.04	1.473
进口温度/℃	-112	35.6
出口温度/℃	-176.3	78.4
温降及温升/℃	64.33	42.8
理想焓降及焓增/(kcal/kg)	13.136	8.709
运行转速/(r/min)	15627	
效率/%	~80	~85.2
功率/kW	1513.97	1478.3
喷嘴开度：68.3%；回流全关		

3）轴向力计算结果（见表2）

表2 轴向力计算结果

膨胀端	名称	符号	单位	数值
	叶轮直径	D_1	m	0.3
	轮背密封直径	D_{m1}	m	0.055
	轴封直径	D_{z1}	m	0.055
	叶轮出口根径	D_{g11}	m	0.07
轮背	喷嘴后压强	p_{11}	MPa	1.756
	喷嘴后压力	P_{11}	N	119952.3692
轮盖	喷嘴后压强	p_{11}	MPa	1.756
	进出口平均压强	p_{11}	MPa	1.12695
	叶轮出口压强	p_3	MPa	0.4979
	进出口平均压力	$P_{11''}$	N	-75322.38957
	叶轮出口压力	P_3	N	-1916.143753
	反作用力	P_f	N	-3195.72
	叶轮出口速度	c_2	m/s	99
	质量流量	q_{mt}	kg/s	32.28
	轴向合力	$\sum F_1$	N	39518.11592
增压端	名称	符号	单位	数值
	叶轮直径	D_2	m	0.3278
	轮背密封直径	D_{m2}	m	0.1238
	轴封直径	D_{z2}	m	0.055
	叶轮进口根径	D_{g2}	m	0.07
轮背	叶轮出口压强	$p_{21'}$	MPa	6.44
	密封齿后压强	$p_{22'}$	MPa	7.026
	密封齿前后压差	Δp	MPa	0.586
	叶轮出口压力	$P_{21'}$	N	-465972.0305
	密封齿后压力	$P_{22'}$	N	-67881.89842
轮盖	叶轮出口压强	$p_{21''}$	MPa	6.44
	进出口平均压强	$p_{22''}$	MPa	5.64
	叶轮进口压强	p_1	MPa	4.84
	叶轮进出口平均压力	$P_{21''}$	N	454272.7407
	叶轮进口压力	P_1	N	18626.50284
	冲击力	P_c	N	2165.8
	叶轮进口速度	c_2	m/s	65

续表

增压端	名称	符号	单位	数值
	质量流量	q_{mc}	kg/s	33.32
半开式压机轮	轴向合力	$\sum F_2$	N	-58788.88536
半开	轴向合力	$\sum F_1 + \sum F_2 = \sum F$	N	-19270.76944
			kg	-1966.405045
	止推外径	D_w	cm	14.4
	止推内径	D_L	cm	6.5
	止推面积	S	cm²	129.6770908
	止推压比	YB	kg/cm²	-15.15458

2.2.3　计算分析结果概述

根据 DCS 画面及拆检与测量数据对膨胀机效率和轴向力进行分析，由于膨胀轮紧固螺钉受拉力约为 3.95t，增压轮紧固螺钉受拉力约为 5.88t，叶轮紧固螺钉的材料、制造精度、预紧力显得比较重要，如抗拉不足，在弹性变形范围内，叶轮有可能轴向移位产生叶顶摩擦。

总之，膨胀机正常运行时两端叶轮与轮盖因有足够间隙保障了叶轮叶顶与密封盖不会发生刮擦，唯一发生刮擦的可能是膨胀机运行时叶轮发生移位。根据拆检情况，轴承止推面完好，叶轮叶顶与密封盖发生刮擦的唯一原因只能是叶轮紧固螺钉强度不够。

3　解决措施

通过以上原因分析可知，两端叶轮与轮盖正常运行时不会发生刮擦，只有叶轮发生移位时才能发生；叶轮发生移位只有可能是叶轮变形或是锁紧螺母拉伸强度不够造成叶轮与轮盖发生刮擦。

（1）通过对叶轮发生刮擦分析并结合第三方公司对其拆解情况分析，确认叶轮锁紧螺母拉伸强度不够，可通过重新设计并提高其拉伸强度以增加叶轮锁紧螺母安全使用系数。

（2）轮背梳齿发生磨损，同样是由于叶轮发生移位使轴向梳齿摩擦损坏，可通过提高锁紧螺栓安全使用系数控制叶轮行位，来保障轮背梳齿的完好性。

由于原紧固螺栓的材料及机械性能不能测量，所以根据第三方公司成熟惯例，重新设计制作的紧固螺钉选材为 20Cr13，其抗拉强度 $R_m \geqslant 635MPa$。增压端叶轮轴向力最大 $m = -5.88t$，经计算选用 M18×1.5，其小径 $r = 16.376mm$，最小截面积 $S = 0.000210623m^3$，单位截面积受力 $F = mg \times 1000/s = 273588354.5Pa = 273.59MPa$，安全系数 $n = R_m/F = 2.32$，安全系数正常范围为 $n = 2 \sim 3.5$，可知所选用的螺钉直径材质是可行的，也得到了实际运行的检验。

4　结论

通过对其气体膨胀机拆解情况分析，并对两端叶轮锁紧螺母提高安全使用系数，运行后发现其在一定转速下，膨胀效率均能得到保障；期间启停多次膨胀机，同等负荷情况下其转速与膨胀量相比前一次均未增加，同时我们也对膨胀机启停过程的操作进行严格规范，如启机时保证其低速冷机时间避免金属材料冷却过快造成损坏，停机时尽量避免紧急停车采取先卸载后手动停车的操作步骤。

参 考 文 献

1　计光华. 透平膨胀机. 北京：机械工业出版社，1982.
2　黄志坚. 机械设备故障诊断与监测技术. 北京：化学工业出版社，2020.
3　API 617　石油、化学和气体工业用轴流、离心压缩机及膨胀机-压缩机.

汽轮机高压抗燃油系统运行维护与分析

郭志远

（中国石化镇海炼化分公司，浙江宁波　315207）

摘　要　高压抗燃油系统是汽轮机组数字电液控制系统（DEH）的重要组成部分，本文介绍了镇海炼化公用工程部50MW机组高压抗燃油系统的功能和配置以及在运行中发现的问题，针对磷酸酯抗燃油运行中难免劣化提出了解决和改进的措施，对抗燃油系统运行中的再生系统和运行管理措施进行了探讨。实践证明效果良好，满足机组安全平稳运行的实际生产要求，其结果可供电厂运行参考。

关键词　DEH 高压抗燃油；运行管理

1　概述

中国石化镇海炼化分公司公用工程部Ⅳ电站装置是镇海炼化100万吨/年乙烯工程配套项目，主要包括5×410t/h 循环流化床锅炉（简称 CFB）、4×50MW 双抽冷凝汽轮发电机组，四台汽轮机为某公司生产的 CC50-12.3/4.7/1.9 型超高压双抽凝汽式汽轮机，其额定蒸汽压力为 12.3MPa，温度为535℃。

机组数字电液控制系统（DEH）采用 WOODWARD 公司的 Micronet™TMR 系统，由电仪控制部分、液压执行机构和电液接口组成。电仪控制部分主要是集成了逻辑运算的"大脑芯片组"，通过操作站发出控制指令；液压执行机构接受发出的控制指令来控制汽轮机的进汽量，从而控制汽轮机发电机组的转速和功率；电液接口则是前两者的接口，主要元件是伺服阀，能精确地把电调装置输出的电流信号转化为油压信号去控制油动机，从而实现对机组进汽调节阀开度的操控。

抗燃油因其整体性能稳定可靠，提供的高压油能使 DEH 调节系统灵敏度高，响应速度也更快，目前被各电厂机组广泛使用。DEH 对汽轮机的控制最终由高压抗燃油系统来实现，该系统不仅为机组提供控制油实现驱动进汽调门，同时也具有紧急遮断汽轮机的功能，是 DEH 现场主要组成部分，在机组功率自动控制和安保方面均有强大功能，抗燃油便自然成了汽轮机组中流动的"血液"。

2　汽轮机高压抗燃油系统主要工艺流程及技术原理

2.1　高压抗燃油系统主要工艺流程

高压抗燃油系统由 EH 油站、再生系统、液压控制系统（含伺服阀）等组成。EH 油站是动力源，主要功能是向 EH 液压控制系统提供高压、清洁的动力油和控制用油，两台柱塞泵作为主油泵正常工作时一开一备，提供压力为 14.5MPa 左右的高压抗燃油给控制执行机构。主要设备由油站箱体、油站出口组件、油泵组、油滤器、冷油器、再生系统和冷却系统等组成。操作人员通过操作站发出相关控制指令，电信号经过伺服阀被转化为油压信号去控制油动机，通过改变控制油压，控制调节汽阀开度，最终实现汽轮机启动、升速、并网、带负荷、抽汽压力调节等功能。同时高压抗燃油系统除了供油动机动力用油之外，还经过节流孔板，由遮断安保系统（AST）实现机组的紧急停机要求，组件由能实现在线试验的高压遮断模块和遮断隔离阀组组成。汽轮机组高压抗燃油系统主要工艺流程见图1。

再生系统成单元制安装在 EH 油站旁，是一套独立的循环油路。该单元由一整套组合的设备设施构成，包含脱水设备、抗燃油再生过

作者简介：郭志远（1982—），男，黑龙江绥棱人，2006年毕业于中国石油大学（华东）热能与动力工程专业，工程师，现从事电站生产管理工作，已发表论文2篇。

滤组件、粗滤及精密过滤设备等。可以使油质变差的抗燃油得到再生即各项指标均能达到要求标准，使油液变得更清洁、保持中性并去除水分等以保证抗燃油化学性能稳定。

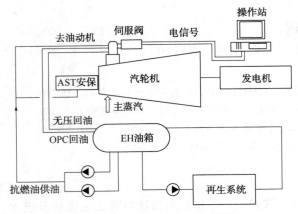

图1 抗燃油系统工艺流程简图

2.2 抗燃油相关性能

运行机组抗燃油正常工作温度为30~60℃，自燃点一般在530℃以上，而普通汽轮机用润滑油只有300℃左右。抗燃油是一种人工合成的磷酸酯抗燃液，具有一定的微毒性和腐蚀性，与汽轮机油相比，具有难燃性、对高温高压机组有着良好的防火性、高电阻率、高氧化安定性、低挥发性及良好润滑性等优点，然而，机组运行中也会常常出现油品质变差情况，主要表现为酸值升高、电阻率下降、颗粒污染和水含量增加等，其中酸值升高带来的影响最为严重，而DEH要求其控制液具有较高的清洁度，一旦处理不及时便会造成调门波动或难以控制，最终造成机组负荷波动或停机事故，因此抗燃油油质在运行中的管理，是DEH控制系统动态响应品质的关键。

3 机组抗燃油运行状况

目前四台汽轮机组运行状况良好稳定，抗燃油油质除泡沫特性不佳外各项指标总体良好，化验分析结果见表1。

由于抗燃油是人工合成的化学液体，如同人的血液一样也会出现"三高"现象，缺少维护和监督便会发生氧化、水解等造成油质劣化。在机组投用的前、中期出现问题较多，如每台机组都不同程度地存在抗燃油劣化问题，导致伺服阀卡涩问题十分突出，造成进汽调门频繁

波动机组负荷无法控制的情况；个别机组劣化严重到无法再生恢复程度最终故障停机，被迫将整个系统的抗燃油全部换掉；高压抗燃油供油管线固定接头断裂、管箍焊接处弹开导致停机等问题。对于和公司生产直接相关的大机组来说没有长周期安全稳定的运行，着实给公司生产安排上带来了一系列头疼的问题。

表1 抗燃油油质化验分析情况

项目（测试标准）	化验结果	国家标准	
		最小	最大
酸值/(mgKOH/g)	0.021		0.15
黏度(40℃)/(mm²/s)	42.35	39.1	52.9
水含量/(mg/L)	478		1000
电阻率(20℃)/Ω·cm	$2.0×10^{10}$	$6.0×10^{9}$	
泡沫特性(24℃)/ml	290		200
颗粒度 NAS1638	6级		6级

4 高压抗燃油系统存在的问题及解决方法

4.1 油质超标导致伺服阀卡机组调门波动，负荷无法控制

DEH控制系统对抗燃油的品质要求较高，一旦油质有劣化，就会对机组运行产生影响，尤其是油质超标问题如果长时间未被发现，很可能对机组调速系统的精密元件造成不可修复的腐蚀。因油中存在因劣化产生的油泥和固体颗粒污染物，伺服阀卡涩便成了机组运行中最常见的问题，进而导致机组的进汽调门波动负荷无法控制。对有卡涩现象的伺服阀进行解体检查发现伺服阀油过滤滤芯和力矩马达喷嘴都已经堵死，同时活动部件也存在轻微卡滞现象、零位偏移问题，发现油渍较脏。

伺服阀卡涩最终造成机组调门波动甚至卡涩，经分析，引起伺服阀卡涩的抗燃油往往存在多方面原因共同作用，如酸值超标、电阻率不合格、颗粒度和水分超标、油管线或浸油部件检修清理不到位等。

4.2 抗燃油油质超标的危害及处理

4.2.1 抗燃油酸值超标

根据抗燃油的特性，如果酸值超过0.2mgKOH/g各项指标就会开始恶化，这时油会发生水解加剧酸值升高，同步产生相应的劣化物，产生的劣化物则不同程度地对电阻率等

其他油质特性产生影响，直接影响机组安全运行。Ⅳ电站1#汽轮机组就是因油的酸值超标导致油品质劣化严重，最终也未能通过滤油等手段实现油品的再生恢复，造成了停机换油事故。换油不但停机时间长，油管线和相关部件都要清理干净，而抗燃油的费用也比普通润滑油贵得多。

抗燃油系统油质的劣化，会带来巨大的经济损失，并且严重影响机组的安全运行。因此，机组在运行维护过程中，抗燃油酸值是日常监控机组 DEH 系统运行状况的重要指标之一。

对于抗燃油的酸值超标，必须进行在线油质处理，对再生系统中处理酸值单元的再生滤芯要持续关注其运行情况，且要同步去除整个油系统中超标的水分，否则会影响再生效果。在进行在线外置跑油过程前后还要加强对油质

标的化验分析，以便实时精准掌握当前油质的变化情况，进而可以对再生系统设备的运行方向进行关注和调整。

4.2.2　抗燃油电阻率超标

抗燃油的电阻率是一项重要的电化学性能指标。机组在运行中该项指标应控制在 $6.0 \times 10^9 \Omega \cdot cm$ 以上，电阻率越低各元件或部套的电化学腐蚀就越厉害，结果就是伺服阀等精密元件被腐蚀导致机组故障频繁。

经研究发现电阻率和极性物质污染密切相关，日常运行中应注意检查抗燃油的酸值、水分和氯含量等是否超标，电阻率与酸值、氯含量和含水量之间的关系曲线见图2。目前提高电阻率效果均较好的方法是用组合滤油设备的吸附剂来除去其中的酸性物质，以及采用离子交换树脂过滤。

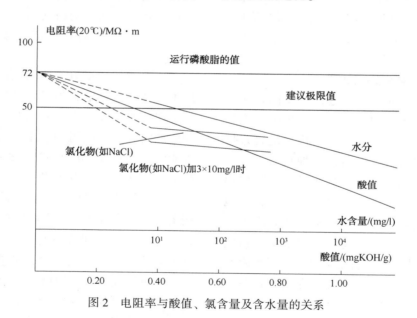

图2　电阻率与酸值、氯含量及含水量的关系

由图2可以看出：①酸值较低时对电阻率的影响不明显，酸值达到一定值时则电阻率下降较快，尤其在超过 0.4mgKOH/g 时，总体上酸值对电阻率的影响最明显；②氯化物和水分的含量均较大时对电阻率的影响大于单纯含氯化物时的情况；③水分含量过大时对电阻率影响较大。

4.2.3　抗燃油抗泡沫特性增大

磷酸酯抗燃油产生的泡沫随油进入油系统严重时会影响到电液调节的准确性，同时也会

引起电液调节系统的振动及加速油质老化，威胁机组的安全运行。运行抗燃油的抗泡沫特性指标极限值应控制在 200ml（24℃）以下。

向抗燃油中添加消泡剂是目前较有效的处理方法，可解决运行油泡沫特性高的问题，经与 A 研究院交流后对Ⅳ电站抗燃油进行现场试验，发现油质的其他各项指标在添加消泡剂前后均无明显变化，之后向各台机组 EH 油箱添加消泡剂后效果也都较好，泡沫特性降至 25ml。但同时也发现机组运行一段时间后泡沫

特性仍会上升。通过综合分析比较，在抗燃油各项指标良好情况下存在一定泡沫特性对机组的安全运行和各部件产生的影响有限，几乎察觉不到，同时该结论也从 A 研究院处得到证实，从表 1 可以看出，机组各项指标均较好，机组运行稳定，但仍存在泡沫特性偏高情况。

4.2.4　颗粒污染度

固体颗粒污染物对油液压机构和润滑系统危害最大，不仅使液压元件磨损速度加快，更会堵住各元件的间隙或节流孔进而引起系统故障。单纯对油质的颗粒度一般采用粗滤和精滤芯相结合滤油即可，同时注重再生组合设备跑油去除油泥，颗粒度指标可达到 NAS1638 的 6 级，但必须处理及时，同时日常要做好预防工作以免对液压和伺服机构造成影响。除了油质老化形成油泥带来部分颗粒度影响外，系统检修质量的好坏对抗燃油的理化性能有很大影响，如检修时油箱和滤油网应擦洗干净、精密滤芯有堵塞现象要及时更换等。

4.3　抗燃油净化再生系统比较

经多方交流研究，目前电力行业内普遍采用外置式移动在线处理设备，对此Ⅳ电站汽轮机组同时引进了两套不同厂家的移动组合式抗燃油在线再生净化处理设备，一种是通过离子交换树脂再生系统，另一种是通过强极性硅铝吸附剂吸附再生系统，两套组合再生设备均包括了再生处理、脱水处理、精密过滤处理等单元，不同之处在于技术上前者是离子交换树脂再生+真空脱水处理，后者是强极性硅铝吸附剂吸附再生+滤芯脱水。加上Ⅳ电站装置建设时配套的再生系统采用硅藻土+纤维素系统，共三种再生系统，对这三种再生方式的效果及三种滤芯的脱酸总量进行了对比：

（1）强极性硅铝吸附剂吸附具有很强的脱色作用，硅藻土的脱色效果不明显，离子交换树使用后油变清澈较明显。

（2）通过目前已配备的硅藻土系统，油的酸值较难达到运行油标准（≤0.15mgKOH/g）要求，离子交换树脂再生和强极性硅铝吸附剂可使油的酸值均达到优于新油水平（≤0.05mgKOH/g）。

（3）在脱酸速率上强极性硅铝吸附剂的脱酸速率最快，其次是离子交换树脂和硅藻土。

（4）离子交换树脂+真空脱水与强极性硅铝吸附剂系统提高电阻率的能力均较好，硅藻土偏弱，前两者电阻率能较轻松达到抗燃油标准，而强极性硅铝吸附剂有优势的是不含 Ca、Mg、Na 等金属元素，不会产生抗燃油的金属盐类（凝胶）有害物质，还可吸附除去使用硅藻土所产生的此类有害物质。

（5）采用真空脱水的离子交换再生和采用脱水滤芯的强极性硅铝吸附剂再生两者均能达到≤600mg/L，但在滤芯上强极性硅铝吸附剂脱水效果较明显，硅藻土效果不明显，而离子交换树脂设备的真空脱水系统最强，无脱水滤芯不用定期更换且效果好。

（6）强极性硅铝吸附剂去除油泥效果最佳，可彻底除油泥；硅藻土可吸附油中部分油泥，离子交换树脂去除油泥效果不明显。另外离子交换树脂和硅藻土对改善泡沫效果不明显，而强极性硅铝吸附剂有一定的改善油的抗泡沫性能。

从上面的比较和实际使用效果可以得出，离子交换树脂再生和强极性硅铝吸附剂再生均能实现抗燃油油质净化和再生的功能，在线处理后油的酸值、电阻率、水分、颗粒度、油泥等能较好地满足 DL/T 571—2014《电厂用磷酸酯抗燃油运行与维护导则》中运行油的质量要求。Ⅳ电站装置建设时配套的硅藻土+纤维素+精密过滤组合方式，经现场反复实践对比分析，该套再生设备处理效率不高，尤其是硅藻土和纤维素的滤芯更换较频繁，油质稍微不佳时如不及时更换其内部沉积物反而会对油造成污染，而备用期间更易产生混合沉积物，同时在初期对抗燃油认识还未达到一定程度时，其往往对油质的降酸值处理速度还不如油质劣化速度快，而初期的精密过滤则存在过滤精度不够问题，且无有效的脱水处理单元。

目前工业上油品监测也较普遍采用漆膜倾向指数作为参考，目前我们采用各分指标控制更具直观性也更灵活。

4.4　抗燃油系统的其他问题

4.4.1　高压抗燃油管线及密封元件

汽轮机组运行一段时间后，发现抗燃油系统上的渗油点逐渐增多，有一些在汽轮机运行期间还无法处理，只能停机消缺处理。如高压侧的抗燃油管线与油动机的连接固定接头密封处、油动机的油动缸本体、伺服阀甚至高压抗燃油管线管箍焊口处脱焊、管线与管接头焊接处断裂、高压油管线开裂等直接故障停机等也均出现过，严重影响了机组的长周期安稳运行。

与油动机固定连接接头、油动机和伺服阀处密封漏油，经拆解检查后发现是密封元件老化失效，主要是橡胶 O 形圈，经过对现场情况分析和向专业厂家咨询，因抗燃油本身具有一定腐蚀性，密封元件一般经过一个大修周期（五年）要进行预防性检查更换，同时密封垫材质要采用氟橡胶以提高自身抗腐蚀能力。针对管线及相关接头开裂问题则还是管线母材先天存在一定问题，或施工焊接环节质量把控不严所致，对其举一反三进行重新更换强度更好的厚壁管并对施工环节做好质量验收。

4.4.2　油动机操纵座及仪表 LVDT 问题

当抗燃油油质得到一定提升后，发现机组还时常有进汽调门波动、电负荷不稳情况，经过现场检查并与总控比对，发现有两种情况致使进汽调门波动：一是机组油动执行机构与进汽主调门阀杆之间的连接松动，存在空行程，需对油动机操纵座和进汽门连块处进行检修；二是汽轮机个别进汽阀门的阀位反馈 LVDT（线性差压变送器）因长期处于高温环境或其他机械振动等影响了其差动变压的准确性，产生了测量误差，使阀位反馈信号与实际不符产生漂移。消除影响后机组在做 OPC 超速试验时表现出极好的调节性能，当转速超 3090r/min（103%）时，机组调门迅速关闭机组转速下降，当下降到 3015r/min 时进汽调门开启并很好地把机组转速稳定在 3000r/min。

5　高压抗燃油的运行管理

5.1　抗燃油系统的日常检查与监督

汽轮机组抗燃油系统的稳定性取决于日常的管理水平，做好运行人员对机组的巡检检查，同时实时掌握了解抗燃油油质情况，做好日常的监督检查与维护工作是关键。

关注运行操作人员日常对整个系统的巡检检查质量，尤其是油系统中油管接头的检查，及时发现接头松脱、抗燃油渗漏等缺陷或故障。在开关汽机阀门时，关注伺服执行机构的运转情况，定期对各阶段运行参数进行分析比较，如各运行参数的变化情况和调门动作的灵活情况，全面掌握机组调控方面的特点和规律，运行中严格控制油温及检查油管线与高温部分的接触情况，进而全面了解整个控制系统的运行情况。运行人员管理上定期组织以 PPT 讲堂形式开展运行工况分析和技术问题交流探讨，使运行操作人员熟悉油动执行机构、机组进汽调门、伺服阀以及 LVDT 等的基本结构、原理和DEH 的相关知识。

在油质方面定期进行取样化验分析，从而掌握抗燃油质情况，如酸值、电阻率、颗粒度和水分等主要指标，超出标准必须及时采取相应处理措施，目前在机组运行均稳定正常情况下每季度全面分析一次，如机组控制方面出现异常情况或个别指标不合格将进行加样分析。

5.2　抗燃油系统的定期检查和试验

为了保证抗燃油系统稳定以及大机组的长周期可靠运行，必须定期将伺服阀外送到专业厂家进行检修维护和检测，对伺服阀本身存在的问题及时处理，同时反向对比油质情况作出综合分析，以指导现场油质再生侧重点。定期对 LVDT 检查，对发现的问题及时消缺以防阀位反馈偏差过大造成控制系统异常。主汽阀门需进行定期的活动试验，以确保油动执行机构及伺服阀等处于正常的工作状态等。

6　结论

抗燃油是汽轮机组的"血液"，抗燃油系统作为汽轮机调速控制系统的执行机构，在 DEH 控制系统中具有重要作用，虽然高压抗燃油系统在我公司是首次使用，但经过了一段时间的摸索学习和实践，从抗燃油自身品质管理和大机组的日常特护管理两方面着手，已极大地提高了抗燃油系统运行的安全稳定性，同时总结出适合自己的经验方法和手段，确保了汽轮机组的安全稳定运行。

增加一步法腈纶聚合釜搅拌密封性的探究

田 江

（中国石化上海石油化工股份有限公司，上海 200540）

摘 要 概述了一步法腈纶装置聚合釜搅拌轴密封填料运行的情况及其对安全环保、生产工艺质量稳定的影响，以及新型密封材料筛选方案，介绍了聚合釜搅拌轴低逸散组合填料密封改造应用情况。

关键词 聚合釜；密封填料；低逸散组合填料

1 前言

在一步法腈纶生产中，聚合釜是关键设备之一，在聚合釜内丙烯腈、甲酯等原料与硫氰酸钠为溶剂，并在常压及一定温度下进行均相溶液反应制成聚合丙烯腈浆液。上海石化某腈纶装置的聚合釜是 1979 年由郑州纺机设计制造，容积为 8.0m³，为连续搅拌釜式反应器，材质 316L，主要由筒体、搅拌器、冷却夹套、密封填料等组成。

该聚合釜夹套内使用的介质为水，筒体内装有搅拌轴，介质为聚丙烯腈淤浆，工作压力为常压，运行工况具体数据见表 1，聚合釜搅拌轴密封填料采用固体状的耐高温高压盘根填料密封。

表 1 聚合釜搅拌轴运行工况

序号	工况	描述
1	温度/℃	物料温度 80
2	压力/bar	1～0.25
3	转速/(r/min)	6～12
4	物料	黏胶、甲酯、丙烯腈

2 聚合釜搅拌轴盘根填料密封运行情况及影响

2.1 聚合釜搅拌轴盘根填料密封运行情况

多年来聚合釜在运行过程中发现该盘根填料密封与搅拌轴摩擦，磨损流失，聚合釜每运行 2 个月需停釜更换盘根密封填料，每次需耗费材料费约 3000 元，人工费约 1500 元。且每次加盘根后，盘根处的泄漏率会呈上升趋势，不利于控制物料中刺激气体的逸散。随着盘根密封填料和搅拌轴套摩擦增大，泄漏处的缝隙

越来越大，泄漏率会随着使用时间延长越来越严重，对搅拌轴及部件有损伤，故每 2 年还需对聚合釜的行星减速器更换轴承、密封、供油循环油泵等，更换搅拌轴承、密封等，并对腐蚀钢板等进行深度检修工作，检修 1 次大约需要 7 天，材料费及人工费约 150000 元。如果搅拌轴磨损还需要拆聚合釜上封头，起吊搅拌轴外送修理，大大增加了拆卸聚合釜搅拌器上轴的工作量及施工难度和风险。

2.2 对安全环保的影响

因聚合釜频繁检修，盘根填料的密封性差，废气设施运行负荷大，每台聚合釜的挥发性有机化合物（以下统称 VOCs）排放达到 5000ppm 以上（约 3300mg/m³），远远超出上海市地方标准《大气污染物综合排放标准》（DB 31/993—2015）要求的最高允许排放浓度 70mg/m³，故需将搅拌密封处的高浓度废气统一连接至装置废气设施处理，增加了大量能耗。此外还有少量废气逸散至聚合三楼和四楼，导致现场存在刺鼻异味气体，当空气中 VOCs 气体浓度过高时很容易引起急性中毒，轻者会出现头痛、头晕、咳嗽、恶心、呕吐或呈酩醉状，重者会出现肝中毒甚至很快昏迷，有的还可能有生命危险，不符合职业卫生的要求。

2.3 对生产工艺质量稳定的影响

聚合釜每停开车一次，影响浆液质量为 24h 左右，在聚合釜开停车期间对原液混合槽 T-4129 中原液黏度进行采样跟踪，发现浆液质量存在波动。且聚合釜停开期间，聚合转化率低，浆液中的部分单体不能脱除，在纺丝岗位

析出，造成环境污染。另外盘根填料磨损大，易造成系统内 H-3305 换热器通过性差，压力高，切换频繁，增加清洗频次，增加人力及物力投入，清洗产生的废水还增加了污水排放量。另外每次停聚合釜还会产生固废 20kg，每次切换 H-3305 换热器产生固废 0.5t，9 台聚合釜约能产生 4.08t 固废，既增加物料损耗又造成环境污染。

为减少聚合釜停釜检修频次，并将聚合釜搅拌密封处的 VOCs 排放值达标，将 H-3305 换热器延期至 1.5 年切换清洗一次，提升浆液黏度合格率，聚合釜搅拌轴密封填料亟需选用新型密封形式。

3 增强聚合釜搅拌填料密封选用方案

3.1 聚合釜搅拌轴密封选用原则

以聚合釜的运行温度、压力、物料及搅拌器的转速、现场布置及改造成本投入上考虑，选择具有以下几个特点的密封：

（1）无规格限制，能满足多种需求，不会浪费填料，不用测量和切割。

（2）降低能耗，节约使用成本，自润滑性好，填料摩擦系数极小，减少机械磨损，低泄漏运行设计，减少产品泄漏损失。

（3）安装简单，实现简易的注入式安装或用手工安装，可在线不停机修复，可延长使用周期，延长连续工作时间，降低修护成本。

（4）使用寿命长久，摩擦系数低，不损轴杆或轴套，具备填补运动轴上的刮伤等缺陷处的功能等。

3.2 常用密封形式的基本工作原理

常见的密封形式有油密封、氮气密封、填料密封、机械密封等，油密封主要是利用油与轴之间存在着油封刃口控制的油膜，此油膜具有流体润滑特性，在液体表面张力的作用下，油膜的刚度恰好使油膜与空气接触端形成一个新月面，防止了工作介质的泄漏，从而实现旋转轴的密封。

各种密封形式结合聚合釜搅拌的连续运行情况及现场布置上相比较情况见表 2。

表 2 常见密封形式的优点及缺点

密封形式	油密封	氮气密封	盘根密封	机械密封
对物料影响	油进系统对工艺有影	氮气与甲酯会发生反应，增加单耗和杂质	无	无
使用寿命	长	长	短	长
耐磨性	好	好	差	好
占地面积	大	大	小	小
投资	高	高	低	高
运行费用	中等	高	低	高
维护使用	维修麻烦、耗时长	维修麻烦、耗时长	安装简单	维修麻烦、耗时长

该腈纶装置的聚合釜为连续搅拌釜式反应器，使用年限长，精度较低，现场空间相对狭小，介质为有毒有害、易聚集、有腐蚀性等，故计划对聚合釜搅拌器密封处局部进行改造，结合盘根密封和泥土填料密封特性，尝试盘根密封和泥状填料组合的低逸散组合填料作为此次增加聚合釜搅拌轴密封性的材料。

4 聚合釜搅拌低逸散组合填料密封改造应用

4.1 低逸散组合填料的密封特性

低逸散组合填料的性能：

适用温度：-40～280℃；

适用 pH 值：1～14；

最大轴速：20m/s；

最大压力：旋转/离心 20bar；

适用介质：水、蒸汽、石油燃料、碳氢化合物等；

适用设备：离心泵、旋转泵、搅拌设备、浆液泵、磨砂浆泵、循环泵、回流液泵、渣浆泵等；

同时具有以下优点：

（1）降低能耗，节约使用成本：自润滑性好、填料摩擦系数极小，减少机械磨损，不需要冲洗和冷却水，减少物料、能耗损失。

（2）无规格限制，能满足多种需求：不会浪费填料，不用测量和切割，可以同时用于泵和阀门，紧急维修时的理想选择，泥填料适用于所有编织填料方式密封的泵、阀杆、减速器等，无需大量备货，节约库存成本。

（3）在线不停车修复：首次安装之后，可以在线不停机修复，每次只要从填料函注入口注入泥状填料即可，大大地延长了使用周期，延长了连续工作时间，降低了修护成本。

（4）补偿性好、寿命长久：泥状填料质地柔软，对表面有一定刮伤等缺陷处的轴杆或轴套具良好的补偿和润滑作用，因而更耐久。

4.2　低逸散组合填料结构组成

低逸散组合填料由端环和泥状填料两部分组成：端环部分主要由高性能改性聚四氟乙烯棒材加工成型，中间泥状填料用聚四氟乙烯纤维、粉状石墨、二硫化钼、锂基脂、硅油等合

而成的胶泥状混合物等如图1所示。

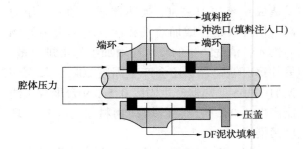

图1　低逸散组合填料组合套装结构图

对聚合釜进行排浆液，清洗后，拆除行星减速箱（带电机）、油泵、机架、网板板梁、搅拌轴轴承及轴承座、旧密封腔体，上移旧腔体，安装抱卡，拆除原密封腔体和盘根填料，取出旧密封腔体，放入新密封腔体，再安装抱卡、轴承座、轴承等，安装新填料封套腔体和低逸散组合填料进行改进施工。聚合釜搅拌轴低逸散组合填料密封改造方案示意图如图2所示。

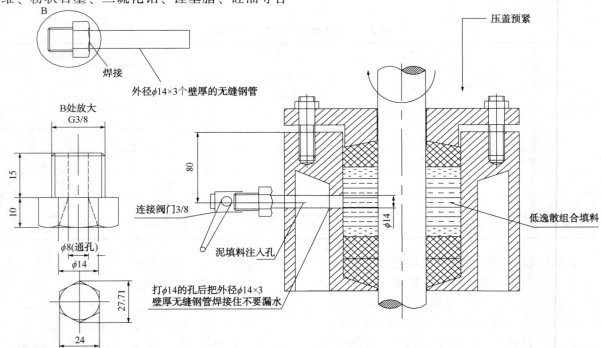

图2　聚合釜搅拌轴低逸散组合填料密封改造方案示意图

4.3　聚合釜搅拌轴低逸散组合填料密封改造过程存在的问题及解决方案

2021年10月28日完成聚合釜搅拌轴低逸散组合填料密封改造后，11月4日进行了调试试运行，观察发现盘根顶部压盖产生位移，有松动迹象，11月6日后重新更换安装泥状填料

组合密封,加装支撑螺母,后未发生位移及松动现象。

11月13日正式生产投料后,在聚合釜搅拌轴转动处有少量冒泡,为组合填料中的油脂,再次调整安装后正常。

2020年11月30日日常巡检时发现搅拌处有微量冒泡,说明了泥状填料有挥发性,需要增补填充满,于接口处通过微型液压泵手动注入了约200g泥装填料,其后运行稳定。

5 聚合釜搅拌低逸散组合填料密封运行情况

2020年11月13日在对聚合釜搅拌轴低逸散组合填料密封应用改造后,试运行并跟踪搅拌电流、搅拌器温度、搅拌器声音等状况,均在标准范围内(见表3和表4)。

表3 质检中心聚合釜 VOCs 逸散对比 1

检测时间	装置	检测方法	丙烯腈含量/(mg/m³)	VOCs 含量/10⁻⁶	聚合釜
2020 年 11 月 18 日	腈纶装置	移动式检测仪	6139	2411	未改造的聚合釜
			5010	177	未改造的聚合釜
			12.6	29	完成改造的聚合釜

表4 质检中心聚合釜 VOCs 逸散对比 2

采样时间	装置	采样点	丙烯腈/(mg/m³)	甲酯/(mg/m³)	聚合釜
2020 年 12 月 7 日 11:00	腈纶装置	装置 A1008-2#	6139	2411	未改造的聚合釜
		装置 A1008-3#	2195	835	未改造的聚合釜
		装置 A1008-4#	4895	1873	未改造的聚合釜
		装置 A1008-5#	7	0	完成改造的聚合釜

6 结论

(1)聚合釜搅拌低逸散组合填料应用后,设备本体运行稳定,从跟踪情况看,可有效延长聚合釜停车周期,减少盘根更换次数和深度检修频次,如果推广应用至装置内全部9台聚合釜搅拌轴密封,每年可节省243000元。

(2)聚合釜搅拌器处的VOCs排放值由5000ppm,下降至100ppm以内,大大降低了VOCs排放量,有效改善了现场环境,消减了现场异味,经计算全年VOCs排放量由5t下降至2.5t,下降比例为50%。同时因VOCs排放量大大减少,原现场安装的废气排放装置及附属设备拆除,降低了能耗,且便于现场操作人员巡检观察。

(3)聚合釜搅拌低逸散组合填料运行稳定,可延长聚合釜停车周期,从而减少聚合釜的开停车频次,有效避免了浆液质量波动、浆液单体残留、增加H-3305换热器清洗等问题。有效提升了纤维质量及纤维强度,产品更有市场竞争力。

由上可知,聚合釜搅拌低逸散组合填料密封应用改造后,设备运行比较平稳,运行安全可靠,成本比较低,易于控制,安装成本低,可推广应用至其他的聚合釜及可适用的泵、阀杆、减速器等其他设备。

参 考 文 献

1 (美)阿兰.O.勒贝克(Alen.O.Lebeck).机械密封原理与设计.黄伟峰,等译.北京:机械工业出版社,2016.

基于流固耦合的刷式密封泄漏流动特性数值研究

崔正军[1] 孙 丹[2]

（1. 沈阳北碳密封有限公司，辽宁沈阳 110179；2. 辽宁省航空推进系统先进测试技术重点实验室(沈阳航空航天大学)，辽宁沈阳 110136）

摘 要 刷式密封是旋转机械的关键部件，由其引起的泄漏损失直接影响旋转机械的工作效率。本文首先理论分析刷式密封的流固耦合特性，应用双向流固耦合与动网格技术，建立考虑刷丝变形的刷式密封瞬态三维流固耦合求解模型。在验证流固耦合求解模型准确性的基础上，分析刷式密封的泄漏流动特性，研究刷式密封几何参数等因素对其泄漏特性的影响规律。研究结果表明：在进出口压比较小时，考虑/未考虑刷丝变形的泄漏量相差较小，随着进出口压比的增大，二者差值逐渐增大，考虑刷丝变形的流固耦合模型能更准确反映刷式密封的泄漏流动特性；刷式密封泄漏系数随着后挡板保护高度、刷丝间隙的增大而增加；随着刷丝束与后挡板轴向间隙的增大，泄漏系数先增加，然后增大趋势减缓；随着刷丝直径的增大，泄漏系数先降低，然后趋于稳定；随着刷丝排数的增加，泄漏系数先迅速下降，然后下降速度趋缓。本文研究结果为刷式密封结构设计提供理论依据。

关键词 刷式密封；刷丝变形；流固耦合；流场特性；泄漏特性；数值研究

刷式密封是继篦齿密封之后发展起来的一种新型密封技术，是已沿用多年的篦齿密封简单实用的替代产品，被广泛应用于汽轮机、燃气轮机、航空发动机等旋转机械。近年来，随着旋转机械逐渐向高参数方向发展，由刷式密封引起的泄漏损失越来越大，直接影响旋转机械的工作效率。

国内外学者对刷式密封泄漏流动特性做了大量的研究工作，国外 Dogo、Chew 等建立了定常稳态刷式密封多孔介质模型，研究了不同密封间隙下的流场特征和泄漏流动特性。国内李军、胡丹梅、黄学民等基于多孔介质模型，采用定常稳态数值求解方法，研究了刷式密封的泄漏流动形态以及刷丝直径、保护高度等参数对其影响规律。黄首清建立了刷式密封三维切片模型，应用定常稳态数值方法研究了刷式密封流场分布特性。研究表明，刷式密封刷丝在流体的作用下会产生变形，刷丝变形进一步影响流体分布，刷丝与流体之间的相互作用是典型的瞬态双向流固耦合问题。现有文献关于刷式密封研究大多基于多孔介质模型，且采用定常稳态求解方法，对考虑刷丝变形的刷式密封泄漏流动特性的流固耦合研究较少。

本文在理论分析刷式密封流固耦合特性的基础上，应用双向流固耦合与动网格技术，建立了考虑刷丝变形的刷式密封瞬态三维流固耦合求解模型。在泄漏量数值计算结果与实验结果相互验证的基础上，研究了刷式密封的流场分布特性，并研究了刷式密封后挡板保护高度、刷丝束与后挡板轴向间隙、刷丝间隙、刷丝直径、刷丝排数等不同设计参数对刷式密封泄漏特性的影响规律。

1 考虑刷丝变形的刷式密封流固耦合特性分析

1.1 刷式密封流固耦合特性分析

刷式密封是具有优良密封性能的接触式动密封。如图 1 所示，刷丝束是由柔软而纤细的刷丝交错层叠构成，并沿着转子旋转方向呈一定角度排列，保证了刷式密封能够适应转子的瞬间径向变形或偏心运动而保持良好的密封性能。研究表明，刷丝在气流力的作用下产生变形，刷丝变形进一步影响流场分布，刷丝与流体之间的相互作用是典型的瞬态双向流固耦合问题。在气流力作用下，刷丝的轴向变形使密封与转子面间隙增大，进而增加泄漏量，降低刷式密封封严性能。

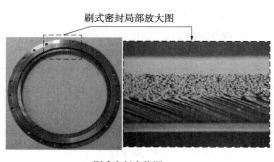
(a)刷式密封实物图

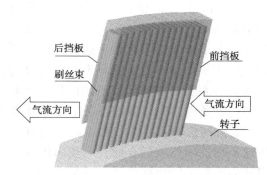
(b)刷式密封示意图

图1　刷式密封结构实物图与示意图

1.2　考虑刷丝变形的理论模型及泄漏系数的确定

如图2所示，对任意刷丝受力分析可知，刷丝受气动载荷作用的弯曲变形可以简化为在均布载荷作用下的悬臂梁模型。在弯曲变形时，刷丝梁的轴线将成为 xy 平面内的一条曲线，称为挠曲线，如图3所示，刷丝梁曲线的近似挠曲线微分方程为：

$$EIw'' = -\frac{1}{2}q\ (l-x)^2 \qquad (1)$$

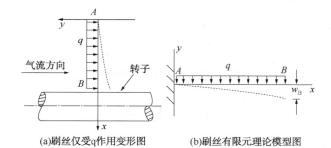

(a)刷丝仅受q作用变形图　　(b)刷丝有限元理论模型图

图2　刷丝受力分析图

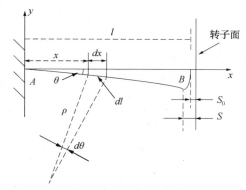

图3　刷丝弯曲变形分析图

对于刷丝固定端 A，转角和挠度均等于零，

可得即 $\theta_A = 0$；$\omega_A = 0$，则刷丝梁转角方程为：

$$EI\theta = \frac{q}{6}(x^3 - 3lx^2 + 3l^2x) \qquad (2)$$

对于截面 B 的横坐标为 $X_B = l$，代入式（2），可得截面 B 的转角为：

$$\theta_B = -\frac{ql^3}{6EI} \qquad (3)$$

泄漏系数是评价刷式密封泄漏水平的重要参数，其定义式为：

$$\varphi = \frac{M\sqrt{RT_{\text{tot,in}}}}{AP_{\text{tot,in}}} \qquad (4)$$

式中：M 为数值计算得到泄漏量；$R = 287\text{J}/(\text{kg}\cdot\text{mol}\cdot\text{K})$；$P_{\text{tot,in}}$ 为入口进气总压，$T_{\text{tot,in}}$ 为入口空气的温度；A 为密封间隙处迎气面积。

$$A = \pi D_{\text{ave}}S_0 \qquad (5)$$

其中 D_{ave} 为密封间隙处的平均直径，S_0 为刷丝未变形时密封间隙。

考虑刷丝变形后，根据式（3）可得刷丝变形后密封间隙 S 为：

$$S = l(1-\cos\theta_B) + S_0 \qquad (6)$$

由式（4）～式（6）可得刷丝变形后泄漏系数为：

$$\varphi = \frac{M\sqrt{RT_{\text{tot,in}}}}{\pi D\left[l\left(1-\cos\dfrac{ql^3}{6EI}\right)+S_0\right]P_{\text{tot,in}}} \qquad (7)$$

2　刷式密封流固耦合数值模型

2.1　流固耦合建模理论

2.1.1　刷式密封双向流固耦合分析

本文通过 ANSYS Workbench 数据交换平台提供的 System Coupling 模块实现刷丝和流场的双向耦合。刷丝变形分析采用 ANSYS 软件中的

Transient Structural 分析模块，流场特性采用 CFX 中 RNG $k\text{-}\varepsilon$ 湍流模型进行分析。刷式密封双向流固耦合求解采用双重循环迭代方法。耦合流程如图 4 所示，T_n 时刻循环开始，以 T_{n-1} 时刻流场 p、v 的分布和刷丝变形的位移 x 结果信息作为初始条件，流体域进行若干子步计算收敛后，通过网格插值将得出流场 p、v 等分布信息传递于刷丝固体域耦合面，刷丝固体域耦合面以其为边界条件计算得到刷丝瞬态动力响应，然后刷丝变形的位移 x 等信息再通过网格插值传递给流场耦合面，作为流场耦合面的边界条件，至此流体域与固体域的位移、载荷都达到收敛状态时，则完成一次双向耦合迭代计算，继续进入 T_{n+1} 时刻循环。在双向流固耦合方法下，可获得任一时刻刷式密封流场压力速度分布特性和刷丝运动变形特性，并且该方法求解方式比较灵活，可以选择适合各物理场自身特点的计算方法进行求解，以达到较高的计算精度。

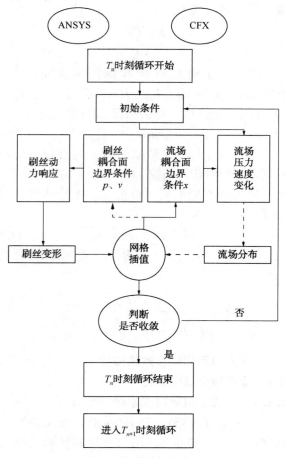

图 4　流固耦合分析图

为提高数值结果的计算精度，将刷式密封流体域网格加密，这将引起耦合界面上流体域与固体域的网格不匹配，不能直接进行数据的交换，为此本文刷式密封流固耦合计算中采用守恒插值法，将气动载荷、网格变形等信息在刷丝与流体域间传递，即在耦合面上满足求解精度的情况下，保证能量传递守恒。若刷丝网格位移为 X_s，通过传递函数 $[T]$ 将刷丝网格位移转换为流场的网格位移 X_f，表达式如下：

$$X_f = [T] X_s \tag{8}$$

在流体载荷的作用下，刷丝与流体域耦合面应满足能量传递守恒，即：

$$F_f^T X_f = F_s^T X_s = F_f^T [T] X_s \tag{9}$$

则可以得出载荷在两个物理场之间传递关系：

$$F_s = [T]^T F_f \tag{10}$$

式中 F_f、F_s 分别为作用在耦合面上的流体与刷丝载荷。

2.1.2　流体动力学模型

在本文双向流固耦合瞬态计算工况下，满足的湍流流动守恒方程包括动量方程和连续方程：

$$\frac{\partial \rho}{\partial t} + \text{div}(\rho u) = 0 \tag{11}$$

$$\begin{cases} \dfrac{\partial(\rho u)}{\partial t} + \text{div}(\rho U u) = \text{div}(\Gamma \text{grad} u) - \dfrac{\partial p}{\partial x} + S_u \\[2mm] \dfrac{\partial(\rho v)}{\partial t} + \text{div}(\rho U v) = \text{div}(\Gamma \text{grad} v) - \dfrac{\partial p}{\partial y} + S_v \\[2mm] \dfrac{\partial(\rho w)}{\partial t} + \text{div}(\rho U w) = \text{div}(\Gamma \text{grad} w) - \dfrac{\partial p}{\partial z} + S_w \end{cases} \tag{12}$$

式中：ρ 为密度，t 为时间，P 为流体微元体上的压力，U 为速度矢量，u、v 和 w 是速度矢量 U 在 x、y 和 z 方向的分量，Γ 为扩散系数，S_u、S_v 和 S_w 为动量守恒方程的广义源项，即：

$$\begin{cases} S_u = F_x + \dfrac{\partial}{\partial x}\left(\mu \dfrac{\partial u}{\partial x}\right) + \dfrac{\partial}{\partial y}\left(\mu \dfrac{\partial v}{\partial x}\right) + \dfrac{\partial}{\partial z}\left(\mu \dfrac{\partial w}{\partial x}\right)) + \dfrac{\partial}{\partial x}(\lambda \text{div} U) \\[2mm] S_v = F_y + \dfrac{\partial}{\partial x}\left(\mu \dfrac{\partial u}{\partial y}\right) + \dfrac{\partial}{\partial y}\left(\mu \dfrac{\partial v}{\partial y}\right) + \dfrac{\partial}{\partial z}\left(\mu \dfrac{\partial w}{\partial y}\right) + \dfrac{\partial}{\partial y}(\lambda \text{div} U) \\[2mm] S_w = F_z + \dfrac{\partial}{\partial x}\left(\mu \dfrac{\partial u}{\partial z}\right) + \dfrac{\partial}{\partial y}\left(\mu \dfrac{\partial v}{\partial z}\right) + \dfrac{\partial}{\partial z}\left(\mu \dfrac{\partial w}{\partial z}\right) + \dfrac{\partial}{\partial z}(\lambda \text{div} U) \end{cases} \tag{13}$$

其中，F_x、F_y 和 F_z 是流体微元体上的体力，若体力只有重力，且 z 轴竖直向上，则 $F_x=0$、$F_y=0$ 和 $F_z=-\rho g$，μ 为动力黏度，λ 是第二黏度，一般可取 $\lambda=-2\mu/3$。

当刷丝受气动载荷作用弯曲变形时，刷丝束间隙流道高度弯曲变形，流场变得极其复杂。在弯曲流线的情况下，湍流是各项异性的，黏性系数 μ 是各向异性的张量，然而标准 $k-\varepsilon$ 模型中对于 Reynolds 应力的各个分量，假定黏性系数 μ 是相同的，因此标准 $k-\varepsilon$ 模型用于包含有强旋流、弯曲壁面流动和弯曲流线流动的刷式密封流场时，会产生一定的失真，需要对标准 $k-\varepsilon$ 模型进行修正，修正模型 RNG $k-\varepsilon$ 模型为：

$$\frac{\partial(\rho\kappa)}{\partial t}+\frac{\partial(\rho u_j \kappa)}{\partial x_j}=\frac{\partial}{\partial x_j}\left[\frac{\mu_t}{\sigma_\kappa}\frac{\partial\kappa}{\partial x_j}\right]+G-\rho\varepsilon \quad (14)$$

$$\frac{\partial(\rho\varepsilon)}{\partial t}+\frac{\partial(\rho u_j\varepsilon)}{\partial x_j}=\frac{\partial}{\partial x_j}\left[\frac{\mu_t}{\sigma_\varepsilon}\frac{\partial\varepsilon}{\partial x_j}\right]+C_{\varepsilon 1}G\frac{\varepsilon}{\kappa}-\rho C_{\varepsilon 2}\frac{\varepsilon^2}{\kappa}$$

$$(15)$$

式中：$G=\mu_t\left[\frac{\partial u_i}{\partial x_j}+\frac{\partial u_j}{\partial x_i}\right]\frac{\partial u_i}{\partial x_j}$；$\mu_t$ 为湍动黏度，$\mu_t=\rho C_\mu \frac{\kappa^2}{\varepsilon}$，该模型的拟合常数为 $C_{\varepsilon 1}=1.44$；$C_{\varepsilon 2}=1.92$；$C_\mu=0.99$；$\sigma_\kappa=1.0$；$\sigma_\varepsilon=1.3$。

综合比较式（11）～式（15）可得，RNG $k-\varepsilon$ 模型考虑了刷式密封流场中气体旋转等复杂流动，并且 RNG $k-\varepsilon$ 模型不仅与流动情况有关，而且也是空间坐标函数，因此其可以更准确地求解刷式密封流场复杂的流体流动。

2.1.3　结构动力学模型

刷式密封刷丝在流体作用下的瞬态响应可通过求解结构动力学方程获得，有限自由度为 n 的结构动力学方程表示为：

$$[M]\ddot{x}+[C]\dot{x}+[K]x=P(t) \quad (16)$$

即：

$$\begin{pmatrix} m_{11} m_{12}\cdots m_{1n} \\ m_{21} m_{22}\cdots m_{2n} \\ \cdots\cdots\cdots\cdots \\ m_{n1} m_{n2}\cdots m_{nn} \end{pmatrix}\begin{pmatrix} \ddot{x}_1 \\ \ddot{x}_2 \\ \vdots \\ \ddot{x}_n \end{pmatrix}+[C]\dot{x}+$$

$$\begin{pmatrix} k_{11} k_{12}\cdots k_{1n} \\ k_{21} k_{22}\cdots k_{2n} \\ \cdots\cdots\cdots\cdots \\ k_{n1} k_{n2}\cdots k_{nn} \end{pmatrix}\begin{pmatrix} x_1 \\ x_2 \\ \vdots \\ x_n \end{pmatrix}=\begin{pmatrix} P_1(t) \\ P_2(t) \\ \vdots \\ P_n(t) \end{pmatrix} \quad (17)$$

式中：M 为质量矩阵，其中元素 m_{ij} 是使刷丝仅在第 j 个坐标上产生单位加速度而相应于第 i 个坐标上所需施加的力；K 为刚度矩阵，其中元素 k_{ij} 是使刷丝仅在第 j 个坐标上产生单位位移而相应于第 i 个坐标上所需施加的力；$\ddot{x}$、$\dot{x}$、x 分别为刷丝的加速度、速度、位移矢量；$P_n(t)$ 为作用在刷丝上由流体施加的载荷向量；C 为阻尼矩阵，在数值求解方程（16）时，定义为 $C=3M+0.0001K$。

刷丝变形瞬态分析和流场的非定常计算采用相同的物理时间步长，在每个物理时间步里，采用顺序求解方式，即先求解刷丝束间隙中瞬态流场，再分析刷丝的瞬态动力特性。

2.1.4　动网格技术分析

为准确模拟刷丝在流体作用下随时间的变形情况，本文采用动网格技术建立了刷式密封瞬态求解模型。当刷丝发生变形时，刷丝周围网格的每个边看成是一个弹簧，使用基于拉伸和扭转弹簧模拟的动网格方法，将刷丝变形信息传递给与它相邻的流体域耦合面每一个节点，进而将刷丝变形信息扩散到整个流体域。考虑到守恒性，每个节点上的合力必须为零，拉伸和扭转弹簧受力平衡方程分别为：

$$F_l=K_l^{ij}q^{ij} \quad (18)$$

$$F_l^{ijk}=(R^{ijkT}C^{ijk}R^{ijk})q^{ijk} \quad (19)$$

式中 K_l^{ij} 和（$R^{ijkT}C^{ijk}R^{ijk}$）分别为拉伸弹簧和扭转弹簧的平衡刚度矩阵，q^{ij} 和 q^{ijk} 分别为拉伸弹簧与扭转弹簧的位移矢量。

2.2　刷式密封数值求解模型

2.2.1　求解模型

本文以国内某型航空发动机内流系统高压压气机出口与卸荷腔之间的刷式密封为研究对象，采用流固耦合与动网格技术，建立了刷式密封瞬态三维流固耦合求解模型。为了简化计算，本文选取刷式密封前挡板以下区域内的刷丝束为研究对象，图5给出了刷丝排数为八排的刷式密封三维模型，包括固体域和流体域。图6为刷丝束间隙流场模型横截面示意图，其中刷丝长度为5mm，直径为0.15mm，刷丝间距为0.015mm，刷丝安装角为45°，刷丝束与后挡板的轴向间隙为0.5mm，后挡板与转子间径向距离即后挡板保护高度为 3.6mm，后挡板厚度为 3.4mm，刷丝端部与转子面距离为 0.27mm，转子半径为 60.13mm。刷丝材料为镍基高温合金，弹性模量为 213.7GPa，泊松比为 0.29。

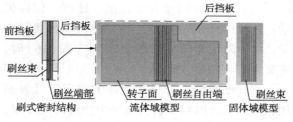

图 5　刷式密封计算区域

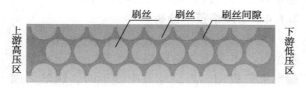

图 6　刷丝束间隙流场模型横截面示意图

2.2.2　网格划分

由于刷丝间隙的细长比较大，为了满足计算精度，需要细化网格。图 7 为刷式密封计算网格示意图，本文采用混合网格形式，流体区域几何形状比较复杂，采用精细的四面体网格，使流体的流动迹线与网格分布的脉络相适应，刷丝区域几何形状简单，采用六面体结构化网格。本文进行了网格无关性验证，考虑计算精度与计算时间等因素，最终选定流体域网格数为 49 万，固体域网格数为 12 万。

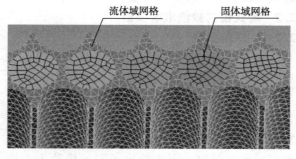

图 7　刷式密封计算网格示意图

2.2.3　边界条件

图 8 给出了刷式密封流固耦合建模的边界条件示意图。模型流体域进出口采用压力边界条件，入口采用总压为 0.1MPa，为了避免出口产生回流，右侧出口采用不设置流动方向的开放式出口边界条件，出口压力为 0。双向流固耦合面边界如图 8 虚线框位置，包括两部分，由每排刷丝周向圆柱面和自由端圆面组成的固体域耦合面和与固体耦合面相邻的流体域面为流体耦合面，耦合面在瞬态多场求解器中设置为可移动边界条件。流场周向对称壁面采用不指定壁面边界条件，以便其能追随耦合面变形运动。转子面设置为指定变形边界，在笛卡尔坐标下，转子面在 z 轴方向上按照正弦规律运动，为了便于计算收敛，非定常求解计算以定常计算结果作为初始值。

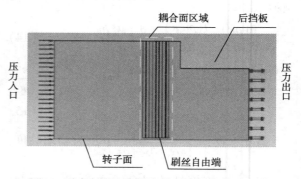

图 8　刷式密封流固耦合模型边界条件示意图

2.3　流固耦合模型准确性验证

本文将考虑/未考虑刷丝变形的泄漏量数值计算结果分别与实验结果进行对比分析。图 9 给出了以文献[25]的刷式密封结构为研究对象，采用考虑刷丝变形瞬态双向流固耦合数值方法和未考虑刷丝变形稳态数值方法计算得到的泄漏量分别与文献[25]实验结果进行对比。由图中可以看出，在相同工况下，考虑刷丝变形流固耦合数值方法的泄漏量计算值与实验结果更吻合。在进出口压比较小时，考虑/未考虑刷丝变形泄漏量计算值相差较小，随着进出口压比的增大，二者差值逐渐增大，这主要是由于在轴向气流力作用下，刷丝的轴向变形使密封与转子面间隙增大，造成泄漏量增大，同时随着进出口压比的增大，刷丝的轴向弯曲变形逐渐增大，因此考虑刷丝变形流固耦合数值方法更能真实反映刷式密封的泄漏特性。由此可以得出，本文考虑刷丝变形的瞬态双向流固耦合数值方法可以准确地模拟刷式密封泄漏流动特性。

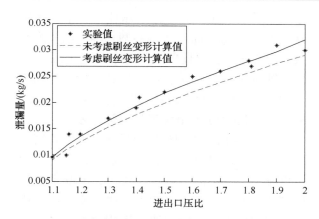

图 9　刷式密封泄漏量计算值与实验值的对比

3　计算结果分析

3.1　刷式密封流场特性分析

3.1.1　压力分布特性分析

　　图 10 给出了刷丝排数为八排的刷式密封对称面与刷丝束横截面的压力分布图。由图可以看出，上游入口区域压力基本保持不变，当流体进入刷丝束区域后，流体受到刷丝阻碍作用产生压降，压降主要集中在刷丝束间隙区域，压力沿着轴向逐渐降低。本文模型中刷丝束与后挡板有 5mm 轴向间距，由图中可以看出刷丝束与后挡板间隙区域处于同一较低压力值，刷丝束与后挡板间压力较小，有效降低了刷丝与后挡板间的摩擦力，可见刷丝束与后挡板的间隙可有效减弱滞后效应。

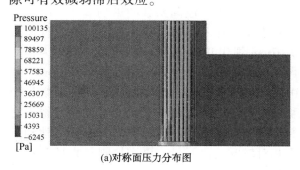

(a)对称面压力分布图

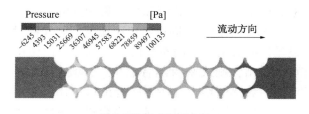

(b)刷丝束横截面压力分布图

图 10　压力分布图

3.1.2　速度分布特性分析

　　图 11 给出了刷丝排数为八排的刷式密封对称面与刷丝束横截面速度分布图。由图可以看出，流体以相同的初始速度进入刷式密封刷丝间隙以及刷丝与转子面间隙内，在压差的作用下流向后挡板和出口，当流经刷丝束后流体的轴向速度开始逐渐增大，而径向速度在后挡板附近急剧增大。刷丝束靠近上游和根部区域的流动非常微弱，最大速度发生在刷丝与转子面间隙处，流体成射流状射出。

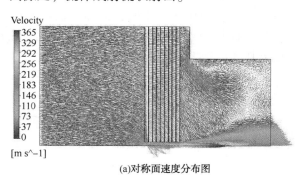

(a)对称面速度分布图

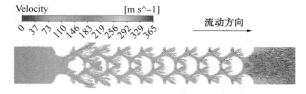

(b)刷丝束横截面速度分布图

图 11　速度分布图

3.1.3　刷式密封封严机理

　　如图 10、图 11 所示，刷式密封在工作中，刷丝束上游和根部区域压降和流体流动非常微弱，刷丝束间隙中流体流动从上游到下游不断加强，刷丝在与流体的耦合作用下而弯曲变形，造成刷丝间隙变得不均匀，使得均匀来流从密集的刷丝束区域向疏松的刷丝束区域偏流而逐渐形成同向流和射流，并且在后挡板附近产生剧烈的径向流进而使得流体产生剧烈的漩涡流动，最大压降发生在刷丝束间隙区域，最大速度发生在刷丝束与转子面间隙区域。正是由于刷丝束的阻碍作用使流体通过刷丝束产生剧烈压降，使流体能量大量耗散，有效降低了刷式密封结构的泄漏量，进而达到密封的效果。

3.2　刷式密封泄漏特性分析

　　在理论与实验验证本文刷式密封瞬态双向

流固耦合数值方法准确性的基础上，使用考虑刷式变形的泄漏系数，研究了后挡板保护高度、轴向间隙、刷丝间隙、刷丝直径和刷丝排数对刷式密封泄漏特性的影响，研究以上任一结构参数时，其他结构参数均保持不变。

3.2.1 后挡板保护高度对泄漏系数的影响分析

图12给出了不同进出口压比下，刷式密封后挡板与转子径向距离即后挡板保护高度对密封泄漏系数的影响规律。由图中可以看出，在不同进出口压比下泄漏系数均随保护高度增大而逐渐增大；当压比较小时，泄漏系数随着压比的增大而缓慢增加；当压比较大时，泄漏系数随着压比的增大而显著增加。

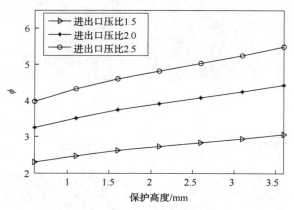

图12　后挡板保护高度对泄漏系数的影响

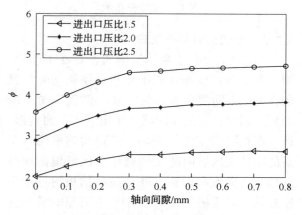

图13　轴向间隙对泄漏系数的影响

3.2.2 轴向间隙对泄漏系数的影响分析

刷丝束与后挡板的轴向间隙是影响刷式密封滞后效应的重要因素。图13给出了不同进出口压比下，刷式密封刷丝束与后挡板轴向距离即轴向间隙对密封泄漏系数的影响规律。由图

中可以看出，在不同进出口压比下，轴向间隙从0.1mm到0.3mm，泄漏系数均随轴向间隙增大而逐渐增大，并且当轴向间隙大于0.3mm之后，轴向间隙的继续增大对泄漏系数的影响不大，即后挡板对刷式密封的密封作用贡献不大。

3.2.3 刷丝间隙对泄漏系数的影响分析

图14给出了不同进出口压比下，刷式密封刷丝间隙对密封泄漏系数的影响规律。由图中可以看出，在不同进出口压比下，泄漏系数均随刷丝间隙增大而逐渐增大，这主要是由于刷丝间隙的增大，刷丝间泄漏面积增大，造成密封泄漏量增大。

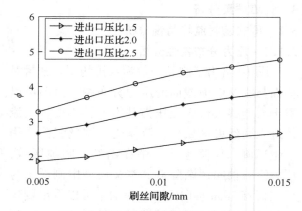

图14　刷丝间隙对泄漏系数的影响

3.2.4 刷丝直径对泄漏系数的影响分析

图15给出了不同进出口压比下，刷式密封刷丝直径对密封泄漏系数的影响规律。由图中可以看出，在不同进出口压比下，刷丝直径从0.07mm到0.13mm，随着刷丝直径的增大，泄漏系数逐渐下降；刷丝直径从0.13mm到0.19mm，随着刷丝直径的增大，泄漏系数趋于稳定，由此可见，在本文研究工况下，刷式密封在刷丝束直径取为0.13～0.17mm即可达到一个相对较低的泄漏量，再增加刷丝直径对密封性能影响不大。

3.2.5 刷丝排数对泄漏系数的影响分析

图16给出了不同进出口压比下，刷式密封刷丝排数对密封泄漏系数的影响规律。由图中可以看出，刷式密封随着进出口压比的增大，泄漏系数逐渐增大；在不同进出口压比下，刷丝排数从2排到10排，泄漏系数迅速下降；刷丝排数从10排到18排，泄漏系数下降速度趋缓；刷丝排数大于18排后，泄漏系数基本稳

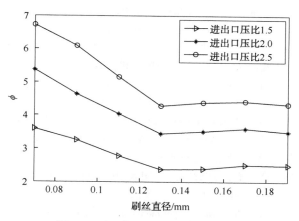

图 15　刷丝直径对泄漏系数的影响

定。由此可见，在本文研究工况下，刷丝束排数取为 18 即可达到一个相对较低的泄漏量，再增加刷丝排数对刷式密封的密封性能影响不大。

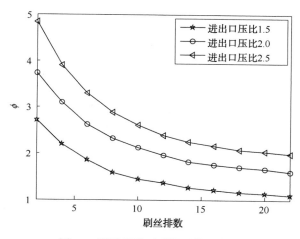

图 16　刷丝排数对泄漏系数的影响

4　结论

本文基于双向流固耦合与动网格技术，建立了刷式密封流固耦合三维求解模型，分析了刷式密封的流场特性以及几何参数等因素对刷式密封泄漏特性的影响规律，得出以下结论：

（1）在进出口压比较小时，考虑/未考虑刷丝变形的泄漏量相差较小，随着进出口压比的增大，二者差值逐渐增大，考虑刷丝变形流固耦合的模型能更加准确地反映刷式密封泄漏流动特性。

（2）刷丝束上游和根部区域压降和流动非常的微弱，刷丝束间隙中的流动从上游到下游不断加强，最下游成射流状，最大压降发生在刷丝束间隙区域，最大速度发生在刷丝束与转子面间隙区域。

（3）刷式密封泄漏系数随着后挡板保护高度、刷丝间隙的增大而增加；随着轴向间隙的增大，泄漏系数先增加，然后增大趋势减缓；随着刷丝直径的增大，泄漏系数先降低，然后趋于稳定。

（4）随着刷丝排数的增加，刷式密封泄漏系数先迅速下降，然后下降速度趋缓，最后趋于稳定。

参 考 文 献

1　Steinetz B M, Hendricks R C. Advanced seal technology in meeting next generation turbine engine goal [R]. NASA/TM-1998-06961, 1998.

2　何立东，袁新. 刷式密封研究进展[J]. 中国电机工程学报，2001，21(12)：29-53.

3　Dogo. Evaluation of Flow Behavior for Clearance Brush Seals[J]. ASME Journal of Engineering for Gas Turbines and power, 2008, 130(1)：507-512.

4　Chew J W. Mathematical modeling of brush seal [J]. ASME Journal of Tribology, 1995, 16 (6)：493-500.

5　李军. 基于多孔介质模型的刷式密封泄漏流动特性研究[J]. 西安交通大学学报，2007，41(7)：768-771.

6　胡丹梅. 汽轮机刷式密封优化设计[J]. 润滑与密封，2010，35(5)：70-73.

7　黄学民. 刷式密封中泄漏流动的多孔介质数值模型[J]. 航空动力学报，2000，15(1)：55-58.

8　黄首清. 刷式密封流场和温度场的三维数值计算[J]. 清华大学学报(自然科学版)，2014，54(6)：805-810.

9　白花蕾，吉洪湖，曹广州. 指尖密封泄漏特性的实验研究[J]. 航空动力学报，2009，24(3)：532-535.

10　邢景棠，周盛. 流固耦合力学概述[J]. 力学进展，1997，27(1)：19-38.

11　宗兆科. 动压式指尖密封工作状态及其影响的流固耦合分析[J]. 航空动力学报，2010，25(9)：2156-2162.

12　E. Tolga Duran. Brush Seal Structural Analysis and Correlation With Tests for Turbine Conditions, ASME Journal of Engineering for Gas Turbines and Power, 2016, 138(1)：201-213.

13　陈春新，李军. 刷式密封刷丝束与转子接触力的数值研究[J]. 西安交通大学学报，2002，17(5)：

636-640.

14 刘占生，叶建槐. 刷式密封接触动力学特性研究
[J]. 航空动力学报，2002，17(5)：636-640.

15 刘鸿文. 材料力学[M]. 北京：高等教育出版社
2008，112-186.

16 M. P. Proctor and I. R. Delgado, Leakage and Power
Loss Test Results for Competing Turbine Engine Seals,
ASME Paper GT2004 - 53935, Vienna, 14 - 17
June 2004.

17 吕坤. 不同来流下薄平板流固耦合特性分析[J].
中国电机工程学报，2011，31(26)：77-82.

18 张磊. 电站动叶可调式轴流风机叶轮动力特性研究
[J]. 中国电机工程学报，2014，34（24）：
4118-4128.

19 王福军. 计算流体动力学析-CFD 软件的原理与应
用[M]. 北京：清华大学出版社，2004：10-11.

20 Yakhot. V. Renormalization group analysis of

turbulence：basic theory[J]. Journal of Scientific Com-
puting，1986，1(1)：3-51.

21 郭婷婷，金建国，李少华. 不同出射角度对气膜冷
却流场的影响[J]. 中国电机工程学报，2006，26
（16）：118-121.

22 胡丹梅，张志超. 风力机叶片流固耦合计算分析
[J]. 中国电机工程学报，2013，33(17)：98-104.

23 许京荆. ANSYS 13.0 Workbench 数值模拟技术
[M]. 北京：中国水利水电出版社，2012.

24 李艳敏. 复杂结构的冲击动力学分析与仿真[D].
西安：西北工业大学，2005.

25 Mike T Turner. Experimental investigation and mathe-
matical modelling of clearance brush seal [C]//GT
2011 - 51197. ASME Turbo Expo 2008：Power for
Land，Seal and Air. Berlin，Germany，GT2008 -
51197.

热媒炉 NO_x 排放浓度的因素分析

王玉明

（中国石化上海石油化工股份有限公司腈纶部，上海　200540）

摘　要　在目前的燃气条件下，上海石油化工股份有限公司涤纶部2号聚酯热媒炉氮氧化物排放将会超过锅炉大气污染物排放标准（DB31/387—2018)《锅炉大气污染物排放标准》。为了能够满足相关排放要求，将对热媒炉进行技术改造，通过在空气预热器增加冷空气旁路、水蒸气系统的方式来降低热媒炉炉膛燃烧温度，从而降低氮氧化物的排放。通过调节冷风旁通阀门开度、空气预热器阀门开度、烟气外循环阀门开度、水蒸气压力达到燃烧效率和氮氧化物排放浓度的平衡。采用热媒炉自动控制仪表系统测试了剩余氧气含量与氮氧化物含量。通过分析可知，当氮氧化物含量低于 50.0mg/Nm³ 最佳的氧气含量时，此时燃烧效率为最高燃烧效率。调试得到冷风旁通阀门开度为30%、空气预热器阀门开度为82%、烟气外循环阀门开度为45%、蒸汽压力为75.0kPa时，能达到最高燃烧效率和氮氧化物的最佳平衡。

关键词　聚酯；氮氧化物；热媒炉；燃烧效率；蒸汽

1　介绍

氮氧化物（ NO_x ）指的是只由氮、氧两种元素组成的化合物，如一氧化二氮（ N_2O ）、一氧化氮（ NO ）、二氧化氮（ NO_2 ）、三氧化二氮（ N_2O_3 ）、四氧化二氮（ N_2O_4 ）和五氧化二氮（ N_2O_5 ）等。除 NO 和 NO_2 以外，其他氮氧化物均不稳定，遇光、湿或热变成 NO 及 NO_2 ， NO 又变为 NO_2 ，氮氧化物都具有不同程度的毒性，长期接触会造成肺部疾病。此外，当 NO_x 与大气中的水分进行接触后，发生反应可以形成硝酸与亚硝酸，与降水接触形成酸雨，对建筑物、农作物及土壤有严重的危害。酸雨可以侵蚀大理石与金属，对一些建筑、文物古迹有所破坏。同时，酸雨溶解后的金属，会被农作物吸收，间接对人体与动物的健康产生影响。

在目前的燃气条件下，热媒炉的热负荷为 1200 万 cal/h。2017~2018 年期间，进行了一次废水产生的废气（COD）、废气（VOC）处理改造，NO_x 排放为 80.0mg/Nm³，燃气气量为 900.0Nm³/h。根据上海市锅炉大气污染物排放标准（DB31/387—2018)《锅炉大气污染物排放标准》的相关要求，燃气锅炉污染物中氮氧化物（ NO_x ）限值为 50.0mg/Nm³。本项目为了适应此标准而实施。

2　热媒炉结构

热媒炉是聚酯连续生产的关键加热设备。热媒炉系统主要由热媒供给、热媒加热和热媒换热三部分组成。热媒炉内的多组热媒盘管采用燃烧燃料加热，为聚酯装置提供热量。热媒炉通常配有微机和自动控制仪表，实现了整个系统的自动化。

热媒炉是热媒间接加热系统。与传统的直接加热炉相比，间接热媒炉具有热效率高、安全性好等优点。热媒炉以烟煤、重油、轻油、可燃气体为燃料，导热油为有机热载体。燃料在炉内通过燃烧器燃烧，产生的热量以对流和辐射的形式传递给导热油。导热油在热媒泵的驱动下，在换热器内换热后再次返回热媒泵。工艺流程为：通过热媒炉将液相热媒加热到工艺要求的温度，然后通过热媒泵将加热后的热媒供给用户。热媒介质经各用户换热后变为冷热媒。

3　热媒炉低氮化燃烧改造

3.1　项目实施

2号聚酯对热媒炉进行改造（见图1），改造分为两部分，第一部分，在空预器空气侧增加冷空气输送旁路，运行时通过调节旁路上的冷空气阀门开度控制冷空气进气量，将空气预热器的热风和旁路的冷空气混合，降低助燃风温度，降低空气中氮气被氧化的量，从而降低　　NO$_x$的排放。

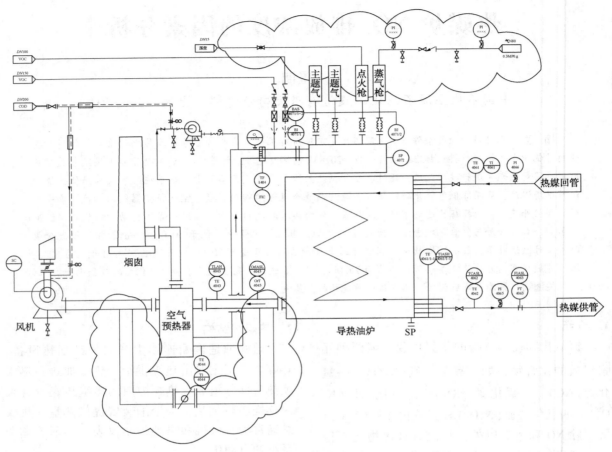

图 1　热媒炉改造前后对比

第二部分，增加水蒸气系统。水蒸气降低 NO$_x$ 技术的原理是将水蒸气分散到助燃风内，可燃气体在掺混了水蒸气的空气中燃烧，因为空气中掺混水蒸气导致燃烧区域空气中的氧含量降低，可以使燃烧速度变慢，同时在火焰区域因为比常规燃烧多出了一部分蒸汽，可以使火焰的温度降低，从而降低烟气中的 NO$_x$ 含量。在不改变现有设备的基础上，可利用现有燃烧器一个观火孔或火检的位置，放置一根水蒸气枪。根据现有燃烧器的结构，放置蒸汽枪后，更换点火枪，调整现在火检的位置，增大点火枪的火焰强度，以利于火检装置对火焰的监控。点火枪需要提供 0.6MPaG 的压缩空气，空气流量为 20.0Nm^3/h。

3.2　项目调试

将热媒炉升至正常运行的负荷，热媒炉可燃气体流量为 900Nm^3/h。通过调节冷风旁通阀门开度，空气预热器阀门开度、烟气外循环阀门开度、水蒸气压力，记录不同工况下剩余氧气含量和 NO$_x$ 的排放数据。调节水蒸气流量时，若有较大的水蒸气压力波动，有可能导致火焰报警。

1）冷风旁通阀门开度对燃烧效果及氮氧化物含量的影响

在其他几个影响因素一定的情况下，设置冷风旁通阀门为 15%、20%、25%、30%、35%、40% 来进行热媒炉调试，测试冷风旁通阀门开度对燃烧效果的影响。

从图 2 中可以看出，随着冷风旁通阀门开度的增加，炉子排放的氮氧化物呈逐渐下降趋势，这是由于随着冷风通入量的增加，热媒炉燃烧器火焰燃烧温度下降，导致助燃风中被氧化的氮气量减少，从而使氮氧化物的排放量减少。而另一方面炉子排放的氧含量呈上上升趋势，这是由于随着冷风量的增加，火焰温度下降，导致燃烧不充分，热媒炉燃烧效率下降，从而使炉子排放烟气的含氧量上升。当阀门开度为30%时，氮氧化物排放曲线与含氧量曲线相交，此时阀门开度最佳，在降低氮氧化物排放的同时，也保证了热媒炉的燃烧效率。

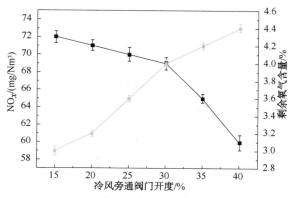

图2　冷风旁通阀门开度对剩余氧气含量及氮氧化物含量的影响

2）空气预热器阀门开度对燃烧效果及氮氧化物含量的影响

由前述可知当冷风旁通阀门开度为30%时，热媒炉燃烧效果最佳。因此，在此基础上，设置空气预热器阀门开度为70%、75%、80%、85%、90%、95%来研究空气预热器阀门开度对热媒炉燃烧效果的影响。

从图3可以看出，随着空气预热器阀门开度的增加，炉子排放的氮氧化物呈逐渐下降趋势，这是由于随着空气预热器阀门开度的增加，助燃风通过空气预热器热交换从燃烧尾气中获得的热量增加，温度升高，热媒炉燃烧器火焰燃烧温度上升，导致助燃风中被氧化的氮气量增加，从而使氮氧化物的排放量增加。而另一方面炉子排放的氧含量呈下降趋势，这是由于随着助燃风温度的上升，火焰温度上升，热媒炉燃烧效率上升，从而使炉子排放烟气的含氧量下降。当阀门开度为82%时，氮氧化物排放曲线与含氧量曲线相交，此时阀门开度最佳，在降低氮氧化物排放的同时，也保证了热媒炉的燃烧效率。

3）烟气外循环阀门开度对燃烧效果及氮氧化物含量的影响

由前述可知当冷风旁通阀门开度为30%

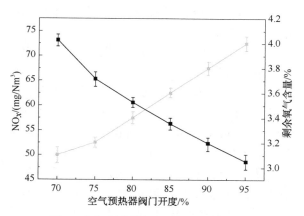

图3　空气预热器阀门开度对剩余氧气含量及氮氧化物含量的影响

时、空气预热器阀门开度为82%时热媒炉燃烧效果最佳。因此，在此基础上，设置烟气外循环阀门开度为20%、30%、40%、50%、60%、70%来研究烟气外循环量对热媒炉燃烧效果的影响。

从图4可以看出，随着烟气外循环阀门开度的增加，炉子排放的氮氧化物呈逐渐下降趋势，这是由于随着烟气外循环阀门开度的增加，助燃风中氧气含量下降，从而燃烧不充分，火焰温度下降，导致助燃风中被氧化的氮气量下降，氮氧化物的排放量减少。而另一方面炉子排放废气的氧含量呈上升趋势，这是由于随着火焰温度的下降，热媒炉燃烧效率下降，从而炉子排放烟气含氧量上升。当阀门开度为45%时，氮氧化物排放曲线与含氧量曲线相交，此时阀门开度最佳，在降低氮氧化物排放的同时，也保证了热媒炉的燃烧效率。

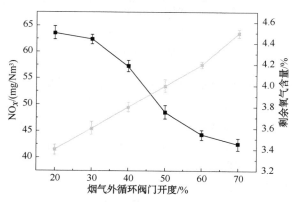

图4　烟气外循环阀门开度对剩余氧气含量及氮氧化物含量的影响

4）水蒸气压力对剩余氧气含量及氮氧化物含量的影响

由前述可知当冷风旁通阀门开度为 30%、空气预热器阀门开度为 82%、烟气外循环阀门开度为 45% 时热媒炉燃烧效果最佳。因此，在此基础上，设置通入蒸汽压力为 40kPa、50kPa、60kPa、70kPa、80kPa、90kPa 来研究蒸汽通入量对热媒炉燃烧效果的影响。

从图 5 可以看出，随着通入蒸汽压力的的增加，炉子排放的氮氧化物呈逐渐下降趋势，这是由于随着燃烧器中通入蒸汽量的增加，水蒸气会吸收热量，导致温度下降，热媒炉燃烧器火焰燃烧温度下降，导致助燃风中被氧化的氮气量减少，从而使氮氧化物的排放量减少。而另一方面炉子排放的氧含量呈上升趋势，这是由于随着通入蒸汽量的上升，火焰温度下降，热媒炉燃烧效率下降，从而使炉子排放烟气的含氧量下降。当通入蒸汽压力为 75kPa 时，氮氧化物排放曲线与含氧量曲线相交，此时蒸汽通入量最佳，在降低氮氧化物排放的同时，也保证了热媒炉的燃烧效率。

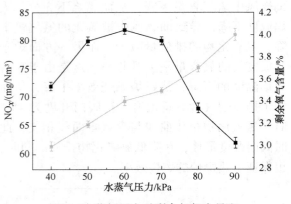

图 5   水蒸气压力对剩余氧气含量和
氮氧化物含量的影响

3.3 热媒炉改造前后氮氧化物浓度测试

从图 6 可以看，到经过改造实施完成后，烟气监测分析 NO_x 含量的 8 个数据全部达标，平均值为 49.1mg/Nm³，低于 50.0mg/Nm³ 的上海市地方强制标准。

4 结论

本项目通过在空气预热器增加冷空气旁路、水蒸气系统的方式来降低热媒炉氮氧化物排放。通过调节冷风旁通阀门开度、空气预热器阀门

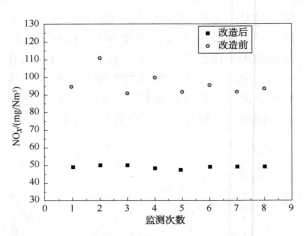

图 6   改造前后热媒炉烟气中 NO_x 含量

开度、烟气外循环阀门开度、水蒸气压力达到燃烧效率和氮氧化物排放浓度的平衡。采用热媒炉自动控制仪表系统测试了剩余氧气含量与氮氧化物含量。通过分析，当氮氧化物含量低于 50.0mg/Nm³ 最佳的氧气含量时，此时燃烧效率为最高燃烧效率。调试得到冷风旁通阀门开度为 30%、空气预热器阀门开度为 82%、烟气外循环阀门开度为 45%、蒸汽压力为 75.0KPa 时，达到最高燃烧效率和氮氧化物的最佳平衡。

参 考 文 献

1 Gray E L. Oxides of nitrogen: their occurrence, toxicity, hazard; a brief review. [J]. A. M. A. archives of industrial health, 1959, 19(5): 479-486.

2 牛建峰. 聚酯装置热媒炉燃气改造的研究与实现 [D]. 天津大学, 2012.

3 Chamoun, George, Strasser, et al. Wall temperature considerations in a two–stage swirl non–premixed furnace [J]. Progress inComputational Fluid Dynamics An International Journal, 2014.

4 陈启中, 等. 聚酯装置热媒炉低氮燃烧技术改造 [J]. 石油石化绿色低碳, 2019, 4(6): 64-69

5 闫玉平, 俞维根, 杨阳, 等. 影响热媒炉的 NOx 排放性能因素[J]. 化工进展, 2014(A01): 317-321.

6 李全. 热媒炉热效率分析及提高[J]. 聚酯工业, 2007(5): 44-46.

7 邹立国, 隋冰. 浅谈热媒炉的节能降耗的方法[J]. 化工管理, 2015(21): 216.

上海石化热电部 MGGH 系统应用与故障分析

王嘉成

（中国石化上海石油化工股份有限公司热电部，上海　201500）

摘　要　根据《燃煤电厂大气污染物排放标准》（DB31/963—2016），自 2018 年 1 月 1 日起，现有 600MW 以下的燃煤发电锅炉以及 65t/h 以上燃煤非发电锅炉，必须执行氮氧化物、二氧化硫、烟尘排放分别为每立方米 50mg、35mg、10mg 的标准。其中要求燃煤发电锅炉应采取烟温控制及其他有效措施消除石膏雨、有色烟羽等现象。热电部 1~7 号机组均采用 MGGH 系统对排放烟温进行控制，其主要内容是"采用烟气加热技术的正常工况下排放烟温应持续稳定达到 75℃以上，冬季（每年 11 月至来年 2 月）和重污染预警启动时排放烟温应持续稳定达到 78℃以上"。本文就 MGGH 故障与应用进行讨论。

关键词　MGGH；有色烟羽；环保

1　MGGH 系统应用

上海石化热电部建于 1973 年，在历经 5 次扩建，现在役运行"7 炉 7 机"。7 台在役锅炉设计总蒸发能力 2880t/h（其中 1#~4#锅炉为 410t/h 高温高压煤粉炉，5#A、5#B 炉为 310t/h CFB 锅炉，7#炉为 620t/h CFB 锅炉）。全厂装机容量为 425MW，现有 1#、2#、3#、4#、5#A、5#B、7#共 7 台锅炉。

上海市新出的《上海市燃煤电厂石膏雨和有色烟雨测试技术要求》中对《燃煤电厂大气污染物排放标准》（DB31/963—2016）中的"烟温控制及其他有效措施消除石膏雨、有色烟羽等现象"有着明确的要求，采取烟气加热或烟气冷凝再热技术的燃煤电厂可免于测试但不得无故停运相关设备，其中，采取烟气加热技术的，正常工况下排放烟温应持续稳定达到 75℃以上，冬季（每年 11 月至来年 2 月）和重污染预警启动时排放烟温应持续稳定达到 78℃以上；采取烟气冷凝再热技术且能达到消除石膏雨和白色烟羽同等效果的，正常工况下排放烟温必须持续稳定达到 54℃以上，冬季和重污染预警启动时排放烟温应持续稳定达到 56℃以上。采用其他技术的，经专家评估达到消除石膏雨和白色烟羽同等效果的，也可免于测试但不得无故停运相关设施。

2017 年 4 月，热电部锅炉超低排放改造项目正式开工启动建设，热电部 1#~7#机组均采用 MGGH 系统对排放烟温进行控制，其主要内容是"采用烟气加热技术的正常工况下排放烟温应持续稳定达到 75℃以上，冬季（每年 11 月至来年 2 月）和重污染预警启动时排放烟温应持续稳定达到 78℃以上"。

2　MGGH 系统结构原理

以上海石化热电部 1 号炉脱硫为例，经湿法脱硫后烟囱出口平均温度为 47℃，空气相对湿度为 40%，此时烟气为饱和湿烟气。计算表明，当空气相对湿度为 40%时、临界环境温度为 30.3℃时，饱和湿烟气才不会在该环境中凝结形成湿烟羽。烟囱出口排烟平均温度为 45℃、环境温度为 27~34.6℃以及烟囱出口排烟平均温度为 55℃、环境温度为 35.69~43.57℃时不会凝结产生湿烟羽。因此，只有在环境温度较高并且空气相对湿度含量较低的干燥高温地区才能避免湿烟羽的形成。在通常情况下，需经过技术手段才能消除湿烟羽。

消除烟羽技术原理如图 1 所示。烟气加热技术是将湿饱和烟气直接加热至不饱和状态（如图中 AB 段），当烟气进入周围大气环境后，使混合线与饱和湿烟气线相切，从而达到湿烟羽消除的目的；烟气冷凝技术是直接将饱和湿烟气降温，烟气中含有的水蒸气沿着饱和湿烟气线冷凝，使烟气绝对湿度降低（如图中 AT 段），当烟气进入周围大气环境后，使混合线与饱和湿烟气线相切（如图中 *TE* 段），以达到湿烟羽消除的目的。烟气冷凝再热技术是对烟气首先进行降温冷凝，然后进行加热（如图中 *ACDTE* 线），以达到湿烟羽消除的目的。

烟气加热技术：MGGH（全称为 Mitsubishi recirculated nonleak type gas-gas heater）技术，即在电除尘器湿法烟气脱硫工艺（单一除尘、脱硫工艺）的基础上，日本三菱公司开发了采用无泄漏管式热媒体加热器的湿式石灰石-石膏法烟气脱硫工艺，在该工艺系统中，基本原理为通过水和烟气的换热，利用 FGD 前高温原烟气的热量加热 FGD 后的净烟气。

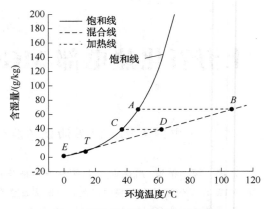

图 1　消除烟羽技术原理曲线图

3　上海石化热电部 1#~6#号 MGGH 均采用烟气加热技术布置（见表 1）

表 1　1#~6# MGGH 烟气加热技术布置

位号	换热器形式	材质	布置形式	脱硫除尘
1#MGGH 系统	板式换热器	2205	除尘器后+吸收塔后	电除尘+布袋除尘+石灰石施法脱硫
2#MGGH 系统	管式换热器	氟塑料	除尘器后+吸收塔后	电除尘+布袋除尘+石灰石施法脱硫
3#MGGH 系统	板式换热器	2205	除尘器后+吸收塔后	电除尘+布袋除尘+石灰石施法脱硫
4#MGGH 系统	板式换热器	2205	除尘器后+吸收塔后	电除尘+布袋除尘+石灰石施法脱硫
5#MGGH 系统	管式换热器	合金钢+316L+2205	除尘器后+吸收塔后	电除尘+布袋除尘+石灰石施法脱硫
6#MGGH 系统	管式换热器	合金钢+316L+2205	除尘器前+吸收塔后	布袋除尘+石灰石施法脱硫

4　上海石化热电部 1#~6#号 MGGH 系统故障与处理

4.1　1#MGGH 系统设备故障

上海金山石化 1#锅炉 MGGH 于 2019 年 1 月初安装完成，2018 年 1 月 19 日投运。1 号炉 MGGH 原升温段烟气加热器（两层模块）进出口管道设计为串联，投运后换热效果不好，后发现被接成了并联，于 4 月 15 日完成升温段管道的改造，将升温段烟气加热器（四组模块）进出口管道改造为串联。6 月下旬 MGGH 水箱补水频繁，2019 年 7 月 13 日 1#锅炉停炉，金山石化、天津华赛尔双方人员共同对 1#锅炉 MGGH 的升温段烟气加热器和降温段烟气冷却器进行检查，发现降温段烟气冷却器乙有较大腐蚀泄漏。

4.2　4#MGGH 系统设备故障

上海金山石化 4#锅炉 MGGH 于 2018 年 6 月安装完成，2018 年 8 月投运，2018 年 12 月，补水箱出现持续水位下降情况（膨胀水箱液位在 1.5 小时内下降 0.5m，膨胀水箱直径 1.5m），推断 MGGH 系统出现泄漏。

2019 年 1 月，北京博奇组织人员对 4#锅炉 MGGH 的烟气再热器的 4 个模块分别进行了水压试验，保压过程中压力下降较快，由此推断升温段的 4 个模块均存在漏点。

2019 年 2 月，天津华赛尔再次对 4#锅炉 MGGH 的烟气再热器的 4 个模块进行水压试验，试验过程中发现，4 个模块的压力无法保压，判定 4 个模块出现泄漏且泄漏情况较之 2019 年 1 月有所加剧。

2019 年 5 月 11 日，4#锅炉停炉，5 月 14~15 日，金山石化、北京博奇、天津华赛尔三方人员共同对 4#锅炉 MGGH 的烟气再热器进行检查、查漏，发现 4 个模块均出现大范围的泄漏。

2019 年 5 月，对 4#锅炉 MGGH 的烟气再热器的积灰、靠近烟气进口侧的泄漏板对、3#锅炉脱硫后烟道水、1#锅炉脱硫后烟道水进行取样，分别进行分析。

4.3　腐蚀原因分析

4.3.1　应用工况分析

1）操作温度

烟气再热器的外程介质为脱硫后烟气，烟气入口温度为 48～50℃，烟气出口温度为 75～80℃；烟气再热器的内程介质为热媒水，热媒水入口温度为 95～105℃，热媒水出口温度为 75～90℃。

2）操作介质分析

通过对脱硫后烟道水分析，烟道水为强酸性含氯离子酸性水（pH 值 2～3），结合现场查勘，沿脱硫后烟道壁流出的水量较大，烟气再热器的烟气携带较多含氯离子酸性水，属于典型的含氯离子酸性水的介质环境。

3）应用工况分析

结合烟气再热器的现场情况，烟气中含有较多液相水，穿过传热元件时被热媒水加热，烟气温度逐渐升高，含氯的液相酸性水逐渐被蒸发，氯离子浓度和酸性则逐渐由小增大，直至酸性水被全部蒸干，而在此过程中温度也升高大于了 2205 双相不锈钢点蚀临界温度，烟气再热器的传热元件发生点蚀。

4.3.2　传热元件耐蚀性分析

由于烟气再热器的烟气侧介质环境为典型的氯离子、酸性水点蚀环境，在烟气加热过程中，酸性水逐渐被蒸发，在烟气温度由低到高变化的同时氯离子浓度和酸性则逐渐由小增大，直至酸性水蒸干，因此烟气再热器传热元件的选材必须考虑材料的耐点蚀性能。

临界点蚀温度（CPT）是指在特定的测试环境中金属材料表面发生稳态点蚀萌生和发展时的最低温度。当环境温度低于 CPT 时，金属材料只会发生亚稳态点蚀，并会发生钝化；当环境温度高于 CPT 时，亚稳态点蚀会发展成稳态点蚀。

其中，2205 双相不锈钢的点蚀临界温度为（52±3）℃。而采用恒电位法、电化学阻抗谱法和电化学噪声法测量出 2205 双相钢的 CPT 分别为 55.7℃、50～55℃和 53.1℃。三种测量方法的测量结果较为接近。

结合烟气再热器的实际工况，传热元件采用 2205 双相不锈钢耐点蚀能力不足。

4.3.3　腐蚀过程分析

结合分析结果与操作工况，烟气再热器板片腐蚀过程如下：

（1）脱硫烟气含有较多的液相水，液相水为酸性且含有氯离子，在烟气再热器的烟气侧形成典型的氯离子、酸性水点蚀环境。

（2）烟气再热器通入 95～105℃热媒水后，烟气被加热，烟气中的酸性水逐渐被蒸发，在烟气温度由低到高变化的同时氯离子浓度和酸性则逐渐由小增大，直至酸性水蒸干，在此过程中酸性水的氯离子浓度上升，同时温度升高导致传热元件发生点蚀。

（3）随着点蚀的不断发展，点蚀坑逐步扩展为穿透性的漏点，造成渗漏。

4.4　解决方案

4.4.1　选材

根据分析结果，2205 双相不锈钢已不能耐受现有腐蚀环境，需要重新选材或消除腐蚀环境。

4.4.2　消除烟道水

脱硫烟气中液滴含量要求 ≤15mg/Nm³，按照烟气流量 504194Nm³/h 核算，烟气中的总液态水量 ≤7.56kg/h。

根据现场勘察，脱硫沿烟道水持续流出量较大，由于大量液相水的存在，造成了点蚀环境，2019 年 5 月漏点排查过程中的积灰与漏点分布也验证了这一判断。综上需要消除或大幅降低烟道中的液相水，改善再热器的腐蚀环境。

4.4.3　采取冷凝再热技术

烟气冷凝-再热技术是烟气再热与冷凝技术的组合，通过烟气冷凝后，烟气含湿量相对降低，同样的条件下达到相同的消白效果，烟气再热幅度相对比直接再热小；此外，吸热段降低原烟气温度会减少脱硫浆液的蒸发量，净烟气的湿度和温度也会降低，在同样的目标温度和湿度时，减少了烟气冷凝器换热量。

烟气冷凝再热技术，虽然系统相对复杂，但可通过冷凝调节烟气的绝对湿度来降低烟气的加热温度，所需能耗较低，可以实现节能、减排、节水等多个目的，有较好的环境、经济、社会效应，为我国燃煤电厂白色烟羽的深度治理提供了较好的技术改造方案。

参 考 文 献

1 DB31/963—2016 燃煤电厂大气污染物排放标准.
2 刘叡，程从前，等. 2205 双相钢临界点蚀温度测量方法的比较. 腐蚀与防护，2016，37（5）：419 - 423.
3 杨海波. 烟羽的形成机理及脱白技术分析. 电子质量，2021（3）.
4 周楠，梁秀进，李壮. 燃煤机组白色烟羽治理方案经济性分析. 华电技术，2020，42（9）：63 - 68.

炼化企业绿色检修研究及关键技术应用

栗　源

（中国石化能源管理与环境保护部，北京　100010）

摘　要　随着时代进步和社会发展，炼化企业大检修在工艺技术革新与设备设施升级的同时，也逐渐涌现出一些节能、环保、高效的新技术，助力企业实现绿色检修和质量升级。本文总结了炼化企业在绿色检修过程中采用的关键技术及管理措施，可为同类型企业在大检修过程中环保控制及过程优化提供参考。

关键词　炼化企业；绿色检修；环境保护；技术

1　概述

由于石油化工行业原辅物料及产品的危险性和多样性，考虑到工艺技术的复杂和生产作业过程的不确定性，为保证生产装置全生命周期的安全稳定运行，装置经过一定时间的运行后要进行停工检修。在停工检修过程中，由于各类施工作业高度集中、交叉，过程中存在有超标排放风险、噪声及异味扰民风险、固废违规处置风险及突发环境事件风险等，已然成为企业环保管理中的难点。因此，如何使用高效的环保治理技术、实施行之有效的环保控制措施，成为当下炼化企业的环保工作重点。

2　绿色检修对炼化企业的积极影响

2.1　绿色检修降低环境风险的可能性

检维修作业涉危化品种类复杂，周边敏感点源分布多而广，人员、设备流动性大，同时具有施工周期长、露天作业多等特点。因此，检维修所承受的环境风险较大，特别是因 VOCs 无组织排放管控不到位带来的异味扰民风险、因污水分级管控不到位带来的超标排放风险、因噪声控制措施不到位带来的扰民风险、因固危废规范化管理不到位带来的违规处置风险等。因此，为降低企业系统性环境风险，企业在检维修作业前，应主动践行绿色检修理念，开展全面的环境风险识别与评估，并形成有针对性的管控措施和技术手段。

2.2　绿色检修优化企业的经济效益

在检维修作业中，拆解的保温材料、金属钢材等随意丢弃，新鲜水、消防水不规范使用，机电设备空置运转等现象时有发生，既浪费了资源能源，又不符合企业追求经济效益的目的，甚至还存在违法违规风险。通过合理优化检维修现场料、水、电、机的使用方法，将相关操作规程纳入检维修方案及考核办法，可有效改变检维修现场资源能源浪费及无序施工的现象，可减少企业排污费用的支出，达到经济效益最大化的目的。

2.3　绿色检修提升企业的社会影响力

随着人们节能环保意识的不断提升，施工企业应用绿色检修技术即是落实保护环境、减少资源消耗的主体责任，也是主动承担国家建设环境友好型社会的重要体现，不仅符合地方环保管理部门和检维修单位的需求，还能树立良好的企业形象，进而提升企业的市场竞争力和影响力。

3　绿色检维修管理措施

企业在开展装置开停工及检维修作业前，应进行全流程的环境因素识别，制定检维修期间的环保方案，明确各装置的检修顺序及工作衔接，并经各层级环保专业管理人员审核，确保污染物排放量的准确性、排放去向的合规性和环保措施的实用性。其中，环保方案应包含检维修单位的现场管理要求、设备拆解过程中残余物料存放、换热器等清洗设备定点冲洗、

作者简介：栗源（1987—），男，陕西甘泉人，2011年毕业于安徽大学化学工程与工艺专业，工程师，现从事化工环保工作。

工业固体废物集中合规存放、退役含污设备无害化处理、放射源拆装及处置、水体风险防控系统排查与清理、环保装置"后停先开"、环境监测等方面要求。

3.1 检维修废气控制

3.1.1 开停工期间废气控制

常减压、催化、焦化、重整、加氢及酸性水汽提等装置，接触含硫、氨介质的塔、换热器、储罐、容器等设备及含硫污水系统，应采用除臭等化学清洗措施，其中，炼油装置重油系统可使用精制柴油进行清洗，乙烯装置急冷系统可使用裂解汽油进行清洗，轻油系统可使用水进行清洗。对于停工期间含低浓度有机污染物的废气，要排入火炬系统燃烧后排放，吹扫过程应采用间歇加热、冷却、冷凝的蒸汽充压进行，不凝气送入瓦斯脱硫系统，临氢系统置换气应全部排入脱硫或火炬系统。脱硫溶剂再生系统、酸性水处理系统和硫黄回收装置的能力配备，应保证在一套硫黄回收装置出现故障时不向酸性气火炬排放酸性气。特别是对于需要开盖检修的设备，应在吹扫处置干净后确保排放口满足非甲烷总烃≤60mg/m³的前提下，再进行开盖检修。

3.1.2 施工扬尘控制

施工现场道路要进行硬化处理，料具码放、物料堆场、加工场地要根据物料性质进行硬化、排水处理；裸置的土方、场地应当采取压实、洒水、覆盖或临时绿化等防尘措施；需破土的检维修施工现场应设置封闭围挡、围墙及洒水设施。建筑工地应做到工地周边围挡、物料堆放覆盖、土方开挖湿法作业、路面硬化、出入车辆清洗、渣土车辆密闭运输"六个百分百"。驶出现场的车辆要对车轮进行清洗，严禁夹带泥沙出场，车辆清洗处应配备排水、泥浆沉淀设施，并设置视频监控系统。重点施工场地边界应设置PM10在线监测仪，当在线监测数据超过80μg/m³时，应停止现场土方作业。

3.1.3 火炬排放控制

开停工期间，含氨、含硫气体放火炬时，应调控好火炬头燃烧，配烧足量瓦斯、天然气，避免导致酸性气燃烧不充分，造成大气环境污染和厂界异味。在任何时候，挥发性有机物和恶臭物质进入火炬都应能点燃并充分燃烧，并要连续监测、记录引燃设施和火炬的工作状态（火炬气流量、火炬头温度、火种气流量、火种温度等），确保满足排污许可管理相关要求。

3.1.4 喷涂废气控制

施工单位应按要求，收集、处理除锈粉尘、焊接烟尘及喷涂VOCs。现场作业时，应优先采用符合环保要求的预制厂预制、场内安装的方式，减少现场除锈焊接、喷涂工作量，降低VOCs及涉苯物质的排放。其中，喷涂废气排放口应控制在VOCs≤50mg/m³、苯≤0.5mg/m³、甲苯≤5mg/m³、二甲苯≤15mg/m³。

3.2 检维修废水控制

检维修过程中产生的废水应排入污水处理场处理，将可能造成污染的换热器、滤料、滤芯等设备放置在指定地点清洗，清洗废水收集后排入污水处理场处理或委托有资质的第三方处理，严禁排入雨水系统。其中，要重点关注高浓度污水的主要成分、产生量、浓度以及排放去向，难以处理的钝化剂等高浓度废水可先送入储罐暂存，后期缓慢送入污水场处理。施工现场应设置完善的雨水排放系统，并定期清理雨水排放渠、沉砂池，保持雨排系统通畅。对于排入主污水管网的污水，应至少保证各类污水中COD≤600mg/L，氨氮≤30mg/L，其余污水可按本企业分级控制指标进行管控。

3.3 检维修固废控制

危险废物、一般固废及施工垃圾等应按照性质分类收集、储存和处置，暂存设施应设置符合标准要求的防晒、防雨、防渗、异味治理标识牌。设备拆卸检维修过程中，要对残余物料、油泥、保温材料、检修废料进行分类暂存监管；清池、清罐（包括各类容器）的含油污泥必须妥善收集处理；各装置更换的废催化剂、废瓷球、填料等，应进行固危废性质识别，按照相关规定进行处置，对废催化剂能回收的应由厂家回收，不能回收的按照要求装袋或装桶后处置；塔、管线检修时产生的含硫化亚铁焦渣，须喷淋降温后及时清运，不得长期存储；换热器、机泵、阀门、法兰等拆卸过程中出现的物料、废油，应排入事先准备好的容器内，安排回收利用或集中处理，转动设备卸下的废润滑油应全部回收，不得随意排入下水系统、雨水明沟和地面，防止造成土壤及地下水污染。

4　绿色检维修技术措施

4.1　移动式 VOCs 治理技术（见图1）

炼化企业检修装置、储罐等吹扫废气排放点源较为分散，部分点位缺少完善的密闭回收流程及公用工程设施，吹扫废气直接对空排放容易引发厂界 VOCs 及相关特征污染物超标、异味扰民的情况，且对操作人员的人身健康造成影响，已成为检维修期间异味管控的重要源项。移动式 VOCs 治理技术具有结构紧凑、处理效率高、使用地点灵活等方面特点，就目前的处理工艺来看，主要分为移动式焚烧系统、移动式回收系统两种模式。其中，移动式焚烧系统主要是将焚烧炉、风机、阻火器及燃烧器等集成在集装箱或可移动设备上，从而达到废气焚烧的目的；移动式回收系统根据主体工艺可分为膜法和冷凝法，膜法主要包括风机、吸收塔、膜、吸附罐等，冷凝法主要包括风机、压缩机、冷凝器、回收罐等（见图2和表1），两种工艺均可集成在集装箱或可移动设备上，从而达到回收油品的目的。此工艺可大幅减少个别公用工程设施不完善、位置分散且单一的储罐及塔器蒸煮、吹扫中的 VOCs 排放，VOCs 去除率可保持在97%以上。

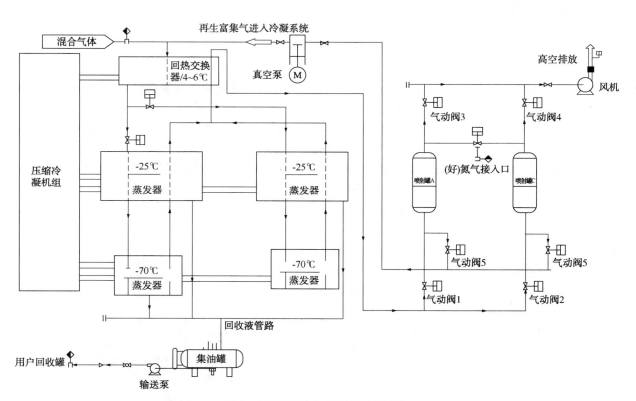

图1　移动式 VOCs 治理技术原理图

表1　某企业冷凝回收装置工艺流

续表

部门	储罐容积/m³	储罐物料	入口浓度/（mg/m³）	出口浓度/（mg/m³）	部门	储罐容积/m³	储罐物料	入口浓度/（mg/m³）	出口浓度/（mg/m³）
炼油部	20000	原油	860	1.63	化工部	2000	对二甲苯	2.74×10³	1.71
炼油部	15000	渣油	3.43×10³	2.9	化工部	3000	苯	6.39×10³	4.97
炼油部	5000	汽油	5.54×10³	8.82	烯烃部	5000	石脑油	3.09×10³	2.68
炼油部	5000	柴油	2.30×10⁴	13.9					

4.2　定力矩紧固技术（见图3）

螺栓紧固工作是炼化企业日常检维修中的一项重要内容，也是企业控制挥发性有机物无组织排放的一项重要手段，其中，定力矩紧固技术因在提高静密封检修可靠性、降低法兰VOCs排放、取消热紧工序等方面表现出的优势，受到越来越多企业的欢迎。

图2　某企业移动式冷凝回收装置

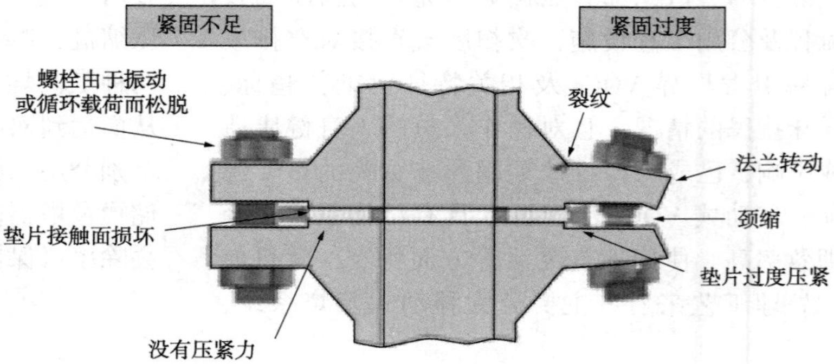

图3　螺栓紧固问题

定力矩紧固涉及法兰分级、施工扭矩计算、紧固实施、紧固力校验、验收归档等步骤工作。其中，在实施定力矩紧固前，应对装置内检修法兰进行分级，重点对存在高温高压、温度（压力）急剧变化、泄漏检测超标、不易紧固等高风险法兰进行筛选，其余类型法兰可由企业按比例自行筛选确定；法兰筛选确定后，按照GB/T 150.3中关于压力容器法兰螺栓载荷的计算方法，计算得出力矩值，并采用同步紧固的方式按照75%、100%、100%三遍进行紧固；紧固完成后，按照紧固后法兰20%的比例进行校验，对于力矩值超过目标值10%以上的进行重新紧固。此外，企业结合LDAR泄漏检测与修复、定力矩紧固情况，应考虑不同物料、不同环境下法兰垫片的适应性，通过选择合适的垫片确保设备设施安全稳定运行，进而减少VOCs无组织排放。

系统内某企业在应用定力矩紧固技术后，分别对比了检修前后连续重整、柴油加氢、航煤加氢、S Zorb、芳烃装置等8套炼化装置VOCs年排放量，检修前排放约50633.79kg/a，检修后排放约15662.71kg/a，总排放量减少69%以上。其中，芳烃装置检修中采用力臂扭矩紧固方式螺栓数22012套（60%），采用无力臂扭矩紧固方式螺栓数14750套（40%），使得VOCs排放量降低78%，高于此企业装置总的减排比例（69%）。

4.3　网格化监控预警溯源技术（见图4）

炼化装置大检修期间，由于受到人员、检测设备及技术的局限，往往难以及时发现装置现场可能存在的泄漏点源和违规操作，造成厂界异味及VOCs超标风险较大。网格化监控预警溯源技术，可准确协助企业发现并定位异常区域，及时制止违规操作。

图4　大气网格化监测站

此技术通过复合应用点、线、面和通量监测，结合离线、在线、移动、原位监测设计，利用企业现有大气环境监测站、移动式环境检测车、巡检监测人员等途径监测数据，构建智能化、信息化相融合的监测站网。同时，应用智能化、信息化、物联网技术，实现源排放基础数据库与监测站网动态关联，实时监控各监测站点及有组织源 VOCs 种类及浓度排放特征，关联分析监测结果和装置污染指纹图谱，结合大气污染扩散模型、现场装置分布和气象条件，直接定位污染排放源，从而实现 VOCs 监控、预警、溯源和应急处置的目的。

　　系统内某企业依据布点要求与厂区分布，按照 200m×200m 的网格将全厂划分为 258 个子网格(如乙烯装置东西向 410m，南北向 260m，网格数 4 个)，考虑装置区、储罐区、装卸区、污水处理区、厂界等方面要素，结合日常环境监测分析，安装了 46 台在线 VOCs(甲烷、非甲烷总烃)分析仪、15 台在线臭氧分析仪，并将监测数据实时上传至 VOCs 管理系统平台，通过实时监测数据、历史检测数据、统计数据等功能，分析、预警可能存在的 VOCs 泄漏区域，并提出处置建议。

4.4　机械清罐技术(见图 5)

　　日常检维修或大检修期间，由于油品储罐清理工作量大且储罐分布较为分散，人工清理作业难度较大，且对作业人员及周边环境可能造成一定影响。机械清罐是利用专有机械清洗设备对储罐进行清洗的方法，通过使用抽吸升压装置和临时安装的工艺管道，将轻组分(运行油或分散介质)从被清洗罐或供油罐抽出、过滤、升压，再经换热装置升温后，在一定的压力下，将轻组分经过插入被清洗罐内的可自动旋转的喷射装置喷射出去，在罐内形成射流，使罐内的沉积物悬浮、扩散，与轻组分充分混合，从而将储罐内物料及沉积物进行回收。清洗过程可通过惰性气体发生器向罐内注入惰性气体，保证氧气质量分数控制在 8% 以下。在沉积物充分回收后，可通过喷射装置喷射 70℃ 左右的热水进行表面脱脂，最终将污水送入其他储罐，后经污水处理系统处理达标排放。机械清罐相较于人工清罐有环境污染小、安全风险低、物料可回收等方面优势。

　　以某企业 $10×10^4 m^3$ 原油储罐为例，在储罐油泥回收率为 98% 的基础上，假设回收油泥约

图 5　机械清罐

2500m^3，综合考虑清理费、损失费、油泥收入等因素，机械清罐较人工清罐可节省约 130 万元，具有节约清理成本、降低环境风险、避免人员伤害等方面优势。

4.5　焊烟收集净化技术(见图 6)

　　装置检维修期间，现场焊接作业量较大，现阶段焊接作业人员防护意识有限，难以采取高效的防护措施予以降低对人体和环境的危害。近年来，随着人们自我保护和环境质量意识的提升，移动式焊接烟尘净化器逐步应用于各类作业现场。此技术主要用于焊接、抛光、切割、打磨等工序中，可对烟尘和稀有金属、贵重物料等物质进行回收，可净化悬浮在空气中对人体有害的金属颗粒，减少对工人身体的伤害。此技术通过引风机，将焊烟废气经万向吸尘罩吸入设备进风口，设备进风口处配有阻火器(可将火花阻留)，烟尘气体进入沉降室，利用重力与上行气流接触，将大粒尘直接降至灰斗内，微粒烟尘被滤芯捕集在外表面，气体经滤芯过滤净化后，由滤芯中心流入洁净室，洁净空气又经活性炭过滤器吸附，进一步净化后达标排出。该技术具有净化效率高、噪声低、使用灵活、占地面积小等特点，可保持作业环境中电焊烟尘浓度 $≤6mg/m^3$。

4.6　绿色清洗技术

　　炼化企业受原油劣质化及大检修期间装置开停工时间限制，为确保安全环保、及时高效地将塔、罐等各类设备设施交出，绿色清洗技术已成为各大石油化工企业的重要选择。绿色清洗技术是指借助于清洗设备或清洗介质，采用机械、物理、化学或电化学方法去除塔器附着的油脂、锈蚀、泥垢、积炭和其他污染物，

图6　焊烟净化器

使零部件表面达到检测、分析、再制造加工及装配所需求的清洁度。高压水射流清洗技术是最常见清洗技术，具有清洗成本低、速度快、清净率高、不污染环境等特点，其属于物理清洗，主要针对可拆卸的换热器及内构件，而对于大型塔器内部其作用有限。化学清洗是通过添加化学清洗药剂达到除油、除锈、预膜的目的，可通过循环泵或高温蒸汽对塔器内部进行清洗。然而，现有化学清洗药剂多具有高磷、多氮、难降解的特点，易对生态环境造成较大危害，可以预见随着精细有机合成技术、生物技术和检测技术等相关技术进步，化学清洗药剂将向可生物降解、绿色环保方向发展。

5　结论

绿色检修技术是时代进步和环保技术革新的必然产物，也是炼化企业绿色发展的必然需求。炼化企业须紧跟时代步伐、转变守旧思想，充分认识安全、绿色、高质量发展理念对于企业提升管理水平、增强核心竞争力、提高经济效益的重要意义，将能耗低、排放少、效率高的绿色施工技术不断运用于装置检维修的各个阶段，减少污染，保护环境，为国家生态环境保护和污染防治工作提供有力支撑。

参　考　文　献

1　刘峰. 石油化工装置开停工及检维修挥发性有机物排放的控制. 环境保护与治理，2018，18（1）：33-35.

2　徐锋. 机械清罐的效益分析. 清洗世界，2008，24（11）：26-29.

3　马和旭，王兵，霍姗，等. 炼厂检维修废水的难点解析及处理方法探究[J]. 当代化工，2021，50（7）：1526-1529，1534.

影响燃气锅炉热效率的因素及措施

谢 婧

（中国石化西北油田分公司油气运销部，新疆巴州 841000）

摘 要 燃气锅炉以天然气为燃料，燃烧产生热量生产饱和蒸汽或过热蒸汽。为了降低燃气锅炉的热损失，应分析相关影响机理，并采取提高热效率的技术措施。本文分析了锅炉生产运行中过量空气系数以及排烟温度对锅炉热效率的影响，理论计算了不同炉膛烟气出口氧含量下的锅炉热效率及锅炉过量空气系数的合适区间，为相关部门实施节能降耗、运行管理提供技术依据，为燃气锅炉的配风操作提供了理论依据和技术支撑。

关键词 燃气锅炉；热效率；因素；措施

1 燃气锅炉热效率的测算方式

锅炉热效率是锅炉有效利用热量占输入锅炉总热量的百分比。提高锅炉热效率就是增加有效利用热量，减少锅炉各项热损失，其中重点是降低锅炉排烟热损失和不完全燃烧热损失。

锅炉热效率的测试和核算通常有正平衡法和反平衡法两种。正平衡试验只能求出锅炉的热效率，不能得出各项热损失，无法提出有针对性的改进措施。反平衡法通过测试和计算锅炉各项热损失以求得热效率，故有利于对锅炉进行全面分析，找出影响热效率的各种因素，提出提高锅炉热效率的途径。测试结果正平衡与反平衡之间之差不大于5%，正反平衡各自测的效率之差均不大于2%。反平衡法测试和核算锅炉热效率可用下式计算：

$$\eta = 1 - (q_2 + q_3 + q_4 + q_5 + q_6)$$

式中 q_2——排烟热损失；
q_3——气体未完全燃烧热损失；
q_4——固体未完全燃烧热损失；
q_5——散热损失；
q_6——灰渣物理热损失。

由于燃气锅炉的含灰量很小，q_6 可以忽略不计，而且气体燃料燃烧时，一般无固体不完全燃烧现象，$q_4 = 0$，所以影响燃气锅炉热效率的因素主要为 q_2、q_3、q_5。

2 燃气锅炉热效率的影响因素

2.1 过量空气系数

锅炉的过量空气系数是反映燃料与空气比

的一个参数，对于指导锅炉燃烧有重要的意义。一般来说，每一台燃气锅炉都有最佳的过量空气系数值。在实际运行中，当锅炉负荷发生变化后应及时调节风门的开度，使排烟处的氧量保持在3%~6%的合理值。燃气锅炉过量空气系数高，会造成烟气排放量增大，进而造成排烟热损失增加，锅炉热效率降低。理论计算的过量空气系数与天然气利用效率的关系如图1所示，在排烟温度相同的条件下，天然气的利用效率随着过量空气系数的增加而减小。

选取某厂3台燃气蒸汽锅炉的测试数据，锅炉型号均为 WNS4-1.25-Y(Q)，3台锅炉平均运行负荷在44.82%，尾部配置了相同的节能装置。3台锅炉的过量空气系数、热损失以及热效率值见表1。

从表1可以看出，1#炉和2#炉的过量空气系数 a_{py} 均小于1.6，只有3#炉的过量空气系数 a_{py} 大于1.6导致过多的冷空气进入炉膛，造成烟气排放量增大，进而造成排烟热损失 q_2 增大，热效率 η_2 随之降低。过量空气系数与各项热损失形成如图4所示的关系。

从图2可以看出存在一个最佳的过量空气系数，燃气锅炉一般最佳过量空气系数为1.3~1.4。随着过量空气系数增大，排烟热损失急剧增加，导致锅炉热效率降低。若过量空气系数过小，气体不完全燃烧损失会增大。燃气不完全燃烧可产生炭黑，容易污染烟管内侧或者水管外侧，造成锅炉受热面热阻增大，影响换热效果，导致排烟温度升高，排烟热损失增加，使锅炉热效率降低。

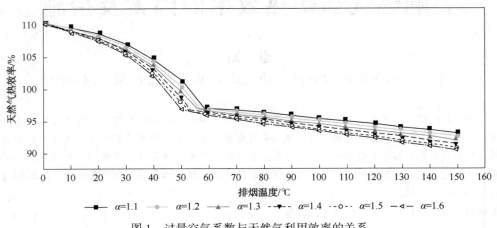

图 1　过量空气系数与天然气利用效率的关系

表 1　某厂 3 台 WNS4-1.25-Y(Q) 锅炉测试数据

测试项目	1#燃气锅炉	2#燃气锅炉	3#燃气锅炉
过量空气系数 a_{py}	1.36	1.38	1.73
排烟热损失 q_2/%	5.12	4.97	6.57
气体未完全燃烧热损失 q_3/%	0.01	0.03	0
固体未完全燃烧热损失 q_4/%	0	0	0
散热损失 q_5/%	4.80	4.87	5.12
灰渣物理热损失 q_6/%	0	0	0
反平衡热效率 η_2/%	90.19	90.24	88.79

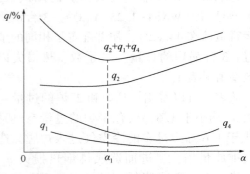

图 2　a_{py} 与各项热损失关系示意图

2.2　排烟温度

对于燃气锅炉而言，主要的热损失为烟气带走的热量，在相同过量空气系数下，排烟温度为主要影响因素。在所测试的燃气锅炉中，尾部安装了节能器给供水加热，使排烟温度平

均值为 108.8(远低于限定值)。一般来说，通过合理加装尾部冷凝式节能器可以有效提高锅炉热效率约 7 个百分点。图 3 给出了过量空气系数为 1.4 的情况下天然气利用效率与排烟温度的关系。

天然气余热中的热量有潜热和显热之分，在温度降低到露点温度(a)之前为显热部分，温度降低到露点温度之后，由于有水蒸气发生冷凝，这时的热量称之为潜热热量。从图 3 可以看出，烟气潜热段随着烟气温度的降低，天然气利用效率增加较为明显。因此，对于天然气余热的利用应该尽量使排烟温度降低到烟气的露点温度以下，回收烟气中水蒸气携带的潜热热量(见图 4)。

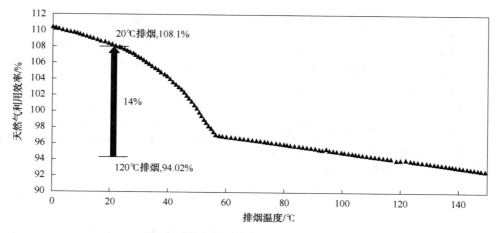

图3　天然气利用效率与排烟温度的关系

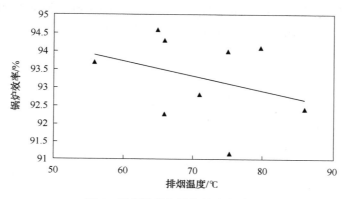

图4　排烟温度与锅炉效率的关系

3　提高热效率的措施

3.1　合理控制过量空气系数

（1）根据含氧量表调节配风量。过剩空气系数和烟气的含氧量简化关系式为 $a=21/(21-K_{O_2})$，其中 K_{O_2} 为烟气中的含氧量，代入 3#锅炉的 a 值 1.73 得 $K_{O_2}=8.86\%$。烟气含氧量是锅炉运行中配风是否合适的最直观体现。在锅炉运行中，可以根据含氧量仪表的显示数据确定配风是否合适，从而调节风和燃料的配比。锅炉运行中含氧量上升，说明配风量过剩，应根据锅炉负荷情况关小风道调节门或增大煤气投入量，如含氧量下降，调节过程相反。

（2）增设尾烟氧含量实时在线监测装置，及时反馈氧含量值。

（3）火焰观察法。燃气锅炉在煤气燃烧时，从火焰颜色看呈现蓝色最好。从火焰的传播情况看，如果火焰刚度小，飘忽不定，说明配风小，易回火；如果火焰刚度太大，火焰直冲受热面，说明配风太大，易脱火。因此，根据火焰颜色和刚度，可以判断燃烧和配风情况，从而调整锅炉燃烧。

3.2　降低排烟温度的措施

近年来随着冷凝式锅炉的发展，冷凝锅炉的排烟温度有所降低，锅炉的效率得到了提高。冷凝锅炉有直接接触式冷凝锅炉和间接接触式冷凝锅炉两种，间接接触式冷凝锅炉对换热器的材料具有很高的要求，Trojanowski R 提出了一种新的聚合物材料作为换热器材料，在耐腐蚀和传热性能上均取得了很好的效果。

直接接触式换热是通过使高温介质（烟气）与低温介质（喷淋水）直接混合的一种换热方式，通过将低温水在烟气中经过喷嘴雾化喷淋，低温水可以直接与高温烟气发生接触并换热。烟气与喷淋水之间接触，烟气等焓降温后到达烟气的饱和湿度线，烟气将沿着饱和湿度线继续降温，释放出烟气中水蒸气含有的汽化潜热，达到充分回收烟气余热的目的。相对于间壁式换热方式，直接换热的优势在于：极大地增加了气、液两相接触面积，短时间内完成烟气与水之间的传热和传质，达到了提高换热效率的目的。采用直接接触换热技术后，烟气和水在很小温差下即可实现稳定接触换热，无需金属换热面，减小了换热器的体积，大幅度降低了换热器成本。烟气中的酸性蒸汽直接在水中溶解，只要对溶液进行加药中和，并对关键部位的换热器制造材料进行防腐蚀处理，即可避免降低排烟温度后遇到的材料腐蚀问题。

4　总结

　　本文通过对锅炉效率现状的测试，分析了过量空气系数和排烟温度对锅炉效率的影响，分析了锅炉热损失的原因并给出了相应的措施，进一步提高了锅炉热效率。

参 考 文 献

1　赵贵林，李荣花，黄琼英.燃气锅炉过量空气系数对锅炉热效率的影响研究[J].工业与设备，2017(8)：43-8.

2　张立伟，马云飞.排烟损失与锅炉经济性的分析[J].中国科技信息，2005(20)：79-81.

3　陈延凡，谢厚春.优化过量空气系数提高燃气锅炉热效率[J].设备管理与编修，2017(7)：46-47.

4　赵玺灵，付林，张世钢，等.热电联供系统中烟气冷凝传热性能试验研究[J].热能动力工程，2009，24(6)：756-758.

5　Trojanowski R，Butcher T，Worek M，et al. Polymer heat exchanger design for condensing boiler applications [J].Applied Thermal Engineering，2016，103：150-158.

大型石化项目重大设备国产化应用

韩　平　李志锋

（中化能源股份有限公司，北京　100031）

摘　要　重大技术装备是国之重器，实现重大技术装备的国产化是提高国家竞争力的重要体现，是降低对国外技术依赖度的重要手段，是缩短项目建设周期、降低建设投资的重要措施。本文介绍了中化能源股份有限公司石化项目比较有代表性的重大设备国产化应用，并对持续推进重大设备国产化提出了建议。

关键词　大型石化项目；重大设备；国产化；应用

重大技术装备是国之重器，关系综合国力和国家安全。近年来，我国石油石化重大技术装备国产化取得了令人瞩目的巨大成就。"十三五"期间，我国千万吨级炼油、百万吨级乙烯装备国产化率逐年提升，据了解，国内主流千万吨级炼油、百万吨级乙烯装备国产化率已分别超过了95%及80%。

中化能源在大型石化项目的建设中高度重视重大设备的国产化应用，通过向国内领先企业开展交流学习和对标提升，并积极与装备制造企业开展联合攻关，重大设备国产化工作取得了较好的业绩。经统计，我司泉州项目千万吨级炼油装备国产化率为95%，百万吨级乙烯装备国产化率为86%，均能达到国内先进水平。

1　重大石化设备国产化的重要性

1.1　重大石化设备国产化是提高我国石化行业竞争力的重要保障

石化工业在国民经济和社会发展中占有重要地位，能够引导、带动其他相关产业乃至整个国民经济的发展。美国、西欧、日本等发达国家的经济起飞阶段，无不把石油化学工业作为支柱产业加快发展。石化大型成套设备技术的国产化，不仅能提高我国石化装备制造业的创新能力，而且将缩小我国石化装备制造业与世界先进水平的差距。"自主创新能力是国家竞争力的核心"，"自主创新"体现在石化工业上，很重要的一点，就是工艺、技术和装备制造的国产化。石化行业是国家支柱性产业，石化大型成套设备技术的国产化，极大地促进了国内石化产业健康稳定可持续发展。

1.2　重大石化设备国产化是缩短项目建设周期、降低建设投资的重要措施

据统计，我司泉州项目采用国产化的大型设备普遍较同技术水平的进口设备价格降低约20%，交货期缩短25%，而对于必须进口的大型石化设备，国外制造商任务饱和时，甚至在招标时都不参与报价；即便参与报价，除价格高企之外，交货周期也往往无法满足建设进度。尤其是在乙烯项目建设高峰期时遭遇了新冠疫情的冲击，国外进口设备交付缓慢、进口技术服务外商来华受限等问题更是暴露无遗，例如POSM装置用板式换热器较合同约定交货期晚到货约4个月，部分测量仪表、高压阀门晚到货约5个月，部分外商无法来华只能采取远程视频指导或国内专家替代的方式解决。相比较，国产设备受影响较小，优势更加明显。

2　我司石化项目重大设备国产化应用情况

我司石化项目在规划阶段就本着"立足国产，引进补充"的原则开展设备选型工作，在新投产的乙烯项目中，乙烯三机、聚丙烯循环气压缩机、PO/SM压缩机单轴机组、乙烯装置第二急冷器、EO反应器等一大批重要设备全部实现国产化应用，不仅为项目本身节约了投资，保证了建设周期，更为国内石化工业装备制造水平的提高担负起了国企的社会责任。下面就比较有代表性的国产化应用作一介绍。

2.1　乙烯三机国产化技术开发与应用

乙烯三机及其驱动机是整个乙烯装置心脏设备，机组的安全稳定运转对乙烯装置的安全高效运行至关重要。

2.1.1　国内外市场现状

20世纪70年代初，我国就提出大力引进国外石油化工技术及设备，以适应国民经济发展的要求。经过长期实践，乙烯三机已基本打破国外知名压缩机组或汽轮机制造厂商的垄断，实现了国产化制造。随着国内石化行业加工装置的不断大型化发展，对离心压缩机组及汽轮机也提出了更高的制造质量和运行要求。而"乙烯三机"由于其工艺流程复杂、工况变化多、缸体数量多、额定功率大等特点更是成为乙烯装置设计中的"重中之重"。

目前，世界上仅有少数几家大型的压缩机组或汽轮机制造厂能够生产乙烯装置用大型离心压缩机组。这些厂家主要有美国的克拉克（CLARK，被美国英格索兰收购）、埃利奥特（ELLIOTT，被日本荏原收购）、意大利的新比隆（NUOVOPIGNONE，被美国GE并购）、德国的德玛格（DEMAG，被西门子收购）、日本的三菱重工（MHI）和瑞士的苏尔寿（SULZER，被德国曼透平收购）等公司。国内有业绩的供应商为沈阳鼓风机集团有限公司（SBW），但在2017年沈鼓还没有全套100万吨/年乙烯三机业绩，尤其乙烯压缩机只有80万吨/年乙烯装置业绩且工艺包流程不同，差异较大。

2.1.2　国产化应用的创新点

1）针对KBR工艺优化机组选型

（1）裂解气压缩机。泉州石化乙烯装置采用美国KBR工艺包，有别于其他工艺包（Lummus、SW、SEI、寰球工艺包）中多采用的三缸五段的结构型式，KBR工艺包裂解气压缩机的特点为三缸四段，前三段出口温度相对较高，介质中不饱和烃类易聚合，并黏结在叶轮上造成转子不平衡度增大，进而影响压缩机长周期运行。针对KBR工艺包特有的裂解气压缩机四段压缩，采取在回流弯道设置注水措施，防止级间结焦，同时降低压缩机出口温度，防止叶轮结焦；采取注油措施，冷却裂解气，冲刷并溶解已形成的聚合物，润滑叶轮和流道表面以减少聚合物附着；优化模型级设计，低压缸壳体尺寸由1300mm降为1200mm，中压缸减少2级，高压缸减少1级，在单级模型级做功效率提高的同时力学性能也有所提高。

（2）乙烯压缩机。泉州石化乙烯压缩机为国产化第一台百万吨级乙烯制冷压缩机，该机组主要特点为三段压缩、一次加气、一次抽汽。乙烯机为低温机组，入口温度为−101.8℃，在设计制造中充分考虑低温应力和温差应力，采用低温处理和时效处理等手段保证大型低温铸造壳体及转子的低温性能。机组创新优化点包括：①合理优化各蜗室的结构，减少流动损失，增加加气流场的稳定性，同时提高整机效率；②在级间、轮端及平衡盘处采用可磨密封减小密封间隙，减少容积损失；③优化一次平衡气管的连接位置，将压缩机出口一次平衡气管接到加气口，降低压差，减少泄漏量能，降低机组的内泄漏损失，提高机组效率，降低耗功，如图1和图2所示。

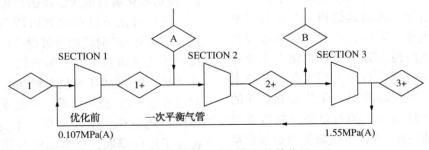

图1　优化前的一次平衡气接管位置

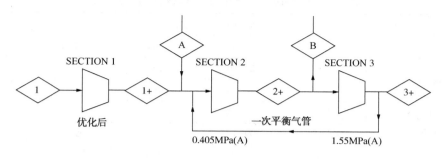

图 2 优化后的一次平衡气接管位置

2）压缩机汽轮机协同设计

国产乙烯三机的压缩机和汽轮机分别由沈阳鼓风机集团有限公司和杭州汽轮机股份有限公司设计制造。同样的型号系列，压缩机和汽轮机转速有一个浮动选择范围。对压缩机来说，考核工况的转速选择影响到叶轮直径、叶轮出口马赫数、干气密封的直径、效率等。对汽轮机来说，转速的选择同样会改变其效率。经过反复选择对比，最终选择合理的转速，进一步降低能耗。我司乙烯项目在机组设计过程中，关注整机效率，通过对转速的多次优化设计，使得压缩机与汽轮机均能在高效区运行，如表1所示。

表 1 丙烯机转速优化过程

序号	型号	转速/(r/min)	轴功率/kW	压缩机效率/%	超高压蒸汽消耗/(t/h)
第一版	汽轮机	2914	33639	86.2	200.2
第二版	EHNK63/80 压缩机	2884	33391	86	198.1
最终版	3MCL1406	3124	33244	85.9	192.6

经过两次优化后，丙烯机转速提高 360r/min，使汽轮机工况点落在高效区，压缩机轴功率降低 147kW，蒸汽消耗量减少 5.5t/h，若按年运行 8400h 计算，最终版较第一版减少超高压蒸汽消耗量 63840 吨/年，每年增效 1276.8 万元。

3）压缩机气动模型优化

2017 年 12 月，设计审查过程中发现喘振富裕度（预期喘振流量开始点与入口流量的百分比）过高问题。这一问题存在于裂解气压缩机的 1-3 段和丙烯压缩机的 1 段，预期的喘振流量与入口流量的百分比分别为 92%、85%。最严重的工况下，压缩机组防喘振阀在装置负荷降至 92% 时就要打开，造成装置操作弹性过小，装置平稳性和经济性差。最严重的情况如图 3 所示。

经设计优化后，高压缸机型降低 1 挡、叶轮个数增加 2 个；喘振富裕度从约 92% 降低至 74.8%，四段从 77.7% 升高至 80.5%，整机效率没变，拓宽了机组稳定运行范围，如表 2 所示。

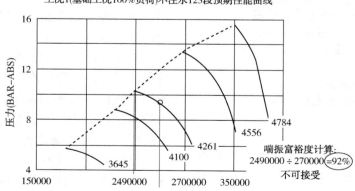

图 3 裂解气压缩机性能曲线与喘振富裕度计算

表2　优化前后裂解气压缩机1-3段喘振富裕度对比

Casel Normal 工况-不注水		1 段	2 段	3 段	4 段
预期喘振流量/(m³/h)	原始	291714	—	—	20984
	优化后	249186	126563	53448	21728
喘振富裕度(预期喘振流量与入口流量比)	原始	约92%	—	—	77.7%
	优化后	74.8%	78.9%	79.3%	80.5%
单段功率/kW	原始	11179	11901	11223	14829
	优化后	11146	11890	11433	14663
整机功率/kW	原始	49132			
	优化后	49132			
转速/(r/min)	原始	4261			
	优化后	4397			

在泉州项目乙烯三机选型过程中，通过多轮技术交流，针对KBR工艺乙烯三机的技术特点不断优化设计方案，使国产方案在可靠性、耗汽量控制、技术参数偏差等方面有了很大提升。

2.1.3　应用成果

2020年9月20日，泉州石化百万吨乙烯项目一次开车成功。截至目前，乙烯装置三机组已运行近8个月(期间因外部原因停机2次)，机组运行平稳，各项指标均能达到设计指标，大大缩小了我国乙烯装置用离心压缩机组的技术水平与国外存在的差距，降低了装置运行能耗，提高了大型乙烯装置的生产能力、经济性和环保水平，如图4和图5所示。

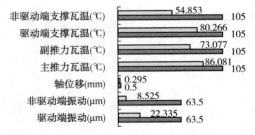

图4　裂解气压缩机高压缸轴系参数对比图

该机组的成功应用，填补了国内百万吨级乙烯KBR工艺路线乙烯三机国产化的空白，不但可为企业创造巨大经济效益，而且替代了国外进口产品，节省了项目建设资金(较进口机组

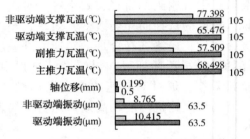

图5　乙烯压缩机轴系参数对比图

节省投资约1/4)，保障了项目建设进度(较国外引进交货期缩短4个月以上)。

2.2　裂解气第二急冷换热器

裂解气急冷换热器是乙烯裂解装置中的关键设备，它担负着将裂解气迅速冷却以终止二次反应减少烯烃损失和回收裂解气的高位热能的双重任务。因此，它一方面要求在尽可能短的时间内将高温裂解气迅速冷却到终止二次反应的温度以下，避免目的烯烃损失和结焦；另一方面要求最大限度地回收裂解气的高位热能、降低能耗。由于设计难度大、加工工艺复杂等原因，该设备在国内同类装置中均选用进口，泉州石化采用国产化意义重大。

2.2.1　国内外市场现状

目前世界上裂解气急冷换热器从工艺上讲主要有一级急冷技术和二级急冷技术。广泛使用的是一级急冷技术，它具有压降低及布置简单的优点。从结构上讲，主要有线性急冷换热

器、传统式急冷换热器(传统双套管型、Borsig
型、OLMI型和管壳式急冷换热器等)、浴缸式
急冷换热器和快速急冷换热器等。特别是线性
急冷换热器具有易与炉管连接、绝热段停留时
间小、操作周期长等优点而被广泛采用。通常
二级急冷技术或三级急冷技术,只是将上述急
冷换热器结构中的任何一种或两种型式进行二
级或三级串联。目前第二急冷换热器应用最为
广泛的是卧式或立式大换热面积管壳式急冷换
热器。

为了更多地回收超高压蒸汽,国外专利商
通常对10万吨/年及其以上级轻质原料裂解炉
也采用二级急冷技术,同时为了简化工艺管线
布置,往往采用一台第二急冷换热器,换热管
根数达400多根,且换热管长度较长,这种大
能力急冷换热器给设计带来了很高的要求。国
内设计的国产化CBL裂解炉,当采用轻质原料
时也可采用二级急冷换热器技术,但第二急冷
换热器的换热管根数较少,且换热管长度较短,
单台能力只适用于6万吨/年以下的裂解炉。10
万吨/年以上的裂解炉要用一台第二急冷换热
器,在设计理念上与前述有较大差异,如挠性
薄管板的设计、流体的分配问题、管头连接形
式、薄管板焊接变形问题等,国内同类型装置
无同类产品或技术应用的报道。

2.2.2　国产化应用的创新点

(1)运用CFD(流体动力学)软件对急冷换
热器进行CFD模拟,针对模拟结果,设计并优
化入口气体分配器。设置了分配器的急冷换热
器,换热管内流体分配匀度达98%,远高于未
设均布器的85%,流体分配得到较大的改善,
从而延长了急冷换热器的运行周期和多产高压
蒸汽,如图6~图9所示。

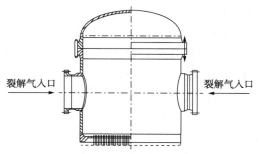

图6　无气体分配器的急冷器入口示意图

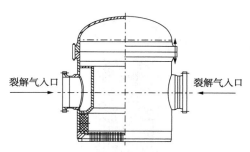

图7　有气体分配器的急冷器入口示意图

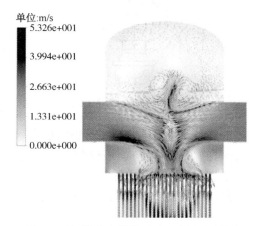

图8　无气体分配器的速度云图和矢量图

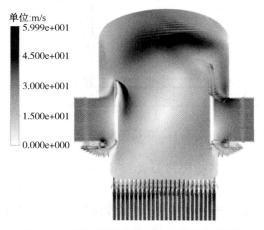

图9　有气体分配器的速度云图和矢量图

(2)采用立式挠性薄管板结构(见图10),
裂解气上进下出,冷却水下进上出,布管圆最
优化布置;挠性薄管板固有的弹性吸收了部分
换热管和筒体之间的热膨胀差,有利于管、壳
程温差的热补偿;由于管板较薄,管板两侧的
温差也较小,减少了管子-管板和筒体-管板失
效的可能性。

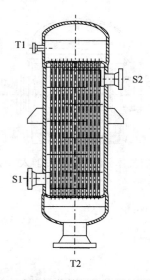

图 10　立式挠性薄管板换热器结构示意图

（3）挠性薄管板与换热管的焊接采用特殊型式的深孔焊（见图 11），不仅焊缝强度好，而且消除了管子与管板之间的间隙，深孔焊焊缝处于水侧的冷却之下，提高了焊缝的可靠性。

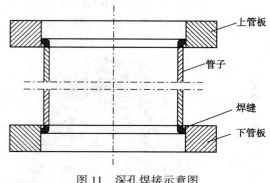

图 11　深孔焊接示意图

（4）考虑急冷器壳程顶部可能形成的气垫层的排气问题，在壳程顶部设置环形排气口，以保证焊口与锅炉给水充分接触，确保焊缝处温度均匀，避免干烧问题。

（5）在筒体结构上，考虑管子与壳体因热态伸长量不同而拉裂管子与管板接头的问题，筒体连接件采用半个膨胀节形状的变径管，很好地吸收了热应力。

2.2.3　应用成果

（1）在没有成功业绩借鉴的情况下，经充分考虑可能存在的问题和对策，最终选择由天华院设计、茂重制造，开发了立式挠性薄管板结构的二级急冷器，其结构安全可靠，满足单台能力 17 万吨/年以上乙烯裂解炉的使用要求。自开工以来，乙烯裂解炉用大型第二急冷换热器–立式挠性管板急冷换热器运行平稳，工艺性能良好。

（2）该设备的国产化应用，成功填补了 10 万吨/年及其以上级轻质原料裂解炉配套二级急冷器国产化的空白，与国外 KBR 公司的第二急冷换热器（SQE）为上进下出的立式管壳式换热器相比，结构更加稳定可靠。

（3）节省了项目建设资金（较进口设备节省投资约 2 亿人民币），缩短了工程建设时间（较国外引进交货期缩短 3 个月以上），保障了项目建设进度。

2.3　渣油加氢 4M150 新氢压缩机国产化

2.3.1　国内外市场现状

我司炼油项目渣油加氢装置加工规模为 330 万吨/年，要求配套的新氢压缩机额定流量达到 83000Nm³/h，机组单列的综合活塞力超过 1000kN。在项目建设时期，国内最大的 4M125 系列压缩机无法满足要求，因此必须采用美国德莱赛兰、GE 等极少数公司生产的 150 系列往复压缩机。如果该机组从国外引进，则存在价格高、到货周期长等问题，机组在以后的维护等方面存在诸多不便。经过调研、论证，最终确定与沈鼓合作，立项生产国内首台 150 系列压缩机。

2.3.2　国产化应用的创新点

（1）4M150 大型往复式新氢压缩机是为了满足我司炼油项目 330 万吨/年渣油加氢装置生产需要，研发设计的国际上最大型的 4M150 往复压缩机，实现机组国产化，替代进口，以满足石化装置日趋大型化的需要。该机组为四列对称平衡型往复压缩机，机组载荷能力为：许用应力 1500kN，活塞杆载荷 1400kN，十字头销载荷 1300kN，综合活塞力 1300kN。

（2）机组为四列机身，最大可承受载荷 1500kN。由四列独立机身对接而成，机身滑道与机身外壁设计为整体，外侧设置框架承力筋板，以提高机身刚度，减少变形；主轴承上设置横梁，上盖板采用分体式；主轴承的注油方式采用四个主轴承分别独立注油，提高轴瓦润滑效果；对接机身处密封结构设计为可更换型，以保证长期使用的密封效果。

（3）十字头为筒形组合式结构，带有可调整滑履，最大可承受载荷 1300kN。在十字头体与十字头销的运动配合处，采用全新的轴套结构，即在十字头体的销孔上堆焊一薄层的铜层结构，代替以往嵌入式的过盈铜套，不仅减少了零件配合，提高了运动部件的耐磨性，而且还有效地提高了十字头体的结构尺寸，使机组的寿命和运动平稳性得到了有力提高（见图 12）。

图 12　4M150 机组现场安装图

2.3.3　应用成果

（1）国产化新氢压缩机于 2014 年 5 月 28 日一次开车成功。设备投运以来，运行状况良好，各项运行参数满足设计要求。与同期采购的德莱塞兰进口进组比较，具有动平衡性好、振动小、噪声低、易损件使用周期长、运行可靠性更高、检修维护费用低等优点，性能表现优于进口机组。但也存在机身体积更庞大、相同的工况所需的压缩级数更多等缺点（见表 3）。

表 3　国产机组实际运行参数与设计值及进口进组比较

性能参数		国产压缩机		德莱塞兰进口进组	
		设计值	实际值	设计值	实际值
进气/排气压力/bar（G）	1 级	23.3/44.08	23.5/45.4	23.5/50.71	23.2/53.2
	2 级	44.08/79.18	45.4/81.1	50.18/103.83	53.2/100.9
	3 级	79.18/132.2	81.1/134.3	102.75/200.5	100.9/182.2
	4 级	132.2/200.5	134.3/184.2	—	—
机身振动/(mm/s)		≤7.1	水平 2.1/垂直 2.9	≤13	水平 2.5/垂直 1.2
缸盖振动/(mm/s)	1 级	≤7.1	水平 2.6/垂直 6.0	≤13	水平 3.0/垂直 8.2
	2 级		水平 3.2/垂直 4.6		水平 3.6/垂直 5.7
	3 级		水平 4.9/垂直 6.4		水平 3.4/垂直 6.7
	4 级		水平 2.8/垂直 3.5		—
容积效率/%		87/87/87/89		81.01/82.93/83.82	
电流/A		417		419.8	
电压/V		10000		10000	
功率因数		0.95		0.95	

（2）该系列大型往复式氢气压缩机的研制成功，提高了我国往复式压缩机的制造水平，填补了国内空白，实现了国产化，打破了国外技术垄断局面，使我国成为世界上极少数可以设计制造该系列机组的国家之一。

（3）国产化的 4M150 大型往复式压缩机比进口压缩机价格降低约 50%，交货周期缩短 4 个月，为用户在装置的建设投资、建设周期以及后续维护检修等各方面节省了大量资金。

3　继续推进石化行业重大设备国产化的对策思考

（1）紧跟装置大型化的发展趋势，做好配套技术、加工机械的开发。工厂规模和生产装置大型化是世界石化工业的发展趋势，规模的大型化，可以降低操作和管理成本，因此，石化设备国产化必须紧随装置大型化的发展趋势。要做好大型配套加工机械的研发和制造，没有大型的加工机械就不可能加工更加大型的设备；要建立完善的大型设备质量检测手段和出厂前的综合性能测试手段，大型压缩机应配套专用试车台，保证出厂设备质量；鼓励制造厂商对国产化设备从设计到制造加工制定系列标准，促进国产化成果的固化。

（2）大力促进产、学、研的协同配合，组织优势力量集中攻关。长期以来，国内设备制造厂商不具备设计研发能力，往往是设计单位出图，制造厂商按图加工；设计单位为了自身的业绩考虑，往往只会选择自己熟悉的能够满足设计要求的厂商来制造。因此，要重视设计、研发、制造相关单位之间的协同配合，设计的要求要严格落实在制造过程中，制造中碰到的问题也要及时反馈到设计中去，设计和制造单位共同推动研发成果的及时转化。

（3）打破行业之间的界限，促进强强联合。国内各行业均在提倡装备国产化，在不同行业均有一些装备制造企业具备生产和制造各类型大型设备的能力，优势可能体现在不同的方面，但因为不在同一行业，往往没有机会参与到其他行业的设备研发和制造过程中。如果有针对性地借鉴此类企业在特定领域的研发、制造优势，鼓励装备制造企业之间、关联企业之间强强联合，形成跨行业、跨地区的实体或虚拟课题组，共同研究解决技术难题，将会推动更多大型设备实现国产化。

（4）进一步完善装备国产化的扶持政策，提高制造企业及使用企业的积极性。建立鼓励装备国产化的专项基金，明确一段时期内的重点专攻项目，并对参与企业给予财政支持；对首次使用的大型国产设备应建立风险分担机制，比如在财政税收、保险政策上给予一定的优惠和支持；对性能已接近国外同类型产品或已完全实现国产化的设备应限制进口，鼓励使用国产产品。

液化气定量装车系统的开发和应用

葛文松

（中国石化镇海炼化分公司仪表和计量中心，浙江宁波　315207）

摘　要　轻烃类液化气产品，因其易气化的物理特性，公路定量装车系统很难准确计量，并且当贸易双方发生计量纠纷时，由于缺少有效数据的支持，无法进行复盘分析，难以达到合理、公平、公正地解决计量纠纷。本文介绍的定量装车系统融合了质量流量计高级诊断功能，实现了液化气产品定量装车过程的全过程数字化监控，能及时发现和终止不良生产工艺、设备故障对计量产生的影响，提高了装车系统的安全稳定性和计量可靠性。

关键词　液化气定量装车；在线诊断；大数据分析

A 公司新液化气装车站于 2019 年 4 月建成投用，承接液化气、醚后碳四、PX 的公路出厂，因轻烃类易气化物料其特殊的物化属性，传统的定量装车系统很难做到精准定量装车，更遑论流量计直接计量交接。为了提高装车效率，同时规避汽车衡称重单一计量结算方式可能产生的误差不确定性，提高计量数据的准确度，对传统定量装车系统充装液化气产品过程中存在的问题进行了梳理，并在新液化气定量装车系统中逐一进行了攻克。传统定量装车系统应用于液化气产品出厂存在的主要问题如下：

（1）传统定量装车系统采用现场分布式定量控制和上位集中式计量结算的结构；当上位机软硬件故障时，整个装车区的生产不能正常进行，计量结算数据就会缺失。

（2）批控器和流量计与上位机间采用 RS485 通信方式，通信速率较低，实际应用中容易受到设备之间通信链路的影响，特别当其中一台设备故障而不断寻址会影响通信速率，同时由于受限于 MODBUS 通信轮询通信方式，导致数据传输刷新慢，通信丢包致使计量数据丢失。

（3）传统两段式阀只能实现两个开度，无法实现流速连续稳定控制，尤其在一泵多鹤位的工艺流程条件下，不能保证液化气装车流速控制在安全流速以下，高速流体通过鹤管入口在槽车内喷射可能产生静电。

（4）在灌装开始时由于阀门迅速打开，易造成液化气瞬时气化，导致质量流量计无法准确计量，定量控制无从谈起，可能导致超装等后果。

（5）装车过程中如出现工艺异常、泵出口压力低、介质含水、含杂质等问题，对计量产生较大影响时，装车站无法及时察觉并终止装车。

（6）不能对装车过程温度、压力、流速、密度等介质参数进行实时监控、报警，提示外操操作人员（一人多鹤位）可能存在的计量风险。

（7）反映质量流量计设备自身健康的报警信息只显示于流量计面板，面板错误代码随故障消失而消失，不具备报警确认功能，操作人员和维修人员无法及时地发现并进行维护。

（8）质量流量计维护操作时，需通过现场挂手操器或面板逐级进入菜单，为了查看详细的参数还需使用笔记本读取。调零操作繁琐，对人员专业技术要求高，对使用设备有防爆要求。

为了有效解决上述问题，实现液化气、醚后碳四流量计交接计量出厂，A 公司优化定量装车控制方案，利用信息化、智能化手段，全过程监控装车过程，实现了现场发货控制智能

作者简介：葛文松（1983—），男，河北保定人，2006 年毕业于承德石油高等专科学校，工程师，现从事计量数据管理工作。

化、自动化，同时具备上位机计量数据溯源和大数据比对分析功能，为精准计量及计量纠纷的处置提供了强有力的技术支撑。

1　定量装车系统设备构成

新液化气装车站定量装车系统，现场设备由批量控制器、质量流量计、前置管理器、V型调节球阀、压力变送器、溢油静电保护器、状态信号灯组成。

1.1　批量控制器

批量控制器实现定量控制、装车量的脉冲量积算和系统逻辑控制功能，对调节阀开度实现连续控制，根据静电溢流信号、流体压力和流量、流量计诊断状态实现联锁控制，保证装车过程安全。

1.2　质量流量计

质量流量计的性能直接影响着计量数据的准确性，其测量准确度为±0.1%，具备多参数测量和高级诊断功能。

1.3　前置管理器

前置管理器是装车操作人员人机交互终端，是现场智能化管控的中枢设备，实现提单管理、操作确认、计量结算、流量计高级诊断、批控器管控、流量计组态和核查、上位通信等功能。

1.4　调节阀

定量装车阀门选用气动V型调节球阀，调节阀设置为FC（故障关）型，配置智能阀门定位器实现装车流速的平稳控制，电磁阀用于异常工况下的联锁触发，承担紧急切断阀的功能，节约了费用。

1.5　压力变送器

定量装车系统安装有3台压力变送器，1台取压于质量流量计前，用于监控介质压力是否大于介质饱和蒸汽压；1台取压于测量调节阀门与鹤管工艺手阀间管线，如停止装车期间密闭段升高，提醒操作人员及时泄压；1台取压于气相返回线，通过对气相管线监测槽车压力避免槽车超压。

1.6　溢油静电护器

溢油静电保护器用于对静电接地夹静电接地状态和槽车内物料液位安全高度进行监测，实现启动条件联锁和阀门联锁，防止静电危害和槽车超装。

1.7　装车状态指示灯

装车状态指示灯通过声光报警来提醒操作人员观察多个鹤位发货状态，尤其是联锁和进入关阀阶段的状况，不至于顾此失彼。

2　定量装车系统网络架构（见图1）

2.1　控制层网络信号传输

2.1.1　RS485通信

RS485通信实现前置管理器对质量流量计参数的读写，实现前置管理器对批量控制器的读写，实现前置管理器对质量流量计内部参数及设备报警信息的采集。

2.1.2　脉冲信号

质量流量计脉冲信号输出到批量控制器，实现定量装车控制和装车流速控制。

2.1.3　模拟信号

批量控制器与阀门定位器、压力变送器信号传输4~20mA模拟信号，实现对阀门的控制及介质压力的监测。

2.1.4　开关量信号

电磁阀回路，实现阀门的联锁控制。

2.2　监控层网络信号传输

CANBUS总线较RS485通信具有高可靠性、高性能和高实时性，传播速度更快（传输速率可到200kbs或更高），一条总线上可连接更多的节点设备，抗干扰能力更出色，各鹤位前置管理器采用并联连接方式与CANBUS通信总线连接，通过通信服务器（LAN/CAN转换器）后转换为标准的控制级TCP/IP协议和MODBUS协议。

通信服务器（LAN/CAN转换端口）与工程师站和上位服务器以太网端口A连接，实现对现场设备数据的采集和控制。

上位服务器以太网端口B通过防火墙与公司计量信息管理系统、ERP系统、汽车衡系统之间进行数据互通。

通信服务器（LAN/MODBUS转换端口）与DCS通信，由于通过高速CANBUS把现场设备的过程数据高速传送至通信服务器，然后进行数据整理打包，DCS控制器MODBUS主站无需通过轮值通信方式逐台访问现场设备，且数据地址是连续的，避免了485轮值的缺点，大大提高了与DCS的通信速率。

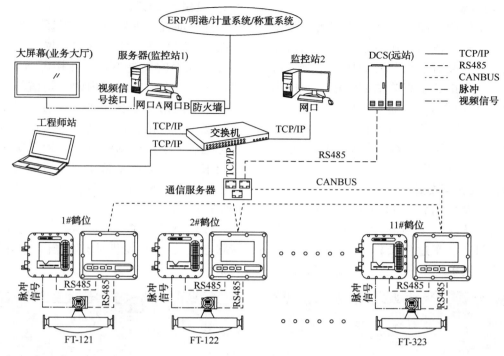

图 1　网络拓扑图

3　定量装车系统应用及特点

3.1　控制方案优化

3.1.1　装车压力启动条件联锁

对于液化气轻烃类介质，当介质压力小于液化气饱和蒸气压时就会导致管线内介质气化，使计量数据不准确，影响供收双方的贸易结算。

理论上质量流量计下游侧的介质压力值满足以下要求：

$$P>1.25P_a+2\Delta p$$

式中　P——质量流量计下游侧压力；

　　　P_a——介质饱和蒸气压；

　　　Δp——质量流量计的压损。

装车开始时流量计前端压力值低于允许启动压力（$1.25P_a$）不允许装车启动；装车进程中流量计前端压力值低于联锁压力（$1.1P_a$）自动联锁停止充装，待压力超过启动压力时才能启动发货。

3.1.2　五段流速控制

系统采用 V 型调节球阀，与质量流量计瞬时流速构成闭环控制，将装车过程分为五个控制阶段：低流量、高流量、一阶流量、二阶流量、最终关。一方面确保装车处于安全流速以下；另一方面使装车过程更平稳，计量更精准，如图 2 所示。

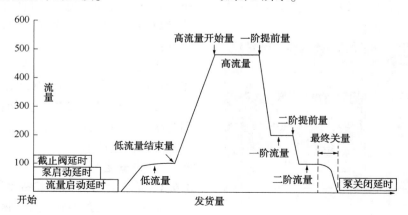

图 2　装车流速控制曲线

3.1.3　防倒流设置

对于液化气槽车闷装，充装后期槽车内压力会接近工艺管道压力，在一泵多鹤位的情况下，某一鹤位启装时会引起总管压力下降，可能导致相邻鹤位正处于充装末期的槽车内压力高于管道内介质压力，从而发生倒流现象。该系统增设阀门联锁，当流量小于50kg/min持续30s时停止装车或当瞬时流量小于－1kg/s时停止装车，防止介质倒流。

3.2　人机交互界面友好

前置管理器采用彩色LCD大屏幕显示（见图3），全中文显示，详细显示单号、车号、预装量、实发量、装车过程参数、溢流静电开关报警状态等，便于现场操作人员的读取和操作。

图3　装车主界面

3.3　装车过程异常报警

装车系统在充装时不仅仅能监测装车流量、装车密度、装车压力等参数，还可以对装车过程中的流量计内部驱动频率、激励电流、测量管阻尼、动态零点等诊断信息进行监控和趋势记录（见图4），当某些参数偏离正常值可能影响计量准确时，就会生产报警信息提示操作人员处理或触发联锁终止装车。

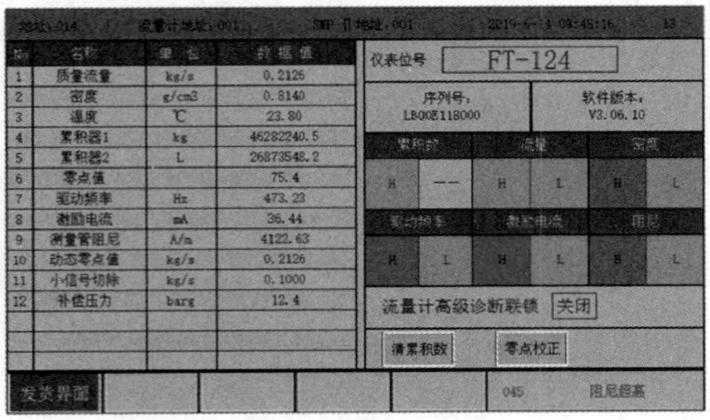

图4　高级诊断报警

3.4　流量计自校验

通过前置管理器可实现对质量流量计参数修改、零点核查、零点标定。仪表零点值是影响计量准确的关键参数，使用零点核查功能，将动态零点在一定时间内的平均值与流量计的零点稳定性指标进行比较，自动判断流量计零点状态，确定是否需重新进行零点标定。在零点标定过程中，根据流量计连续三次调零的操作要求，系统会记录每次调零后的数据，并计算出每次零点值的偏移量，判断调零是否有效（见图5）。

操作一键完成，参数组态、零点核查与发货状态自动互锁（发货时不能操作，不操作时能发货）。

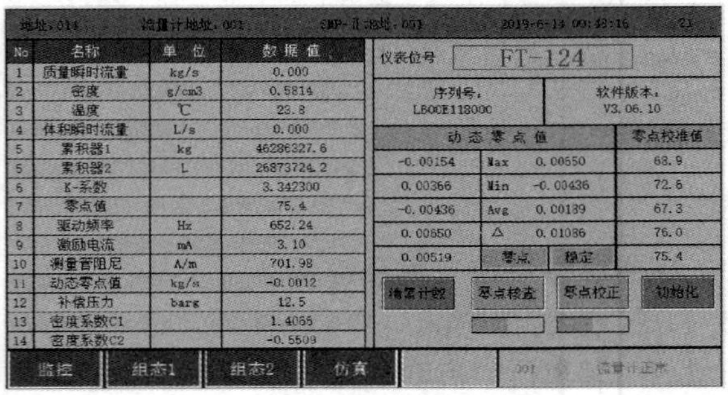

图5　流量计管理

3.5　高级诊断数据的应用

公路装车中计量纠纷都有滞后性，往往是承运商车辆开回单位卸货后才能反映出差量，装车过程是否有问题已成为过去时。该定量装车系统中流量计发货过程各参数自动形成以提单号（单车）为查询条件的历史记录曲线，能快速追溯任何一辆车的装车全过程，通过对流量、驱动频率、激励电流、测量管阻尼、动态零点等参数的综合分析，为计量纠纷的处置提供判断依据（见图6和图7）。

相关案例：2019年11月7日，装车站反映流量计量比汽车衡量少249.5kg，通过实时分析装车过程及流量计参数历史趋势记录，分析原因为罐区切换流程引起管线内介质短暂的气液二相导致误差产生。

3.6　数据安全

3.6.1　流量计脉冲累积和数字累积量互为冗余

系统设有批控器输送量（脉冲累积）与前置管理器实发量（流量计后表数与前表数之差）差

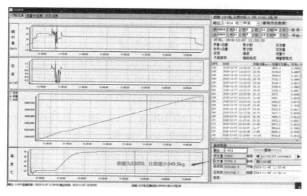

图6　过程信息趋势记录

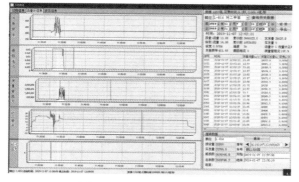

图7　流量计信息趋势记录

量控制，当两者差值大于安全设定值时，联锁停止装车，防止脉冲信号丢失而造成槽车超装事件的发生。同时避免了由于脉冲输出回路或数字通信故障而造成发货失控、发货记录缺失。

3.6.2　计量数据备份

过程数据的历史记录按发货单号自动匹配，集中存储于服务器中，流量计和装车过程报警记录（SOE）、完整发货记录（前表数、后表数、开始时间、结束时间、应发量、实收量、温度、密度、单号、车号等信息）独立存储于在前置管理器和服务器中，达到数据的冗余备份功能。

3.7　故障安全

定量装车系统上位机故障或通信网络断开时，会导致中控室无法控制现场设备。该定量装车系统，采用可多终端操作方式，制单、充装、结算等操作既可以在上位机完成，也可以在现场设备完成。在紧急状态发生时，操作员可以从上位机、前置管理器、批量控制器任何一台设备上完成紧急停装操作，确保紧急事件的及时处置。

流量计脉冲累积量（输送量）和数字累积量（实收量）装车过程实时比对，差值大于设定值（100kg）时，前置管理器报警、联锁。

3.8　大数据应用

装车过程数据实时存储采样周期为2s，一个鹤位同时采集10个过程数据和1条质量流量健康诊断代码，批控器1条联锁代码，发一次货用时约40min，一天一个鹤位平均发货8笔，平均一天数据量约96000点，全部11个鹤位共1056000点，一个月31680000点，全年约38016万点。通过半年多运行大数据分析比对，归纳总结流量计在液化气计量装车过程的运行规律，构建了一个基于数据关联、曲线比对、故障诊断、运行分析、实时控制的智能化计量装车控制系统。

3.9　仿真培训

针对装置新建或新员工入职，由于没有实际物料供员工实际操作培训，造成误操作及紧急情况处置不当等安全问题，前置管理器仿真操作功能圆满地解决了这一问题，在仿真模式下质量流量计瞬时流量和累积数按前置管理器的指令发生仿真值，操作工在无物料情况下可进行各种操作培训。同时此功能还可用于定量控制系统与信息化系统的联合调式。

3.10　压力补偿

液化气的操作压力为1.0MPa，大于流量计的标定压力0.2MPa，定量装车系统实现了流量计在线压力补偿功能，消除了工艺压力对流量计的测量误差。

4　结束语

新液化气装车站投用流量计出厂以来，装车系统自动化、智能化得到充分应用，实现了定量装车与汽车衡量比对差率≤0.2%的目标，完全可以用于贸易出厂计量。期间还通过流量计高级诊断信息与工艺操作流程参数，判断管线内存在异物、物料带水、管线应力变化、工艺脉动流等影响装车的问题；通过对流量计在线健康诊断及时发现脉冲输出板因外部线路引发故障失效的安全隐患，通过差量分析发现相邻鹤位间工艺跨线串量的问题。该系统为安全平稳、计量精准提供了强有力的技术保障，为避免计量纠纷和发生计量纠纷后的复盘分析提供了数据支撑，对流量计本身的报警、运行监控建立了趋势档案，并通过流量计参数的大数据实现对质量流量计的定性分析，实现流量计的预防性维护和全生命周期管理，在提高企业计量技术水平、计量出厂效率方面取得了很好的效果。

参 考 文 献

1　唐伟丽 . 定量装车系统在乙烯工程化工西区公路装车站的应用 . 2010，48（3）：54-56.

2　麦瑶娣 . 浅议液化石油气装车流速及装车口径 . 化工设计，2009，19（1）：37-38.

3　范立勇 . 液化气定量灌装系统 . 工业计量，2013，23（1）：35-36.

4　崔广伟 . 质量流量计远程智能诊断系统的开发和应用 . 石油化工自动化，2018，54（6）：59-62.

5　陈天运 . 赵宁社 . MODBUS 与 CANBUS 总线在环保物联网的现场应用研究 . 软件工程师，2014，17（6）：3-4.

6　GB 13348—2009　液体石油产品静电安全规程 .

减温减压器国产化攻关应用

叶圣鹏

（中国石化镇海炼化分公司仪表和计量中心，浙江宁波　315207）

摘　要　本文阐述了中国石化镇海炼化分公司3#动力中心的中压减温减压器的运行现状及存在的问题，提出减温减压器国产化攻关工作，并针对目前所存在的阀体减温混合处喷嘴掉落、阀芯套筒开裂、阀杆断裂、内漏、小开度不可调等问题，开展减温减压器研制工作，从而优化减温减压器结构设计，以满足工艺上的要求。

关键词　减温减压；中压蒸汽；低压蒸汽；减压阀；用气量；自动调节；国产化

1　减温减压器简介

1.1　减温减压器的工作原理

减温减压阀是采用控制阀体内的启闭件的开度来调节介质的流量，将介质的压力降低，同时借助阀后压力的作用调节启闭件的开度，使阀后压力保持在一定范围内，并在阀体内或阀后喷入冷却水，将介质的温度降低，这种阀门称为减压减温阀。

减温装置是利用航空动力学技术专门设计的减温水雾化装置，采用流体自身动力降低设备功耗，减温水即被粉碎成雾状水珠与蒸汽混合迅速完全蒸发，从而达到降低蒸汽温度的作用。

3#动力中心的一套减温减压器的主要任务是将蒸汽管网中的高压蒸汽（温度540℃、压力10MPa），减温减压为中压蒸汽（温度420℃、压力4.4MPa），后送至用户使用。负责厂区中压蒸汽供给和低压蒸汽管网的压力调节。

1.2　减温加压器蒸汽减压节能原理

随着蒸汽压力的降低，蒸汽的蒸发潜热升高。所以蒸汽输送的原则是高压过热输送，低压饱和使用，因此蒸汽入户必须设减压站。

2　减温减压器现状分析及需解决的难题

3#动力中心原来是使用的减温减压器是德国HORA公司生产的进口阀门，目前该阀门使用年限已有17年了。该阀门存在阀体减温混合处喷嘴掉落、阀芯套筒开裂、阀杆断裂、内漏、小开度不可调等问题。为了解决以上问题，公司与无锡市亚迪流体控制技术有限公司开展减温减压器共同研制工作，推进高温高压阀门国产化进程。

目前存在需解决的难题：

（1）阀门最大调节压差5.6MPa（G），选用何种减压方式，如何保护迷宫套筒。

（2）阀门关闭压差6MPa（G），如何优化阀座密封结构保证好于Ⅴ级泄漏等级。

（3）蒸汽可调比大，如何实施减压阀大可调比结构设计，满足小开度下可调。

（4）如何设计减温喷头结构型式以做到：喷头小流量雾化，无水滴产生从而做到减温混合管道不开裂。

（5）如何进行可靠设计，以确保阀芯阀杆连接可靠、不断裂。

（6）减压阀的高温膨胀、阀门卡涩、调节端振问题计算模型及高温试验。

（7）冷热交变温差下及减压阀开启瞬间阀内件的水击破坏问题。

（8）阀体、内件、喷头部分材料选择匹配问题，材料焊接、堆焊工艺问题。

3　减温减压器结构设计

为了解决以上问题，对减温减压器的结构进行重新设计，来满足工艺控制品质。

3.1　阀盖自密封结构（见图1）

自密封结构阀盖最适合高温高压场合：

作者简介：叶圣鹏（1989—），男，2015年毕业于宁波工程学院电气工程及自动化专业，助理工程师，现从事化工生产运行技术工作。

（1）自密封阀盖结构设计，确保阀盖处密封。

（2）高强度预紧螺栓，确保预紧力。

（3）矩形高密度柔性石墨自密封环，确保导向且压缩量最小。

（4）自密封处各零件强度计算按照 MSS - SP-144 进行。

（5）填料采用进口 Garlock 低泄漏填料+动态密封结构，确保填料密封可靠。

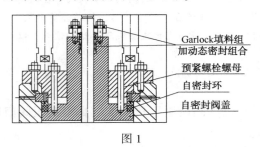

图1

3.2　内件压紧结构 (见图2)

自内件压紧结构适合高温高压场合：

（1）内件采用螺钉压紧结构设计，确保内件压紧力

（2）压紧螺钉承受压应力而不是拉伸应力，在高温工况也不会出现应力松弛，确保内件固定牢靠。

（3）独特的自锁式防松结构设计，防松环与防松螺钉配合，确保内件在任何工况下都没有松动的可能。

（4）压圈与阀体配合，压圈两端设置导向环。

（5）中部留有间隙，有利于导向。

（6）压紧结构，充分减小了调节死区。

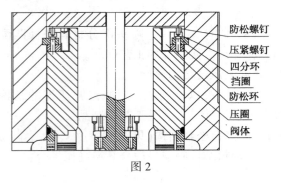

图2

3.3　调节组合套筒结构 (见图3)

调节组合套筒设计确保了高压差蒸汽介质

的调节：

（1）迷宫套筒+多孔式保护套筒设计，介质通过保护套筒流入迷宫套筒，迷宫入口圆周方向介质更加均匀，不仅有效地保护了钎焊套筒，也更好地满足了高压差的调节。

（2）多孔式保护套筒设计，两个套筒之间增加键连接，更加可靠，有效地减少了介质对迷宫套筒的冲击。

（3）保护套筒与压圈焊接，底部与迷宫套筒组焊，内件完整的组合。

（4）成为一体结构，确保了内外套筒的牢固连接。

（5）保护套筒、迷宫套筒、压圈组焊成整体后精加工，有效地消除了累计误差，确保了套筒在调节过程中的稳定性。

（6）整体式内件设计，为后期捡维修创造了良好的前提条件。

（7）解决了多个零件组合结构检修困难问题。

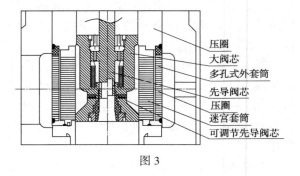

图3

3.4　迷宫组合套筒结构 (见图4)

迷宫组合套筒设计确保了高压差蒸汽介质的调节：

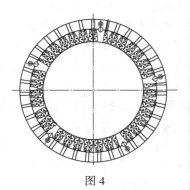

图4

（1）严格的迷宫拐角设计，确保了迷宫出

口流速的降低，降低了噪声并延长了使用寿命。

（2）外套筒长条槽保护迷宫套筒设计，确保了迷宫套筒的安全。

（3）ISA 严格的 C_v 值计算+流量试验，确保了流通能力的准确性和冗余度。

3.5　多孔式分流阀座结构（见图5）

多孔式分流阀座有利于高压差蒸汽介质的调节：

（1）阀座采用多孔式分流结构设计，降低了阀座出口流速，使出口减压蒸汽流动均匀，同时降低了噪声。

（2）阀座底板与阀座连接采用台阶限位+焊接的方式，确保了连接可靠性。

（3）阀座与阀体连接采用上下导向+中间虚空设计，确保了阀座与阀体的充足导向性，并且有利于热传导快速传递到阀座及阀芯下部，减少大阀芯开启瞬间的热击现象。

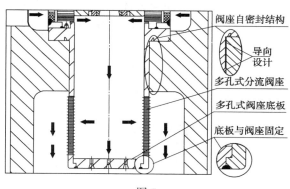

图 5

3.6　阀座密封结构（见图6）

先导阀芯结构+自密封阀座密封环结构确保了高压差下的密封，可以满足 V 级以上要求：

（1）先导阀芯结构关闭时，大阀芯上部阀前压力产生自密封效果，确保了密封等级。

（2）阀座下部金属自密封环结构确保了阀座与阀体的密封。自密封环采用 Inconel 合金+弹簧结构设计，在不同温度下均保持良好弹性，采用线密封，需要预压紧力小，阀门关闭时，螺栓预紧力+活塞面积辅助自密封。

（3）先导阀芯处密封面为金属线密封结构，确保密封。

3.7　大可调比结构（见图7）

先导阀芯可调流量结构是大可调比流量曲线的核心关键和技术：

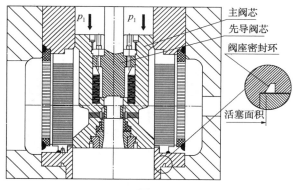

图 6

（1）先导阀芯可调结构设计，是确保大可调比流量曲线的关键，也是最大的难点。

（2）先导阀芯的上腔压力卸放孔与先导阀芯流量调节孔分开设计，既确保了先导阀芯打开时，大阀芯上部的压力释放，又保证了先导阀芯具有最大限度的可调 C_v 值。

（3）多片碟簧设计，既杜绝了大阀芯调节过程中的喘振现象，又确保了先导阀芯的行程。

（4）先导阀芯流量曲线可设计成改良等百分比曲线。

（5）多孔套筒与小阀座一体设计+底部碟形弹簧支撑，弹簧力克服平衡密封环摩擦力使小阀座上下有小浮动量，当先导阀芯关闭时，确保了小阀芯与小阀座有足够密封力，也是保证阀门 V 级泄漏的关键技术。

3.8　雾化喷头设计（见图8）

弹簧背压式结构+内衬管结构，确保小流量蒸汽下的喷水雾化，也确保了大可调比的实现：

（1）簧背压式结构，喷头行程随着喷水量的变化而变化，喷水的水滴直径小，喷出后雾化效果好。

（2）背压式喷头具有止回阀功能，可以有效防止蒸汽返串到减温水环管。

（3）环绕喷头为可拆卸式结构，为高压自密封结构，方便更换和清洗喷头组件。

（4）环绕喷头布置在管道上，适合大口径、大流量蒸汽场合。

（5）小流量蒸汽调节时，由于蒸汽流速小于 8m/s，达不到韦伯数 12 以上，很难充分雾化，可能会有水滴落在管道上，容易造成混合管道的内壁破坏。

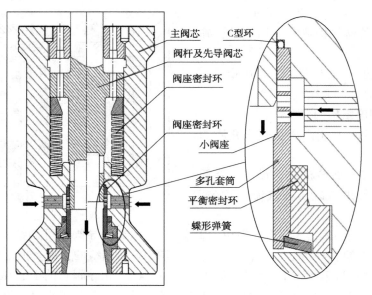

图 7

（6）混合管道与阀门采用整体式设计，且与阀门具有相同的压力等级，消除温度变化时因壁厚不均产生的内应力，一体式设计使混合管道处没有焊缝，有效避免了混合管道（焊缝）热应力问题。

（7）内衬管设计：减小流通面积，增加流速，优化雾化效果；防止水滴接触阀体内表面而产生热应力损坏管壁；在衬管与阀体内壁之间，过热蒸汽未与减温水混合，形成过热蒸汽保护层，有利于防止水滴接触阀体内壁。

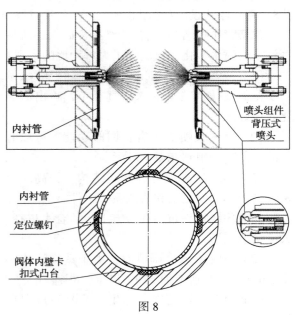

图 8

3.9　阀芯阀杆连接（见图 9）

先导阀芯与阀杆为整体结构，与大阀芯通过碟簧+带止转销钉的限位板设计确保了阀芯阀杆连接的可靠性：

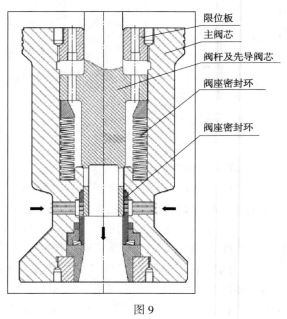

图 9

（1）先导阀芯为整体式结构，材料为 Inc.718，没有焊接和螺纹，确保了可靠性。

（2）先导阀芯和大阀芯连接为活动连接，下部采用碟簧自撑开设计，确保了大阀芯动作过程中无喘振现象。

（3）先导阀芯上部的行程限位板与大阀芯

连接采用螺纹+骑缝销钉连接固定,同时先导阀芯外圆接触面大,确保了打开大阀芯时的安全性。

4　确定减温减压器及YD710H系列减温减压器优点

通过以上的结构设计分析,我们选定了亚迪YD710H系列减温减压器作为3#动力中心Ⅰ套中压减温减压器。

YD710H系列减温减压器在设计制造过程中充分考虑了汽机旁路系统的主要问题,能够适应各种恶劣工况。优质的电厂减温减压阀门应当具有不泄漏、调节平稳、调节范围宽、低噪声、长使用寿命、少备件及免维护的特点。为了达到上述要求,旁路阀在高温差、高压差、双介质调节和快速启动这4个方面做了针对性的设计。

4.1　高温差(主汽阀在400~500℃左右)

设计上重点解决热膨胀、应力集中问题,核心问题是解决材料热胀冷缩:

(1)阀壳整体锻材,机加工成热应力最小的弧型(在保证强度的条件下制造最薄、最轻的阀壳,最大程度减少热应力、提高阀门寿命)。

(2)弹性超长阀座设计(同轴度高,吸收热膨胀,减小热应力对阀座破坏,减少泄漏)。

(3)汽模过渡、可更换式弹簧预紧喷嘴(减小热应力集中,便于更换,有逆止功能,提高水阀抗汽蚀性)。

(4)多级套筒特种焊接方式(消除冷热膨胀造成套筒开焊脱落)。

4.2　高压差

设计上应重点解决振动和噪声控制问题,核心问题是流速控制及流动均匀:

(1)多级套筒(保证压力是分级降低,控制内部流速,减小噪声和振动)。

(2)采用角式阀和外笼+内笼双阀芯或迷宫式阀芯(尽量使介质减压时流向合理,流动均匀,不产生侧旋)。

(3)空芯罐砂支架。

4.3　快速启动

设计上重点解决减小冲击,核心问题是保证泄漏等级情况下使用小推力阀芯:

(1)使用先导阀芯,减少推拉力(先导阀芯是

非平衡式阀芯力的1/3,同时保证泄漏级为Ⅴ)。

(2)量身订购的执行机构(推拉力恰到好处,保护阀座)。

(3)设计好预热和疏水系统(安全措施,提高使用寿命)。

4.4　双介质同时调节

设计上重点解决调节比,核心问题是喷水方法和喷水部位:

(1)喷水截面自动调节喷嘴(原始水滴细小,雾化好)。有两种类型的喷嘴供选择,背压式锥型喷嘴和螺旋喷嘴。背压式锥型喷嘴装有预紧弹簧,可以根据水压自动调节喷嘴大小,在大流量和小流量时都能喷出均匀的水雾;螺纹喷嘴没有内部结构,不易堵塞,喷淋的分层界面多,可实现多层喷淋。两种喷嘴的结合使用极大地提高了喷嘴的可调比。

(2)喷嘴和多级套筒组成最佳雾化模式(保证水不喷激到阀内部件和管壁上)。

4.5　执行机构配置灵活,控制方案按需定制

YD710H系列减温减压器可以按照用户的要求,灵活配置电动、气动或者电液联动执行机构,能够实现快速动作和平稳调节,快开速度可以达到2s以内,满足汽机旁路和其他各种特殊要求。

控制方案可以采取反馈控制、前馈控制或者其他各种逻辑控制,以满足汽机平稳启动、负荷调节、跳闸保护等工艺和设备的各种特殊要求。

5　结束语

通过高压减温减压器的国产化升级改造,提高了国内制造企业的技术水平及制造能力,促进了国内阀门企业的资源整合能力、开发创造力、设计攻关力等。阀门国产化是大势所趋,不仅能打破进口阀门的垄断,更是推进民族工业发展的催化剂,是功在当代利在千秋的大事。

参　考　文　献

1　李红梅.论新型减温减压器中减温系统的优越性[J].锅炉制造,2001(3):17-18,74.

2　雍丽英,孙福才,张永标.新型减温减压器结构设计及研究[J].科技创新与应用,2015(18):11-12.

3　周勇,王敏.减温减压装置中减温器结构的设计与研究[J].锅炉制造,2004(4):58-59.

浅谈奥氏体不锈钢的焊接特点及焊条选用

顾益军

（中国石化上海石油化工股份有限公司涤纶部，上海　200540）

摘　要　简要介绍奥氏体不锈钢在焊接不同材料和处于不同工作环境条件时焊条的选用原则方法，表明了只有工艺措施和焊条选用合理，才可以焊接出完美的焊缝。

关键词　奥氏体不锈钢；缺陷；产生原因；防治措施；焊条选用

不锈钢在航空、石油、化工和原子能等工业中得到日益广泛的应用，不锈钢按化学成分分为铬不锈钢、铬镍不锈钢，按组织分为铁素体不锈钢、马氏体不锈钢、奥氏体不锈钢和奥氏体-铁素体双相不锈钢。在不锈钢中，奥氏体不锈钢（18-8型不锈钢）比其他不锈钢具有更优良的耐腐蚀性，强度较低，而塑性、韧性极好，焊接性能良好，其主要用作化工容器、设备和零件等，它是目前工业上应用最广的不锈钢。虽然奥氏体不锈钢有诸多优点，但是若焊接工艺不正确或焊接材料选用不当，会产生很多缺陷，最终影响使用性能。

1　奥氏体不锈钢的焊接特点

1.1　容易出现热裂纹

奥氏体不锈钢在焊接时热裂纹是比较容易产生的缺陷，包括焊缝的纵向和横向裂纹、火口裂纹、打底焊的根部裂纹和多层焊的层间裂纹等，特别是含镍量较高的奥氏体不锈钢更容易产生。

1）产生原因

（1）奥氏体不锈钢的液、固相线的区间较大，结晶时间较长，且单相奥氏体结晶方向性强，所以杂质偏析比较严重。

（2）导热系数小，线膨胀系数大，焊接时会产生较大的焊接内应力（一般是焊缝和热影响区受拉应力）。

（3）奥氏体不锈钢中的成分如 C、S、P、Ni 等，会在熔池中形成低熔点共晶。例如，S 与 Ni 形成的 Ni_3S_2 熔点为 645℃，而 $Ni-Ni_3S_2$ 共晶体的熔点只有 625℃。

2）防止措施

（1）采用双相组织的焊缝　尽量使焊缝金属呈奥氏体和铁素体双相组织，铁素体的含量控制在 3%～5% 以下，可扰乱奥氏体柱状晶的方向，细化晶粒，并且铁素体可以比奥氏体溶解更多的杂质，从而减少了低熔点共晶物在奥氏体晶界的偏析。

（2）焊接工艺措施　在焊接工艺上尽量选用碱性药皮的优质焊条，采用小线能量、小电流、快速不摆动焊，收尾时尽量填满弧坑及采用氩弧焊打底等，可减小焊接应力和弧坑裂。

（3）控制化学成分　严格限制焊缝中 S、P 等杂质含量，以减少低熔点共晶。

1.2　晶间腐蚀

晶间腐蚀是产生在晶粒之间的腐蚀，其导致晶粒间的结合力丧失，强度几乎完全消失，当受到应力作用时，即会沿晶界断裂。

1）产生原因

根据贫铬理论，焊缝和热影响区在加热到 450～850℃敏化温度（危险温度区）时，由于 Cr 原子半径较大，扩散速度较小，过饱和的碳向奥氏体晶粒边界扩散，并与晶界的铬化合物在晶界形成 $Cr_{23}C_6$，造成贫铬的晶界，不足以抵抗腐蚀的程度。

2）防止措施

（1）控制含碳量　采用低碳或超低碳［$W(C)\leq0.03\%$］不锈钢焊接焊材，如 A002 等。

（2）添加稳定剂　在钢材和焊接材料中加入 Ti、Nb 等与 C 亲和力比 Cr 强的元素，能够与 C 结合成稳定碳化物，从而避免在奥氏体晶界造成贫铬。常用的不锈钢材和焊接材料都含有 Ti、Nb，如 1Cr18Ni9Ti、1Cr18Ni12MO2Ti 钢材、E347-15 焊条、H0Cr19Ni9Ti 焊丝等。

（3）采用双向组织　由焊丝或焊条向焊缝中熔入一定量的铁素体形成元素，如 Cr、Si、AL、MO 等，以使焊缝形成奥氏体+铁素体的双相组织，因为 Cr 在铁素体内的扩散速度比在奥氏体中快，因此 Cr 在铁素体内较快地向晶界扩散，减轻了奥氏体晶界的贫铬现象。一般控制焊缝金属中铁素体含量为 5%～10%，如铁素体过多，会使焊缝变脆。

（4）快速冷却　因为奥氏体不锈钢不会产生淬硬现象，所以在焊接过程中，可以设法增加焊接接头的冷却速度，如焊件下面用铜垫板或直接浇水冷却。在焊接工艺上，可以采用小电流、大焊速、短弧、多道焊等措施，缩短焊接接头在危险温度区停留的时间，以免形成贫铬区。

（5）进行固溶处理或均匀化热处理　焊后把焊接接头加热到 1050～1100℃，使碳化物又重新溶解到奥氏体中，然后迅速冷却，形成稳定的单相奥氏体组织。另外，也可以进行 850～900℃保温 2h 的均匀化热处理，此时奥氏体晶粒内部的 Cr 扩散到晶界，晶界处 Cr 量又重新达到了大于 12%，这样就不会产生晶间腐蚀了。

1.3　应力腐蚀开裂

应力腐蚀开裂是金属在应力和腐蚀性介质共同作用下发生的腐蚀破坏。根据不锈钢设备与制件的应力腐蚀断裂事例和试验研究，可以认为：在一定静拉伸应力和在一定温度条件下的特定电化学介质共同作用下，现有的不锈钢均有产生应力腐蚀的可能。应力腐蚀最大特点之一是腐蚀介质与材料的组合具有选择性。容易引起奥氏体不锈钢应力腐蚀的主要是盐酸和氯化物含有氯离子的介质，还有硫酸、硝酸、氢氧化物（碱）、海水、水蒸气、H_2S 水溶液、浓 $NaHCO_3+NH_3+NaCl$ 水溶液等介质等。

1）产生原因

应力腐蚀开裂是焊接接头在特定腐蚀环境下受拉伸应力作用时所产生的延迟开裂现象。奥氏体不锈钢焊接接头的应力腐蚀开裂是焊接接头比较严重的失效形式，表现为无塑性变形

的脆性破坏。

2）防止措施

（1）合理制定成形加工和组装工艺　尽可能减小冷作变形度，避免强制组装，防止组装过程中造成各种伤痕（各种组装伤痕及电弧灼痕都会成为 SCC 的裂源，易造成腐蚀坑）。

（2）合理选择焊材　焊缝与母材应有良好的匹配性，不产生任何不良组织，如晶粒粗化及硬脆马氏体。

（3）采取合适的焊接工艺　保证焊缝成形良好，不产生任何应力集中或点蚀的缺陷，如咬边等，采取合理的焊接顺序，降低焊接残余应力水平。例如，避免十字交叉焊缝、Y 形坡口改为 X 形坡口、适当减小坡口角度、采用短焊焊道、采用小线能量。

（4）消除应力处理　焊后热处理，如焊后完全退火或退火；在难以实施热处理时采用焊后锤击或喷丸等。

（5）生产管理措施　介质中杂质的控制，如液氨介质中的 O_2、N_2、H_2O 等，液化石油气中的 H_2S，氯化物溶液中的 O_2、Fe^{3+}、Cr^{6+} 等；防蚀处理，如涂层、衬里或阴极保护、添加缓蚀剂等。

1.4　焊接接头的脆化

奥氏体不锈钢的焊缝在高温加热一段时间后，就会出现冲击韧度下降的现象，称为脆化。

1）焊缝金属的低温脆化（475℃脆化）

（1）产生原因

含有较多铁素体的相（超过 15%～20%）的双相焊缝组织，经过 350～500℃加热后，塑性和韧性会显著下降，由于 475℃时脆化速度最快，故称为 475℃脆化。对于奥氏体不锈钢焊接接头，耐蚀性或抗氧化性并不总是最为关键的性能，在低温使用时，焊缝金属的塑韧性就成为关键性能。为了满足低温韧性的要求，焊缝组织通常希望获得单一的奥氏体组织，避免 δ 铁素体的存在。δ 铁素体的存在，总是恶化低温韧性，而且含量越多，这种脆化越严重。

（2）防治措施

① 在保证焊缝金属抗裂性能和抗腐蚀性能的前提下，应将铁素体相控制在较低的水平，约 5%左右。

②已产生475℃脆化的焊缝，可经900℃淬火消除。

2）焊接接头的σ相脆化

（1）产生原因

奥氏体不锈钢焊接接头在375～875℃温度范围内长期使用，会产生一种FeCr间化合物，称为σ相。σ相硬而脆（HRC>68）。由于σ相析出的结果，使焊缝冲击韧度急剧下降，这种现象称为σ相脆化。σ相一般仅在双相组织焊缝内出现；当使用温度超过800～850℃时，在单相奥氏体焊缝中也会析出σ相。

（2）防止措施

①限制焊缝金属中的铁素体含量（小于15%）；采用超合金化焊接材料及高镍焊材，并严格控制Cr、Mo、Ti、Nb等元素的含量。

②采用小规范，以减小焊缝金属在高温下的停留时间。

③对已析出的σ相在条件允许时进行固溶处理，使σ相溶入奥氏体。

④把焊接接头加热到1000～1050℃，然后快速冷却。σ相在1Cr18Ni9Ti钢中一般不会产生。

3）熔合线脆断

（1）产生原因

奥氏体不锈钢在高温下长期使用，在沿熔合线外几个晶粒的地方，会发生脆断现象。

（2）防治措施

在钢中加入Mo能提高钢材抗高温脆断的能力。

通过以上分析可知，只要合理选择以上的焊接工艺措施或焊接材料都可以避免以上焊接缺陷的产生。奥氏体不锈钢具有优良的焊接性，几乎所有的焊接方法都可用于奥氏体不锈钢的焊接。在各种焊接方法中焊条电弧焊具有适应各种位置与不同板厚的优点，应用非常广泛。下面着重分析一下奥氏体不锈钢焊条在不同用途下的选用原则和方法。

2 奥氏体不锈钢的焊条选用要点

不锈钢主要用于耐腐蚀钢，但也用作耐热钢和低温钢。因此，在焊接不锈钢时，焊条的性能必须与不锈钢的用途相符。不锈钢焊条必须根据母材和工作条件（包括工作温度和接触介质等）来选用（见表1）。

表1 不锈钢不同钢材牌号和焊条型号、牌号对照表

钢材牌号	焊条型号	焊条牌号	焊条公称成分	备 注
0Cr18Ni11 0Cr19Ni11	E308L-16	A002	00Cr19Ni10	
00Cr17Ni14Mo2 00Cr18Ni5Mo3Si2 00Cr17Ni13Mo3	E316L-16	A022	00Cr18Ni12Mo2	良好的耐热、耐腐蚀、抗裂性
00Cr18Ni14Mo2Cu2	E316Cu1-16	A032	00Cr19Ni13Mo2Cu	
00Cr22Ni5Mo3N	E309Mo1-16	A042	00Cr23Ni13Mo2	
00Cr18Ni24Mo5Cu	E385-16	A052	00Cr18Ni24Mo5	焊缝耐甲酸、醋酸、氯离子腐蚀性能
0Cr19Ni9 1Cr18Ni9Ti	E308-16	A102	0Cr19Ni10	钛钙型药皮
1Cr19Ni9 0Cr18Ni9	E308-15	A107	0Cr19Ni10	低氢形药皮
0Cr18Ni9	—	A122	—	

续表

钢材牌号	焊条型号	焊条牌号	焊条公称成分	备　注
0Cr18Ni11Ti	E347-16	A132	0Cr19Ni10Nb	具有优良的抗晶间腐蚀能力
0Cr18Ni11Nb 1Cr18Ni9Ti	E347-15	A137	0Cr19Ni10Nb	
0Cr17Ni12Mo2 00Cr17Ni13Mo2Ti	E316-16	A202	0Cr18Ni12Mo2	
1Cr18Ni12Mo2Ti 00Cr17Ni13Mo2Ti	E316Nb-16	A212	0Cr18Ni12Mo2Nb	比 A202 有更好的抗晶间腐蚀能力
0Cr18Ni12Mo2Cu2	E316Cu-16	A222	0Cr19Ni13Mo2Cu2	由于含 Cu，所以在硫酸介质中很耐酸
0Cr19Ni13Mo3 00Cr17Ni13Mo3Ti	E317-16	A242	0Cr19Ni13Mo3	Mo 含量高，抗非氧化性酸、有机酸性能佳
1Cr23Ni13 00Cr18Ni5Mo3Si2	E309-16	A302	1Cr23Ni13	异种钢、高铬钢、高锰钢等
00Cr18Ni5Mo3Si2	E309Mo-16	A312	1Cr23Ni13Mo2	
1Cr25Ni20	E310-16	A402	2Cr26Ni21	用于硬化性大铬钢和异种钢
1Cr18Ni9Ti	E310-15	A407		低氢形药皮
Cr16Ni25Mo6	E16-25MoN-16	A502		
Cr16Ni25Mo6	E16-25MoN-15	A507		

2.1　要点一

一般来说，焊条的选用可参照母材的材质，选用与母材成分相同或相近的焊条。例如 A102 对应 0Cr18Ni9，A137 对应 1Cr18Ni9Ti。

2.2　要点二

由于碳含量对不锈钢的抗腐蚀性能有很大的影响，因此，一般选用熔敷金属含碳量不高于母材的不锈钢焊条。例如 316L 必须选用 A022 焊条。

2.3　要点三

奥氏体不锈钢的焊缝金属应保证力学性能。可通过焊接工艺评定进行验证。

2.4　要点四（奥氏体耐热钢）

对于在高温工作的耐热不锈钢（奥氏体耐热钢），所选用的焊条主要应能满足焊缝金属的抗热裂性能和焊接接头的高温性能。

（1）对 Cr/Ni ≥ 1 的奥氏体耐热钢，如 1Cr18Ni9Ti 等，一般均采用奥氏体-铁素体不锈钢焊条，以焊缝金属中含 2%～5% 铁素体为宜。

铁素体含量过低时，焊缝金属抗裂性差；若过高，则在高温长期使用或热处理时易形成 σ 脆化相，造成裂纹。例如 A002、A102、A137。在某些特殊的应用场合，可能要求采用全奥氏体的焊缝金属时，可采用 A402、A407 焊条等。

（2）对 Cr/Ni < 1 的稳定型奥氏体耐热钢，如 Cr16Ni25Mo6 等，一般应在保证焊缝金属具有与母材化学成分大致相近的同时，增加焊缝金属中 Mo、W、Mn 等元素的含量，使得在保证焊缝金属热强性的同时，提高焊缝的抗裂性，如采用 A502、A507。

2.5　要点五（耐蚀不锈钢）

对于在各种腐蚀介质中工作的耐蚀不锈钢，则应按介质和工作温度来选择焊条，并保证其耐腐蚀性能（做焊接接头的腐蚀性能试验）。

（1）对于工作温度在 300℃ 以上、有较强腐蚀性的介质，须采用含有 Ti 或 Nb 稳定化元素或超低碳不锈钢焊条，如 A137 或 A002 等。

（2）对于含有稀硫酸或盐酸的介质，常选

用含 Mo 或含 Mo、Cu 的不锈钢焊条，如 A032、A052 等。

（3）工作环境腐蚀性弱或仅为避免锈蚀污染的设备，方可采用不含 Ti 或 Nb 的不锈钢焊条。为保证焊缝金属的耐应力腐蚀能力，采用超合金化的焊材，即焊缝金属中的耐蚀合金元素（Cr、Ni 等）含量高于母材，如采用00Cr18Ni12Mo2 类型的焊接材料（如 A022）焊接00Cr19Ni10 焊件。

2.6　要点六

对于在低温条件下工作的奥氏体不锈钢，应保证焊接接头在使用温度的低温冲击韧性，故采用纯奥氏体焊条，如 A402、A407。

2.7　要点七

也可选用镍基合金焊条，如采用 Mo 达 9%的镍基焊材焊接 Mo6 型超级奥氏体不锈钢。

2.8　要点八

焊条药皮类型的选择：

（1）由于双相奥氏体钢焊缝金属本身含有一定量的铁素体，具有良好的塑性和韧性，从焊缝金属抗裂性角度进行比较，碱性药皮与钛钙型药皮焊条的差别不像碳钢焊条那样显著。因此在实际应用中，从焊接工艺性能方面着眼较多，大都采用药皮类型代号为 17 或 16 的焊条（如 A102A、A102、A132 等）。

（2）只有在结构刚性很大或焊缝金属抗裂性较差（如某些马氏体铬不锈钢、纯奥氏体组织的铬镍不锈钢等）时，才可考虑选用药皮代号为15 的碱性药皮不锈钢焊条（如 A107、A407等）。

3　结论

综上所述，奥氏体不锈钢的焊接是有其特点的，奥氏体不锈钢在焊接时焊条选用尤其值得注意。通过长时间的实践证明，采用上述措施能达到针对不同材料实施不同的焊接方法和选用不同材料的焊条，不锈钢焊条必须根据母材和工作条件（包括工作温度和接触介质等）来选用，这样才有可能能达到所预期的焊接质量。

参 考 文 献

1　张士相．培训教程焊工（初级技能、中级技能、高级技能）［M］．北京：中国劳动社会保障出版社，2006.
2　丁建生．金属学与热处理［M］．北京：机械工业出版社，2004.
3　王长忠．高级焊工工艺［M］．北京：中国劳动社会保障出版社，2006.

大型机组三维仿真智能化培训系统建设应用

俞文兵

（中国石化上海石油化工股份有限公司，上海　200540）

摘　要　针对企业大机组培训需要，选择企业实际机组，应用三维技术、大数据、云计算等信息技术，开发建设大机组三维培训系统，实现人机互动仿真培训，开创了一种全新的培训模式。本文主要介绍该系统内涵及应用功能，系统开发的技术路线和做法，以及系统运行所取得的效果，为未来企业实现智能化三维仿真培训提供了一次最佳实践。

关键词　大机组；三维仿真；智能化；网络培训

炼化行业中，最为关键与核心的设备就是大型压缩机组，大型机组的稳定运行，直接关系到生产装置安全、稳定、长周期、满负荷、正常运行。大型机组一旦发生故障或者事故，对本装置甚至整个生产流程上的多套装置都会造成严重影响，轻则降低生产负荷，重则造成多套关联装置的非计划停工。维护大型机组安全运行是保障装置安全生产的基础要求，是保证企业经济效益的重要环节，做好炼化企业大型机组的管理工作，是炼化企业设备管理工作的核心内容。上海石化公司现有各类大型机组99台套，其中A类（公司级关键）机组44台套，B类机组55台套，包括离心压缩机、往复压缩机、螺杆压缩机、轴流式压缩机、蒸汽轮机、烟气轮机、发电机组等。

1　背景

1.1　企业开展大机组技术培训的需要

近年来，中国石化越来越重视装置的长周期运行，炼化企业生产装置运行周期不断延长，取得了很好的经济效益和社会效益。装置的长周期运行必然要求大型机组的长周期运行，大型机组的管理工作需要多个不同专业人员的参与，而这些人员的业务素质也是机组稳定运行的关键。加强技术人员的岗位培训是提高大型机组运行可靠性、减少人为因素造成设备故障的关键手段。大型机组运行周期的不断延长，使得大型机组解体检修、开停机操作次数的减少，很多新员工甚至工作几年的老员工都缺少参与机组检修、开停机操作的学习机会，很难

实现知识经验的自我积累，需要进行专门的培训。但目前由于培训资源和培训手段的限制，大部分人员都是通过相关书籍资料自学、资深专家言传身教、参加企业组织的短期培训等方式学习。这些传统的培训模式或成本较高，或周期较长，更重要的是很难达到预期的效果，亟需一种涵盖大型机组各个业务方面、直观有效的培训模式，能够对机组相关的各个岗位人员进行专业、系统地培训。建设大型机组三维培训系统是优化培训工作、提高培训效率、提升培训质量和效果、减少培训成本和员工学习时间的重要途径。

1.2　总部开发建设大机组管理及培训系统的需要

集团公司近些年在设备运行和维护方面的管理水平显著提升，有效保障了生产装置的长周期运行。长周期运行在提升装置生产效益的同时，也使企业生产运行团队对作为装置最核心的大型机组运行管理提出了更高的要求。为进一步规范和全面提升集团公司各企业大型机组管理水平，总部开发建设了大机组管理及培训系统，建立统一的管理平台，综合各分公司大型机组管理经验，通过信息化技术和实现手段，对大型机组管理信息数据进行集成、展示和共享，实现总部集中、统一管理。系统共包括综合管理、运行管理、状态监测、互动平台、移动应用、机组培训、运维检修、故障管理和应急管理等九个功能管理模块。其中机组培训模块，因设备结构复杂、专业技术难度高、内

容复杂信息量大、涉及面广，最终确定以上海石化为试点企业，指定催化装置富气压缩机组、重整装置循环氢压缩机组为原型构建机组三维工艺仿真培训系统，开展本体及附属设施三维建模、研发机组培训相关业务应用。系统开发完成后，纳入总部大机组管理及培训系统，也为我公司打造中石化大机组培训基地提供技术支持、打下良好基础。

1.3　三维技术、大数据、云计算等信息技术为系统开发建设提供技术支持

虚拟现实技术（Virtual Reality），又称灵境技术，是 20 世纪 90 年代为科学界和工程界所关注的技术。它的兴起，为人机交互界面的发展开创了新的研究领域，为智能工程的应用提供了新的界面工具，为各类工程的大规模的数据可视化提供了新的描述方法。这种技术的特点在于，计算机产生一种人为虚拟的环境，这种虚拟的环境是通过计算机图形构成的三度空间，或是把其他现实环境编制到计算机中去产生逼真的"虚拟环境"，从而使得用户在视觉上产生一种沉浸于虚拟环境的感觉。进入 20 世纪 90 年代，迅速发展的计算机硬件技术与不断改进的计算机软件系统相匹配，使得基于大型数据集合的声音和图像的实时动画制作成为可能；人机交互系统的设计不断创新，新颖、实用的输入输出设备不断地进入市场。正是因为虚拟现实系统极其广泛的应用领域，如娱乐、军事、航天、设计、生产制造、信息管理、商贸、建筑、医疗保险、危险及恶劣环境下的遥控操作、教育与培训、信息可视化以及远程通信等，使人们对迅速发展中的虚拟现实系统的广阔应用前景充满了憧憬与兴趣。

2　内涵

系统以我公司 350 万吨/年重油催化裂化装置的富气压缩机（MCL 水平剖分式）和 3#重整装置的循环氢压缩机（BCL 筒式）两种典型离心压缩机机型，包括汽轮机（型号：NG40/32、NG32/25）作为试点开发机型，基于中国石化智能工厂三维数字化平台，结合压缩机工艺仿真技术，覆盖 PC 端、移动端、VR 端等多平台，开发建立涵盖机组结构原理、机组检修、机组试车、机组操作、机组日常维护、机组异常处

置等理论知识的六个子模块，利用三维仿真结合多媒体的展示方式，对机组上述六大内容进行专业讲解和动态演示，实现面向企业内大型压缩机组管理、技术、操作、检修等人员专业培训的信息系统。

大型机组三维培训系统，基于三维数字化技术和工艺仿真技术相结合，可实现类似大型航空器飞行模拟器的培训方式，用三维平台提供机组操作人员（内外操）、检修人员、管理人员在现场实际工作的模拟培训，完全还原机组现场实际环境和机组结构分解展示；使用工艺仿真平台模拟机组内外操、工艺人员在操作室中使用压缩机控制系统（CCS）控制压缩机开停机、正常运行、事故模拟等工作的操作内容，提高培训的真实感和临场感。降低机组业务培训工作的难度，提升培训趣味性和效果。系统所用三维培训基础平台定制化开发，其包含业务模型、机理模型、三维模型等，对工厂设备、生产过程、工艺流程等进行模型化及数字化的描述。通过信息物理深度的融合，形成一套掌握自主知识产权的，具备模块化、可扩展化的设备三维培训应用平台。这也是系统建设应用的主要特色和创新点。

3　做法

系统创新的整体思路和总体目标为，在各企业大机组专业知识技能和业务培训需求的基础上，建设覆盖针对生产装置管理人员、操作人员、检修人员、运维人员的全业务流程的培训系统，包含机组结构原理、机组检修、机组试车、机组操作、日常维护、异常处置六个方面的培训课程。系统包含讲授模式、实操模式、考核模式，形成从学到练的完整教学过程。系统将机组模型、课程内容应用到不同平台上，包含 PC 端、VR 端、移动端。根据不同平台的特点，优化其应用，发挥各平台的优势，提升教学效果。因为目标用户主要针对入厂不久的年轻技术人员，系统设计要求参考目前网络游戏、手机游戏的交互体验和协同模式，提升应用的实用性、趣味性，提升用户体验可以有效地提高应用的使用黏性，从而达到寓教于乐的目标。

系统于 2018 年底完成系统软件开发及硬件

建设。我公司作为本项目唯一的试点单位，企业领导高度重视。分别从两套试点机型所在的事业部抽调业务水平优秀的工艺管理、设备管理、仪表管理和机组岗位操作、维修骨干人员，以及设动处和 IT 服务中心的专业人员组成联合项目组，积极配合参与到前期现场调研、图纸及随机资料的收集与审核工作，以及大量的现场复核与激光扫描工作，完成全部模型建立和审核工作后，项目启动课程编制工作。为了保证课程质量，项目组人员与设动处、试点作业部专家组织过五场集中会议形式的课程开发工作、十余次前往车间管理人员讲解现场工作步骤及内容的调研工作、百余次远程沟通或电话沟通，最终形成了目前完善的课程文档及三维脚本系。在初步完成两套大机组的三维建模和工艺操作仿真系统建模后，完成培训课程的脚本编制工作，同时组织公司参与开发的试点机组管理专业人员进行系统试运行培训，并收集用户反馈，对系统 BUG 和优化建议进行处理，系统上线试运行。2019 年 5 月系统正式上线，开始面向集团公司各企业招生培训。系统建设完成后可在中国石化集团公司范围内予以推广普及，实现各企业大型机组培训的专业化和统一化，提高机组操作、维修和管理人员的技能水平，减少故障发生，降低维修成本，提高企业经济效益的目的。

3.1　系统软件开发

系统软件开发主要从以下几个方面开展：系统基础架构设计、系统人机交互设计、机组及构筑物三维模型搭建、机组培训系统课程编写、课程三维脚本编制、机组考试题库建立、PC/VR/移动端跨平台设计。详述如下：

1）系统基础架构设计

图 1 就是大型机组三维培训系统的基础架构设计的原理图，机组培训系统需要完整的还原现场机组管理人员、操作人员日常操作、维护大型机组运行的真实情况。所以根据业务实际需要同时满足内操人员和外操人员的工作内容，内操人员的主要工作是在机组操作室内监盘，根据工艺要求控制和调整机组控制系统（CCS）的各控制回路、控制开关、设备启停等工作，并指挥外操人员进行现场设备操作、检查等工作内容，从而保证机组正常运行。外操人员负责日常的巡检、维护、配合内操人员进行设备操作等。培训系统内操人员工作的还原主要依靠仿真系统。仿真系统主要包含硬件仿真工作站和仿真操作站，仿真工作站中运行着三部分系统组件。一部分为仿真模拟平台，该平台为经过优化的工艺流程模拟软件，可以完全模拟大型机组系统完整工艺的运行模型，包含工艺系统、动力蒸汽系统、润滑油系统、干气密封系统的真实工艺流程。另一部分为机组控制系统的下位机，下位机监测机组运行并根据上位机指令控制机组的各个控制单元。最后，仿真工作站中还运行有 OPC 通信服务，该服务支撑仿真系统、机组控制系统、三维数字化系统之间的通信，控制系统的指令通过它作用于机组运行数据模型，机组数据模型工艺量的变化通过它反馈至机组控制系统和三维数字化服务端。上述三部分组件共同组成了仿真工作站平台，它是支撑机组仿真系统的核心。仿真操作站中安装有与现场机组控制系统完全相同的上位机软件，该软件操作内容与方法和现场一致。培训系统外操人员工作的还原主要依靠三维培训系统。三维培训系统主要包含服务端和客户端，服务端上运行有培训系统的全部服务组件，包含三维渲染引擎、培训系统服务组件、三维数字化模型、三维脚本编辑工作和课程相关数据（文字、录音、图像、视频等）。三维客户端中运行有培训系统客户端，实现外操作人模拟现场操作的三维场景和人机交互，例如开关阀门、启停设备等。

2）系统人机交互设计

大型机组三维培训系统所要面对的用户群体大部分为新入职的年轻人，培训系统立项之初就要求系统在满足业务培训需求的前提下，尽量保证趣味性、生动性，寓教于乐，提升年轻用户的使用黏性。所以培训系统人机交互页面参考了目前互联网产品的设计方式，尤其是智能电视、平板电脑应用的人机交互设计逻辑，使枯燥的传统页面变得更加时尚、新颖，操作逻辑更加清晰、简洁（见图 2）。每一项功能均存在多个入口，方便用户使用。新颖的交互方式使用户使用时更加便捷、方便，降低了培训系统上手的学习成本，同时，更容易让年轻人　　接受，提升学习兴趣。

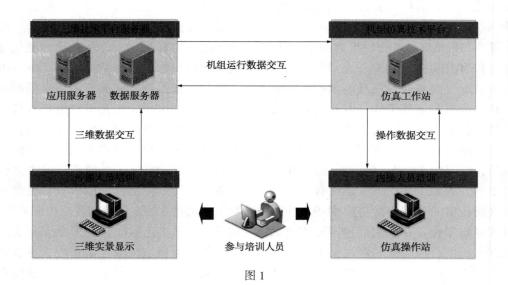

图 1

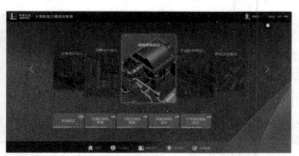
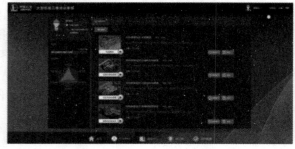

图 2

3）机组及构筑物三维模型搭建

机组系统作为生产装置中最为核心的设备单元，组成部分相对比较复杂，例如催化裂化装置富气压缩机组就包含机组本体(压缩机、汽轮机/电机)、工艺系统、动力蒸汽系统、润滑油系统、干气密封系统、级间冷却系统、厂房及构筑物等。需要完成完整的机组系统三维模型建立，并全部达到零部件级精度难度非常大，并且由于系统采用 B/S 架构，模型加载的流程

度需要模型精度控制在一定范围内，并充分优化来减低系统负载。经过项目组与用户的商讨，最终形成如下方案：机组中各子系统三维模型的建立分开进行，由子系统生产制造单位进行三维建模，这样可以保证模型精度的同时，也保证装配关系的正确。另外各子系统模型精度控制在满足业务需求下的最合适粒度，不需要现场解体检修的部分作为组合件形式进行外观建模，这样大大降低了模型的体量。三维模型

建立根据子系统特点进行三种路径的实现：设计建模（正向工程）、图纸建模（正向工程）、激光扫描（逆向工程）。例如机组本体结构复杂，零部件众多，只能采用正向工程方法，利用三维机械设计软件辅以图纸完善。现场厂房、管线、构筑物模型精度要求不高，不需要内部结构模型，所以采用逆向工程激光扫描完成，建模时间周期短。

由于机组系统各部分模型由不同单位进行协同建模，各厂家所使用的建模软件有所差异，包含 PTC-creo、Solidworks、3DMax 等。这就要求机组培训系统所用三维数字化引擎具有较高的兼容性，对不同源模型均能适用。项目组针对原智能工厂三维数字化引擎进行了深度改造，在兼容不同格式模型的同时，保证模型的运行效率和视觉效果。项目组针对不同源模型，根据业务要求，拼装组合成不同培训场景，并针对 PC 端、移动端、VR 端进行了相应的渲染优化，最终形成了 12 套基础场景模型。

4）机组培训系统课程编写

机组培训课程需要覆盖机组管理人员（工艺、设备、仪表、电气工程师）、操作人员（内操、外操）、运维人员、检修人员等现场岗位的业务知识。对全业务进行完整梳理后，制定系统模块包含：机组结构原理培训、机组检修培训、机组试车培训、机组操作培训、日常维护培训、异常处置培训六个功能模块。以下是每个模块包含的功能：

机组结构原理培训：本功能模块主要针对压缩机组各关键设备的组成、结构、原理和功能进行详细介绍，利用三维展示结合多媒体方式，直观地展现压缩机组所在装置工艺流程、压缩机结构原理、汽轮机结构原理、润滑油系统组成和干气密封系统组成。利用三维场景介绍各设备的组成结构，利用三维结合二维动画、图纸、图片方式展现关键部件工作原理，同时伴有音频讲解。各功能点具有考核功能，主要方式有选择题、识图题、判断题等，使培训人员掌握机组功能和其结构原理。本功能模块包含子功能：机组概述、压缩机结构原理、汽轮机结构原理、润滑油系统组成、干气密封系统组成。

机组检修培训：本功能模块主要针对压缩机组检修方案、拆解回装顺序流程、关键零部件检查方法、关键控制点测量手段及标准进行详细介绍，利用三维展示结合多媒体方式，直观地展现压缩机组各零部件检修顺序及质量控制点的测量手段。利用三维结合二维动画、图纸、图片方式展现关键控制点所处机组位置及标准，同时伴有音频讲解，并通过 VR 先进技术增加培训的可操作性及趣味性，采用手机移动端使培训变得更加方便。各功能点具有考核功能，主要方式有选择题、识图题、判断题等，使培训人员掌握机组检维修流程及重点。本功能模块包含子功能：检修方案概述、压缩机解体、压缩机回装、汽轮机解体、汽轮机回装、辅助系统检修。

机组试车培训：本功能模块主要针对离心压缩机组试车方案进行详细介绍，为生产、设备、电仪、检维修人员培训机组试车过程，相关人员可以进行协同操作，在培训系统中结合三维场景、位置、图片、文字说明、动画、解说展示机组试车过程联锁校验、单机试车、联动试车等三个二级功能点的相关内容。系统支持考核评分，每个功能点具有考核功能，主要方式有选择题、识图题、判断题等，使培训人员掌握机组试车过程。本功能模块包含子功能：联锁校验、汽轮机单试、联动试车。

机组操作培训：本功能模块主要对压缩机组相关控制系统的构成、人机界面、逻辑功能进行详细介绍，利用三维展示结合机组控制仿真系统，按照装置操作法标准流程步骤对干气密封系统投用、润滑油系统投用和机组开停机进行动态演示，并用仿真系统模拟压缩机的运行过程，实现近似现实的互动式操作，并对相关培训内容进行音频讲解。各培训功能点具备考核功能，主要考核方式是进行模拟操作和选择判断，使培训人员熟练掌握机组在各种工艺情况下的操作方法。本功能模块包含子功能：控制系统概述、干气密封系统投用、润滑油系统投用、机组开停机。

日常维护培训：本功能模块主要对压缩机组日常运行需要进行的日常巡检、日常维护工作进行详细介绍，利用三维展示，按照装置操作法标准流程介绍专业巡检、润滑油系统维护、排液及排水和冬日防冻凝进行动态演示，实现近似现实的互动式操作，并对相关培训内容进行音频讲解。各培训功能点具备考核功能，主要考核方式是进行模拟操作和选择判断，使培训人员熟练掌握机组在各种机组日常维护的操作方法。本功能模块包含子功能：专业巡检、机组日常维护。

异常处置培训：本功能模块主要对压缩机组日常运行中出现的常见异常情况进行介绍，利用三维展示结合机组控制仿真系统，对机组喘振、振动异常、工艺参数波动、润滑油压力波动、机组超速异常等紧急处置培训，并对相关培训内容进行音频讲解。各培训功能点具备考核功能，主要考核方式是进行模拟操作和选择判断，使培训人员熟练掌握机组在各种机组日常维护的操作方法。本功能模块包含子功能：机组喘振、机组轴振动异常、润滑油压力波动、工艺参数波动、机组超速。

5）课程三维脚本编制

为了保证机组培训课程的专业性，项目组组织沈鼓、杭汽相关设计、维修专家组成联合项目组，结合两台试点机型的随机资料、设备档案、检维修记录等文档，编写机组培训课程文本。项目组根据培训功能模块的划分将编写好的培训文本进行脚本结构化处理，并进行专业录音。同时，对一些原理比较复杂的内容进行了二维动画的绘制，如干气密封工作原理、轴瓦工作原理等。另一方面，不同源的三维模型经过统一的减面、优化、渲染处理后，导入至三维数字化平台。由此，课程文本、课程录音、图片视频、三维模型等培训课程编制的原料准备全面。

项目组自主开发了三维课程脚本编辑工具，该工具是"所见即所得"的可视化三维脚本编制软件，其内置了绝大多数三维场景的互动脚本，如旋转、变色、移动、刨切、隐藏、显示、标签、语音、文本、图片、视频、爆炸、闪烁等，业务人员可以直观地通过简单的拖拽完成课程脚本的编制，对于需要反复修改的课程，大幅降低了三维场景开发的人工和时间，显著地缩短了培训课程编制工作的周期。基于该课程脚本编辑工具，业务人员仅用两个月的时间便完成了全部两台试点机组6大功能模块48门课程的编制和修改，经过估算仅为传统代码开发时间的五分之一，大幅降低了系统研发成本。并且将课程编制主体从研发人员转为业务人员，显著地提高了课程的专业性和准确性，效果显著。

6）机组考试题库建立

培训系统除了需要培训功能，还需要配套有实操考核功能才能成为完整的培训系统。大型机组培训系统包含完善的实操考核模块，主要分为笔试题和实操题。48门独立培训课程，根据业务内容均配套有各自的培训考题，系统中建立有独立的考试题库，可以根据需求不断进行补充完善。并且管理员可以根据学员专业不同，分配不同的考题至终端用户。实操题为提前预制好的实操考试脚本，其与培训内容基本一致，同时与岗位操作内容完全相同，基本做到了培训与岗位要求零差距，即"所学即所用"。

7）PC/VR/移动端跨平台开发建设

培训系统在建立之初要求其能够在不同计算平台上运行，根据不同平台的特点，在移植时进行相应的优化。首先，为了降低跨平台应用开发的周期与成本，三维模型和课程内容的灵活复用就是研发团队面对的第一个问题。项目组根据不同计算平台的特点，在三维模型建立时充分平衡模型精度与显示效率，保证三个平台能够复用模型，减低移植成本。PC端作为最完整应用功能培训系统的实现，包含所有课程和功能，包含完整的6大功能模块48门课程的学习与考试，包含仿真培训功能。VR端特点为沉浸式体验，实现了大型机组的解体、回装、部件学习功能。VR端能够更真实地1∶1还原机组外形、零部件、装配关系的学习，基本还原了现场检修业务场景。移动端作为可以随身携带的学习平台，实现了除工艺操作外全部的培训功能和实操考试，使用户可以利用碎片化的学习时间，随时随地地体验机组培训功能。除此之外，三个学习平台的学习进度和考试成绩可以同步记录，保证学员的完整学习进度。

3.2　系统硬件及 VR 系统建设

培训系统应用教室选择企业培训中心机电

培训教室，企业对该教室进行装修改造，按照系统上线运行要求，建设 PC 培训教室 1 间、VR 培训教室 2 间，目前培训教室已投用。PC 端培训教室配备有 32 台 PC 培训终端，其中 10 台具备仿真培训功能，仿真培训需要搭建前端双 PC 机组成三维仿真培训系统。其中一台 PC 负责三维实景演示（外操），另一台负责仿真机组控制系统（内操）。三维显示通过后台三维机组平台服务器与仿真操作站进行操作数据交互，从而组成完整的三维仿真培训系统。两间 VR 培训教室配备有两套 VR 体验设备（头显、主机、手柄等），可以同时保证两组人员开展 VR 端培训。

3.3　系统试运行

2018 年 12 月 14 日大型机组三维培训系统开始上线试运行工作。项目正式版系统（服务器端、客户端）部署完成。项目组与设备动力处、IT 服务中心现场交流，共同编制适合客户现场运行情况的异常处置、日常维护课程内容。项目组与设动处、IT 服务中心、培训中心共同组织了关键用户的课程审核和修订工作，在历时三天的课程审核工作中，项目组与专家按照专业分工进行分组讨论，将培训系统的 48 门、总时长达 20 余小时的课程进行了完整审核，各专业关键用户和专家共提出修改建议 160 余条，后项目组按照此份修改建议进行了系统完善，最终交付为正式系统。

3.4　系统正式上线运行

2019 年 5 月，完成最终修订后的大机组培训系统纳入我公司青年设备技术人员课程体系，系统正式上线运行，开始面向最终用户的培训工作。到目前为止面向集团公司开展大型机组管理人员招生与培训工作，已完成内外部培训 4 轮，总计 120 余人次，用户反馈良好，收效显著。

学员普遍反馈在应用了新的 VR、三维、仿真等 IT 技术后，降低了大型机组相关业务的学习门槛，并有效地提升了培训的趣味性，使培训内容更容易理解和掌握。我公司培训中心计划将大型机组三维培训系统正式纳入其设备管理课程体系，在后续的培训工作中深化应用。

4　效果

中国石化大型机组三维培训系统的建设与应用，证明三维数字化技术与工艺仿真技术相结合，应用于培训场景取得显著效果，并开创了一种全新的培训模式，并以此为技术支撑，进一步打造中石化系统大机组培训基地。

4.1　经济效益

通过应用大型机组培训系统，提升员工知识储备和业务能力，能够降低设备故障率，减少因大型机组故障造成的非计划停工次数，减少故障处理时间，减少非计划停工损失，节约维修成本。

4.2　社会效益

大型机组作为炼化企业资产的重要组成部分，在生产设备管理中所占据的比重越来越大，提高大型机组的管理水平，是降低企业事故发生概率的重要手段。因此，通过先进的信息技术手段，加强对大型机组的运行培训，提升业务管理人员专业素养；对于大型机组运行、管理、检修等方面具有较好效果，拓展培训路径，做到资源共享，从而有效提升大型机组的整体管理水平，有效降低事故的发生概率，树立良好的企业形象。

4.3　生态效益

大型机组三维培训系统利用计算机、互联网、云端技术，开展网络化培训，通过系统理论讲解和虚拟实景演示，极大地提高了培训效率、质量和效果，同时避免企业提供大量教材书籍及图纸资料，实现无纸化培训，又能免去教师和学员来回奔波之苦，既环保又节能。

4.4　管理提升

建立完备的大型机组培训体系，提升公司核心竞争力，提高大型机组的管理水平，实现设备经济效益的最大化。

系统化制定大型机组培训课程目录，完善机组管理、运行、检修课程内容，形成三维可视化课程内容。

提升大型机组培训体验，趣味化课程内容，现代化交互体验，提升基层机组管理人员对故障判断、处置、排除的管理能力。

进一步提高大型机组各岗位操作、检修和技术管理人员的理论知识水平和操作熟练程度，减少隐患和故障的发生概率，保证拆装检修的质量，延长机组正常运行周期，提升大型机组整体的管理水平。

5　结束语

　　接下来以此为契机，努力打造中国石化系统大机组培训基地，具体工作为：首先进入深化应用推广阶段，基于已建培训系统拓展往复式压缩机、轴流式风机、烟气轮机等机组类型课程，并完善脚本编辑工具、三维引擎等模块功能，以试点建设项目为蓝本在集团公司内推广大型机组三维培训系统；其次是产品服务化阶段，基于完善的三维培训系统平台及组件，构建全设备类型的三维培训套件，面向行业内客户，定制化地提供培训服务的云端解决方案，最终建设成为一个全新的现代化、智能化、网络化的培训基地。

　　未来基于"石化智云"平台的发展与应用，更多、更好的设备类三维仿真培训应用将落地开花，为拓展集团公司设备专业人员培训提供了更为广泛的选择路径，最终形成行业的最佳实践。

水性油漆的常见弊病及预防与处理方法

薄云龙

（中国石化上海石油化工股份有限公司公用事业部，上海 200540）

摘 要 近年来，水性油漆逐渐在石油化工管道设备防腐领域推广使用。本文介绍了水性油漆在施工前后可能出现的影响油漆质量的发浑、变稠、漆膜粗糙、漆膜皱纹、针孔、流挂、起泡等常见弊病的成因，总结了各类弊病的预防与处理方法，以期进一步提高水性油漆在石油化工管道设备防腐领域的使用质量。

关键词 水性油漆；管道设备防腐；油漆质量；预防措施

水性油漆是以水为稀释剂，不含机溶剂的涂料。近年来，因水性油漆具有无毒无刺激气味、对人体无害、不污染环境、漆膜丰满、晶莹透亮、柔韧性好、耐水、耐老化、耐变黄、干燥快和使用方便等特点而在石油化工管道设备防腐领域逐渐被推广使用。然而，任何东西都不是十全十美的，水性油漆在使用过程中亦会出现一些弊病（下文称病态现象）。所谓水性油漆的病态是指水性油漆在施工前后出现的影响油漆质量的异常现象。水性油漆在使用前通常会发生发浑、变稠、沉淀结块、结皮和假稠的病态现象；而在施工过程中通常会产生漆膜粗糙、漆膜皱纹、针孔、流挂、起泡、刷痕、透底、慢干与回黏、桔皮、咬底、漆膜开裂与龟裂、漆膜脱落、剥落、起皮、渗色、失光、起粒、油缩、光泽不良、发花、生锈等病态现象。造成水性油漆出现病态的原因各异，预防措施也不同，总结如下。

1 使用前的病态

1.1 发浑

清漆不透明，产生的混浊现象称为发浑。主要原因是包装保护不到位，或开桶时间过长，助溶剂挥发，造成 pH 过低等。助溶剂选用乙二醇单丁醚，pH 值用三乙胺、二甲基乙醇胺解决，当遇到紧急情况下，也可用氨水应急处理。

1.2 变稠

原因是漆料酸价高，与碱性颜料发生皂化反应；桶罐漏气，水与有效助剂挥发；储存温度过高，使漆料加速聚合。补救办法：加入相应助剂、水、适量乙二醇单丁醚及胺，搅拌均匀调整黏度后使用。

1.3 沉淀结块

原因：储存时间过久；颜料密度大；水性油漆黏度过低。补救办法：把沉淀结块用搅拌器打开并搅拌均匀后即可使用。

1.4 结皮

水性油漆是吸氧型自交联型的水性油漆，刷涂后水及助溶剂挥发而氧化干燥成膜。产生结皮的原因：一般是桶盖不严漏气或装桶不满；施工过程容器敞口放置过长。若个别桶出现结皮，应揭去漆皮过滤后使用。施工时如需要放置，应在上边撒一层水。

1.5 假稠

又称触变，静止时像干化，搅拌时流动，多发生在立德粉、碳黑的色漆中，一般不称为漆膜病态。可加适量的胺来调整即可。

2 施工过程中的病态

2.1 漆膜粗糙

现象：水漆涂饰在物体表面上，涂膜中颗粒较多，颗粒形同痱子般的凸起物，手感粗糙不光滑。

1）原因

（1）做漆浆时，研磨未达到技术要求。

（2）调配漆液时，产生的气泡在漆液内未经散尽即施工。尤其在寒冷天气容易出现气泡散不开的现象，使漆膜干燥后表面粗糙。

（3）施工环境不洁，有灰尘，砂粒飘落于涂料中，或油刷等施涂工具不洁粘有杂物。

（4）基层处理不合要求，打磨不光滑，灰尘、砂粒未清除干净。

2）防治措施

（1）在生产过程中严格把控质量关。细度未到要求不得调漆。

（2）调配好的漆液在刷涂前，必须经过过滤，以除去杂物，然后方可包装。

（3）现场用漆如进行了激烈搅拌应静置10~20min，等气泡散开后再使用。

（4）刮风天气或尘土飞扬的场所不宜进行施工，刚刷涂完的水漆要防止尘土污染。

（5）基层不平处应用腻子填平，再用砂纸打磨光滑，抹去粉尘后再刷涂料。

（6）若涂膜表面已产生粗糙现象，可用砂纸打磨平整，然后再刷一遍面漆，对于高级装饰可用砂纸或砂蜡打磨平整，最后打上光腊抛光、抛亮。

2.2　漆膜皱纹

现象：漆膜在干燥过程中，由于里层和表面干燥速度的差异，表层急剧收缩向上收起而形成许多高低不平的棱脊痕迹，影响漆膜表面光滑和光亮。

1）原因

（1）刷漆或刷完漆后，高温或太阳暴晒，使膜内外干燥不均，表面已干燥结膜而内部尚未干燥，从而形成皱纹。

（2）刷涂不均匀，底漆过厚未干透而漆膜表层先干结成膜，隔绝下层与空气的接触，导致外干里不干。

（3）黏度过高。

2）防治措施

（1）遇高温、日光暴晒及寒冷、大风的气候，进行多道薄喷。

（2）不同体系的水漆不能混合使用。

（3）对于黏度高的水漆，可以适当加水稀释，但不能超过涂料说明书上的标准，使涂料易涂刷。

（4）刷涂时应确认展示涂料膜厚薄一致。

（5）已产生皱纹的漆膜，待干燥后，用水砂纸轻轻将皱纹打磨平整，严重者将面层彻底清除，打磨平后再涂刷底漆或面漆，或用腻子找平凹陷处，磨平后刷涂一层底漆，然后再做

一遍面漆。

2.3　针孔

现象：针孔在漆膜表面出现的一种凹陷透底的针尖细孔现象，这种针尖状小孔就像针刺小孔，孔径在100μm左右。

1）原因

（1）涂料中夹带空气，在刷涂和漆膜干燥过程中所夹带的空气未能逸出而在漆膜中形成气泡，气泡一破即成针孔；工件中的空气受热膨胀，迁移到涂膜中，未能逸出而形成气泡，造成针孔。

（2）漆膜表层干燥过快，来不及逸出的水及助剂蒸气也能形成气泡而造成针孔。

（3）一次刷涂薄，水漆的湿润性不好也是造成针孔的原因。

（4）水漆配比不当。

2）防治措施

（1）在调漆时应将漆液搅拌均匀，搅拌速度不宜过快过急，以免形成气泡，而且水应按产品说明书上的规定的用量加入，漆的黏度要适合，否则漆膜太薄。

（2）补涂表面要清理干净，不能残留油污、工件要干燥后方可进行喷涂。

（3）风沙天不宜施工，因风中灰尘吹入尚未表干的漆膜中，造成灰膜，影响外观。

（4）刷涂时，刷子来回刷不宜用力过大，以利涂料中气泡的逸出。

（5）对已产生针孔的漆膜，待其干燥后，用水砂纸打磨平整后局部喷上一道底漆后，再喷上一道面漆。

2.4　流挂

现象：水漆因重力作用而下坠。

1）原因

（1）施工黏度太稀。

（2）一次性喷涂太厚。

（3）水漆的干燥时间太慢。

（4）喷涂时，喷枪距离工件太近，喷涂压力过高，出漆量太大。

2）预防措施

（1）提高漆的施工黏度。

（2）一次性涂布不要太厚。

（3）增加通风设施，提高干燥速度。

（4）调整喷涂参数。

2.5　起泡

现象：漆膜干燥后出现大小不等的突起圆形沟，也叫鼓泡，起泡产生于被涂表面与漆膜之间或两层漆膜之间。

1）原因

（1）工件的基材处理不合要求，有残余的油渍等。

（2）油性或水性腻子未完全干燥或底层涂料未干时就涂饰面层涂料。

（3）工件的接合处理及孔眼没有填实，有空隙和孔眼等。

（4）操作者用手触被涂表面而留下油污、汗渍等，水漆配比不恰当。

2）防治措施

（1）工件应进行彻底除油除锈除。

（2）应在腻子底层涂料充分干燥后再刷面层涂料。

（3）应将工件接合处的空隙和工件孔眼用腻子填实，并打磨平整后再刷涂水漆。

（4）最好用干净的碎布清理基材表面的杂物，不要用手触摸。

（5）对于气泡轻微的可待漆腊干透后，用水砂纸打磨平整，再补底漆或面漆，对于气泡严重者，用砂纸仔细把气泡打磨平整并清理干净，然后再一层一层地按涂装工艺修补。

2.6　刷痕

现象：在漆膜上留有刷毛痕迹，干后出现一丝高低不平的刷纹，漆膜厚薄不均。

1）原因

（1）水的黏度过高，漆膜厚度过厚造成。

（2）选用的油刷过小或刷毛过硬或油刷保管不善使刷毛不齐或干硬。

（3）被涂表面对涂料的吸收过强，刷涂困难。

2）防治措施

（1）调整涂料的施工黏度。

（2）要选用较软的油刷，理油动作要轻巧，油刷用后应用稀释剂洗干净，妥善保管，刷毛不齐的油刷不要使用。

（3）刷涂所选取的涂料应具有较好的流平性，选取合适挥发速度的稀释剂；

（4）发现有刷纹时应用水砂纸轻轻打磨平整，并用干净的碎布清理灰尘，然后再刷涂一遍涂料。

2.7　透底

现象：刷涂时涂层未能将基材表面或上道涂层表面覆盖严实而露出基材颜色或底层涂料颜色的现象。

1）原因

（1）涂料太稀遮盖力差，一次性刷涂量过少。

（2）基层表面太光滑或有油污等漆膜难以覆盖。

（3）基层表面或上道涂层颜色较深，表面刷涂浅色涂料时覆盖不住使底色显露。

2）防治措施

（1）调漆时控制好漆液黏度，选用遮盖力高的涂料，一次性刷涂量适当增大。

（2）清除干净基层表面的油污，底层应进行充分打磨。

（3）表面刷涂色漆时，底层涂层应量选用白色或浅色的底漆。

（4）对有透底的涂层，应用水砂纸进行打磨后再涂上面漆。

2.8　慢干、回黏

现象：水漆刷涂后，超过涂料技术要求的规定固化时间，漆膜仍未干燥称为慢干。如漆膜已形成，过段时间后又出现黏手现象，称回黏，它使漆膜表面容易碰坏或沾污，使工期延长。

1）原因

（1）涂层太厚会使氧化作用达不到漆层内部而造成底层涂料长期不干。

（2）被涂表面不洁有油污、蜡质、碱或盐等，基层表面不干性树脂未清理干净。

（3）前遍漆未干透又涂刷第二遍漆层，漆料储存过久，超过使用期限或密封不良，水与有效成分已挥发而胶化，这种涂料虽加入水后能够进行涂饰，但漆膜不干燥或易回黏。

（4）在雨露、潮湿、夜晚等恶劣气候条件下施工。

2）防治措施

（1）每道涂料不宜太厚，腻子也不应一次

刮得太厚，宁可多刮涂几遍。

（2）基层处理符合要求。

（3）要等前一道漆膜干透后，再刷涂二遍漆层，应避免使用过期涂料，对于超过使用期限的涂料，应选小块试样，证明符合要求时才可使用，用不完的水漆应密封并放置在阴凉处存放。

（4）施工时有酸、碱、盐雾或其他化学气体，故不在雨露、潮湿、烈日曝晒等恶劣气候条件下施工，施工场所人保持空气流通。

（5）漆膜有慢干或发黏时，可加强通风，适当升高温度，加强保护，观察一段时间，如确实不能干燥结膜，再做处理，若慢干、回黏严重则要用强溶剂洗掉刮干净，重新刷涂。

2.9　桔皮

现象：涂膜表面呈现出许多半圆形突起，形成桔皮斑纹状。

1）原因

（1）刷涂后挥发性溶剂急剧挥发，产生强烈对流，使膜层破裂成小穴，未及流平时表面已干结而形成桔皮。

（2）施工环境温度过高或过低，均可使漆膜产生桔皮现象。

2）防治措施

（1）在涂层中要保证有一定的流平时间。

（2）施工环境的温度过高或过低时不宜施工。

（3）对有桔皮的涂层，可用水砂纸将桔皮部分磨平，再刷涂一道漆层。

2.10　咬底

现象：咬底是指上层涂料中的溶剂把底层漆膜软化、溶胀，导致底层漆膜的附着力减小，而起皮、揭底的现象。

1）原因

（1）底漆未完全干燥就涂面漆，面漆中的溶剂极易将底漆溶解软化，引起咬底。

（2）刷涂面漆时操作不迅速，反复刷涂次数过多则产生咬底现象。

2）防治措施

（1）应待底层涂料完全干透后再刷涂面层涂料。

（2）刷涂溶剂性的涂料时，要技术熟练、操作准确、迅速、防止反复刷涂。

（3）底层涂料与面层涂料配套使用。

（4）对于严重的咬底现象，需将涂层全部铲除干净，待基层干燥后再选用同一品种的涂料进行刷涂。

2.11　漆膜开裂、龟裂

现象：漆膜表面出现深浅大小各不相同的裂纹，如从裂纹处能见到基层表面，称开裂。漆膜呈现龟背花纹样细小裂纹，则称龟裂。

1）原因

（1）底漆与面漆不配套，涂膜受外界作用（机械作用）、温度变化等而产生收缩效力，引起漆膜龟裂或开裂。

（2）喷涂厚度太厚也会引起龟裂与开裂。

（3）施工环境恶劣，温差大，湿度大，涂膜受冷热而伸缩引起龟裂。

2）防治措施

（1）底漆与面漆应配套。

（2）底层干透后再涂装下道漆，面漆第一层宜稀宜薄，干后再涂第二层。

（3）将工件底材的油污清理干净。

2.12　漆膜脱落、剥落、起皮

现象：由于漆膜层间附着、结合不良，会产生漆膜脱落、起鼓、起皮等病态现象。

1）原因

（1）底、面漆不配套，造成层间附着力欠佳。

（2）物面不洁，沾有油污、尘埃而脱落。

（3）底层未干透即涂面漆，因底层面层收缩率不一致而开裂，从而影响层间附着力，底漆太坚硬或底漆很光滑，未经打磨就直接涂装面漆。

（4）施工温度过低、湿度太大。

2）防治措施

（1）选择配套底漆、面漆。

（2）对工件表面处理时要把油污或其他污物彻底清除。

（3）刮腻子后，底漆须干透。

2.13　渗色

现象：底涂层或底材的颜色被溶入面漆膜中，使面漆受到沾污。

1）原因

在红色底漆上涂浅色面漆时，有时红色渗色，使白色漆变成粉红，黄色漆变成橘红。

2）防治措施

（1）喷漆时，若有渗色现象，应立即停止施工。已喷上漆的经干燥后，打磨好，涂虫胶清漆隔离。

（2）涂一道虫胶清漆隔离染色剂，或更换相适应的颜色漆。

（3）改用相近的浅色漆，如将面漆改为红色漆。或采用虫胶清漆封闭底层。

（4）选择不吐红的红颜料，生产红色漆。

2.14　失光

现象：面漆涂膜干燥后，没有达到应有的光泽或涂装数小时或数周后光泽慢慢下降的现象，称为失光。

1）原因

外用涂料经长期曝露，由于老化原因使光泽渐降的自然现象不属此例。此病态出现时，涂料方面往往是配方不合适，颜料的选择分散和混合不恰当，树脂的聚合度不当，相互混溶性差等。属于施工方面原因有：被涂物面处理不好，工件上有残留的酸性及碱性物质，涂面粗糙、涂料失光。对烘漆而言，如过早放入烘烤设备，往往使漆膜来不及流平、颜料积聚在膜面上，形成孔穴，肉眼观察呈失光现象。

2）防治措施

细心处理被涂物面，使其平整无空隙，严格遵守指定的干燥条件。

2.15　起粒

现象：漆膜上起颗粒，不但影响美观，还易使漆膜从颗粒部分突起，提前损坏。

1）原因

（1）施工环境不清洁，尘埃落在漆面。

（2）涂料工具不清洁，漆刷内有灰尘颗粒，有干的碎漆皮等杂质，涂刷时杂质随漆带出。

（3）漆皮混入漆内，造成漆膜呈现颗粒。

（4）喷枪不清洁，如使用喷过油性漆的喷枪，溶剂将漆皮咬起成膜带入漆中。

2）防治措施

（1）涂漆前，清扫场地，将工件揩抹干净。

（2）涂漆前，检查刷子，如有杂质，用刷子反复铲除毛刷内脏物，并用汽油清洗干净。

（3）细心用刮子去掉大块漆皮，并将漆液过滤。

（4）如使用之前用的油性漆喷枪喷，应事先将喷枪清洗干净。

2.16　油缩

现象：喷涂板面上出现大小不同的缩孔，使底材暴露，影响外观及工件质量。

1）原因

消泡剂等表面助剂过量；配套不好；底材污染：油、醋等；环境污染；水漆污染；打磨不充分；压缩机：有油与水。

2）预防措施

（1）生产时注意消泡剂的用量。

（2）在使用时，用能配套的产品。

（3）清洁底材：干净、无油污、无杂质。

（4）清洁环境：无污染源。

（5）水漆：无异物。

（6）底材：充分打磨。

（7）空压机：定期清理，维护。

2.17　光泽不良

现象：施工后光泽不能满足要求或光泽不均匀。

1）原因

（1）基材疏松，吸油量大。

（2）黏度低。漆的固含低。

（3）生产时助剂失效或用量不当。

2）预防措施

（1）基材平整、封闭。

（2）控制好加水量。

（3）在质检过程中细心观察漆膜的状态变化，及时发现产品的不良。

2.18　发花

现象：漆膜颜色深浅不一。

1）原因

（1）喷涂厚薄不均匀。

（2）露底。

（3）选择的助剂不匹配。

（4）未搅匀。

2）预防措施

（1）熟练操作，做到厚薄均匀。

（2）做好底漆。

（3）选择相匹配的助剂。

（4）充分搅拌。

2.19　生锈

现象：黑色金属涂装后不久在漆膜下出现红丝或透过漆膜出现锈点，起初漆膜透黄色，然后漆膜破裂，出现点蚀、针蚀和膜下腐蚀，统称为生锈。

1）原因

（1）底材表面质量差，有锈未除净，漆前处理差，或磷化处理不完全，涂层不完整，如有针孔、漏涂等。

（2）涂层太薄，层间针孔未被交错盖住，潮气、氧气等渗入，引起电化学腐蚀等。

（3）生产过程中 pH 值检测错误。

2）防治措施

（1）漆前被涂物一定要清理干净，有可能的应进行磷化处理，确保涂层的完整性，力争整个工件内、外表面都涂到漆。

（2）定期对 pH 计进行修正。

浅谈 POX 装置气化单元在线分析仪表系统应用

贺 雷

（中国石化镇海炼化分公司仪表和计量中心，浙江宁波　315207）

摘　要　本文对 POX 装置气化单元在线分析仪表测量样品特点进行了分析，结合现场应用条件和在线分析仪表连续可靠运行要求，配置了相应适用的在线分析仪表前处理系统、预处理系统、尾气回收系统等，满足了工艺控制、维护保养、环保管理等方面要求。

关键词　POX；煤焦制氢；在线分析仪表；预处理

1　引言

POX 装置气化单元是煤焦制氢的关键部分，气化是以煤炭为原料，在特定的设备（如气化炉）内，在高温高压下使煤炭中的有机物质和气化剂发生一系列的化学反应，使固体的煤炭转化成可燃性气体的生产过程。通常以氧气、蒸汽或氢气为气化剂，生成的可燃性气体以一氧化碳、氢气及甲烷为主要成分。气化单元配置烧嘴氮气中 CO 含量分析仪、合成气中组成分析仪、甲烷分析仪等在线分析仪表。由于所测量气体的复杂性，预处理系统是在线分析仪表否能用得好的关键所在。本文对气化单元工艺介质特点进行了分析，设计了相应适用于介质条件的预处理系统、尾气回收系统等，形成1套完整的在线分析仪表系统，确保了在线分析仪表正常运行，为装置长周期稳定运行打下了良好基础。

2　气化部分配置在线分析仪表及介质条件

2.1　气化部分配置在线分析仪表清单

配置在线分析仪表如表1所示。

表1　在线分析仪表配置

序号	单元	分析仪描述	分析仪类型
1	气化	1#炉烧嘴分离器放空管线 CO 含量	红外分析仪
2	气化	2#炉烧嘴分离器放空管线 CO 含量	红外分析仪
3	气化	3#炉烧嘴分离器放空管线 CO 含量	红外分析仪

续表

序号	单元	分析仪描述	分析仪类型
4	气化	1#气化炉洗涤塔出口合成气分析（H_2/CO/CO_2/H_2S）	色谱分析仪
5	气化	2#气化炉洗涤塔出口合成气分析（H_2/CO/CO_2/H_2S）	色谱分析仪
6	气化	3#气化炉洗涤塔出口合成气分析（H_2/CO/CO_2/H_2S）	色谱分析仪
7	气化	1#气化炉洗涤塔出口合成气 CH_4 分析	红外分析仪
8	气化	2#气化炉洗涤塔出口合成气 CH_4 分析	红外分析仪
9	气化	3#气化炉洗涤塔出口合成气 CH_4 分析	红外分析仪

气化部分共有3个系列，每个系列配置1台在线 CO 分析仪、1台甲烷分析仪、1台合成气组成色谱仪，正常时两开1备，两个系列在线分析仪表同时运行。

2.2　在线分析仪表测量介质

2.2.1　气化炉烧嘴氮气介质条件

压力：常压；温度：49℃；介质状态：气体；组成：N_2 99.9%，CO < 25ml/m^3，带饱和水。烧嘴氮气介质测量点压力低，样品中含水

作者简介：贺雷（1980—），男，2001年毕业于石油大学自动化专业，工程师，现从事石油化工行业在线分析仪表技术工作。

多，容易造成预处理系统部分积水，进入分析仪检测器造成分析仪故障。

2.2.2　合成气介质条件

压力：6.36MPa；温度：237℃；介质状态：气体。

介质组成如表2所示。

表2　合成气介质组成（摩尔分数）　%

	干基组成	湿基组成
CO	48.35	22.41
H_2	34.07	15.79
CO_2	16.4	7.6
CH_4	0.04	0.02
Ar	0.12	0.05
N_2	0.34	0.16
H_2S	0.63	0.29
NH_3	0.01	0.0067（体积分数）
H_2O	0.2	53.65

样品压力高、温度高、含水量大、含炭黑杂质、含微量 NH_3，容易形成碳酸氢铵盐结晶，堵塞样品管线，如果预处理除水效果不好，容易造成分析仪检测器损坏。样品高温高压，有毒，对周围环境和维护人员有较大风险。

3　样品预处理系统

3.1　预处理功能

石油化工装置在线分析仪表对样品气的压力、流量、温度、含水量、含杂质量、含油雾量等都有严格的技术要求，分析仪表能否可靠地运行，很大程度上取决于样品预处理系统是否可靠。当被测样品压力或温度太高时，检测器承受受不了超负荷的压力或温度；当被测样品中含水、油、杂质等较多时，将直接影响仪表测量部分的运行和使用寿命。因此，一般在线分析仪表预处理系统根据被测样品条件需配置减压、冷却、气液分离、过滤杂质、过滤油雾等功能。POX装置气化单元在线分析仪表样品介质中含水量都比较大，样品除水是关键。根据安托尼方程：

$$\lg P = 7.07406 - \left[1657.46/(T+227.02)\right]$$

式中　P——水在T温度时的饱和蒸汽压，kPa；
　　　T——水的温度，℃。

绘制出饱和蒸气压曲线图如图1所示，要想使样品全部为气态，不凝结出液态水来，样品温度、压力条件坐标应在曲线的左上方，越远离曲线越好。以样品减压至常压为例，脱液部分温度至少为10℃，才能确保样品不容易凝结出水来，冷却脱液后样品温度可以升高至常温。

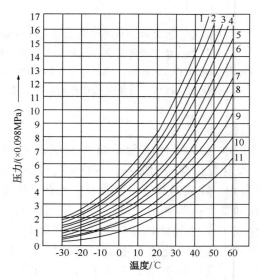

图1　饱和蒸气压曲线

3.2　烧嘴氮气在线CO分析仪样品处理系统方案

3.2.1　烧嘴氮气在线CO分析仪采样探针

由于样品压力不高，未设置前级箱，采用夹持式采样探针，确保取样有代表性，切断阀可在探针不拔除状态下关闭，确保检修时安全。采样探针后连接一体化电伴热管缆，伴热温度为60℃，全程伴热传输至预处理系统。

3.2.2　烧嘴氮气在线CO分析仪预处理系统

预处理系统主要包括可切换样品泵，带旋风制冷的脱液系统、一体化过滤器、流量调节系统等。样品气压力接近常压，经采样泵抽取，一体化管缆传输至预处理后，在旋风制冷脱水器中冷却脱水，脱出液态水经排水管进入排液罐中，制冷器控制温度为10℃左右，样品在经过一级过滤后进分析仪测量，进分析仪样品流量调整至100ml/min左右。

3.3　合成气分析仪前处理方案

3.3.1　合成气分析仪前处理

由于粗合成气高温、高压、带颗粒、含水

量高、易形成碳酸氢铵结晶等特点，在线分析仪表系统配置了旋冷仪作为前处理，旋冷仪竖直安装，高温样品从底部上升，被仪表风涡旋制冷冷却至 60℃ 左右，从顶部出旋冷仪，样品为高温含水量饱和气体，冷却后会产生较多凝结水，在重力作用下回到工艺管道中，同时将颗粒物、杂质等带回工艺管道，实现自冲洗功能，减少维护量，提高连续运行时间。同时对旋冷仪及样品切断阀进行伴热保温，确保在冬季低温时能够维持在正常温度范围。旋冷仪带温度控制功能，当出旋冷仪样品温度超过 80℃ 时，自动切断出样，样品采用一体化电伴热管缆传输到预处理系统中，全程伴热 80℃。

3.3.2　合成气分析仪预处理系统

预处理系统主要包括带旋风制冷的脱液系统、一体化过滤器、流量调节系统等。样品气压力接近常压，经采样泵抽取，一体化管缆传输至预处理后，在旋风制冷脱水器中冷却脱水，脱出液态水经排水管进入排液罐中，制冷器控制温度 10℃ 左右，样品在经过一级过滤后进分析仪测量，流量调整至 100ml/min 左右。

3.3.3　分析小屋系统

气化单元现场配置了 1 座不锈钢 6000mm×2500mm×2800mm 分析小屋，在线分析仪表安装在小屋内，预处理系统及尾气回收系统安装在分析小屋外，主要功能如下：

（1）对在线分析仪表进行防护、防尘，提供满足仪表运行合适温度范围的安装场所。

（2）提供在线分析仪表所需的电源、信号、仪表风、氮气、蒸汽、水等公用工程系统的接口转接。

（3）提供分析小屋内安全监测、报警。

3.3.4　尾气回收系统

目前炼油化工装置在线分析仪表尾气大多数都是现场直接高空排放，尾气中含有的可燃易爆、有毒有害气体对现场作业人员的安全有较大隐患，对现场周围造成环境污染。

本次在线分析表系统设计时考虑了尾气的危害和隐患，分析小屋外配置尾气回收系统，按全新技术理念设计，采用工业氮气为动力抽射，既满足了分析仪出口需要稳定的常压（或微正压），确保分析仪稳定运行，又解决了尾气带

压返回火炬或工艺低压管线问题，以达到安全环保零排放的要求。整套系统全部由气动部件组成，无电器元件，满足任何爆炸性气体危险环境使用。

本次应用了 1 套尾气回收系统将分析小屋内所有 9 套分析仪尾气收集后返回到工艺管道中。

4　石油化工装置在线分析仪表系统配置注意事项

4.1　在线分析仪表系统的适应性

主要指分析仪系统对检测项目需求的适应能力，包括满足被测项目的工艺组分成分量的检测要求，以及对被测项目的环境适应性要求，适应性体现为系统的技术"解决方案"。应该从现场需求分析出发，充分分析客户的工艺及环境条件，根据设计文件提出的项目技术可行性及成套性，提出适宜的技术解决方案，满足对成分量监测的要求。从可靠性设计的要求出发，对预期的产品生命周期即使用寿命，应有适宜的目标。对产品的使用并不特别要求追求更长的使用寿命，从产品的竞争要求和产品技术更新周期考虑，可靠性设计的目标是"寿命的平衡"。事实上，需求是变化的，技术进步很快，但首先要能满足现在需求和潜在需求，并具有合理的生命周期。

4.2　在线分析仪表系统的安全性

在线分析系统的安全性主要包括系统电气安全、系统气路密封性、防爆安全及网络信息安全等。系统电气安全包括系统防止触电、着火、防雷击、防电磁干扰等电气安全；系统气路密封性是防止管路泄漏造成毒害气体危及人身安全；系统的防爆安全是系统在爆炸环境下的防爆设计的级别和能力，包括在线分析仪及分析小屋的附属设施防爆设计要求。在线分析系统的安全性又可分为硬件和软件的安全性；系统硬件的安全性主要指系统各功能部件的安全性和系统对内外部的安全性；软件安全主要指软件运行可靠性、防病毒及通信安全等方面。

4.3　在线分析系统的可维护性

在线分析系统的可维护性是指系统通过预防性维护保证系统的正常运行，以及出现故障后通过维修恢复原有性能的特性。通常用可维

修度表达，其定义是"在可维修系统中，当按照规定的方法进行维修时，在规定的时间内，将设备恢复到原有性能的概率"。任何一个系统都可能出现故障或失效，提高系统的可维修度，可以增加系统的正常运行时间，这就需要对系统进行可维修性评估和设计。

5 结束语

该气化单元在线分析仪表已投用两年多，该系统运行正常，维护量小，测量值稳定准确，已取代手工化验，分析仪出口尾气全部进行密闭回收，真正实现了零污染零排放，达到清洁生产要求，为装置正常运行提供了可靠的测量数据。

参 考 文 献

1 刘成亮. 气体在线分析仪表在水煤浆气化装置中的应用. 自动化与仪表，2016(11)：31-34，5.
2 姚奇燕. 在线分析仪表在水煤浆气化装置中的应用. 化工管理，2017(17)：47.

在线分析技术在汽油优化调合中的应用

叶信旭

（中国石化镇海炼化分公司，浙江宁波　315207）

摘　要　汽油优化调合是炼油企业保证汽油质量和提高效益的重要生产环节。随着在线分析仪技术的不断发展，调合系统通过应用在线近红外等分析仪对汽油关键指标进行实时检测，优化调合配方，解决了传统汽油调合过程中质量过剩等问题。因此，在线近红外分析仪和在线总硫分析仪在油品调合中得到广泛应用，在线分析仪表的选型、方案设计、建模、日常维护也直接关系着调合系统正常及优化运行。

关键词　汽油调合系统；在线近红外分析仪；在线总硫分析仪；近红外光谱建模

汽油调合作为炼油企业生产汽油的重要环节，在满足日益严格的车用汽油环保标准，保证质量的前提下，优化调合方式可以有效解决汽油一次调合合格率低、质量过剩高、储罐资源紧张等问题。传统的汽油调合方式是泵循环罐式调合，其最大缺点是一次调合成功率低和质量过剩。而管道汽油自动调合系统则可以大大降低储运损失和储罐占用时间，提高了储罐资源的利用率；通过对组分油和成品油进行在线测量优化调合配方，可以进一步提高一次调合成功率，降低质量过剩，实现关键指标的卡边控制。但是管道调合方式也对工艺管道设计、优化控制系统、优化系统、在线分析系统等方面提出了更高的要求。

在线分析仪技术作为汽油优化调合系统的眼睛，是调合系统组分油、目标油的参数来源，是决定调合系统正常优化运行的关键。汽油调合系统在线分析技术从传统的辛烷值分析仪使用爆震发动机分析技术，到当前的辛烷值、烯烃、芳烃、苯含量、馏程、密度、蒸气压、氧含量等多参数实时检测的近红外分析技术，以及紫外荧光、单波长 X 荧光等总硫分析技术，在线分析技术的发展为汽油优化调合提供了技术保障。

1　汽油优化调合系统

1.1　汽油调合工艺简介

国内炼油企业汽油调合组分油主要有 S Zorb 汽油（催化汽油）、重整汽油、非芳汽油、C_5 组分和 MTBE 等，以及烷基化油（实现汽油质量升级，达到国Ⅵ标准需求）。各组分油根据需要设置组分罐，组分罐允许边收边付，或者是多个组分罐分别收油或付油。组分油通过调合机泵后加压进入混合器，进行混合，并直接进入成品罐。由于组分油均设置了组分罐，因此即可以采用批次间歇的方式进行调合，也可以采用连续批次直接切换的方式进行调合。

1.2　汽油调合系统整体方案

汽油优化调合系统如图 1 所示，系统建立在工艺流程基础上，主要有调合调度系统、调合控制系统、调合优化系统、DCS 控制系统（包括流量计、流量控制阀）、在线分析系统。

1.3　调合优化控制系工作过程

调合优化过程如图 2 所示，系统根据调合批次指令执行调合任务，优化控制软件通过建立模型对辛烷值、饱和蒸气压、硫含量、烯烃含量、芳烃含量、苯含量、终馏点等属性进行预测。调合开始后，近红外、总硫等在线分析系统对组分油和成品油的质量属性进行在线实时检测，检测结果用于调合配方的在线优化。优化后的配方下载到 DCS 的控制软件上进行执行，DCS 对各组分油流量进行调整，从而实现关键指标卡边操作和系统平稳运行。

1.4　在线分析系统配置

为了能够对组分油和成品油质量属性进行在线检测，并根据在线数据对调合配方进行在

作者简介：叶信旭（1976—），男，现任中国石化镇海炼化分公司仪表和计量中心副总工程师。

线优化，当前汽油调合系统主要采用两种在线分析仪表，分别为在线近红外分析仪表和在线总硫分析仪表，个别还配置在线蒸汽压分析仪。

1.4.1 在线近红外分析仪技术要求

在线近红外分析仪可以对汽油辛烷值、馏程、芳烃、烯烃、苯、蒸汽压、密度、氧含量进行实时测量。为满足调合系统的优化控制精度需要，调合系统对在线近红外分析仪的各分析项重复性和再现性提出了较高要求，见表1。

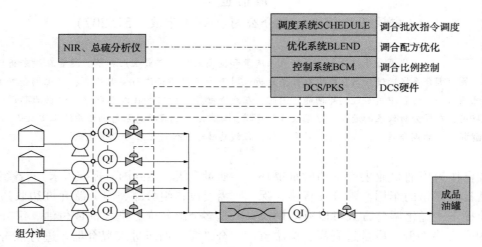

图1 汽油调合系统架构

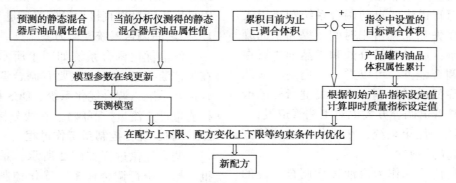

图2 调合优化过程

表1 汽油调合系统对在线近红外分析仪性能指标要求

参 数	基础数据测试方法	范 围	重复性	再现性
RON	GB/T 5487	60~120	<0.02	<0.2
MON	GB/T 503	50~110	<0.02	<0.2
10%,℃	GB/T 6536	35~65	<2.0	4
50%,℃		90~120	<2.0	4
90%,℃		170~200	<2.5	4
终馏点		170~204	<0.2	4
芳烃(体积)/%	GB/T 11132	0~100	<0.03	<1.5
烯烃(体积)/%		0~60	<0.02	<1.9
苯(体积)/%	SH/T 0713	0.01~3.0	<0.01	<0.04

续表

参　数	基础数据测试方法	范　围	重复性	再现性
蒸汽压/kPa	GB/T 8017	30~90	<0.1	<5
密度/(kg/m³)	GB/T 1884	600~900	<1	1.2
氧含量/%	SH/T 0663	0.01~20	<0.03	<0.2

重复性定义：对任何一个测量项目，同一样品在实验室在线分析仪的两次预测值的差值应小于"重复性"一栏的各项标注值。

再现性定义：对任何一个测量项目来说，在线随机抽取 20 个在线分析仪的预测值，在 2δ 时要求有 19 个在线预测值减去实验室测量值，小于"再现性"一栏的各项标注值。

1.4.2　在线总硫分析仪技术要求

在线总硫分析仪表对 S Zorb 汽油、成品汽油和 MTBE 的总硫含量进行在线检测。仪表满足测量方法 ASTM D5453 或 SH/T 0689 的要求，其最低测量含量要满足国Ⅳ（50mg/kg）和国Ⅴ/Ⅵ（10mg/kg）的要求。其测量精度要求满足再现性优于 0.8mg/kg 的精度要求。

2　汽油调合在线分析技术

2.1　在线近红外分析技术

近红外分析仪器是光谱仪器，在结构上与紫外–可见分光光度计、红外光谱仪类似，具有光源、分光、检测和电路控制等单元。根据分光方式，近红外光谱仪器可划分为滤光片近红外分析仪、光电发光二极管近红外分析仪、光栅扫描近红外光谱仪、傅里叶近红外光谱仪、阵列检测近红外光谱仪、声光过滤调制近红外光谱仪等。目前近红外分析仪应用最广泛的为傅里叶近红外光谱仪。

近红外分析技术的优势如下：

（1）分析速度快，测量过程大多可在 1min 内完成。

（2）工作量低，模型建立后，通过样品的谱图就可以计算出样品的各种组成或性质数据，不必重复实验。

（3）适用的样品范围广，通过相应的测样器件可以直接测量液体、固体、半固体和胶状体等不同物态的样品光谱，测量方便。

（4）样品一般不需要预处理，不需要使用化学试剂或高温、高压、大电流等测试条件，分析后不会产生化学、生物或电磁污染。

（5）分析成本较低（无需繁杂预处理系统，可多组分同时检测）。

（6）分析后不会造成样品性质变化。

（7）仪器操作和维护简单，对操作员的技能水平要求不高。通过软件设计可以实现简单的操作要求，在整个测量过程中引入的人为误差较小。

（8）由于近红外光谱可直接获取，分析速度快，操作方便，因此可适用于现场检测和在线分析。

近红外分析技术的缺点如下：

（1）因为近红外光谱区的吸收较低，不宜做含量过低或微量样品的分析，组分含量应大于 0.1%。

（2）近红外是一种间接分析技术，需要用标样进行校正对比。

（3）吸收峰复杂重叠，不宜进行官能团的定性分析。

2.2　在线油品总硫分析技术

在线总硫分析仪目前有三种分析方法，应用比较广泛。一种是紫外荧光分析仪，另一种是单波长 X 荧光分析仪，而且这两种分析仪所用方法都列入到了国（Ⅳ）、国（Ⅴ）汽柴油产品质量标准中，第三种是在线色谱分析。

紫外荧光分析仪，在国（Ⅳ）、国（Ⅴ）车用汽柴油国家标准中的分析方法是 SH/T 0689，在低量程总硫分析中应用较为广泛。其工作原理为：油品经过多通道切换阀，在载气和燃烧气的辅助下将样品中的硫化物在高温富氧环境中转化为 SO_2，生成的气体在脱水后经特定波长 190~230nm 的紫外光照射，SO_2 会转变成激发态的 SO_2^*，当激发态的 SO_2^* 衰变返回到稳态时，会产生特征波长（240~420nm）的荧光，此荧光强度与总硫含量成正比，通过荧光的检测来测算出总硫的浓度。该分析技术测量下限较低，可达 250ppb（1ppb = 10^{-9}），目前实验室分析基本上采用该方法，在线质量仪表选型上易选用和实验室测量原理相同的仪表。另外紫外荧光分析仪在测量过程无动作部件，相对于单波长 X 荧光分析仪每测量一个周期转动一次动力窗，紫外荧光分析仪测量稳定好，适用于国 V、Ⅵ汽柴油 10mg/kg 低量程测量，有利于工艺进行卡边操作。

3　在线分析技术应用方案

3.1　近红外分析仪检测探头直插式测量方案

近红外分析仪检测探头直接插入工艺管道测量，光信号通过光纤传输，可带压插拔。

近红外分析仪检测探头直插式测量方案，无需样品引出测量，无样品预处理系统，维护量少，只需定期对探头镜片进行清洁。但测量时易受样品管道中气泡、杂质影响，样品温度受环境变化，会对测量准确性产生影响。

3.2　近红外分析仪样品引出式测量方案

样品从工艺管线上引出，将样品导入预处理系统，控制样品的压力、温度和流速，脱除水分和杂质，滤除样品中的气泡、待测样品随后流入后置的流通池内，光信号经光纤从光源传输到流通池，经由样品吸收后再传输到光谱仪，光谱仪检测得到样品的吸收光谱。同时保持样品预处理箱温度恒定在（25±2）℃，防止温度变化对测量的影响。

由于红外分析是光谱分析，研究分子的热运动，因此温度对红外分析结果影响极大；水在红外波段具有广泛的吸收性，再加上杂质（散射）、气泡（流动状态）等因素影响，也会对红外分析结果产生影响。样品引出式测量方案可以消除杂质、气泡、温度等影响，相应的也增加了维护量。

3.3　总硫分析仪取样方案

总硫分析仪采用引出式测量方案，利用相应流路的近红外分析仪分析样品。

3.4　分析小屋

在线近红外分析仪、总硫分析仪价格昂贵，对安装环境要求较高。为满足分析仪不同程度的温度和环境安装需求，确保仪表的使用性能并利于维护，所以在线分析仪表应相对集中且处于爆炸危险区域，可考虑采用分析小屋内安装，分析小屋为经常维护的分析仪提供了一种可控制的操作和维护环境，并可降低长期维护费用。

4　在线近红外分析仪建模

汽油调合系统中的近红外分析仪投入使用前，需要投入很大的精力进行建模。近红外分析仪建模过程涉及数据采集和计算过程，需要对生产过程的相关工艺、技术参数、关键技术指标进行核对确认。另外，还需要对温度、添加剂等外部参数进行核对确认。校正数据应该涵盖测量现场（取样点）的产品性能变化范围。产品性能的变化包括测定性质的变化（辛烷值、总芳烃含量等）以及因配方、指标和工艺变化引起的物流变化。

为确保建模成功，需要进行以下确认：严格按照规范的实验室测试方法进行分析，获得真实的分析实验室数据，按正确的方法搜集对应的光谱图。在模型开发过程中，采样阶段是至关重要的一个环节，建议严格按照 ASTM E1655-00 实施采样步骤。同时考虑以下可能从不同角度和层次影响模型精度的外部因素：样品的黏度、样品的温度、样品的污染程度、光线的敏感度、样品的外观（如透明度、色泽等）。

在建模技术准备阶段，应设计完善的建模方案，既要基于一般的工作原理，又要考虑实际生产过程的突发因素和外部因素，务必做到：

（1）在正常范围的工艺组分和工况下，目标样品尽可能地具有代表性，需要大量的样品来定义一个完整的建模过程。

（2）实验室分析数据要有一定的梯度。将有代表性的参数的极端值也包括在内是很重要的。

（3）在人为选取校验样品时，并考虑样品的代表性。

4.1　近红外光谱仪定量校正模型的建立

近红外光谱仪定量校正模型是由一组有代表性样本的光谱和对应的基础数据（用常规分析方法获得），通过化学计量学方法建立，如图 3 所示，主要包括校正样本收集要、光谱采集、校正样本选择、基础数据测定、建立模型、未知样本验证等步骤。

4.2　日常检测分析

近红外光谱仪校正模型经过验证后，便可进行日常检测分析。定期对模型和仪器进行检测，绝对偏差不应超过再现性范围，对模型进行及时修正。

5　在线近红外分析在汽油调合中应用案例

目前国内汽油调合运用较早且比较成功的有兰州石化、大连石化。中国石化长岭分公司的在线汽油调合系统，于 2011 年 6 月开始正式投用，运行情况良好。在线近红外分析仪采用德国 Bruker 公司产品，辛烷值/抗爆指数误差基本在 0.2 以内；在线调合投用率达 98% 以上，一次性合格率达 95% 以上。

某公司汽油调合系统于 2018 年 2 月投用，近红外分析仪采用美国 ABB 公司 FTPA2000－260 傅立叶红外分析仪，总硫仪采用美国 Thermo 公司紫外荧光总硫分析仪。在线近红外数学模型预测结果良好，5 月底至 6 月底对 95#汽油采样比对，如表 2 所示，辛烷值/抗爆指数误差基本在 0.2 以内，符合设计要求；在线调合投用率达 99% 以上，一次性合格率达 98% 以上。

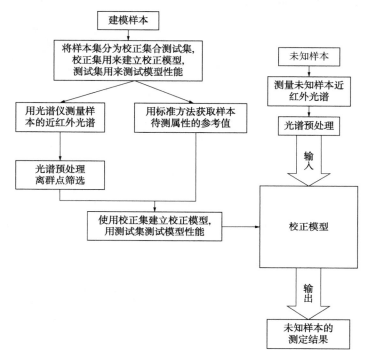

图 3　近红外光谱数学模型建立及工作过程

表 2　95#汽油 RON 比对情况

采样日期	标号	谱图编号	化验值 RON	NIR 仪器值 NIR-RON	偏差 (<0.2)
2018-05-29-09-05	95	95#Header-Sample-ABS-2018-05-29-09-05	96.5	96.49	0.01
2018-6-4-9-05	95	95#Header-Sample-ABS-2018-06-04-09-05	95.7	95.9	-0.2
2018-6-5-10-01	95	95#Header-Sample-ABS-2018-06-05-10-01	96.2	96.172	0.028
2018-6-6-9-45	95	95#Header-Sample-ABS-2018-06-06-09-45	96.0	95.928	0.072
2018-06-07-09-25	95	95#Header-Sample-ABS-2018-06-07-09-25	95.7	95.851	-0.151
2018-06-08-09-05	95	95#Header-Sample-ABS-2018-06-08-09-05	95.8	95.871	-0.071
2018-06-11-10-55	95	95#Header-Sample-ABS-2018-06-11-10-55	95.9	95.936	-0.036
2018-06-26-10-10	95	95#Header-Sample-ABS-2018-06-26-10-10	95.9	95.999	-0.099
2018-06-30-09-25	95	95#Header-Sample-ABS-2018-06-30-09-25	96.7	96.77	-0.07

6　结束语

在线近红外等分析仪是汽油调合系统中的关键组成，发挥着不可替代的作用，从技术上保证了汽油质量，并降低了质量过剩，社会和经济效益明显。近年来，在线分析仪表在石油、化工企业应用越来越广泛，在产品质量实时监控提升、生产过程优化、安全环保监控、降低人工化验成本及职业病预防等方面作用突出。

参 考 文 献

1　刘建学.实用近红外光光谱分析技术.北京：科学出版社，2008.

2　陆婉珍，袁洪福，徐广通，强冬梅.现代近红外光谱分析技术.北京：中国石化出版社，2000.

3　严衍禄.红外吸收光谱分析.现代仪器分析，北京：农业大学出版社：103~107.

4　钱伯章.在线近红外分析仪在多组分汽油调合中的应用.炼油化工自动化，1996(3)：49-53.

变组分气体计量问题及对策

滕志芳

（中国石化镇海炼化分公司仪表和计量中心，浙江宁波　315207）

摘　要　本文分析了镇海炼化公司历年变组分气体计量特别是燃料气计量案例，针对存在的问题，结合现场实际工况，提出了解决变组分气体计量的对策，在实施基础上进行了验证分析。

关键词　变组分气体；节流式差压流量计；补偿

公司炼油装置年消耗的燃料气总量约 60 万吨，占炼油总能耗 30%～40%，按 3000 元/吨计算，一年燃料气消耗就达 18 亿元。按流量计准确计量，真实考核，实现节能降耗，是当前计量工作的一项非常重要举措。在当前节能低碳、绿色环保的新形势下，燃料气的准确计量，显得更为重要。

目前，公司装置燃料气计量配置：节流式差压流量计占 70%；质量流量计（科氏力质量流量计、双参量质量流量计）占 23%；超声波流量计占 7%。本文主要分析节流式差压流量计变组分气体计量问题，提出对策并展开验证分析。

1　节流式差压流量计工作原理

节流式差压流量计由节流装置、引压管、差压变送器和流量二次仪表组成，具有结构简单、牢固、性能稳定可靠、使用期限长、价格低廉等特点。在目前的工业生产中，大量应用节流装置来测量流量，这种测量方法中常用的节流装置有标准孔板、标准喷嘴、文丘里管等。根据国际 GB/T 2624.1，对于标准节流装置，压差与流量的函数关系式为：

$$q_m = \frac{C}{\sqrt{1-\beta^4}} \varepsilon \frac{\pi}{4} d^2 \sqrt{2\rho \Delta P} \tag{1}$$

式中　q_m——质量流量；

　　　　C——流量系数；

　　　　β——孔板孔径与管道内径之比，$\beta = d/D$；

　　　　ε——流束膨胀系数，当流体为不可压缩性流体时 $\varepsilon = 1$；

　　　　d——孔板开孔直径；

　　　　ΔP——孔板前后的压差；

　　　　ρ——节流件入口端流体密度。

公式（1）基于额定工况下设计条件下，即流出系数 C、可膨胀系数 ε、节流件入口端流体密度 ρ 为定值时，中质量流量 q_m 与节流元件前后的压差 ΔP 成正比。但在实际测量过程中，当测量介质温度、压力、组分变化时，流出系数 C、可膨胀系数 ε、节流件入口端流体密度 ρ 均会发生变化，质量流量 q_m 测量值将出现偏差。

2　节流式差压流量计测量问题

2.1　差压的测量及其误差对 q_m 的影响

节流式差压流量计差压 ΔP 的测量由差压变送器来完成的。差压变送器经过一系列的改进，其测量准确度不断提高，差压变送器准确度最高可达 0.075。随着差压计准确度的提高，差压计本身准确度对差压测量的影响变得微不足道，正确安装和使用差压变送器以真实地反映差压的大小，便成了我们更应关注的问题。

根据差压式流量计的计算公式：

$$q_m = \frac{C}{\sqrt{1-\beta^4}} \varepsilon \frac{\pi}{4} d^2 \sqrt{2\Delta P \rho_1} \tag{2}$$

在不考虑其他参数变化的情况下，当差压引起的误差为 ±0.25% 时，流量的误差为 ±5%。当差压较小时，差压的较小误差或者说差压有较小的变化，流量就有较大的变化，即在小流

作者简介：滕志芳（1971—），男，主任工程师，毕业于宁波工程学院，现在中国石化镇海炼化分公司仪表和计量中心从事计量管理工作。

量时，差压微小测量误差将对流量测量造成较大的误差。

2.1.1　小流量计量

我们习惯上要求工艺操作流量计小于满量程的30%，这样差压ΔP约为满量程的10%，可保证测量准确度，但公司各装置工况操作流量小于满量程30%的问题较多，如某加氢装置FT505，差压量程为0~16.16kPa，当前差压仅为0.2kPa，实际工艺流量只有满量程的9%；某加氢装置FT104，差压量程为0~9.81kPa，当前差压仅为0.06kPa，实际工艺流量只有满量程的8%，从而产生较大的计量误差。

小流量状态下计量不确定计算，以某加氢装置FT505为例，差压变送器准确度等级为0.075，差压量程为0~16.16kPa，节流件正端取压口压力值为0.2kPa，内径为81mm，开孔直径为46.62mm：

（1）根据GB/T 2624.1规定，差压测量不确定度$\dfrac{\delta \Delta P}{\Delta P}$为：

$$\frac{\delta \Delta P}{\Delta P} = \frac{2}{3} \xi_{\Delta P} \frac{\Delta P_{\max}}{\Delta P} \qquad (3)$$

式中　$\xi_{\Delta P}$——差压变送器准确度等级；

$\Delta P_{\max}$——差压上限，kPa；

ΔP——节流件正端取压口压力值，kPa。

则$\dfrac{\delta \Delta P}{\Delta P} = \dfrac{2}{3} \times 0.00075 \times \dfrac{16.16}{0.2} = 4.04\%$

（2）各因子数值计算。

流出系数不确定度$\dfrac{\delta C}{C}$计算，按照GB/T 2624规定，本例中$0.2 \le \beta \le 0.6$，所以：

$$\frac{\delta C}{C} = 0.5\%$$

可膨胀系数不确定度$\dfrac{\delta \varepsilon}{\varepsilon}$计算，按照GB/T 2624规定，可用下列公式计算：

$$\frac{\delta \varepsilon}{\varepsilon} = 3.5 \frac{\Delta P}{kP_1}\% \qquad (4)$$

式中　ΔP——实际差压值，kPa；

K——等熵指数，本例取1.4；

P_1——节流件正端取压口压力值，kPa。

则$\dfrac{\delta \varepsilon}{\varepsilon} = 3.5 \dfrac{\Delta P}{kP_1}\% = 3.5 \times 0.2 \div 1.4 \div (500 +$

101.325）% = 0.0008%

因为该例差压值及节流件正端取压口压力值均较小，可膨胀系数不确定度可忽略。

则该例测量不确定度$\dfrac{\delta q_{\mathrm{m}}}{q_{\mathrm{m}}} = \left[\left(\dfrac{\delta C}{C} \right)^2 + \left(\dfrac{\delta \varepsilon}{\varepsilon} \right)^2 + \left(\dfrac{1}{4} \dfrac{\delta \Delta P}{\Delta P} \right)^2 \right]^{1/2} = [(4.04)^2/4 + 0.5^2 + 0.0000082^2]^{1/2}\% = 2.08\%$

本例测量系统不确定度为2.08%，已大于节流式差压流量计不确定度1.5%。

2.1.2　安装和使用过程问题

安装和使用过程问题导致节流件差压值偏差，主要有：差压变送器带开方功能，但DCS也设置开方，使得输出偏大；引压管内漏或带液；平衡阀内漏；差压变送器零点漂移；节流件磨损、变形；孔板装反等造成节流件差压值偏差。

2.2　节流件入口端流体密度ρ对q_{m}的影响

炼油装置燃料气的组分比较复杂，密度变化很大，特别是临氢装置的废氢进燃料气系统采用气柜回收的燃料气，经分析历史数据，其标准密度变化幅度达0.4~1.2kg/m³，而且燃料气的压力变化也较大，个别计量点达120~300kPa，温度波动幅度相对较小，因此，受组分、压力、温度影响，节流件入口端流体密度ρ变化将直接影响q_{m}值。如某装置FE8210孔板流量计，原设计标准密度为1.261kg/m³，但实际标准密度却只有0.6643kg/m³，单因密度变化造成目前测得流量比实际小约32.20%。经调查，在公司炼油装置节流式差压流量计中，工况密度导致约68.8%的流量计不确定度无法满足节流式差压流量计不确定度1.5%要求。

2.3　未实施温度、压力补偿或补偿错误

经调查，公司各装置约1/5流量计存在两个方面的补偿问题：一是在生产管理系统实施温压补偿了，但补偿公式使用错误或参数错误，如某加氢的FT3216温压补偿公式使用错误，引起目前测得流量比实际大约8%；某加氢的FT503、FT505设计温度为40℃，设计压力为0.4MPa，但补偿公式内使用90℃及0.5MPa进行补偿，因补偿参数错误引起目前测得流量比实际小约3%；二是在DCS中已有补偿，但在

生产管理系统又重复实施温度与压力补偿,如某加氢的 FT2207、FT3112。

3 对策与措施

3.1 节流件差压值偏差

3.1.1 小流量测量措施

如果正常气体测量 10:1 量程比可满足工艺要求,则将工艺管线及节流件缩径,以满足流量计不确定度 1.5% 要求。反之,要获得更大的量程比对,可采用双量程差压式流量计,分别各引入低量程、高量程差压变送器和具有双量程演算功能的二次表,从而大大提高低差压段流量的准确度。

3.1.2 安装和使用过程导致节流件差压值偏差(略)

3.2 节流件入口端流体密度偏差措施

3.2.1 解决温度、压力影响流体密度问题

经式(4)计算流出系数 0 不确定度 0.5%、可膨胀系数不确定度可忽略不计,因此,在忽略流出系数、可膨胀系数前提下,根据式(2)可推导出压力、温度对流体密度补偿修正公式:

$$q_{m实} = q_m \sqrt{\frac{P_实 \, T_设}{P_设 \, T_实}} \; ; \quad q_{v实} = q_v \sqrt{\frac{P_实 \, T_设}{P_设 \, T_实}}$$

式中 $q_{v实}$,q_v——0℃、1 个大气压条件下的标准体积;

$q_{m实}$,q_m——质量流量;

$P_{m实}$,P_m——工况绝对压力;

$T_{m实}$,T_m——工况绝对温度。

3.2.2 解决气体组分变化影响流体密度问题

根据式(2)可推导出气体组分对流体密度补偿修正公式:

$$q_{m实} = q_m \sqrt{\frac{\rho_实}{\rho_设}} \; ; \quad q_{v实} = q_v \sqrt{\frac{\rho_设}{\rho_实}}$$

式中 $\rho_实$、$\rho_设$ 分别为实际、设计时,0℃、1 个大气压条件下的标准密度。

因此,为消除温度、压力、气体组分对测量结果的影响,可在 DCS 中进行温度、压力、密度修正。

3.2.3 温度、压力、气体组分补偿案例

公司 4# 重整装置燃料气,补偿前位号 FT8210.PV、补偿后位号 FT8210.CPV,密度位号 AI7004.PV,FT8210.PV 和 FT8210.CPV 测量值为标准体积,补偿公式如下:

$$FT8210.CPV = FT8210.PV \sqrt{\frac{P_实 \, T_设 \, \rho_设}{P_设 \, T_实 \, \rho_实}}$$

3.2.4 核算补偿后数据准确性验证

手操器测量差压变送器差压值:11.168kPa;温度 TI7066:39.2℃;压力 PI7066:0.576MPa;燃料气分析密度:0.9546kg/m³;DCS 显示流量:11.897kNm³/h。

根据 GB/T 2624.1 方法,采用软件计算流量 11.968kNm³/h,与 DCS 流量差量 71Nm³/h,差率为 0.6%,说明节流式差压流量计测量变组分燃料气采用密度、温度、压力补偿后,可满足节流式差压流量计不确定度 1.5% 要求。

4 结束语

对于企业内由于投资预算、安装空间及改造困难等问题无法更换成质量流量计测量气体的,可采用密度、温度、压力补偿实施修正,能较为准确地计量气体流量。同时,在节流元件的设计、制作、安装、运行过程中应尽量使实际工况与设计工况相一致,如有差异要及时补偿修正,消除测量误差,提高计量准确度,为节能降耗提供可靠、准确的计量数据。

参 考 文 献

1 GB/T 2624.1—2006 用安装在圆形截面管道中的差压装置测量满管液体流量 第一部分:一般原理和要求.

聚烯烃包装线计量优化策略

汪海勇

（中国石化镇海炼化分公司仪表和计量中心，浙江宁波　315207）

　　摘　要　为达到2020年聚烯烃定量包装线在2019年平均净重基础上力争降低4g的要求，查找目前包装线存在的计量短板，通过解决目前的计量短板，提升计量设备准确度，提高计量管理能力，最终达到降4g的目标

　　关键词　电子台秤；复检秤；定量包装秤；比对；净重

1 引言

　　聚烯烃包装线采用全自动称重码垛生产线，共10条，2019年聚烯烃25kg包装线的年平均净重为25.0114kg，根据2020年聚烯烃定量包装线在2019年平均净重基础上力争降低4g的要求，聚烯烃定量包装在2020年平均净重应不大于25.0074kg，为此查找目前包装线存在的计量问题，以期通过解决问题达到降4g的目标。

2 目前包装线存在的计量问题

2.1 包装线现状

　　定量包装秤和复检秤是包装线主要计量设备，1#聚丙烯包装线2台定量包装秤2017年更新，厂家标示最高负荷1600包/小时，实际最高运行负荷1400包/小时。2#聚丙烯包装线3台定量包装秤、3台复检秤及1#聚乙烯包装线3台定量包装秤一直未更新，已运行至少10年，包装线存在不同程度的设备老化、波动大的问题。

　　定量包装秤分度值为10g，受物料冲击等影响，实际系统误差为±50g，包装负荷越高，稳定时间越短，波动和误差越大。

　　复检称采用4只50kg或者100kg的传感器，实际最大量程达到200kg或400kg，标示分度值为10g。如果要达到分度值为10g，按照最大量程计算，分度数需达到20000或者40000，而这个是分度数是高准确度等级的天平才能达到的，复检秤实际分度值达不到标示的10g。

2.2 电子台秤分度值大，缺乏日常监控

　　比对用的电子台秤分度值为20g（最大量程60kg），而复检称的标识分度值为10g，不能起

到有效的比对作用。

　　用于包装线复检秤比对的电子台秤缺乏日常监控，电子台秤出现异常很难及时发现，例如聚丙烯的1台比对用电子台秤2020年3月下旬检定不合格，该电子台秤什么时候出现异常无法确定，检定不合格之前比对数据可靠性存疑。

2.3 复检秤零位易漂移，电子台秤与复检秤比对要求低

　　复检秤由称重系统、电机、传动系统、转轴、皮带等机构组成，受运动部件和实际分度值的影响，复检秤容易出现零位偏移、示值失真的现象。

　　电子台秤与复检秤比对误差要求过低，比对误差要求不超过20g即可。对各包装线复检称与电子台秤只是进行简单的比对，符合比对要求即认为正常，各包装线相互之间没有比较。

　　复检秤与电子台秤比对频次低，每班次只比对1次（4包），1天2个班次，1天只比对2次（共8包），无法及时发现复检秤出现零位偏移或者示值失真的现象。

　　复检秤日常管理要求低，没有明确的日常检查内容，如对复检秤静态零位和动态零位的检查。

2.4 定量包装秤和平均净重波动大

　　定量包装秤系统误差达±50g，咨询厂家及

　　作者简介：汪海勇（1974—），男，毕业于广播电视大学，工程师，现在中国石化镇海炼化分公司仪表和计量中心从事计量管理工作。

现场操作人员，定量包装秤称量的波动大小和每小时包装量有关，包装速度越快，称量稳定时间越短，称量波动越大。

平均净重在 25.00～25.03kg 之间，各包装线平均净重波动大。

3　计量优化策略

3.1　变更电子台秤分辨率，加强电子台秤管理

聚烯烃包装线电子台秤是 3 级秤，量程为 60.00kg，分度值为 20g，而聚烯烃包装为 25.00kg，复检秤分辨率为 10g。电子台秤秤量过大、分度值过大，影响称量的准确性。在保持该电子台秤分度数不变的情况下，将电子台秤最大量程变更至 30.00kg，分度值调整至 10g，缩小了秤量误差。

加强日常电子台秤监控，确定砝码、电子台秤等器具的相互比对要求：电子台秤每周与砝码至少比对 1 次，2 台电子台秤比对（2 台电子台秤采用同准确度等级、同量程、同分度值），比对出现差值，应进行标定或者调试处理，必要时提前进行检定。

提高电子台秤及砝码的检定/调试要求，不再满足于符合检定规程的误差要求，要求尽量趋零调整，同时调整检定、测试、比对流程（见图 1）。

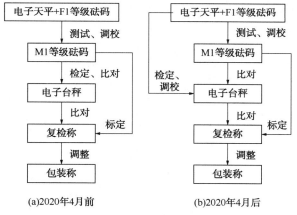

(a)2020年4月前　　　　(b)2020年4月后

图 1　检定对比流程

3.2　提高电子台秤与复检秤的比对要求

电子台秤与复检秤比对误差要求由 ±20g 降至至 ±10g，结合电子台秤分度值由 20g 降低至 10g，将原比对误差由 ±30g 降低至 ±15g，降低了少量和多付的计量风险。

为及时发现复检秤的零位偏移和示值失真，

加强电子台秤与复检秤的比对频次，由每班次比对 1 次变更为 2 次，每次 4 包。后期为了更好地监控复检秤改为每班次比对 1 次 4 包，其他时间每小时比对 1 次 1 包，并做好比对记录，当比对差值超过 10g 时，复检秤应立即进行标定，比对符合要求后复检秤才能投入使用，记录标定处理内容和最终比对结果。多次调整不到位的，技术员应及时将情况反馈给主管部门。通过加强对复检秤的监控，保证复检秤数值的可靠。

加强复检秤日常检查和管理：①新增定量包装线复检称零位检查（静态和动态两种情况下）并列入日常工作检查内容，复检秤静态零位要求为 0.00kg，动态零位要求撤除称量物在 20s 内恢复至 0.00kg，零位波动超过 10g 应及时记录说明并尽快处理，增加巡检次数；②加强对复检秤皮带检查，复检秤皮带无明显老化，边缘完好无破碎，皮带位置无异常偏位，否则应及时维护处理并记录。

通过日常比对数据，发现了稳定性较差的 3 台复检秤，通过调节驱动皮带松紧度降低抖动、修正复检秤水平、消除角差等方法调试解决，并通过同包物料多次通过复检秤来验证复检秤的重复性，确保调试后复检秤运行的可靠性。

3.3　控制定量包装秤平均净重波动

定量包装秤分辨率为 10g，受物料冲击等影响，实际系统误差为 ±50g，包装负荷越高，稳定时间越短，波动和误差越大。根据现场观察，定量包装秤在小于最高负荷包时，大部分数据波动不超过 60g，因此要求定量包装秤在适当速度运行。

为减少多包平均净重低于 25kg 的风险，前期要求日常操作聚烯烃各包装线净重（复检秤秤量－包装袋重）波动尽量不超过（25.00±0.03）kg，后期对相对稳定的 PE 包装线净重波动尽量不超过（25.00±0.02）kg。

联合厂家开展优化攻关，通过优化定量包装秤程序，在 1#聚丙烯 2 台定量包装秤试运行 1 个月，使定量包装秤能长时间稳定维持在最高负荷 1600 包/小时，相比较原来每小时提速 5t，提高了 1/7 的包装能力，同时包装线净重

波动维持在(25.00±0.02)kg。

以每条包装线平均净重 25.007kg 为目标，加强对复检称日、月平均净重数据的关注，以每月平均净重的统计数据为依据下达操作指标给各包装线，以使平均净重到预期要求，同时降低平均净重的波动。

4 优化效果及展望

（1）2020 年聚烯烃平均净重 25.0072kg，比 2019 平均净重 25.0114kg 降低 4.2g，达到 2020 年聚烯烃定量包装线在 2019 年平均净重基础上力争降低 4g 的要求，直接经济效益 100 万元以上。

（2）加强了复检秤、电子台秤及砝码的监控，通过比对及时发现 2 次砝码异常、3 次电子台秤异常，50 多次复检秤比对超限，降低了由此产生的计量风险和效益损失。

（3）通过变更电子台秤量程和分度值，降低了比对限值，减少了比对误差，由±30g 降低至±15g，进一步降低了计量风险。

（4）优化定量包装秤程序，使定量包装秤能长时间稳定维持在最高负荷。后续有望推广至 2#聚丙烯和 1#聚乙烯的 6 台定量包装秤。

（5）后续将电子台秤更新为最大量程 30kg、分度值为 5g，进一步降低比对误差。

参 考 文 献

1 邹玉玲 . 石化企业固体产品包装计量的优化管理 . 乙烯工业，2011，23（4），30-33.
2 JJG 539—2016 数字指示秤检定规程 .

有源滤波器在石化行业的应用分析

刘 爽

（中国石化镇海炼化分公司，浙江宁波　315207）

摘　要　随着科技的不断发展，晶闸管换流技术和变频技术得到了广泛应用，变频器、UPS、EPS、相控整流器、智能照明灯具等各类新型电力电子产品不断涌现与更新换代，配电网中非线性负荷急剧增加，电能污染日益严重。电能质量的好坏直接影响着企业的整体经济效益与用电设备安全可靠运行，因此如何有效治理低压大电流谐波污染源，提高电能质量有着极其重要的意义。本文首先根据国内外标准对电能质量的定义及指标进行分析，然后介绍目前谐波问题治理的主要技术方案，最后介绍有源电力滤波器的工作原理并分析其在石化行业实际应用过程中的效果。

关键词　电能质量；谐波危害；有源电力滤波器容量选型；补偿方式；应用效果

大型石油化工行业装置管道、泵体、罐体内部存有大量原油、汽油、苯、芳香烃等易燃易爆化学物质，且生产过程复杂，因此对生产连续性及设备稳定运行要求非常高。一旦发生停工、火灾、爆炸等事故，都有可能造成重大经济损失与人身伤亡事故。

近年来，出于节能、调控方便、系统安全及智能化目的，变频器、UPS、LED 灯具、工业电视、摄像头等低压电子设备在石化行业内得到广泛应用，各种非线性、波动性、冲击性负荷的增加给配电系统注入了大量谐波，对电能质量带来了极大的影响，如变压器损耗的增加、电容器使用寿命的缩短、保护设备误动等异常现象。因此如何有效治理电网中的谐波，改善电能质量，提高电气设备安全运行刻不容缓。

1　电能质量的定义及问题分类

1.1　电能质量的定义

国际通用的 IEC-61000 电磁兼容系列标准和 IEEE Std1159 标准都对电能质量标准进行了相关的要求。结合国际标准，自 20 世纪 90 年代，我国关于电能质量共颁布了 7 项标准，从供电系统频率偏差、电压偏差、电压波动和闪变、电压三相不平衡、供用电网谐波、间谐波、电压暂降与短时中断等方面对电能质量进行了定义，其中暂时过电压、瞬态过电压和电压暂降为动态电能指标。

1.2　电能质量问题的分类

电能质量问题主要分为两类：电压质量问题和电流质量问题。电压质量问题包括电压谐波、电压暂降、三相电压不平衡、电压波动与闪变、电压偏差等，主要存在于发电阶段；而电流质量问题主要包括电流谐波、不平衡电流和无功电流，主要存在于用电阶段。石化行业是电能消耗大户，随着电力电子设备使用增加，其成为电网中主要谐波污染源，并影响变频器等自身电力电子设备的平稳运行。因此，企业内如何改善电流质量问题，降低电流中的谐波含量十分必要。

2　谐波问题的治理方案

治理谐波主要分为主动型治理和被动型治理两大类。主动型治理方案指的是从谐波的源头出发，通过改进谐波源装置本身性能，来达到减少用电设备向电网注入谐波电流的目的，此方案常用的技术主要有 PWM 技术、多重化技术、增加整流相数等。被动型治理方案指的是根据谐波源类型，在电网中采用无源滤波器、有源滤波器等设备抑制谐波电流，被动处理电网中的谐波含量。

主动型治理方案往往是电力电子设备在研

作者简介：刘爽(1987—)，女，浙江建德人，2009年毕业于浙江工业大学电气工程及其自动化专业，工程师，现从事企业中高压配电工作。

制阶段就应提前考虑的，然而在实际应用中，电子设备的谐波无法完全消除，对于已经存在于系统中的谐波，我们只能采用被动型治理技术，也是目前企业中最常用的方案。被动型治理方案主要分为以下两种。

2.1　无源滤波器（Passive Power Filter，PPF）

又称 LC 滤波器，是利用电感、电容和电阻的组合设计构成的滤波电路，可滤除某一次或多次谐波，最普通且易于采用的无源滤波器结构是将电感与电容串联，可对主要次谐波（3、5、7）构成低阻抗旁路；单调谐滤波器、双调谐滤波器、高通滤波器都属于无源滤波器。无源滤波器具有结构简单、成本低廉、运行可靠性较高、运行费用较低等优点。但无源滤波器也存在着许多不足：①质量大、占地面积大；②只能滤除固定次数的谐波，无法进行全补偿；③受系统阻抗影响严重，存在谐波放大和共振的危险；④无源原件参数偏移也将影响滤波补偿特性；⑤无法实现限幅功能。鉴于以上不足，无源滤波器无法满足目前电网中复杂多变的谐波污染源。

2.2　有源电力滤波器（Active Power Filter，APF）

有源电力滤波器采用电力电子与数字处理技术，通过检测补偿对象的电压、电流，计算出其中的无功、不对称电流和谐波分量，经过控制器发出与谐波电流幅值相等、极性相反的补偿电流注入电网，对谐波电流进行补偿或抵消，从而使被补偿系统电流呈现类似正弦波。与无源滤波器相比，有源电力滤波器存在以下优势：①滤波特性不受系统阻抗影响，可消除与系统阻抗发生谐振的危险；②能够实现动态滤波，自动跟踪补偿电网中变化的谐波电流，具有高度可控性和快速响应性；③具备选择性，既可只补偿单次或多次谐波，也可全补偿；④当系统中需要补偿的容量大于装置自身容量时，可以限幅输出。

3　有源滤波器的分类、基本原理及补偿方式

3.1　有源电力滤波器的分类

3.1.1　按主电路结构分类

根据逆变器直流侧储能元件不同可以分为电压源型 APF（储能元件为电容）和电流源型 APF（储能元件为电感）。其结构如图 1 所示。电压型有源滤波器在工作时需对直流侧电容电压进行控制，使直流侧电压维持不变，因而逆变器交流侧输出为 PWM 电压波。而电流型有源滤波器在工作时需对直流侧电感电流进行控制，使直流侧电流维持不变，因而逆变器交流侧输出为 PWM 电流波。电压型有漂滤波器的优点是损耗较少，效率高，是目前国内外绝大多数有源滤波器采用的主电路结构。电流型有源滤波器由于电流侧电感上始终有电流流过，该电流在电感内阻上将产生较大损耗，所以目前较少采用。

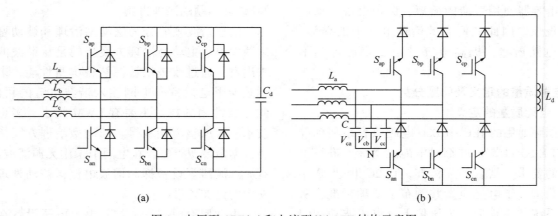

(a)　　　　　　　　　　　(b)

图 1　电压型 APF(a)和电流型(b)APF 结构示意图

3.1.2　按系统结构分类

根据系统结构分类可分为并联型、串联型和串-并混合型 APF。

（1）并联型有源滤波器的基本结构如图 2 所示。它主要适用于电流源型非线性负载的谐波电流抵消、无功补偿以及平衡三相系统中的

不平衡电流等。目前并联型有源滤波器在技术上已较成熟，它也是当前应用最为广泛的一种有源滤波器拓扑结构。

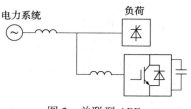

图 2 并联型 APF

（2）串联型有源滤波器的基本结构如图 3 所示。它通过一个匹配变压器将有源滤波器串联于电源和负载之间，以消除电压谐波，平衡或调整负载的端电压。与并联型有源滤波器相比，串联型有源滤波器损耗较大，且各种保护电路也较复杂，因此很少研究单独使用的串联型有源滤波器，而大多数将它作为混合型有源滤波器的一部分予以研究。

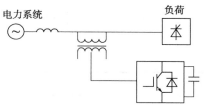

图 3 并联型 APF

（3）串-并混合型有源滤波器的基本结构如图 4 所示。其中并联型 APF 主要用于抑制谐波电流、补偿无功；串联型 APF 主要用于抑制电压谐波、电压波动和闪变、消除系统不平衡；混合型 APF 兼具两者优点。

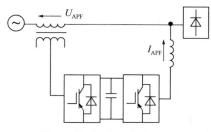

图 4 串-并联混合型 APF

3.2 现场应用的电压型 APF 的组成和基本原理

有源电力滤波器主要由负载电流分离、指令电流调节、输出电流控制、驱动电路以及主电路组成。通过检测负载电流中的无功变化分量来得出实际补偿需要的指令电流。IGBT 驱动电路以及主电路合在一起可以作为补偿电流发生电路，它的主要作用是根据指令运算电路得出的补偿指令，产生实际的补偿电流。主电路主要由 IGBT 构成的电压型 PWM 变流器，以及与其相连的电感和直流侧支撑电容（DC-Link）组成。其结构组成如图 5 所示。

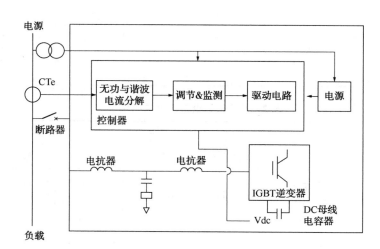

图 5 电压型 APF 组成示意图

3.3 有源电力滤波器 APF 补偿方式分类

有源电力滤波器，可以根据负载和配电系

统实际情况，以及需要达到的补偿效果的不同，灵活选择不同的补偿形式，达到波效果和投资的最优化设计。按照安装位的不同，提供集中补偿、部分补偿和就地补偿三种形式（见图6）。

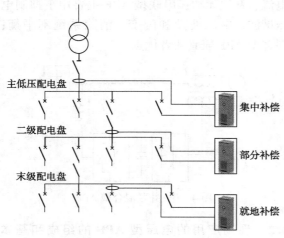

图6　电力有源滤波器补偿方式分类

（1）集中补偿方案：配电系统中非线性负载数量庞大，单台非线性负载容量较小时，适用集中补偿方案。

（2）部分补偿方案：配电系统中非线性负载集中在某几条支路时，适用部分补偿方案。

（3）就地补偿方案：配电系统中非线性负载集中，单台容量较大时，适用于就地补偿方案。

由于石化行业中变频器、UPS、直流屏、EPS、照明设备等各类非线性负荷数量多且平均分散布置在各母线段上，因此采用集中补偿方式最为经济可行。

4　有源滤波器在石化行业实际应用效果

4.1　有源滤波器投用前后系统内电流谐波含量对比

以一380V低压配电室为例，共4段母线，两两分段运行，每段母线变压器容量为1600kVA。采用集中治理的方式在每段母线进线断路器下桩头处各安装100A有源滤波器模块。分别用有源滤波器本体及FLUCK表检测APF投用前后各段母线谐波含量（见表1～表4）。

表1　I段母线谐波治理前后情况

$I_a = 810A$，$I_b = 840A$，$I_c = 820A$				
	有源滤波投用前		有源滤波投用后	
	有源滤波装置谐波含量显示/%	FLUCK表谐波含量显示/%	有源滤波装置谐波含量显示/%	FLUCK表谐波含量显示/%
母线谐波总含量	3.2	2.9	3.1	2.8
母线五次谐波总含量	2	2.4	2	2.3
母线七次谐波总含量	1	1.3	1	1.1

表2　II段母线谐波治理前后情况

$I_a = 300A$，$I_b = 310A$，$I_c = 310A$				
	有源滤波投用前		有源滤波投用后	
	有源滤波装置谐波含量显示/%	FLUCK表显示/%	有源滤波装置谐波含量显示/%	FLUCK表谐波含量显示/%
母线谐波总含量	10	9.8	3	5.4
母线五次谐波总含量	8	8.2	2	3.6
母线七次谐波总含量	5	4.7	1	2.5

表3　Ⅲ段母线谐波治理前后情况

$I_a = 510A,\ I_b = 530A,\ I_c = 540A$

	有源滤波投用前		有源滤波投用后	
	有源滤波装置谐波含量显示/%	FLUCK表显示/%	有源滤波装置谐波含量显示/%	FLUCK表谐波含量显示/%
母线谐波总含量	23.5	24.4	14.4	14.9
母线五次谐波总含量	20	21.5	8	9.9
母线七次谐波总含量	9	10.2	10	10
母线十一次谐波总含量	3	3.7	3	3

表4　Ⅳ段母线谐波治理前后情况

$I_a = 360A,\ I_b = 250A,\ I_c = 280A$

	有源滤波投用前		有源滤波投用后	
	有源滤波装置谐波含量显示/%	FLUCK表谐波含量显示/%	有源滤波装置谐波含量显示/%	FLUCK表谐波含量显示/%
母线谐波总含量	23.2	23.1	3.4	5.8
母线五次谐波总含量	20	20.1	1	4.7
母线七次谐波总含量	9	9.4	0	2.8
母线十一次谐波总含量	4	4.6	4	0

4.2　有源滤波应用效果

根据上诉结果可以得出以下结论：

（1）Ⅰ段母线系统内电流谐波总畸变率为3.2%，小于5%，有源滤波装置未启动。

（2）Ⅱ段母线系统内电流谐波总畸变率为10%，因此所需滤波装置30A左右的反向抵消电流，未超出装置容量限值。装置投用后，系统电流谐波总畸变率降至3%，系统电流波形修正效果较好，趋于正弦波。

（3）Ⅲ段母线系统内电流谐波总畸变率为23.5%，因此所需滤波装置123A左右的反向抵消电流，已超出装置100A的容量限值，因此装置投用后，系统电流谐波总畸变率降至14.4%，系统电流波形得到部分修正。

（4）Ⅳ段母线系统内电流谐波总畸变率为23.2%，因此所需滤波装置50A左右的反向抵消电流，未超出装置容量限值。装置投用后，系统电流谐波总畸变率降至3.4%，系统电流波形修正效果较好，与Ⅱ段母线类似，趋于正弦波。

从以上结论可以看出，采用集中治理的方式在低压母线上安装有源滤波装置对系统电流谐波有极大的改善，但因不同母线上配置的设备种类及数量不同，按部分厂家统一的$I_h = S \cdot a_h$（这里a_h取0.05）来进行有源滤波装置容量的计算显然满足不了变频器等非线性负载较多的母线。因此有源滤波装置容量的选型是关键，既不能选太大造成浪费，也不能太小使得治理后的效果达不到要求。

4.3　有源滤波装置容量的计算

电力电子设备的网侧谐波含量与系统参数、电力电子设备本身的结构参数及设备负载率等多种因数有关，要想在理论上精确计算是十分困难的，因而工程设计上往往应用典型的经验数据及计算机仿真等手段来进行谐波含量估算。根据各类设备典型谐波含量的经验值可以按以下公式进行有源滤波装置容量的计算：

$$I_{HR} = \frac{S \cdot K}{\sqrt{3} \cdot U \cdot \sqrt{1 + THD_i^2}} \cdot THD_i \quad (1)$$

$$THD_i = \sqrt{\sum_h HRI_h^2} \quad (2)$$

式中　S——变压器容量，VA；

U——变压器二次侧额定电压，V；

K——负荷率；

I_{HR}——谐波电流，A；
THD_i——电流谐波总畸变率；

I_h——第 h 次谐波电流有效值。
常见谐波负载的典型谐波含量可参见表5。

表 5　常见谐波负载的典型谐波含量参考值

负载类型	典型谐波含量/%	负载类型	典型谐波含量/%
变频器(六脉波)	30~35	LED 屏	30~100
焊机群	25~58	开关电源	15~20
交/直流轧机	33~45	变频空调主机	10~23
中频感应加热炉	15~40	电梯系统	15~23
半导体照明类	15~22	变频器(十二脉波)	10~12
气体放电灯	15~20	UPS 电源	5~20

参考本石化行业的配电基本情况，一台变压器容量应满足带其下两段母线所有负荷，结合本厂区内各装置变压器多年负荷率，在简化计算时 K 可选取 0.3，THD_i 选 0.2~0.25 时基本可满足现场需求。

5　结论

通过对现场实际应用的有源电力滤波装置的数据分析，可以看出 APF 在改善配电系统的电流谐波含量方面有很大作用。目前，石化行业采用了越来越多的低压变频器、电动阀、UPS 等非线性负载后，部分系统中电流谐波总畸变率已达 30%~40%，给电力电子设备本身采样及精确控制带来了安全隐患。因此，在谐波含量高的变电所内配置有源电力滤波装置将大大提高设备运行稳定性，提升整个供电系统、生产装置的可靠性。

参 考 文 献

1　时成侠．电能质量综合评估研究．吉林大学，2016．
2　龚芬．有源电力滤波器及其在配电网中的应用．长沙理工大学，2011．
3　郭明明．有源电力滤波器在低压配电网中的应用研究．河南科技大学，2015．
4　邝钰淇．有源滤波在配网中的应用研究．浙江大学，2020．
5　曹武．模块化多机并联型低压大电流有源滤波关键技术研究．东南大学，2016．
6　柴鹏飞．电能质量综合评估方法研究．郑州大学，2014．

渤海装备兰州石油化工装备分公司

中国石油集团渤海石油装备制造有限公司兰州石油化工装备分公司是炼油化工特种装备专业制造企业，是中国石油设备故障诊断技术中心（兰州）烟气轮机分中心、中国石油烟气轮机及特殊阀门技术中心。秉承"国内领先、国际一流"的理念，为用户制造烟气轮机、特殊阀门、执行机构及炼化配件等装备，是中国石油、中国石化、中国海油的一级供应商，与中石油、中石化签订了烟气轮机备件框架采购协议，并建立了集中储备库。产品获国家、省部级科技进步奖29项，其中烟气轮机和单、双动滑阀获首届国家科学大会奖，"YL系列烟气轮机的研制及应用"获国家能源科技进步三等奖，烟气轮机荣获甘肃省名牌产品称号，冷壁单动滑阀荣获中国石油石化装备制造企业名牌产品称号。

企业能为客户提供技术咨询、技术方案、机组总成、设备制造、人员培训、设备安装、开工保运、烟气轮机远程监测诊断、设备再制造、专业化检维修、合同能源等服务与支持。

主要产品与服务

烟气轮机是能量回收透平机械，应用于炼油、化工、电力和冶金行业。工质（具有一定压力的高温烟气）通过烟气轮机膨胀输出轴功，驱动其它工作机械或发电机发电。烟机效率处于国际领先水平，节能效果显著。渤海装备兰州石油化工装备分公司可提供2000~33000千瓦全系列烟气轮机，已累计生产烟气轮机近300台。

执行机构用来精确控制催化装置的滑阀、蝶阀、闸阀等设备，也可广泛用于电力、冶金、水利等行业要求高精度控制的设备上，具有技术领先、工作可靠、控制精准等显著优点。

特殊阀门主要有滑阀、蝶阀、闸阀、塞阀、止回阀、焦化阀、双闸板阀等，可以生产满足420万吨/年以下催化装置使用的全系列特殊阀门。其中双动滑阀通径可达2360mm，高温蝶阀通径可达4000mm。三偏心硬密封蝶阀通径可达1600mm，具有900℃的耐高温性能和高耐磨性能。

阀门的控制方式有气动控制、电动控制、电液控制、智能控制。可靠性和灵敏度指标均达到国际先进水平。渤海装备兰州石油化工装备分公司已为全国各大炼厂及化工企业生产了近万台特阀产品。

专家团队监测接入诊断技术中心的烟气轮机运行情况，实时分析诊断，提出操作建议，发现异常及时与用户沟通，并指导现场处理，定期为用户提供诊断报告。

专业的服务队伍装备精良、技术精湛、全天候响应。为炼化企业提供优质的技术指导、设备安装、开工保运及现场检维修等服务。

地　　址：甘肃省兰州市西固区环行东路1111号　　　电子邮箱：lljxcjyk@163.com
联系电话：0931-7849736　7849739　　　　　　　　　传　　真：0931-7849710
客服电话：0931-7849803　7849808　　　　　　　　　邮　　编：730060

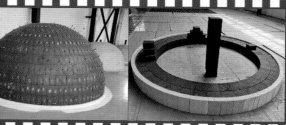

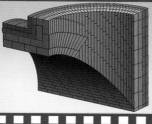
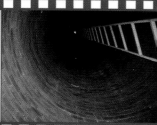

气化炉拱顶预组装	气化炉筒身预组装	气化炉锥底预组装	气化炉炉体结构 3D模型	现场施工照片
耐火衬里	耐火衬里	耐火衬里	耐火衬里	耐火衬里

 SINOSTEEL

中钢集团洛阳耐火材料研究院有限公司

中钢集团洛阳耐火材料研究院有限公司（以下简称"中钢洛耐院"）是中钢洛耐科技股份有限公司下属的国有控股科技型企业，国家高新技术企业，国家创新型企业和国家技术创新示范企业，是从事耐火材料专业研究的大型综合性研究机构，是我国耐火材料行业技术、学术和信息中心。经营范围涵盖耐火材料产品，产品质量检测，信息服务，工程设计、咨询、承包，国内外贸易以及检测仪器、齿科医用设备、包装材料、加工工具生产等多个领域。年产中高档耐火材料6万余吨，主要应用于钢铁、有色、石化、陶瓷、玻璃、电力等多个行业，产品远销美洲、欧洲等40多个国家和地区。

石油化工高温装备用全系列耐火材料：

● 内衬材料

★高铬砖　　　　★铬刚玉砖　　　　★复合SiC砖　　　　★高纯刚玉砖

★刚玉莫来石砖　★氧化铝空心球制品　★重质/轻质浇注料

● 中高档保温隔热材料

★莫来石质/高铝质轻质砖　★多晶氧化铝纤维　★普通硅酸铝纤维

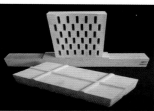

高铬砖	铬刚玉砖	氧化铝空心球砖	莫来石砖	碳化硅砖

资质证书

销售总经理：董先生（13598183098）

销售副总经理：吕先生（18638876368）

固定电话：0379-64206119

电子信箱：sales@lirrc.com

公司邮编：471039

图文传真：0379-64206027

公司网址：www.lirrc.com

公司地址：河南省洛阳市涧西区西苑路43号

广告

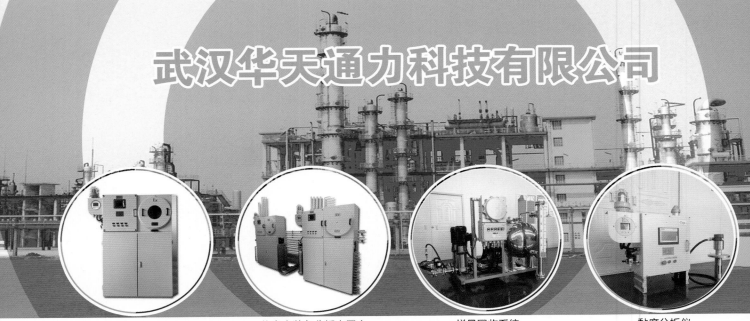

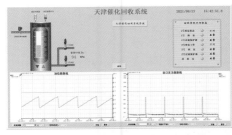

安徽容知日新科技股份有限公司（股票代码：688768）成立于2007年，是一家工业互联网领域的高新技术企业，2021年7月26日在上海证券交易所科创板鸣锣上市，国内设备状态监测与故障诊断第一股就此诞生。容知日新致力于成为专业的工业设备智能运维整体解决方案提供商，主要产品为工业设备状态监测与故障诊断系统，已广泛应用于风电、石化、冶金、水泥、煤炭、轨道交通等十多个行业，并远销美国、英国、德国、巴西等三十多个国家和地区。

容知日新是国内为数不多的打通了从底层硬件设备到上位软件、智能算法再到诊断服务各个环节的高新技术企业，完成了从传感器核心元器件、无线传感器网络、数据采集、工业大数据、智能诊断到设备智能运维平台解决方案的完整技术布局，形成了具有自主知识产权的核心技术与完整的产品体系。

未来，容知日新将携手合作伙伴，致力于设备智能运维技术和模式的不断创新，构建人、设备、数据无缝链接的生态圈，努力成为全球领先的设备智能服务企业。

研发中心，打通了从底层硬件设备到上位软件、智能算法再到诊断服务各个环节

生产制造中心，质检员在智能传感器生产车间进行核心元器件质检工作

设备远程运维中心，国际振动分析师团队正在实时看护设备

案例实验室，积累了6000多个闭环案例

资深解决方案专家正在讲解容知日新自主研发的产品和解决方案

安徽容知日新科技股份有限公司
Anhui Ronds Science & Technology Incorporated Company

地址：安徽省合肥市高新区生物医药园支路59号
电话：400—855—1298

沈阳中科韦尔腐蚀控制技术有限公司
Shenyang Zkwell Corrosion Control Technology Co, Ltd.

地址：沈阳市浑南新区浑南四路1号5层
邮编：110180
电话：024-83812820/83812821/24516448
全国服务网点：见公司网站
网址：www.zkwell.com.cn

设备腐蚀与安全监、管、控一体化专家

隐患排查流程

```
腐蚀回路划分及风险识别
        ↓
   重点部位扫查台账
        ↓
  脉冲涡流等现场扫查
        ↓
隐患排查日、周、月报 ────→ 异常通知单
        ↓
   整改措施跟踪 ────→ 现场标记
        ↓
    定期监检测
```

中科韦尔公司自 2011 年成立以来，始终致力于为石油、石化企业提供设备腐蚀监、管、控一体化解决方案。在防腐监测技术广泛推广应用的基础上，为了适应我国石化、煤化工产业发展的需求，中科韦尔务实谋划，构建了从"建立系统性腐蚀防控策略"到"腐蚀防控策略的执行"再到"评价优化"的闭环服务流程，长期开展驻厂腐蚀维保、停工装置腐蚀检查、腐蚀隐患排查、腐蚀评估等服务，为石化企业安全生产保驾护航。

腐蚀在线监测产品

装置停工腐蚀检查

脉冲涡流隐患扫查

腐蚀风险识别与防控策略

驻厂腐蚀检测、评估与管控服务

烟台龙港泵业股份有限公司
YANTAI LONGGANG PUMP INDUSTRY CO.,LTD.

烟 龙

BB1系列

BB2系列

BB3系列

BB4系列

证券简称：龙港股份　　证券代码：870615

合作伙伴：

公司先后获得的部分荣誉：

★ 高新技术企业　　　　　★ 守合同重信用企业
★ 山东省瞪羚企业　　　　★ 烟台市市级企业技术中心
★ 山东省专精特新企业　　★ 中国机械工业科技进步一等奖

　　烟台龙港泵业股份有限公司成立于2001年5月，注册资本6000万元，办公及生产建筑面积2万余平方米。主要生产30大系列、400多种规格的耐腐蚀泵及配件，产品主要应用于石油石化、化工、制碱、制盐、环保、水处理等行业的介质输送。产品畅销全国二十多个省市，并出口到欧美、亚洲、非洲等多个国家。

　　公司注重技术升级和自主研发，并与山东大学、江苏大学、浙江理工大学等高校开展产学研合作进行新产品的持续开发。在质量体系方面，先后通过美国石油学会API质量体系认证和ISO 9001:2008质量体系认证，产品获得客户的一致好评。过硬的质量、良好的服务使公司先后成为中国石油甲级供应商，中国石化、中国海油、中国中化、中盐集团等知名企业合格供应商。

详情请访问公司网址：www.lg-pump.com

主导产品为： BB1、BB2、BB3、BB4、BB5、OH1、OH2、OH3、VS4、VS6等型式离心泵
主要应用领域： 石油石化、煤化工、基础化工、环保等行业的介质输送

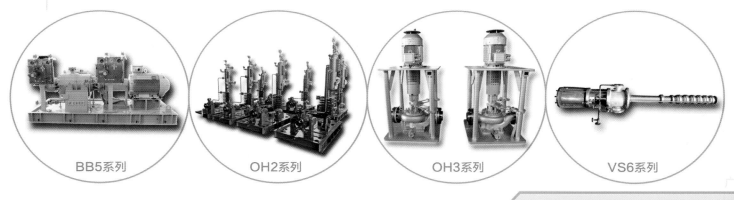

BB5系列　　　　　OH2系列　　　　　OH3系列　　　　　VS6系列

地址：烟台高新技术产业开发区经六路12号　电话：0535-6766052　6766056
邮箱：apec@vip.163.com　　　　　　　　传真：0535-6766055

24h服务热线：400 111 9188

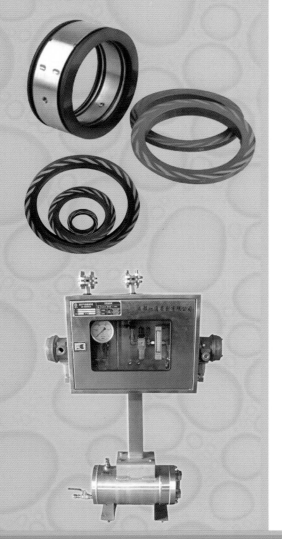

虎啸电动扳手

行业优质品牌 线上线下 均有渠道销售

上海虎啸电动工具有限公司位于上海市莘庄工业区，通过几十年的科技创新和发展， 虎啸电动扳手成为行业优质品牌。 虎啸牌系列产品包括： 电动扳手、 电动扭矩扳手 （设定扭矩， 调节扭矩大小）、 电动数显扭矩扳手 （带扭矩传感器， 高精度扭矩显示， 直接代替液压扳手和手动数显扭矩扳手， 大幅提高安装效率）、 扭剪扳手 （用于钢结构扭剪型高强度螺栓的安装）、 铁路地铁专用电动扳手、 汽车轮胎安装大扭矩冲击电动扳手和电动扭矩扳手等。 其可靠的品质和良好的服务， 成为深受用户欢迎的品牌。

扫码观看视频演示

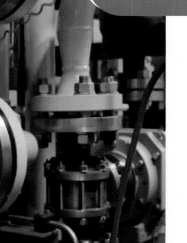

天津固特炉窑工程股份有限公司

天津固特

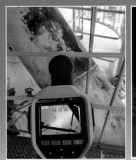

天津固特节能环保科技有限公司

天津固特

LULUTONG

杭州大路实业有限公司
HANGZHOU DALU INDUSTRY CO.,LTD.

始建于1973年，是一家集技术研发、生产制造与工程服务一体的国家高新技术企业，中国核学会理事单位，浙江省首批军民融合示范企业，拥有省级研发中心；中石油、中石化、中海油等石油化工集团，大型煤化工集团，浙江石化、恒逸石化、盛虹石化等大型民营炼化流程泵与汽轮机设备供应商；取得"军工四证"和军工核安全二、三级泵设计和制造资质，为国防军工重要民口配套企业。致力于为石油与天然气、石油化工、煤化工、化肥、冶金和国防军工领域提供高品质、先进泵与汽轮机成套技术解决方案。

中国 浙江省杭州市萧山区红山

产品销售专线：(0571) 82600612　83699350
检维修专线：13858186587
传真：(0571) 83699331　82699410
全国统一服务电话：400 100 2835
Http：//www. chinalulutong.com

围绕高效节能、无泄漏与可靠性设计
确保装置长周期、安全稳定运行

石油、石化与煤化工机泵供应商单位
通过军工科研生产与核安全资格认证

机泵专业技术及检维修服务简介

杭州大路工程技术有限公司是杭州大路利用其在泵和汽轮机方面的技术优势注册成立的专业从事机泵检维修工程技术服务的公司，主要为石油与天燃气、石油化工、煤化工、化肥、冶金、海洋工程、国防军工等领域提供专业机泵工程技术服务。

主营业务：各类进口或国产机泵设备（包括离心泵、磁力传动泵、蒸汽透平、液力透平、压缩机、阀门等）的设备开车、维护保运、检维修、专业培训、国产化改造及配件定制等。服务形式：技术支持、驻点服务、定期上门服务、远程监测与故障诊断服务等，也可根据客户需求开展定制服务。

公司建立基于物联网远程监测与诊断系统，可为顾客提供关键机泵实时在线监测和故障诊断分析服务。

企业资质
Enterprise Qualification

GB/T 19001—2016/ISO 9001:2015质量管理体系认证

GB/T 24001—2016/ISO 14001:2015环境管理体系认证

ISO 45001:2018职业健康安全管理体系认证

军工四证 & 核安全二、三级资格认证

国家高新技术企业认证

中石油、中石化、中海油等石油化工及煤化工领域
入网许可认证

易派客信用评价等级：A+级

自主知识产权：发明与实用新型专利授权

获得国家军队科技进步二等奖等省部级奖励

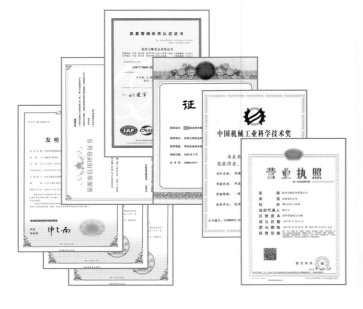

CJPCE

湖北长江石化设备有限公司
HUBEI CHANGJIANG PETROCHEMICAL EQUIPMENT CO., LTD.

耐腐蚀材料的摇篮
高效换热器的基地

- 中国石化集团公司资源市场成员
- 中国石化股份公司换热器、空冷器总部集中采购主力供货商
- 中国石油天然气集团公司一级物资供应商
- 全国锅炉压力容器标准化技术委员会热交换器分技术委员会会员单位
- 中国工业防腐蚀技术协会成员
- 美国HTRI会员单位

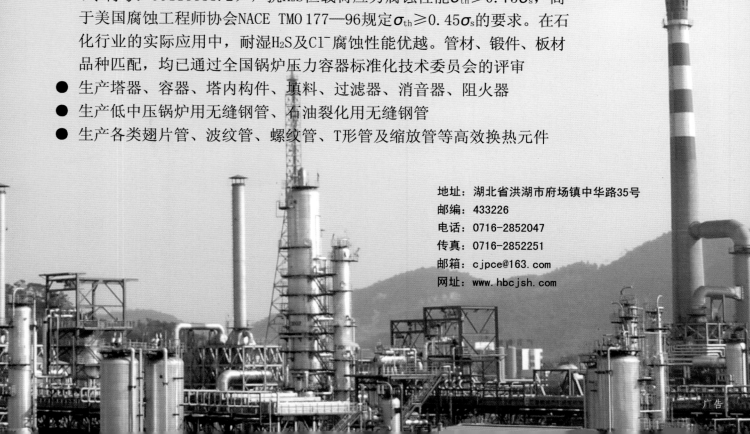

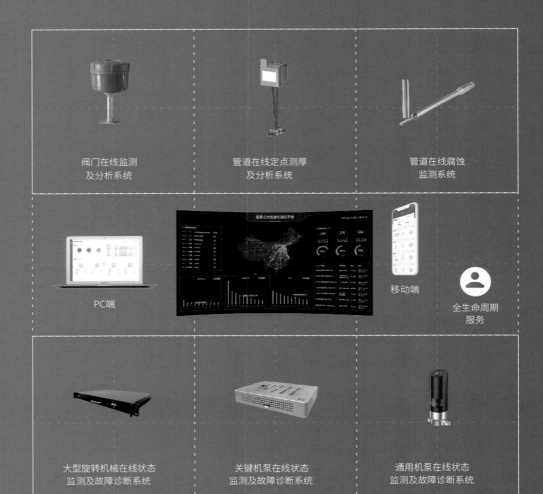

沈鼓测控

因思云
动静设备一站式
数字化生态系统

因思云动静设备一体化云平台，以卓越科技能力助力石油石化行业数字化转型。公司拥有一支以沈鼓集团诊断专家为主，并聘请多名行业知名的诊断专家和资深振动分析工程师、腐蚀研究工程师的专家服务团队，利用物联网技术和智能采集、传感技术，为工业客户提供各种系统运维服务，远程和现场故障诊断、数据分析服务，及各种故障诊断培训等标准化或定制化的服务。适用于大型旋转式压缩机组、风机、机泵、电机、疏水阀、安全阀、管道、炉、塔等设备，为实现机组"安、稳、长、满、优"运行提供坚实保障，为机组预知维修提供可靠依据。

全生命周期
智慧服务

多专业领域
的专家团队

行业领先的
业绩案例

300+家
用户数

200+家
远程服务

40000+人
培训人员

2400+台
大机组

3000+台
机泵

30+台
电机

600+套
腐蚀探针

2700+套
在线测厚

50+台
疏水阀

阀门在线监测
及分析系统

管道在线定点测厚
及分析系统

管道在线腐蚀
监测系统

PC端

移动端

全生命周期
服务

大型旋转机械在线状态
监测及故障诊断系统

关键机泵在线状态
监测及故障诊断系统

通用机泵在线状态
监测及故障诊断系统

沈阳鼓风机集团测控技术有限公司

SHENYANG BLOWER WORKS GROUP MONITORING &
CONTROL TECHNOLOGY Co.,Ltd

⊙ 沈阳经济技术开发区开发大路16号甲

☏ 024-2580 1730

⊕ http://www.shenguyun.com

更多行业培训请加入**工课**

工业设备人的互联网
在线教育平台

沈阳金锋特种设备有限公司
SHENYANG JINFENG SPECIAL EQUIPMENT CO.,LTD.

沈阳金锋公司（以下简称公司）创建于2006年7月，始终致力于大型挤压造粒机组关键易损耗部件的研制、生产与销售。公司是国内石化造粒设备备品、配件的著名生产制造企业，已同中国石油、中国石化、中国海油、国家能源集团、台塑集团等大、中型石油化工企业建立了长期稳定的合作关系。

公司连续多年被认定为国家高新技术企业、辽宁省科技型中小企业。

大型塑料造粒模板

切粒刀和刀盘

滑动轴瓦

35万吨及以上的大型塑料造粒模板制造部分案例

天津中沙	聚丙烯	45万吨
神华新疆	聚丙烯	45万吨
福建联合	聚乙烯	45万吨
延安能源	聚乙烯	45万吨
宁波富德	聚丙烯	40万吨
中化泉州	聚丙烯	35万吨
中天合创	聚丙烯	35万吨
福建中景	聚丙烯	35万吨
福建联合	聚乙烯	35万吨
中科炼化	聚丙烯	35万吨
大庆龙油	聚丙烯	35万吨
中安联合	聚乙烯	35万吨

公司主要产品为金属陶瓷复合切粒刀、造粒模板、切粒刀盘、齿轮泵滑动轴瓦、模板隔热密封垫片等。公司不但可以提供上述常规产品，同时可以根据市场需求，针对特殊熔融指数、特殊牌号的树脂进行研发、设计，制造专用的造粒模板以及配套的切粒刀和切粒刀盘。

龙门式数控钻铣床	小型数控雕铣机	数控加工中心	大型数控雕铣机	大型真空钎焊炉	摇臂钻床

科技创新 · 诚信务实 · 客户至上 · 合作共赢

公司地址：辽宁省沈阳市铁西区沈阳经济技术开发区开发南二十六号路29号 　邮编：110027
销售电话：024-2526 8423 　售后电话：13080854867

广告

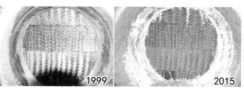

专注浮盘二十年

COMPANY PROFILE   公司简介

上原石化设备（常州）有限公司成立于2017年，工厂坐落于江苏省常州市武进经济开发区，占地50亩，厂房面积15000平方，属于高新技术企业。公司由蜂窝板焊接技术专利持有者江苏龙禾轻型材料有限公司与拥有近20年浮盘设计经验的台湾上原国际有限公司合资成立，全球领先的焊接蜂窝材料与先进的浮盘设计理念强强结合，研发出"全接液焊接蜂窝浮盘"与"全接液焊接废水池浮动顶盖"，从安全、环保、节能三方面出发，为广大用户提供成熟的储罐以及废水废油池VOCs防控解决方案。

公司目前已通过ISO 9001、ISO 14001、ISO 18001体系认证。拥有国内外专利技术58项，其中发明专利8项，产品得到中国石化浮盘调研专家组高度认可。上原坚持以客户需求为核心，与中国石化工程建设有限公司（SEI）、中石化洛阳工程有限公司（洛阳院）、中国石化青岛安全工程研究院（安工院）、中国石化上海石油化工研究院（上海院）、中石化南京工程有限公司、中国寰球工程有限公司、中石油昆仑工程有限公司、中海油海工英派尔工程公司、东华工程科技股份有限公司等多次探讨交流，达成战略合作，全面了解客户对产品的最新需求，做到不断创新与优化。

"安全至上、环保为原"是每一个上原人深植心底的企业文化。优质的产品设计，严格的质量把控，完善的服务体系，力求为客户提供满意、可靠、高优性价比的产品。

国际首创 · 技术领先

焊接蜂窝技术结合二十余载浮盘设计安装经验

全接液焊接蜂窝浮盘+大补偿高效密封=治理效果优异

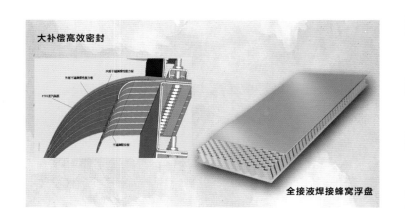

大补偿高效密封

全接液焊接蜂窝浮盘

01. 根源治理储罐VOCs挥发

02. 耐火抗爆，无沉盘风险

03. 安装快速、维护简便

04. 大幅减少油品挥发，节能90%以上

安全至上 · 环保为原

 133 2617 3971   http://www.floattek.cn   江苏省常州市武进经济开发区锦程路2

上原石化设备（常州）有限公司

北京航天石化技术装备工程有限公司
Beijing Aerospace Petrochemical Technology and Equipment Engineering Corporation Limited

高速泵
流量：1～360m³/h

扬程：80～3000m

电机功率：5.5～2000kW

适用温度：-130～+340℃

立式高速泵

卧式高速泵

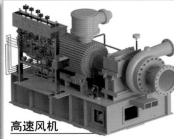

高速风机
流量：50～1500m³/h

压比：1～2.5

电机功率：7.5～600kW

适用温度：-130～+340℃

高速风机

高压耐磨泵
流量：110～700m³/h

扬程：105～250m

最大吸入压力：5.5～9.5mPa

电机功率：75～630kW

介质含颗粒允许浓度：(0～10)%

高压耐磨泵

企业优势

● 国内高速泵、高速风机型谱较全，立式、卧式参数全覆盖，中国石化、中国石油、中国海油、国家能源集团等大型企业战略供应商，国内各行业高速泵主力供应商，出口阿曼、韩国、俄罗斯等十余个国家。

● 军民高速融合，航天火箭发动机关键技术转化。

● 高层次技术团队，80%技术人员为国内一流高校相关专业博士、硕士。

● 国家特种泵阀工程技术研究中心，拥有离心泵结构设计、流场设计、转子动力学设计等大批设计分析软件。

● 航天品质质量保证，拥有完善的ISO 9001质量体系及航天军工产品生产条例。

● 强大的试验能力，拥有先进的高速泵试验台以及高速轴承、转子动特性等各类试验手段。

● 优质高效的售后服务，泵内零部件公司有现货库存，售后人员一专多能。

● 为进口高速泵提供技术咨询、设备维护、试验测试等全方位技术支持。

广告

地址：北京经济技术开发区泰河三街2号　　　　邮编：100176

电话：010-8709 4357　　010-8709 3661　　传真：010-8709 4369

邮箱：pump@calt11.cn

岳阳长岭设备研究所有限公司
Yueyang Changling Equipment Research Institute (Co., Ltd.)

岳阳长岭设备研究所有限公司节能监测中心，具有CMA检验检测机构认证，通过了中国特检院检维修能力评定，获得了国家颁发的节能监测资质证书，是中国石化加热炉节能监测成员单位。自2006年起，受中国石化炼油事业部、化工事业部、生产经营部委托，每年对炼油、化工加热炉进行能效测评，并于年底组织召开总结考评会。

公司拥有一大批先进监测仪器，具有加热炉能效标定、锅炉热效率测试、环保监测、露点监测、炉管表面温度监测与故障诊断、设备管道保温性能评价、换热设备能效测试评价等能力，公司始终坚持走技术创新和科技成果转化的道路，节能监测技术在中国石化、中国石油、中国海油等各企业得到了广泛的应用。

加热炉能效测评及总包管理

利用先进的测试仪器，对加热炉的能效状况进行测试，分析影响能效的原因，提出有针对性的操作建议，制定检维修改造方案，协助企业完成能效提升工作。也可通过总包管理模式对企业加热炉定期测试，及时督促整改和操作调整，参与企业加热炉日常管理工作，提升加热炉运行操作和管理水平。已在中石化、中石油大部分企业实施加热炉能效测评工作，并在镇海炼化、海南炼化、燕山石化等企业开展加热炉总包管理模式。

设备及管道保温测试评价技术

通过测试掌握设备及管道的保温状况，对保温效果进行评价，为设备及管道的保温改造提供数据支持服务。已在中科炼化、武汉石化、天津石化和安庆石化等企业应用。

锅炉热效率试验及机组真空检漏技术

通过对锅炉的热效率性能试验对锅炉的实际运行状况进行评估，提供锅炉节能降耗和能效评价的技术支持。汽机凝汽器性能试验与评价主要内容包括：凝汽器性能试验，凝汽器变工况特性曲线的绘制，凝汽器真空严密性试验和机组微增出力与循环水泵优化调整试验。已在石家庄炼化、长岭炼化、洛阳石化和荆门石化等企业应用。

其他能效测试评价技术

高温炉管在线监测与诊断技术，换热设备的能效测试与评价，泵与风机能效测试评价和压缩机能效测试评价等。

广告

地址：湖南·岳阳　电话：0730-8478118　8451977　　　传真：0730-8478568　　E-mail：clsbs.clsh@sinopec.com

上海臻友设备工程技术有限公司

公司自2016年1月由原上海石化三家检维修改制企业整合重组成立以来，致力于石油化工设备维保专业化服务，主要承担上海石化各类装置的机、电、仪运保检修工作，同时服务延伸至杭州湾北岸，积极提供设备维保一体化解决方案。公司现有员工900余人，专业技术人员600多人。

公司目前拥有石油化工工程施工总承包二级、机电工程施工总承包二级、市政公用工程施工总承包三级、防水防腐保温工程专业承包二级、建筑装修装饰工程专业承包二级、输变电工程专业承包三级、压力管道GC2等相关资质。公司不仅有着丰富的设备运保、检修、安装专业的经验，能够独立承揽动静电仪专业的维保业务（包括油漆保温、脚手架、土建等），也拥有控制系统（DCS、PLC、SIS等）、在线仪表分析（包括CEMS烟气分析系统）、压缩机组维护、高压水清洗、LDAR检测、安全分析（作业前环境检测）、继电保护等专业服务能力，具备了维保全专业集成服务能力的综合优势。

公司秉持"数智为本、应用为基、价值为要"的理念，在数字化、智能化方面持续加大投入，初步建立了状态检测+远程诊断+精准维修的设备健康管理服务新模式；公司进一步研究摸索以可靠性为中心的维修管理体系，力求以前瞻性维修为主，以可靠性为中心，延长设备寿命，增加设备可靠性，减少故障和停机时间，提高生产效率。

检测分析图：LDAR检测分析

压缩机：机组现场巡检

在线分析

带压堵漏：现场消漏

数智化：信息化开发

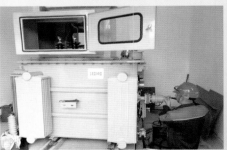

电气设备：现场安装、调试

地　　址：上海市金山区石化金二路157号

联系人：严冬 021-57941941-87923　　　　严缨 021-57941941-87912　　　　电子邮箱：adm@shzyeet.onaliyun.com

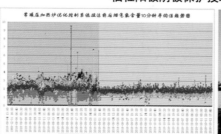

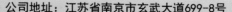